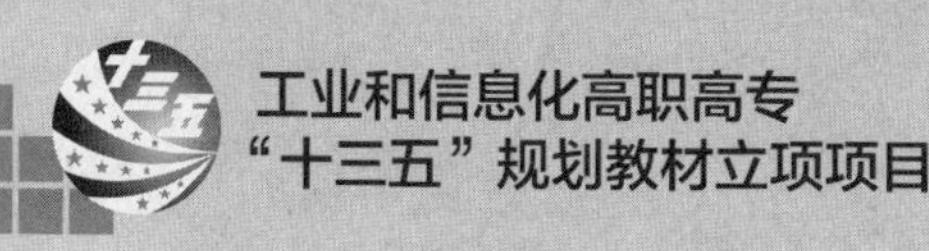

高等职业教育『十三五』土建类技能型人才培养规划教材

建筑施工技术

钟汉华 张天俊／主编
李秋东 张彬 李道明／副主编

人民邮电出版社
北京

图书在版编目（CIP）数据

建筑施工技术 / 钟汉华，张天俊主编. -- 北京 : 人民邮电出版社，2015.7
高等职业教育“十三五”土建类技能型人才培养规划教材
ISBN 978-7-115-38769-1

Ⅰ. ①建… Ⅱ. ①钟… ②张… Ⅲ. ①建筑工程－工程施工－高等职业教育－教材 Ⅳ. ①TU74

中国版本图书馆CIP数据核字(2015)第050414号

内 容 提 要

本书对建筑工程施工工序、工艺、质量标准等做了详细的阐述，坚持以就业为导向，突出实用性、实践性。本书吸取了建筑施工的新技术、新工艺、新方法，其内容的深度和难度按照高等职业教育的特点，重点讲授理论知识在工程实践中的应用，培养高等职业学校学生的职业能力。全书共分 10 个项目，包括土方工程、地基与基础工程、砌体工程、钢筋混凝土工程、预应力混凝土工程、钢结构工程、结构工程安装、防水及屋面工程、装饰工程、冬期与雨期施工等。

本书具有较强的针对性、实用性和通用性，可作为高等职业教育建筑工程技术、工程监理、工程造价等专业的教材，也可作为土建类其他层次职业教育相关专业的培训教材和土建工程技术人员的参考书。

◆ 主　　编　钟汉华　张天俊
副 主 编　李秋东　张　彬　李道明
责任编辑　刘盛平
执行编辑　王丽美
责任印制　杨林杰

◆ 人民邮电出版社出版发行　　北京市丰台区成寿寺路 11 号
邮编　100164　　电子邮件　315@ptpress.com.cn
网址　http://www.ptpress.com.cn
北京鑫正大印刷有限公司印刷

◆ 开本：787×1092　1/16
印张：23.5　　2015 年 7 月第 1 版
字数：564 千字　　2015 年 7 月北京第 1 次印刷

定价：52.00 元

读者服务热线：(010) 81055256　印装质量热线：(010) 81055316
反盗版热线：(010) 81055315
广告经营许可证：京崇工商广字第 0021 号

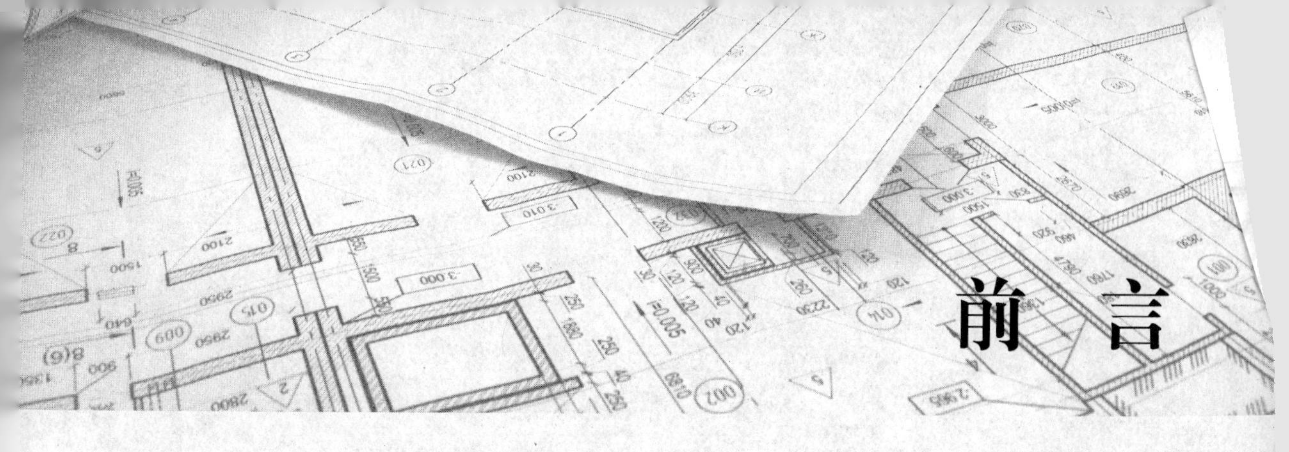

前　言

本书根据高等职业教育土建类专业教学基本要求中“建筑施工技术”课程标准，以施工员、二级建造师等职业岗位能力的培养为导向，同时遵循高等职业院校学生的认知规律，以专业知识和职业技能、自主学习能力及综合素质培养为课程目标，紧密结合职业资格证书相关考核要求，确定本书的内容。

建筑施工技术是一门实践性很强的课程。为此，本书始终坚持“素质为本、能力为主、需要为准、够用为度”的原则进行编写。本书按照土方工程、地基与基础工程、砌体工程、钢筋混凝土工程、预应力混凝土工程、钢结构工程、结构工程安装、防水及屋面工程、装饰工程、冬期与雨期施工等进行内容安排。本书根据编者多年工作经验和教学实践，在自编教材基础上修改、补充编纂而成。

本书结合我国建筑工程施工的实际精选内容，以贯彻理论联系实际，注重实践能力的整体要求，突出针对性和实用性，便于学生学习。同时，还适当照顾了不同地区的特点和要求，力求反映国内外建筑工程施工的先进经验和技术成就。

本书由钟汉华、张天俊任主编，李秋东、张彬、李道明任副主编，由朱保才主审。其中钟汉华编写项目一，张天俊、李秋东编写项目二，张彬、李道明编写项目三，丁志胜、黄煜煜编写项目四、项目五，黄兆东、王强富编写项目六，洪伟、余丹丹编写项目七、项目八、项目九、项目十。本书在编写过程中，熊英、余燕君、薛艳、王中发、方怀霞、危义祥、向亚卿等老师做了一些辅助性工作，在此对他们的辛勤工作表示感谢。

本书配套了教学课件的数字资源，可登录人民邮电出版社教学服务与资源网（www.ptpedu.com.cn）免费下载。

本书大量引用了有关专业文献和资料，在此对有关文献的作者表示感谢。

由于编者水平有限，本书难免存在错误和不足之处，诚恳地希望读者批评指正。

编　者

2015 年 3 月

目录

项目一

土方工程

学习内容

本项目内容包括土方的种类鉴别、土方工程量的计算、土方开挖、土方填筑与压实、基坑支护与降排水等。

学习目标

1. 了解土方工程的施工特点，熟悉土的工程性质及其对施工的影响，掌握土方的种类和鉴别方法。

2. 熟悉土方调配原则和土方调配方案的编制，掌握基坑、基槽土方量的计算方法，能够用方格网法或断面法正确计算土方工程量。

3. 熟悉集水井降水法工艺要求，掌握轻型井点降水井点布置、施工工艺。

4. 熟悉土壁塌方的原因、影响土方边坡的因素和土壁支撑方法。

5. 掌握常用土方施工机械的性能、特点、适用范围及提高生产率的方法，能够根据土方开挖方式合理选择施工机械。

6. 正确选择地基回填土的填方土料及填筑压实方法，能分析填土压实的影响因素。

任务一 土方的种类鉴别

一、土的种类鉴别

1. 土的分类

按《建筑地基基础设计规范》(GB 50007—2011)中关于土的分类原则，对粗颗粒土，考虑了其结构和颗粒级配；对细颗粒土，考虑了土的塑性和成因，并且给出了岩石的分类标准。它将天然土分为岩石、碎石土、砂土、粉土、黏性土和人工填土六大类。

(1)岩石

岩石是颗粒间牢固联结，呈整体或具有节理裂隙的岩体。它作为建筑场地和建筑地基可按下列原则分类。

① 按成因不同可分为岩浆岩、沉积岩、变质岩。

② 按岩石的坚硬程度即岩块的饱和单轴抗压强度 f_{rk} 可分为坚硬岩、较硬岩、较软岩、软岩和极软岩5类，见表1.1。

表 1.1　　岩石坚硬程度的划分

坚硬程度类别	坚硬岩	较硬岩	较软岩	软岩	极软岩
饱和单轴抗压强度标准值 f_{rk}/MPa	$f_{rk}>60$	$60\geqslant f_{rk}>30$	$30\geqslant f_{rk}>15$	$15\geqslant f_{rk}>5$	$f_{rk}\leqslant 5$

③ 按岩体完整程度可划分为完整、较完整、较破碎、破碎和极破碎 5 类，见表 1.2。

表 1.2　　岩体完整程度划分

完整程度等级	完整	较完整	较破碎	破碎	极破碎
完整性指数	>0.75	0.75～0.55	0.55～0.35	0.35～0.15	<0.15

注：完整性指数为岩体纵波波速与岩块纵波波速之比的平方。选定岩体、岩块测定波速时应有代表性。

④ 按风化程度可分为未风化、微风化、中风化、强风化和全风化 5 种。其中，微风化或未风化的坚硬岩石为最优良地基，强风化或全风化的软岩石为不良地基。

（2）碎石土

粒径大于 2mm 的颗粒含量超过全重 50%的土称为碎石土。

根据颗粒形状和粒组含量，碎石土又可细分为漂石、块石、卵石、碎石、圆砾和角砾 6 种，见表 1.3。

表 1.3　　碎石土分类

土的名称	颗粒形状	粒组含量
漂石	圆形及亚圆形为主	粒径大于 200mm 的颗粒含量超过全重 50%
块石	棱角形为主	
卵石	圆形及亚圆形为主	粒径大于 20mm 的颗粒含量超过全重 50%
碎石	棱角形为主	
圆砾	圆形及亚圆形为主	粒径大于 2mm 的颗粒含量超过全重 50%
角砾	棱角形为主	

注：分类时应根据粒组含量栏从上到下以优先符合者确定。

常见的碎石土强度高、压缩性低、透水性好，为优良地基。

（3）砂土

粒径大于 2 mm 的颗粒含量不超过全部质量的 50%，且粒径大于 0.075 mm 的颗粒含量超过全部质量 50%的土，称为砂土。砂土根据粒组含量的不同又细分为砾砂、粗砂、中砂、细砂和粉砂 5 种，见表 1.4。

表 1.4　　砂土的分类

土的名称	粒组含量
砾砂	粒径大于 2 mm 的颗粒含量占全重 25%～50%
粗砂	粒径大于 0.5 mm 的颗粒含量超过全重 50%
中砂	粒径大于 0.25 mm 的颗粒含量超过全重 50%
细砂	粒径大于 0.075 mm 的颗粒含量超过全重 85%
粉砂	粒径大于 0.075 mm 的颗粒含量超过全重 50%

注：分类时应根据粒组含量栏从上到下以最先符合者确定。

砂土的密实度标准详见表 1.5。其中，密实与中密状态的砾砂、粗砂、中砂为优良地基；稍密状态的砾砂、粗砂、中砂为良好地基；密实状态的细砂、粉砂为良好地基；饱和疏松状态的细砂、粉砂为不良地基。

表 1.5　　砂土密实度分类

标准贯入捶击数 N	密实度	标准贯入捶击数 N	密实度
$N \leqslant 10$	松散	$15 < N \leqslant 30$	中密
$10 < N \leqslant 15$	稍密	$N > 30$	密实

（4）粉土

粒径大于 0.075 mm 的颗粒含量不超过全部质量的 50%，且塑性指数 $I_P \leqslant 10$ 的土，称为粉土。粉土的性质介于砂土和黏性土之间，粉土的密实度一般用天然孔隙比来衡量，见表 1.6。其中，密实的粉土为良好地基；饱和稍密的粉土在振动荷载作用下，易产生液化，为不良地基。

表 1.6　　粉土的密实度标准

天然孔隙比 e	$e \leqslant 0.75$	$e > 0.90$	$0.75 < e \leqslant 0.90$
密实度	密实	稍密	中密

（5）黏性土

塑性指数 $I_P > 10$，且粒径大于 0.075 mm 的颗粒含量不超过全部质量 50%的土，称为黏性土。黏性土又可细分为黏土和粉质黏土（亚黏土）两种，见表 1.7。

黏性土的工程性质与其密实度和含水量的大小密切相关，密实硬塑的黏性土为优良地基，疏松流塑状态的黏性土为软弱地基。

表 1.7　　黏性土的分类标准

塑性指数 I_P	土的名称
$I_P > 17$	黏土
$10 < I_P \leqslant 17$	粉质黏土

注：塑性指数由相应于 76 g 圆锥体沉入土样中深度为 10 mm 时测定的液限计算而得。

（6）人工填土

由人类活动堆填形成的各类堆积物，称为人工填土。人工填土依据其组成物质可细分为 4 种，见表 1.8。

表 1.8　　人工填土按组成物质分类

组成物质	土的名称
碎石土、砂土、粉土、黏性土等	素填土
建筑垃圾、工业废料、生活垃圾等	杂填土
水力冲刷泥沙的形成物	冲填土
经过压实或夯填的素填土	压实填土

通常人工填土的工程性质不良，强度低，压缩性大且不均匀。压实填土相对较好，杂填土工程性质最差。

除了上述六大类岩土，自然界中还分布着许多具有特殊性质的土，如淤泥、淤泥质土、红黏土、湿陷性黄土、膨胀土、冻土等。它们的性质与上述六类岩土不同，需要区别对待。

（1）淤泥和淤泥质土

这类土在静水或缓慢的流水环境中沉积，并经生物化学作用形成。其中，天然含水量大于液限，天然孔隙比大于或等于 1.5 的黏性土称为淤泥；天然含水量大于液限，而天然孔隙比小于1.5但大于1.0的黏性土或粉土，称为淤泥质土。

这类土压缩性高、强度低、透水性差、是不良地基。

（2）膨胀土

黏粒成分主要由亲水矿物组成，同时具有显著的吸水膨胀和失水收缩变形特性，自由膨胀率大于或等于40%的黏性土，称为膨胀土。

这类土虽然强度高，压缩性低，但遇水膨胀隆起，失水收缩下沉，会引起地基的不均匀沉降，对建筑物危害极大。

（3）红黏土和次生红黏土

红黏土为碳酸盐岩系的岩石经红土化作用形成的高塑性黏土，其液限一般大于50%。红黏土经再搬运后仍保留其基本特征，但液限大于45%的土为次生红黏土。

以上3类特殊土均属于黏性土的范畴。

2. 土的工程分类及鉴别方法

土的种类繁多，其分类的方法也很多。在建筑施工中，根据土的开挖难易程度（即硬度系数大小），将土分为松软土、普通土、坚土、砂砾坚土、软石、次坚石、坚石、特坚石等8类。前8类属一般土，后四类属岩石。土的这8种分类方法及现场鉴别方法见表1.9。由于土的类别不同，单位工程消耗的人工或机械台班不同，因而施工费用就不同，施工方法也不同。所以，正确区分土的种类、类别，对合理选择开挖方法、准确套用定额和计算土方工程费用关系重大。

表1.9　土的工程分类及鉴别方法

土的分类	土的名称	可松性系数		现场鉴别（开挖）方法
		K_s	K'_s	
一类土（松软土）	砂；亚砂土；冲积砂土层；种植土；泥炭（淤泥）	1.08~1.17	1.01~1.03	能用锹、锄头挖掘
二类土（普通土）	亚黏土；潮湿的黄土；夹有碎石、卵石的砂、种植土、填筑土及亚砂土	1.14~1.28	1.02~1.05	用锹、锄头挖掘，少许用镐翻松
三类土（坚土）	软及中等密实黏土；重亚黏土；粗砾石；干黄土及含碎石、卵石的黄土、亚黏土；压实的填筑土	1.24~1.30	1.04~1.07	主要用镐，少许用锹、锄头挖掘，部分用撬棍
四类土（砂砾坚土）	重黏土及含碎石、卵石的黏土；粗卵石；密实的黄土；天然级配砂石；软泥灰岩及蛋白石	1.26~1.32	1.06~1.09	主要用镐、撬棍，然后用锹挖掘，部分用楔子及大锤
五类土（软石）	硬石炭纪黏土；中等密实的页岩、泥灰岩、白垩土；胶结不紧的砾岩；软的石炭岩	1.30~1.45	1.10~1.20	用镐或撬棍、大锤挖掘，部分使用爆破方法
六类土（次坚石）	泥岩；砂岩；砾岩；坚实的页岩；泥灰岩；密实的石灰岩；风化花岗岩；片麻岩	1.30~1.45	1.10~1.20	用爆破方法开挖，部分用风镐
七类土（坚石）	大理岩；辉绿岩；玢岩；粗、中粒花岗岩；坚实的白云岩、砂岩、砾岩、片麻岩、石灰岩；风化痕迹的安山岩、玄武岩	1.30~1.45	1.10~1.20	用爆破方法开挖
八类土（特坚石）	安山岩；玄武岩；花岗片麻岩；坚实的细粒花岗岩、闪长岩、石英岩、辉长岩、辉绿岩、玢岩	1.45~1.50	1.20~1.30	用爆破方法开挖

二、土的工程性质

对土方工程施工有直接影响的土的工程性质主要有以下几个。

1. 土的质量密度

土的质量密度分为天然密度和干密度。土的天然密度，指土在天然状态下单位体积的质量，又称湿密度。它影响土的承载力、土压力及边坡稳定性。土的天然密度按下式计算：

$$\rho = \frac{m}{V} \tag{1-1}$$

式中，m 为土的总质量，kg；V 为土的体积，m^3。

土的干密度是指单位体积土中固体颗粒的质量，用下式表示：

$$\rho_d = \frac{m_s}{V} \tag{1-2}$$

式中，m_s 为土中固体颗粒的质量，kg。

土的干密度在一定程度上反映了土颗粒排列的紧密程度，因而常用它作为填土压实质量的控制指标。土的最大干密度值可参考表 1.10。

表 1.10　土的最佳含水量和干密度参考值

土的种类	变动范围	
	最佳含水量/%（质量比）	最大干密度/（g/cm³）
砂土	8~12	1.80~1.88
粉土	16~22	1.61~1.80
亚砂土	9~15	1.85~2.08
亚黏土	12~15	1.85~1.95
重亚黏土	16~20	1.67~1.79
粉质亚黏土	18~21	1.65~1.74
黏土	19~23	1.58~1.70

2. 土的可松性

自然状态下的土经开挖后，其体积因松散而增加，虽经回填夯实，仍不能完全恢复到原状态土的体积，这种现象称为土的可松性。土的可松程度用最初可松性系数 K_S 及最后可松性系数 K'_S 表示，即

$$K'_S = \frac{V_3}{V_1} \tag{1-3}$$

$$K_S = \frac{V_2}{V_1} \tag{1-4}$$

式中，V_1 为土在天然状态下的体积，m^3；V_2 为土挖出后的松散体积，m^3；V_3 为土经压（夯）

实后的体积，m^3。

土的可松性对土方的平衡调配,基坑开挖时预留土量及运输工具数量的计算均有直接影响。各类土的可松性系数见表 1.9。

3. 土的含水量

土的含水量（w）是指土中所含水的质量与土的固体颗粒质量之比，用百分率表示，即

$$w=\frac{m_{\mathrm{w}}}{m_{\mathrm{s}}}\times 100\% \tag{1-5}$$

式中，m_{w} 为土中水的质量，kg；m_{s} 为固体颗粒的质量，kg。

土的含水量反映土的干湿程度。它对挖土的难易、土方边坡的稳定性及填土压实等均有直接影响。因此，土方开挖时，应采取排水措施。回填土时，应使土的含水量处于最佳含水量的变化范围之内，详见表 1.10。

4. 土的渗透性

土的渗透性也称透水性，是指土体被水透过的性质。它主要取决于土体的孔隙特征，如孔隙的大小、形状、数量和贯通情况等。地下水在土中的渗流速度一般可按达西定律计算：

$$V=ki \tag{1-6}$$

式中，V 为水在土中的渗流速度，m/d 或 m/h；k 为土的渗透系数，m/d 或 m/h；i 为水力坡度。

渗透系数 k 反映出土透水性的强弱。它直接影响降水方案的选择和涌水量的计算。可通过室内渗透实验或现场抽水试验确定，一般土的渗透系数参考值见表 1.11。

表 1.11　　土壤渗透系数

土壤的种类	k/（m/d）	土壤的种类	k/（m/d）
亚黏土、黏土	<0.1	含黏土的中砂及纯细砂	20~25
亚砂土	0.1~0.5	含黏土的细砂及纯中砂	35~50
含亚黏土的粉砂	0.5~1.0	纯粗砂	50~75
纯粉砂	1.5~5.0	粗砂夹砾石	50~100
含黏土的细砂	10~50	砾石	100~200

任务二　土方工程量的计算

在土方工程施工前,通常要计算土方工程量,根据土方工程量的大小,拟订土方工程施工方案,组织土方工程施工。土方工程外形往往很复杂、不规则，要准确计算土方工程量难度很大。一般情况下，将其划分成一定的几何形状，采用具有一定精度又与实际情况近似的方法计算。

一、基坑与基槽土方量的计算

1. 基坑土方量

基坑是指长宽比小于或等于 3 的矩形土体。基坑土方量可按立体几何中拟柱体（由两个平

行的平面做底的一种多面体）体积公式计算，如图 1.1 所示。即

$$V=\frac{H}{6}(A_1+4A_0+A_2) \tag{1-7}$$

式中，H 为基坑深度，m；A_1、A_2 为基坑上、下底的面积，m^2；A_0 为基坑中截面的面积，m^2。

2. 基槽土方量

基槽土方量计算可沿长度方向分段后，按照上述同样的方法计算，如图 1.2 所示。即

$$V_1=\frac{L_1}{6}(A_1+4A_0+A_2) \tag{1-8}$$

式中，V_1 为第一段的土方量，m^3；L_1 为第一段的长度，m。

将各段土方量相加，即得总土方量

$$V=V_1+V_2+\cdots+V_n \tag{1-9}$$

式中，V_1，V_2，…，V_n 分别为各段土方量，m^3。

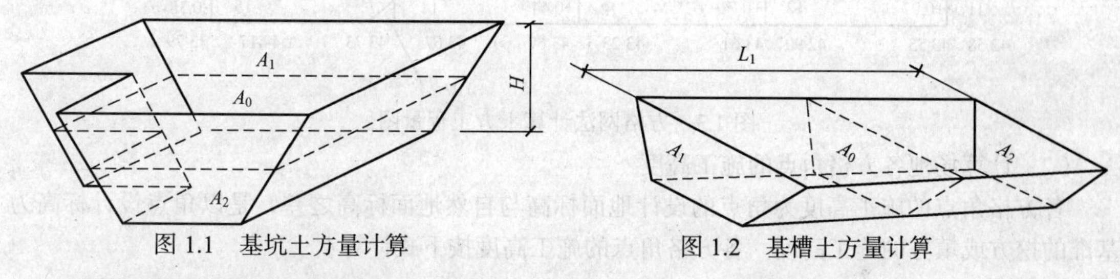

图 1.1　基坑土方量计算　　图 1.2　基槽土方量计算

二、场地平整土方量的计算

场地平整就是将天然地面平整成施工要求的设计平面。场地设计标高是进行场地平整和土方量计算的依据，合理选择场地设计标高，对减少土方量，提高施工速度具有重要意义。场地设计标高是全局规划问题，应由设计单位及有关部门协商解决。当场地设计标高无设计文件特定要求时，可按场区内“挖填土方量平衡法”经计算确定，并可达到土方量少、费用低、造价合理的效果。

场地平整土方量的计算有方格网法和断面法两种。断面法是将计算场地划分成若干横截面后逐段计算，最后将逐段计算结果汇总。断面法计算精度较低，可用于地形起伏变化较大、断面不规则的场地。当场地地形较平坦时，一般采用方格网法。

1. 方格网法

方格网法计算场地平整土方量包括以下步骤。

（1）绘制方格网图

由设计单位根据地形图（一般在 1/500 的地形图上），将建筑场地划分为若干个方格网。方格边长主要取决于地形变化复杂程度，一般取 a=10 m、20 m、30 m、40 m 等，通常采用 20 m。方格网与测量的纵横坐标网相对应，在各方格角点规定的位置上标注角点的自然地面标高（H）和设计标高（H_n），如图 1.3 所示。

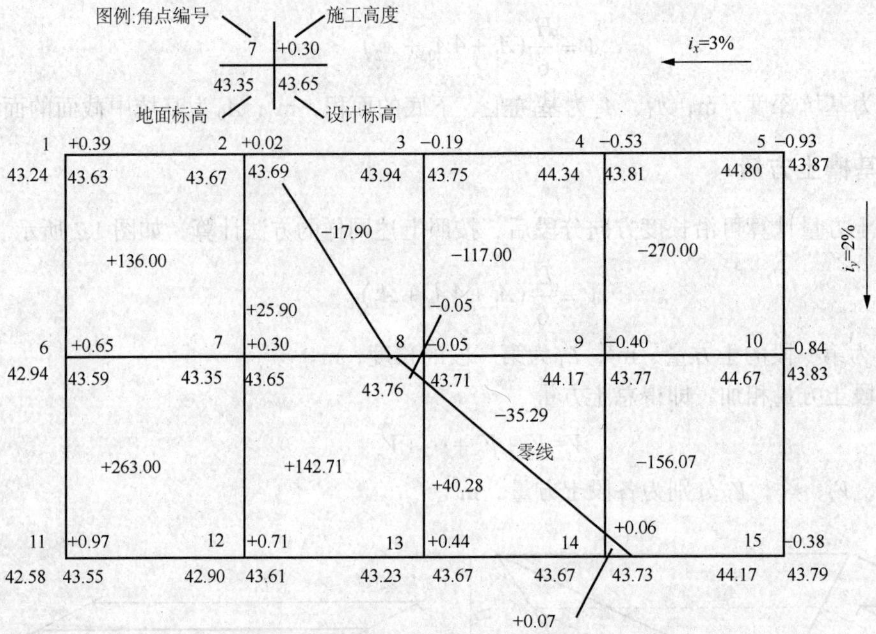

图 1.3　方格网法计算土方工程量图

（2）计算场地各方格角点的施工高度

各方格角点的施工高度为角点的设计地面标高与自然地面标高之差，是以角点设计标高为基准的挖方或填方的施工高度。各方格角点的施工高度按下式计算：

$$h_n = H_n - H \tag{1-10}$$

式中，h_n为角点的施工高度，即填挖高度（以“+”为填，“−”为挖），m；H_n为角点的设计标高，m；H为角点的自然地面标高，m；n为方格的角点编号（自然数列 1，2，3，…，n）。

（3）计算“零点”位置，确定零线

当同一方格的 4 个角点的施工高度同号时，该方格内的土方则全部为挖方或填方。如果同一方格中一部分角点的施工高度为“+”，而另一部分为“−”，则此方格中的土方一部分为填方，另一部分为挖方，沿其边线必然有一不挖不填的点，即为“零点”，如图 1.4 所示。

“零点”位置按下式计算：

$$x_1 = \frac{ah_1}{h_1 + h_2}；\ x_2 = \frac{ah_2}{h_1 + h_2} \tag{1-11}$$

式中，x_1、x_2为角点至零点的距离，m；h_1、h_2为相邻两角点的施工高度，均用绝对值表示，m；a为方格网的边长，m。

在实际工作中，为省略计算，也可以用图解法确定零点，如图 1.5 所示。方法是用尺在各角点上标出挖填施工高度相应比例，用尺相连，与方格相交点即为零点位置。此法甚为方便，同时可避免计算或查表出错。将相邻的零点连接起来，即为零线。它是确定方格中挖方与填方的分界线。

（4）计算方格土方工程量

按方格底面积图形和表 1.12 所列计算公式，计算每个方格内的挖方量或填方量。

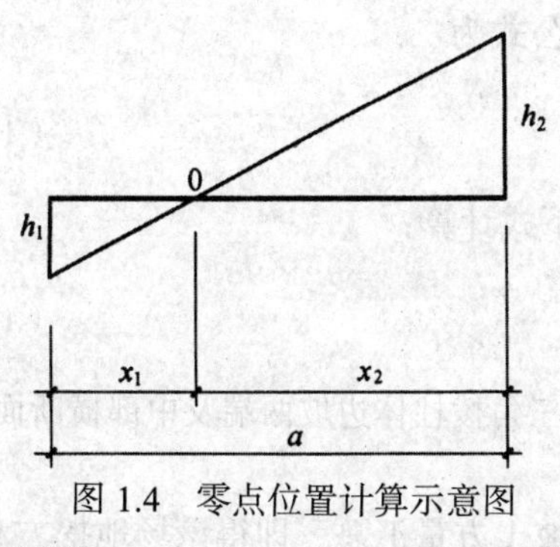

图 1.4　零点位置计算示意图

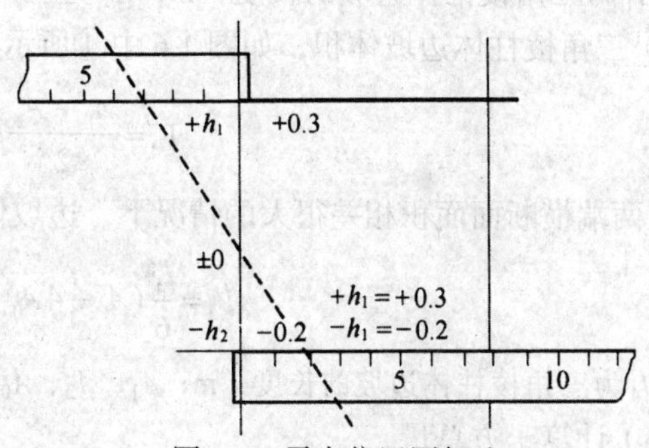

图 1.5　零点位置图解法

表 1.12　　常用方格网点计算公式

项目	图示	计算公式
一点填方或挖方（三角形）		$V=\frac{bc}{2}\cdot\frac{\sum h}{3}=\frac{bch}{6}$ 当 $b=a=c$ 时，$V=\frac{a^2h_3}{6}$
二点填方或挖方（梯形）		$V_+=\frac{b+c}{2}a\frac{\sum h}{4}=\frac{a}{8}(b+c)(h_1+h_3)$ $V_-=\frac{d+e}{2}a\frac{\sum h}{4}=\frac{a}{8}(d+e)(h_2+h_4)$
三点填方或挖方（五角形）		$V=\left(a^2-\frac{bc}{2}\right)\frac{\sum h}{5}=\left(a^2-\frac{bc}{2}\right)\frac{h_1+h_2+h_3}{5}$
四点填方或挖方（正方形）		$V=\frac{a^2}{4}\sum h=\frac{a^2}{4}(h_1+h_2+h_3+h_4)$

注：① a 为方格网的边长，m；b、c 分别为零点到一角的边长，m；h_1、h_2、h_3、h_4 分别为方格网四角点的施工高度，用绝对值代入，m；$\sum h$ 为填方或挖方施工高度总和，用绝对值代入，m；V 为填方或挖方的体积，m^3。

② 本表计算公式是按各计算图形底面积乘以平均施工高度而得出的。

（5）边坡土方量的计算

场地的挖方区和填方区的边沿都需要做成边坡，以保证挖方土壁和填方区的稳定。边坡的土方量可以划分成两种近似的几何形体进行计算：一种为三角棱锥体，另一种为三角棱柱体。

① 三角棱锥体边坡体积，如图 1.6 中①～③、⑤～⑦所示，计算公式为

$$V_1=\frac{A_1 l_1}{3} \tag{1-12}$$

式中，l_1为三角棱锥体边坡的长度，m；A_1为三角棱锥体边坡的端面积，m^2。

② 三角棱柱体边坡体积，如图 1.6 中④所示，计算公式为

$$V_4=\frac{A_1+A_2}{2}l_4 \tag{1-13}$$

在两端横断面面积相差很大的情况下，边坡体积按下式计算：

$$V_4=\frac{l_4}{6}(A_1+4A_0+A_2) \tag{1-14}$$

式中，l_4为三角棱柱体边坡的长度，m；A_1、A_2、A_0分别为三角棱柱体边坡两端及中部横断面面积。

（6）计算土方总量

将挖方区（或填方区）所有方格计算的土方量和边坡土方量汇总，即得该场地挖方和填方的总土方量。

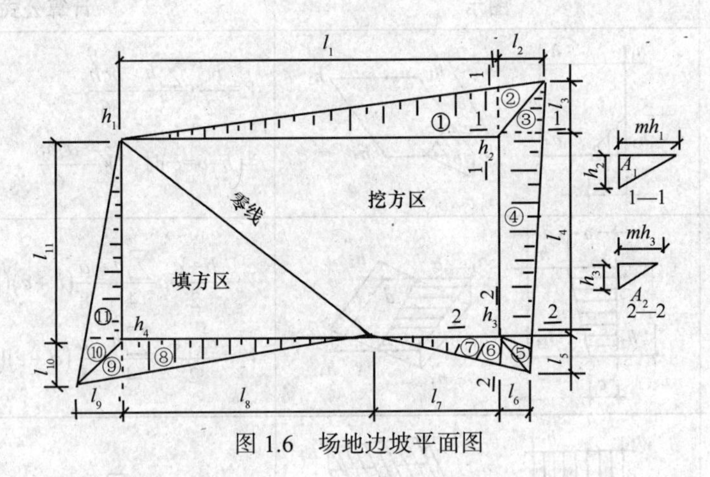

图 1.6　场地边坡平面图

2. 断面法

沿场地取若干个相互平行的断面，可利用地形图或实际测量定出，将所取的每个断面（包括边坡断面）划分为若干个三角形和梯形，如图 1.7 所示，则各三角形和梯形面积分别为

$$A_1'=\frac{h_1d_1}{2}，\ A_2'=\frac{(h_1+h_2)d_2}{2}，\cdots$$

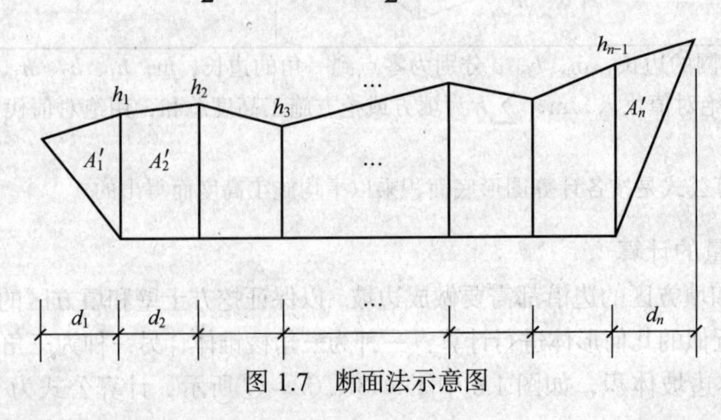

图 1.7　断面法示意图

某一断面面积为

$$A_i=A_1'+A_2'+\cdots+A_n'$$

若 $d_1=d_2=\cdots=d_n=d$，则

$$A_i=d(h_1+h_2+\cdots+h_{n-1})$$

设各断面面积分别为 A_1，A_2，…，A_m，相邻两断面间的距离依次为 L_1，L_2，…，L_m，则所求的土方体积为

$$V=\frac{A_1+A_2}{2}L_1+\frac{A_2+A_3}{2}L_2+\cdots+\frac{A_{m-1}+A_m}{2}L_{m-1} \tag{1-15}$$

用断面法计算土方量，边坡土方量已包括在内。

【例 1-1】某建筑施工场地地形图和方格网布置如图 1.8 所示。方格网的边长 a=20m，方格网各角点上的标高分别为地面的设计标高和自然标高。该场地为粉质黏土，为了保证填方区和挖方区边坡稳定性，设计填方区边坡坡度系数为 1.0，挖方区边坡坡度系数为 0.5，试用方格网法计算挖方和填方的总土方量。

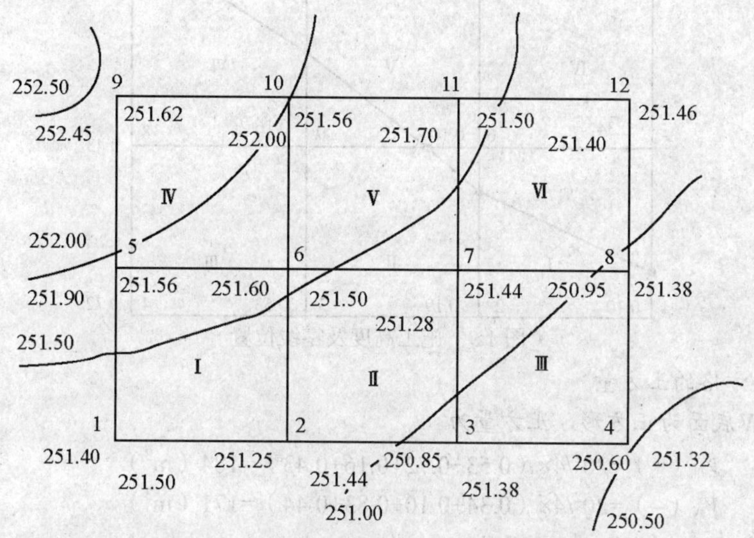

图 1.8　某建筑场地地形图和方格网布置图

解：1. 计算各角点的施工高度

根据方格网各角点的地面设计标高和自然标高，按照公式（1-10）计算得

h_1=251.50−251.40=0.10（m）

h_2=251.44−251.25=0.19（m）

h_3=251.38−250.85=0.53（m）

h_4=251.32−250.60=0.72（m）

h_5=251.56−251.90=−0.34（m）

h_6=251.50−251.60=−0.10（m）

h_7=251.44−251.28=0.16（m）

h_8=251.38−250.95=0.43（m）

h_9=251.62−252.45=−0.83（m）

h_{10}=251.56−252.00=−0.44（m）

h_{11}=251.50−251.70=−0.20（m）

h_{12}=251.46−251.40=0.06（m）

各角点施工高度计算结果标注如图 1.9 所示。

2. 计算零点位置

由图 1.9 可知，方格网边 1-5、2-6、6-7、7-11、11-12 两端的施工高度符号不同，这说明在这些方格边上有零点存在，由式（1-11）求得

$$1\text{-}5\text{线：}x_1=4.55\text{ m；}$$

$$2\text{-}6\text{线：}x_1=13.10\text{ m；}$$

$$6\text{-}7\text{线：}x_1=7.69\text{ m；}$$

$$7\text{-}11\text{线：}x_1=8.89\text{ m；}$$

$$11\text{-}12\text{线：}x_1=15.38\text{ m。}$$

将各零点标于图上，并将相邻的零点连接起来，即得零线位置，如图 1.9 所示。

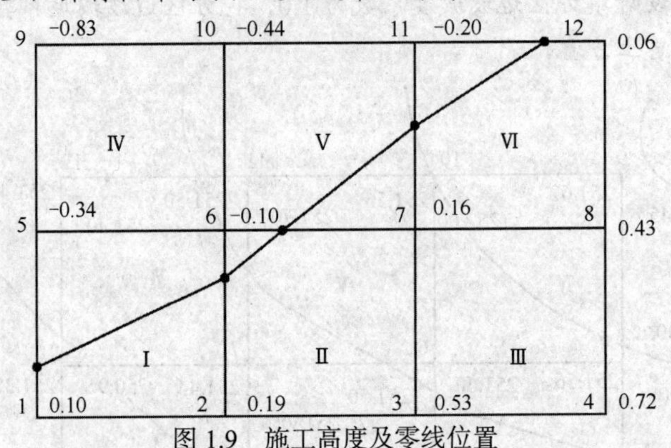

图 1.9　施工高度及零线位置

3. 计算各方格的土方量

方格Ⅲ、Ⅳ底面为正方形，土方量为

$$V_{\text{Ⅲ}}(+)=20^2/4\times(0.53+0.72+0.16+0.43)=184\ (\text{m}^3)$$

$$V_{\text{Ⅳ}}(-)=20^2/4\times(0.34+0.10+0.83+0.44)=171\ (\text{m}^3)$$

方格Ⅰ底面为两个梯形，土方量为

$$V_{\text{Ⅰ}}(+)=20/8\times(4.55+13.10)\times(0.10+0.19)=12.80\ (\text{m}^3)$$

$$V_{\text{Ⅰ}}(-)=20/8\times(15.45+6.90)\times(0.34+0.10)=24.59\ (\text{m}^3)$$

方格Ⅱ、Ⅴ、Ⅵ底面为三边形和五边形，土方量为

$$V_{\text{Ⅱ}}(+)=65.73\text{ m}^3;\ V_{\text{Ⅱ}}(-)=0.88\text{ m}^3;\ V_{\text{Ⅴ}}(+)=2.92\text{ m}^3;$$

$$V_{\text{Ⅴ}}(-)=51.10\text{ m}^3;\ V_{\text{Ⅵ}}(+)=40.89\text{ m}^3;\ V_{\text{Ⅵ}}(-)=5.70\text{ m}^3$$

方格网总填方量为

$$\sum V(+)=184+12.80+65.73+2.92+40.89=306.34\ (\text{m}^3)$$

方格网总挖方量为

$$\sum V(-)=171+24.59+0.88+51.10+5.70=253.27\ (\text{m}^3)$$

4. 边坡土方量计算

如图 1.10 所示，除④、⑦按三角棱柱体计算外，其余均按三角棱锥体计算，由式（1-12）、式（1-13）、式（1-14）计算可得

$$V_{①}(+)=0.003\text{ m}^3$$

$$V_{②}(+)=V_{③}(+)=0.0001\text{ m}^3$$

$$V_{④}(+)=5.22\text{ m}^3$$

$$V_{⑤}(+)=V_{⑥}(+)=0.06\ \mathrm{m^3}$$
$$V_{⑦}(+)=7.93\ \mathrm{m^3}$$
$$V_{⑧}(+)=V_{⑨}(+)=0.01\ \mathrm{m^3}$$
$$V_{⑩}(+)=0.01\ \mathrm{m^3}$$
$$V_{⑪}(-)=2.03\ \mathrm{m^3}$$
$$V_{⑫}(-)=V_{⑬}(-)=0.02\ \mathrm{m^3}$$
$$V_{⑭}(-)=3.18\ \mathrm{m^3}$$

边坡总填方量为

$$\sum V(+)=0.003+2\times0.0001+5.22+2\times0.06+7.93+2\times0.01+0.01=13.30\ (\mathrm{m^3})$$

边坡总挖方量为

$$\sum V(-)=2.03+2\times0.02+3.18=5.25\ (\mathrm{m^3})$$

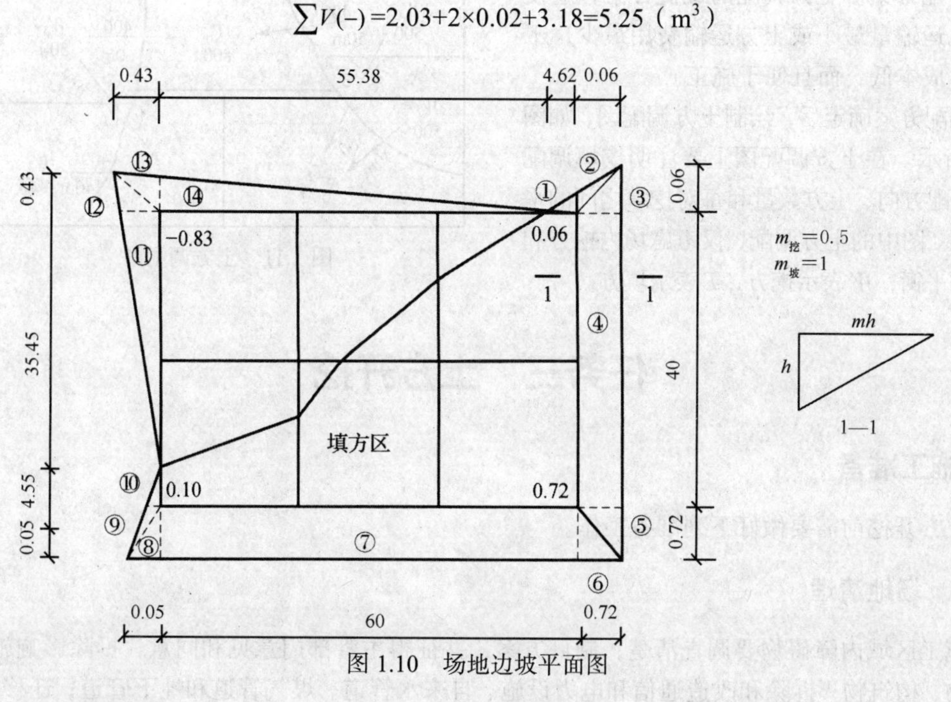

图 1.10　场地边坡平面图

三、土方调配

土方调配是土方工程施工组织设计（土方规划）中的重要内容，在场地土方工程量计算完成后，即可着手土方的调配工作。土方调配，就是对挖土的利用、堆弃和填土三者之间的关系进行综合协调的处理。好的土方调配方案，应该使土方的运输量或费用最少，而且施工又方便。

1. 土方调配原则

① 力求达到挖方与填方基本平衡和运距最短。使挖方量与运距的乘积之和最小，即土方运输量或费用最小，降低工程成本。

② 近期施工与后期利用相结合。当工程分期分批施工时，若先期工程有土方余额，应结合后期工程的需求来考虑其利用量与堆放位置，以便就近调配，以避免重复挖运和场地混乱。

③ 应分区与全场相结合。分区土方的余额或欠额的调配，必须考虑全场土方的调配，不可只顾局部平衡而妨碍全局。

④ 尽可能与大型建筑物的施工相结合。大型建筑物位于填土区时，应将开挖的部分土体予以保留，待基础施工后再进行填土，以避免土方重复挖、填和运输。

⑤ 选择适当的调配方向和运输路线，使土方机械和运输车辆的功效得到充分发挥。

总之，进行土方调配，必须依据现场具体情况、有关技术资料、工期要求、土方施工方法与运输方法等，综合考虑上述原则，并经计算比较，选择经济合理的调配方案。

2. 土方调配方案的编制

土方调配方案的编制，应根据施工场地地形及地理条件，把挖方区和填方区划分成若干个调配区，计算各调配区的土方量，并计算每对挖、填方区之间的平均运距（即挖方区重心至填方区重心的距离），然后确定挖方各调配区的土方调配方案。土方调配的最优方案，应使土方总运输量最小或土方运输费用最少，工期短、成本低，而且便于施工。

调配方案确定后，绘制土方调配图，如图1.11所示。在土方调配图上要注明挖填调配区、调配方向、土方数量和每对挖填之间的平均运距。图中的土方调配，仅考虑场内挖方和填方的平衡，W表示挖方，T表示填方。

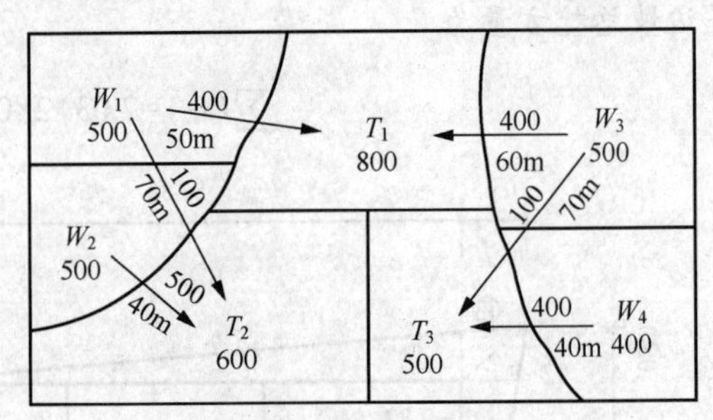

图 1.11　土方调配图

任务三　土方开挖

一、施工准备

土方开挖前需要做好下列准备工作。

1. 场地清理

施工区域内障碍物要调查清楚，制订方案，并征得主管部门意见和同意，拆除影响施工的建筑物、构筑物；拆除和改造通信和电力设施、自来水管道、煤气管道和地下管道；迁移树木。

2. 排除地面积水

尽可能利用自然地形和永久性排水设施，采用排水沟、截水沟或挡水坝等措施，把施工区域内的雨雪自然水、低洼地区的积水及时排除，使场地保持干燥，便于土方工程施工。

3. 测设地面控制点

大型场地的平整，利用经纬仪、水准仪，将场地设计平面图的方格网在地面上测设固定下来，各角点用木桩定位，并在桩上注明桩号、施工高度数值，便于施工。

4. 修筑临时设施

修好临时道路、电力、通信及供水设施，以及生活和生产用临时房屋。

二、开挖方式

1.点式开挖

厂房的柱基或中小型设备基础坑，因挖土量不大，基坑坡度小，机械只能在地面上作业，一般多采用反铲挖土机（见图 1.12（c））和抓铲挖土机（见图 1.12（d））。抓铲挖土机能挖一、二类土和较深的基坑；反铲挖土机适于挖四类以下土和深度在 4m 以内的基坑。

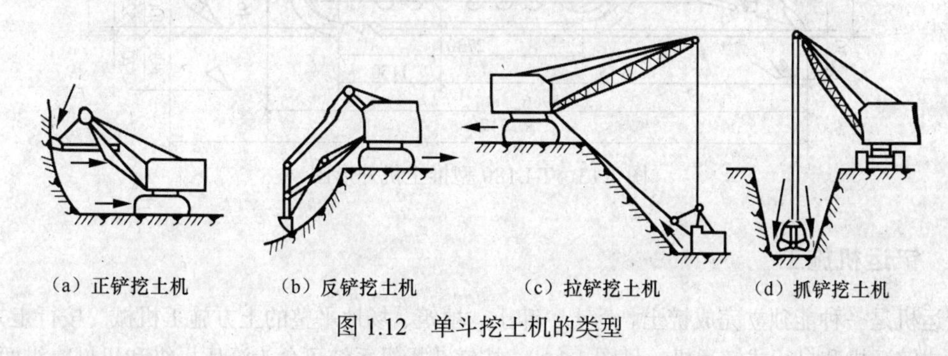

图 1.12　单斗挖土机的类型

2. 线式开挖

大型厂房的柱列基础和管沟基槽截面宽度较小，有一定长度，适于机械在地面上作业。一般多采用反铲挖土机（见图 1.12（b））。如基槽较浅，又有一定的宽度，土质干燥时也可采用推土机直接下到槽中作业，但基槽需有一定长度并设上下坡道。

3. 面式开挖

有地下室的房屋基础、箱形和筏式基础、设备与柱基础密集，采取整片开挖方式时，除可用推土机、铲运机进行场地平整和开挖表层外，多采用正铲挖土机（见图 1.12（a））、反铲挖土机或拉铲挖土机开挖。用正铲挖土机工效高，但需有上下坡道，以便运输工具驶入坑内，还要求土质干燥；反铲和拉铲挖土机可在坑上开挖，运输工具可不驶入坑内；即使坑内土潮湿也可以作业，但工效比正铲挖土机低。

三、开挖方法

1. 推土机施工

推土机由拖拉机和推土铲刀组成。按铲刀的操纵机构不同，推土机分为钢索式和液压式两种。目前常用的主要是液压式，如图 1.13 所示。

推土机能够单独完成挖土、运土和卸土工作，具有操作灵活，运转方便，所需工作面小，行驶速度快，易于转移等特点。

推土机经济运距在 100 m 以内，效率最高的运距在 60 m。为提高生产效率，可采用槽形推土、下坡推土及并列推土等方法。

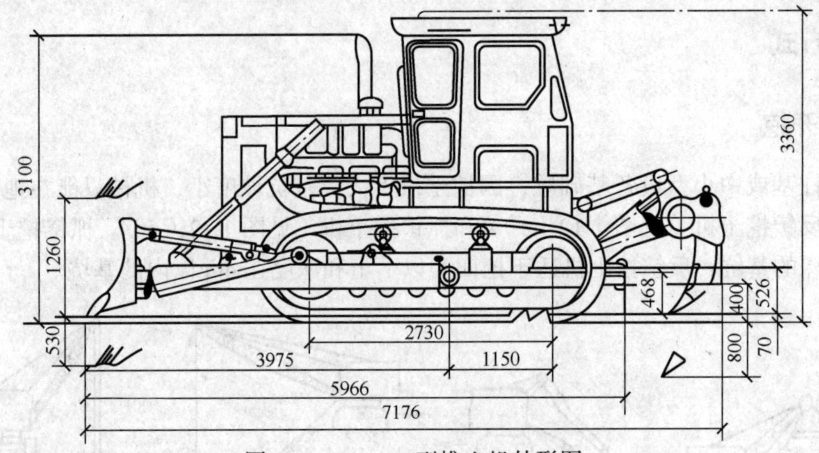

图 1.13 T-L180 型推土机外形图

2. 铲运机施工

铲运机是一种能独立完成铲土、运土、卸土、填筑、场地平整的土方施工机械。按行走方式分为牵引式铲运机和自行式铲运机（见图 1.14），按铲斗操纵系统可分为液压操纵和机械操纵两种。

铲运机对道路要求较低，操纵灵活，具有生产效率较高的特点。它使用在一至三类土中直接挖、运土。经济运距在 600 ~ 1500 m，当运距在 800 m 效率最高。常用于坡度在 20°以内的大面积场地平整、大型基坑开挖及填筑路基等，不适用于淤泥层、冻土地带及沼泽地区。

为了提高铲运机的生产效率，可以采取下坡铲土、推土机推土助铲等方法，缩短装土时间，使铲斗的土装得较满。铲运机在运行时，根据填、挖方区分布情况，结合当地具体条件，合理选择运行路线，可提高生产率。一般有环形路线和“8”字形路线两种运行路线。

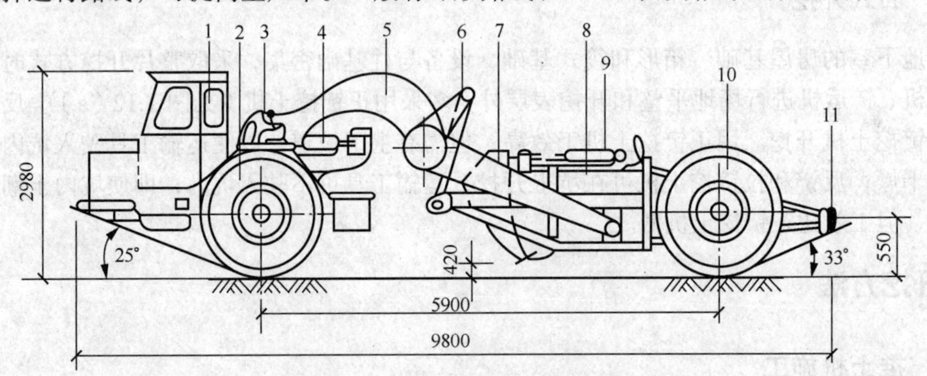

图 1.14 CL_7 型自行式铲运机

1—驾驶室 2—前轮 3—中央框架 4—转角油缸 5—辕架 6—提斗油缸 7—斗门 8—铲斗 9—斗门油缸 10—后轮 11—尾架

3. 单斗挖土机施工

（1）正铲挖土机挖土

正铲挖土机的土斗自下向上切土、生产效率高、挖掘力大，可直接开挖停机面以上的一至四类土和经爆破的岩石、冻土。其工作面的高度不应小于 1.5 m，否则一次起挖不能装满铲斗，会降低工作效率。根据挖土与配套的运输工具相对位置不同，正铲挖土机的挖土和卸土方式有以下两种。

① 正向挖土、后方卸土。挖土机沿前进方向挖土，运输工具在挖土机后面装土（见图 1.15（a）），俗称正向开挖法。这种开挖方式的挖土高度较大、工作面左右对称，但卸土时动臂回转角度大，且运土车辆要倒车开入，生产效率较低，故只宜用于工作面狭隘、小且较深的基坑开挖作业。

② 正向挖土、侧向卸土。挖土机沿前进方向挖土，运输工具在挖土机一侧开行、装土（见图 1.15（b）），也称侧向开挖法。这种作业方式，挖土机卸土时动臂回转角度小，生产率高且汽车行驶方便，使用较广。

由于正铲挖土机作业于坑下，无论采用哪种卸土方式，都应先开进出口坡道，坡道的坡度为 1：（7~10）。

（2）反铲挖土机挖土

反铲挖土机的土斗自上向下切土，再强力向后掏土，随挖随行或后退，其挖掘力比正铲挖土机小，主要用于停机面以下的一至三类土。由于机身和装土均在地面上操作，所以适用于开挖深度不大的基坑、基槽、沟渠及含水量大或地下水位高的土壤。对于较大较深的基坑可采用多层接力法开挖。

反铲挖土机的基本作业方式有沟端开挖法和沟侧开挖法两种，如图 1.16 所示。

（a）正向开挖　（b）侧向开挖

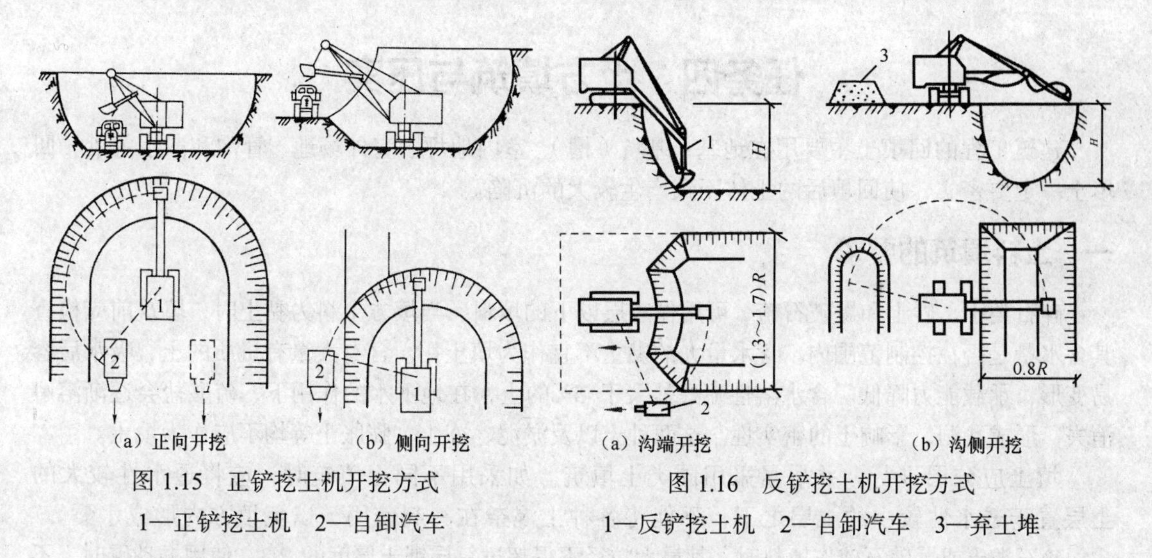

图 1.15　正铲挖土机开挖方式

1—正铲挖土机　2—自卸汽车

（a）沟端开挖　（b）沟侧开挖

图 1.16　反铲挖土机开挖方式

1—反铲挖土机　2—自卸汽车　3—弃土堆

四、土方开挖机械选择

在土方工程施工中合理选择土方机械，充分发挥机械性能，并使各种机械相互配合使用，以加快施工进度，提高施工质量，降低工程成本，具有十分重要的意义。

1. 场地平整

场地平整包括土方的开挖、运输、填筑和压实等工序。地势较平坦、含水量适中的大面积平整场地，选用铲运机较适宜；地形起伏较大，挖方、填方量大且集中的平整场地，运距在 1000 m 以上时，可选择正铲挖土机配合自卸汽车进行挖土、运土，在填方区配备推土机平整及压路机碾压施工；挖填方高度不大，运距在 100 m 以内时，采用推土机施工，灵活、经济。

2. 基坑开挖

单个基坑和中小型基础基坑，多采用抓铲挖土机和反铲挖土机开挖。抓铲挖土机适用于一、二类土质和较深的基坑，反铲挖土机适于四类以下土质，深度在 4 m 以内的基坑。

3. 基槽、管沟开挖

在地面上开挖具有一定截面、长度的基槽或沟槽，挖大型厂房的柱列基础和管沟，宜采用反铲挖土机挖土。如果水中取土或开挖土质为淤泥，且坑底较深，则可选择抓铲挖土机挖土。如果土质干燥，槽底开挖不深，基槽长 30 m 以上，可采用推土机或铲运机施工。

4. 整片开挖

基坑较浅，开挖面积大，且基坑土干燥，可采用正铲挖土机开挖。若基坑内土体潮湿，含水量较大，则采用拉铲或反铲挖土机作业。

5. 柱基础基坑、条形基础基槽开挖

对于独立柱基础的基坑及小截面条形基础基槽，可采用小型液压轮胎式反铲挖土机配以翻斗车来完成浅基坑（槽）的挖掘和运土。

任务四　土方填筑与压实

建筑工程的回填土主要用在地基、基坑（槽）、室内地坪、室外场地、管沟和散水等处，回填土一定要密实，使回填后的土体不致产生较大的沉陷。

一、土料填筑的要求

碎石类土、砂土和爆破石碴，可用作表层以下的填料，当填方土料为黏土时，填筑前应检查其含水量是否在控制范围内。含水量大的黏土不宜作为填土用。含有大量有机质的土，吸水后容易变形，承载能力降低。含水溶性硫酸盐大于 5%的土，在地下水的作用下，硫酸盐会逐渐溶解消失，形成孔洞，影响土的密实性。这两种土以及淤泥、冻土、膨胀土等均不应作为填土。

填土应分层进行，并尽量采用同类土填筑。如采用不同土填筑时，应将透水性较大的土层置于透水性较小的土层之下，不能将各种土混杂在一起使用，以免填方内形成水囊。

碎石类土或爆破石碴作填料时，其最大粒径不得超过每层铺土厚度的 2/3，使用振动碾时，不得超过每层铺土厚度的 3/4，铺填时，大块料不应集中，且不得填在分段接头或填方与山坡连接处。

二、填土压实的影响因素

填土压实的质量与许多因素有关，其中主要影响因素有压实功、土的含水量以及每层铺土厚度。

1. 压实功的影响

填土压实后的密实度与压实机械在其上所施加的功有一定的关系。土的密度与所耗的功的关系如图 1.17 所示。当土的含水量一定，在开始压实时，土的密度急剧增加，待到接近土的最大密实度时，虽然压实功增加许多，但土的密度则变化甚小。实际施工中，对于砂土只

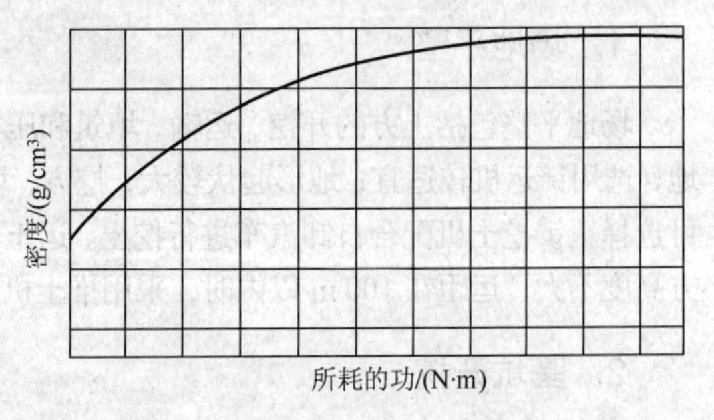

图 1.17　土的密度与压实功的关系示意图

需碾压或夯击 2 或 3 遍，对粉土只需 3 或 4 遍，对粉质黏土或黏土只需 5 或 6 遍。此外，松土不宜用重型碾压机械直接滚压，否则土层有强烈起伏现象，效率不高。如果先用轻碾压实，再用重碾压实就会取得较好效果。

2. 含水量的影响

在同一压实功条件下，填土的含水量对压实质量有直接影响。较为干燥的土，由于颗粒之间的摩阻力较大，因而不易压实。当含水量超过一定限度时，土颗粒之间孔隙由水填充而呈饱和状态，也不能压实。当土的含水量适当时，水起润滑作用，土颗粒之间的摩阻力减少，压实效果好。每种土都有其最佳含水量。土在这种含水量的条件下，使用同样的压实功进行压实，所得到的密度最大，如图 1.18 所示。不同土有不同的最佳含水量，如砂土为 8%~12%、黏土为 19%~23%、粉质黏土为 12%~15%、粉土为 15%~22%工地简单检验黏性土含水量的方法一般是以手握成团落地开花为适宜。

为了保证填土在压实过程中处于最佳含水量状态，当土过湿时，应予翻松晾干，也可掺入同类干土或吸水性土料；当土过干时，则应预先洒水润湿。

3. 铺土厚度的影响

土在压实功的作用下，其应力随深度增加而逐渐减小，如图 1.19 所示，其影响深度与压实机械、土的性质和含水量等有关。铺土厚度应小于压实机械压土时的作用深度，但其中还有最优土层厚度的问题，铺得过厚，要压很多遍才能达到规定的密实度；铺得过薄，则也要增加机械的总压实遍数。最优的铺土厚度应能使土方压实而机械的功耗费最少，可按照表 1.13 选用。

上述 3 个方面的因素相互影响。为了保证压实质量，提高压实机械生产效率，应根据土质和压实机械在施工现场进行压实试验，以确定达到规定密实度所需压实遍数、铺土厚度及最优含水量。

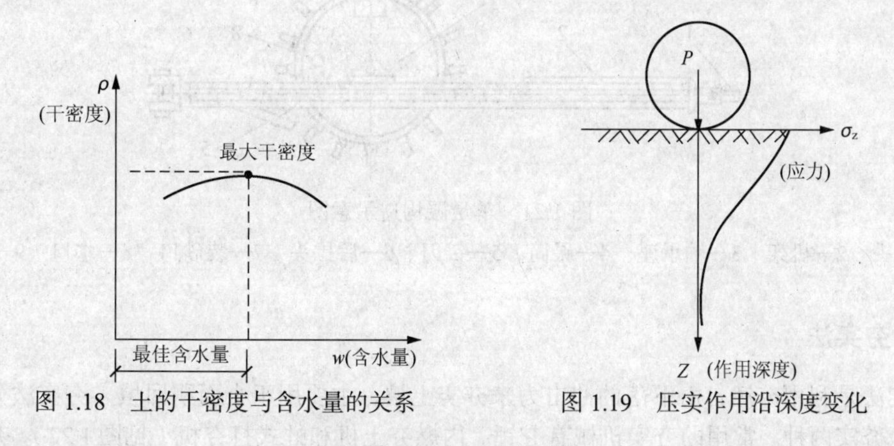

图 1.18 土的干密度与含水量的关系　　图 1.19 压实作用沿深度变化

表 1.13 每层铺土厚度与压实遍数

压 实 机 具	每层铺土厚度/mm	每层压实遍数
平碾	250~300	6~8
振动压实机	250~350	3 或 4
柴油打夯机	200~250	3 或 4
人工打夯	<200	3 或 4

三、填土压实方法

填土压实方法一般有碾压法、夯实法和振动压实法，如图 1.20 所示。

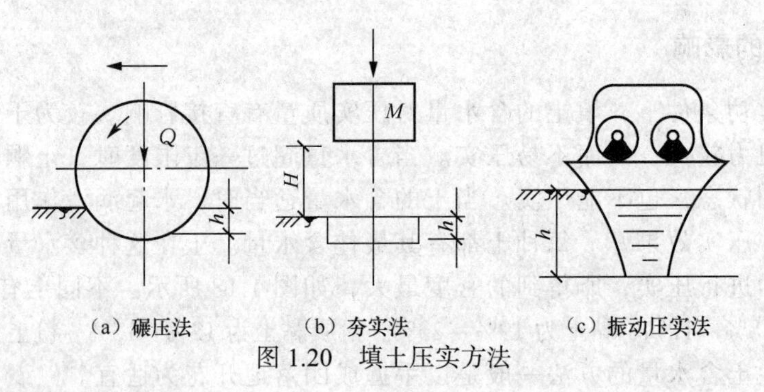

（a）碾压法　（b）夯实法　（c）振动压实法

图 1.20　填土压实方法

1．碾压法

碾压法是利用机械滚轮的压力压实土壤，使之达到所需的密实度，此法多用于大面积填土工程。碾压机械有光面碾（压路机）、羊足碾和气胎碾。光面碾对砂土、黏性土均可压实；羊足碾（见图 1.21）需要较大的牵引力，且只宜压实黏性土；气胎碾在工作时是弹性体，其压力均匀，填土压实质量较好。还可利用运土机械进行碾压，也是较经济合理的压实方案，施工时使运土机械行驶路线能大体均匀地分布在填土面积上，并达到一定重复行驶遍数，使其满足填土压实质量的要求。

碾压机械压实填方时，行驶速度不宜过快，一般平碾控制在 2 km/h，羊足碾控制在 3 km/h，否则会影响压实效果。

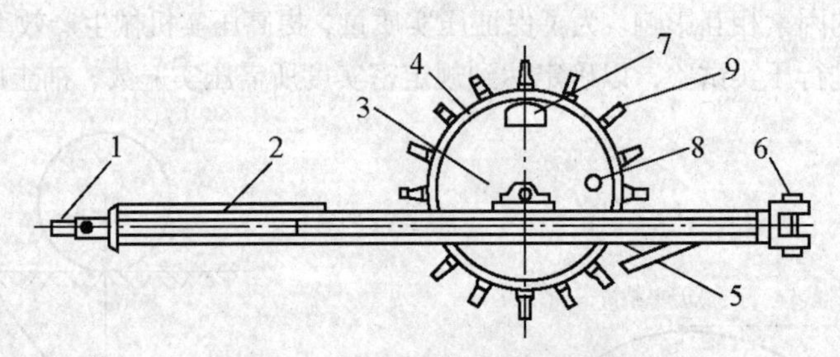

图 1.21　羊足碾构造示意图

1—前拉头　2—机架　3—轴承座　4—碾筒　5—铲刀　6—后拉头　7—装砂口　8—水口　9—羊碾头

2．夯实法

夯实法是利用夯锤自由下落的冲击力来夯实土壤，主要用于小面积回填。夯实法分人工夯实和机械夯实两种。常用的夯实机械有夯锤、内燃夯土机和蛙式打夯机（见图 1.22）。夯实法适用于夯实砂性土、湿陷性黄土、杂填土以及含有石块的填土。

3．振动压实法

振动压实法是将振动压实机械放在土层表面，借助振动机械使压实机械振动，土颗粒在振动力的作用下发生相对位移而达到紧密状态。这种方法用于振实非黏性土效果较好。

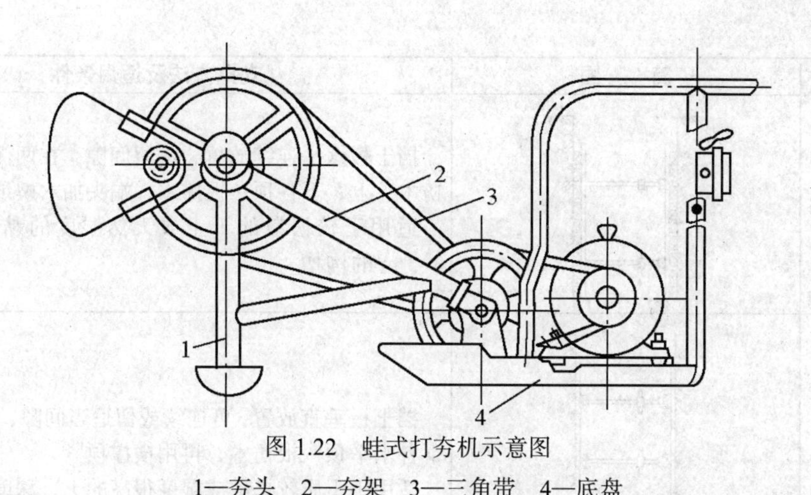

图 1.22　蛙式打夯机示意图

1—夯头　2—夯架　3—三角带　4—底盘

任务五　基坑支护与降排水

在土方工程施工过程中，当开挖的基坑底面低于地下水位时，地下水会不断渗入坑内，如果没有采取降水措施，会恶化施工条件。为了保持基坑干燥，防止由于水的浸泡发生边坡塌方和地基承载力下降，必须做好基坑的支护、排水、降水工作。

一、土壁支护

在开挖基坑或沟槽时，如果地质水文条件良好，场地周围条件允许，可以采用放坡开挖，这种方式比较经济。但是随着高层建筑的发展，以及建筑物密集地区施工基坑的增多，常因场地的限制而不能采取放坡，或放坡导致土方量增大，或地下水渗入基坑导致土坡失稳。此时，便可以采用土壁支护，以保证施工安全和顺利进行，并减少对邻近已有建筑物的不利影响。基坑支护应综合考虑工程地质与水文地质条件、基础类型、基坑开挖深度、降排水条件、周边环境对基坑侧壁位移的要求、基坑周边荷载、施工季节、支护结构使用期限等因素。

1. 沟槽的支撑

开挖较窄的沟槽多用横撑式支撑。横撑式支撑由挡土板、楞木和工具式横撑组成，根据挡土板的不同，分为水平挡土板和垂直挡土板两类，见表 1.14。

采用横撑式支撑时，应随挖随撑，支撑牢固。施工中应经常检查，如有松动、变形等现象时，应及时加固或更换。支撑的拆除应按回填顺序依次进行，多层支撑应自下而上逐层拆除，随拆随填。

表 1.14　　基槽、管沟的支撑方法

支撑方式	简　图	支撑方法及适用条件
断续式 水平支撑		挡土板水平放置，中间留出间隔，并在两侧同时对称立竖方木，然后用工具式横撑或木横撑上、下顶紧 适用于能保持直立壁的干土或天然湿度的黏土、深度在 3 m 以内的沟槽

续表

支撑方式	简图	支撑方法及适用条件
连续式水平支撑	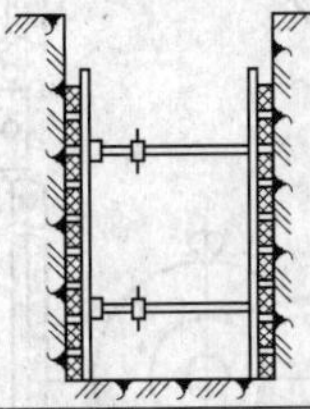	挡土板水平连续放置，不留间隙，在两侧同时对立竖枋木，上、下各顶一根撑木，端头加木楔顶紧 适用于较松散的干土或天然湿度的黏土、深度为3~5 m的沟槽
垂直支撑	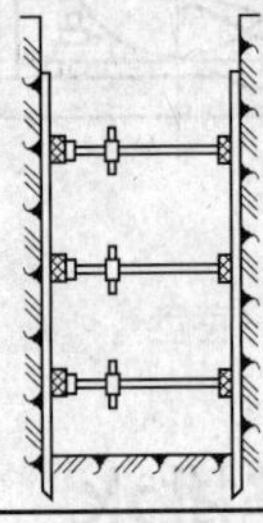	挡土板垂直放置，可连续或留适当间隙，然后每侧上、下各水平顶一根枋木，再用横撑顶紧 适用于土质较松散或湿度很高的土，深度不限

2. 一般浅基坑的支撑方法

一般浅基坑的支撑方法可根据基坑的宽度、深度及大小采用不同形式，见表1.15。

表1.15　一般浅基坑的支撑方法

支撑方式	简图	支撑方法及适用条件
临时挡土墙支撑	 扁丝编织袋或草袋装土、砂；或干砌、浆砌毛石	沿坡脚用砖、石叠砌或用装水泥的聚丙烯扁丝编织袋、草袋装土、砂堆砌，使坡脚保持稳定 适于开挖宽度大的基坑，当部分地段下部放坡不够时使用
斜柱支撑	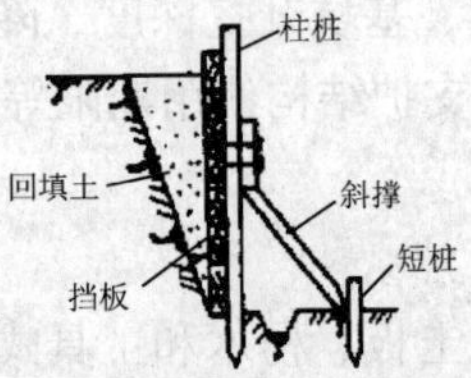 柱桩；回填土；斜撑；短桩；挡板	水平挡土板钉在柱桩内侧，柱桩外侧用斜撑支顶，斜撑底端支在短桩上，在挡土板内侧回填土 适用于开挖较大型、深度不大的基坑或使用机械挖土时
锚拉支撑	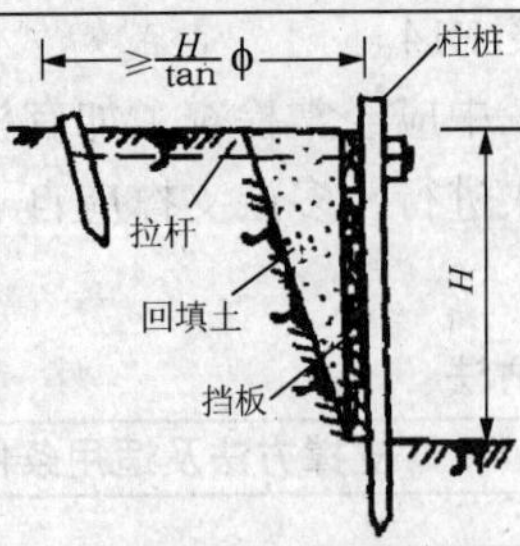 $\geqslant \frac{H}{\tan\phi}$；柱桩；拉杆；回填土；挡板；$H$	水平挡土板放在柱桩的内侧，柱桩一端打入土中，另一端用拉杆与锚桩拉紧，在挡土板内侧回填土 适于开挖较大型、深度不大的基坑或使用机械挖土，不能安设横撑时使用

二、深基坑支护

深基坑一般是指开挖深度超过5 m（含5 m）或地下室3层以上（含3层），或深度虽未超过5 m，但地质条件和周围环境及地下管线特别复杂的工程。深基坑支护是为保证地下结构施工及基坑周边环境的安全，对深基坑侧壁及周边环境采用的支档、加固与保护的措施。随着高层建筑及地下空间的出现，深基坑工程规模不断扩大。

1. 钢板桩支护

钢板桩是一种支护结构，既可挡土又可挡水。当开挖的基坑较深，地下水位较高且有出现流砂的危险时，如未采用降低地下水位的措施，则可用钢板桩打入土中，使地下水在土中渗流的路线延长，降低水力坡度，从而防止流砂现象。靠近原有建筑物开挖基坑时，为了防止和减少原建筑物下沉，也可打钢板桩支护。板桩有钢板桩、木板桩与钢筋混凝土板桩数种。钢板桩除用钢量多之外，其他性能比别的板桩都优越，钢板桩在临时工程中可多次重复使用。

（1）钢板桩分类

钢板桩的种类很多，常见的有 U 形板桩与 Z 形板桩、H 形板桩，如图 1.23 所示。其中以 U 形应用最多，可用于 5 ~ 10 m 深的基坑。

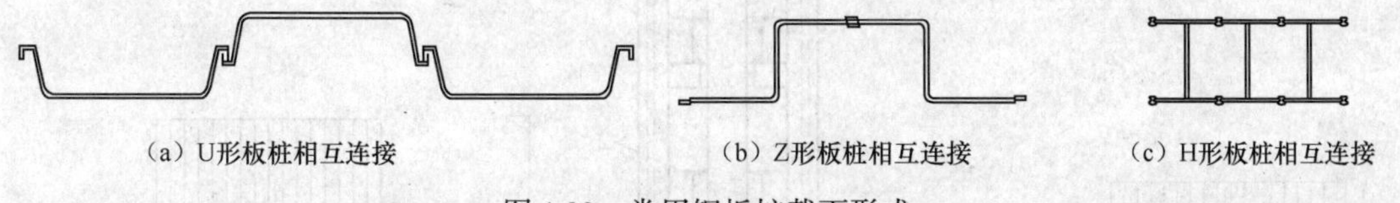

图 1.23 常用钢板桩截面形式

钢板桩根据有无锚桩结构，分为无锚板桩（也称悬臂式板桩）和有锚板桩两类。无锚板桩用于较浅的基坑，依靠入土部分的土压力来维持板桩的稳定。有锚板桩，是在板桩墙后设柔性系杆（如钢索、土锚杆等）或在板桩墙前设刚性支撑杆（如大型钢、钢管）加以固定，可用于开挖较深的基坑，该种板桩用得较多。板式支护结构如图 1.24 所示。

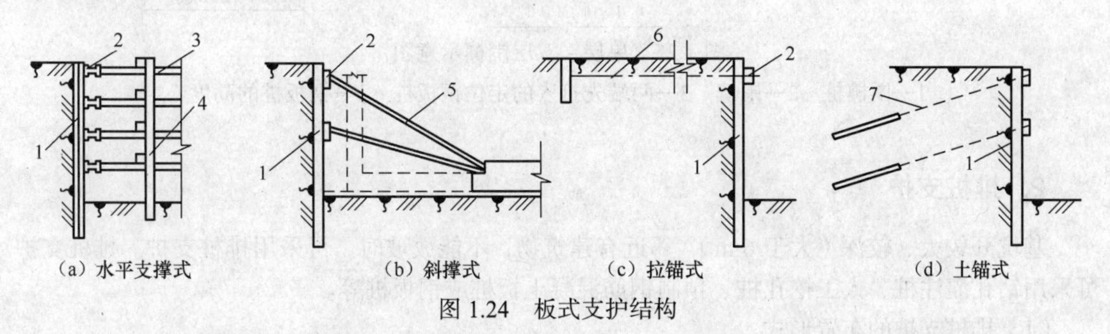

图 1.24 板式支护结构

1—板桩墙 2—围檩 3—钢支撑 4—竖撑 5—斜撑 6—拉锚 7—土锚杆

（2）钢板桩施工

钢板桩施工机具有冲击式打桩机，包括自由落锤、柴油锤、蒸汽锤等；振动打桩机，可用于打桩及拔桩；此外还有静力压桩机等。

钢板桩的位置应设置在基础最突出的边缘外，留有支模、拆模的余地，便于基础施工。在场地紧凑的情况下，也可利用钢板作底板或承台侧模，但必须配以纤维板（或油毛毡）等隔离材料，以方便钢板桩拔出。

钢板桩的打入方法主要有单根桩打入法、屏风式打入法、围檩打桩法。

① 单根桩打入法。将板桩一根根地打入至设计标高。这种施工法速度快，桩架高度相对可低一些，但容易倾斜，当板桩打设要求精度较高、板桩长度较长（大于 10 m）时，不宜采用这

种方法。

② 屏风式打入法。将 10～20 根板桩成排插入导架内，使之成屏风状，然后桩机来回施打，并使两端先打到要求深度，再将中间部分的板桩顺次打入。这种屏风施工法可防止板桩的倾斜与转动，对要求闭合的围护结构常用此法，缺点是施工速度比单桩施工法慢，且桩架较高。

③ 围檩打桩法。分单层、双层围檩，是在地面上一定高度处离轴线一定距离，先筑起单层或双层围檩架，而后将钢板桩依次在围檩中全部插好，待四角封闭合拢后，再逐渐按阶梯状将钢板桩逐块打至设计标高，如图 1.25 所示。这种方法能保证钢板桩墙的平面尺寸、垂直度和平整度，适用于精度要求高、数量不大的场合，缺点是施工复杂，施工速度慢，封闭合拢时需异形桩。

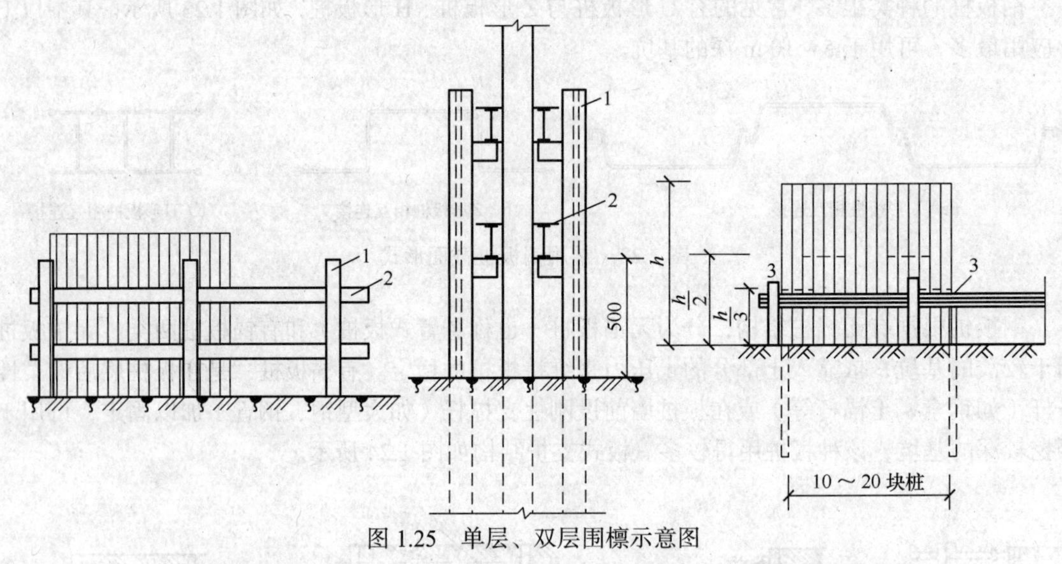

图 1.25　单层、双层围檩示意图

1—围檩桩　2—围檩　3—两端先打入的定位钢板桩　h—钢板桩的高度

2. 排桩支护

基坑开较大、较深（大于 6 m），邻近有建筑物，不能放坡时，可采用排桩支护。排桩支护可采用钻孔灌注桩、人工挖孔桩、预制钢筋混凝土板桩或钢板桩等。

（1）排桩支护的布置形式

① 柱列式排桩支护。当边坡土质较好、地下水位较低时，可利用土拱作用，以稀疏钻孔灌注桩或挖孔桩支挡土坡，如图 1.26（a）所示。

② 连续排桩支护。在软土中一般不能形成土拱，支挡桩应该连续密排，如图 1.26（b）所示。密排的钻孔桩可以互相搭接，或在桩身混凝土强度尚未形成时，在相邻桩之间做一根素混凝土树根桩把钻孔桩排连起来，如图 1.26（c）所示。也可以采用钢板桩支护、钢筋混凝土板桩支护，如图 1.26（d）、（e）所示。

③ 组合式排桩支护。在地下水位较高的软土地区，可采用钻孔灌注桩排桩与水泥土桩防渗墙组合的形式，如图 1.26（f）所示。

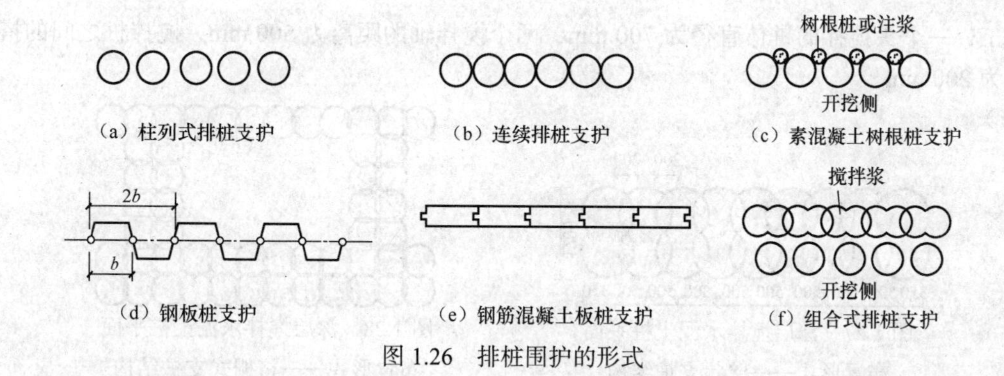

（a）柱列式排桩支护　（b）连续排桩支护　（c）素混凝土树根桩支护

（d）钢板桩支护　（e）钢筋混凝土板桩支护　（f）组合式排桩支护

图 1.26　排桩围护的形式

（2）排桩支护施工

① 钢筋混凝土挡土桩间距一般为 1.0 ~ 2.0 m，桩直径为 0.5 ~ 1.1 m，埋深为基坑深的 0.5 ~ 1.0 倍。桩配筋由计算确定，一般主筋为ϕ14 ~ ϕ32 mm，当为构造配筋时，每根桩不少于 8 根，箍筋采用ϕ8@100 ~ 200。

② 对于开挖深度不大于 6 m 的基坑，在场地条件允许的情况下，采用重力式深层搅拌桩挡墙较为理想。当场地受限制时，也可先用ϕ600 mm 密排悬臂钻孔桩，桩与桩之间可用树根桩封密，也可在灌注桩后注浆或打水泥搅拌桩作防水帷幕。

③ 对于开挖深度为 6 ~ 10 m 的基坑，常采用ϕ800 ~ ϕ1000 mm 的钻孔桩，后面加深层搅拌桩或注浆防水，并设 2 ~ 3 道支撑，支撑道数视土质情况、周围环境及围护结构变形要求而定。

④ 对于开挖深度大于 10 m 的基坑，以往常采用地下连续墙，设多层支撑，虽然安全可靠，但价格昂贵。近年来上海地区常采用ϕ800 ~ ϕ1000 mm 大直径钻孔桩代替地下连续墙，同样采用深层搅拌桩防水，多道支撑或中心岛施工法，这种支护结构已成功应用于开挖深度达到 13m 的基坑。

⑤ 排桩顶部应设钢筋混凝土冠梁连接，冠梁宽度（水平方向）不宜小于桩径，冠梁高度（竖直方向）不宜小于 400 mm，排桩与桩顶冠梁的混凝土强度宜大于 C20；当冠梁作为连系梁时可按构造配筋。

⑥ 基坑开挖后，排桩的桩间土防护可采用钢丝网混凝土护面、砖砌等处理方法，当桩间渗水时，应在护面设泄水孔。当基坑面在实际地下水位以上且土质较好、暴露时间较短时，可不对桩间土进行防护处理。

3. 水泥土桩墙支护

水泥土桩墙支护是加固软土地基的一种新方法，它是利用水泥、石灰等材料作为固化剂，通过深层搅拌机械，将软土和固化剂（浆液或粉体）强制搅拌，利用固化剂和软土之间所产生的一系列物理—化学反应，使软土硬结成具有整体性、水稳定性和一定强度的围护结构。其适用于以下条件：①基坑侧壁安全等级宜为二、三级；②水泥土墙施工范围内地基承载力不宜大于 150 kPa；③基坑深度不宜大于 6 m；④基坑周围具备水泥土墙的施工宽度；⑤深层搅拌法最适宜于各种成因的饱和软黏土，包括淤泥、淤泥质土、黏土和粉质黏土等。

深层搅拌桩支护结构是将搅拌桩相互搭接而成，平面布置可采用壁状体，如图 1.27 所示。若壁状的挡墙宽度不够时，可加大宽度，做成格栅状支护结构，如图 1.28 所示，即在支护结构宽度内，不需整个土体都进行搅拌加固，可按一定间距将土体加固成相互平行的纵向壁，再沿纵向按一定间距加固肋体，用肋体将纵向壁连接起来。这种挡土结构目前常采用双头搅拌机进行施工，一个头搅拌的桩体直径为 700 mm，两个搅拌轴的距离为 500 mm，搅拌桩之间的搭接距离为 200 mm。

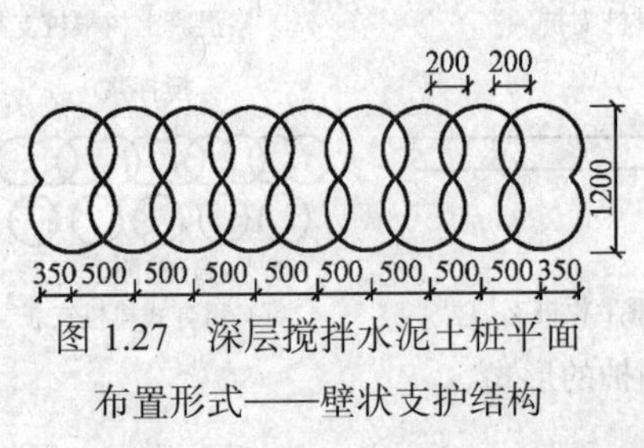

图 1.27　深层搅拌水泥土桩平面布置形式——壁状支护结构

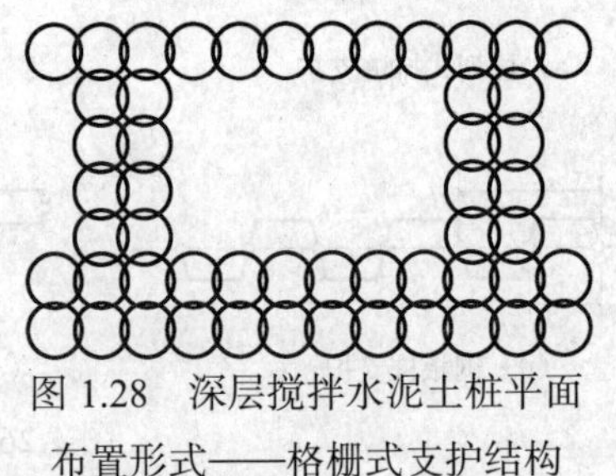
图 1.28　深层搅拌水泥土桩平面布置形式——格栅式支护结构

墙体宽度 B 和插入深度 D 应根据基坑深度、土质情况及其物理性能、力学性能、周围环境、地面荷载等计算确定。在软土地区，当基坑开挖深度 $h\leqslant 5$m 时，可按经验取 B 为（0.6～0.8）h，尺寸以 500 mm 进位，D 为（0.8～1.2）h。基坑深度一般控制在 7 m 以内，过深则不经济。根据使用要求和受力特性，搅拌桩挡土结构的竖向断面形式如图 1.29 所示。

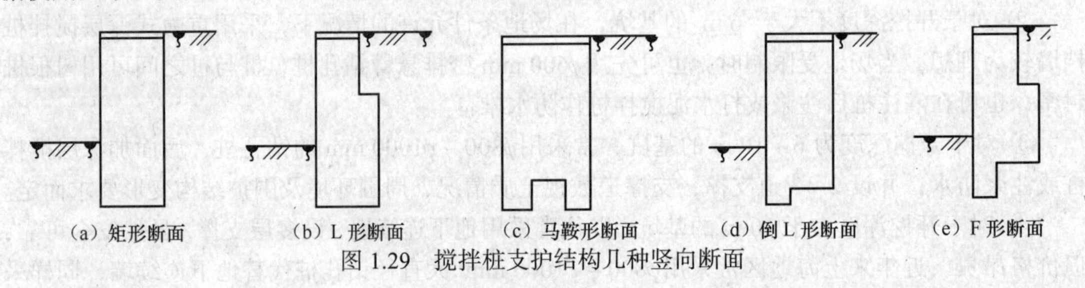

图 1.29　搅拌桩支护结构几种竖向断面

水泥土桩墙工程主要施工机械采用深层搅拌机。目前，我国生产的深层搅拌机主要分为单轴搅拌机和双轴搅拌机。水泥土桩墙工程施工工艺如图 1.30 所示。深层搅拌桩施工可采用湿法（喷浆）及干法（喷粉）施工，施工时应优先选用喷浆法双轴型深层搅拌机。

① 定位。桩架定位及保证垂直度。深层搅拌机桩架到达指定桩位、对中。当场地标高不符合设计要求或起伏不平时，应先进行开挖、整平。施工时桩位偏差应小于 5 cm，桩的垂直度误差不超过 1%。

② 预搅下沉。待深层搅拌机的冷却水循环正常后，起动搅拌机的电动机，放松起重机的钢线绳，使搅拌机沿导向架搅拌切土下沉，下沉速度可由电动机的电流表控制。工作电流不应大于 70 A。如果下沉速度太慢，可从输浆系统补给清水以利钻进。

③ 制备水泥浆。按设计要求的配合比拌制水泥浆，压浆前将水泥浆倒入集料斗中。

④ 提升、喷浆并搅拌。深层搅拌机下沉到设计深度后，开启灰浆泵将水泥浆压入地基土中，并且边喷浆、边旋转，同时严格按照设计确定的提升速度提升搅拌头。

⑤ 重复搅拌或重复喷浆。搅拌头提升至设计加固深度的顶面标高时，集料斗中的水泥浆应正好排空。为使软土和水泥浆搅拌均匀，可再次将搅拌头边旋转边沉入土中，至设计加固深度后再将搅拌头提升出地面。有时可采用复搅、复喷（即二次喷浆）方法。在第一次喷浆至顶面标高，喷完总量的 60%浆量，将搅拌头边搅边沉入土中，至设计深度后，再将搅拌头边提升边搅拌，并喷完余下的 40%浆量。喷浆搅拌时搅拌头的提升速度不应超过 0.5 m/min。

⑥ 移位。桩架移至下一桩位施工。下一桩位施工应在前桩水泥土尚未固化时进行。相邻桩的搭接宽度不宜小于 200 mm。相邻桩喷浆工艺的施工时间间隔不宜大于 10 h。施工开始和结束的头尾搭接处，应采取加强措施，防止出现沟缝。

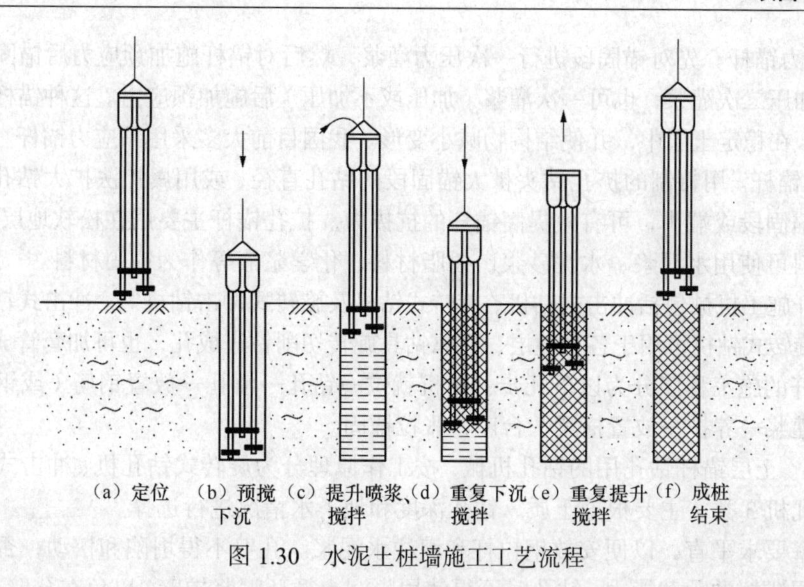

图 1.30　水泥土桩墙施工工艺流程

4. 土层锚杆

土层锚杆简称土锚杆，是在地面或深开挖的地下室墙面或基坑立壁未开挖的土层钻孔，达到设计深度后，或在扩大孔端部，形成球状或其他形状，在孔内放入钢筋或其他抗拉材料，灌入水泥浆与土层结合成为抗拉强度高的锚杆。为了均匀分配传到连续墙或柱列式灌注桩上的土压力，减少墙、柱的水平位移和配筋，一端采用锚杆与墙、柱连接，另一端锚固在土层中，用以维持坑壁的稳定。

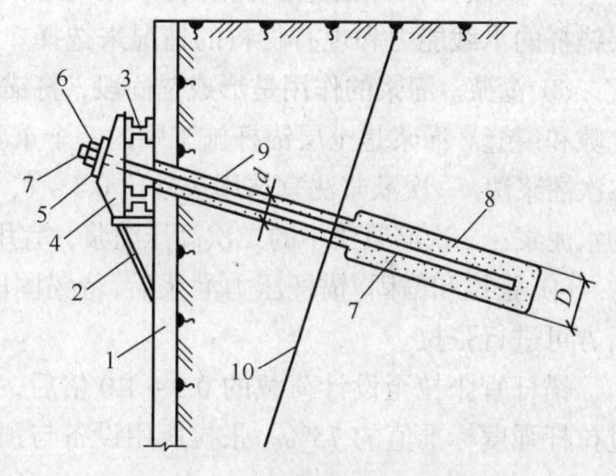

图 1.31　土层锚杆的构造

1—挡墙　2—承托支架　3—横梁　4—台座　5—承压板　6—锚具　7—钢拉杆　8—水泥浆或砂浆锚固体　9—非锚固段　10—滑动面　D—锚固体直径　d—拉杆直径

锚杆由锚头、拉杆和锚固体组成。锚头由锚具、承压板、横梁和台座组成；拉杆采用钢筋、钢绞线制成；锚固体是由水泥浆或水泥砂浆将拉杆与土体连接成一体的抗拔构件，如图1.31 所示。

锚杆代替内支撑，它设置在围护墙背后，因而在基坑内有较大的空间，有利于挖土施工。锚杆施工机械及设备的作业空间不大，因此可适用于各种地形及场地。锚杆可采用预加拉力，以控制结构的变形量。施工时的噪声和振动均很小。

土层锚杆适用于基坑侧壁安全等级一、二、三级，一般黏土、砂土地基皆可应用，软土、淤泥质土地基要进行实验确认后应用，适用于难以采用支撑的大面积深基坑，不宜用于地下水多、含有化学腐蚀物的土层和松散软弱土层。

土层锚杆主要有如下几种类型。

① 一般灌浆锚杆。钻孔后放入受拉杆件，然后用砂浆泵将水泥浆或水泥砂浆注入孔内，经养护后即可承受拉力。

② 高压灌浆锚杆（又称预压锚杆）。其与一般灌浆锚杆的不同点是在灌浆阶段对水泥砂浆施加一定的压力，使水泥砂浆在压力下压入孔壁四周的裂缝并在压力下固结，从而使锚杆具有较大的抗拔力。

③ 预应力锚杆。先对锚固段进行一次压力灌浆，然后对锚杆施加预应力后锚固，并在非锚固段进行不加压二次灌浆，也可一次灌浆（加压或不加压）后施加预应力。这种锚杆可穿过松软地层而锚固，在稳定土层中，并使结构物减小变形。我国目前大多采用预应力锚杆。

④ 扩孔锚杆。用特制的扩孔钻头扩大锚固段的钻孔直径，或用爆扩法扩大钻孔端头，从而形成扩大的锚固段或端头，可有效提高锚杆的抗拔力。扩孔锚杆主要用在松软地层中。

灌浆材料可使用水泥浆、水泥砂浆、树脂材料、化学浆液等作为锚固材料。

土层锚杆施工机械包括冲击式钻机、旋转式钻机及旋转式冲击钻机等。冲击式钻机适用于砂石层地层。旋转式钻机可用于各种地层，它靠钻具旋转切削钻进成孔，也可加套管成孔。

土层锚杆的施工程序分为以下几步：钻机就位→钻孔→清孔→放置钢筋（或钢绞线）及灌浆管→压力灌浆→养护→放置横梁、台座，张拉锚固。

① 钻孔。土层锚杆钻孔用的钻孔机械，按工作原理分为旋转式钻孔机、冲击式钻孔机和旋转冲击式钻孔机 3 类，主要根据土质、钻孔深度和地下水情况进行选择。

锚杆孔壁要求平直，以便安放钢拉杆和灌注水泥浆。孔壁不得坍陷和松动，否则影响钢拉杆安放和土层锚杆的承载能力。钻孔时不得使用膨润土循环泥浆护壁，以免在孔壁上形成泥皮，降低锚固体与土壁向的摩阻力。

② 安放拉杆。土层锚杆用的拉杆，常用的有钢管、粗钢筋、钢丝束和钢绞线，主要根据土层锚杆的承载能力和现有材料的情况来选择。

③ 灌浆。灌浆的作用是形成锚固段，将锚杆锚固在土层中；防止钢拉杆腐蚀；充填土层中的孔隙和裂缝。灌浆是土层锚杆施工中的一个重要工序，施工时应做好记录。灌浆有一次灌浆法和二次灌浆法。一次灌浆法宜选用灰砂比 0.5 ~ 1、水灰比 0.38 ~ 0.45 的水泥砂浆，或水灰比 0.4 ~ 0.50 的水泥浆；二次灌浆法中的二次高压灌浆，宜用水灰比 0.45 ~ 0.55 的水泥浆。

④ 张拉和锚固。锚杆压力灌浆后，待锚固段的强度大于 15 MPa 并达到设计强度等级的 75% 后方可进行张拉。

锚杆宜张拉至设计荷载的 0.9 ~ 1.0 倍后，再按设计要求锁定。锚杆张拉控制应力，不应超过拉杆强度标准值的 75%。张拉所用设备与预应力结构张拉所用设备相同。

5. 土钉墙支护结构

土钉墙支护是在基坑开挖过程中将较密排列的土钉（细长杆件）置于原位土体中，并在坡面上喷射钢筋网混凝土面层。通过土钉、土体和喷射混凝土面层的共同工作，形成复合土体。土钉墙支护充分利用土层介质的自承力，形成自稳结构，承担较小的变形压力，土钉承受主要拉力，喷射混凝土面层调节表面应力分布，体现整体作用。同时由于土钉排列较密，通过高压注浆扩散后使土体性能提高。土钉墙支护如图 1.32 所示。

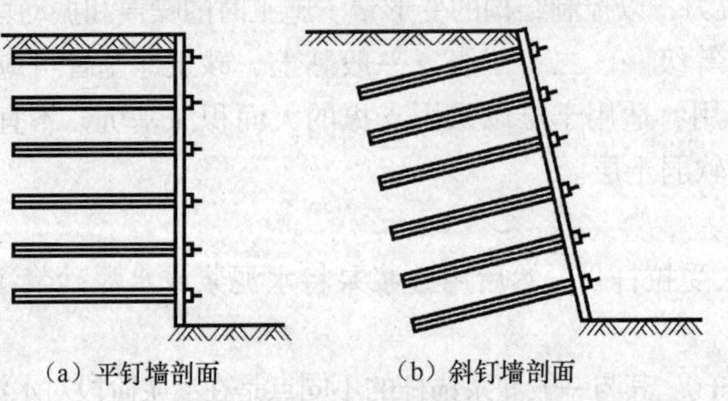

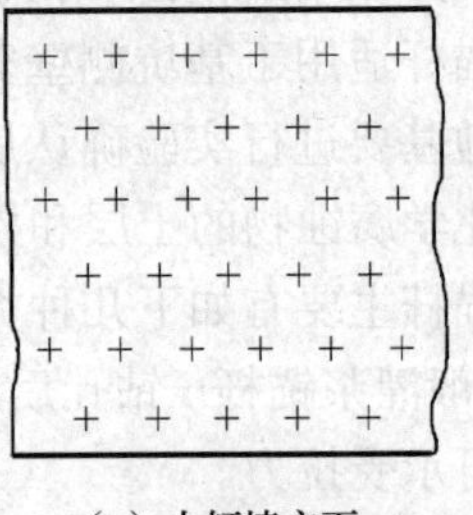

（a）平钉墙剖面　　（b）斜钉墙剖面　　（c）土钉墙立面

图 1.32　土钉墙支护简图

土钉墙支护是边开挖边支护，流水作业，不占独立工期，施工快捷。设备简单，操作方便，施工所需场地小。材料用量和工程量小，经济效果好。土体位移小，采用信息化施工，发现墙体变形过大或土质变化，可及时修改、加固或补救，确保施工安全。适用于基坑侧壁安全等级为二、三级非软土场地，地下水位较低的黏土、砂土、粉土地基，土钉墙基坑深度不宜大于 12 m，当地下水位高于基坑底面时，应采取降水或截水措施。

（1）土钉墙的基本构造

① 土钉长度。一般对非饱和土，土钉长度 L 与开挖深度 h 之比值为 0.6 ~ 1.2，密实砂土及干硬性黏土取小值。为减少变形，顶部土钉长度宜适当增加。非饱和土底部土钉长度可适当减少，但不宜小于 0.5 h。对于饱和软土，由于土体抗剪能力很低，土钉内力因水压作用而增加，设计时取 L/h 值大于 1 为宜。

② 土钉间距。土钉间距的大小影响土体的整体作用效果，目前尚不能给出有足够理论依据的定量指标。土钉的水平间距和垂直间距一般宜为 1.2 ~ 2.0 m。垂直间距依土层及计算确定，且与开挖深度相对应。上下插筋交错排列，遇局部软弱土层间距可小于 1.0 m。

③ 土钉直径。最常用的土钉材料是变形钢筋、圆钢、钢管及角钢等。当采用钢筋时，一般为ϕ18 ~ ϕ32 mm 高强度带肋钢筋；当采用角钢时，一般为∟50 mm×50 mm×5 mm 角钢；当采用钢管时，一般为ϕ50 mm 钢管。

④ 土钉倾角。土钉垂直方向向下倾角一般在 5° ~ 20°，土钉倾角取决于注浆钻孔工艺与土体分层特点等多种因素。研究表明，倾角越小，支护的变形越小，但注浆质量较难控制。倾角越大，支护的变形越大，但倾角大，有利于土钉插入下层较好的土层内。

⑤ 注浆材料。用水泥砂浆或水泥素浆，其强度等级不宜低于 M10。水泥采用普通硅酸盐水泥，水灰比 0.5 ~ 2.5，水泥砂浆配合比宜为 0.5 ~ 1（质量比）。

⑥ 支护面层。土钉支护中的喷射混凝土面层不属于主要挡土部件，在土体自重作用下主要是稳定开挖面上的局部土体，防止其崩落和受到侵蚀。临时性土钉支护的面层通常用 50 ~ 150 mm 厚的钢筋网喷射混凝土，混凝土强度等级不低于 C20。钢筋网常用ϕ6 ~ ϕ8 mm 钢筋焊成 15 ~ 30 cm 方格网片。永久性土钉墙支护面层厚度为 150 ~ 250 mm，设两层钢筋网，分两次喷成。

（2）土钉墙支护的施工

土钉墙支护的成功与否不仅与结构设计有关，而且在很大程度上取决于施工方法、施工工序和施工速度，设计与施工的紧密配合是土钉墙支护成功的重要环节。

土钉墙支护施工设备主要有钻孔设备、混凝土喷射机及注浆泵。

土钉墙支护施工应按设计要求自上而下、分层分段进行。土钉墙施工工艺流程及技术要点如下。

① 开挖、修坡。土方开挖用挖掘机作业，挖掘机开挖应离预定边坡线 0.4 m 以上，以保证土方开挖少扰动边坡壁的原状土，一次开挖深度由设计确定，一般为 1.0 ~ 2.0 m，土质较差时应小于 0.75 m。正面宽度不宜过长，开挖后，用人工及时修整。边坡坡度不宜大于 10∶1。

② 在开挖面上进行土钉施工。

a. 成孔。按设计规定的孔径、孔距及倾角成孔，孔径宜为 70 ~ 120 mm。成孔方法有洛阳铲成孔和机械成孔。成孔后及时将土钉（连同注浆管）送入孔中，沿土钉长度每隔 2.0 m，设置一对中支架。

b. 设置土钉。土钉的置入可分为钻孔置入、打入或射入方式。最常用的是钻孔注浆土钉。钻孔注浆土钉是先在土中成孔，置入变形钢筋或钢管，然后沿全长注浆填孔。打入土钉是用机械（振动冲击钻、液压锤），将角钢、钢筋或钢管打入土体。打入土钉不注浆，与土体接触面积小，钉长受限制，所以布置较密，其优点是不需预先钻孔，施工较为快速。射入土钉是用高压气体作动力，将土钉射入土体。射入钉的土钉直径和钉长受一定限制，但施工速度更快。注浆打入钉是将周围带孔、端部密闭的钢管打入土体后，从管内注浆，并透过壁孔将浆体渗到周围土体。

c. 注浆。注浆时先高速低压从孔底注浆，当水泥浆从孔口溢出后，再低速高压从孔口注浆。水泥浆、水泥砂浆应拌和均匀，随伴随用，一次拌和的浆液应在初凝前用完。注浆前应将孔内的杂土清除干净；注浆开始或中途停止超过 30 min 时，应用水或稀水泥浆润滑注浆泵及其管路；注浆时，注浆管应插至距孔底 250 ~ 500 mm 处，孔口宜设置止浆塞及排气管。

d. 绑钢筋网，焊接土钉头。层与层之间的竖筋用对钩连接，竖筋与横筋之间用扎丝固定，土钉与加强钢筋或垫板施焊。

e. 喷射混凝土面层。

f. 继续向下开挖有限深度，并重复上述步骤。这里需要注意第一层土钉施工完毕后，等注浆材料达到设计强度的 70%以上，方可进行下层土方开挖，按此循环直至坑底标高。

按此循环，直到坑底标高，最后设置坡顶及坡底排水装置。

当土质较好时，也可采取如下顺序：确定基坑开挖边线→按线开挖工作面→修整边坡→埋设喷射混凝土厚度控制标志→放土钉孔位线并做标志→成孔→安设土钉、注浆→绑扎钢筋网，土钉与加强钢筋或承压板连接，设置钢筋网垫块→喷射混凝土→下一层施工。

6. 逆作法支护

逆作法施工是以地面为起点，先建地下室的外墙和中间支撑桩，然后由上而下逐层建造梁、板或框架，利用它们做水平支撑系统，进行下部地下工程的结构施工，这种地下室施工不同于传统方法的先开挖土方到底，浇筑底板，然后自下而上逐层施工的方法，故称为逆作法，如图 1.33 所示。与传统的施工方法相比，用逆作法施工多层地下室可节省支护结构的支撑，可以缩短工程施工的总工期，基坑变形减小，相邻建筑物等沉降少。

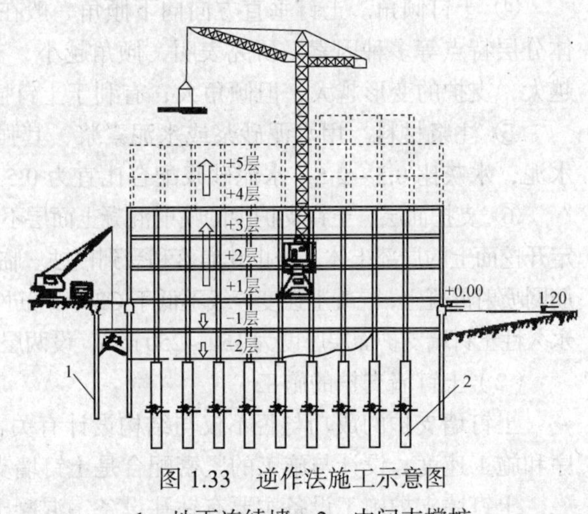

图 1.33 逆作法施工示意图

1—地下连续墙 2—中间支撑桩

逆作法施工可分为封闭式逆作法施工（又称全逆作法施工）和开敞式逆作法施工（又称半逆作法施工），具体选用哪种施工方法，需根据结构体系、基础选型、建筑物周围环境以及施工机具与施工经验等因素确定。

在土方开挖之前，先浇筑地下连续墙，作为该建筑的基础墙或基坑支护结构的围护墙，同时在建筑物内部浇筑或打下中间支撑桩（又称中支桩）。然后开挖土方至地下一层顶面底的标高处，浇筑该层的楼盖结构（留有部分工作面），这样已完成的地下一层顶面楼盖结构即作为周围地下连续墙的水平支撑。然后由上向下逐层开挖土方和浇筑各层地下结构，直至底板封底。同时，由于地面一层的楼面结构已完成，为上部结构施工创造了条件，这样可以同时向上逐层进行地上结构的施工。

开敞式逆作法即在地面以下，从地面开始向地下室底面施工。地下部分施工方法与封闭式逆作法相同，只是不同时施工地上部分。

三、基坑降水排水

在基坑开挖过程中，当基坑底面低于地下水位时，由于土壤的含水层被切断，地下水将不断渗入基坑。这时如不采取有效措施排水，降低地下水位，不但会使施工条件恶化，而且基坑经水浸泡后会导致地基承载能力的下降和边坡塌方。因此为了保证工程质量和施工安全，在基坑开挖前或开挖过程中，必须采取措施降低地下水位，使基坑在开挖中坑底始终保持干燥。对于地面水（雨水、生活污水），一般采取在基坑四周或流水的上游设排水沟、截水沟或挡水土堤等办法解决。对于地下水则常采用人工降低地下水位的方法，使地下水位降至所需开挖的深度以下。无论采用何种方法，降水工作都应持续到基础工程施工完毕并回填土后才可停止。

1. 降水方法、类别及适用条件

基坑的排水降水方法很多，一般常用的有明排水法和井点降水法两类。

① 明排水法是在基坑开挖过程中，在坑底设置集水井，并沿坑底的周围或中央开挖排水沟，使水流入集水井内，然后用水泵抽出坑外。明排水法包括普通明沟排水法和分层明沟排水法。

② 井点降水法是在基坑的周围埋下深于基坑底的井点或管井，以总管连接抽水，使地下水位下降形成一个降落漏斗，并降低到坑底以下 0.5 ~ 1.0 m，从而保证可在干燥无水的状态下挖土，不但可防止流沙、基坑边坡失稳等问题，而且便于施工。井点降水方法的种类有单层轻型井点、多层轻型井点、喷射井点、电渗井点、管井井点、深井井点等。

井点降水法可根据土的种类、透水层位置、厚度、土的渗透系数、水的补给源、井点布置形式、要求降水深度、邻近建筑、管线情况、工程特点、场地及设备条件以及施工技术水平等情况比较，做出经济和节能的选择，选用一种或两种，或井点与明沟排水综合使用，可参照表 1.16。

表 1.16 各类井点降水法的适用范围

井点降水法类型	土层渗透系数/（m/d）	降低水位深度/m	适用土层种类
单层轻型井点	0.1 ~ 80	3 ~ 6	粉砂、砂质粉土、黏质粉土、含薄层粉砂层的粉质黏土
多层轻型井点	0.1 ~ 80	6 ~ 12（由井点级数决定）	粉砂、砂质粉土、黏质粉土、含薄层粉砂层的粉质黏土
喷射井点	0.1 ~ 50	8 ~ 20	粉砂、砂质粉土、黏质粉土、粉质黏土、含薄层粉砂层的淤泥质粉质黏土
电渗井点	≤0.1	根据阴极井点确定（宜配合其他形式降水使用）	淤泥质粉质黏土、淤泥质黏土
管井井点	20 ~ 200	3 ~ 5	各种砂土、砂质粉土
深井井点	10 ~ 80	≥10 或降低深部地层承压水头	各种砂土、砂质粉土

一般来讲，当土质情况良好，土的降水深度不大，可采用单层轻型井点；当降水深度超过 6 m，且土层垂直渗透系数较小时，宜用二级轻型井点或多层轻型井点，或在坑中另布置井点，以分别降低上层土及下层土的水位。当土的渗透系数小于 0.1 m/d 时，可在一侧增加电极，改用电渗井点降水；如土质较差，降水深度较大，采用多层轻型井点设备增多，土方量增大，经济效率低，可采用喷射井点较为适宜；如果降水深度不大，土的渗透系数大，涌水量大，降水时间长，可选用管井井点；如果降水很深，涌水量大，土层复杂多变，降水时间很长，此时宜选用深井井点，最为有效而经济。当各种井点降水方法影响邻近建筑物产生不均匀沉降和使用安全，应采用回灌井点或在基坑有建筑物一侧采用旋喷桩加固土壤和防渗，对侧壁和坑底进行加固处理。

2. 基坑明排水法

(1) 普通明沟排水法

普通明沟排水法是采用截、疏、抽的方法进行排水，即在开挖基坑时，沿坑底周围或中央开挖排水沟，再在沟底设置集水井，使基坑内的水经排水沟流入集水井内，然后用水泵抽出坑外，如图 1.34 和图 1.35 所示。

根据地下水量、基坑平面形状及水泵的抽水能力，每隔 30 ~ 40 m 设置一个集水井。集水井的截面一般为 0.6 m×0.6 m ~ 0.8 m×0.8 m，其深度随着挖土的加深而加深，并保持低于挖土面 0.8 ~ 1.0 m，井壁可用竹笼、砖圈、木枋或钢筋笼等做简易加固；当基坑挖至设计标高后，井底应低于坑底 1 ~ 2 m，并铺设 0.3 m 碎石滤水层，以免由于抽水时间较长而将泥沙抽出，并防止井底的土被搅动。一般基坑排水沟深 0.3 ~ 0.6 m，底宽应不小于 0.3 m，排水沟的边坡为 1.1 ~ 1.5 m，沟底设有 0.2% ~ 0.5%的纵坡，其深度随着挖土的加深而加深，并保持水流的畅通。基坑四周的排水沟及集水井必须设置在基础范围以外，以及地下水流的上游。

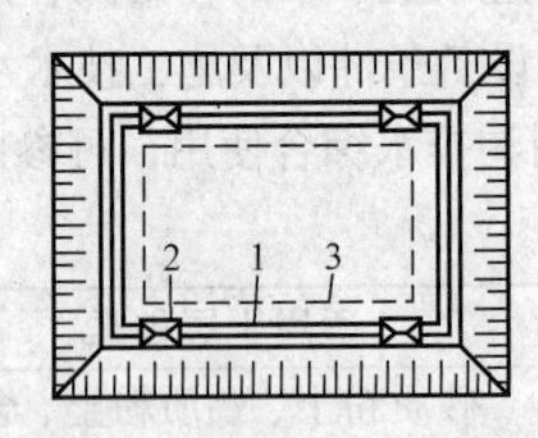

图 1.34 坑内明沟排水

1—排水沟 2—集水井 3—基础外边线

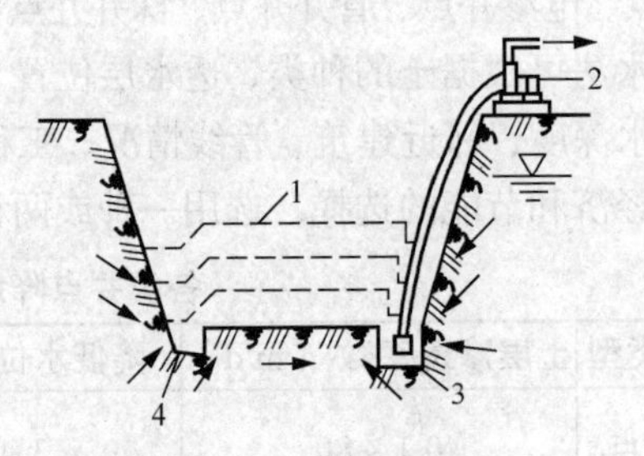

图 1.35 集水井降水

1—基坑 2—水泵 3—集水井 4—排水坑

集水坑排水所用机具主要为离心泵、潜水泵和软轴泵。选用水泵类型时，一般取水泵的排水量为基坑涌水量的 1.5 ~ 2.0 倍。

(2) 分层明沟排水法

基坑较深，开挖土层由多种土壤组成，中部夹有透水性强的砂类土壤时，为避免上层地下水冲刷下部边坡，造成塌方，可在基坑边坡上设置 2 ~ 3 层明沟及相应的集水井，分层阻截土层中的地下水，如图 1.36 所示。这样一层一层地加深排水沟和集水井，逐步达到设计要求的基坑断面和坑底标高，其排水沟与集水井的设置及基本构造，基本与普通明沟排水法相同。

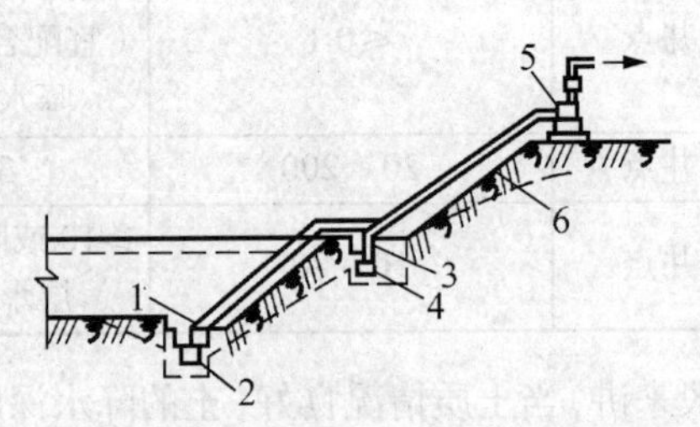

图 1.36 分层明沟排水

1—底层排水沟 2—底层集水井 3—二层排水沟
4—二层集水井 5—水泵 6—水位降低线

3. 人工降水

(1) 轻型井点

轻型井点降低地下水位是沿基坑周围以一定的间距埋入井点管（下端为滤管），在地面上用水平铺设的集水总管将各井点管连接起来，在一定位置设置离心泵和水力喷射器，离心泵驱动工作水，当水流通过喷嘴时形成局部真空，地下水在真空吸力的作用下经滤管进入井管，然后经集水总管排出，从而降低了水位。

① 设备。轻型井点系统由井点管、连接管、集水总管及抽水设备等组成，如图 1.37 所示。

a. 井点管。井点管多用无缝钢管，长度一般为 5～7 m，直径为 38～55 mm。井点管的下端装有滤管和管尖，其构造如图 1.38 所示。滤管直径常与井点管直径相同，长度为 1.0～1.7 m，管壁上钻有直径为 12～18 mm 的星棋状排列滤孔。管壁外包两层滤网，内层为细滤网，采用 30～50 孔/cm 的黄铜丝布或生丝布，外层为粗滤网，采用 8～10 孔/cm 的铁丝布或尼龙丝布。常用的滤网类型有方织网、斜织网和平织网。一般在细砂中适宜采用平织网，中砂中宜采用斜织网，粗砂、砾石中则用方织网。为避免滤孔淤塞，在管壁与滤网间用铁丝绕成螺旋形隔开，滤网外面再围一层 8 号粗铁丝保护网。滤管下端放一个锥形铸铁头以利井管插埋。井点管的上端用弯管接头与总管相连。

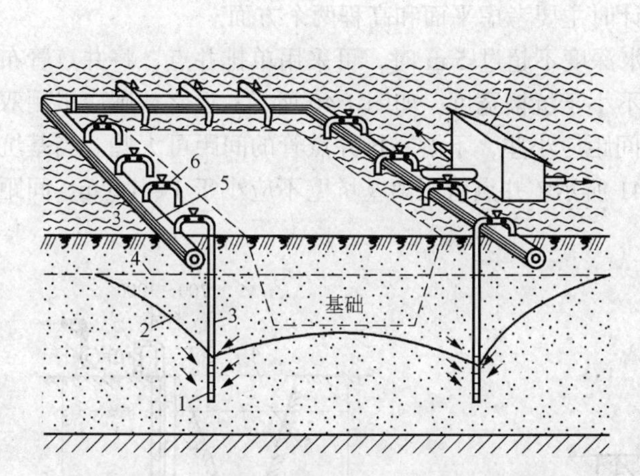

图 1.37　轻型井点降低地下水位全貌示意图

1—滤管　2—降低各地下水位线　3—井点管

4—原有地下水位线　5—集水总管

6—连接管　7—水泵房

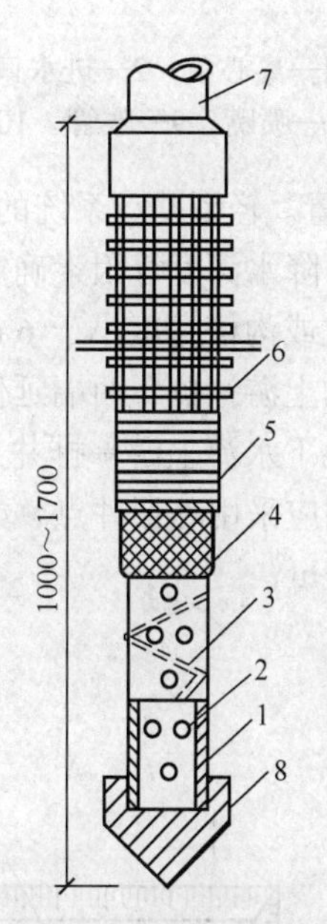

图 1.38　滤管构造

1—钢管　2—管壁上的小孔　3—缠绕的塑料管

4—细滤网　5—粗滤网　6—粗铁丝保护网

7—井点管　8—铸铁头

b. 连接管与集水总管。连接管用胶皮管、塑料透明管或钢管弯头制成，直径为 38～55 mm。每个连接管均宜装设阀门，以便检修井点。集水总管一般用直径为 100～127 mm 的钢管分布连接，每节长约 4 m，其上装有与井点管相连接的短接头，间距 0.8 m 或 1.2 m 或 1.6 m。

c. 抽水设备。现在多使用射流泵井点，如图 1.39 所示。射流泵采用离心泵驱动工作水运转，当水流通过喷嘴时，由于截面收缩，流速突然增大而在周围产生真空，把地下水吸出，而水箱内的水呈一个大气压的天然状态。射流泵能产生较高真空度，但排气量小，稍有漏气则真空度易下降，因此它带动的井点管根数较少。但它耗电少、质量轻、体积小、机动灵活。

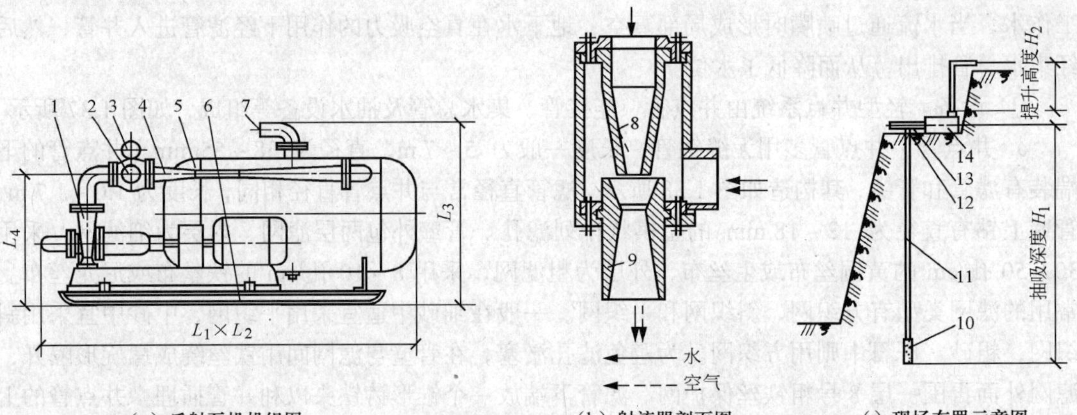

（a）反射泵机机组图　（b）射流器剖面图　（）现场布置示意图

图 1.39　射流泵井点系统工作简图

l—离心泵　2—进水口　3—真空表　4—射流器　5—水箱　6—底座　7—出水口

8—喷嘴　9—喉管　10—滤管　11—井点管　12—软管　13—集水总管　14—机组

② 布置。轻型井点系统的布置，应根据基坑平面形状及尺寸、基坑的深度、土质、地下水位及流向、降水深度等因素确定。设计时主要考虑平面和高程两个方面。

当基坑或沟槽宽度小于 6 m，降水深度不超过 5 m 时，可采用单排井点，将井点管布置在地下水流的上游一侧，两端延伸长度不小于坑槽宽度，如图 1.40 所示；反之，则应采用双排井点，位于地下水流上游一排井点管的间距应小些，下游一排井点管的间距可大些。当基坑面积较大时，则应采用环形井点，如图 1.41 所示。井点管距离基坑壁不应小于 1 ~ 1.5 m，间距一般为 0.8 ~ 1.6 m。

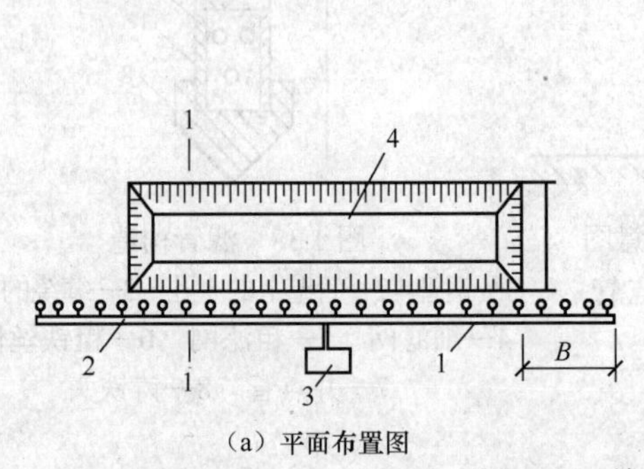

（a）平面布置图　（b）剖视图

图 1.40　单排井点布置图

1—井点管　2—集水总管　3—抽水设备　4—基坑　5—原地下水位线　6—降低后地下水位线

③ 施工工艺。井点施工工艺包括以下步骤：定位放线→铺设总管→冲孔→安装井点管→添砂砾滤料、黏土封口→用连接管接通井点管与集水总管→安装抽水设备并与集水总管接通→安装集水箱和排水管→真空泵排气→离心水泵抽水→测量观测井中地下水位变化。

a. 准备工作。根据工程情况与地质条件，确定降水方案，进行轻型井点的设计计算。根据设计准备所需的井点设备、动力装置、井点管、滤管、集水总管及必要的材料。施工现场准备工作包括排挖水沟、泵站的处理等。对于在抽水影响半径范围内的建筑物及地下管线应设置监测标点，并准备好防止沉降的措施。

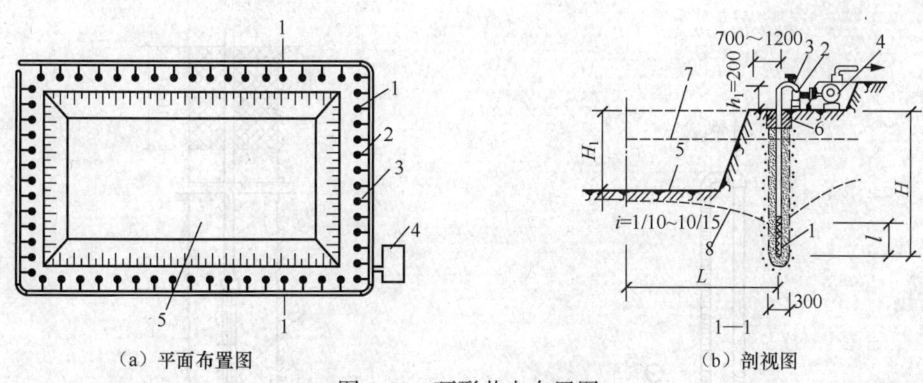

（a）平面布置图　（b）剖视图

图 1.41　环形井点布置图

1—井点　2—集水总管　3—连接管　4—抽水设备　5—基坑

6—填黏土　7—原地下水位线　8—降低后地下水位线

b. 井点管的埋设。井点管的埋设一般用水冲法进行，并分为冲孔与埋管填料两个过程。冲孔时先用起重设备将直径为 50 ~ 70 mm 的冲管吊起，并插在井点埋设位置上，然后开动高压水泵（一般压力为 0.6 ~ 1.2 MPa），将土冲松，如图 1.42（a）所示。冲孔时冲管应垂直插入土中，并做上下左右摆动，以加速土体松动，边冲边沉。冲孔直径一般为 250 ~ 300 mm，以保证井管周围有一定厚度的砂滤层。冲孔深度宜比滤管底深 0.5 ~ 1.0 m，以防冲管拔出时，部分土颗粒沉淀于孔底而触及滤管底部。

在埋设井点管时，冲孔是重要的一个环节，冲水压力不宜过大或过小。当冲孔达到设计深度时，须尽快减低水压。

井孔冲成后，应立即拔出冲管，插入井点管，并在井点管与孔壁之间迅速填灌砂滤层，以防孔壁塌土，如图 1.42（b）所示。砂滤层一般选用干净粗砂，填灌均匀，并填至滤管顶上部 1.0 ~ 1.5 m，以保证水流通畅。井点填好砂滤料后，须用黏土封好井点管与孔壁间的上部空间，以防漏气。

c. 连接与试抽。将井点管、集水总管与水泵连接起来，形成完整的井点系统。安装完毕，需进行试抽，以检查是否有漏气现象。开始正式抽水后，一般不宜停抽，时抽时停，滤网易堵塞，也易抽出土颗粒，使水混浊，并引起附近建筑物由于土颗粒流失而沉降开裂。正常的降水是细水长流、出水澄清。

d. 井点运转与监测。井点运行后要连续工作，应准备双电源以保证连续抽水。真空度能判断井点系统是否运行良好，一般应不低于 55.3 ~ 66.7 kPa。如真空度不够，通常是由于管路漏气，应及时修复。如果通过检查发现淤塞的井点管太多，严重影响降水效果时，应逐个用高压水反冲洗或拔出重新埋设。

井点运行过程中应加强监测，井点监测项目包括流量观测、地下水位观测、沉降观测 3 方面。

流量观测可用流量表或堰箱。若发现流量过大而水位降低缓慢甚至降不下去时，可考虑改用流量较大的水泵；若流量较小而水位降低却较快则可改用小型水泵以免离心泵无水发热，并可节约电力。

地下水位观测井的位置和间距可按设计需要布置，可用井点管作为观测井。在开始抽水时，每隔 4 ~ 8 h 测一次，以观测整个系统的降水效果。3 天后若降水达到预定标高前，每日观测 1 ~ 2 次。地下水位降到预定标高后，可数日或一周测一次，但若遇下雨时，须加密观测。

在抽水影响范围内的建筑物和地下管线，应进行沉降观测。观测次数一般每天一次，在异常情况下须加密观测，每天不少于 2 次。

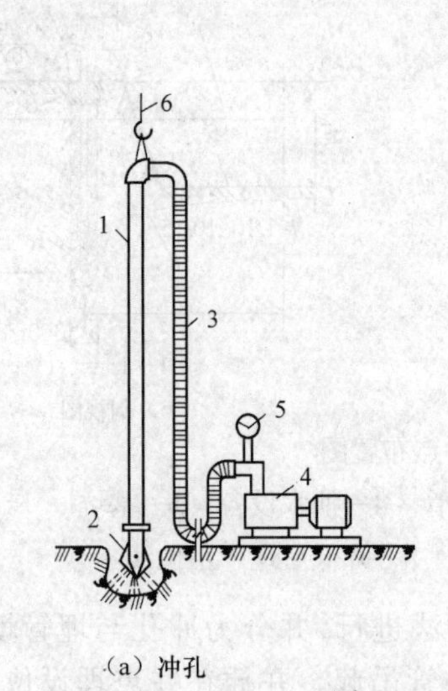

（a）冲孔

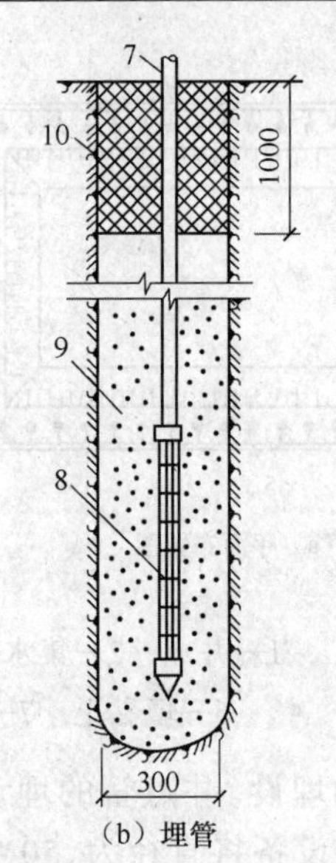

（b）埋管

图 1.42　水冲法井点管

1—冲管　2—冲嘴　3—胶管　4—高压水泵　5—压力表　6—起重机吊钩

7—井点管　8—滤管　9—填砂　10—黏土封口

（2）喷射井点

当基坑开挖所需降水深度超过 8 m 时，一层轻型井点就难以收到预期的降水效果，这时如果场地许可，可以采用二层甚至多层轻型井点增加降水深度，达到设计要求。但是这样会增加基坑土方施工工程量、增加降水设备用量并延长工期，也扩大了井点降水的影响范围而对环境保护不利。因此，当降水深度超过 8 m 时，宜采用喷射井点。

① 喷射井点设备。根据工作流体的不同，喷射井点可分为喷水井点和喷气井点两种。两者的工作原理是相同的。喷射井点系统主要由喷射井点管、高压水泵（或空气压缩机）和管路系统组成，如图 1.43 所示。

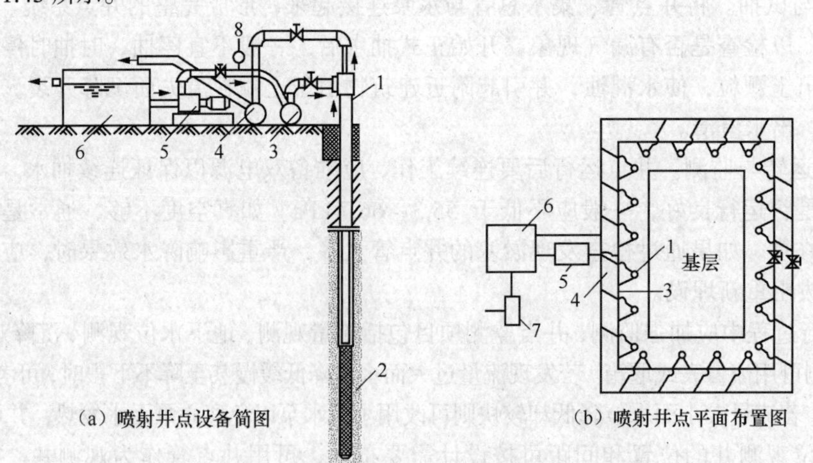

（a）喷射井点设备简图　（b）喷射井点平面布置图

图 1.43　喷射井点布置图

1—喷射井点管　2—滤管　3—供水总管　4—排水总管

5—高压离心水泵　6—水箱　7—排水泵　8—压力表

a. 喷射井点管。喷射井点管由内管和外管组成，在内管的下端装有喷射扬水器与滤管相连，如图 1.44 所示。当喷射井点工作时，由地面高压离心水泵供应的高压工作水经过内外管之间的环形空间直达底端，在此处工作流体由特制内管的两侧进水孔至喷嘴喷出，在喷嘴处由于断面突然收缩变小，使工作流体具有极高的流速，在喷口附近造成负压，将地下水经过滤管吸入，吸入的地下水在混合室与工作水混合，然后进入扩散室，水流在强大压力的作用下把地下水同工作水一同扬升出地面，经排水管道系统排至集水池或水箱，一部分用低压泵排走；另一部分供高压水泵压入井管外管内作为工作水流。如此循环作业，将地下水不断从井点管中抽走，使地下水逐渐下降，达到设计要求的降水深度。

b. 高压水泵。高压水泵一般可采用流量为 50 ~ 80 m^3/h，压力为 0.7 ~ 0.8 MPa 的多级高压水泵，每套能带动 20 ~ 30 根井管。

c. 管路系统。管路系统包括进水、排水总管（直径 150 mm，每套长度 60 m）、接头、阀门、水表、溢流管、调压管等管件、零件及仪表。

喷射井点用作深层降水，在渗透系数为 0.1 ~ 20 m/s 的粉土、极细砂和粉砂中较为适用。在较粗的砂粒中，由于出水量较大，循环水流不经济，这时宜采用深井泵。一般一级喷射井点可降低地下水位 8 ~ 20 m，甚至高于 20 m。

② 喷射井点设计。喷射井点在设计时其管路布置和剖面布置与轻型井点基本相同。基坑面积较大时，采用环形布置，如图 1.41 所示；基坑宽度小于 10 m 时采用单排线型布置；大于 10 m 时作双排布置。喷射井管间距一般为 3 ~ 6 m。当采用环形布置时，进出口（道路）处的井点间距可扩大为 5 ~ 7 m。每套井点的总管数应控制在 30 根左右。

③ 喷射井点施工工艺及要点。喷射井点施工工艺为：泵房设置→安装进、排水总管→水冲或钻孔成井→安装喷射井点管、填滤管→接通进、排水总管，并与高压水泵或空气压缩机接通→将各井点管的外管管口与排水管接通，并通过循环水箱→起动高压水泵或空气压缩机抽水→离心水泵排除循环水箱中多余的水→测量观测井中地下水位变化。

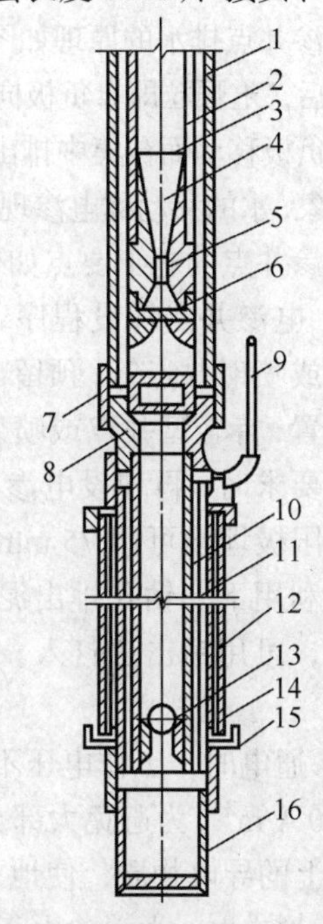

图 1.44　喷射井点管构造

1—外管　2—内管　3—喷射器
4—扩散管　5—混合管　6—喷嘴
7—缩节　8—连接座　9—真空测定管
10—滤管芯管　11—滤管有孔套管
12—滤管外缠滤网及保护网
13—逆止球阀　14—逆止阀座
15—护套　16—沉泥管

喷射井点的施工要点如下。

a. 喷射井点的井点管埋设方法与轻型井点相同，其成孔直径为 400 ~ 600 mm。为保证埋设质量，宜用套管法冲孔加水及压缩空气排泥，当套管内含泥量经测定小于 5%时，下井管及灌砂，然后再拔套管。对于 10 m 以上喷射井点管，宜用吊车下管。下井管时，水泵应先开始运转，以便每下好一根井点管，立即与总管接通，然后及时进行单根试抽排泥，让井管内出来的泥浆从水沟排出。

b. 全部井点管埋设完毕后，再接通回水总管全面试抽，然后使工作水循环，进行正式工作。各套进水总管均应用阀门隔开，各套回水管应分开。

c. 为防止喷射器损坏，安装前应对喷射井管逐根冲洗，开泵压力要小些（不大于 0.3 MPa），以后再将其逐步开足。如果发现井点管周围有翻砂、冒水现象，应立即关闭井管检修。

d. 工作水应保持清洁，试抽 2 天后，应更换清水，以后视水质污浊程度定期更换清水，以减轻对喷嘴及水泵叶轮的磨损。

④ 喷射井点的运转和保养。喷射井点比较复杂，在井点安装完成后，必须及时试抽，及时发现和消除漏气和“死井”。在其运转期间，需进行监测以了解装置性能，及时观测地下水位变化；测定井点抽水量，通过地下水量的变化，分析降水效果及降水过程中出现的问题；测定井点管真空度，检查井点工作是否正常。此外，还可通过听、摸、看等方法来检查。

听——有上水声是好井点，无声则可能井点已被堵塞。

摸——手摸管壁感到振动，另外，冬天热而夏天凉为好井点，反之则为坏井点。

看——夏天湿、冬天干的井点为好井点。

（3）电渗井点

在渗透系数小于 0.1m/d 的黏土或淤泥中降低地下水位时，比较有效的方法是电渗井点排水。

电渗井点排水的原理如图 1.45 所示，以井点管作负极，以打入的钢筋或钢管作正极，当通以直流电后，土颗粒即自负极向正极移动，水则自正极向负极移动而被集中排出。土颗粒的移动称电泳现象，水的移动称电渗现象，故名电渗井点。

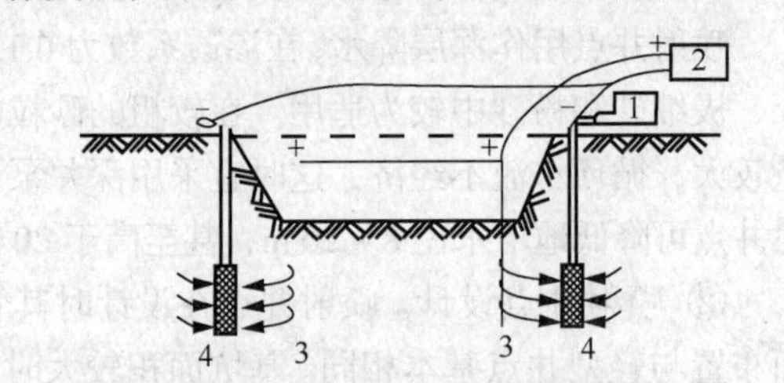

图 1.45　电渗井点排水示意图

1—水泵　2—直流发电机　3—钢管　4—井点管

电渗井点的施工要点如下。

① 电渗井点埋设程序，一般是先埋设轻型井点或喷射井点管，预留出布置电渗井点阳极的位置，待轻型井点或喷射井点降水不能满足降水要求时，再埋设电渗阳极，以改善降水效果。阳极埋设可用 75 mm 旋叶式电钻钻孔埋设，钻进时加水和高压空气循环排泥，阳极就位后，利用下一钻孔排出泥浆倒灌填孔，使阳极与土接触良好，减少电阻，以利电渗。如深度不大，可用锤击法打入。阳极埋设必须垂直，严禁与相邻阴极相碰，以免造成短路，损坏设备。

② 通电时，工作电压不宜大于 60 V，电压梯度可采用 50 V/m，土中通电的电流密度宜为 0.5 ~ 1.0 A/m^2。为避免大部分电流从土表面通过，降低电渗效果，通电前应清除井点管与阳极间地面上的导电物质，使地面保持干燥，如涂一层沥青绝缘效果更好。

③ 通电时，为消除由于电解作用产生的气体积聚于电极附近，使土体电阻增大，而加大电能的消耗，宜采用间隔通电法，每通电 22 h，停电 2 h，然后再通电，依次类推。

④ 在降水过程中，应对电压、电流密度、耗电量及观测孔水位等进行量测记录。

（4）深井井点

深井井点降水的工作原理是利用深井进行重力集水，在井内用长轴深井泵或井内用潜水泵进行排水，以达到降水或降低承压水压力的目的。它适用于渗透系数较大（$K \geqslant 200$ m/d）、涌水量大、降水较深（可达 50 m）的砂土、砂质粉土，及用其他井点降水不易解决的深层降水，可采用深井井点系统。深井井点的降水深度不受吸程限制，由水泵扬程决定，在要求水位降低大于 5 m，或要求降低承压水压力时，排水效果好。井距大，对施工平面布置干扰小。

① 深井井点设备。深井井点系统由深井、井管和深井泵（或潜水泵）组成，如图 1.46 所示。

② 深井井点布置。对于采用坑外降水的方法，深井井点的布置根据基坑的平面形状及所需降水深度，沿基坑四周呈环形或直线布置，井点一般沿工程基坑周围离开边坡上缘 0.5 ~ 1.5 m，井距一般为 30 m 左右。当采用坑内降水时，同样可按棋盘形点状方式布置，如图 1.47 所示，并根据单井涌水量、降水深度及影响半径等确定井距，一般井距为 10 ~ 30 m。井点宜深入到透水层 6 ~ 9 m，通常还应比所应降水深度深 6 ~ 8 m。

③ 深井井点施工程序及要点。

a. 井位放样、定位。

b. 做井口，安放护筒。井管直径应大于深井泵最大外径 50 mm，钻孔孔径应大于井管直径 300 mm。安放护筒以防孔口塌方，并为钻孔起到导向作用。做好泥浆沟与泥浆坑。

c. 钻机就位、钻孔。深井的成孔方法可采用冲击钻、回转钻、潜水电钻等，用泥浆护壁或清水护壁法成孔。清孔后回填井底砂垫层。

d. 吊放深井管与填滤料。井管应安放垂直，过滤部分应放在含水层范围内。井管与土壁间填充粒径大于滤网孔径的砂滤料。填滤料要一次连续完成，从底填到井口下 1 m 左右，上部采用黏土封口。

e. 洗井。若水较混浊，含有泥沙、杂物、会增加泵的磨损、减少寿命或使泵堵塞，可用空压机或旧的深井泵来洗井，使抽出的井水清洁后，再安装新泵。

f. 安装抽水设备及控制电路。安装前应先检查井管内径、垂直度是否符合要求。安放深井泵时，用麻绳吊入滤水层部位，并安放平稳，然后接电动机电缆及控制电路。

g. 试抽水。深井泵在运转前，应用清水预润（清水通入泵座润滑水孔，以保证轴与轴承的预润）。检查电气装置及各种机械装置，测量深井的静、动水位。达到要求后，即可试抽，一切满足要求后，再转入正常抽水。

h. 降水完毕拆除水泵、拔井管、封井。降水完毕，即可拆除水泵，用起重设备拔除井管。拔出井管所留的孔洞用砂砾填实。

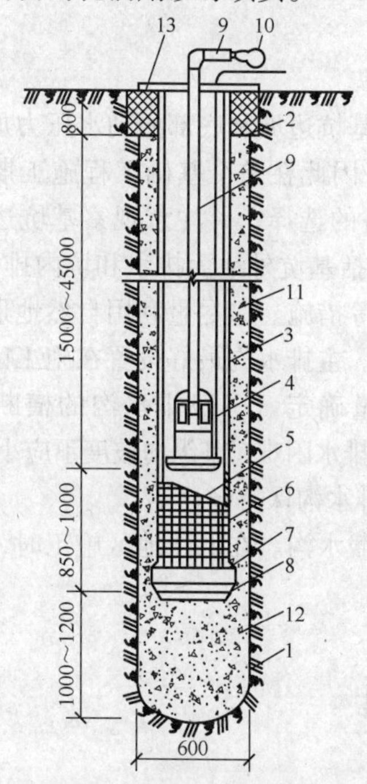

图 1.46　深井井点构造示意图

1—井孔　2—井口（黏土封口）　3—ϕ 300 mm 井管
4—潜水泵　5—过滤段（内填碎石）　6—滤网　7—导向段
8—开孔底板（下铺滤网）　9—ϕ 50 mm 出水管
10—ϕ50 ~ ϕ75 mm 出水总管　11—小砾石或中粗砂
12—中粗砂　13—钢板井盖

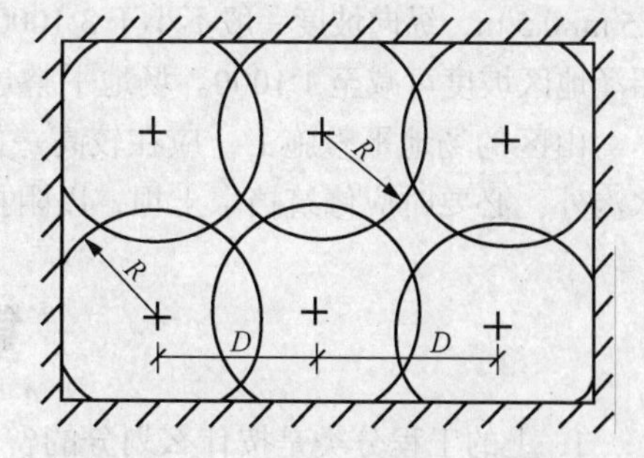

图 1.47　坑内降水井点布置示意图

R—抽水影响半径　D—井点间距

4. 降水对环境的影响及防治措施

井点降水时，井点管周围含水层的水不断流向滤管。在无承压水等环境条件下，经过一段时间之后，在井点周围形成漏斗状的弯曲水面，即“降水漏斗”曲线。经过几天或几周后，降水漏斗渐趋稳定。降水漏斗范围内的地下水位下降后，就必然会造成地基固结沉降。由于降水漏斗不是平面，因而产生的沉降也是不均匀的。在实际工程中，由于井点管滤网和砂滤层结构不良，把土层中的细颗粒同地下水一同抽出，就会使地基不均匀沉降加剧，造成附近建筑物及地下管线的不同程度的损坏。

在基坑降水开挖中，为了防止邻近建筑物受影响，可采用以下措施。

① 井点降水时应减缓降水速度，均匀出水，勿使土粒带出。降水时要随时注意抽出的地下水是否混浊。抽出的水中带走细颗粒，不但会增加周围地面的沉降，而且还会使井管堵塞、井点失效。为此，应选用合适的滤网与回填的砂滤料。

② 井点应连续运转，尽量避免间歇和反复抽水，以减小在降水期间引起的地面沉降量。

③ 降水场地外侧设置挡水帷幕，减小降水影响范围。降水场地外侧设置一圈挡水帷幕，切断“降水漏斗”曲线的外侧延伸部分，减小降水影响范围。一般挡水帷幕底面应在降落后的水位线 2m 以下。常用的挡水帷幕可采用地下连续墙、深层水泥土搅拌桩等。

④ 设置回灌水系统，保护邻近建筑物与地下管线。回灌水系统包括回灌井、回灌沟。

5. 基坑外地面排水

基坑（槽）形成以后，地下水渗透流量相应增大，基坑边坡和底部的动水压力加大，容易引起管涌或流土，造成塌坡和基坑底隆起的严重后果。因此在整个基础工程施工期间，应进行周密的排水系统的布置、渗透流量的计算和排水设备的选择，并注意观察基坑边坡和基坑底面的变化，保证基坑工作顺利进行。基坑排水主要包括基坑外地面排水和坑内排水。

地面水的排除一般采用排水沟、截水沟、挡水土坝等措施。应尽量利用自然地形来设置排水沟，使水直接排至场外，或流向低洼处再用水泵抽走。主排水沟最好设置在施工区域的边缘或道路的两旁，其横断面和纵向坡度应根据最大流量确定。一般排水沟的横断面不小于 0.5 m×0.5 m，纵向坡度一般不小于 3:1000。平坦地区，如排水困难，其纵向坡度不应小于 2:1000，沼泽地区坡度可减至 1:1000。场地平整过程中，要注意排水沟保持畅通。

山区的场地平整施工，应在较高一面的山坡上开挖截水沟。在低洼地区施工时，除开挖排水沟外，必要时应修筑挡水土坝，以阻挡雨水的流入。

复习思考题

1. 土的工程分类是按什么划分的？
2. 试述土的基本性质及其对土石方施工的影响。
3. 什么是明排水法？有何特点？
4. 试分析土壁塌方的预防措施。
5. 填土压实有哪些方法？影响填土压实的主要因素有哪些？

项目二

地基与基础工程

学习内容

本项目内容包括地基处理、桩基、地下连续墙施工。

学习目标

1. 掌握地基处理与加固的原理和方法。
2. 掌握钢筋混凝土预制桩施工工艺和质量要求。
3. 掌握泥浆护壁成孔灌注桩、干作业钻孔灌注桩、人工挖孔灌注桩及沉管灌注桩的施工工艺。
4. 了解地下连续墙的施工过程和施工方法。

任务一　地基处理

一、换土垫层法

换土垫层按其回填材料的不同可分为砂垫层、碎石垫层、素土垫层、灰土垫层、矿渣垫层、粉煤灰垫层等。垫层的作用是提高浅基础下地基的承载力，满足地基稳定要求；减少沉降量；加速软弱土层的排水结固；防止持力层的冻胀或液化。

目前国内常用的垫层施工方法，主要有机械碾压法、重锤夯实法和振动压实（平板压实）法。换土垫层法适用于淤泥、淤泥质土、湿陷性黄土、素填土、杂填土地基及暗沟、暗塘等的浅层处理或不均匀地基处理。当在建筑范围内上层软弱土较薄时，可采用全部置换处理；对于建筑物范围内局部存在古井、古墓、暗塘、暗沟或拆除旧基础的坑穴等，可采用局部换填法处理。换填法的处理深度通常控制在 3 m 以内较为经济合理。换填法常用于处理轻型建筑、地坪、堆料场及道路工程等。

二、预压法

预压法是在建筑物建造前，对建筑物进行预压，使土体中的水排出，逐渐固结，地基发生沉降，同时强度逐步提高的方法。预压法包括堆载预压法、真空预压法、真空-堆载联合预压法、降水预压和电渗排水预压等，后两种预压方法在工程上应用较少。预压法适用于淤泥质土、淤泥和冲填土等饱和黏性土地基。

1. 堆载预压法

在地基基础施工前，通过在拟建场地上预先堆置重物，进行堆载预压，以使地基土固结沉降基本完成，通过地基土的固结以提高地基承载力。预压荷载一般等于建筑物的荷载，为了加速压缩过程，预压荷载也可比建筑物的重量大，称为超载预压。

堆载预压可分为塑料排水板或砂井地基堆载预压和天然地基堆载预压。该法适用于各种软弱地基，包括天然沉积土层或人工冲填土层，如沼泽土、淤泥水力冲填土；较广泛用于冷藏库、油罐、机场跑道、集装箱码头等沉降要求比较高的地基。通常，当软土层厚度小于 4m 时，可采用天然地基堆载预压法处理；当软土层厚度超过 4m 时，为加速预压过程，应采用塑料排水板或砂井预压法处理地基。

2. 真空预压法

通过在需要加固的软土地基上铺设砂垫层，并设置竖向排水通道（砂井、塑料排水板），再在其上覆盖不透气的薄膜形成一密封层使之与大气隔绝。然后用真空泵抽气，使排水通道保持较高的真空度，在土的孔隙水中产生负的孔隙水压力，孔隙水逐渐被吸出，从而使土体达到固结。真空预压法一般能形成 78 ~ 92 kPa 的等效荷载，与堆载预压法联合使用，可产生 130 kPa 的等效荷载。加固深度一般不超过 20 m。

该法的施工要点是：先设置竖向排水系统，水平分布的滤管埋设宜采用条形或鱼刺形，砂垫层上的密封膜采用 2 ~ 3 层的聚氯乙稀薄膜，按先后顺序同时铺设。面积大时宜分区预压；做好真空度、地面沉降量，深层沉降、水平位移等观测；预压结束后，应清除砂槽和腐殖土层。应注意对周边环境的影响。

该法适用于饱和均质黏性土及含薄层砂夹层的黏性土，特别适用于新淤填土、超软土地基的加固。

三、强夯法

强夯法是利用近十吨或数十吨的重锤从近十米或数十米的高处自由落下，对土进行强力夯击并反复多次，从而达到提高地基土的强度并降低其压缩性的处理目的。强夯法又称动力固结法或动力压实法。当需要时，可在夯坑内回填块石、碎石等粗颗粒材料，用夯锤夯击形成连续的强夯置换墩，称为强夯置换法。

强夯法的作用机理是用很大的冲击能（一般为 500 ~ 800 kJ），使土体中出现冲击波和很大的应力，迫使土中空隙压缩，土体局部液化，夯击点周围产生裂隙形成良好的排水通道，使土中的空隙水（气）顺利溢出，土体迅速固结，从而降低此深度范围内土体的压缩性，提高地基承载力。同时，强夯技术可显著减少地基上的不均匀性，降低地基差异沉降。

强夯法适用于碎石土、砂土、低饱和度的粉土和黏性土、湿陷性黄土、杂填土和素填土等地基，对于软土地基，一般来说处理效果不显著。

四、振冲法

振冲法又称振动水冲法，是以起重机吊起振冲器，启动潜水电机带动偏心块，使振动器产生高频振动，同时启动水泵，通过喷嘴喷射高压水流，在边振边冲的共同作用下，将振动器沉到土中的预定深度，经清孔后，从地面向孔内逐段填入碎石，使其在振动作用下被挤密实，达到要求的密实度后即可提升振动器，如此反复直至地面，在地基中形成一个大直径的密实桩体与原地基构成复合地基，提高地基承载力，减少沉降，是一种快速、经济有效的加固方法。

振冲法根据加固机理和效果可分为振冲置换法和振冲密实法两类。

1. 振冲置换法

振冲置换法是利用振冲器或沉桩机，在软弱黏性土地基中成孔，再在孔内分批填入碎石或卵石等材料制成桩体。桩体和原来的黏性土构成复合地基，从而提高地基承载力，减小压缩性。碎石桩的承载力和压缩量在很大程度上取决于周围软土对碎石桩的约束作用。如周围的土过于软弱，对碎石桩的约束作用就差。

振冲置换法适用于不排水抗剪强度不小于 20 kPa 的黏性土、粉土、饱和黄土和人工填土地基。对不排水剪切强度小于 20 kPa 的地基，应慎重对待。

2. 振冲密实法

振冲密实法的原理是依靠振冲器的强力振动使饱和砂层发生液化，砂粒重新排列，孔隙减少，使砂层挤压加密。振冲密实法适用于黏粒含量小于 10 %的粗砂、中砂地基。

五、土或灰土挤密法

土挤密桩和灰土挤密桩地基是用沉管、冲击或爆炸等方法在地基中挤土，形成直径为 28～60 cm 的桩孔，然后向孔内夯填素土或灰土（所谓灰土，是将不同比例的消石灰和土掺和而形成）形成土挤密桩或灰土挤密桩。成孔时，桩孔部位的土被侧向挤出，从而使桩间土得到挤密。另一方面，对灰土挤密桩而言，桩体材料石灰和土之间产生一系列物理和化学反应，凝结成一定强度的桩体。桩体和桩间挤密土共同组成的人工复合地基，是深层加密处理的一种方法。

以消除地基的湿陷性为主要目的时选用土桩挤密法；以提高地基的承载力及水、土稳定性为主要目的时，选用灰土桩挤密法。土挤密桩和灰土挤密桩，在消除土的湿陷性和减少渗透性方面，其效果基本相同或差别不明显，但土挤密桩地基的承载力和水稳性不及灰土挤密桩，选用这两种方法时，应根据工程要求和处理地基的目的来确定。

土挤密桩和灰土挤密桩地基有多种施工工艺，各种施工工艺都是由成孔和夯实两部分组成。成孔的方法有锤击成孔、振动沉管成孔、冲击成孔、爆破成孔及人工挖孔法。夯实机械按提锤方法分有偏心轮夹杆式夯实机和卷扬机提升式夯实机两种。

六、砂桩法

砂桩法也称为挤密砂桩法或砂桩挤密法，是指用振动或冲击荷载在软弱地基中成孔后，将砂石挤压入土中，形成大直径的密实砂石桩，达到加固地基的目的。

砂桩法适用于松散砂土、粉土、黏性土、素填土和杂填土等地基。对饱和黏土地基上对变形控制要求不严的工程也可采用砂石桩置换处理。砂桩法也可用于处理可液化地基。

砂桩在砂性土地基中和黏性土地基中的加固机理是不同的。砂桩在加固砂性土地基中的作用是：提高桩和桩间土的密实度，从而提高地基的承载力，减小变形、增强抗液化能力。砂桩在加固黏性土地基中的作用主要是通过桩体的置换和排水作用加速桩间土体的排水固结，并形成复合地基，提高地基的承载力和稳定性，改善地基土的力学性能。

砂桩常用的施工方法有振动成桩法、冲击成桩法和振动水冲法。

七、水泥土搅拌法

水泥土搅拌法是以水泥作为固化剂的主剂，通过特制的搅拌机械边钻边往软土中喷射浆液或雾状粉体，在地基深处将软土和固化剂（浆液或粉体）强制搅拌，使喷入软土中的固化剂与软土充分拌合在一起，利用固化剂和软土之间产生的一系列物理化学反应，形成抗压强度比天然土强度高得多，并具有整体性、水稳定性和一定强度的水泥加固土桩柱体，由若干根这类加固土桩柱体和桩间土构成复合地基，从而达到提高地基的承载力和增大变形模量的目的。

水泥土搅拌法分为深层搅拌法（亦称湿法）和粉体喷搅法（简称干法）。深层搅拌法是使用水泥浆作为固化剂的水泥土搅拌法；粉体喷搅法是以干水泥粉或石灰粉作为固化剂的水泥土搅拌法。

水泥土搅拌法适用于软黏土地基的加固，但是用于处理泥炭土、有机质土、塑性指数 I_P 大于 25 的黏土（这种土容易在搅拌头叶片处形成泥团，无法完成水泥土搅拌），地下水具有腐蚀性时以及无工程经验的地区，应通过现场试验确定其适用性。

深层搅拌法（湿法）的施工工艺为：桩机就位→钻进喷浆到底→提升搅拌→重复喷射搅拌→重复提升复搅→成桩完毕。

粉体喷搅法（干法）的施工工艺为：桩机就位→搅拌下沉→钻进结束→提升喷粉搅拌→提升结束。

八、高压喷射注浆法

高压喷射注浆法就是利用钻机把带有喷嘴的注浆管钻入（或置入）土层预定的深度，以 20～40 MPa 的压力把浆液或水从喷嘴中喷射出来，形成喷射流冲击破坏土层及预定形状的空间，当能量大、速度快和脉动状的喷射流的动压力大于土层结构强度时，土颗粒便从土层中剥落下来，一部分细粒土随浆液或水冒出地面，其余土颗粒在射流的冲击力、离心力和重力等作用下，与浆液搅拌混合，并按一定的浆土比例和质量大小，有规律地重新排列。这样注入的浆液将冲下的部分土混合凝结成加固体，从而达到加固土体的目的。

高压喷射注浆法的适用范围为淤泥、淤泥质土、黏性土、粉土、黄土、砂土、人工填土和碎石等地基。当土中含有较多的大粒径块石、坚硬黏性土、大量植物根茎或有过多的有机质时，应根据现场实验结果确定其适用程度。

高压喷射注浆法的施工工艺是：钻机就位→钻孔→插管→喷射作业→拔管→清洗器具→移开机具→回填注浆。

任务二　条形基础施工

一、砖基础

砖基础用普通烧结砖与水泥砂浆砌成。砖基础砌成的台阶形状称为“大放脚”，有等高式和不等高式两种，如图 2.1 所示。等高式大放脚是两皮一收，两边各收进 1/4 砖长；不等高式大放脚是两皮一收与一皮一收相间隔，两边各收进 1/4 砖长。

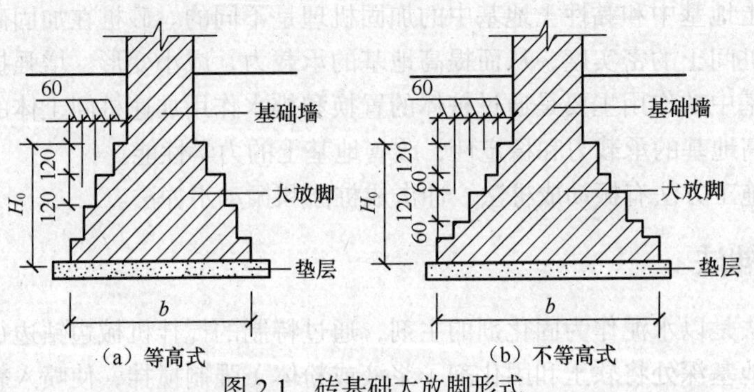

图 2.1　砖基础大放脚形式

大放脚的底宽应根据计算确定，各层大放脚的宽度应为半砖宽的整数倍。在大放脚的下面一般做垫层。垫层材料可用 3:7 或 2:8 灰土，也可用 1:2:4 或 1:3:6 碎砖三合土。为了防止土中水分沿砖块中毛细管上升而侵蚀墙身，应在室内地坪以下一皮砖处设置防潮层，如图 2.2 所示。防潮层一般用 1:2 水泥防水砂浆，厚约 20 mm。

砖基础施工的注意事项如下。

① 基槽（坑）开挖：应设置好龙门桩及龙门板，标明基础、墙身和轴线的位置。

② 大放脚的形式：当地基承载力大于 150 kPa 时，采用等高式大放脚，即两皮一收；否则应采用不等高式大放脚，即两皮一收与一皮一收相间隔，基础底宽应根据计算而定。

③ 砖基础若不在同一深度，则应先由底往上砌筑。在高低台阶接头处，下面台阶要砌一定长度（一般不小于基础扩大部分的高度）的实砌体，砌到上面后与上面的砖一起退台。

④ 砖基础接槎应留成斜槎，如因条件限制留成直槎时，应按规范要求设置拉结筋。

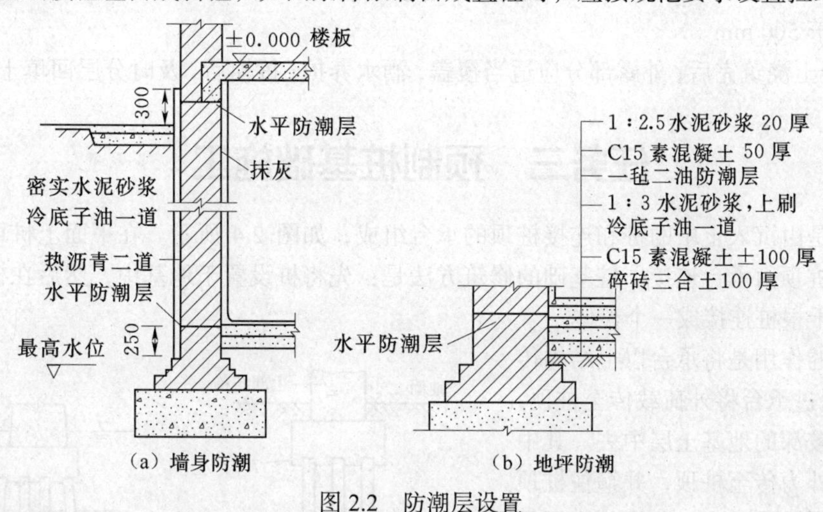

图 2.2　防潮层设置

二、毛石基础

毛石基础是用毛石与砂浆砌筑而成。其断面形式有阶梯形和梯形。基础的顶面宽度比墙厚大 200 mm，即每边宽出 100 mm，每阶高度一般为 300 ~ 400 mm，并至少砌二皮毛石。

毛石基础施工的注意事项如下。

① 毛石基础可用毛石或毛条石以铺浆法砌筑，灰缝厚度宜为 20 ~ 30 mm，砂浆应饱满。

② 毛石基础宜分皮卧砌，并应上下错缝，内外搭接，上阶石块应至少压砌下阶台块的 1/2，不得采用外面侧立石块、中间填心的砌筑方法。每日砌筑高度不宜超过 1.2 m。

③ 毛石基础在转角处及交接处应同时砌筑，如不能同时砌筑则应留成斜槎。

④ 毛石基础的第一层石块砌筑时，基地要坐浆，石块大面向下，毛石基础的最上一层石块宜选用较大的毛石砌筑。

三、钢筋混凝土基础

钢筋混凝土基础（见图 2.3）施工时应注意以下事项。

① 基槽（坑）应进行验槽，局部软弱土层应挖去，用灰土或砂砾分层回填夯实至基底相平，并将基槽（坑）内清除干净。

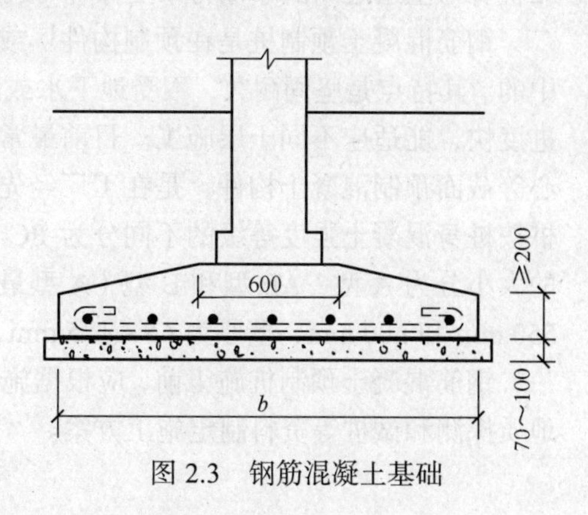

图 2.3　钢筋混凝土基础

② 如地基土质良好，且无地下水，基槽（坑）第一阶可利用原槽（坑）浇筑，但应保证尺寸正确，砂浆不流失。上部台阶应支模浇筑，模板支撑要牢固，缝隙孔洞要堵严，木模应浇水湿润。

③ 基础混凝土浇筑高度在 2 m 以内，混凝土可直接卸入基槽（坑）内，注意混凝土能充满边角；浇筑高度在 2 m 以上时，应通过漏斗、串筒或溜槽，以防止混凝土产生离析分层。

④ 浇筑台阶式基础应按台阶分层一次浇筑完成，每层先浇筑边角，后浇筑中间。应注意防止上下台阶交接处混凝土出现蜂窝和脱空现象。

⑤ 锥形基础如斜坡较陡，斜面应支模浇筑，并应注意防止模板上浮。斜坡较平时，可不支模，注意斜坡及边角部位混凝土的导固密度，振捣完后，再用人工将斜坡表面修正、拍平、拍实。

⑥ 当基槽（坑）因土质不一挖成阶梯形式时，先从最低处浇筑，按每阶高度，其各边搭接长度不应小于 500 mm。

⑦ 混凝土浇筑完后，外露部分应适当覆盖，洒水养护；拆模后，及时分层回填土方并夯实。

任务三　预制桩基础施工

桩基础是由沉入土中的桩和连接桩顶的承台组成，如图 2.4 所示。在平面上桩可排列成一排或几排，桩顶由承台连接。桩基础的修筑方法是：先将桩设置于地基中，然后在桩顶处浇筑承台，将若干根桩连接成一个整体。

桩基础的作用是将承台以上结构传来的荷载，通过承台将外荷载传至桩顶，再由桩传到较深的地基土层中去。其中承台不仅将外力传至桩顶，并箍住桩顶形成整体共同承受外力。各桩的作用是将所承受的荷载通过桩侧土的摩擦阻力和桩端土的支撑力传至地基土层中。

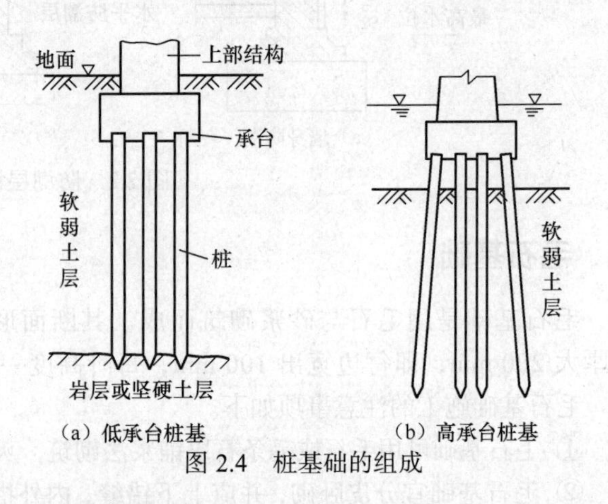

图 2.4　桩基础的组成

按桩体材料的不同，桩可分为钢筋混凝土桩、钢桩、组合材料桩（如钢管内填充混凝土）等。按土对桩的支撑性状分类，桩可分为端承桩（桩穿过上部软弱土层，直接将荷载传至坚硬土层或岩层上）和摩擦桩（桩穿过的软弱土层较厚，桩端达不到坚硬土层或岩层上，桩顶的荷载主要靠桩身与土层之间的摩擦力来支撑）。按施工方法分类，桩可分为预制桩和灌注桩。

钢筋混凝土预制桩是在预制构件厂或施工现场预制，用沉桩设备在设计位置上将其沉入土中的。其特点是坚固耐久，不受地下水或潮湿环境影响，能承受较大荷载，施工机械化程度高、进度快，能适应不同土层施工。目前最常用的预制桩是预应力混凝土管桩。它是一种细长的空心等截面预制混凝土构件，是在工厂经先张预应力、离心成型、高压蒸养等工艺生产而成。管桩按桩身混凝土强度等级的不同分为 PC 桩（C60、C70）和 PHC 桩（C80）；按桩身抗裂弯矩的大小分为 A 型、AB 型和 B 型（A 型最大，B 型最小）；外径有 300 mm、400 mm、500 mm、550 mm 和 600 mm，壁厚为 65 ~ 125 mm，常用节长为 7 ~ 12 m，特殊节长为 4 ~ 5 m。

钢筋混凝土预制桩施工前，应根据施工图设计要求、桩的类型、成孔过程对土的挤压情况、地质探测和试桩等资料制定施工方案。

一、桩基础施工前的准备工作

1. 打桩前的准备

桩基础工程在施工前，应根据工程规模的大小和复杂程度，编制整个分部工程施工组织设计或施工方案。沉桩前，现场准备工作的内容有处理障碍物、平整场地、抄平放线、铺设水电管网、沉桩机械设备的进场和安装以及桩的供应等。

① 处理障碍物。打桩前，宜向城市管理、供水、供电、煤气、电信、房管等有关单位提出申请，认真处理高空、地上和地下的障碍物；对现场周围（一般为 10 m 以内）的建筑物、驳岸、地下管线等做全面检查，必要时予以加固或采取隔振措施或拆除，以免打桩中由于振动的影响引起倒塌。

② 场地平整。打桩场地必须平整、坚实，必要时宜铺设道路，经压路机碾压密实，场地四周应挖排水沟以利排水。

③ 抄平放线定桩位。在打桩现场附近设水准点，其位置应不受打桩影响，数量不得少于两个，用以抄平场地和检查桩的入土深度。要根据建筑物的轴线控制桩定出桩基础的每个桩位，可用小木桩标记。正式打桩之前，应对桩基的轴线和桩位复查一次。以免因小木桩挪动、丢失而影响施工。桩位放线允许偏差为 20 mm。

④ 进行打桩试验。施工前应做不少于 2 根桩的打桩工艺试验，用以了解桩的沉入时间、最终沉入度、持力层的强度、桩的承载力以及施工过程中可能出现的各种问题和反常情况等，以便检验所选的打桩设备和施工工艺，确定是否符合设计要求。

⑤ 确定打桩顺序。打桩顺序直接影响到桩基础的质量和施工速度，应根据桩的密集程度（桩距大小）、桩的规格、桩的长短、桩的设计标高、工作面布置、工期要求等综合考虑。根据桩的密集程度，打桩顺序一般分为逐段打设、自中部向四周打设和由中间向两侧打设 3 种，如图 2.5 所示。当桩的中心距大于 4 倍桩的边长或直径时，可采用上述两种打法，或逐排单向打设，如图 2.5（a）所示。反之，当桩的中心距不大于 4 倍桩的直径或边长时，应自中部向四周施打，如图 2.5（b）所示，或由中间向两侧对称施打，如图 2.5（c）所示。

根据基础的设计标高和桩的规格，宜按先深后浅、先大后小、先长后短的顺序进行打桩。

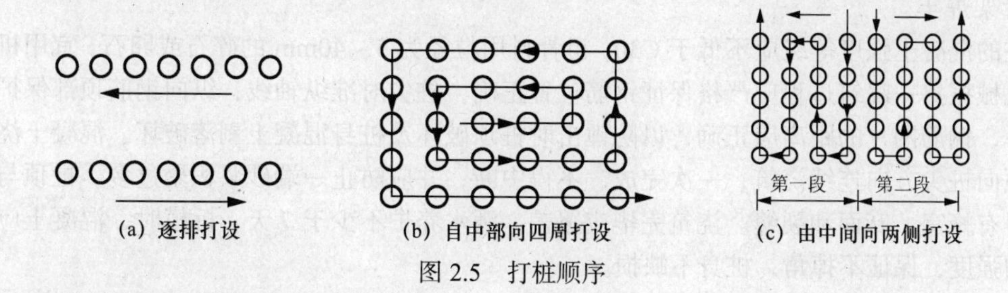

图 2.5　打桩顺序

⑥ 桩帽、垫衬和送桩设备机具准备。

2. 桩的制作、运输和堆放

（1）桩的制作

较短的桩多在预制厂生产。较长的桩一般在打桩现场附近或打桩现场就地预制。

桩分节制作时，单节长度应满足桩架的有效高度、制作场地条件、运输与装卸能力的要求，同时应避免桩尖接近硬持力层或桩尖处于硬持力层中接桩，上节桩和下节桩应尽量在同一纵轴线上预制，使上下节钢筋和桩身减小偏差。如在工厂制作，为便于运输，单节长度不宜超过 12 m；如在现场预制，单节长度不宜超过 30 m。

制桩时，应做好浇筑日期、混凝土强度、外观检查、质量鉴定等记录，以供验收时查用。每根桩上应标明编号、制作日期，如不预埋吊环，则应标明绑扎位置。

实心混凝土方桩现场预制时多采用工具式木模板或钢模板，支在坚实平整的地坪上，模板应平整牢靠、尺寸准确。制作预制桩的方法有并列法、间隔法、重叠法和翻模法等，现场多采用间隔重叠法施工，如图 2.6 所示，一般重叠层数不宜超过 4 层。施工时，桩与桩、桩与底模之间应涂刷隔离剂，防止黏结。上层桩或邻桩的浇筑须在下层桩或邻桩的混凝土达到设计强度的 30%以后才能进行，浇筑完毕后要加强养护，防止由于混凝土收缩产生裂缝。

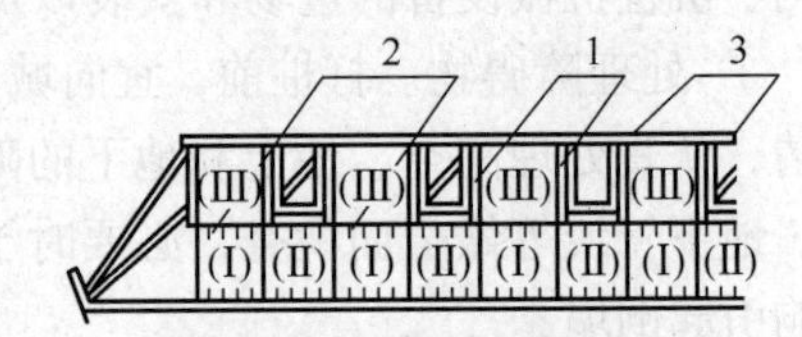

图 2.6　间隔重叠法施工

1—隔离剂或隔离层　2—侧模板　3—卡具

Ⅰ、Ⅱ、Ⅲ—第一、二、三批浇筑桩

钢筋混凝土桩的预制程序为：压实、整平制作场地→场地地坪做三七灰土或浇筑混凝土→支模→绑扎钢筋骨架、安设吊环→浇筑桩混凝土→养护至 30%强度拆模→支间隔端头模板、刷隔离剂、绑扎钢筋→浇筑间隔桩混凝土→同法间隔重叠制作第二层桩→养护至 70%强度起吊→达 100%强度后运输、堆放。

桩的制作场地应平整、坚实，排水通畅，不得产生不均匀沉降，以防桩产生变形。模板可保证桩的几何尺寸准确，使桩面平整、挺直；桩顶面模板应与桩的轴线垂直；桩尖四棱锥面呈正四棱锥体，且桩尖位于桩的轴线上。

桩身配筋与沉桩方法有关，锤击沉桩的纵向钢筋配筋率不宜小于 0.8%，静力压桩不宜小于 0.4%，桩的纵向钢筋直径不宜小于 14 mm，当桩截面宽度或直径大于或等于 350 mm 时，纵向钢筋不应少于 8 根。钢筋骨架主筋连接时宜采用对焊或电弧焊；主筋接头配置在同一截面内的数量，对于受拉钢筋不得超过 50%；相邻两根主筋接头截面的距离应大于 35 倍的主筋直径，并不小于 500 mm。桩顶和桩尖直接受到冲击力易产生很高的局部应力，故应在桩顶设置钢筋网片，一定范围内的箍筋应加密；桩尖一般用钢板或粗钢筋制作，并与钢筋骨架焊牢。

桩的混凝土强度等级应不低于 C30，粗骨料用粒径为 5 ~ 40mm 的碎石或卵石，宜用机械搅拌、机械振捣；浇筑过程应严格保证钢筋位置正确，桩尖对准纵轴线，纵向钢筋顶部保护层不宜过厚，钢筋网片的距离应正确，以防锤击时桩顶破坏及桩身混凝土剥落破坏。混凝土浇筑应由桩顶向桩尖方向连续浇筑，一次完成，不得中断，并应防止一端砂浆积聚过多。桩顶与桩尖处不得有蜂窝、麻面和裂缝。浇筑完毕应覆盖、洒水养护不少于 7 天。拆模时，混凝土应达到一定的强度，保证不掉角，桩身不缺损。

预制桩制作的允许偏差：横截面边长为±5 mm；保护层厚度为±5 mm，桩顶对角线之差为 10 mm；桩顶平面对桩中心线的位移为 10 mm；桩身弯曲矢高不大于 0.1%桩长，且不大于 20 mm；桩顶平面对桩中心线的倾斜不大于 30 mm。桩的表面应平整、密实，掉角的深度不应超过 10 mm，且局部蜂窝和掉角的缺损总面积不得超过该桩表面全部面积的 0.5%，并不得过分集中；由于混凝土收缩产生的裂缝，深度不得大于 20 mm，宽度不得大于 0.25 mm；横向裂缝长度不得超过边长的一半（管桩、多角形桩不得超过直径或对角线的 1/2）。

（2）桩的运输

当桩的混凝土强度达到设计强度标准值的70%后方可起吊，若需提前起吊，则必须采取必要的措施并经强度和抗裂度验算合格后方可进行。桩在起吊搬运时，必须做到平稳提升，避免冲击和振动，吊点应同时受力，保护桩身质量。吊点位置应严格按设计规定进行绑扎。若无吊环，设计又无规定时，绑扎点的数量和位置按桩长而定，应符合起吊弯矩最小（或正负弯矩相等）的原则，如图 2.7 所示。用钢丝绳捆绑桩时应加衬垫，以避免损坏桩身和棱角。

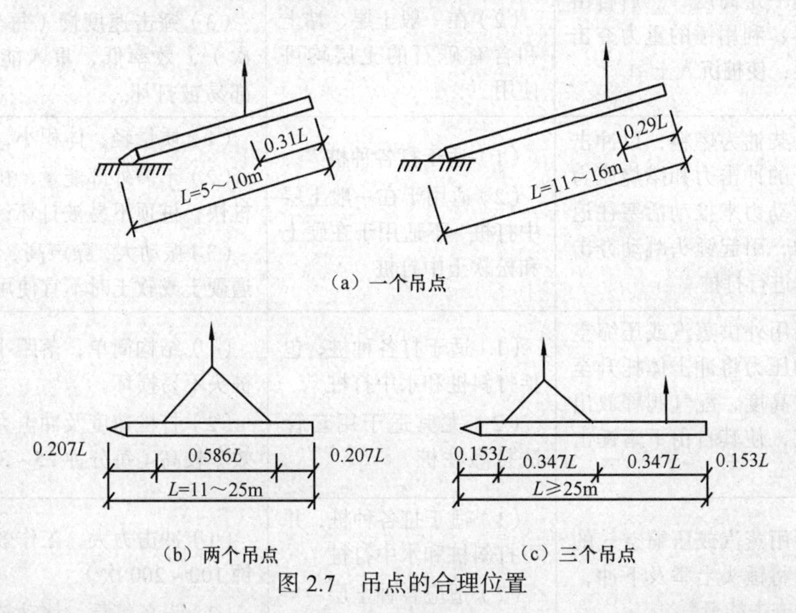

图 2.7　吊点的合理位置

桩运输时的混凝土强度应达到设计强度标准值的 100%。桩从制作处运到现场以备打桩时，应根据打桩顺序随打随运，避免二次搬运。对于桩的运输方式，短桩运输可采用载重汽车，现场运距较近时，可直接用起重机吊运，也可采用轻轨平板车运输；长桩运输可采用平板拖车、平台挂车等运输。装载时桩的支撑点应按设计吊点位置设置，并垫实、支撑和绑扎牢固，以防止运输中发生晃动或滑动。

（3）桩的堆放

桩堆放时，地面必须平整、坚实，垫木间距应根据吊点确定，各层垫木应位于同一垂直线上，最下层垫木应适当加宽，堆放层数不宜超过 4 层。不同规格的桩，应分别堆放。

二、锤击沉桩

1. 打桩设备及选择

打桩所用的机械设备主要由桩锤、桩架及动力装置 3 部分组成。桩锤是对桩施加冲击力，将桩打入土中的机具；桩架的主要作用是支持桩身和桩锤，并在打桩过程中保持桩的方向不偏移；动力装置一般包括启动桩锤用的动力设施（取决于所选桩锤），如采用蒸汽锤时，则需配蒸汽锅炉、卷扬机等。

（1）桩锤

① 选择桩锤类型。常用的桩锤有落锤、柴油桩锤、单动汽锤、双动汽锤、振动桩锤、液压锤桩等。桩锤的工作原理、适用范围和特点见表 2.1。

表 2.1　　各类桩锤的工作原理、适用范围及特点

桩锤种类	原　理	适用范围	特　点
落锤	用绳索或钢丝绳通过吊钩由卷扬机沿桩架导杆提升到一定高度，然后自由下落，利用锤的重力夯击桩顶，使桩沉入土中	（1）适用于打木桩及细长尺寸的钢筋混凝土预制桩 （2）在一般土层、黏土和含有砾石的土层均可使用	（1）构造简单，使用方便，费用低 （2）冲击力大，可通过调整锤重和落距改变打击能力 （3）锤击速度慢（每分钟 6 ~ 20 次），效率低，贯入能力低，桩顶部易被打坏
柴油桩锤	以柴油为燃料，以冲击部分的冲击力和燃烧压力为驱动力来推动活塞往返运动，引起锤头跳动夯击桩顶进行打桩	（1）适于打各种桩 （2）适用于在一般土层中打桩，不适用于在硬土和松软土中打桩	（1）质量轻，体积小，打击能量大 （2）不需外部能量，机动性强，打桩快，桩顶不易被打坏，燃料消耗少 （3）振动大，噪声高，润滑油飞散，遇硬土或软土时不宜使用
单动汽锤	利用外供蒸汽或压缩空气的压力将冲击体托升至一定高度，配气阀释放出蒸汽，使其自由下落锤击打桩	（1）适于打各种桩，包括打斜桩和水中打桩 （2）尤其适于用套管法打灌注桩	（1）结构简单，落距小，精度高，桩头不易损坏 （2）打桩速度及冲击力较落锤大，效率较高（每分钟 25 ~ 30 次）
双动汽锤	利用蒸汽或压缩空气的压力将锤头上举及下冲，增加夯击能量	（1）适于打各种桩，并可打斜桩和水中打桩 （2）适应各种土层 （3）可用于拔桩	（1）冲击力大，工作效率高（每分钟 100 ~ 200 次） （2）设备笨重，移动较困难
振动桩锤	利用锤的高频振动带动桩身振动，使桩身周围的土体产生液化，减小桩侧与土体间的摩阻力，将桩沉入或拔出土中	（1）适于施打一定长度的钢管桩、钢板桩、钢筋混凝土预制桩和灌注桩 （2）适用于亚黏土、黄土和软土，特别适于在砂性土、粉细砂中沉桩，不宜用于岩石、砾石和密实的黏性土层	（1）施工速度快，使用方便，施工费用低，施工无公害污染 （2）结构简单，维修保养方便 （3）不适于打斜桩
液压锤桩	单作用液压锤是冲击块通过液压装置提升到预定的高度后快速释放，冲击块以自由落体方式打击桩体。而双作用锤是冲击块通过液压装置提升到预定高度后，以液压驱使下落，冲击块能获得更大的加速度、更高的冲击速度与冲击能量来打击桩体，每一击贯入度更大	（1）适于打各种桩 （2）适于在一般土层中打桩	（1）施工无烟气污染，噪声较低，打击力峰值小，桩顶不易损坏，可用于水下打桩 （2）结构复杂，保养与维修工作量大，价格高，冲击频率小，作业效率比柴油锤低

常用的柴油锤和单缸两冲程柴油机一样，是依靠上活塞的往复运动产生冲击进行沉桩作业

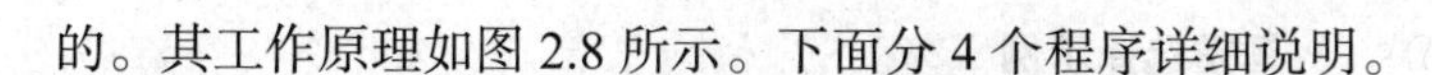

的。其工作原理如图 2.8 所示。下面分 4 个程序详细说明。

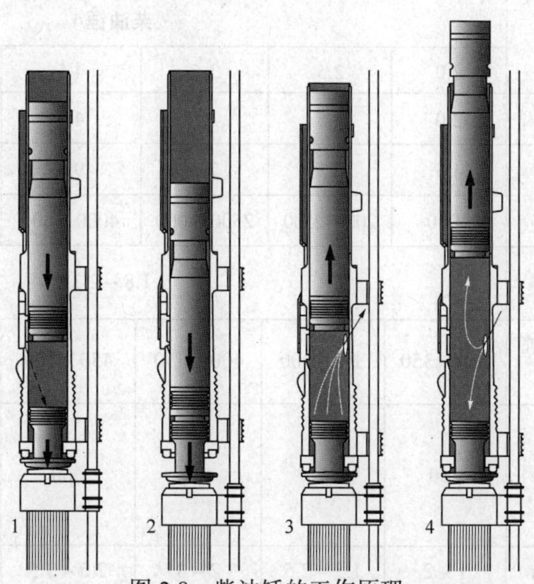

图 2.8　柴油锤的工作原理

a. 燃料的供给和压缩开始。上活塞下落撞击燃油泵杠杆，使燃油泵将一定量柴油喷至下活塞冲击面。当上活塞继续下落经过吸排气口时，将排气口封闭，开始压缩汽缸内的空气。逐渐增加的空气压力将下活塞和桩帽紧密地压在桩头上。

b. 冲击和爆炸。上活塞继续下降，克服压缩空气的阻力与下活塞碰撞，即发生冲击，将下活塞冲击面上的柴油雾化飞溅至燃烧室内，同时将桩打下。燃烧室内的油雾和高压空气混合后被点燃爆炸，爆炸力继续将桩往下打，同时将上活塞向上弹起构成了一个工作循环。

c. 排气。上活塞被膨胀的气体继续向上推，当最后一道活塞环离开排气口时，汽缸内燃烧的高温高压废气立即从排气口排出。

d. 扫气。上活塞继续向上运动，汽缸内产生部分真空，外部的新鲜空气通过吸排气口进入汽缸，并彻底将废气扫出，燃油泵的压油杠杆被释放恢复原位，燃油泵重新吸入柴油。上活塞到达最高点之后，由于自重作用向下降落，迫使汽缸内的气体进行搅动，使混合气体部分排出汽缸外。

筒式柴油打桩锤的打桩过程是气体压力和冲击力的联合作用。它实现了上活塞对下活塞的一个冲击过程，然后产生一个爆炸力，即二次打桩，这个力虽然比冲击力要小，但它是作用在已经被冲动了的桩上，所以对桩的下沉还是有很大作用的。

② 选择桩锤质量。用锤击法沉桩，选择桩锤是关键，一是锤的类型，二是锤的质量。锤击应该有足够的冲击能量，施工中宜选择重锤低击。桩锤过重，所需动力设备过大，会消耗过多的能源，不经济，且易将桩打坏；桩锤过轻，必将增大落距，锤击功很大部分被桩身吸收，使桩身产生回弹，桩不易打入，且锤击次数过多，常常出现桩头被打坏或使混凝土保护层脱落的现象，严重的甚至使桩身断裂。因此，应选择稍重的锤，用重锤低击和重锤快击的方法效果较好。锤重一般根据施工现场情况、机具设备性能、工作方式、工作效率等条件选择。表 2.2 为锤重选择示例。

表 2.2　　　　锤重选择示例

锤型			柴油锤/t					
			2.0	2.5	3.5	4.5	6.0	7.2
锤的动力性能	冲击部分重/t		2.0	2.5	3.5	4.5	6.0	7.2
	总重/t		4.5	6.5	7.2	9.6	15.0	18.0
	冲击力/kN		2000	2000~2500	2500~4000	4000~5000	5000~7000	7000~10000
	常用冲程/m		1.8 ~ 2.3					
适用的桩规格	预制方桩、预应力管桩的边长或直径/mm		250 ~ 350	350 ~ 400	400 ~ 450	450 ~ 500	500 ~ 550	550 ~ 600
	钢管桩直径/mm		400	400	400	600	900	900 ~ 1 000
持力层	黏性土粉土	一般进入深度/m	1 ~ 2	1.5 ~ 2.5	2 ~ 3	2.5 ~ 3.5	3 ~ 4	3 ~ 5
		静力触探比贯入阻力 p_s 平均值/MPa	3	4	5	> 5	> 5	> 5
	沙土	一般进入深度/m	0.5 ~ 1.0	0.5 ~ 1.5	1.0 ~ 2.0	1.5 ~ 2.5	2.0 ~ 3.0	2.5 ~ 3.5
		标准贯入度击数/N	15 ~ 25	20 ~ 30	30 ~ 40	40 ~ 45	45 ~ 50	50
锤的常用控制贯入度/（cm/10 击）			—	2 ~ 3	—	3 ~ 5	4 ~ 8	—
设计单桩极限承载力/kN			400~1200	800~1600	2500~4000	3000~5000	5000~7000	7000~10000

（2）桩架

桩架的形式有多种，常用的通用桩架（能适应多种桩锤）有两种基本形式：一种是沿轨道行驶的多功能桩架，另一种是安装在履带底盘上的履带式桩架。

多功能桩架由立柱、斜撑、回转工作台、底盘及传动机构组成，如图 2.9 所示。这种桩架的机动性和适应性很强，在水平方向可作 360°回转，立柱可前后倾斜，可适应各种预制桩及灌注桩施工。缺点是机构庞大，组装拆迁较麻烦。

履带式桩架以履带式起重机为底盘，增加立柱与斜撑用以打桩，如图 2.10 所示。此种桩架具有操作灵活、移动方便、施工效率高等优点，适用于各种预制桩及灌注桩施工。

选择桩架时应考虑以下因素。

① 桩的材料、桩的截面形状与尺寸、桩的长度和接桩方式。

② 桩的种类、数量、桩距及布置方式，施工精度要求。

③ 施工场地的条件，打桩作业环境，作业空间。

④ 所选定桩锤的形式、质量和尺寸。

⑤ 投入桩架的数量。

⑥ 施工进度要求及打桩速率要求。

桩架高度必须适应施工要求，一般可按桩长分节接长，桩架高度应满足以下要求：桩架高度=单节桩长+桩帽高度+桩锤高度+滑轮组高度+起锤位移高度（1 ~ 2 m）。

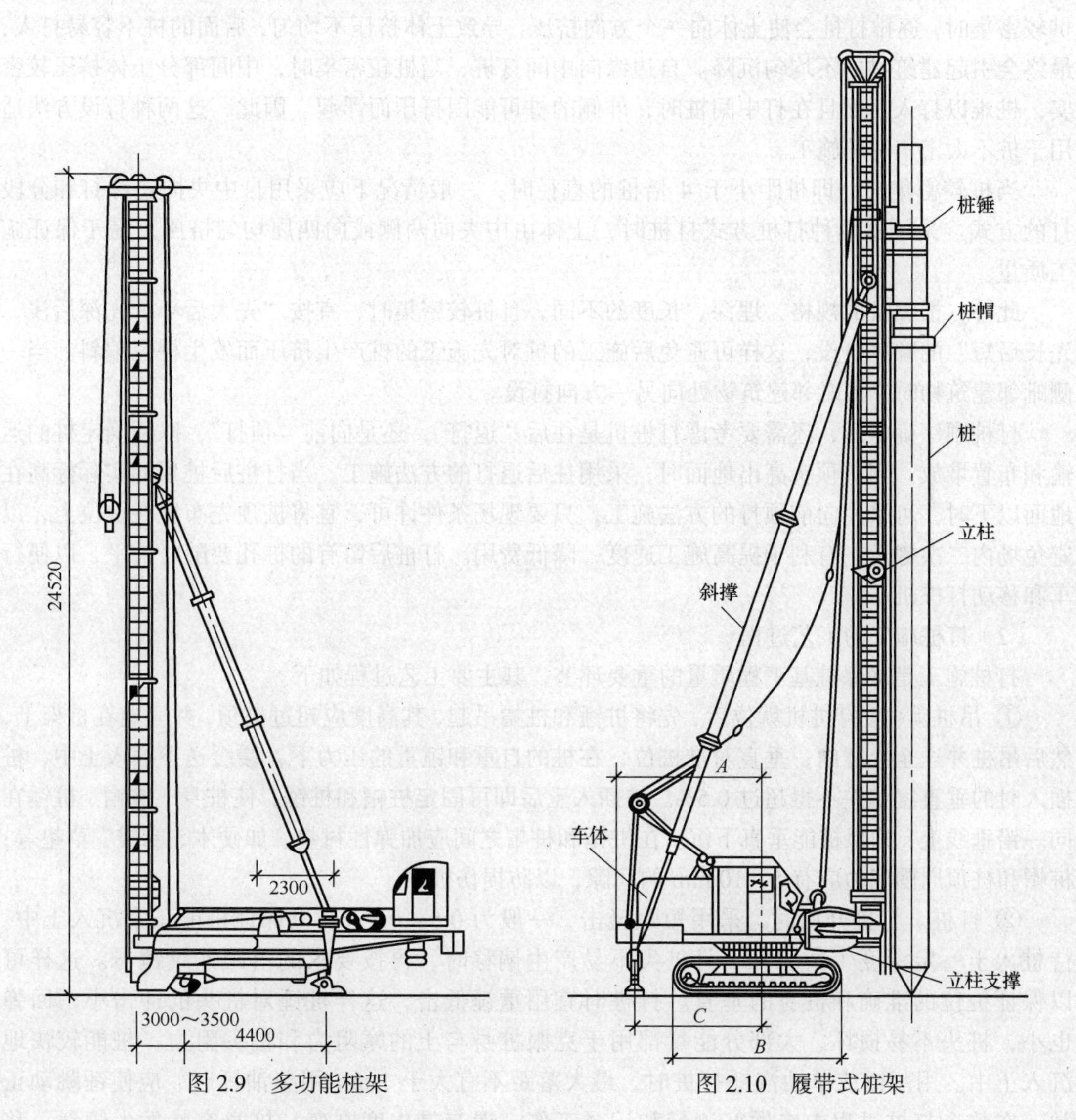

图 2.9　多功能桩架　　　　图 2.10　履带式桩架

2. 打桩工艺

（1）打桩顺序

打入的桩对土体有挤压作用，先打入的桩常由于水平推挤而造成偏移和变位，而后打入的桩则难以达到设计标高或入土深度，造成土体的隆起和挤压。打桩顺序是否合理直接影响到桩基础的质量、施工速度及周围环境，故应根据桩的密集程度、桩径、桩的规格、桩的设计标高、工作面布置、工期要求等综合考虑，合理确定。

当桩距大于或等于 4 倍桩的边长或桩径时，打桩顺序与土壤的挤压关系不大，采用何种打桩顺序相对灵活。而当桩距小于 4 倍桩的边长或桩径时，土壤挤压不均匀的现象会很明显，选择打桩顺序尤为重要。

当桩不太密集，桩的中心距大于或等于 4 倍桩的直径时，可采用逐排打桩和自边缘向中间打桩的顺序。逐排打桩时，桩架单向移动，桩的就位与起吊均很方便，故打桩效率较高。但当桩较密集时，逐排打桩会使土体向一个方向挤压，导致土体挤压不均匀，后面的桩不容易打入，最终会引起建筑物的不均匀沉降。自边缘向中间打桩，当桩较密集时，中间部分土体挤压较密实，桩难以打入，而且在打中间桩时，外侧的桩可能因挤压而浮起。因此，这两种打设方法适用于桩不太密集时的施工。

当桩较密集时，即桩距小于 4 倍桩的直径时，一般情况下应采用自中央向边缘打和分段打的方式。采用这两种打桩方式打桩时，土体由中央向两侧或向四周均匀挤压，易于保证施工质量。

此外，根据桩的规格、埋深、长度的不同，且桩较密集时，宜按“先大后小、先深后浅、先长后短”的顺序打设，这样可避免后施工的桩对先施工的桩产生挤压而发生桩位偏斜。当一侧毗邻建筑物时，由毗邻建筑物处向另一方向打设。

打桩顺序确定后，还需要考虑打桩机是往后“退打”，还是向前“顶打”，以便确定桩的运输和布置堆放。当桩顶头高出地面时，采用往后退打的方法施工。当打桩后桩顶的实际标高在地面以下时，可采用向前顶打的方法施工，只要现场条件许可，宜将桩预先布置在桩位上，以避免场内二次搬运，有利于提高施工速度，降低费用。打桩后留有的桩孔要随时铺平，以便行车和移动打桩机。

（2）打桩施工的工艺过程

打桩施工是确保桩基工程质量的重要环节，其主要工艺过程如下。

① 吊桩就位。打桩机就位后，先将桩锤和桩帽吊起，其高度应超过桩顶，并固定在桩架上，然后吊桩并送至导杆内，垂直对准桩位，在桩的自重和锤重的压力下，缓缓送下插入土中，桩插入时的垂直度偏差不得超过 0.5%。桩插入土后即可固定桩帽和桩锤，使桩身、桩帽、桩锤在同一铅垂线上，确保桩能垂直下沉。在桩锤和桩帽之间应加弹性衬垫，如硬木、麻袋、草垫等；桩帽和桩顶周围四边应有 5 ~ 10 mm 的间隙，以防损伤桩顶。

② 打桩。打桩开始时，采用短距轻击，一般为 0.5 ~ 0.8 m，以保证桩能正常沉入土中。待桩入土一定深度（1 ~ 2 m）且桩尖不易产生偏移时，再按要求的落距连续锤击。这样可以保证桩位的准确和桩身的垂直。打桩时宜用重锤低击，这样桩锤对桩头的冲击小，回弹也小，桩头不易损坏，大部分能量都用于克服桩身与土的摩阻力和桩尖阻力，桩能较快地沉入土中。用落锤或单动汽锤打桩时，最大落距不宜大于 1 m。用柴油锤时，应使锤跳动正常。在整个打桩过程中应做好测量和记录工作，遇有贯入度剧变，桩身突然发生倾斜、移位或有严重回弹，桩顶或桩身出现严重裂缝或破碎等异常情况时，应暂停打桩，及时研究处理。

③ 送桩。当桩顶标高低于地面时，借助送桩器将桩顶送入土中的工序称为送桩。送桩时桩与送桩管的纵轴线应在同一直线上，锤击送桩将桩送入土中，送桩结束，拔出送桩管后，桩孔应及时回填或加盖。

④ 接桩。钢筋混凝土预制长桩受运输条件和桩架高度的限制，一般分成若干节预制，分节打入，在现场进行接桩。常用的接桩方法有焊接法、法兰接法和硫磺胶泥锚接法等，如图 2.11 所示。

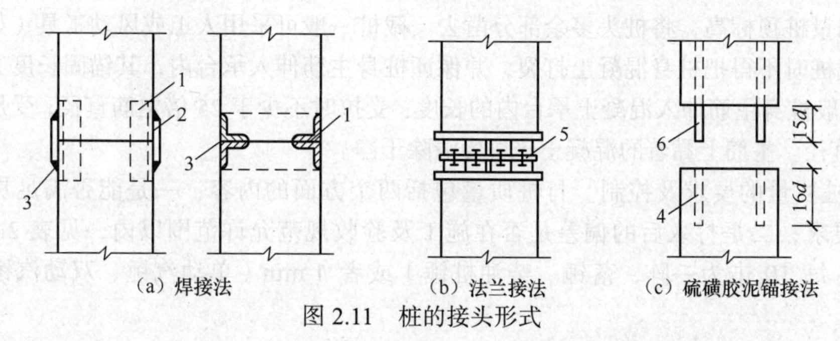

（a）焊接法　（b）法兰接法　（c）硫磺胶泥锚接法

图 2.11　桩的接头形式

1—角钢与主筋焊接　2—钢板　3—焊缝　4—浆锚孔　5—预埋法兰　6—预埋锚筋　d—锚栓直径

a. 焊接法接桩。焊接法接桩目前应用最多，其节点构造如图 2.12 所示。接桩时，必须对准下节桩并保证垂直无误后，用点焊将拼接角钢连接固定，再次检查位置正确无误后，进行焊接。施焊时，应两人同时对角对称地进行，以防因节点变形不均匀而引起桩身歪斜，焊缝要连续饱满。接长后，桩中心线的偏差不得大于 10 mm，节点弯曲矢高不得大于 0.1%桩长。

b. 法兰接桩法。法兰接桩法是用法兰盘和螺栓连接，其接桩速度快，但耗钢量大，多用于预应力混凝土管桩。

c. 硫磺胶泥锚接法接桩。浆锚法接桩时，首先将上节桩对准下节桩，使四根锚筋插入锚筋孔中（直径为锚筋直径的 2.5 倍），下落压梁并套住桩顶，然后将桩和压梁同时上升约 200 mm，以 4 根锚筋不脱离锚筋孔为度，如图 2.13 所示。此时，安设好施工夹箍（由 4 块木板，内侧用人造革包裹 40 mm 厚的树脂海绵块而成），将溶化的硫磺胶泥注满锚筋孔内和接头平面上，然后将上节桩和压梁同时下落，当硫磺胶泥冷却并拆除施工夹箍后，即可继续加荷施压。

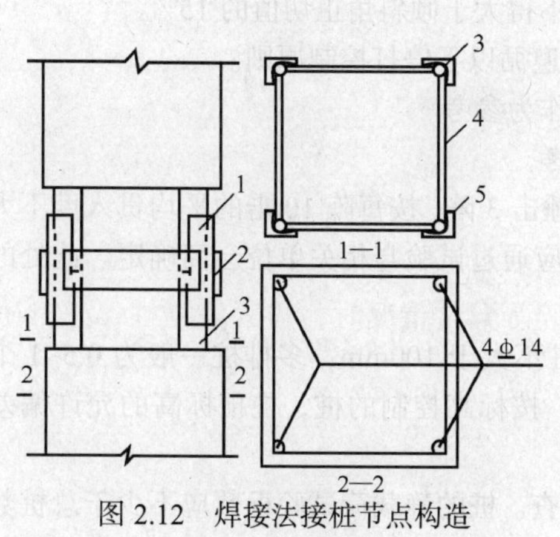

图 2.12　焊接法接桩节点构造

1—角钢与主筋焊接　2—钢板　3—主筋

4—箍筋　5—焊缝

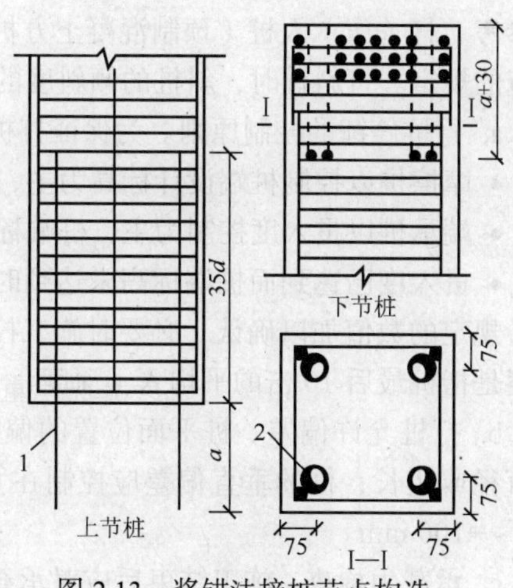

图 2.13　浆锚法接桩节点构造

1—锚筋　2—锚筋孔

为保证接桩质量，应做到将锚筋刷净并调直；锚筋孔内应有完好螺纹，无积水、杂物和油污；接桩时接点的平面和锚筋孔内应灌满胶泥；灌注时间不得超过 2 min；灌注后的停歇时间应符合有关规定。

⑤ 截桩。当预制钢筋混凝土桩的桩顶露出地面并影响后续桩施工时，应立即截桩头。截桩头前，应测量桩顶标高，将桩头多余部分凿去。截桩一般可采用人工或风动工具（如风镐等）来完成。截桩时不得把桩身混凝土打裂，并保证桩身主筋伸入承台内，其锚固长度必须符合设计规定。一般桩身主筋伸入混凝土承台内的长度：受拉时不少于 25 倍主筋直径；受压时不少于 15 倍主筋直径。主筋上黏着的混凝土碎块要清除干净。

⑥ 打桩质量的要求及控制。打桩质量包括两个方面的内容：一是能否满足贯入度或标高的设计要求；二是打入后的偏差是否在施工及验收规范允许范围以内，见表 2.3。贯入度是指一阵（每 10 击为一阵，落锤、柴油桩锤）或者 1 min（单动汽锤、双动汽锤）桩的入土深度。

表 2.3　　预制桩（钢桩）桩位的允许偏差

<table>
<tr><th>序号</th><th colspan="2">项目</th><th>允许偏差/mm</th></tr>
<tr><td rowspan="2">1</td><td rowspan="2">盖有基础梁的桩</td><td>垂直基础梁的中心线</td><td>100+0.01H</td></tr>
<tr><td>沿基础梁的中心线</td><td>150+0.01H</td></tr>
<tr><td>2</td><td colspan="2">桩数为 1 ~ 3 根桩基中的桩</td><td>100</td></tr>
<tr><td>3</td><td colspan="2">桩数为 4 ~ 16 根桩基中的桩</td><td>1/2 桩径或边长</td></tr>
<tr><td rowspan="2">4</td><td rowspan="2">桩数大于 16 根桩基中的桩</td><td>最外边的桩</td><td>1/3 桩径或边长</td></tr>
<tr><td>中间桩</td><td>1/2 桩径或边长</td></tr>
</table>

注：H 为施工现场地面标高与桩顶设计标高的距离。

为保证打桩的质量，应遵循以下原则：端承桩即桩端达到坚硬土层或岩层，以控制贯入度为主，桩端标高可作参考；摩擦桩即桩端位于一般土层，以控制桩端设计标高为主，贯入度可作参考。打（压）入桩（预制混凝土方桩、先张法预应力管桩、钢桩）的桩位偏差，必须符合规范的规定。打斜桩时，斜桩的倾斜度的允许偏差不得大于倾斜角正切值的 15%。

a. 打桩停锤的控制原则。为保证打桩质量，应遵循以下停打控制原则。

• 摩擦桩以控制桩端设计标高为主，贯入度可作为参考。

• 端承桩以贯入度控制为主，桩端标高可作参考。

• 贯入度已达到而桩端标高未达到时，应继续锤击 3 阵，按每阵 10 击的平均贯入度不大于设计规定的数值加以确认，必要时施工控制贯入度应通过试验与相关单位会商确定。此处的贯入度是指桩最后 10 击的平均入土深度。

b. 打桩允许偏差。桩平面位置的偏差，单排桩不大于 100mm，多排桩一般为 0.5~1 个桩的直径或边长；桩的垂直偏差应控制在 0.5%之内；按标高控制的桩，桩顶标高的允许偏差为 −50 ~ +100 mm。

c. 承载力检查。施工结束后应对承载力进行检查。桩的静载荷试验根数应不少于总桩数的 1%，且不少于 3 根；当总桩数少于 50 根时，应不少于 2 根；当施工区域地质条件单一，又有足够的实际经验时，可根据实际情况由设计人员酌情而定。

⑦ 打桩过程控制。打桩时，如果沉桩尚未达到设计标高，而贯入度突然变小，则可能是土层中央有硬土层，或遇到孤石等障碍物，此时应会同设计勘探部门共同研究解决，不能盲目施打。打桩时，若桩顶或桩身出现严重裂缝、破碎等情况时，应立即暂停，分析原因，在采取相应的技术措施后，方可继续施打。

打桩时，除了注意桩顶与桩身由于桩锤冲击被破坏外，还应注意桩身受锤击应力而导致的水平裂缝。在软土中打桩时，桩顶以下 1/3 桩长范围内常会因反射的应力波使桩身受拉而引起水平裂缝，开裂的地方常出现在易形成应力集中的吊点和蜂窝处，采用重锤低击和较软的桩垫可减小锤击拉应力。

⑧ 打桩对周围环境影响的控制。打桩时，邻桩相互挤压导致桩位偏移，产生浮桩，则会影响整个工程质量。在已有建筑群中施工，打桩还会引起已有地下管线、地面交通道路和建筑物的损坏和不安全。为了避免或减小沉桩挤土效应和对邻近建筑物、地下管线等的影响，施打大面积密集桩群时，可采取下列辅助措施。

a. 预钻孔沉桩，预钻孔孔径比桩径（或方桩对角线）少 50 ~ 100 mm，深度视桩距和土的密实度、渗透性而定，深度宜为桩长的 1/3 ~ 1/2，施工时应随钻随打，桩架宜具备钻孔、锤击双重性能。

b. 设置袋装砂井或塑料排水板消除部分超孔隙水压力，减少挤土现象。

c. 设置隔离板桩或开挖地面防震沟，消除部分地面震动。

d. 沉桩过程中应加强对邻近建筑物、地下管线等的观测和监护。

三、静力压桩

静力压桩是在软土地基上，利用静力压桩机或液压压桩机用无振动的静力压力（自重和配重）将预制桩压入土中的一种新工艺。静力压桩已被我国的大中城市较为广泛地采用，与普通的打桩和振动沉桩相比，压桩可以消除噪声和振动的公害，故特别适用于医院和有防震要求部门附近的施工。

压桩与打桩相比，由于避免了锤击应力，桩的混凝土强度及其配筋只要满足吊装弯矩和使用期的受力要求就可以，因而桩的断面和配筋可以减小；压桩引起的挤土也少得多，因此，压桩是软土地区一种较好的沉桩方法。

1. 静力压桩设备

静力压桩机如图 2.14、图 2.15 所示，其工作原理是通过安置在压桩机上的卷扬机的牵引，由钢丝绳、滑轮及压梁将整个桩机的自重力（800 ~ 1500 kN）反压在桩顶上，以克服桩身下沉时与土的摩擦力，迫使预制桩下沉。桩架的高度为 10 ~ 40 m，压入桩的长度可达 37 m，桩断面尺寸为 400 mm×400 mm ~ 500 mm×500 mm。

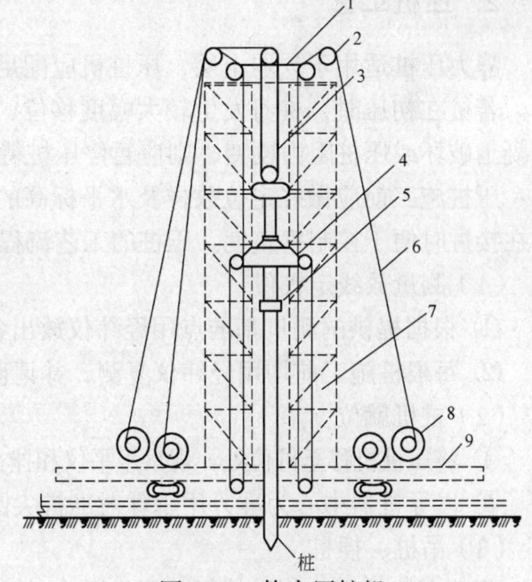

图 2.14　静力压桩机

1—桩架顶梁　2—导向滑轮　3—提升滑轮组
4—压梁　5—桩帽　6—钢丝绳　7—压桩滑轮组
8—卷扬机 9—底盘

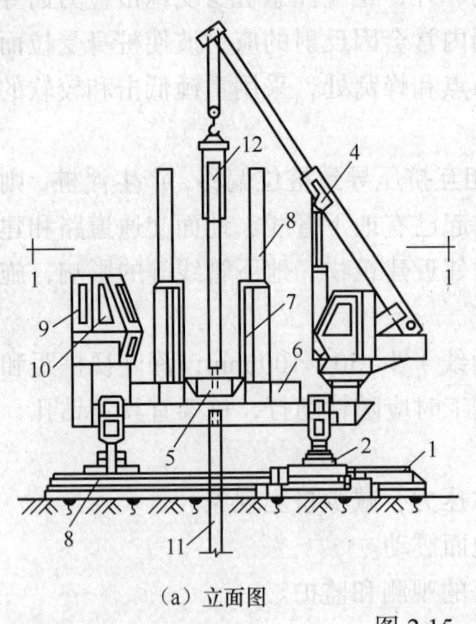

（a）立面图

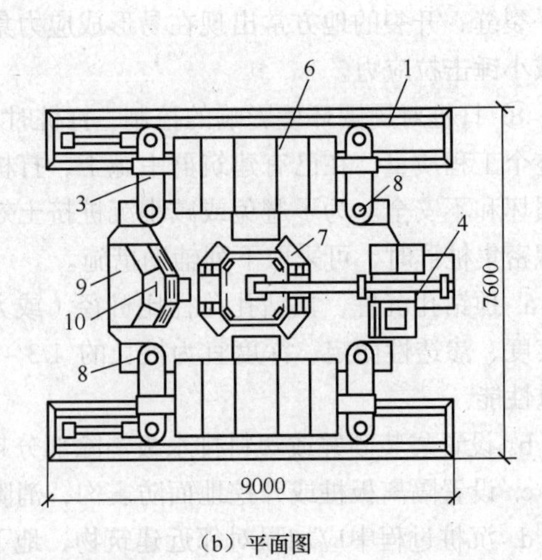

（b）平面图

图 2.15　全液压式静力压桩机

1—操纵室　2—电控系统　3—吊入上节桩　4—起重机　5—液压系统　6—导向架　7—配重铁块　8—短船行走及回转机构　9—长船行走机构　10—已压入下节桩　11—夹持与压板装置　12—桩帽

近年来，我国引进的 WYJ-200 型和 WYJ-400 型压桩机，是液压操纵的先进设备。其静压力有 2 000kN 和 4 000 kN 两种，单根制桩长度可达 20m。

2. 压桩工艺

静力压桩适用于软弱土层，压桩机应配足额定的重量，可根据地质条件、试压情况确定修正。若桩在初压时，桩身发生较大幅度移位、倾斜；在压力过程中桩身实然下沉或倾斜，桩顶混凝土破坏或压桩阻力剧变，则应暂停压桩待研究处理。

压桩施工前应做好定位放样及水平标高的控制，固定测点，各节预制桩均应弹出中心线以利在接桩时便于控制垂直度。压桩的工艺流程如图 2.16 所示。

（1）测量放线定桩位

① 根据提供的测量基准点用经纬仪放出各轴线，定出桩位。

② 每根桩施工前均用经纬仪复测，并请监理人员检查验收。

（2）桩机就位

① 将压桩机移至桩位处，观察水平仪和挂在压架上的垂球，调平机身。

② 以导桩器中心为准，用垂球对准桩尖圆心，找准桩位。

（3）吊桩、插桩

驱动夹持油缸，将夹持板放置在适合的高度。启动卷扬机吊起管桩，再将管桩（或桩段）吊入夹持梁内，夹持油缸驱动夹持滑块，通过夹持板将管桩夹紧，然后压桩油缸做伸程动作，使夹持机构在导向桩架内向下运动，带动管桩挤入土中。微微启动压桩油缸，将管桩压入土中 0.5 ~ 1.0 m 后，用两台经纬仪双向调整桩身垂直度。

管桩插桩时必须校正管桩的垂直度，采用两台经纬仪距正在施工的管桩约 20 m 处成 90°放置，两台经纬仪的观测结果均符合要求后才能进行压桩。

桩在进行吊装、运输与堆放时应注意以下几个方面。

① 管桩吊装时宜采用两支点法，也可采用勾吊法，吊钩钩于管桩两端板处，绳索与桩身水平交角应不大于45°。

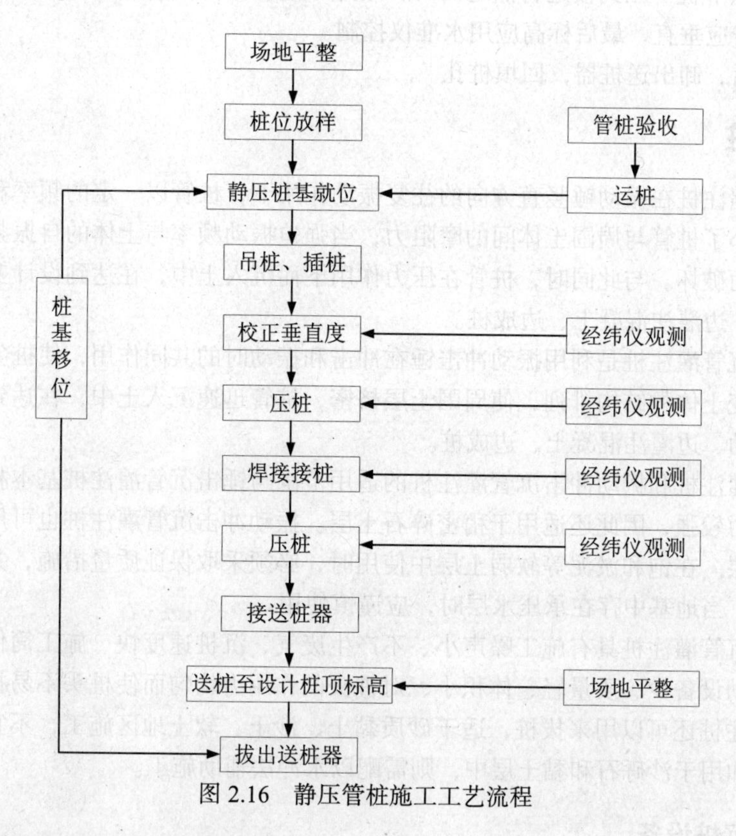

图 2.16　静压管桩施工工艺流程

② 管桩在起吊、装卸、运输过程中，必须做到平稳，轻起轻放，严禁抛掷、碰撞、滚落。

③ 管桩在运输、堆放时的支点位置距两端均为 0.21 L（L 为管桩长度）。

④ 堆桩场地要平稳坚实，不得产生过大的或不均匀的沉陷。支点垫木的间距应与吊点位置相同，并保持在同一平面上，各层垫木应上下对齐处于同一垂直线上，最下层的垫木应适当加宽。堆放位置和方法应根据打桩位置、吊运方式以及打桩顺序等综合考虑。

（4）压桩

通过定位装置重新调整管桩的垂直度，然后启动压桩油缸，将管桩慢慢压入土中。压桩油缸行程走满，夹持油缸伸程，然后压桩油缸做回程动作，上述运动往复交替，即可实现桩机的压桩工作。压桩时要控制好施压速度。

压桩必须连续进行，若中断时间过长则土体将恢复固结，使压入阻力明显增大，增加了压桩的困难。压桩时应做好记录，特别对压桩读数应记录准确。

压桩过程中，当桩尖碰到夹砂层时，压桩阻力可能会突然增大，甚至因超过压桩能力而使桩机上抬。这时可以最大的压桩力作用在桩顶，采用“停车再开、忽停忽开”的办法使桩缓慢下沉穿过砂层。如果工程中有少量桩确实不能压至设计标高而相差不多时，可以采用截去桩顶的办法。

（5）接桩

压桩施工，一般情况下都采用“分段压入、逐段接长”的方法。

（6）继续压桩

继续压桩的操作与压桩相同。

（7）送桩

当管桩（顶节桩）压到接近自然地面时，用专用送桩器将桩压送到设计标高，送桩器的断面应平整，器身应垂直，最后标高应用水准仪控制。

送桩结束后，卸出送桩器，回填桩孔。

四、振动沉桩

振动沉管灌注桩在振动锤竖直方向的往复振动作用下，桩管以一定的频率和振幅产生竖向往复振动，减小了桩管与周围土体间的摩阻力，当强迫振动频率与土体的自振频率相同时，土体结构因共振而破坏。与此同时，桩管在压力作用下而沉入土中，在达到设计要求深度后，边拔管、边振动、边灌注混凝土、边成桩。

振动冲击沉管灌注桩是利用振动冲击锤在冲击和振动时的共同作用，使桩尖对四周的土层进行挤压，改变土体的结构排列，使周围土层挤密，桩管迅速沉入土中，在达到设计标高后，边拔管、边振动、边灌注混凝土、边成桩。

振动沉管灌注桩和振动冲击沉管灌注桩的适用范围与锤击沉管灌注桩基本相同，由于其贯穿沙土层的能力较强，因此还适用于稍密碎石土层。振动冲击沉管灌注桩也可用于中密碎石土层和强风化岩层。在饱和淤泥等软弱土层中使用时，必须采取保证质量措施，并经工艺试验成功后才可使用。当地基中存在承压水层时，应谨慎使用。

振动冲击沉管灌注桩具有施工噪声小、不产生废气、沉桩速度快、施工简便、操作安全、结构简单、辅助设备少、质量轻、体积小、对桩头的作用力均匀而使桩头不易损坏等特点。振动冲击沉管灌注桩还可以用来拔桩，适于砂质黏土、沙土、软土地区施工，不宜用于砾石和密实的黏土层。如用于沙砾石和黏土层中，则需配以水冲法辅助施工。

1. 振动沉桩设备

振动沉桩设备是指用振动方法使桩振动而沉入地层的桩工机械。作业时，桩与周围土壤产生振动，使桩面的摩擦阻力减小，桩杆由于自重克服桩面及桩尖的阻力而穿破地层下沉。振动沉桩设备还可以利用共振原理，加强沉桩效果。

沉桩机由振动器、夹桩器、传动装置、电动机等组成，如图 2.17 所示。它的主要工作装置是振动冲击锤，如图 2.18 所示，在转轴上有若干块质量和形状相同的偏心块。每对转轴的偏心块对称布置，并由一对相同的齿轮传动，转速相同，转向相反，因此，两轴运转时所产生的扰动力在水平方向相互平衡抵消，防止沉桩机和桩的横向摆动，在垂直方向扰动力相互叠加，形成激振力促使桩身振动。转轴的转速可以调节，因而振动器的激振频率、振幅和振动力也是可调的，以适应各种不同规格的桩和不同性质的地层。振动器的变频有机械、气压、液压或电磁等多种方式。振动器下部是夹桩器，备有各种不同的规格尺寸，以便与各种不同截面的桩相连接，使沉桩机和桩连成一体。夹桩器的操纵有杠杆式、液压、气压式等。

2. 振动沉桩工艺

（1）振动沉管施工法的类型

振动沉管施工法一般有单打法、反插法、复打法等。施工方法应根据土质情况和荷载要求分别选用。

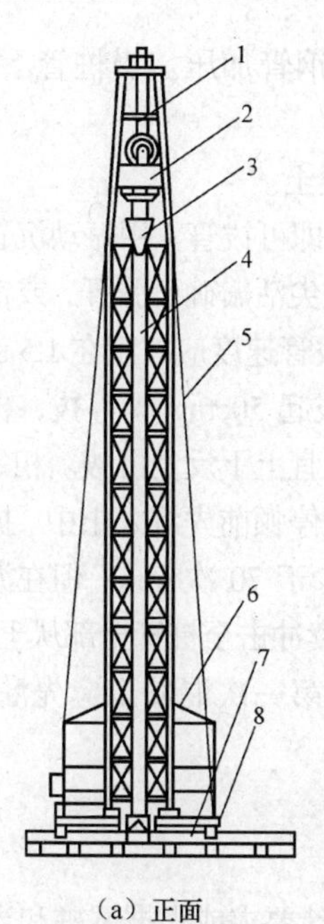

（a）正面　　（b）侧面

图 2.17　振动沉桩机

1—滑轮组　2—振动锤　3—漏斗口　4—桩管　5—前拉索　6—遮栅　7—滚筒　8—枕木
9—架顶　10—架身顶段　11—钢丝绳　12—架身中段　13—吊斗　14—架身下段
15—导向滑轮　16—后拉索　17—架底　18—卷扬机　19—加压滑轮　20—活瓣桩尖

① 单打法。单打法即一次拔管法，拔管时每提升 0.5 ~ 1.0 m，振动 5 ~ 10 s；再拔管 0.5 ~ 1.0 m，振动 5 ~ 10 s，如此反复进行，直至全部拔出为止。该法宜采用预制桩尖，一般情况下振动沉管灌注桩均采用此法，单打法适用于含水量较小的土层。

② 复打法。复打法是在同一桩孔内进行两次单打，即按单打法制成桩后再在混凝土桩内成孔并灌注混凝土。采用此法可扩大桩径，大大提高桩的承载力，适用于软弱饱和土层。

③ 反插法。反插法是将套管每提升 0.5 m，再下沉 0.3 m，反插深度不宜大于活瓣桩尖长度的 2/3，如此反复进行，直至拔离地面。此法也可扩大桩径，提高桩的承载力，适用于软弱饱和土层。

（2）施工程序

单打法、反插法、复打法的施工程序如下。

① 桩机就位。将桩管对准预先埋设在桩位上的预制桩尖（采用钢筋混凝土封口桩尖）或将桩管对准桩位中心，把桩尖活瓣合拢（采用活瓣桩尖），然后放松卷扬机钢丝绳，利用桩机和桩管自重，把桩尖竖直压入土中。

② 振动沉管。开动振动锤，同时放松滑轮，使

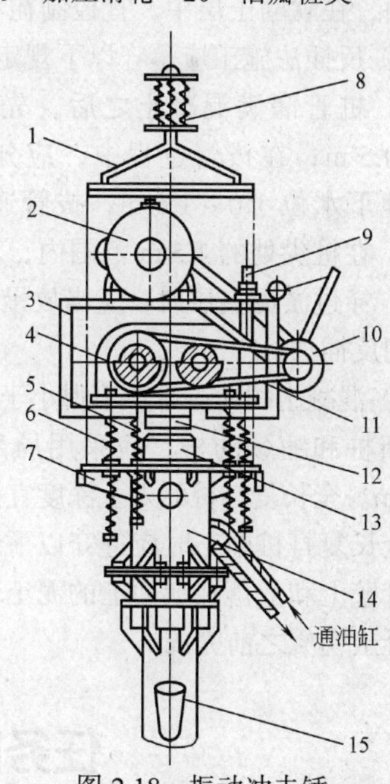

图 2.18　振动冲击锤

1—吊环　2—电动机　3—支架　4—振动箱
5—减振弹簧　6—工作弹簧　7—底座
8—缓冲架　9—压轮　10—离合器
11—三角传动带　12—上锤钻
13—下锤钻　14—液压夹头　15—桩管

桩管逐渐下沉，并开动加压卷扬机，通过加压钢丝绳对钢管加压。当桩管下沉至设计标高后，关停振动器。

③ 第一次灌注混凝土。利用吊斗向桩管内灌注混凝土。

④ 边拔管、边振动、边灌注混凝土。当混凝土灌满后即可拔管。用振动沉管灌注桩拔管时，应先启动振动打桩机，振动片刻后再开始拔管，并应在测得桩尖活瓣确已张开，或钢筋混凝土桩尖确已脱离，混凝土已从桩管中流出以后，方可继续拔出桩管。拔管速度应控制在 1.5 m/min 以内，边拔边振，边向管内继续灌注混凝土，以满足灌注量的要求。每拔起 50cm，即停拔，再振动片刻，如此反复进行，直至将桩管全部拔出。在淤泥层中，为防止缩颈，宜上下反复沉拔。相邻的桩施工时，其间隔时间不得超过水泥的初凝时间，中途停顿时，应将桩管在停顿前先沉入土中。振动冲击沉管灌注桩的拔管速度应在 1 m/min 以内。桩锤上下冲击的次数不得少于 70 次/min；但在淤泥层和淤泥质软土中，其拔管速度不得大于 0.8 m/min。拔管时，应使桩锤连续冲击至桩管全部从土中拔出为止。

⑤ 安放钢筋笼或插筋，成桩。当桩身配钢筋笼时，第一次混凝土应先灌至笼底标高，然后安放钢筋笼，再灌注混凝土至桩顶标高。

（3）施工时的主要事项

① 单打法施工应遵守以下规定。

a. 必须严格控制最后 30s 的电流、电压值，其值按设计要求或根据试桩和当地经验确定。

b. 桩管内灌满混凝土后，先振动 5～10 s，再开始拔管，应边振边拔，每拔 0.5～1.0 m 停拔、振动 5～10 s，如此反复，直至桩管全部拔出。

c. 在一般土层内，拔管速度宜为 1.2～1.5 m/min，用活瓣桩尖时宜慢，用预制桩尖时可适当加快，在软弱土层中，宜控制在 0.6～0.8 m/min。

② 反插法施工应遵守以下规定。

a. 桩管灌满混凝土之后，先振动再拔管，每次拔管高度为 0.5～1.0 m，反插深度为 0.3～0.5 m；在拔管过程中，应分段添加混凝土，保持管内混凝土面始终不低于地表面或高于地下水位 1.0～1.5 m，拔管速度应小于 0.5 m/min。

b. 在桩尖处的 1.5 m 范围内，宜多次反插，以扩大桩的端部断面。

c. 穿过淤泥夹层时，应当放慢拔管速度，并减小拔管高度和反插深度。在流动性淤泥中不宜使用反插法。

③ 混凝土的充盈系数不得小于 1.0；对于混凝土充盈系数小于 1.0 的桩，宜全长复打，对可能有断桩和缩颈的桩，应采用局部复打。成桩后的桩身混凝土顶面标高应不低于设计标高 500 mm。全长复打桩的入土深度宜接近原桩长，局部复打应超过断桩或缩颈区 1 m 以上。

全长复打桩施工时应遵守以下规定：第一次灌注混凝土应达到自然地面；应随拔管随清除黏在管壁上和散落在地面上的泥土；前后两次沉管的轴线应重合；复打施工必须在第一次灌注的混凝土初凝之前完成。

任务四　灌注桩基础施工

混凝土灌注桩是直接在施工现场桩位上成孔，然后在孔内安装钢筋笼，浇筑混凝土成桩。与预制桩相比，灌注桩具有不受地层变化限制、不需要接桩和截桩、节约钢材、振动小、噪声小等特点，但施工工艺复杂，影响质量的因素较多。灌注桩按成孔方法分为泥浆护壁成孔灌注桩、干作业钻孔灌注桩、人工挖孔灌注桩、沉管灌注桩等。近年来出现了夯扩桩、管内泵压桩、变径桩等新工艺，特别是变径桩，将信息化技术引入到桩基础中。

灌注桩施工的一般规定如下。

① 不同桩型的适用条件应符合下列规定。

a. 泥浆护壁成孔灌注桩宜用于地下水位以下的黏性土、粉土、沙土、填土、碎石土及风化岩层。

b. 旋挖成孔灌注桩宜用于黏性土、粉土、沙土、填土、碎石土及风化岩层。

c. 冲孔灌注桩除宜用于上述地质情况外，还能穿透旧基础、建筑垃圾填土或大孤石等障碍物。在岩溶发育地区应慎重使用，采用时，应适当加密勘察钻孔。

d. 长螺旋钻孔压灌桩后插钢筋笼宜用于黏性土、粉土、沙土、填土、非密实的碎石类土、强风化岩。

e. 干作业钻（挖）孔灌注桩宜用于地下水位以上的黏性土、粉土、填土、中等密实以上的沙土、风化岩层。

f. 在地下水位较高、有承压水的沙土层、滞水层，厚度较大的流塑状淤泥、淤泥质土层中不得选用人工挖孔灌注桩。

g. 沉管灌注桩宜用于黏性土、粉土和沙土；夯扩桩宜用于桩端持力层（埋深不超过 20 m）的中、低压缩性黏性土、粉土、沙土和碎石类土。

② 成孔设备就位后，必须平整、稳固，确保在成孔过程中不发生倾斜和偏移。应在成孔钻具上设置控制深度的标尺，并应在施工中进行观测记录。

③ 成孔的控制深度应符合下列要求。

a. 摩擦型桩。摩擦桩应以设计桩长控制成孔深度；端承摩擦桩必须保证设计桩长及桩端进入持力层深度。当采用锤击沉管法成孔时，桩管入土深度控制应以标高为主，以贯入度控制为辅。

b. 端承型桩。当采用钻（冲）、挖掘成孔时，必须保证桩端进入持力层的设计深度；当采用锤击沉管法成孔时，桩管入土深度控制以贯入度为主，以控制标高为辅。

一、泥浆护壁成孔灌注桩

泥浆护壁成孔是利用原土自然造浆或人工造浆浆液进行护壁，通过循环泥浆将被钻头切下的土块携带排出孔外成孔，然后安装绑扎好的钢筋笼，用导管法水下灌注混凝土沉桩。此法对无论地下水高或低的土层都适用，但在岩溶发育地区慎用。

1. 施工工艺流程

泥浆护壁成孔灌注桩的施工工艺流程如图 2.19 所示。

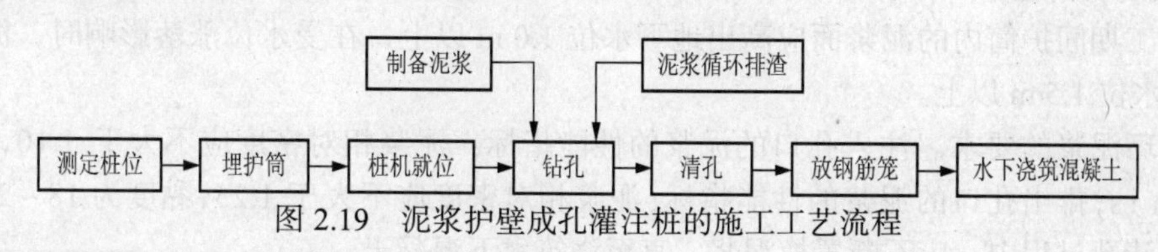

图 2.19　泥浆护壁成孔灌注桩的施工工艺流程

2. 施工准备

（1）埋设护筒

护筒具有导正钻具、控制桩位、隔离地面水渗漏、防止孔口坍塌、抬高孔内静压水头和固定钢筋笼等作用，应认真埋设。

护筒是用厚度为 4 ~ 8 mm 的钢板制成的圆筒，其内径应大于钻头直径 100 mm，护筒的长度以 1.5 m 为宜，在护筒的上、中、下各加一道加劲筋，顶端焊两个吊环，其中一个吊环供起吊之用，另一个吊环是用于绑扎钢筋笼吊杆，压制钢筋笼的上浮，护筒顶端同时正交刻四道槽，以便挂十字线，以备验护筒、验孔之用。在其上部开设1个或2个溢浆孔，便于泥浆溢出，进行回收和循环利用。

埋设时，先放出桩位中心点，在护筒外80～100 cm的过中心点的正交十字线上埋设控制桩，然后在桩位外挖出比护筒大60cm的圆坑，深度为2.0 m，在坑底填筑20 cm厚的黏土，夯实，然后将护筒用钢丝绳对称吊放进孔内，在护筒上找出护筒的圆心（可拉正交十字线），然后通过控制桩放样，找出桩位中心，移动护筒，使护筒的中心与桩位中心重合，同时用水平尺（或吊线坠）校验护筒竖直后，在护筒周围回填含水量适合的黏土，分层夯实，夯填时要防止护筒的偏斜，护筒埋设后，质量员和监理工程师验收护筒中心偏差和孔口标高。当中心偏差符合要求后，钻机可就位开钻。

（2）制备泥浆

泥浆的主要作用有：泥浆在桩孔内吸附在孔壁上，将土壁上的孔隙填补密实，避免孔内壁漏水，保证护筒内水压的稳定；泥浆比重大，可加大孔内水压力，可以稳固土壁、防止塌孔；泥浆有一定的黏度，通过循环泥浆可使切削碎的泥石渣屑悬浮起来后被排走，起到携砂、排土的作用；泥浆对钻头有冷却和润滑作用。

① 制作泥浆时的主要材料。

a. 膨润土。以蒙脱石为主的黏土性矿物。

b. 黏土。塑性指数I_P>17、粒径小于0.005 mm的黏粒含量大于50%的黏土为泥浆的主要材料。

② 泥浆的性能指标。相对密度为1.1～1.15；黏度为18～20Pa・s；含砂率为6%；pH值为7～9；胶体率为95%；失水量为30 mL/30 min。

③ 测量项目及要求。

a. 钻进开始时，测定一次闸门口泥浆下面0.5 m处的泥浆的性能指标。钻进过程中每隔2 h测定一次进浆口和出浆口的相对密度、含砂量、pH值等指标。

b. 在停钻过程中，每天测一次各闸门出口处0.5 m处的泥浆的性能指标。

④ 泥浆的拌制。为了有利于膨润土和羧甲基纤维素完全溶解，应根据泥浆需用量选择膨润土搅拌机，其转速宜大于200 r/min。

投放材料时，应先注入规定数量的清水，边搅拌边投放膨润土，待膨润土大致溶解后，均匀地投入羧甲基纤维素，再投入分散剂，最后投入增大比重剂及渗水防止剂。

⑤ 泥浆的护壁。

a. 施工期间护筒内的泥浆面应高出地下水位1.0 m以上，在受水位涨落影响时，泥浆面应高出最高水位1.5 m以上。

b. 循环泥浆的要求。注入孔口的泥浆的性能指标：泥浆相对密度应不大于1.10，黏度为18～20 Pa・s；排出孔口的泥浆的性能指标：泥浆相对密度应不大于1.25，黏度为18～25 Pa・s。

c. 在清孔过程中，应不断置换泥浆，直至浇筑水下混凝土。

d. 废弃的泥浆、渣应按环境保护的有关规定处理。

（3）钢筋笼的制作

钢筋笼的制作场地应选择在运输和就位都比较方便的场所，在现场内进行制作和加工。钢筋进场后应按钢筋的不同型号、不同直径、不同长度分别进行堆放。

① 钢筋骨架的绑扎顺序。

a. 主筋调直，在调直平台上进行。

b. 骨架成形，在骨架成形架上安放架立筋，按等间距将主筋布置好，用电弧焊将主筋与架立筋固定。

c. 将骨架抬至外箍筋滚动焊接器上，按规定的间距缠绕箍筋，并用电弧焊将箍筋与主筋固定。

② 主筋接长。主筋接长可采用对焊、搭接焊、绑条焊的方法。主筋对接，在同一截面内的钢筋接头数不得多于主筋总数的 50%，相邻两个接头间的距离不小于主筋直径的 35 倍，且不小于 500 mm。主筋、箍筋焊接长度，单面焊为 10 d，双面焊为 5 d。

③ 钢筋笼保护层。为确保桩混凝土保护层的厚度，应在主筋外侧设钢筋的定位钢筋，同一断面上定位 3 处，按 120°角布置，沿桩长的间距为 2 m。

④ 钢筋笼的堆放。堆放钢筋笼时应考虑安装顺序、钢筋笼变形和防止事故发生等因素，堆放不准超过两层。

3. 成孔

桩架安装就位后，挖泥浆槽、沉淀池，接通水电，安装水电设备，制备符合要求的泥浆。用第一节钻杆（每节钻杆长约 5 m，按钻进深度用钢销连接）的一端接好钻机，另一端接上钢丝绳，吊起潜水钻，对准埋设的护筒，悬离地面，先空钻然后慢慢钻入土中，注入泥浆，待整个潜水钻入土，观察机架是否垂直平稳，检查钻杆是否平直后，再正常钻进。

泥浆护壁成孔灌注桩的成孔方法按成孔机械分类有回转钻机成孔、潜水钻机成孔、冲击钻机成孔、冲抓锥成孔等，其中以钻机成孔应用最多。

（1）回转钻机成孔

回转钻机是由动力装置带动钻机回转装置转动，再由其带动带有钻头的钻杆移动，由钻头切削土层。回转钻机适用于地下水位较高的软、硬土层，如淤泥、黏性土、沙土、软质岩层。

回转钻机的钻孔方式根据泥浆循环方式的不同，分为正循环回转钻机成孔和反循环回转钻机成孔。

① 正循环回转钻机成孔。正循环回转钻机成孔的工艺原理如图 2.20 所示，由空心钻杆内部通入泥浆或高压水，从钻杆底部喷出，携带钻下的土渣沿孔壁向上流动，由孔口将土渣带出流入泥浆池。

正循环钻机成孔的泥浆循环系统有自流回灌式和泵送回灌式两种。泥浆循环系统由泥浆池、沉淀池、循环槽、泥浆泵、除砂器等设施设备组成，并设有排水、清洗、排渣等设施。泥浆池和沉淀池应组合设置。一个泥浆池配置的沉淀池不宜少于两个。泥浆池的容积宜为单个桩孔容积的 1.2 ~ 1.5 倍，每个沉淀池的最小容积不宜小于 6 m^3。

② 反循环回转钻机成孔。反循环回转钻机成孔的工艺原理如图 2.21 所示。泥浆带渣流动的方向与正循环回转钻机成孔的情形相反。反循环工艺的泥浆上流的速度较快，能携带较大的土渣。

反循环钻机成孔一般采用泵吸反循环钻进。其泥浆循环系统由泥浆池、沉淀池、循环槽、砂石泵、除渣设备等组成，并设有排水、清洗、排废浆等设施。

地面循环系统有自流回灌式（见图 2.22）和泵送回灌式（见图 2.23）两种。循环方式应根据施工场地、地层和设备情况合理选择。

泥浆池、沉淀池、循环槽的设置应符合规定。

a. 泥浆池的数量不应少于 2 个，每个池的容积不应小于桩孔容积的 1.2 倍。

b. 沉淀池的数量不应少于 3 个，每个池的容积宜为 15 ~ 20 m^3。

c. 循环槽的截面积应是泵组水管截面积的 3 ~ 4 倍，坡度不小于 10%。

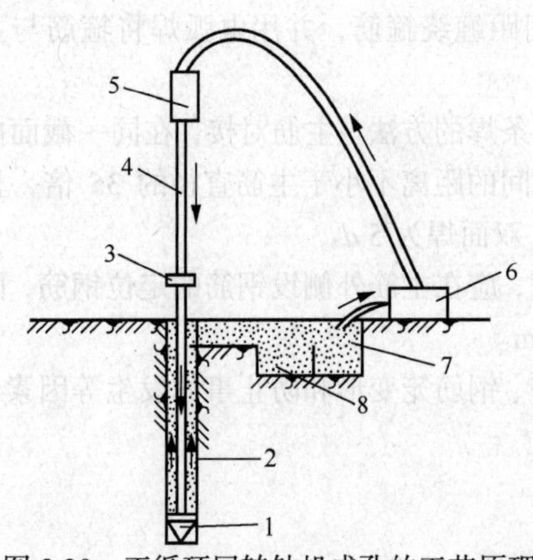

图 2.20 正循环回转钻机成孔的工艺原理

1—钻头 2—泥浆循环方向 3—钻机回转装置
4—钻杆 5—水龙头 6—砂石泵
7—泥浆池 8—沉淀池

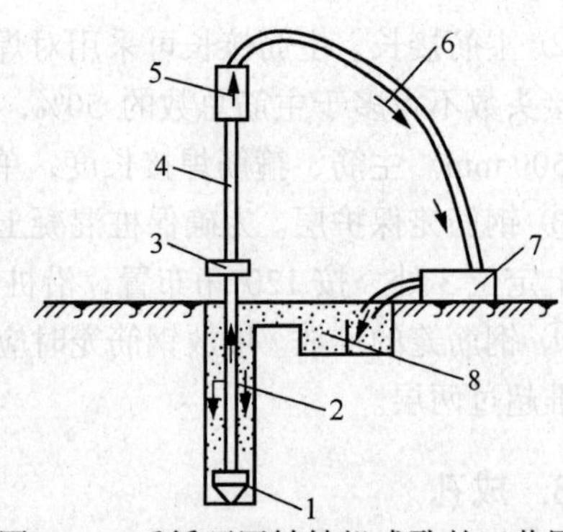

图 2.21 反循环回转钻机成孔的工艺原理

1—钻头 2—新泥浆流向 3—钻机回转装置
4—钻杆 5—水龙头 6—混合液流向
7—砂石泵 8—沉淀池

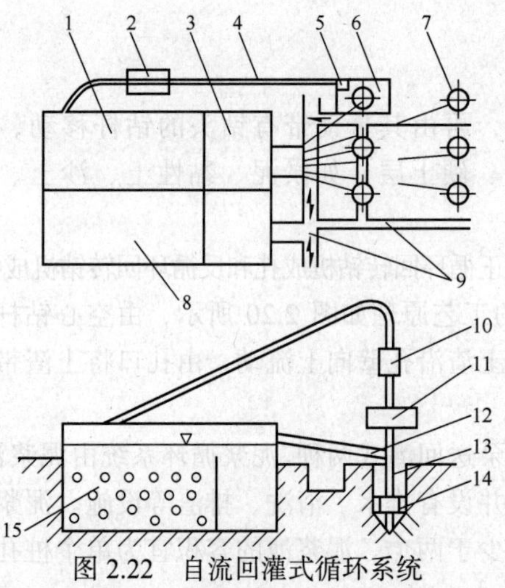

图 2.22 自流回灌式循环系统

1—沉淀池 2—除渣设备 3—循环池
4—出水管 5—砂石泵 6—钻机
7—桩孔 8—溢流池 9—溢流槽
10—水龙头 11—转盘 12—回灌管
13—钻杆 14—钻头 15—沉淀物

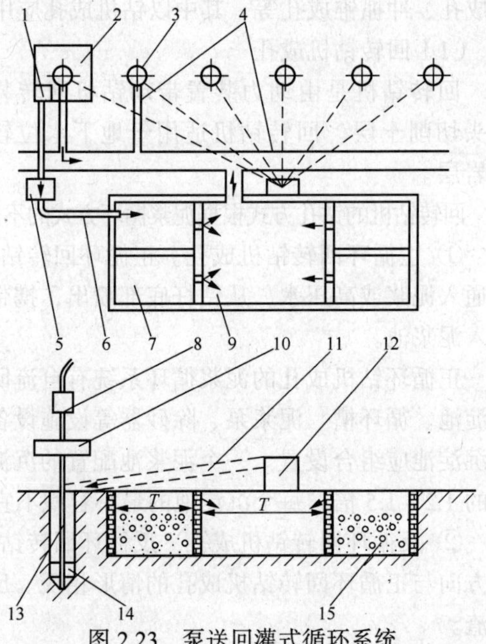

图 2.23 泵送回灌式循环系统

1—砂石泵 2—钻机 3—桩孔 4—泥浆溢流槽 5—除渣设备 6—出水管 7—沉淀池
8—水龙头 9—循环池 10—转盘
11—回灌管 12—回灌泵 13—钻杆
14—钻头 15—沉淀物

回转钻机钻孔排渣方式如图 2.24 所示。

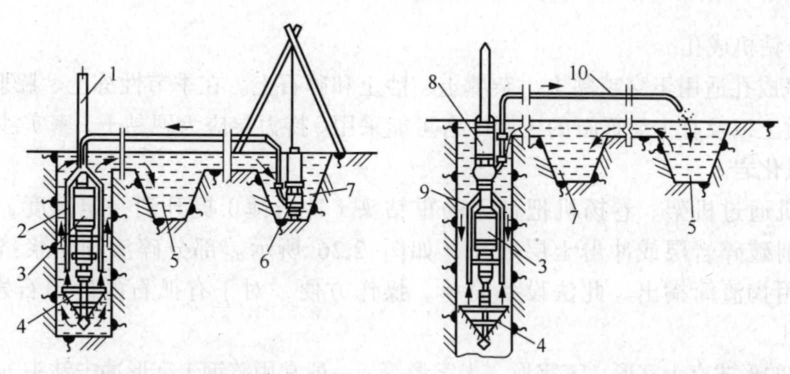

（a）正循环排渣　　（b）泵举反循环排渣

图 2.24　回转钻机钻孔排渣方式

1—钻杆　2—送水管　3—主机　4—钻头　5—沉淀池　6—潜水泥浆泵　7—泥浆池　8—砂石泵　9—抽渣管　10—排渣胶管

（2）潜水钻机成孔

潜水钻机成孔的示意图如图 2.25 所示。潜水钻机是将动力、变速机构和钻头连在一起加以密封，潜入水中工作的一种体积小而轻的钻机，这种钻机的钻头有多种形式，以适应不同的桩径和不同土层的需要。钻头可带有合金刀齿，靠电动机带动刀齿旋转切削土层或岩层。钻头靠桩架悬吊吊杆定位，钻孔时钻杆不旋转，仅钻头部分将切削下来的泥渣通过泥浆循环排出孔外。钻机桩架轻便，移动灵活，钻进速度快，噪声小，钻孔直径为 500 ~ 1 500 mm，钻孔深度可达 50 m，甚至更深。

潜水钻机成孔适用于黏性土、淤泥、淤泥质土、沙土等钻进，也可钻入岩层，尤其适用于在地下水位较高的土层中成孔。当钻一般黏性土、淤泥、淤泥质土及沙土时，宜用笼式钻头；穿过不厚的砂夹卵石层或在强风化岩上钻进时，可镶焊硬质合金刀头的笼式钻头；遇孤石或旧基础时，应用带硬质合金齿的筒式钻头。

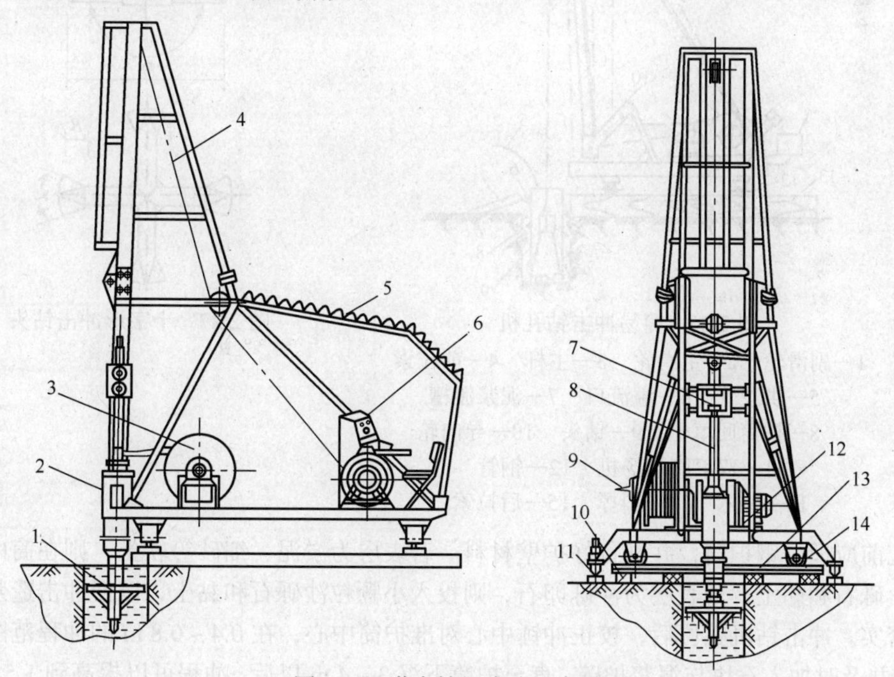

图 2.25　潜水钻机成孔示意图

1—钻头　2—主机　3—电缆和水管卷筒　4—钢丝绳　5—遮阳板　6—配电箱　7—活动导向　8—方钻杆　9—进水口　10—枕木　11—支腿　12—卷扬机　13—轻轨　14—行走车轮

（3）冲击钻机成孔

冲击钻机成孔适用于穿越黏土、杂填土、沙土和碎石土。在季节性冻土、膨胀土、黄土、淤泥和淤泥质土以及有少量孤石的土层中有可能采用。持力层应为硬黏土、密实沙土、碎石土、软质岩和微风化岩。

冲击钻机通过机架、卷扬机把带刃的重钻头（冲击锤）提升到一定高度，靠自由下落的冲击力切削破碎岩层或冲击土层成孔，如图 2.26 所示。部分碎渣和泥浆挤压进孔壁，大部分碎渣用掏渣筒掏出。此法设备简单、操作方便，对于有孤石的砂卵石岩、坚质岩、岩层均可成孔。

冲击钻头的形式有十字形、工字形、人字形等，一般常用铸钢十字形冲击钻头，如图 2.27 所示。在钻头锥顶与提升钢丝绳间设有自动转向装置，冲击锤每冲击一次转动一个角度，从而保证桩孔冲成圆孔。当遇有孤石及进入岩层时，锤底刃口应用硬度高、韧性好的钢材予以镶焊或栓接。锤重一般为 1.0 ~ 1.5 t。

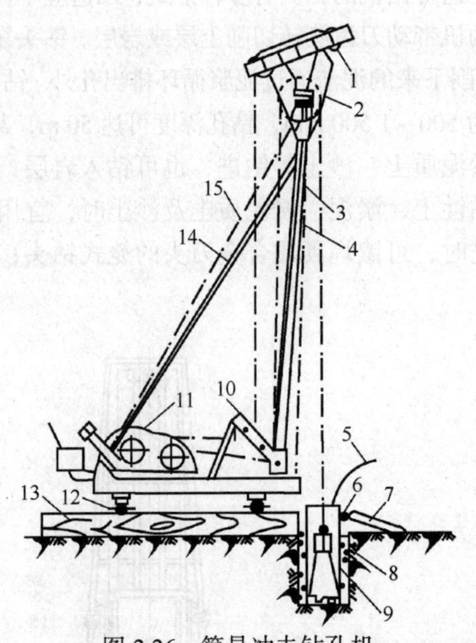

图 2.26　简易冲击钻孔机

1—副滑轮　2—主滑轮　3—主杆　4—前拉索
5—供浆管　6—溢流口　7—泥浆渡槽
8—护筒回填土　9—钻头　10—导向轮
11—双滚筒卷扬机　12—钢管
13—垫木　14—斜撑　15—后拉索

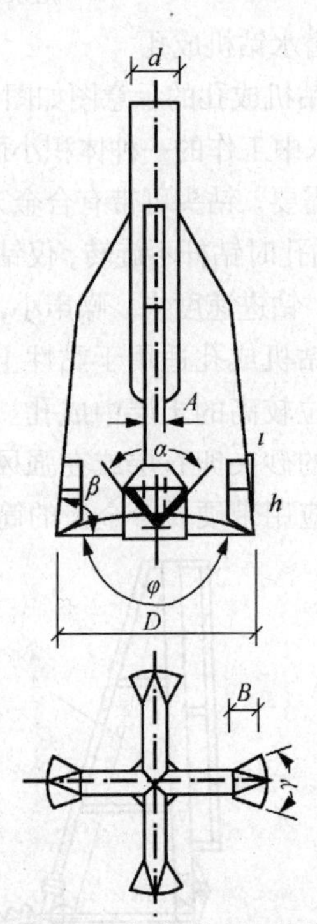

图 2.27　十字形冲击钻头

冲孔前应埋设钢护筒，并准备好护壁材料。若表层为淤泥、细砂等软土，则在筒内加入小块片石、砾石和黏土；若表层为沙砾卵石，则投入小颗粒沙砾石和黏土，以便冲击造浆，并使孔壁挤密实。冲击钻机就位后，校正冲锤中心对准护筒中心，在 0.4 ~ 0.8 m 的冲程范围内应低提密冲，并及时加入石块与泥浆护壁，直至护筒下沉 3 ~ 4 m 以后，冲程可以提高到 1.5 ~ 2.0 m，转入正常冲击，随时测定并控制泥浆的相对密度。

开孔时应低锤密击，如表土为散土层，则应抛填小片石和黏土块，保证泥浆相对密度为

1.4～1.5，反复冲击造壁。待成孔达到 5 m 以上时，应检查一次成孔质量，在各方面均符合要求后，按不同土层情况，根据适当的冲程和泥浆相对密度冲进，并注意如下要点。

① 在黏土层中，合适冲程为 1～2 m，可加清水或低相对密度泥浆护壁，并经常清除钻头上的泥块。

② 在粉砂或中、粗砂层中，合适冲程为 1～2 m，加入制备泥浆或抛黏土块，勤冲勤排渣，控制孔内的泥浆相对密度为 1.3～1.5，制成坚实孔壁。

③ 在砂夹卵石层中，冲程可为 1～3 m，加入制备泥浆或抛黏土块，勤冲勤排渣，控制孔内的泥浆相对密度为 1.3～1.5，制成坚实孔壁。

④ 遇孤石时，应在孔内抛填不少于 0.5 m 厚的相似硬度的片石或卵石以及适量黏土块。开始用低锤密击，待感觉到孤石顶部基本冲平、钻头下落平稳不歪斜、机架摇摆不大时，可逐步加大冲程至 2～4 m；或高低冲程交替冲击，控制泥浆相对密度为 1.3～1.5，直至将孤石击碎挤入孔壁。

⑤ 进入基岩后，开始应低锤勤击，待基岩表面冲平后，再逐步加大冲程至 3～4 m，泥浆相对密度控制在 1.3 左右。如基岩土层为砂类土层，则不宜用高冲程，应防止基岩土层塌孔，泥浆相对密度应为 1.3～1.5。

⑥ 一般能保持进尺时，尽量不用高冲程，以免扰动孔壁，引发塌孔、扩孔或卡钻事故。

冲进时，必须准确控制和预估松绳的合适长度，并保证有一定余量，应经常检查绳索磨损、卡扣松紧、转向装置灵活状态等情况，防止发生空锤断绳或掉锤事故。如果冲孔发生偏斜，则应在回填片石（厚度为 300～500 mm）后重新冲孔。

当冲进时出现缩径、塌孔等问题时，应立即停冲提钻并探明塌孔等问题的位置，同时抛填片石及黏土块至塌孔位置上 1～2 m 处，重新冲进造壁。开始应用低锤勤击、加大泥浆相对密度。

遇卡钻时，应交替起钻、落钻，受阻后再落钻、再提起。必要时可用打捞套、打捞钩助提。遇掉钻时，应立即用打捞工具打捞，如钻头被塌孔土料埋没，可用空气吸泥器或高压射水排出并冲散覆盖土料，露出钻头预设打捞环以后，再行打捞。如钻头在孔底倾覆或歪斜，应先拨正再提起。

每冲进 4～5 m 以及孔斜、缩径或塌孔处理后应及时检查钻孔。

凡停止冲进时，必须将钻头提至最高点。在土质较好时，可提离孔底 3～5 m。如停冲时间较长，应提至地面放稳。

（4）冲抓锥成孔

冲抓锥锥头上有一重铁块和活动抓片，通过机架和卷扬机将冲抓锥提升到一定高度，下落时松开卷筒刹车，抓片张开，锥头便自由下落冲入土中，然后开动卷扬机提升锥头，这时抓片闭合抓土，如图 2.28 所示，抓土后冲抓锥整体提升到地面上卸去土渣，依次循环成孔。

冲抓锥成孔的施工过程、护筒安装要求、泥浆护壁循环等与冲击成孔施工相同。

冲抓锥成孔直径为 450～600 mm，孔深可达 10 m，冲抓高度宜控制在 1.0～1.5 m，适用于松软土层（沙土、黏土）中冲孔，但遇到坚硬土层时宜换

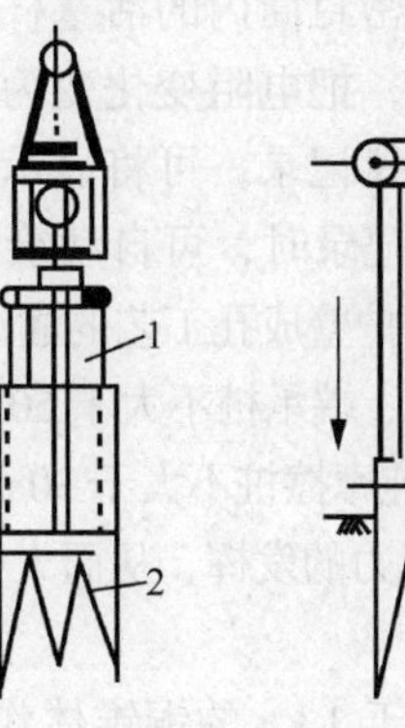

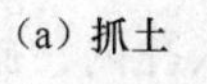
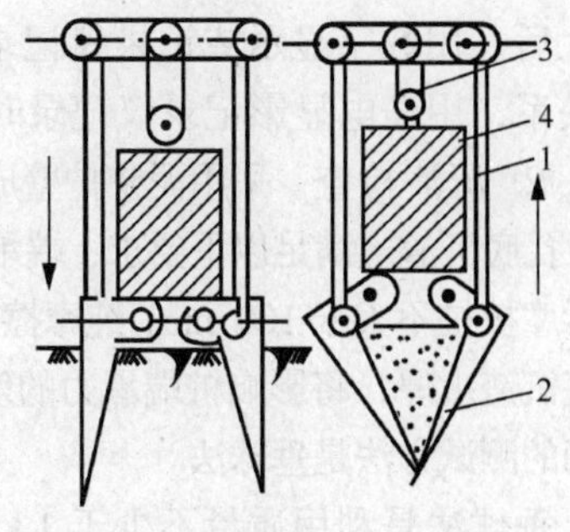

(a) 抓土　　(b) 提土

图 2.28　冲抓锥锥头

1—连杆　2—抓土　3—滑轮组　4—压重

用冲击钻施工。

（5）成孔质量和沉渣检查

① 成孔质量的检查方法。桩成孔质量检测方法主要有圆环测孔法（常规测法）、声波孔壁测定仪法、井径仪测定法三种。

a. 圆环测孔法。圆环测孔法的基本原理是在所成好的孔内利用铅丝下钢筋圆环，铅丝吊点位于钢筋圆环中间，利用铅丝线的垂直倾斜角测定成孔质量。此方法快速简便，是常用的成孔检测方法。

b. 声波孔壁测定仪法。声波孔壁测定仪的测定原理是：由发射探头发出声波，声波穿过泥浆到达孔壁，泥浆的声阻远小于孔壁的土层介质的声阻抗，声波可以从孔壁产生反射，利用发射和接收的时间差和已知声波在泥浆中的传播速度，计算出探头到孔壁的距离，通过探头的上下移动，便可以通过记录仪绘出孔壁的形状。声波孔壁测定仪可以用来检测钻孔的形状和垂直度。

测定仪由声波发生器、发射和接收探头、放大器、记录仪和提升机构组成。声波发生器的主要部件是振荡器，振荡器产生的一定频率的电脉冲经放大后由发射探头转换为声波。多数仪器的振荡频率是可调的，通过不同频率的声波来满足不同的检测要求。

放大器把接收探头传来的电信号进行放大、整形和显示，显示用进标记时或数字显示。人们可以根据波的初至点和起始信号之间的光标长度，确定波在介质中的传播时间。

在钢制底盘上安装有 8 个探头（4 个发射探头，4 个接收探头），它们可以同时测定正交两个方向的孔壁形状。探头由无级变速的电动卷扬机提升或下降，它和热敏刻痕记录仪的走纸速度是同步的，或者是成比例调节的。因此，探头每提升或下降一次，可以在自动记录仪上连续绘出孔壁形状和垂直度。在孔口和孔底都设有停机装置，以防止探头上升到孔口或下降到孔底时电缆和钢丝绳被拉断。

刚钻完的孔，泥浆中含有大量的气泡，因为气泡会影响波的传播，故只有待气泡消失后才能测试。当泥浆很稠时，因气泡长期不能消失而难以进行测试，故可以采用井径仪进行测试。

c. 井径仪测定法。井径仪是由测头、放大器和记录仪 3 部分组成的，可以检测直径为 80 ~ 600 mm 的浸透深达百米的孔，把测量腿加长后，还可以检测直径不大于 1200 mm 的孔。

测头是机械式的，在测头放入测孔之前，四条测腿是合拢并用弹簧锁住的；将测头放入孔内后，靠测头自身的重量往孔底一墩，四条腿就像自动伞一样立刻张开，再将测头往上提升时，由于弹簧力的作用，腿端部将紧贴孔壁，随着孔壁凹凸不平的状态相应地张开或收拢，带动密封筒内的活塞杆上下移动，从而使四组串联滑动电阻来回滑动，把电阻变化变为电压变化，信号经放大后，用数字显示或记录仪记录，可将显示的电压值与孔径建立关系，用静电显影记录仪记录时，可自动绘出孔壁形状。

② 沉渣检查。采用泥浆护壁成孔工艺的灌注桩，浇灌混凝土之前，孔底沉渣应满足以下要求：端承桩不大于 50 mm；摩擦端承桩或端承摩擦桩不大于 100 mm；纯摩擦桩不大于 30 mm。假如清孔不良，孔底沉渣太厚，将影响桩端承力的发挥，从而大大降低桩的承载力。常用的测试方法是垂球法。

垂球法是利用质量不少于 1 kg 的铜锥体作为垂球，如图 2.29 所示，顶端系上测绳，把垂球慢慢沉入孔内，施工孔深与测量孔深之差即为沉渣厚度。

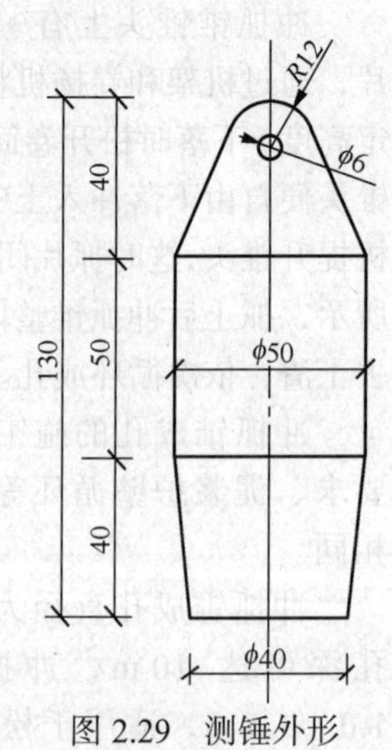

图 2.29　测锤外形

4. 清孔

成孔后，必须保证桩孔进入设计持力层深度。当孔达到设计要求后，即进行验孔和清孔。验孔是用探测器检查桩位、直径、深度和孔道情况；清孔即清除孔底沉渣、淤泥浮土，以减少桩基的沉降量，提高承载能力。清孔的方法有以下几种。

（1）抽浆法

抽浆清孔比较彻底，适用于各种钻孔方法的摩擦桩、支承桩和嵌岩桩，但孔壁易坍塌的钻孔使用抽浆法清孔时，操作要注意，防止坍孔。

① 用反循环方法成孔时，泥浆的相对密度一般控制在 1.1 以下，孔壁不易形成泥皮，钻孔终孔后，只需将钻头稍提起空转，并维持反循环 5 ~ 15 min 就可完全清除孔底沉淀土。

② 正循环成孔，空气吸泥机清孔。空气吸泥机可以把灌注水下混凝土的导管作为吸泥管，气压为 0.5 MPa，使管内形成强大的高压气流向上涌，同时不断地补足清水，被搅动的泥渣随气流上涌从喷口排出，直至喷出清水为止。对稳定性较差的孔壁应采用泥浆循环法清孔或抽筒排渣，清孔后的泥浆的相对密度应控制在 1.15 ~ 1.25；原土造浆的孔，清孔后的泥浆的相对密度应控制在 1.1 左右，在清孔时，必须及时补充足够的泥浆，并保持浆面稳定。

正循环成孔清孔完毕后，将特别弯管拆除，装上漏斗，即可开始灌注水下混凝土。用反循环钻机成孔时，也可等安好灌浆导管后再用反循环方法清孔，以清除下钢筋笼和灌浆导管过程中沉淀的钻渣。

（2）换浆法

采用泥浆泵，通过钻杆以中速向孔底压入相对密度为 1.15 左右、含砂率小于 4%的泥浆，把孔内悬浮钻渣多的泥浆替换出来。对正循环回转钻来说，不需另加机具，且孔内仍为泥浆护壁，不易坍孔。但本法缺点较多，首先，若有较大泥团掉入孔底很难清除；再有就是相对密度小的泥浆会从孔底流入孔中，轻重不同的泥浆在孔内会产生对流运动，要花费很长的时间才能降低孔内泥浆的相对密度，清孔所花时间较长；当泥浆含砂率较高时，不能用清水清孔，以免砂粒沉淀而达不到清孔目的。

（3）掏渣法

主要针对冲抓法所成的桩孔，采用掏渣筒进行掏渣清孔。

（4）用砂浆置换钻渣清孔法

先用抽渣筒尽量清除大颗粒钻渣，然后以活底箱在孔底灌注 0.6 m 厚的特殊砂浆（相对密度较小，能浮在拌和混凝土之上）；采用比孔径稍小的搅拌器，慢速搅拌孔底砂浆，使其与孔底残留钻渣混合；吊出搅拌器，插入钢筋笼，灌注水下混凝土；连续灌注的混凝土把混有钻渣并浮在混凝土之上的砂浆一直推到孔口，达到清孔的目的。

5. 钢筋笼吊放

① 起吊钢筋笼采用扁担起吊法，起吊点在钢筋笼上部箍筋与主筋连接处，吊点对称。

② 钢筋笼设置 3 个起吊点，以保证钢筋笼在起吊时不变形。

③ 吊放钢筋笼入孔时，实行“一、二、三”的原则，即一人指挥、二人扶钢筋笼、三人搭接，施工时应对准孔位，保持垂直，轻放、慢放入孔，不得左右旋转。若遇阻碍应停止下放，查明原因进行处理。严禁高提猛落和强制下入。

④ 对于 20 m 以下钢筋笼采用整根加工、一次性吊装的方法，20 m 以上的钢筋笼分成两节加工，采用孔口焊接的方法；钢筋在同一节内的接头采用帮条焊连接，接头错开 1000 mm 和

35 d（d 为钢筋直径）的较大值。螺旋筋与主筋采用点焊，加劲筋与主筋采用点焊，加劲筋接头采用单面焊 10 d。

⑤ 放钢筋笼时，要求有技术人员在场，以控制钢筋笼的桩顶标高及防止钢筋笼上浮等问题。

⑥ 成型钢筋笼在吊放、运输、安装时，应采取防变形措施。

⑦ 按编号顺序，逐节垂直吊焊，上下节笼各主筋应对准校正，采用对称施焊，按设计图要求，在加强筋处对称焊接保护层定位钢板，按图纸补加螺旋筋，确认合格后，方可下入。

⑧ 钢筋笼安装入孔时，应保持垂直状态，避免碰撞孔壁，徐徐下入，若中途遇阻不得强行墩放（可适当转向起下）。如果仍无效果，则应起笼扫孔重新下入。

⑨ 钢筋笼按确认长度下入后，应保证笼顶在孔内居中，吊筋均匀受力，牢靠固定。

6. 水下浇筑混凝土

在灌注桩、地下连续墙等基础工程中，常要直接在水下浇筑混凝土。其方法是将密封连接的钢管（或强度较高的硬质非金属管）作为水下混凝土的灌注通道（导管），其底部以适当的深度埋在灌入的混凝土拌和物内，在一定的落差压力作用下，形成连续密实的混凝土桩身，如图 2.30 所示。

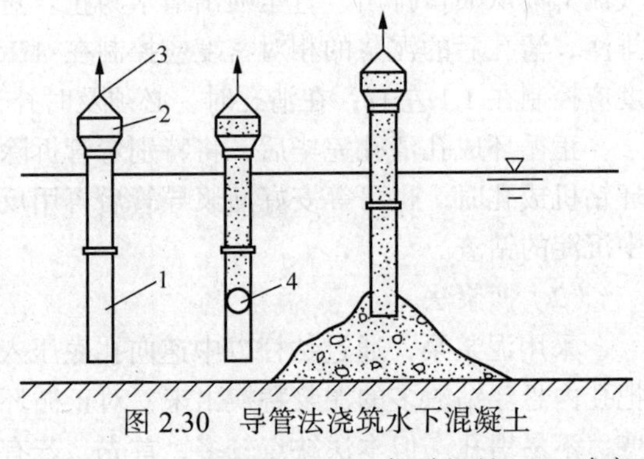

图 2.30　导管法浇筑水下混凝土

1—导管　2—盛料漏斗　3—提升机具　4—球塞

（1）导管灌注的主要机具

导管灌注的主要机具有向下输送混凝土用的导管；导管进料用的漏斗；储存量大时还应配备储料斗；首批隔离混凝土控制器具，如滑阀、隔水塞和底盖等；升降安装导管、漏斗的设备，如灌注平台等。

① 导管。

a. 导管由每段长度为 1.5 ~ 2.5 m（脚管为 2 ~ 3 m）、管径为 200 ~ 300 mm、厚度为 3 ~ 6 mm 的钢管用法兰盘加止水胶垫用螺栓连接而成。导管要确保连接严密、不漏水。

b. 导管的设计与加工制造应满足下列条件。

- 导管应具有足够的强度和刚度，便于搬运、安装和拆卸。
- 导管的分节长度为 3 m，最底端一节导管的长度应为 4.0 ~ 6.0 m，为了配合导管柱的长度，上部导管的长度可以是 2 m、1 m、0.5 m 或 0.3 m。
- 导管应具有良好的密封性。导管采用法兰盘连接，用橡胶 O 形密封圈密封。法兰盘的外径宜比导管外径大 100 mm 左右，法兰盘的厚度宜为 12 ~ 16 mm，在其周围对称设置的连接螺栓孔不少于 6 个，连接螺栓的直径不小于 12 mm。
- 最下端一节导管底部不设法兰盘，宜以钢板套圈在外围加固。
- 为避免提升导管时法兰挂住钢筋笼，可设锥形护罩。
- 每节导管应平直，其定长偏差不得超过管长的 0.5%。
- 导管连接部位内径偏差不大于 2 mm，内壁应光滑平整。
- 将单节导管连接为导管柱时，其轴线偏差不得超过±10 mm。
- 导管加工完后，应对其尺寸规格、接头构造和加工质量进行认真检查，并应进行连接、过阀（塞）和充水试验，以保证其密闭性合格和在水下作业时导管不漏水。检验水压一般为 0.6 ~

1.0 MPa，以不漏水为合格。

② 盛料漏斗和储料斗。盛料漏斗位于导管顶端，漏斗上方装有振动设备以防混凝土在导管中阻塞。提升机具用来控制导管的提升与下降，常用的提升机具有卷扬机、电动葫芦、起重机等。

a. 导管顶部应设置漏斗。漏斗的设置高度应适用操作的需要，并应在灌注到最后阶段，特别是灌注接近桩顶部位时，能满足对导管内混凝土柱高度的需要，保证上部桩身的灌注质量。混凝土柱的高度，在桩顶低于桩孔中的水位时，一般应比该水位至少高出 2.0 m，在桩顶高于桩孔水位时，一般应比桩顶至少高 0.5 m。

b. 储料斗应有足够的容量以储存混凝土（即初存量），以保证首批灌入的混凝土（即初灌量）能达到要求的埋管深度。

c. 漏斗与储料斗用 4 ~ 6 mm 厚的钢板制作，要求不漏浆及挂浆，漏泄顺畅、彻底。

③ 隔水塞、滑阀和底盖。

a. 隔水塞。隔水塞一般采用软木、橡胶、泡沫塑料等制成，其直径比导管内径小 15 ~ 20 mm。例如，混凝土隔水塞宜制成圆柱形，采用 3 ~ 5 mm 厚的橡胶垫圈密封，其直径宜比导管内径大 5 ~ 6 mm，混凝土强度不低于 C30，如图 2.31 所示。

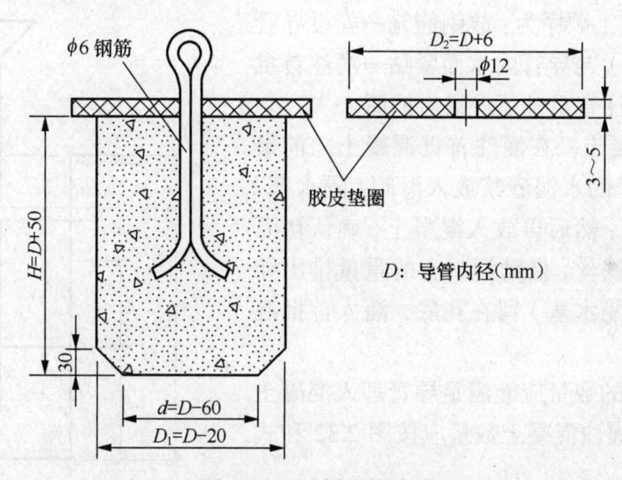

图 2.31　混凝土隔水塞

隔水塞也可用硬木制成球状塞，在球的直径处钉上橡胶垫圈，表面涂上润滑油脂制成。此外，隔水塞还可用钢板塞、泡沫塑料和球胆等制成。不管由何种材料制成，隔水塞在灌注混凝土时应能舒畅下落和排出。

为保证隔水塞具有良好的隔水性能和能顺利地从导管内排出，隔水塞的表面应光滑，形状尺寸规整。

b. 滑阀。滑阀采用钢制叶片，下部为密封橡胶垫圈。

c. 底盖。底盖既可用混凝土制成，也可用钢制成。

（2）水下混凝土灌注

采用导管法浇筑水下混凝土的关键是：一要保证混凝土的供应量大于导管内混凝土必须保持的高度和开始浇筑时导管埋入混凝土堆内必需的埋置深度所要求的混凝土量；二要严格控制导管的提升高度，且只能上下升降，不能左右移动，以避免造成管内发生返水事故。

水下浇筑的混凝土必须具有较强的流动性和黏聚性以及良好的流动性，能依靠其自重和自身的流动能力来实现摊平和密实，有足够的抵抗泌水和离析的能力，以保证混凝土在堆内扩善过程中不离析，且在一定时间内其原有的流动性不降低。因此，要求水下浇筑混凝土中水泥的用量及砂率宜适当增加，泌水率控制在 2%～3%；粗骨料粒径不得大于导管的 1/5 或钢筋间距的 1/4，并不宜超过 40 mm；坍落度为 150～180 mm。施工开始时采用低坍落度，正常施工时则用较大的坍落度，且维持坍落度的时间不得少于 1 h，以便混凝土能在一个较长的时间内靠其自身的流动能力来实现其密实成型。

① 灌注前的准备工作。

a. 根据桩径、桩长和灌注量，合理选择导管和起吊运输等机具设备的规格、型号。

每根导管的作用半径一般不大于 3 m，所浇混凝土的覆盖面积不宜大于 30 m²，当面积过大时，可用多根导管同时浇筑。

b. 导管吊入孔时，应将橡胶圈或胶皮垫安放周整、严密，确保密封良好。导管在桩孔内的位置应保持居中，防止跑管，撞坏钢筋笼并损坏导管。导管底部距孔底（孔底沉渣面）高度，以能放出隔水塞及首批混凝土为度，一般为 300～500 mm。导管全部入孔后，计算导管柱总长和导管底部位置，并再次测定孔底沉渣厚度，若超过规定，应再次清孔。

c. 将隔水塞或滑阀用 8 号铁丝悬挂在导管内水面上。

② 施工顺序。施工顺序为：放钢筋笼→安设导管→使滑阀（或隔水塞）与导管内水面紧贴→灌注首批混凝土→连续不断灌注直至桩顶→拔出护筒。

③ 灌注首批混凝土。在灌注首批混凝土之前最好先配制 0.1～0.3 m³ 的水泥砂浆放入滑阀（隔水塞）以上的导管和漏斗中，然后再放入混凝土，确认初灌量备足后，即可剪断铁丝，借助混凝土的重量排出导管内的水，使滑阀（隔水塞）留在孔底，灌入首批混凝土。

首批灌注混凝土的数量应能满足导管埋入混凝土中 1.2 m 以上。首批灌注混凝土数量应按图 2.32 和式（2-1）计算。

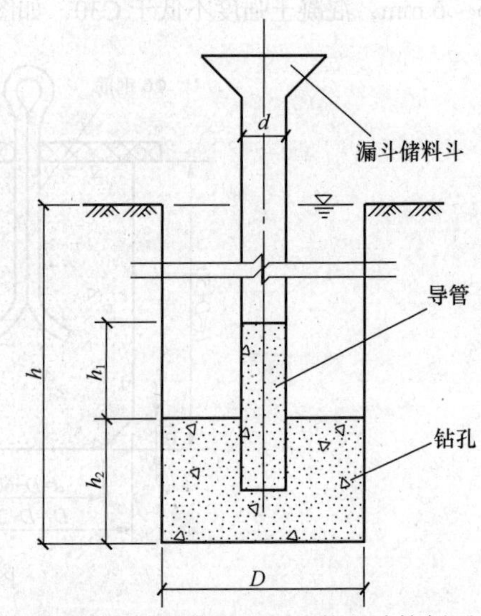

图 2.32 首批灌注混凝土数量计算例图

混凝土浇筑应从最深处开始，相邻导管下口的标高差不应超过导管间距的 1/20～1/15，并保证混凝土表面均匀上升。

$$V \geqslant \frac{\pi d^2 h_1}{4} + \frac{k\pi D^2 h_2}{4} \tag{2-1}$$

式中，V 为混凝土初灌量 m³；h_1 为导管内混凝土柱与管外泥浆柱平衡所需高度，$h_1=(h-h_2)r_w/r_c$，其中，h 为桩孔深度 m，r_w 为泥浆密度，r_c 为混凝土密度，取 2.3×10^3 kg/m³；h_2 为初灌混凝土下灌后导管外混凝土面的高度，取 1.3～1.8 m；d 为导管内径 m；D 为桩孔直径 m；k 为充盈系数，取 1.3。

④ 连续灌注混凝土。首批混凝土灌注正常后，应连续不断灌注混凝土，严禁中途停工。在灌注过程中，应经常用测锤探测混凝土面的上升高度，并适时提升、逐级拆卸导管，保持导管的合理埋深。探测次数一般不宜少于所适用的导管节数，并应在每次起升导管前，探测一次管内外混凝土面的高度。遇特别情况（局部严重超径、缩径、漏失层位和灌注量特别大的桩孔等）时应增加探测次数，同时观察返水情况，以正确分析和判定孔内的情况。

在水下灌注混凝土时，应根据实际情况严格控制导管的最小埋深，以保证桩身混凝土的连续均匀，使其不会裹入混凝土上面的浮浆皮和土块等，防止出现断桩现象。对导管的最大埋深，则以能使管内混凝土顺畅流出，便于导管起升和减少灌注提管、拆管的辅助作业时间来确定。最大埋深不宜超过最下端一节导管的长度。灌注接近桩顶部位时，为确保桩顶混凝土质量，漏斗及导管的高度应严格按有关规定执行。

混凝土灌注的上升速度不得小于 2 m/h。灌注时间必须控制在埋入导管中的混凝土不丧失流动性时间。必要时可掺入适量缓凝剂。

⑤ 桩顶混凝土的浇筑。桩顶的灌注标高按照设计要求，且应高于设计标高 1.0 m 以上，以便清除桩顶部的浮浆渣层。桩顶灌注完毕后，应立即探测桩顶面的实际标高，常用带有标尺的钢杆和装有可开闭的活门钢盒组成的取样器探测取样，以判断桩顶的混凝土面。

（1）施工注意事项

① 导管法施工时的注意事项。

a. 灌注混凝土必须连续进行，不得中断，否则先灌入的混凝土达到初凝，将阻止后灌入的混凝土从导管中流出，造成断桩。

b. 从开始搅拌混凝土起，在 1.5 h 内应尽量完成灌注。

c. 随孔内混凝土的上升，需逐步快速拆除导管，时间不宜超过 15 min，拆下的导管应立即冲洗干净。

d. 在灌注过程中，当导管内的混凝土不满含有空气时，后续的混凝土宜通过溜槽徐徐灌入漏斗和导管，不得将混凝土整斗从上面倾入管内，以免在导管内形成高压气囊，挤出管节间的橡胶垫而使导管漏水。

② 为防止钢筋笼上浮，应采取以下措施。

a. 在孔口固定钢筋笼上端。

b. 灌注混凝土的时间应尽量加快，以防止混凝土进入钢筋笼时，流动性过小。

c. 当孔内混凝土接近钢筋笼时，应保持埋管的深度，并放慢灌注速度。

d. 当孔内混凝土面进入钢筋笼 1 ~ 2 m 后，应适当提升导管，减小导管的埋置深度，增大钢筋笼在下层混凝土中的埋置深度。

③ 在灌注将近结束时，由于导管内混凝土柱的高度减少，超压力降低，而使管外的泥浆及所含渣土的稠度和比重增大。如出现混凝土上升困难的情况时，可在孔内加水稀释泥浆，也可掏出部分沉淀物，使灌注工作顺利进行。

④ 依据孔深、孔径确定初灌量，初灌量不宜小于 1.2 m^3，且保证一次埋管深度不小于 1 000 mm。

⑤ 水下混凝土的灌注要连续进行，为此在灌注前需做好各项准备工作，同时配备发电机一台，以防停电造成事故。

⑥ 在水下混凝土的灌注过程中，勤测混凝土面的上升高度，适时拔管，最大埋管深度不宜大于 8 m，最小埋管深度不宜小于 1.5 m。桩顶超灌高度宜控制在 800 ~ 1 000 mm，这样既可保证桩顶混凝土的强度，又可防止材料的浪费。

⑦ 其他注意事项。

a. 在堆放导管时，须垫平放置，不得搭架摆设。

b. 在吊运导管时，不得超过 5 节连接一次性起吊。

c. 导管在使用后，应立即冲洗干净。

d. 在连接导管时，须垫放橡皮垫并拧紧螺栓以免出现漏水、漏气等现象。

e. 如桩基施工场地布置影响到混凝土的灌注时，可在场地外设置 1 ~ 2 台汽车泵输送至桩的灌注位置。

二、干作业钻孔灌注桩

干作业钻孔灌注桩是先用钻机在桩位处钻孔，然后在桩孔内放入钢筋骨架，再灌注混凝土而成的桩。其施工过程如图 2.33 所示。

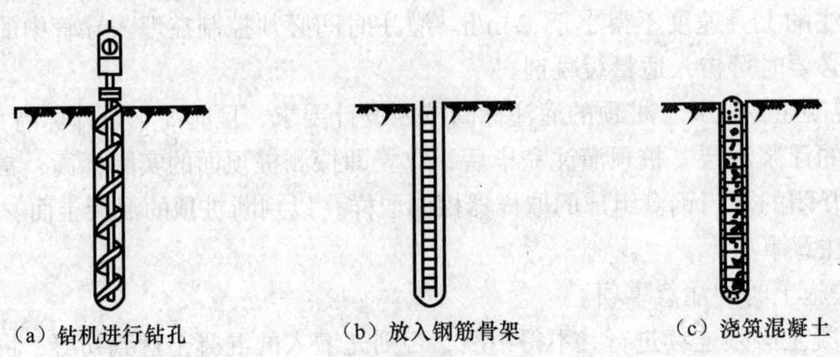

图 2.33 干作业钻孔灌注桩的施工过程

1. 施工机械

干作业成孔一般采用螺旋钻机钻孔，如图 2.34 和图 2.35 所示。螺旋钻机根据钻杆形式不同可分为整体式螺旋、装配式长螺旋和短螺旋 3 种。螺旋钻杆是一种动力旋动钻杆，它是利用钻头的螺旋叶旋转削土，土块由钻头旋转上升而带出孔外。螺旋钻头的外径分别为 400 mm、500 mm、600 mm，钻孔深度相应为 12 m、10 m、8 m。螺旋钻机适用于成孔深度内没有地下水的一般黏土层、沙土及人工填土地基，不适用于有地下水的土层和淤泥质土。

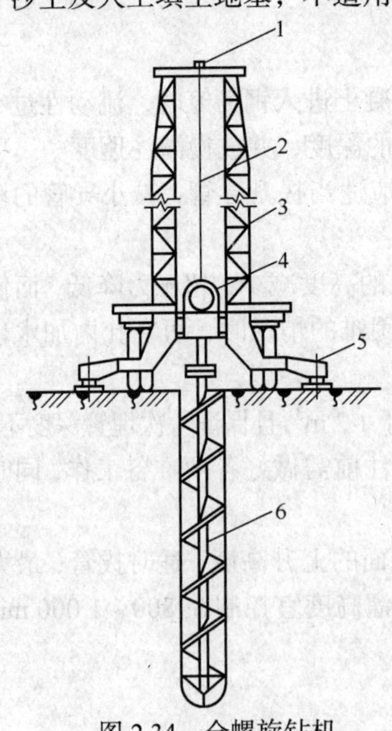

图 2.34 全螺旋钻机

1—导向滑轮 2—钢丝绳 3—龙门导架

4—动力箱 5—千斤顶支腿 6—螺旋钻杆

图 2.35 液压步履式长螺旋钻机

2. 施工工艺

干作业钻孔灌注桩的施工步骤为：螺旋钻机就位对中→钻进成孔、排土→钻至预定深度、停钻→起钻，测孔深、孔斜、孔径→清理孔底虚土→钻机移位→安放钢筋笼→安放混凝土溜筒→灌注混凝土成桩→桩头养护。

（1）钻孔

钻机就位后，钻杆垂直对准桩位中心，开钻时先慢后快，减少钻杆的摇晃，及时纠正钻孔的偏斜或位移。钻孔时，螺旋刀片旋转削土，削下的土沿整个钻杆螺旋叶片上升而涌出孔外，钻杆可逐节接长直至钻到设计要求规定的深度。在钻孔过程中，若遇到硬物或软岩，应减速慢钻或提起钻头反复钻，穿透后再正常进钻。在砂卵石、卵石或淤泥质土夹层中成孔时，这些土层的土壁不能直立，易造成塌孔，这时钻孔可钻至塌孔下 1 ~ 2 m，用低强度等级的混凝土回填至塌孔 1 m 以上，待混凝土初凝后，再钻至设计要求深度，也可用 3∶7 夯实灰土回填代替混凝土进行处理。

（2）清孔

钻孔至规定要求深度后，孔底一般都有较厚的虚土，需要进行专门的处理。清孔的目的是将孔内的浮土、虚土取出，减小桩的沉降。常用的方法是采用 25 ~ 30 kg 的重锤对孔底虚土进行夯实，或投入低坍落度的素混凝土，再用重锤夯实；或是使钻机在原深处空转清土，然后停止旋转，提钻卸土。

（3）钢筋混凝土施工

桩孔钻成并清孔后，先吊放钢筋笼，后浇筑混凝土。

钢筋骨架的主筋、箍筋、直径、根数、间距及主筋保护层均应符合设计规定，应绑扎牢固，防止变形。用导向钢筋将其送入孔内，同时防止泥土杂物掉进孔内。

钢筋骨架就位后，为防止孔壁坍塌，避免雨水冲刷，应及时浇筑混凝土。即使土层较好，没有雨水冲刷，从成孔至混凝土浇筑的时间间隔也不得超过 24 h。灌注桩的混凝土坍落度一般采用 80 ~ 100 mm，混凝土应连续浇筑，分层浇筑、分层捣实，每层厚度为 50 ~ 60 cm。当混凝土浇筑到桩顶时，应适当超过桩顶标高，以保证在凿除浮浆层后，桩顶标高和质量能符合设计要求。

三、人工挖孔灌注桩

人工挖孔灌注桩是采用人工挖掘方法成孔，然后放置钢筋笼，浇筑混凝土而成的桩基础，如图 2.36 所示。施工布置如图 2.37 所示。其施工特点如下。

① 设备简单。

② 无噪声、无震动、不污染环境，对施工现场周围原有建筑物的影响小。

③ 施工速度快，可按施工进度要求决定同时开挖桩孔的数量，必要时各桩孔可同时施工。

④ 土层情况明确，可直接观察到地质变化，桩底沉渣能清除干净，施工质量可靠。尤其当高层建筑选用大直径的灌注桩，而施工现场又在狭窄的市区时，采用人工挖孔比机械挖孔具有更大的适应性。但其缺点是人工消耗量大，开挖效率低，安全操作条件差等。

1. 施工设备

人工挖孔灌注桩的施工设备一般可根据孔径、孔深和现场具体情况选用，常用的有如下几种。

① 电动葫芦（或手摇辘轳）和提土桶，用于材料和弃土的垂直运输及供施工人员上下工作施工使用。

② 护壁钢模板。

③ 潜水泵，用于抽出桩孔中的积水。

④ 鼓风机、空压机和送风管，用于向桩孔中强制送入新鲜空气。

⑤ 镐、锹、土筐等挖运工具，若遇硬土或岩石时，尚需风镐、潜孔钻。

⑥ 插捣工具，用于插捣护壁混凝土。

⑦ 应急软爬梯，用于施工人员上下。

⑧ 安全照明设备、对讲机、电铃等。

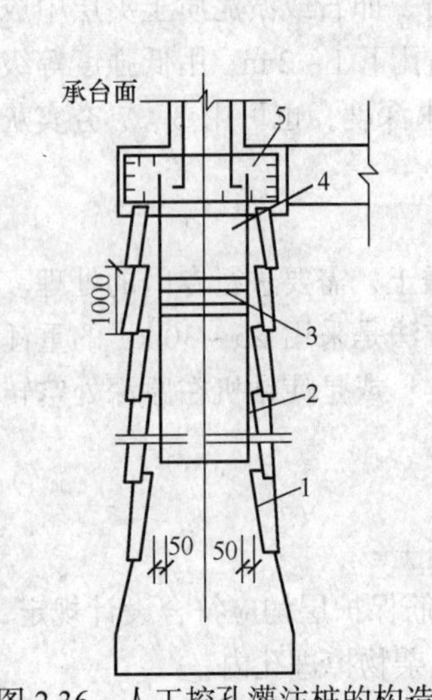

图 2.36 人工挖孔灌注桩的构造

1—承台 2—地梁 3—箍筋

4—主筋 5—护壁

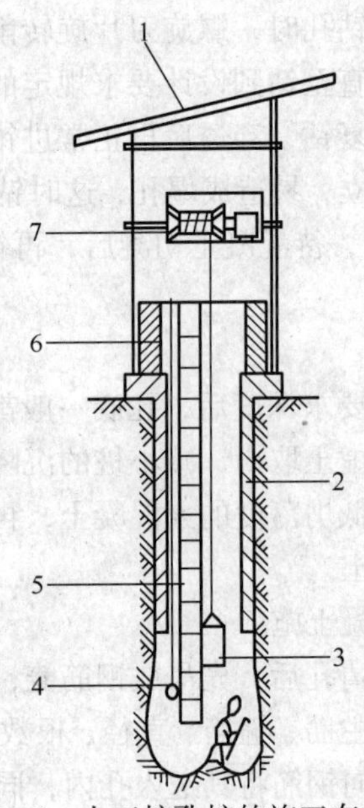

图 2.37 人工挖孔桩的施工布置

1—遮雨棚 2—混凝土护壁 3—装土铁桶

4—低压照明灯 5—应急钢爬梯

6—砖砌井圈 7—电动轱辘提升机

2. 施工工艺

施工时，为确保挖土成孔的施工安全，必须考虑预防孔壁坍塌和流沙发生的措施。因此，施工前应根据地质水文资料拟定出合理的护壁措施和降排水方案。护壁方法很多，可以采用现浇混凝土护壁、沉井护壁、喷射混凝土护壁等。

（1）挖土

挖土是人工挖孔的一道主要工序，采用由上向下分段开挖的方法，每施工段的挖土高度取决于孔壁的直立能力，一般取 0.8～1.0 m 为一个施工段，开挖井孔直径为设计桩径加混凝土护壁厚度。挖土时应事先编制好防治地下水方案，避免产生渗水、冒水、塌孔、挤偏桩位等不良后果。若挖土过程中遇到地下水，在地下水不多时，可采用桩孔内降水法，用潜水泵将水抽出孔外。若出现流沙现象，则首先应考虑采用缩短护壁分节和抢挖、抢浇筑护壁混凝土的办法，若此法不行，就必须沿孔壁打板桩或用高压泵在孔壁冒水处灌注水玻璃水泥砂浆。当地下水较丰富时，宜采用孔外布井点降水法，即在周围布置管井，在管井内不断抽水使地下水位降至桩孔底以下 1.0～2.0 m。

当桩孔挖到设计深度，并检查孔底土质已达到设计要求后，在孔底挖成扩大头。待桩孔全部成型后，用潜水泵抽出孔底的积水，然后立即浇筑混凝土。

（2）护壁

现浇混凝土护壁法施工即分段开挖、分段浇筑混凝土护壁，此法既能防止孔壁坍塌，又能起到防水作用。为防止坍孔和保证操作安全，对直径在 1.2 m 以上的桩孔多设混凝土支护，每节高度为 0.9 ~ 1.0 m，厚度为 8 ~ 15 cm，或加配适量直径为 6~9 mm 的光圆钢筋，混凝土用 C20 或 C25。护壁制作主要分为支设护壁模板和浇筑护壁混凝土两个步骤。对直径在 1.2 m 以下的桩孔，井口砌 1/4 砖或 1/2 砖护圈（高度为 1.2 m），下部遇有不良土体时用半砖护砌。孔口第一节护壁应高出地面 10 ~ 20 cm，以防止泥水、机具、杂物等掉进孔内。

护壁施工采用工具式活动钢模板（由 4 ~ 8 块活动钢模板组合而成）支撑有锥度的内模。内模支设后，将用角钢和钢板制成的两半圆形合成的操作平台吊放入桩孔内，置于内模板顶部，以放置料具和浇筑混凝土操作之用。

护壁混凝土的浇筑采用钢筋插实，也可通过敲击模板或用竹竿木棒反复插捣。不得在桩孔水淹没模板的情况下灌注混凝土。若遇土质差的部位，为保证护壁混凝土的密实，应根据土层的渗水情况使用速凝剂，以保证护壁混凝土快速达到设计强度的要求。

护壁混凝土内模拆除宜在 12 h 之后进行，当发现护壁有蜂窝、渗水的现象时，应及时补强加以堵塞或导流，防止孔外水通过护壁流入桩子内，以防造成事故。当护壁混凝土强度达到 1 MPa（常温下约 24 h）时可拆除模板，开挖下段的土方，再支模浇筑护壁混凝土，如此循环，直至挖到设计要求的深度。

（3）放置钢筋笼

桩孔挖好并经有关人员验收合格后，即可根据设计的要求放置钢筋笼。钢筋笼在放置前，要清除其上的油污、泥土等杂物，防止将杂物带入孔内，并再次测量孔底虚土厚度，按要求清除。

（4）浇筑桩身混凝土

钢筋笼吊入验收合格后应立即浇筑桩身混凝土。灌注混凝土时，混凝土必须通过溜槽；当落距超过 3 m 时，应采用串桶，串桶末端距孔底高度不宜大于 2 m；也可采用导管泵送；混凝土宜采用插入式振捣器振实。当桩孔内渗水量不大时，在抽除孔内积水后，用串筒法浇筑混凝土。如果桩孔内渗水量过大，积水过多不便排干时，则应采用导管法水下浇筑混凝土。

（5）照明、通风、排水和防毒检查

① 在孔内挖土时，应有照明和通风设施。照明采用 12 V 低压防水灯。通风设施采用 1.5 kW 鼓风机，配以直径为 100 mm 的塑料送风管，经常检查，有洞即补，出风口离开挖面 80 cm 左右。

② 对无流沙威胁但孔内有地下水渗出的情况，应在孔内设坑，用潜水泵抽排。有人在孔内作业时，不得抽水。

③ 地下水位较高时，应在场地内布置几个降水井（可先将几个桩孔快速掘进作为降水井），用来降低地下水位，保证含水层开挖时无水或水量较小。

④ 每天开工前检查孔底积水是否已被抽干，试验孔内是否存在有毒、有害气体，保持孔内的通风，准备好防毒面具等。为预防有害气体或缺氧，可对孔内气体进行抽样检测。凡一次检测的有毒含量超过容许值时，应立即停止作业，进行除毒工作。同时需配备鼓风机，确保施工过程中孔内通风良好。

3. 施工注意事项

施工注意事项如下。

① 成孔质量控制。成孔质量包括垂直度和中心线偏差、孔径、孔形等。

② 防止塌孔。护壁是人工挖孔桩施工中防止塌孔的构造措施。施工中应按照设计要求做好

护壁，在护壁混凝土强度达到 1 MPa 后方能拆除模板。

③ 排水处理。地面水往孔边渗流会造成土的抗剪强度降低，可能造成塌孔。地下水对挖孔有着重要影响，水量大时，先采取降水措施；水量小时可以边排水边挖，将施工段高度减小（如 300 ~ 500 mm）或采用钢护筒护壁。

④ 施工安全问题。

a. 井下人员须配备相应安全的设施设备。提升吊桶的机构其传动部分及地面扒杆必须牢靠，制作、安装应符合施工设计要求。人员不得乘盛土吊桶上下，必须另配钢丝绳及滑轮并有断绳保护装置，或使用安全爬梯上下。

b. 孔口注意安全防护。孔口应避免落物伤人，孔内应设半圆形防护板，随挖掘深度逐层下移。吊运物料时，作业人员应在防护板下面工作。

c. 每次下井作业前应检查井壁和抽样检测井内空气，当有害气体超过规定时，应进行处理。用鼓风机送风时严禁用纯氧进行通风换气。

d. 井内照明应采用安全矿灯或 12 V 防爆灯具。桩孔较深时，上下联系可通过对讲机等方式，地面不得少于 2 名监护人员。井下人员应轮换作业，连续工作时间不应超过 2 h。

e. 挖孔完成后，应当天验收，并及时将桩身钢筋笼就位和浇筑混凝土。正在浇筑混凝土的桩孔周围 10 m 半径内，其他桩不得有人作业。

四、沉管灌注桩

沉管灌注桩是利用锤击打桩设备或振动沉桩设备，将带有钢筋混凝土的桩尖（或钢板靴）或带有活瓣式桩靴的钢管沉入土中（钢管直径应与桩的设计尺寸一致），造成桩孔，然后放入钢筋骨架并浇筑混凝土，随之拔出套管，利用拔管时的振动将混凝土捣实，便形成所需要的灌注桩。利用锤击沉桩设备沉管、拔管成桩，称为锤击沉管灌注桩，如图 2.38 所示；利用振动器振动沉管、拔管成桩，称为振动沉管灌注桩，如图 2.39 所示。

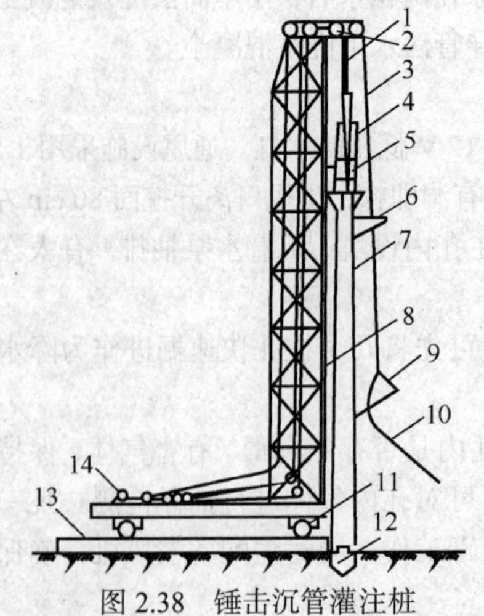

图 2.38　锤击沉管灌注桩

1—桩锤钢丝绳　2—桩管滑轮组　3—吊斗钢丝绳　4—桩锤　5—桩帽　6—混凝土漏斗　7—桩管　8—桩架　9—混凝土吊斗　10—回绳　11—行驶用钢管　12—预制桩靴　13—枕木　14—卷扬机

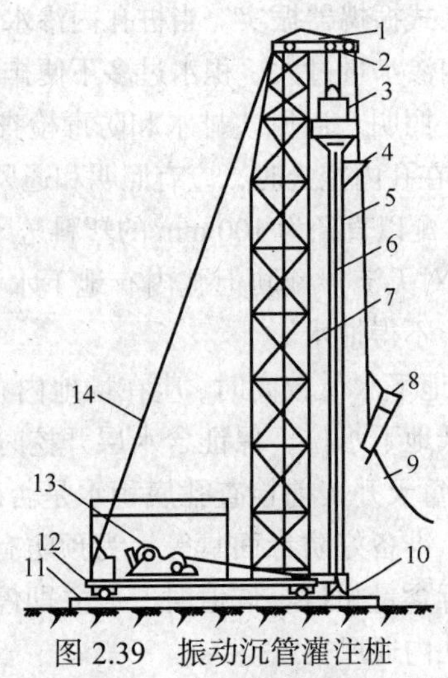

图 2.39　振动沉管灌注桩

1— 导向滑轮　2—滑轮组　3—激振器　4—混凝土漏斗　5—桩帽　6—加压钢丝绳　7—桩管　8—混凝土吊斗　9—回绳　10—活瓣桩靴　11—枕木　12—行驶用钢管　13—卷扬机　14—缆风绳

沉管灌注桩在施工过程中对土体有挤密和振动影响作用。施工中应结合现场施工条件考虑成孔的顺序，主要有如下几种。

① 间隔一个或两个桩位成孔。

② 在邻桩混凝土初凝前或终凝后成孔。

③ 一个承台下桩数在 5 根以上者，中间的桩先成孔，外围的桩后成孔。

为了提高桩的质量和承载能力，沉管灌注桩常采用单打法、复打法、翻插法等施工工艺。

① 单打法（又称一次拔管法）。拔管时，每提升 0.5 ~ 1.0 m，振动 5 ~ 10 s，然后再拔管 0.5 ~ 1.0 m，这样反复进行，直至全部拔出。

② 复打法。在同一桩孔内连续进行两次单打，或根据需要进行局部复打。施工时，应保证前后两次沉管轴线重合，并在混凝土初凝之前进行。

③ 翻插法。钢管每提升 0.5 m，再下插 0.3 m，这样反复进行，直至拔出。

施工时注意及时补充套筒内的混凝土，使管内混凝土面保持一定高度并高于地面。

1. 锤击沉管灌注桩

锤击沉管灌注桩适用于一般黏性土、淤泥质土和人工填土地基。其施工过程为：就位（a）→沉套管（b）→初灌混凝土（c）→放置钢筋笼、灌注混凝土（d）→拔管成桩（e），如图 2.40 所示。

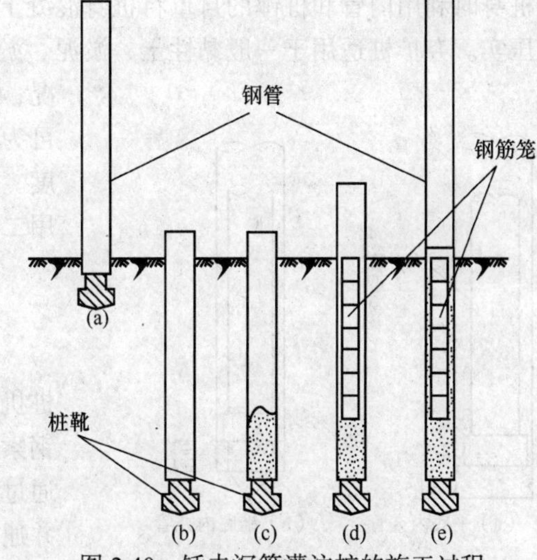

图 2.40　锤击沉管灌注桩的施工过程

锤击沉管灌注桩的施工要点如下。

① 桩尖与桩管接口处应垫麻（或草绳）垫圈，以防地下水渗入管内和作缓冲层。沉管时先用低锤锤击，观察无偏移后，再开始正常施打。

② 拔管前应先锤击或振动套管，在测得混凝土确已流出套管时方可拔管。

③ 桩管内的混凝土应尽量填满，拔管时要均匀，保持连续密锤轻击，并控制拔管速度，一般土层以不大于 1 m/min 为宜；软弱土层与软硬交界处，应控制在 0.8 m/min 以内为宜。

④ 在管底未拔到桩顶设计标高前，倒打或轻击不得中断，并注意保持管内的混凝土始终略高于地面，直到全管拔出为止。

⑤ 桩的中心距在 5 倍桩管外径以内或小于 2 m 时，均应跳打施工；中间空出的桩须待邻桩混凝土达到设计强度的 50%以后，方可施打。

2. 振动沉管灌注桩

如图 2.41 所示，振动沉管灌注桩采用激振器或振动冲击沉管，施工过程为：桩机就位（a）→沉管（b）→上料（c）→拔出钢管（d）→在顶部混凝土内插入短钢筋并浇满混凝土（e）。振动沉管灌注桩宜用于一般黏性土、淤泥质土及人工填土地基，更适用于沙土、稍密及中密的碎石土地基。

振动沉管灌注桩的施工要点如下。

① 桩机就位。将桩尖活瓣合拢对准桩位中心，利用振动器及桩管自重把桩尖压入土中。

② 沉管。开动振动箱，桩管即在强迫振动下迅速沉入土中。沉管过程中，应经常探测管内有无水或泥浆，如发现水、泥浆较多时，应拔出桩管，用砂回填桩孔后方可重新沉管。

③ 上料。桩管沉到设计标高后停止振动，放入钢筋笼，再上料斗将混凝土灌入桩管内，一般应灌满桩管或略高于地面。

④ 拔管。开始拔管时，应先启动振动箱 8～10 min，并用吊铊测得桩尖活瓣确已张开，混凝土确已从桩管中流出以后，卷扬机方可开始抽拔桩管，边振边拔。拔管速度应控制在 1.5 m/min 以内。

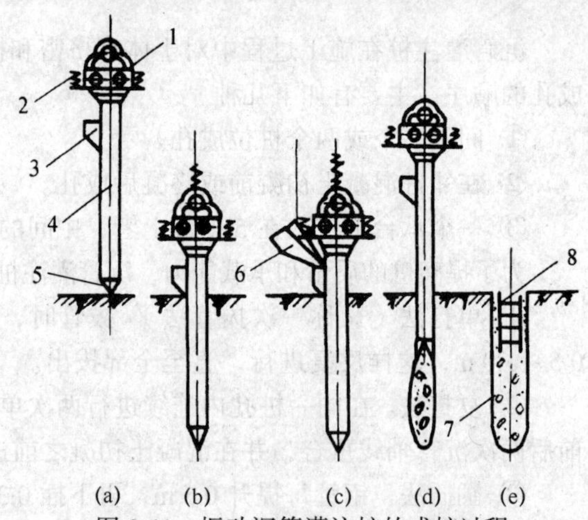

图 2.41 振动沉管灌注桩的成桩过程

1—振动锤 2—加压减振弹簧 3—加料口 4—桩管 5—活瓣桩尖 6—上料口 7—混凝土桩 8—短钢筋骨架

五、夯扩桩

夯扩桩（夯压成型灌注桩）是在普通沉管灌注桩的基础上加以改进，增加一根内夯管，如图 2.42 所示，使桩端扩大的一种桩型。内夯管的作用是在夯扩工序时，将外管混凝土夯出管外，并在桩端形成扩大头；在施工桩身时利用内管和桩锤的自重将桩身混凝土压实。夯扩桩适用于一般黏性土、淤泥、淤泥质土、黄土、硬黏性土；也可用于有地下水的情况；可在 20 层以下的高层建筑基础中使用。桩端持力层可为可塑至硬塑粉质黏土、粉土或沙土，且具有一定厚度。如果土层较差，没有较理想的桩端持力层时，可采用二次或三次夯扩。

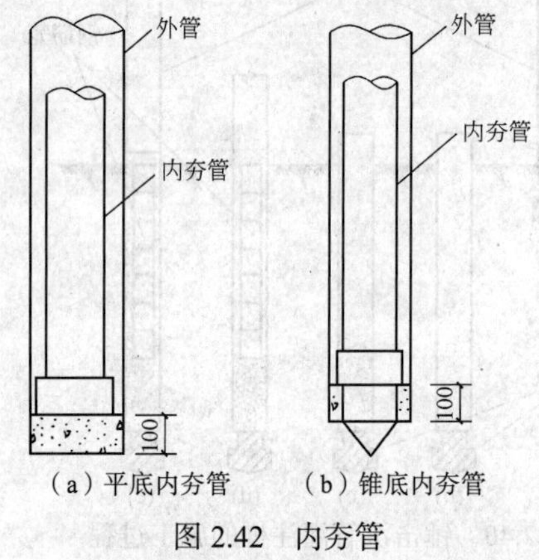

（a）平底内夯管 （b）锥底内夯管

图 2.42 内夯管

1. 施工机械

夯扩桩可采用静压或锤击沉桩机械设备。静压法沉桩机械设备由桩架、压液或液压抱箍、桩帽、卷扬机、钢索滑轮组或液压千斤顶等组成。压桩时，开动卷扬机，通过桩架顶梁逐步将压梁两侧的压桩滑轮组钢索收紧，并通过压梁将整个压桩机的自重和配重施加在桩顶上，把桩逐渐压入土中。

2. 施工工艺

如图 2.43 所示，夯扩桩施工时，先在桩位处按要求放置干混凝土，然后将内外管套叠对准桩位，再通过柴油锤将双管打入地基土中至设计要求深度，接着将内夯管拔出，向外管内灌入一定高度（H）的混凝土，然后将内管放入外管内压实灌入的混凝土，再将外管拔起一定高度（h）。通过柴油锤与内夯管夯打管内混凝土，夯打至外管底端深度略小于设计桩底深度处（差值为 c）。此过程为一次夯扩，如需第二次夯扩，则重复一次夯扩步骤即可。

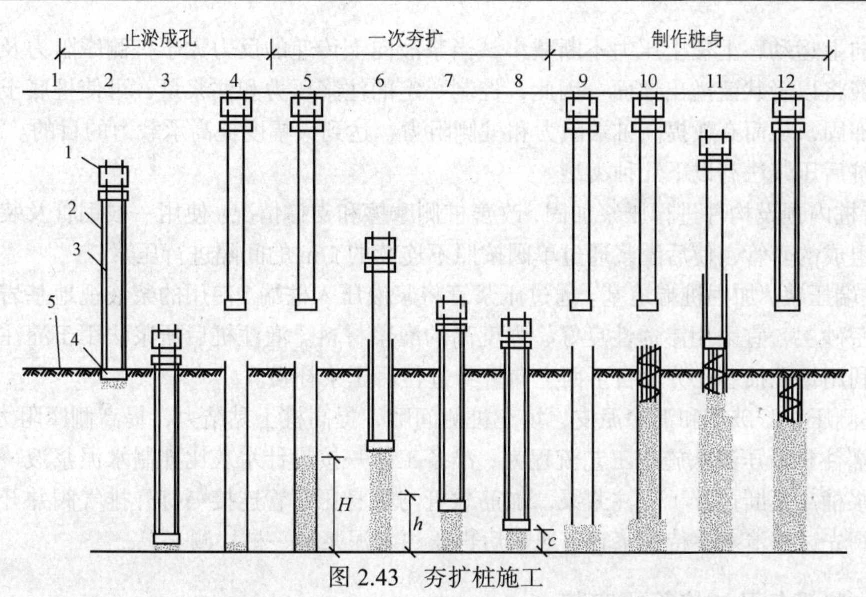

图 2.43　夯扩桩施工

1—柴油锤　2—外管　3—内管　4—内管底板　5—C20 干硬混凝土　$H>h>c$

（1）操作要点

① 放内外管。在桩心位置上放置钢筋混凝土预制管塞，在预制管塞上放置外管，外管内放置内夯管。

② 第一次灌注混凝土。静压或锤击外管和内夯管，当其沉入设计深度后把内夯管从外管中抽出，向夯扩部分灌入一定高度的混凝土。

③ 静压或锤击。把内夯管放入外管内，将外管拔起一定高度。静压或锤击内夯管，将外管内的混凝土压出或夯出管外。在静压或锤击作用下，使外管和内夯管同步沉入规定深度。

④ 灌混凝土成桩。把内夯管从外管内拔出，向外管内灌满桩身部分所需的混凝土，然后将顶梁或桩锤和内夯管压在桩身混凝土上，上拔外管，外管拔出后，混凝土成桩。

（2）施工注意事项

① 夯扩桩可采用静压或锤击沉管进行夯压、扩底、扩径。内夯管比外管短 100 mm，内夯管底端可采用闭口平底或闭口锥底。

② 沉管过程中，外管封底可采用干硬性混凝土、无水混凝土，经夯击形成阻水、阻泥管塞，其高度一般为 100 mm。当不出现由内、外管间隙涌水、涌泥的情况时，也可不采取上述封底措施。

③ 桩的长度较大或需配置钢筋笼时，桩身混凝土宜分段灌注，拔管时内夯管和桩锤应施压于外管中的混凝土顶面，边压边拔。

④ 工程施工前宜进行试成桩，应详细记录混凝土的分次灌入量、外管上拔高度、内管夯击次数、双管同步沉入深度，并检查外管的封底情况，有无进水、涌泥等，经核定后作为施工控制依据。

六、PPG 灌注桩后压浆法

PPG 灌注桩后压浆法是利用预先埋设于桩体内的注浆系统，通过高压注浆泵将高压浆液压入桩底，浆液克服土粒之间的抗渗阻力，不断渗入桩底沉渣及桩底周围土体孔隙中，排走孔隙中的水分，充填于孔隙之中。由于浆液的充填胶结作用，在桩底形成一个扩大头。另一方面，随着注浆压力及注浆量的增加，一部分浆液克服桩侧摩阻力及上覆土压力沿桩土界面不断向上泛浆，高压浆液破坏泥皮，渗入（挤入）桩侧土体，使桩周松动（软化）的土体得到挤密加强。

浆液不断向上运动，上覆土压力不断减小，当浆液向上传递的反力大于桩侧摩阻力及上覆土压力时，浆液将以管状流溢出地面。因此，控制一定的注浆压力和注浆量，可使桩底土体及桩周土体得到加固，从而有效提高桩端阻力和桩侧阻力，达到大幅度提高承载力的目的。

灌注桩后压浆法有以下几种类型。

① 借桩内预设构件进行压浆加固，改善桩侧摩擦和支撑情况。使用一根钢管及装在其内部的内管所组成的套管，使后灌浆通过单阀按照不连续的 1 m 的间隔进行压浆。

② 桩端压浆，加固桩端地基。通过压浆管将浆液压入桩端。使用的浆液视地基岩土类型而定，对于密砂层，宜采用渗透性良好、强度高的灌浆材料。灌注桩后压浆法用于灌注桩修补加固时，可利用钻孔抽芯孔分段自下而上向桩身进行后压浆补强。

③ 桩侧压浆，破坏和消除泥皮，填充桩侧间隙，提高桩土黏结力，提高侧摩阻力。

PPG 灌注桩后压浆法施工工艺流程为：准备工作→按设计水灰比拌制水泥浆液→水泥浆经过滤至储浆桶（不断搅拌）→注浆泵、加筋软管与桩身压浆管连接→打开排气阀并开泵放气→关闭排气阀先试压清水，待注浆管道通畅后再压注水泥浆液→桩检测。

1. 注浆设备及注浆管的安装

高压注浆系统由浆液搅拌器、带滤网的贮浆斗、高压注浆泵、压力表、高压胶管、预埋在桩中的注浆导管和单向阀等组成。

（1）高压注浆泵

高压注浆泵是实施后压浆的主要设备，高压注浆泵一般采用额定压力为 6 ~ 12 MPa，额定流量为 30 ~ 100 L/min 的注浆泵；高压注浆泵的压力表量程为额定泵压的 1.5 ~ 2.0 倍。一般工程常用 2TGZ-120/105 型高压注浆泵，该泵的浆量和压力根据实际需要可随意变挡调速，可吸取浓度较大的水泥浆、化学浆液、泥浆、油、水等介质的单液浆或双液浆，吸浆量和喷浆量可大可小。2TGZ 型高压注浆泵的技术参数见表 2.4。

表 2.4　2TGZ 型注浆泵技术参数

传动速度	排浆量/(L/min)	最大压力/MPa	电机功率/kW	质量/kg	长/mm	宽/mm	高/mm
1 速	32	10.5	11	1070	1900	1000	750
2 速	38	9					
3 速	75	5					
4 速	120	3					

浆液搅拌器的容量应与额定压浆流量相匹配，搅拌器的浆液出口应设置水泥浆滤网，避免因水泥团进入贮浆筒后被吸入注浆导管内而造成堵管或爆管事件的发生。

高压注浆泵与注浆管之间采用能承受 2 倍以上最大注浆压力的加筋软管，其长度不超过 50 cm，输浆软管与注浆管之间设置卸压阀。

（2）压浆管的制作

注浆管一般采用ϕ25 mm 管壁厚度为 2.5 mm 的焊接钢管，管阀与注浆管焊接连接。注浆管随同钢筋笼一起沉入钻孔中，边下放钢筋笼边接长注浆管，注浆管紧贴钢筋笼内侧，并用铁丝在适当位置固定牢固，注浆管应沿钢筋笼圆周对称设置，注浆管的根数根据设计要求及桩径大小确定。注浆管压浆后可取代等强度截面钢筋。注浆管的根数根据桩径大小进行设置，可参照表 2.5 的规定。

表 2.5　　注浆管根数

桩径/mm	D<1 000	1 000≤D<2 000	D≥2 000
根数	2	3	4

桩底压浆时，管阀底端进入桩端土层的深度应根据桩端土层的类别确定，持力层过硬时可适当减小，持力层较软弱及孔底沉渣较厚时可适当增加。一般管阀进入桩端土层的深度可参照表 2.6 确定。

表 2.6　　管阀进入土层深度

桩端土层类别	黏性土、黏土、沙土	碎石土、风化岩
管阀进入土层深度/mm	≥200	≥100

桩侧压浆时，管阀设置应综合地层情况、桩长、承载力增幅要求等因素确定，一般离桩底 5 ~ 15 m 以上每 8 ~ 10 m 设置一道。

压浆管的长度应比钢筋笼的长度多出 55 cm，在桩底部长出钢筋笼 5 cm，上部高出桩顶混凝土面 50 cm，但不得露出地面以便于保护。

桩底压浆管采用两根通长注浆管布置于钢筋笼内，用铁丝绑扎，分别放于钢筋笼两侧。注浆管一般超出钢筋笼 300 ~ 400 mm，其超出部分钻上花孔，予以密封。

桩侧压浆管由钢导管下放至设计标高，用弹性软管（PVC）连接。在预定的灌浆断面弹性软管环置于钢筋笼外侧捆绑，钢管置于钢筋笼内，两者用三通连接，在弹性软管沿环向外侧均匀钻一圈小孔，并予以密封。

在压浆管最下部 20 cm 处制作成压浆喷头（俗称“花管”），在该部分采用钻头均匀钻出 4 排（每排 4 个）、间距为 3 cm、直径为 3 mm 的压浆孔作为压浆喷头；用图钉将压浆孔堵严，外面套上同直径的自行车内胎并在两端用胶带封严，这样压浆喷头就形成了一个简易的单向装置。当注浆时，压浆管中的压力将车胎迸裂、图钉弹出，水泥浆通过注浆孔和图钉的孔隙压入碎石层中，而灌注混凝土时该装置又可以保证混凝土浆不会将压浆管堵塞。

将两根压浆管对称绑在钢筋笼的外侧。成孔后清孔、提钻、下钢筋笼。在钢筋笼的吊装安放过程中要注意对压浆管的保护，钢筋笼不得扭曲，以免造成压浆管在丝扣连接处松动，喷头部分应加混凝土垫块进行保护，不得摩擦孔壁以免造成压浆孔的堵塞。

2. 水泥浆配制与注浆

（1）水泥浆配制

采用与灌注桩混凝土同强度等级的普通硅酸盐水泥与清水拌制成水泥浆液，水灰比根据地下土层情况适时调整，一般水灰比为 0.45 ~ 0.6。

先根据试验按搅拌筒上的对应刻度确定出一定水灰比的水泥浆液，在正式搅拌前，将一定水灰比水泥浆液的对应刻度在搅拌筒外壁上做出标记。配制水泥浆液时先在搅拌机内加一定量的水，然后边搅拌边加入定量的水泥，根据水灰比再补加水，水泥浆搅拌好后应达到对应刻度。搅拌时间不少于 3 min，浆液中不得混有水泥结石、水泥袋等杂物。水泥浆搅拌好后，过滤后放入储浆筒，水泥浆在储浆筒内也要不断地进行搅拌。

（2）注浆

在碎石层中，水泥浆在工作压力的作用下影响面积较大。为防止压浆时水泥浆液从临近薄弱地点冒出，压浆的桩应在混凝土灌注完成 3 ~ 7 天后，并且该桩周围至少 8 m 范围内没有钻机钻孔作业，且该范围内的桩混凝土灌注完成也应在 3 天以上。

压浆时最好采用整个承台群桩一次性压浆，压浆时先施工周边桩再施工中间桩。压浆时采用两根桩循环压浆，即先压第一根桩的 A 管，压浆量约占总量的 70%，压完后再压另一根桩的 A 管，然后依次为第一根桩的 B 管和第二根桩的 B 管，这样就能保证同一根桩两根管的压浆时间间隔在 30 ~ 60 min 以上，给水泥浆一个在碎石层中扩散的时间。压浆时应做好施工记录，记录的内容应包括施工时间、压浆开始及结束时间、压浆数量以及出现的异常情况和处理的措施等。

注浆前，为使整个注浆线路畅通，应先用压力清水开塞，开塞的时机为桩身混凝土初凝后、终凝前，用高压水冲开出浆口的管阀密封装置和桩侧混凝土（桩侧压浆时）。开塞采用逐步升压法，当压力骤降、流量突增时，表明通道已经开通，应立即停机，以防止大量水涌入地下。

正式注浆作业之前，应进行试注浆，对浆液水灰比、注浆压力、注浆量等工艺参数进行调整优化，最终确定工艺参数。

在注浆过程中，应严格控制单位时间内水泥浆的注入量和注浆压力。注浆速度一般控制在 30 ~ 50 L/min。

当设计对压浆量无具体要求时，应根据下列公式计算压浆量。

桩底压浆水泥用量：

$$G_{cp} = \pi(htd + \xi n_0 d^3) \tag{2-2}$$

桩侧注浆水泥用量：

$$G_{cs} = \pi[t(L-h)d + \xi m n_0 d^3] \tag{2-3}$$

式中，G_{cp}、G_{cs}分别为桩底、桩侧注浆水泥用量，t；d、L分别为桩直径、桩长，m；h为桩底压浆时浆液沿桩侧上升高度，桩底单压浆时，h可取10 ~ 20 m，桩侧为细粒土时取高值，为粗粒土时取低值，复式压浆时，h可取桩底至其上桩侧压浆断面的距离；t为包裹于桩身表面的水泥结石厚度，可取0.01 ~ 0.03 m，桩侧为细粒土及正循环成孔取高值，粗粒土及反循环孔取低值；n_0为桩底、桩侧土的天然孔隙率，$n_0=e_0/(1+e_0)$，e_0为天然孔隙比；ξ为水泥充填率，对于细粒土取0.2 ~ 0.3，对于粗粒土取0.5 ~ 0.7；m为桩侧注浆横断面数。

注浆压力可通过试压浆确定，也可以根据下式计算确定。

$$p_g = p_w + \zeta_x \sum \gamma_i h_i \tag{2-4}$$

式中，p_g为泵压，kPa；p_w为桩侧、桩底注浆处静水压力，kPa；γ_i为注浆点以上第i层土的有效重度，kPa/m；h_i为注浆点以上第i层土的厚度，m；ζ_x为注浆阻力经验系数，与桩底、桩侧土层类别、饱和度、密实度、浆液稠度、成桩时间、输浆管长度等有关。桩底压浆时ζ_x的取值见表2.7。

表 2.7　桩底压浆 ζ_x 取值

土层类别	软土	饱和黏性土、粉土、粉细砂	非饱和黏性土、粉土、粉细砂	中粗沙砾、卵石	风化岩
ζ_x	1.0 ~ 1.5	1.5 ~ 2.0	20 ~ 40	1.2 ~ 3.0	10 ~ 40

当土的密实度高、浆液水灰比小、输浆管长度大、成桩间歇时间长时，ζ_x取高值；对于桩侧压浆，ζ_x取桩底压浆取值的 0.3 ~ 0.7 倍。

被压浆桩离正在成孔桩作业点的距离不小于 10 d（d为桩径），桩底压浆应对两根注浆管实施等量压浆，对于群桩压浆，应先外围、后内部。

在压浆过程中，当出现下列情况之一时应改为间歇压浆，间歇时间为 30 ~ 180 min。间歇压浆可适当降低水灰比，若间歇时间超过 60 min，则应用清水清洗注浆管和管阀，以保证后续压浆能正常进行。

① 注浆压力长时间低于正常值。

② 地面出现冒浆或周围桩孔串浆。

对注浆过程采用“双控”的方法进行控制。当满足下列条件之一时可终止压浆。

① 压浆总量和注浆压力均达到设计要求。

② 压浆总量已经达到设计值的70%，且注浆压力达到设计注浆压力的150%并维持5 min以上。

③ 压浆总量已经达到设计值的70%，且桩顶或地面出现明显上抬。桩体上抬不得超过2mm。

压浆作业过程记录应完整，并经常对后压浆的各项工艺参数进行检查，发现异常情况时，应立即查明原因，采取措施后继续压浆。

压浆作业过程的注意事项如下。

① 后压浆施工过程中，应经常对后压浆的各工艺参数进行检查，发现异常立即采取处理措施。

② 压浆作业过程中，应采取措施防止爆管、甩管、漏电等。

③ 操作人员应佩戴安全帽、防护眼镜、防尘口罩。

④ 压浆泵的压力表应定期进行检验和核定。

⑤ 在水泥浆液中可根据实际需要掺加外加剂。

⑥ 施工过程中，应采取措施防止粉尘污染环境。

⑦ 对于复式压浆，应先桩侧后桩底；当多断面桩侧压浆时，应先上后下，间隔时间不宜少于3 h。

复习思考题

1. 地基加固有哪些方法？
2. 试述强夯法的夯实方法。
3. 试述钢筋混凝土预制桩的制作、起吊、运输、堆放等环节的主要工艺要求。
4. 试述钢筋混凝土预制桩的施工过程及质量要求。
5. 打桩易出现哪些问题？分析其出现原因，如何避免？
6. 灌注桩与预制桩相比有何优缺点？
7. 简述泥浆护壁成孔灌注桩的施工工艺流程。
8. 水下混凝土是如何浇筑的？
9. 简述干作业钻孔灌注桩的施工工艺流程。
10. 简述人工挖孔灌注桩的施工工艺流程。
11. 简述锤击沉管灌注桩的施工工艺流程。
12. 简述振动沉管灌注桩的施工工艺流程
13. 简述夯扩桩的施工工艺流程。
14. 简述PPG灌注桩后压浆法的施工工艺流程。

项目三

砌体工程

学习内容

本项目内容包括脚手架工程搭设、垂直运输设施、砌体材料、砖砌体施工、砌块砌体施工、墙体节能工程施工等。

学习目标

1. 了解脚手架的基本要求与分类，熟悉多立杆式脚手架搭设方法，了解其他脚手架搭设方法。

2. 熟悉塔式起重机的使用方法，了解施工电梯的使用方法。

3. 掌握砌块材料、砌筑砂浆的选用、制备方法。

4. 掌握砖砌体施工的基本要求，熟悉施工前的准备工作，掌握砖砌体的施工工艺。

5. 熟悉砌块安装前的准备工作，掌握砌块施工工艺，熟悉混凝土小砌块砌体，加气混凝土砌块砌体，粉煤灰砌块砌体等施工方法，熟悉石砌体施工方法。

6. 熟悉墙体节能工程施工要求和施工方法。

任务一　脚手架工程

一、脚手架的基本要求与分类

脚手架是指在施工现场为安全防护、工人操作和解决楼层水平运输而搭设的支架，是施工临时设施，也是施工作业中必不可少的工具和手段。脚手架工程对施工人员的操作安全、工程质量、工程成本、施工进度以及邻近建筑物和场地影响都很大，在工程建造中占有相当重要的地位。

1. 脚手架的基本要求

① 要有足够的宽度（一般为 1.5 ~ 2.0 m）、步架高度（砌筑脚手架为 1.2 ~ 1.4 m，装饰脚手架为 1.6 ~ 1.8 m），且能够满足工人操作、材料堆置以及运输方便的要求。

② 应具有稳定的结构和足够的承载力，能确保在各种荷载和气候条件下，不超过允许变形、不倾倒、不摇晃，并有可靠的防护设施，以确保在架设、使用和拆除过程中的安全可靠性。

③ 应与楼层作业面高度相统一，并与垂直运输设施（如施工电梯、井字架等）相适应，以确保材料由垂直运输转入楼层水平运输的需要。

④ 搭拆简单，易于搬运，能够多次周转使用。

⑤ 应考虑多层作业、交叉流水作业和多工种平行作业的需要，减少重复搭拆次数。

2. 脚手架的分类

脚手架的种类很多。按构造形式分为多立杆式（也称杆件组合式）、框架组合式（如门式）、格构件组合式（如桥式）和台架等；按支固方式分为落地式、悬挑式、悬吊式（吊篮）等；按搭拆和移动方式分为人工装拆脚手架、附着升降脚手架、整体提升脚手架、水平移动脚手架和升降桥架；按用途分为主体结构脚手架、装修脚手架和支撑脚手架等；按搭设位置分为外脚手架和里脚手架；按使用材料分为木、竹和金属脚手架。本节仅介绍几种常用的脚手架。

二、多立杆式脚手架

多立杆式脚手架主要由立杆（又称立柱）、纵向水平杆（即大横杆）、横向水平杆（即小横杆）、底座、支撑及脚手板构成受力骨架和作业层，再加上安全防护设施而组成。常用的有扣件式钢管脚手架（扣件式节点）和碗扣式钢管脚手架（碗扣式节点）两种。

1. 扣件式钢管脚手架

扣件式钢管脚手架的组成如图 3.1 所示，它具有承载能力大、装拆方便、搭设高度大、周转次数多、摊销费用低等优点，是目前使用最普遍的周转材料之一。

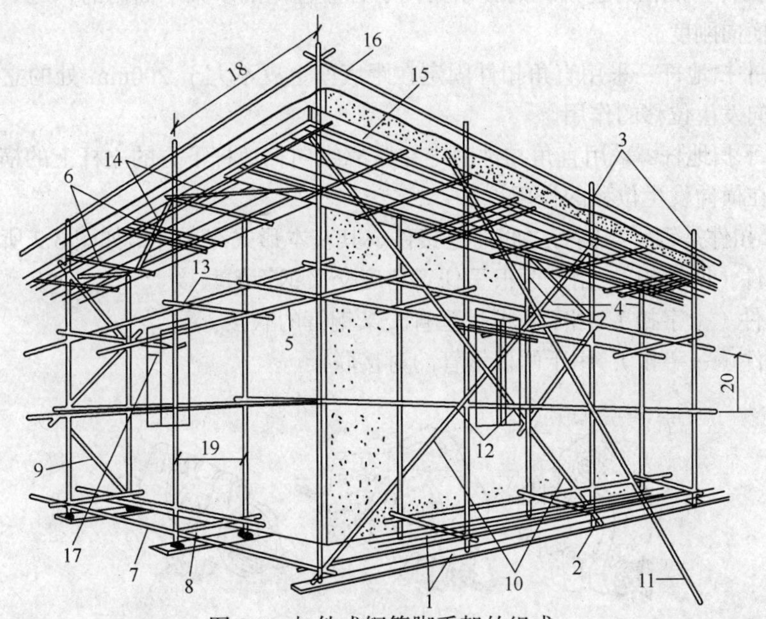

图 3.1　扣件式钢管脚手架的组成

1—垫板　2—底座　3—外立柱　4—内立柱　5—纵向水平杆　6—横向水平杆　7—纵向扫地杆
8—横向扫地杆　9—横向斜撑　10—剪刀撑　11—抛撑　12—旋转扣件　13—直角扣件
14—水平斜撑　15—挡脚板　16—防护栏杆　17—连墙固定件
18—柱距　19—排距　20—步距

（1）扣件式钢管脚手架主要组成部件及其作用

① 钢管。脚手架钢管的质量应符合《碳素结构钢》（GB/T 700—2006）中 Q235—A 级

钢的规定，其尺寸应按表 3.1 采用。钢管宜采用ϕ48 mm×3.5 mm 的钢管，每根质量不应大于 25kg。

表 3.1　　脚手架钢管尺寸　　单位：mm

截面尺寸		最大长度	
外径	壁厚 t	横向水平杆	其他杆
ϕ48	3.5	2200	4000 ~ 6500
ϕ51	3.0		

根据钢管在脚手架中的位置和作用不同，钢管可分为立杆、大横杆、小横杆、连墙杆、剪刀撑、水平斜拉杆等，其作用分别如下。

a. 立杆：平行于建筑物并垂直于地面，将脚手架荷载传递给底座。

b. 大横杆：平行于建筑物并在纵向水平连接各立杆，承受、传递荷载给立杆。

c. 小横杆：垂直于建筑物并在横向连接内、外大横杆，承受、传递荷载给大横杆。

d. 剪刀撑：设在脚手架外侧面并与墙面平行的十字交叉斜杆，可增强脚手架的纵向刚度。

e. 连墙杆：连接脚手架与建筑物，承受并传递荷载，且可防止脚手架横向失稳。

f. 水平斜拉杆：设在有连墙杆的脚手架内、外立柱间的步架平面内的“之”字形斜杆，可增强脚手架的横向刚度。

g. 纵向水平扫地杆：采用直角扣件固定在距底座上皮不大于 200mm 处的立杆上，起约束立杆底端在纵向发生位移的作用。

h. 横向水平扫地杆：采用直角扣件固定在紧靠纵向扫地杆下方的立杆上的横向水平杆，起约束立杆底端在横向发生位移的作用。

② 扣件。扣件是钢管与钢管之间的连接件，其基本形式有 3 种，如图 3.2 所示。

a. 旋转扣件（回转扣）：用于两根呈任意角度交叉钢管的联接。

b. 直角扣件（十字扣）：用于两根呈垂直交叉钢管的联接。

c. 对接扣件（一字扣）：用于两根钢管的对接联接。

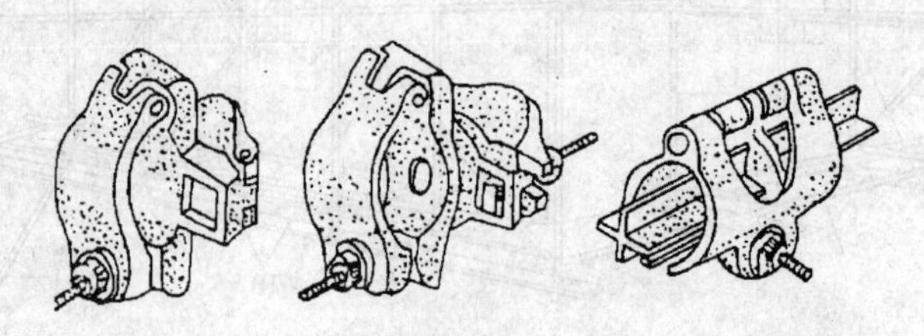

（a）直角扣件　（b）旋转扣件　（c）对接扣件

图 3.2　扣件形式

③ 脚手板。脚手板是提供施工作业条件并承受和传递荷载给水平杆的板件，可用竹、木等材料制成。脚手板若设于非操作层起安全防护作用。

④ 底座。底座（见图 3.3）设在立杆下端，承受并传递立杆荷载给地基。

⑤ 安全网。安全网用来保证施工安全和减少灰尘、噪声、光污染，包括立网和平网两部分。

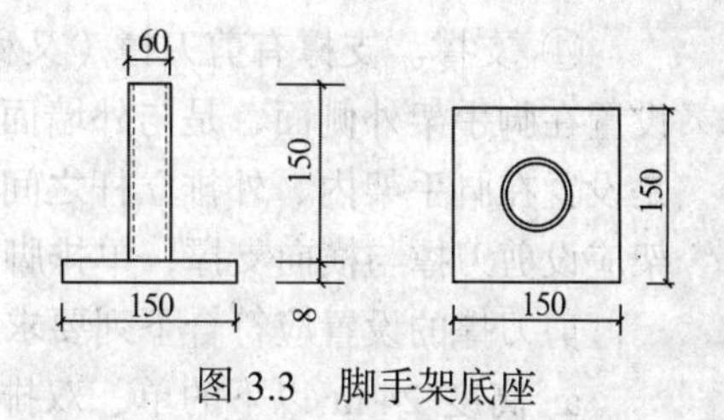

图 3.3　脚手架底座

（2）扣件式钢管脚手架的构造

扣件式钢管脚手架的基本构造形式有单排架和双排架两种，如图 3.4 所示。

单排架和双排架一般用于外墙砌筑与装饰。

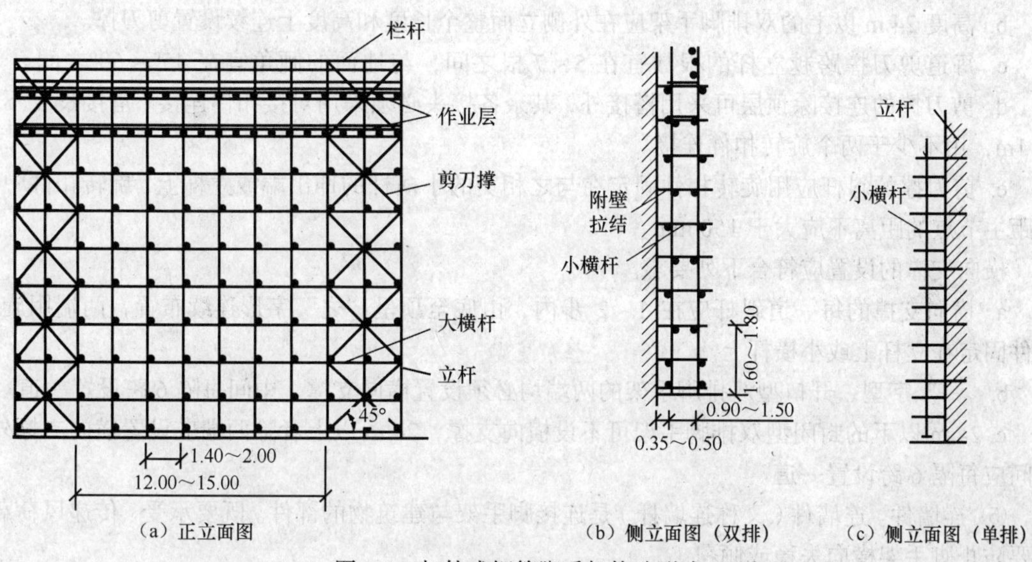

（a）正立面图　　（b）侧立面图（双排）　　（c）侧立面图（单排）

图 3.4　扣件式钢管脚手架构造形式

① 立杆。横距为 0.90 ~ 1.50 m，纵距为 1.40 ~ 2.00 m，每根立杆均应设置标准底座。由标准底座底面向上 200 mm 处，必须设置纵、横向扫地杆，用直角扣件与立杆连接固定。立杆接长除顶层可以采用搭接外，其余各层必须采用对接扣件连接。立杆的对接、搭接应满足下列要求。

a. 立杆上的对接扣件应交错布置，两相邻立杆的接头应错开一步，其错开的垂直距离不应小于 500 mm，且与相近的纵向水平杆距离应小于 1/3 步距。

b. 对接扣件距主节点（立杆、大横杆、小横杆三者的交点）的距离不应大于 1/3 步距。

c. 立杆的搭接长度不应小于 1 m，用不少于两个旋转扣件固定，端部扣件盖板的边沿至杆端距离不应小于 100 mm。

② 大横杆。大横杆要设置水平，长度不应小于 2 跨，大横杆与立杆要用直角扣件扣紧，且不能隔步设置或遗漏。两大横杆的接头必须采用对接扣件连接。接头位置距立杆轴心线的距离不宜大于跨度的 1/3，同一步架中内外两根纵向水平杆的对接接头应尽量错开一跨，上下相邻两根纵向水平杆的对接接头也应尽量错开一跨，错开的水平距离不应小于 500 mm。

③ 小横杆。小横杆设置在立杆与大横杆的相交处，用直角扣件与大横杆扣紧，且应贴近立杆布置，小横杆距离立杆轴心线的距离不应大于 150 mm；当为单排脚手架时，小横杆的一端与大横杆连接，另一端插入墙内长度不小于 180 mm，当双排脚手架时，小横杆的两端应用直角扣件固定在大横杆上。

④ 支撑。支撑有剪刀撑（又称十字撑）和横向支撑（又称横向斜拉杆、之字撑）。剪刀撑设置在脚手架外侧面，是与外墙面平行的十字交叉斜杆，可增强脚手架的纵向刚度。横向支撑是设置在脚手架内、外排立杆之间的、呈之字形的斜杆，可增强脚手架的横向刚度。双排脚手架应设剪刀撑与横向支撑，单排脚手架应设剪刀撑。

剪刀撑的设置应符合下列要求。

a. 高度 24 m 以下的单、双排脚手架，均应在外侧立面的两端各设置一道剪刀撑，由底至顶连续设置；中间每道剪刀撑的净距不应大于 15 m。

b. 高度 24 m 以上的双排脚手架应在外侧立面整个长度和高度上连续设置剪刀撑。

c. 每道剪刀撑跨越立杆的根数宜在 5 ~ 7 根之间，与地面的倾角宜在 45º ~ 60º之间。

d. 剪刀撑的连接除顶层可采用搭接外，其余各接头必须采用对接扣件连接。搭接长度不小于 1m，用不少于两个旋转扣件连接。

e. 剪刀撑的斜杆应用旋转扣件固定在与之相交的小横杆的伸出端或立杆上，旋转扣件中心线距主节点的距离不应大于 150 mm。

横向支撑的设置应符合下列要求。

a. 横向支撑的每一道斜杆应在 1 ~ 2 步内，由底至顶呈“之”字形连续布置，两端用旋转扣件固定在立杆上或小横杆上。

b. “一”字型、开口型双排脚手架的两端均必须设置横向支撑，中间每隔 6 跨设置一道。

c. 24 m 以下的封闭型双排脚手架可不设横向支撑，24 m 以上者除两端应设置横向支撑外，中间应每隔 6 跨设置一道。

⑤ 连墙件。连墙件（又称连墙杆）是连接脚手架与建筑物的部件。既要承受、传递风荷载，又要防止脚手架横向失稳或倾覆。

连墙件的布置形式、间距大小对脚手架的承载能力有很大影响，它不仅可以防止脚手架的倾覆，而且还可加强立杆的刚度和稳定性。连墙件的布置间距可参考表 3.2。

表 3.2 连墙件布置最大间距 单位：m

脚手架高度 H		竖向间距	水平间距
双排	≤50	≤6（3 步）	≤6（3 跨）
	>50	≤4（2 步）	≤6（3 跨）
单排	≤24	≤6（3 步）	≤6（3 跨）

连墙件根据传力性能，构造形式的不同，可分为刚性连墙件和柔性连墙件。通常采用刚性连墙件，使脚手架与建筑物连接可靠。24 m 以上的双排脚手架必须采用刚性连墙件与墙体连接，如图 3.5 所示；当脚手架高度在 24 m 以下时，也可采用柔性连墙件（如用铅丝或ϕ6 mm 钢筋），这时必须配备顶撑顶在混凝土梁、柱等结构部位，以防止向内倾倒，如图 3.6 所示。

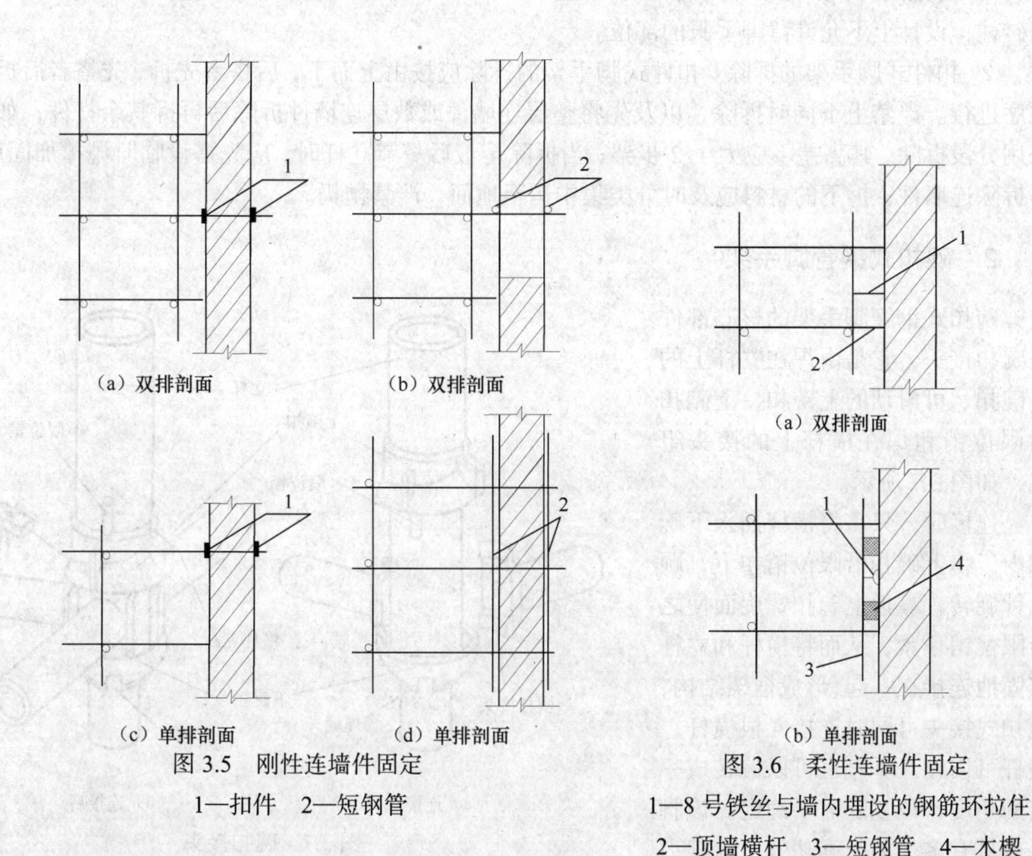

图 3.5　刚性连墙件固定

1—扣件　2—短钢管

图 3.6　柔性连墙件固定

1—8 号铁丝与墙内埋设的钢筋环拉住

2—顶墙横杆　3—短钢管　4—木楔

（3）扣件式钢管脚手架的搭设与拆除

① 扣件式钢管脚手架的搭设。脚手架的搭设要求钢管的规格相同，地基平整夯实；对高层建筑物脚手架的基础要进行验算，脚手架地基的四周应排水畅通，立杆底端要设底座或垫木，垫板长度不小于 2 跨，木垫板不小于 50 mm 厚，也可用槽钢。

通常，脚手架的搭设顺序为：放置纵向水平扫地杆→逐根树立立杆（随即与扫地杆扣紧）→安装横向水平扫地杆（随即与立杆或纵向水平扫地杆扣紧）→安装第一步纵向水平杆（随即与各立杆扣紧）→安装第一步横向水平杆→安装第二步纵向水平杆→安装第二步横向水平杆→加设临时斜撑杆（上端与第二步纵向水平杆扣紧，在装设两道连墙杆后可拆除）→安装第三、四步纵横向水平杆→安装连墙杆、接长立杆，加设剪刀撑→铺设脚手板→挂安全网→重复向上安装。

开始搭设第一节立杆时，每 6 跨应暂设一根抛撑；当搭设至设有连墙件的构造点时，应立即设置连墙件与墙体连接，当装设两道连墙件后抛撑便可拆除；双排脚手架的小横杆靠墙一端应离开墙体装饰面至少 100 mm，杆件相交的伸出端长度不小于 100 mm，以防止杆件滑脱；扣件规格必须与钢管外径相一致，扣件螺栓拧紧，扭力矩为 40 ~ 65 N•m；除操作层的脚手板外，宜每隔 1.2 m 高满铺一层脚手板，在脚手架全高或高层脚手架的每个高度区段内，铺板层不多于 6 层，作业层不超过 3 层，或者根据设计搭设。

对于单排架的搭设应在墙体上留脚手架眼，但在墙体下列部位不允许留脚手架眼：砖过梁上与过梁两端成 60 度角的三角形范围内及过梁净跨度 1/2 的高度范围内；宽度小于 1 m 的窗间墙；梁或梁垫下及其两侧各 500 mm 的范围内；砖砌体的门窗洞口两侧 200 mm 和墙转角处

450 mm 的范围内；其他砌体的门窗洞口两侧 300 mm 和转角处 600 mm 的范围内；独立柱或附墙砖柱；设计上不允许留脚手眼的部位。

② 扣件式脚手架的拆除。扣件式脚手架的拆除应按由上而下，后搭者先拆，先搭者后拆的顺序进行。严禁上下同时拆除，以及先将整层连墙件或数层连墙件拆除后再拆其余杆件；如果采用分段拆除，其高差不应大于 2 步架；当拆除至最后一节立杆时，应先搭设临时抛撑加固后，再拆除连墙件；拆下的材料应及时分类集中运至地面，严禁抛扔。

2. 碗扣式钢管脚手架

碗扣式钢管脚手架的核心部件是碗扣接头，它是由焊在立杆上的下碗扣、可滑动的上碗扣、上碗扣的限位销和焊在横杆上的接头组成，如图 3.7 所示。

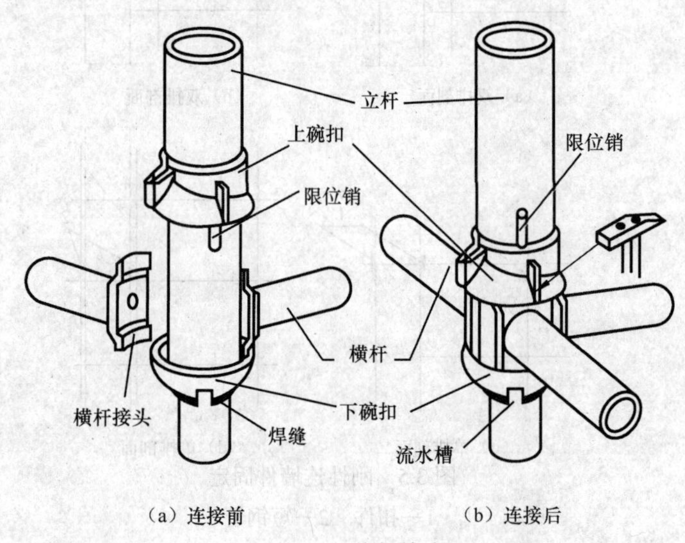

图 3.7　碗扣接头

连接时，只需将横杆插入下碗扣内，将上碗扣沿限位销扣下，顺时针旋转，靠近上碗扣螺旋面使之与限位销顶紧，从而将横杆和立杆牢固地连接在一起，形成框架结构，碗扣式接头可同时连接 4 根横杆，横杆可以相互垂直也可以偏转成一定的角度，位置随需要确定。该脚手架具有多功能、高功效、承载力大、安全可靠、便于管理、易改造等优点。

（1）碗扣式钢管脚手架的构配件及用途

碗扣式钢管脚手架的构配件按其用途可分为主要构件、辅助构件和专用构件 3 类。

① 主要构件。

a. 立杆：由一定长度的ϕ48 mm×3.5 mm 钢管上每隔 600 mm 安装碗扣接头，并在其顶端焊接立杆焊接管制成，用作脚手架的垂直承力杆。

b. 顶杆：即顶部立杆，在顶端设有立杆的连接管，以便在顶端插入托撑，用作支撑架（柱）、物料提升架等顶端的垂直承力杆。

c. 横杆：由一定长度的ϕ48 mm×3.5 mm 钢管两端焊接横杆接头制成，用于立杆横向连接管，或框架水平承力杆。

d. 单横杆：仅在ϕ48 mm×3.5 mm 钢管一端焊接横杆接头，用作单排脚手架横向水平杆。

e. 斜杆：用于增强脚手架的稳定性，提高脚手架的承载力。

f. 底座：由 150 mm×150 mm×8 mm 的钢板在中心焊接连接杆制成，安装在立杆的底部，用作防止立杆下沉并将上部荷载分散传递给地基。

② 辅助构件。辅助构件包括用于作业面及附壁拉结等的杆部件。

a. 间横杆：为满足普通钢或木脚手板的需要而专设的杆件，可搭设于主架横杆之间的任意部位，用以减小支撑间距和支撑挑头脚手板。

b. 架梯：由钢踏步板焊在槽钢上制成，两端带有挂钩，可牢固地挂在横杆上，用于作业人

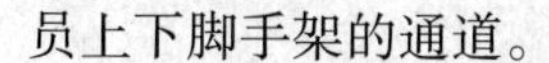

员上下脚手架的通道。

c. 连墙撑：该构件为脚手架与墙体结构间的连接件，用以加强脚手架抵抗风载及其他永久性水平荷载的能力，提高其稳定性，防止倒塌。

③ 专用构件。专用构件是用作专门用途的杆部件。

a. 悬挑架：由挑杆和撑杆用碗扣接头固定在楼层内支撑架上构成。用于其上搭设悬挑脚手架，可直接从楼内挑出，不需在墙体结构设预埋件。

b. 提升滑轮：用于提升小物料而设计的杆部件，由吊柱、吊架和滑轮等组成。吊柱可插入宽挑梁的垂直杆中固定，与宽挑梁配套使用。

（2）搭设要点

① 组装顺序。组装顺序为：底座→立杆→横杆→斜杆→接头锁紧→脚手板→上层立杆→立杆连接→横杆。

② 注意事项。

a. 立杆、横杆的设置。一般地，双排外脚手架立杆的横向间距取 1.2 m，横杆的步距取 1.8 m，立杆的纵向间距根据建筑物结构及作用荷载等具体要求确定，常选用 1.2 m、1.8 m、2.4 m 三种尺寸。

b. 直角交叉。对一般方形建筑物的外脚手架，在拐角处两直角交叉的排架要连在一起，以增加脚手架的整体稳定性。

c. 斜杆的设置。斜杆用于增强脚手架稳定性，可装成节点斜杆，也可装成非节点斜杆。一般情况下斜杆应尽量设置在脚手架的节点上，对于高度在 30 m 以下的脚手架，可根据荷载情况，设置斜杆的框架面积为整架立面面积的 1/5 ~ 1/2；对于高度在 30 m 以上的高层脚手架，设置斜杆的框架面积不小于整架面积的 1/2。在拐角边缘及端部必须设置斜杆，中间可均匀间隔布置。

d. 连墙撑的设置。一般情况下，对于高度在 30 m 以下的脚手架，可 4 跨 3 步（约 40 m^2）设置一个，对于高层及重载脚手架，则要适当加密；50 m 以下的脚手架至少应 3 跨 3 步（约 25 m^2）设置一个；50 m 以上的脚手架至少应 3 跨 2 步（约 20 m^2）设置一个。连墙撑尽量连接在横杆层碗扣接头内，同脚手架、墙体保持垂直，并随建筑物及架子的升高及时设置，尽量采用梅花形布置方式。

三、其他脚手架

1. 门式钢管脚手架

门式钢管脚手架是 20 世纪 80 年代初由国外引进的一种多功能型脚手架，它由门架及配件组成。门式钢管脚手架结构设计合理，受力性能好，承载能力高，装拆方便，安全可靠，是目前国际上应用较为广泛的一种脚手架。

（1）门式钢管脚手架主要组成部件

门式钢管脚手架由门架、剪刀撑（交叉拉杆）、水平梁架（平行架）、挂扣式脚手板、连接棒和锁臂等构成基本单元，如图 3.8 所示。将基本单元相互连接起来并增设梯型架、栏杆等部件即构成整片脚手架。门式钢管脚手架的组成部件如图 3.9 ~ 图 3.11 所示。

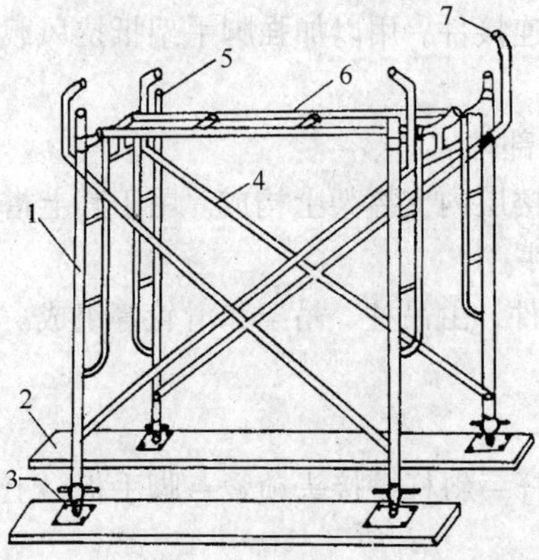

图 3.8　门式钢管脚手架的基本单元

1—门架　2—平板　3—螺旋基脚　4—剪刀撑

5—连接棒　6—水平梁架　7—锁臂

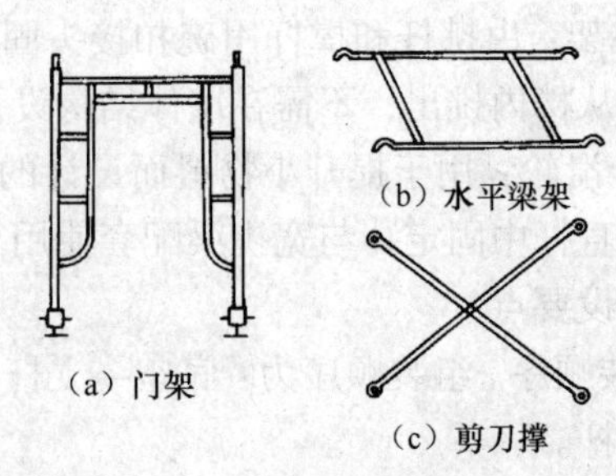

（a）门架　（b）水平梁架　（c）剪刀撑

图 3.9　门式钢管脚手架主要部件

（a）底座　（b）托座　（c）脚手板

图 3.10　底座、托座、脚手板

（a）连接棒　（b）锁臂

图 3.11　连接棒和铁臂

（2）门式钢管脚手架的搭设与拆除

① 搭设。门式钢管脚手架的搭设顺序为：铺放垫木（垫板）→拉线放底座→自一端立门架，并随即装剪刀撑→装水平梁架（或脚手板）→装梯子→装通长大横杆→装连墙件→装连接棒→装上一步门架→装锁臂→重复以上步骤，逐层向上安装→装长剪刀撑→装设顶部栏杆。

② 拆除。拆除脚手架时，应自上而下进行，各部件拆除的顺序与安装顺序相反。不允许将拆除的部件从高空抛下，而应将拆下的部件收集分类后，用垂直吊运机具运至地面，集中堆放保管。

2. 悬吊式脚手架

悬吊式脚手架也称吊篮，主要用于建筑外墙施工和装修。它是将架子（吊篮）的悬挂点固定在建筑物顶部悬挑出来的结构上，通过设在每个架子上的简易提升机械和钢丝绳，使吊篮升降，以满足施工要求。具有节约大量钢管材料、节省劳力、缩短工期、操作方便灵活、技术经济效益好等优点。吊篮可分为两大类，一类是手动吊篮，利用手扳葫芦进行升降；另一类是电动吊篮，利用电动卷扬机进行升降。

（1）手动吊篮的基本组成

手动吊篮由支撑设施（建筑物顶部悬挑梁或桁架）、吊篮绳（钢丝绳或钢筋链杆）、安全绳、手扳葫芦（或倒链）和吊架等组成，如图 3.12 所示。

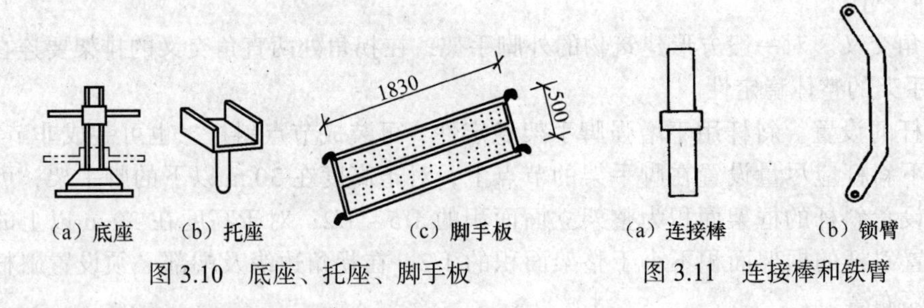

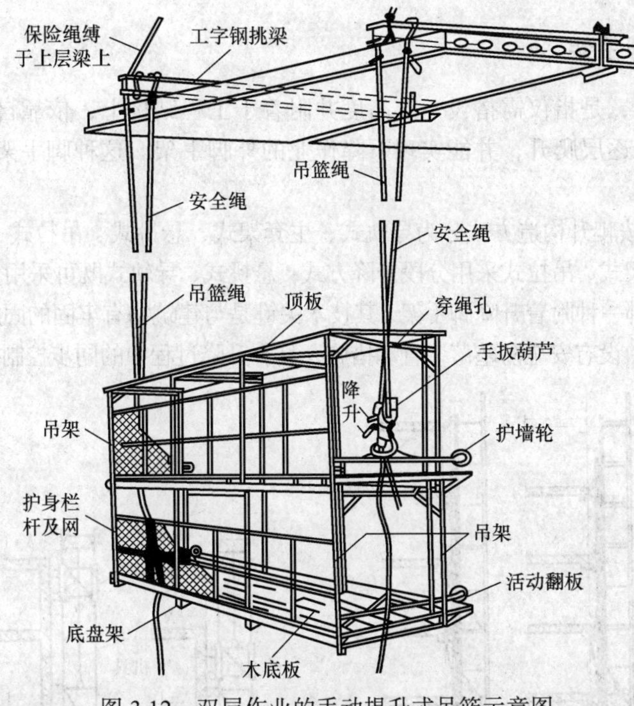

图 3.12　双层作业的手动提升式吊篮示意图

（2）支设要求

① 吊篮内侧与建筑物间隙为 0.1 ~ 0.2 m，两个吊篮之间的间隙不得大于 0.2 m，吊篮的最大长度不宜超过 8.0 m，宽度为 0.8 ~ 1.0 m，高度不宜超过两层。吊篮外侧端部防护栏杆高 1.5 m，每边栏杆间距不大于 0.5 m，挡脚板不低于 0.18 m。吊篮内侧必须于 0.6 m 和 1.2 m 处各设防护栏杆一道。吊篮顶部必须设防护棚，外侧面与两端面用密目网封严。

② 吊篮的立杆（或单元片）纵向间距不得大于 2 m。通常支撑脚手板的横向水平杆间距不宜大于 1 m，脚手板必须与横向水平杆绑牢或卡牢，不允许有松动或探头板。

③ 吊篮架体的外侧面和两端面应加设剪刀撑或斜撑杆卡牢。

④ 吊篮内侧两端应装有可伸缩的护墙轮等装置，使吊篮在工作时能靠紧建筑物，以减少架体晃动。同时，超过一层架高的吊篮架要设爬梯，每层架的上下人孔要有盖板。

⑤ 悬挂吊篮的挑梁，必须按设计规定与建筑结构固定牢靠，挑梁挑出长度应保证悬挂吊篮的钢丝绳（或钢筋链杆）垂直地面。挑梁之间应用纵向水平杆连接成整体，以保证挑梁结构的稳定。

⑥ 吊篮绳若用钢筋链杆，其直径不小于 16 mm，每节链杆长 800 mm，每 5 ~ 10 根链杆应相互连成一组，使用时用卡环将各组连接至需要的长度。安全绳均采用直径不小于 13mm 的钢丝绳通长到底布置。

⑦ 挑梁与吊篮吊绳连接端应有防止滑脱的保护装置。

（3）操作方法

先在地面上用倒链组装好吊篮架体，并在屋顶挑梁上挂好承重钢丝绳和安全绳，然后将承重钢丝绳穿过手扳葫芦的导绳孔向吊钩方向穿入、压紧，往复扳动前进手柄，即可提升吊篮；往复扳动倒退手柄即可下落。但不可同时扳动上下手柄。如果采用钢筋链杆作承重吊杆，则先把安全绳与钢筋链杆挂在已固定好的屋顶挑梁上，然后把倒链挂在钢筋链杆的链环上，下部吊住吊篮，利用倒链升降。因为倒链行程有限，因此在升降过程中，要多次人工倒替倒链，如此接力升降。

3. 附着升降脚手架

附着升降脚手架，是指仅需搭设一定高度并附着于工程结构上，依靠自身的升降设备和装置，随工程结构施工逐层爬升，并能实现下降作业的外脚手架。这种脚手架适用于现浇钢筋混凝土结构的高层建筑。

附着升降脚手架按爬升构造方式分为导轨式、主套架式、悬挑式、吊拉式（互爬式）等，如图3.13所示。其中主套架式、吊拉式采用分段升降方式；悬挑式、导轨式既可采用分段升降，亦可采用整体升降。无论采用哪一种附着升降脚手架，其技术关键是与建筑物有牢固的固定措施，升降过程均有可靠的防倾覆措施，设有安全防坠落装置和措施，具有升降过程中的同步控制措施。

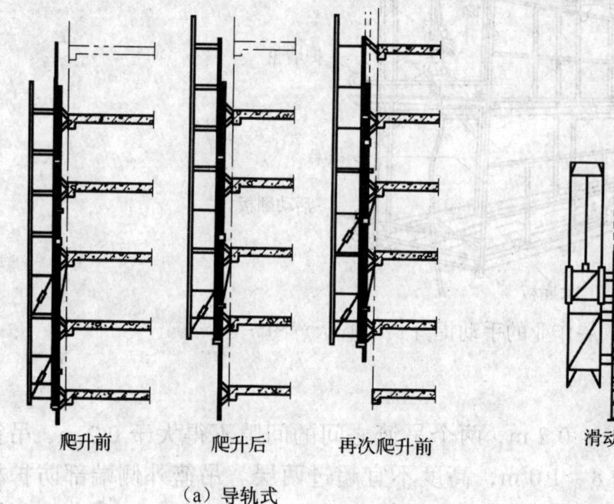

（a）导轨式

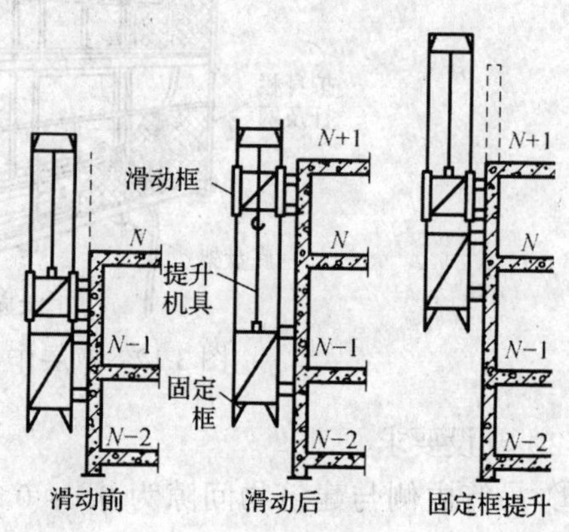

（b）主套架式

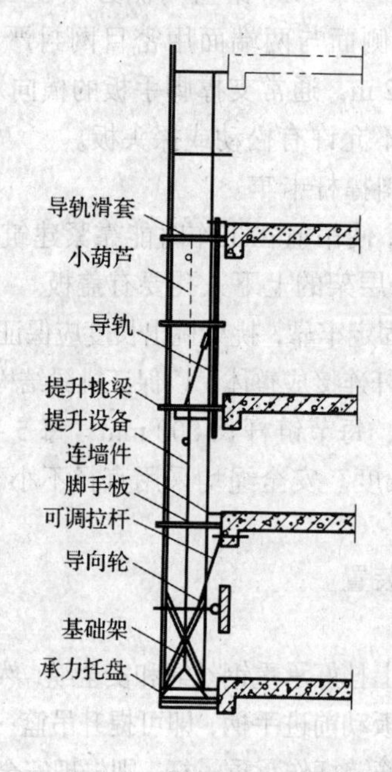

（c）悬挑式

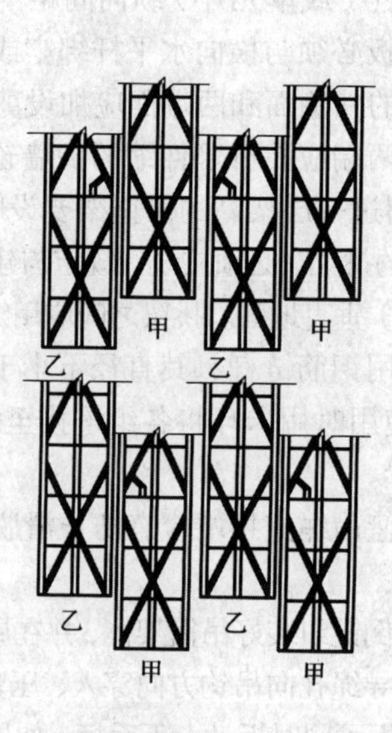

（d）吊拉式

图 3.13　附着升降脚手架示意图

附着升降脚手架主要由架体结构、附着支撑、动力设备、安全装置等组成，如图 3.14 所示。

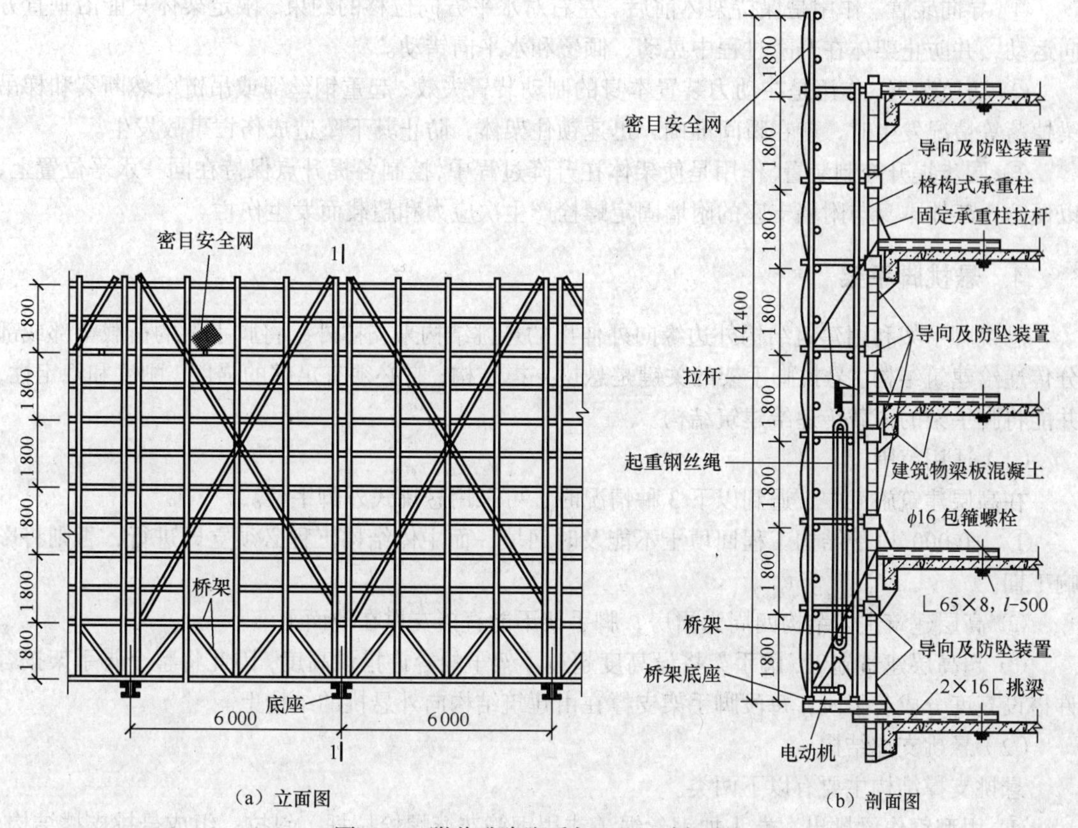

图 3.14　附着升降脚手架立面、剖面图

（1）架体结构

架体常用桁架作为底部的承力装置，桁架两端支撑于横向刚架或托架上，横向刚架又通过与其连接的附墙支座固定于建筑物上。架体本身一般均采用扣件式钢管搭设，架高不应大于楼层高度的 5 倍，架宽不宜超过 1.2 m，分段单元脚手架长度不应超过 8 m。主要构件有立杆、纵横向水平杆、斜杆、剪刀撑、脚手板、梯子、扶手等。脚手架的外侧设密目安全网进行全封闭，每步架设防护栏杆及挡脚板，底部满铺一层固定脚手板。整个架体的作用是提供操作平台、物料搬运、材料堆放、操作人员通行和安全防护等。

（2）附着支撑

附着支撑是实现架体升降、导向、防坠、固定提升设备、连接吊点和架体通过横向刚架与附墙支座的连接等，它的作用主要是进行可靠的附墙和保证将架体上的恒载与施工活荷载安全、迅速、准确地传递到建筑结构上。

（3）动力设备

提升用的动力设备主要有手拉葫芦、环链式电动葫芦、液压千斤顶、螺杆升降机、升板机、卷扬机等。日前采用电动葫芦者居多，原因是其使用方便、省力、易控。当动力设备采用电控系统时，一般均采用电缆将动力设备与控制柜相连，并用控制柜进行动力设备控制；当动力设备采用液压系统控制时，一般采用液压管路与动力设备和液压控制台相连，液压控制台再与液压管路相连，并通过液压控制台对动力设备进行控制。

（4）安全装置

① 导向装置。作用是保持架体前后、左右对水平方向位移的约束，限定架体只能沿垂直方向运动，并防止架体在升降过程中晃动、倾覆和水平向错动。

② 防坠装置。作用是在动力装置本身的制动装置失效、起重钢丝绳或吊链突然断裂和梯吊梁掉落等情况发生时，能在瞬间准确、迅速锁住架体，防止其下坠造成伤亡事故发生。

③ 同步提升控制装置。作用是使架体在升降过程中，控制各提升点保持在同一水平位置上，以便防止架体本身与附墙支座的附墙固定螺栓产生次应力和超载而发生伤亡。

4. 悬挑脚手架

悬挑脚手架利用建筑结构外边缘向外伸出的悬挑结构来支撑外，将脚手架的荷载全部或部分传递给建筑结构。悬挑脚手架的关键是悬挑支撑结构，它必须有足够的强度、刚度和稳定性，并能将脚手架的荷载传递给建筑结构。

（1）适用范围

在高层建筑施工中，遇到以下 3 种情况时，可采用悬挑式外脚手架。

① ±0.000 以下结构工程回填土不能及时回填，而主体结构工程必须立即进行，否则将影响工期。

② 高层建筑主体结构四周为裙房，脚手架不能直接支撑在地面上。

③ 超高层建筑施工，脚手架搭设高度超过了架子的容许搭设高度，因此将整个脚手架按容许搭设高度分成若干段，每段脚手架支撑在由建筑结构向外悬挑的结构上。

（2）悬挑支撑结构

悬挑支撑结构主要有以下两类。

① 用型钢作梁挑出，端头加钢丝绳（或用钢筋花篮螺栓拉扦）斜拉，组成悬挑支撑结构。由于悬出端支撑杆件是斜拉索（或拉杆），又简称为斜拉式，如图 3.15（a）、（b）所示。斜拉式悬挑外脚手架悬出端支撑杆件是斜拉索（或拉杆），其承载能力由拉杆的强度控制，因此断面较小，能节省钢材，且自重轻。

② 用型钢焊接的三角桁架作为悬挑支撑结构，悬出端的支撑杆件是三角斜撑压杆，又称为下撑式，如图 3.15（c）所示。下撑式悬挑脚手架，悬出端支撑杆件是斜撑受压杆，其承载能力由压杆稳定性控制，因此断面较大，钢材用量较多。

（3）构造及搭设要点

① 斜拉式支承结构可在楼板上预埋钢筋环，外伸钢梁（工字钢、槽钢等）插入钢筋环内固定；或钢梁一端埋置在墙体结构的混凝土内。外伸钢梁另一端加钢丝绳或钢筋斜拉，钢丝绳或钢筋固定到预埋在建筑物内的吊环上。

② 下撑式支撑结构可将钢梁一端埋置在墙体结构的混凝土内，另一端利用钢管或角钢制作的斜杆连接，斜杆下端焊接到混凝土结构中的预埋钢板上，如图 3.16 所示。当结构中钢筋过密，挑梁无法埋入时，可采用预埋件，将挑梁与预埋件焊接。预埋件的锚固筋要采用锚塞焊，并由计算确定。

③ 根据结构情况和工地条件采用其他可靠的形式与结构连接。

④ 当支撑结构的纵向间距与上部脚手架立杆的纵向间距相同时，立杆可直接支撑在悬挑的支撑结构上；当支撑结构的纵向间距大于上部脚手架立杆的纵向间距时，则立杆应支撑在设置于两个支撑结构之间的两根纵向钢梁上。

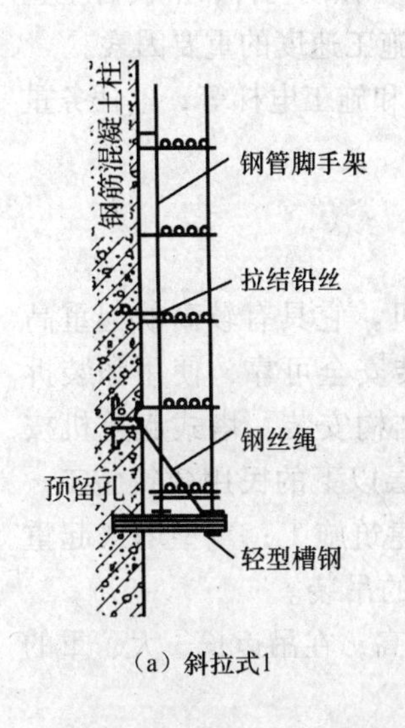

（a）斜拉式1

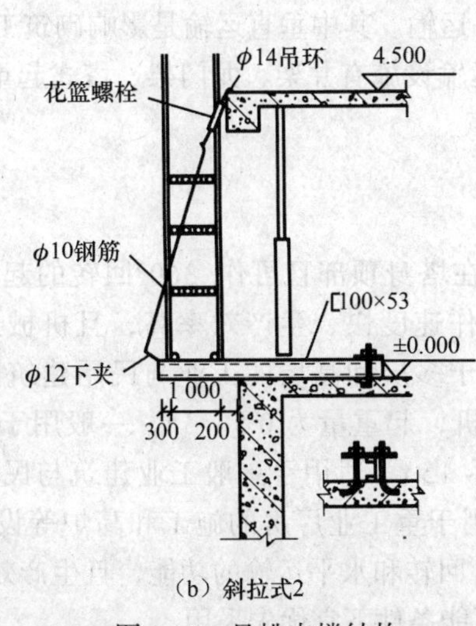

（b）斜拉式2

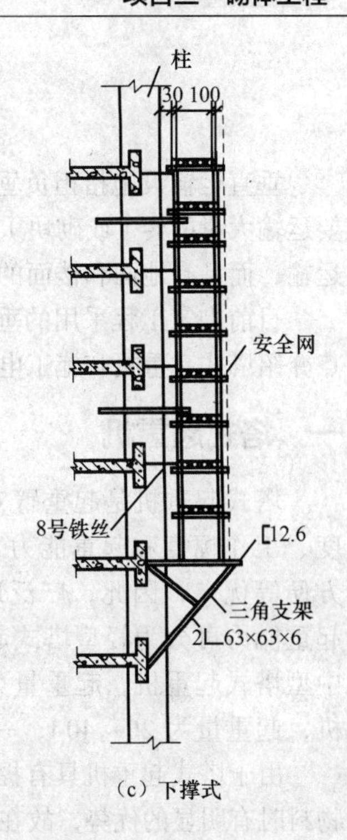

（c）下撑式

图 3.15　悬挑支撑结构

⑤ 上部脚手架立杆与支撑结构应有可靠的定位连接措施，以确保上部架体的稳定。通常在挑梁或纵向钢梁上焊接 150 ~ 200 mm、外径 ϕ40 mm 的短钢管，将立杆套在短钢管上顶紧固定，并同时在立杆下部设置扫地杆。

⑥ 悬挑支撑结构以上部分的脚手架搭设方法与一般外脚手架相同，并按要求设置连墙杆。悬挑脚手架的高度（或分段的高度）不得超过 25 m。

悬挑脚手架的外侧立面一般均应采用密目网（或其他围护材料）全封闭围护，以确保架上人员操作安全和避免物件坠落。

⑦ 新设计组装或加工的定型脚手架段，在使用前应进行不低于 1.5 倍使用施工荷载的静载试验和起吊试验，试验合格（未发现焊缝开裂、结构变形等情况）后方能投入使用。

⑧ 塔式起重机应具有满足整体吊升（降）悬挑脚手架段的起吊能力。

⑨ 必须设置可靠的人员上下安全通道（出入口）。

⑩ 使用中应经常检查脚手架段和悬挑支撑结构的工作情况。当发现异常时及时停止作业，进行检查和处理。

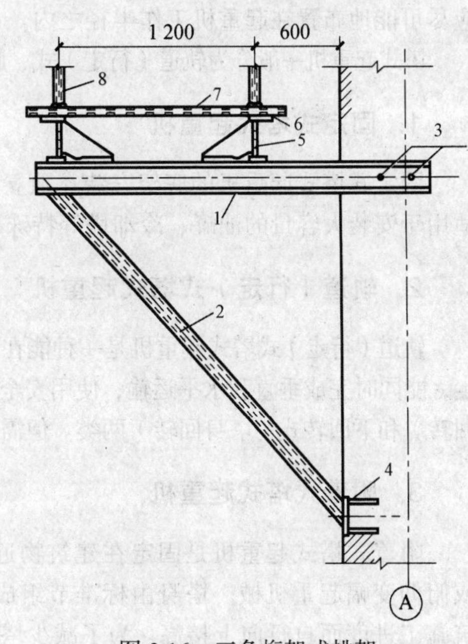

图 3.16　三角桁架式挑架

1—型钢挑架　2—圆钢管斜杆　3—埋入结构内的钢挑梁端部穿以钢筋增加锚固　4—预埋件　5—纵向钢梁　6—压板　7—槽钢横梁　8—脚手架立柱

任务二　垂直运输设施

垂直运输设施指担负垂直运送材料和施工人员上下的机械设备和设施。在砌筑工程中不仅要运输大量的砖（或砌块）、砂浆，而且还要运输脚手架、脚手板和各种预制构件；不仅有垂直运输，而且有地面和楼面的水平运输。其中垂直运输是影响砌筑工程施工速度的重要因素。

目前砌筑工程采用的垂直运输设施有井架、龙门架、塔式起重机和施工电梯等，本任务重点介绍塔式起重机和施工电梯。

一、塔式起重机

塔式起重机是起重臂安装在塔身顶部且可作 360°回转的起重机。它具有较高的起重高度、工作幅度和起重能力，工作速度快、生产效率高，且机械运转安全可靠，使用和装拆方便等优点，因此，广泛地用于多层和高层的工业与民用建筑的结构安装。塔式起重机按起重能力可分为轻型塔式起重机，起重量为 0.5 ~ 3 t，一般用于 6 层以下的民用建筑施工；中型塔式起重机，起重量为 3 ~ 15 t，适用于一般工业建筑与民用建筑施工；重型塔式起重机，起重量为 20 ~ 40 t，一般用于重工业厂房的施工和高炉等设备的吊装。

由于塔式起重机具有提升、回转和水平运输的功能，且生产效率高，在吊运长、大、重的物料时有明显的优势，故在有可能条件下宜优先采用。

塔式起重机的布置应保证其起重高度与起重量满足工程的需求，同时起重臂的工作范围应尽可能地覆盖整个建筑，以使材料运输切实到位。此外，主材料的堆放、搅拌站的出料口等均应尽可能地布置在起重机工作半径之内。

塔式起重机一般分为轨道（行走）式、爬升式、附着式、固定式等几种，如图 3.17 所示。

1. 固定式塔式起重机

固定式塔式起重机的底架安装在独立的混凝土基础上，塔身不与建筑物拉结。这种起重机适用于安装大容量的油罐、冷却塔等特殊构筑物。

2. 轨道（行走）式塔式起重机

轨道（行走）式塔式起重机是一种能在轨道上行驶的起重机。它能负荷在直线和弧形轨道上行走，能同时完成垂直和水平运输，使用安全，生产效率高。轨道式塔式起重机分为上回转式（塔顶回转）和下回转式（塔身回转）两类。但需要铺设轨道，且装拆和转移不便，台班费用较高。

3. 附着式塔式起重机

附着式塔式起重机是固定在建筑物近旁混凝土基础上的起重机械，为上回转、小车变幅或俯仰变幅起重机械。塔身由标准节组成，相互间用螺栓连接，它可以借助顶升系统随着建筑施工进度而自行向上接高。为了减少塔身的计算高度，规定每隔 20 m 左右将塔身与建筑物用锚固装置连接起来，以保证塔身的刚度和稳定。一般高度为 70~100 m，特点是适合狭窄工地施工。

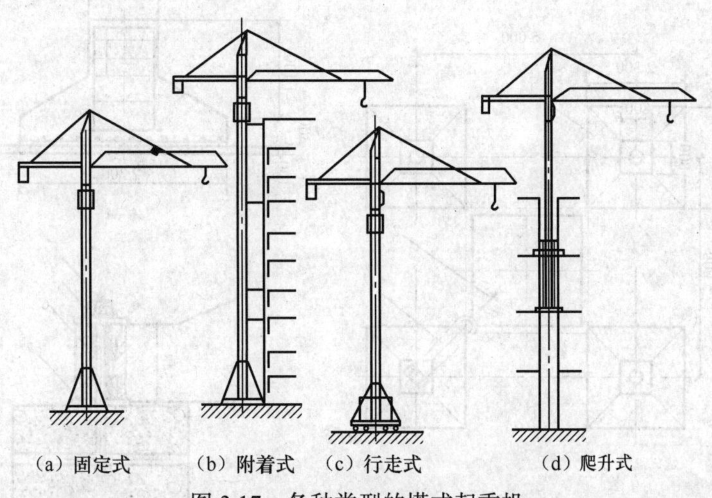

图 3.17 各种类型的塔式起重机

(1) 附着式塔式起重机基础

附着式塔式起重机底部应设钢筋混凝土基础，其构造做法有整体式和分块式两种。采用整体式混凝土基础时，塔式起重机通过专用塔身基础节和预埋地脚螺栓固定在混凝土基础上，如图 3.18 所示；采用分块式混凝土基础时，塔身结构固定在行走架，而行走架的四个支座则通过垫板支在四个混凝土基础上，如图 3.19 所示。基础尺寸应根据地基承载力和防止塔吊倾覆的需要确定。

在高层建筑深基础施工阶段，如需在基坑边附近构筑附着式塔式起重机基础时，可采用灌柱桩承台式钢筋混凝土基础。在高层建筑综合体施工阶段，如需在地下室顶板或裙房屋顶楼板上安装附着式塔式起重机时，应对安装塔吊处的楼板结构进行验算和加固，并在楼板下面加设支撑（至少连续两层）以保证安全。

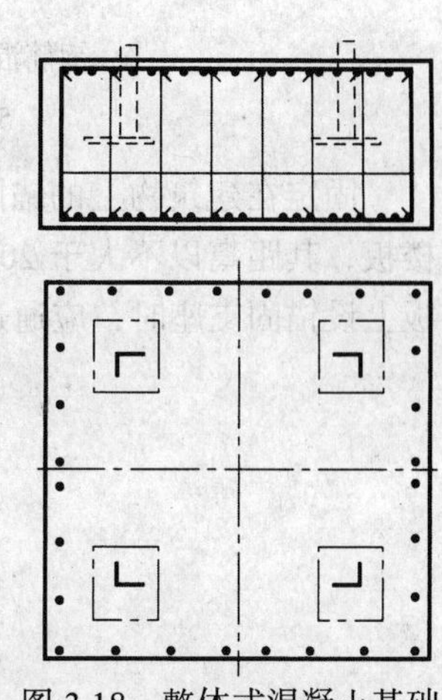

图 3.18 整体式混凝土基础

(2) 附着式塔式起重机的锚固

附着式塔式起重机在塔身高度超过限定自由高度时，即应加设附着装置与建筑结构拉结。一般说来，设置 2 ~ 3 道锚固即可满足施工需要。第一道锚固装置在距塔式起重机基础表面 30 ~ 40 m 处，自第一道锚固装置向上，每隔 16 ~ 20 m 设一道锚固装置。在进行超高层建筑施工时，不必设置过多的锚固装置，可将下部锚固装置抽换到上部使用。

附着装置由锚固环和附着杆组成。锚固环由两块钢板或型钢组焊成的“U”形梁拼装而成。锚固环宜设置在塔身标准节对接处或有水平腹杆的断面处，塔身节主弦杆应视需要加以补强。锚固环必须箍紧塔身结构，不得松脱。附着杆由型钢、无缝钢管组成，也可以是型钢组焊的桁架结构。安装和固定附着杆时，必须用经纬仪对塔身结构的垂直度进行检查。如发现塔身偏斜时，可通过调节螺母来调整附着杆的长度，以消除垂直偏差。锚固装置应尽可能保持水平，附着杆件最大倾角不得大于 10°。附着装置如图 3.20 所示。

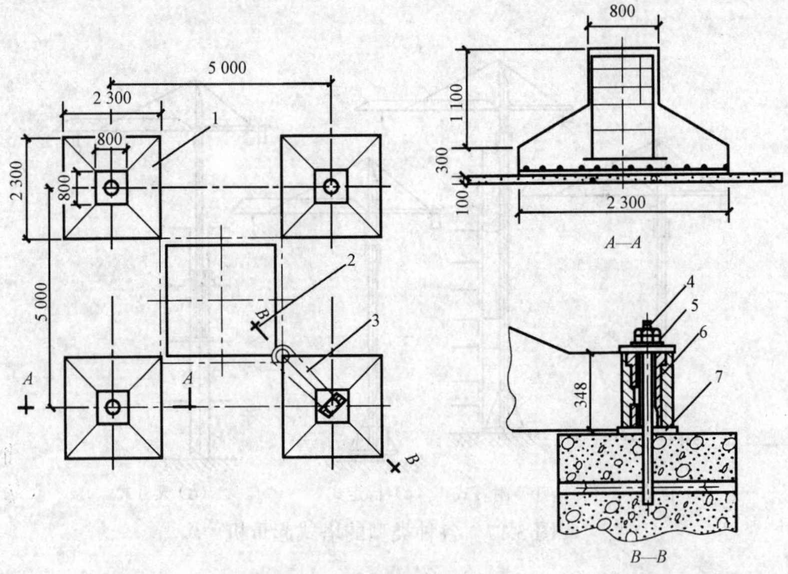

图 3.19　分块式混凝土基础

1—钢筋混凝土基础　2—塔式起重机底座　3—支腿　4—紧固螺母

5—垫圈　6—钢套　7—钢板调整片（上下各一）

固定在建筑物上的锚固支座，可套装在柱子上或埋设在现浇混凝土墙板里，锚固点应紧靠楼板，其距离以不大于 20 cm 为宜。墙板或柱子混凝土强度应提高一级，并应增加配筋。在墙板上设锚固支座时，应通过临时支撑与相邻墙板相连，以增强墙板刚度。

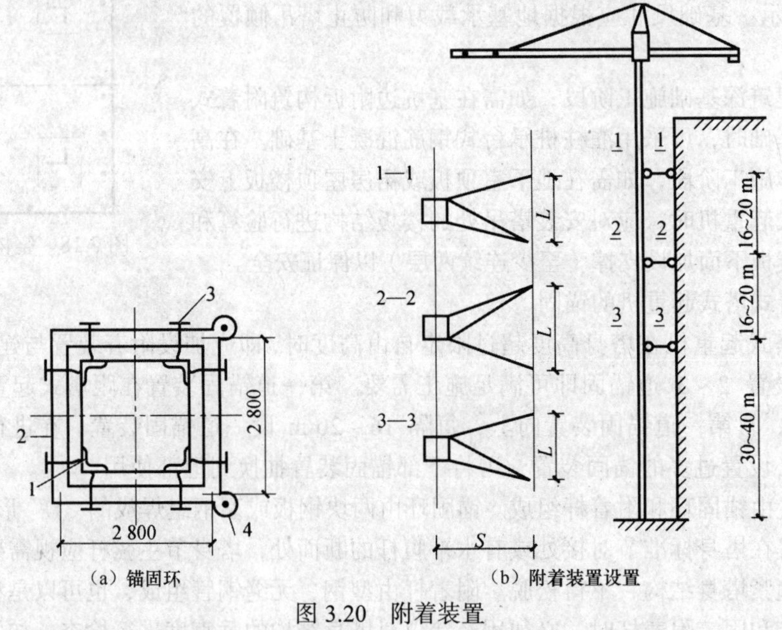

（a）锚固环　（b）附着装置设置

图 3.20　附着装置

1—塔身　2—锚固环　3—螺旋千斤顶　4—耳环

（3）附着式塔式起重机的顶升接高

附着式塔式起重机可借助塔身上端的顶升机构，随着建筑施工进度而自行向上接高。自升液压顶升机构主要由顶升套架、长行程液压千斤顶、顶升横梁及定位销组成。液压千斤顶装在塔身上部结构的底端承座上，活塞杆通过顶升横梁支撑在塔身顶部。需要接高时，

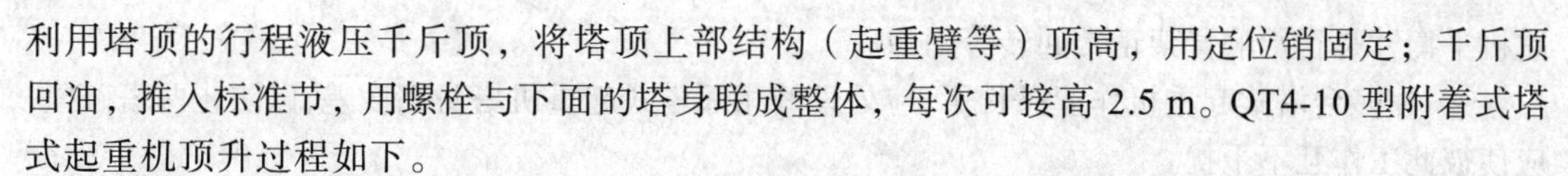

利用塔顶的行程液压千斤顶，将塔顶上部结构（起重臂等）顶高，用定位销固定；千斤顶回油，推入标准节，用螺栓与下面的塔身联成整体，每次可接高 2.5 m。QT4-10 型附着式塔式起重机顶升过程如下。

① 将标准节吊到摆渡小车上，并将过渡节与塔身标准节的螺栓松开，准备顶升，如图 3.21（a）所示。

② 开动液压千斤顶，将塔式起重机上部结构包括顶升套架向上升到超过一个标准节的高度，然后用定位销将套架固定。塔式起重机上部结构的重量通过定位销传递到塔身，如图 3.21（b）所示。

③ 液压千斤顶回缩，形成引进空间，此时将装有标准节的摆渡小车推入引进空间内，如图 3.21（c）所示。

④ 利用液压千斤顶将待接高的标准节稍微提起，退出摆渡小车，然后将其平稳地落在下面的塔身上，并用螺栓加以连接，如图 3.21（d）所示。

⑤ 再用液压千斤顶稍微向上顶起，拔出定位销，下降过渡节，使之与已接高的塔身联成整体，如图 3.21（e）所示。

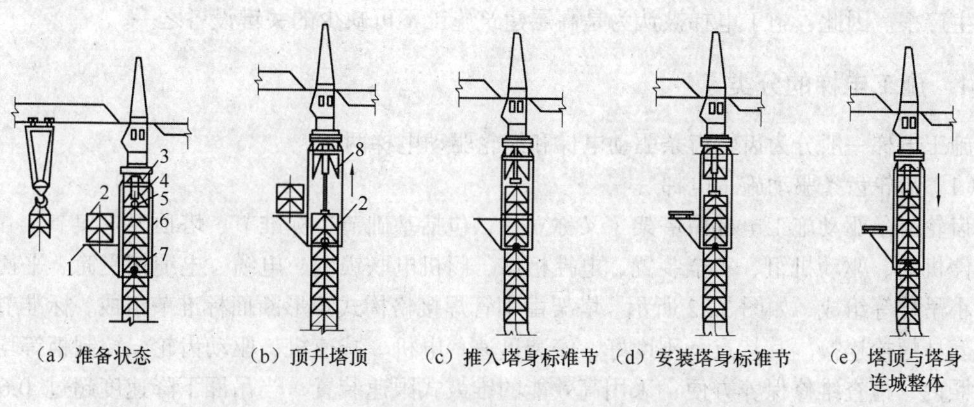

（a）准备状态　（b）顶升塔顶　（c）推入塔身标准节　（d）安装塔身标准节　（e）塔顶与塔身连城整体

图 3.21　QT4-10 型附着式塔式起重机顶升过程示意图

1—摆渡小车　2—标准节　3—承座　4—液压千斤顶　5—顶升横梁

6—顶升套架　7—定位销　8—过渡节

4. 塔式起重机的选用

塔式起重机的选用要综合考虑建筑物的高度，建筑物的结构类型，构件的尺寸和质量，施工进度、施工流水段的划分和工程量，现场的平面布置和周围环境条件等各种情况。同时要兼顾装、拆塔式起重机的场地和建筑结构满足塔架锚固、爬升的要求。

首先，根据施工对象确定所要求的参数，包括幅度（又称回转半径）、起重量、起重力矩和吊钩高度等；然而根据塔式起重机的技术性能，选定塔式起重机的型号。

其次，根据施工进度、施工流水段的划分及工程量和所需吊次、现场的平面布置，确定塔式起重机的配量台数、安装位置及轨道基础的走向等。

根据施工经验，16 层及其以下的高层建筑采用轨道式塔式起重机最为经济；25 层以上的高层建筑，宜选用附着式塔式起重机或爬升式塔式起重机。

选用塔式起重机时，应注意以下事项。

① 在确定塔式起重机形式及高度时，应考虑塔身锚固点与建筑物相对应的位置以及塔式起

重机平衡臂是否影响臂架正常回转等问题。

② 在多台塔式起重机作业条件下,应处理好相邻塔式起重机塔身高度差,以防止两塔碰撞,应使彼此工作互不干扰。

③ 在考虑塔式起重机安装的同时,应考虑塔式起重机的顶升、接高、锚固以及完工后的落塔、拆运等事项。如起重臂和平衡臂是否落在建筑物上、辅机停车位置及作业条件、场内运输道路有无阻碍等。

④ 在考虑塔式起重机安装时,应保证顶升套架的安装位置(即塔架引进平台或引进轨道应与臂架同向)及锚固环的安装位置正确无误。

⑤ 应注意外脚手架的支搭形式与挑出建筑物的距离,以免与下回转塔式起重机转台尾部回转时发生矛盾。

二、施工电梯

施工电梯又称外用施工电梯,是一种安装于建筑物外部,供运送施工人员和建筑器材用的垂直提升机械。采用施工电梯运送施工人员上下楼层,可节省工时,减轻工人体力消耗,提高劳动生产率。因此,施工电梯被认为是高层建筑施工不可缺少的关键设备之一。

1. 施工电梯的分类

施工电梯一般分为齿轮齿条驱动电梯和绳轮驱动电梯两类。

(1)齿轮齿条驱动施工电梯

齿轮齿条驱动施工电梯由塔架(又称立柱,包括基础节、标准节、塔顶天轮架节)、吊厢、地面停机站、驱动机组、安全装置、电控柜站、门机电联锁盒、电缆、电缆接受筒、平衡重、安装小吊杆等组成,如图 3.22 所示。塔架由钢管焊接格构式矩形断面标准节组成,标准节之间采用套柱螺栓连接。其特点是刚度好,安装迅速;电机、减速机、驱动齿轮、控制柜等均装设在吊厢内,检查维修保养方便;采用高效能的锥鼓式限速装置,当吊厢下降速度超过 0.65 m/s 时,吊厢会自动制动,从而保证不发生坠落事故;可与建筑物拉结,并随建筑物施工进度而自升接高,升运高度可达 100 ~ 150 m。

齿轮齿条驱动施工电梯按吊厢数量分为单吊厢式和双吊厢式,吊厢尺寸一般为 3 m×1.3 m×2.7 m;按承载能力分为两级,一级载重量为 1 000 kg 或乘员 11 ~ 12 人,另一级载重量为 2 000 kg 或乘员 24 人。

(2)绳轮驱动施工电梯

绳轮驱动施工电梯是近年来开发的新产品,由三角形断面钢管塔架、底座、单吊厢、卷扬机、绳轮系统及安全装置等组成,如图 3.23 所示。其特点是结构轻巧,构造简单,用钢量少,造价低,能自升接高。吊厢平面尺寸为 2.5 m×1.3 m,可载货 1 000 kg 或乘员 8 ~ 10 人。绳轮驱动施工电梯在高层建筑施工中应用逐渐扩大。

2. 施工电梯的选择

高层建筑外用施工电梯的机型选择,应根据建筑体型、建筑面积、运输总重、工期要求、造价等确定。从节约施工机械费用出发,对 20 层以下的高层建筑工程,宜使用绳轮驱动施工电梯;25 层特别是 30 层以上的高层建筑应选用齿轮齿条驱动施工电梯。根据施工经验,一台单吊厢式齿轮齿条驱动施工电梯的服务面积为 20 000 ~ 40 000 m^2,参考此数据可为高层建筑工地配置施工电梯,并尽可能选用双吊厢式。

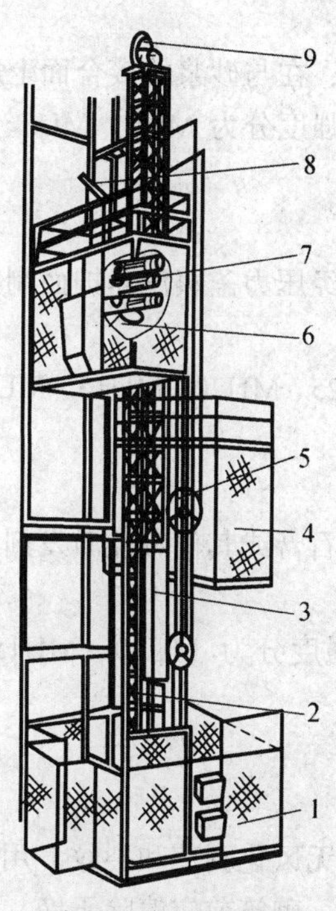

图 3.22 齿轮齿条驱动施工电梯

1—外笼 2—导轨架 3—平衡重 4—吊厢

5—电缆导向装置 6—锥鼓限速器

7—传动系统 8—吊杆 9—天轮

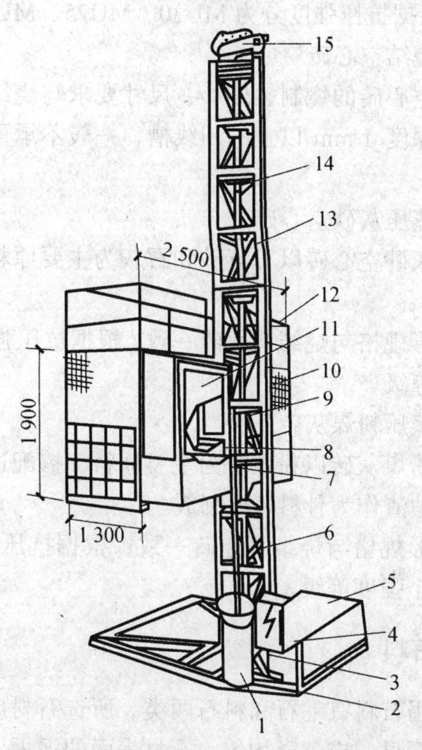

图 3.23 绳轮驱动施工电梯（SFD-1000 型）

1—盛线筒 2—底座 3—减震器 4—电器箱

5—卷扬机 6—引线器 7—电缆 8—安全机构

9—限速机构 10—吊箱 11—驾驶室 12—围栏

13—立柱 14—连接螺栓 15—柱顶

任务三 砌体材料

一、砌块材料

1. 砖

砌筑用砖分为实心砖和空心砖两种。普通砖的规格为 240 mm×115 mm×53 mm，根据使用材料和制作方法的不同砖又分为烧结普通砖、烧结多孔砖、烧结空心砖、蒸压灰砂空心砖、蒸压粉煤灰砖等。

（1）烧结普通砖

烧结普通砖为实心砖，是以黏土、页岩、煤矸石或粉煤灰为主要原料，经压制、焙烧而成。按原料不同，可分为烧结黏土砖、烧结页岩砖、烧结煤矸石砖和烧结粉煤灰砖。

烧结普通砖的外形为直角六面体，其公称尺寸为：长 240 mm、宽 115 mm、高 53 mm。根据抗压强度分为 MU30、MU25、MU20、MU15、MU10 五个强度等级。

（2）烧结多孔砖

烧结多孔砖使用的原料与生产工艺与烧结普通砖基本相同，其孔洞率不小于 25%。

承重烧结多孔砖的尺寸：P 型为 240 mm×115 mm×90 mm；M 型为 190 mm×190 mm×

90 mm；根据抗压强度分为 MU30、MU25、MU20、MU15、MU10 五个强度等级。

（3）烧结空心砖

烧结空心砖的烧制、外形、尺寸要求与烧结多孔砖一致，在与砂浆的接合面上应设有增加结合力的深度 1 mm 以上的凹线槽，一般不承重。根据抗压强度分为 MU5、MU3、MU2 三个强度等级。

（4）蒸压灰砂空心砖

蒸压灰砂空心砖以石英砂和石灰为主要原料压制成形，经压力釜蒸汽养护而制成，其孔洞率大于 15%。

其外形规格与烧结普通砖一致，根据抗压强度分为 MU25、MU20、MU15、MU10、MU7.5 五个强度等级。

（5）蒸压粉煤灰砖

蒸压粉煤灰砖以粉煤灰为主要原料，掺配适量的石灰、石膏或其他碱性激发剂，再加入一定数量的炉渣作为骨料蒸压制成。

其外形规格与烧结普通砖一致，根据抗压强度、抗折强度分为 MU20、MU15、MU10、MU7.5 四个强度等级。

2. 石料

砌筑用石料有毛石和料石两类。所选石材应质地坚实，无风化剥落和裂纹。用于清水墙、柱表面的石材，应色泽均匀。石材表面的泥垢、水锈等杂质，砌筑前应清除干净，以利于砂浆和块石黏结。毛石分为乱毛石和平毛石。乱毛石是指形状不规则的石块；平毛石是指形状不规则，但有两个平面大致平行的石块。毛石应呈块状，其中部厚度不宜小于 150 mm。料石按其加工面的平整程度分为细料石、粗料石和毛料石 3 种。料石的宽度、厚度均不宜小于 200 mm，长度不宜大于厚度的 4 倍。根据抗压强度分为 MU100、MU80、MU60、MU50、MU40、MU30、MU20、MU15、MU10 九个强度等级。

3. 砌块

砌块一般以混凝土或工业废料做原料制成实心或空心的块材。它具有自重轻、机械化和工业化程度高、施工速度快、生产工艺和施工方法简单且可大量利用工业废料等优点，因此，用砌块代替普通黏土砖是墙体改革的重要途径。

砌块按形状分有实心砌块和空心砌块两种。按制作原料分为粉煤灰、加气混凝土、混凝土、硅酸盐、石膏砌块等数种。按规格来分有小型砌块、中型砌块和大型砌块。砌块高度在 115～380 mm 的称为小型砌块，高度在 380～980 mm 的称为中型砌块，高度大于 980 mm 的为大型砌块。常用的有普通混凝土小型空心砌块、轻集料混凝土小型空心砌块、蒸压加气混凝土砌块、粉煤灰砌块。

（1）普通混凝土小型空心砌块

普通混凝土小型空心砌块以水泥、砂、碎石或卵石加水预制而成。其主规格尺寸为 390 mm×190 mm×190 mm，有两个方形孔，空心率不小于 25%。

根据抗压强度分为 MU20、MU15、MU10、MU7.5、MU5、MU3.5 六个强度等级。

（2）轻集料混凝土小型空心砌块

轻集料混凝土小型空心砌块以水泥、砂、轻集料加水预制而成。其主规格尺寸为 390 mm×190 mm×190 mm。按其孔的排数分为单排孔、双排孔、三排孔和四排孔 4 类。

根据抗压强度分为 MU10、MU7.5、MU5、MU3.5、MU2.5、MU1.5 六个强度等级。

（3）蒸压加气混凝土砌块

蒸压加气混凝土砌块以水泥、矿渣、砂、石灰等为主要原料，加入发气剂，经搅拌成形、蒸压养护而成实心砌块。其主规格尺寸为 600 mm×250 mm×250 mm。

根据抗压强度分为 A10、A7.5、A5、A3.5、A2.5、A2、A1 七个强度等级。

（4）粉煤灰砌块

粉煤灰砌块以粉煤灰、石灰、石膏和轻集料为原料，加水搅拌，经振动成形、蒸汽养护而成密实砌块。其主规格尺寸为 880 mm×380 mm×240 mm 和 880 mm×430 mm×240 mm。砌块端面应加灌浆槽，坐浆面宜设抗剪槽。

根据抗压强度分为 MU15、MU10 两个强度等级。

二、砌筑砂浆

1. 砂浆的组成和分类

砂浆是由胶结材料、细骨料及水组成的混合物。按照胶结材料的不同，砂浆可分为水泥砂浆（水泥、砂、水）、混合砂浆（水泥、砂、石灰膏、水）、石灰砂浆（石灰膏、砂、水）、石灰黏土砂浆（石灰膏、黏土、砂、水）、黏土砂浆（黏土、水）。石灰砂浆、石灰黏土砂浆、黏土砂浆强度较低，只用于临时设施的砌筑。建筑工程常用砌筑砂浆为水泥砂浆、混合砂浆。其强度等级宜用 M20、M15、M10、M7.5、M5、M2.5。一般水泥砂浆用于潮湿环境和强度要求较高的砌体；石灰砂浆主要用于砌筑干燥环境中以及强度要求不高的砌体；混合砂浆主要用于地面以上强度要求较高的砌体。

砌筑砂浆使用的水泥品种及强度等级，应根据砌体部位和所处环境来选择。水泥在进场使用前，应分批对其强度、安定性进行复验（检验批应以同一生产厂家、同一编号为一批）。

水泥储存时应保持干燥。当在使用中对水泥质量有怀疑或水泥出厂超过 3 个月（快硬硅酸盐水泥超过 1 个月）时，应复查试验，并按其结果使用。不同品种的水泥，不得混合使用。

生石灰熟化成石灰膏时，应用孔径不大于 3 mm×3 mm 的网过滤，熟化时间不得少于 7 天；磨细生石灰粉的熟化时间不得小于 2 天。沉淀池中储存的石灰膏，应采取防止干燥、冻结和污染的措施，脱水硬化后的石灰膏严禁使用。

细骨料宜采用中砂并过筛，不得含有害杂物，其含泥量应满足下列要求：对水泥砂浆和强度等级不小于 M5 的水泥混合砂浆，不应超过 5%；对强度等级小于 M5 的水泥混合砂浆，不应超过 10%。

凡在砂浆中掺入有机塑化剂、早强剂、缓凝剂、防冻剂等，应经试验和试配符合要求后，方可使用。拌制砂浆用水，水质应符合国家现行标准。

2. 制备与使用

砌筑砂浆应通过试配确定配合比，各组分材料应采用质量计量。

砌筑砂浆应采用砂浆搅拌机进行拌制。自投料完算起，搅拌时间应符合下列规定：水泥砂浆和混合砂浆不得小于 2 min；掺用外加剂的砂浆不得少于 3 min；掺用有机塑化剂的砂浆，应为 3 ~ 5 min。

为便于操作，砌筑砂浆应有较好的和易性，即良好的流动性（稠度）和保水性。和易性好的砂浆能保证砌体灰缝饱满、均匀、密实，并能提高砌体强度。砌筑砂浆的稠度见表 3.3。

表 3.3　　　　　　　　　　砌筑砂浆的稠度

砌体种类	砂浆稠度/mm	砌体种类	砂浆稠度/mm
烧结普通砖砌体	70 ~ 90	普通混凝土小型空心砌块砌体	50 ~ 70
轻集料混凝土小型空心砌块砌体	60 ~ 90	加气混凝土小型空心砌块砌体	50 ~ 70
烧结多孔砖、空心砖砌体	60 ~ 80	石砌体	30 ~ 50

掺用外加剂时，应先将外加剂按规定浓度溶于水中，在拌和水时投入外加剂溶液，外加剂不得直接投入拌制的砂浆中。

施工中当采用水泥砂浆代替水泥混合砂浆时，应重新确定砂浆强度等级。

砂浆应随拌随用，水泥砂浆和水泥混合砂浆应分别在 3 h 和 4 h 内使用完毕；当施工期间最高气温超过 30℃时，应分别在拌成后 2 h 和 3 h 内使用完毕。对掺用缓凝剂的砂浆，其使用时间可根据具体情况延长。

对所用的砂浆应作强度检验。制作试块的砂浆，应在现场取样，每一楼层或 250 m^3 砌体中的各种强度等级的砂浆，每台搅拌机应至少检查一次，每次至少留一组试块（每组 6 块），其标准养护 28 天的抗压强度应满足设计要求。

任务四　砖砌体施工

一、砖砌体施工的基本要求

砌体工程所用的材料应有产品的合格证书、产品性能检测报告。块材、水泥、钢筋、外加剂等尚应有材料的主要性能的进场复验报告。严禁使用国家明令淘汰的材料。

砖砌体的组砌要求：上下错缝，内外搭接，以保证砌体的整体性；同时组砌要有规律，少砍砖，以提高砌筑效率，节约材料。实心砖墙常用的厚度有半砖、一砖、一砖半、两砖等。砖墙的组砌形式最常见的有一顺一丁、三顺一丁、梅花丁、全丁式等，如图 3.24 所示。

一顺一丁的砌法是一皮中全部顺砖与一皮中全部丁砖相互交替砌成，上下皮间的竖缝相互错开 1/4 砖。砌体中无任何通缝，而且丁砖数量较多，能增强横向拉结力。这种组砌方式，砌筑效率高，墙面整体性好，墙面容易控制平直，多用于一砖厚墙体的砌筑。但当砖的规格参差不齐时，砖的竖缝就难以整齐。

三顺一丁的砌法是三皮中全部顺砖与一皮中全部丁砖间隔砌成。上下皮顺砖间的竖缝错开 1/2 砖长；上下皮顺砖与丁砖间竖缝错开 1/4 砖长。这种砌法由于顺砖较多，砌筑效率较高，但三皮顺砖内部纵向有通缝，整体性较差，一般使用较少。宜用于一砖半以上的墙体的砌筑或挡土墙的砌筑。

梅花丁又称沙包式、十字式。梅花丁的砌法是每皮中丁砖与顺砖相隔，上皮丁砖中坐于下皮顺砖，上下皮间相互错开 1/4 砖长。这种砌法内外竖缝每皮都能错开，故整体性好，灰缝整齐，而且墙面比较美观，但砌筑效率较低。砌筑清水墙或当砖的规格不一致时，采用这种砌法较好。

全丁砌筑法就是全部用丁砖砌筑，上下皮竖缝相互错开 1/4 砖长，此法仅用于圆弧形砌体，如水池、烟囱、水塔等。

为了使砖墙的转角处各皮间竖缝相互错开，必须在外角处砌七分头砖（3/4 砖长）。当采用一顺一丁组砌时，七分头的顺面方向依次砌顺砖，丁面方向依次砌丁砖，如图 3.25（a）所示。

砖墙的丁字接头处，应分皮相互砌通，内角相交处竖缝应错开 1/4 砖长，并在横墙端头处加砌七分头砖，如图 3.25（b）所示。

砖墙的十字接头处，应分皮相互砌通，交角处的竖缝应错开 1/4 砖长，如图 3.25（c）所示。

常温下砌砖，对普通砖、空心砖含水率宜在 10%～15%，一般应提前 1 天浇水润湿，避免砖吸收砂浆中过多的水分而影响黏结力，并可除去砖面上的粉末。但浇水过多会产生砌体走样或滑动。灰砂砖、粉煤灰砖适量浇水，其含水率控制在 5%～8%为宜。

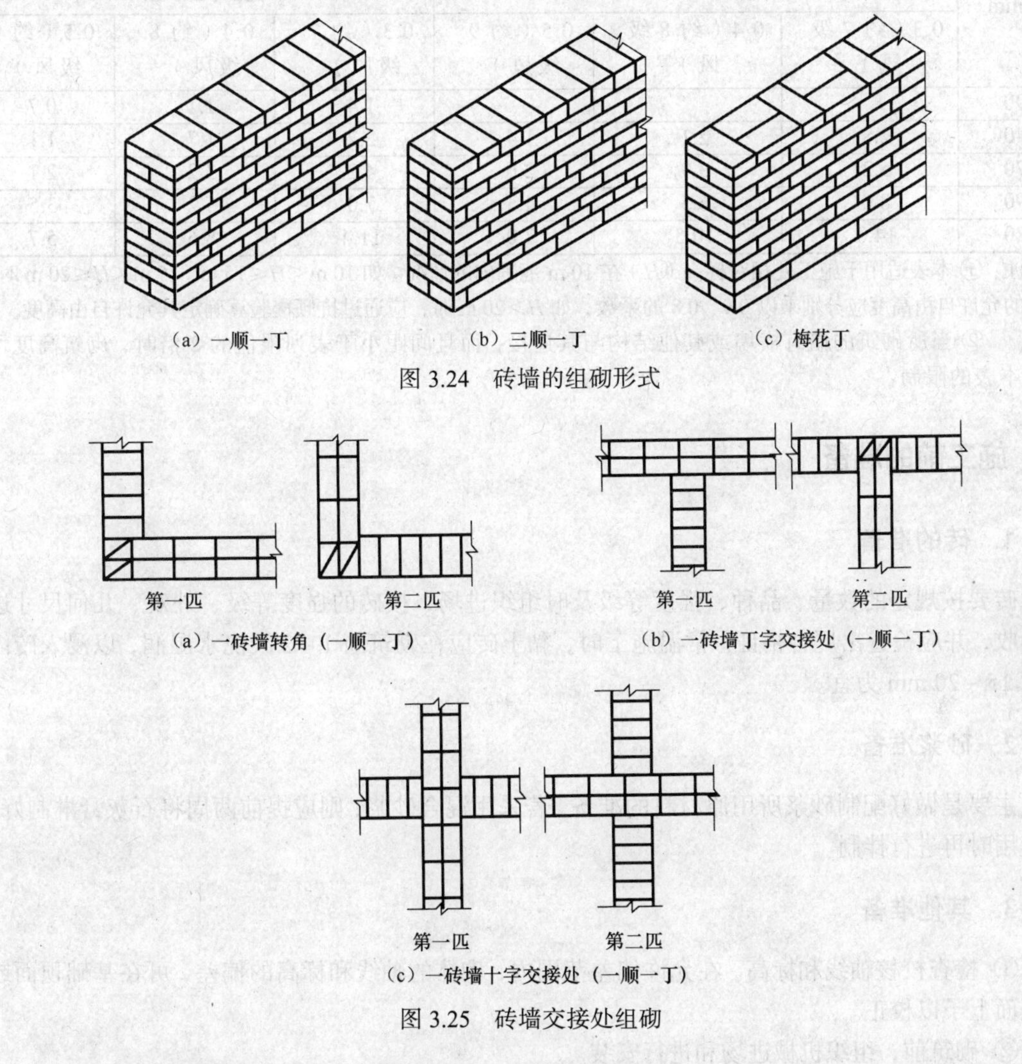

图 3.24　砖墙的组砌形式

图 3.25　砖墙交接处组砌

在墙上留置临时施工洞口、其侧边离交接处墙面不应小于 500 mm，洞口净宽度不应超过 1 m。临时施工洞口应做好补砌。

不得在下列墙体或部位设置脚手眼：半砖厚墙；过梁上与过梁成 60°角的三角形范围及过梁净跨度 1/2 的高度范围内；宽度小于 1 m 的窗间墙；墙体门窗洞口两侧 200 mm 和转角处 450 mm 范围内；梁或梁垫下及其左右 500 mm 范围内。施工脚手眼补砌时，灰缝应填满砂浆，不得用干砖填塞。

设计要求的洞口、管道、沟槽应于砌筑时正确留出或预埋，未经设计同意，不得打凿墙体和在墙体上开凿水平沟槽。宽度超过 300 mm 的洞口上部，应设置过梁。

砖墙每日砌筑高度不得超过 1.8 m。砖墙分段砌筑时，分段位置宜设在变形缝、构造柱或门窗洞口处；相邻工作段的砌筑高度不得超过一个楼层高度，也不宜大于 4 m。尚未施工楼板或屋面的墙或柱，当可能遇到大风时，其允许自由高度不得超过表 3.4 的规定。如超过表 3.4

中的限值时，必须采用临时支撑等有效措施。

表 3.4　　墙和柱的允许自由高度

<table>
<tr><th rowspan="3">墙（柱）厚/mm</th><th colspan="6">墙和柱的允许自由高度/m</th></tr>
<tr><th colspan="3">砌体密度＞1600kg/m³</th><th colspan="3">砌体密度 1300～1600kg/m³</th></tr>
<tr><th colspan="3">风载/（kN/m²）</th><th colspan="3">风载/（kN/m²）</th></tr>
<tr><td></td><td>0.3（约 7 级风）</td><td>0.4（约 8 级风）</td><td>0.5（约 9 级风）</td><td>0.3（约 7 级风）</td><td>0.4（约 8 级风）</td><td>0.5（约 9 级风）</td></tr>
<tr><td>190</td><td></td><td></td><td></td><td>1.4</td><td>1.1</td><td>0.7</td></tr>
<tr><td>240</td><td>2.8</td><td>2.1</td><td>1.4</td><td>2.2</td><td>1.7</td><td>1.1</td></tr>
<tr><td>370</td><td>5.2</td><td>3.9</td><td>2.6</td><td>4.2</td><td>3.2</td><td>2.1</td></tr>
<tr><td>490</td><td>8.6</td><td>6.5</td><td>4.3</td><td>7.0</td><td>5.2</td><td>3.5</td></tr>
<tr><td>620</td><td>14.0</td><td>10.5</td><td>7.0</td><td>11.4</td><td>8.6</td><td>5.7</td></tr>
</table>

注：① 本表适用于施工处相对标高（H）在 10 m 范围内的情况。如 10 m＜H≤15 m，15 m＜H≤20 m 时，表中的允许自由高度应分别乘以 0.9、0.8 的系数；如 H＞20 m 时，应通过抗倾覆验算确定其允许自由高度。

② 当所砌筑的墙有横墙或其他结构与其连接，而且间距小于表列限值的 2 倍时，砌筑高度可不受本表的限制。

二、施工前的准备

1. 砖的准备

砖要按规定的数量、品种、强度等级及时组织进场，按砖的强度等级、外观、几何尺寸进行验收，并应检查出厂合格证。常温施工时，黏土砖应在砌筑前 1～2 天浇水湿润，以浸入砖内深度 15～20 mm 为宜。

2. 砂浆准备

主要是做好配制砂浆所用原材料的准备。若采用混合砂浆，则应提前两周将石灰膏淋制好，待使用时再进行拌制。

3. 其他准备

① 检查校核轴线和标高。在允许偏差范围内，砌体的轴线和标高的偏差，可在基础顶面或楼板面上予以校正。

② 砌筑前，组织机械进场和进行安装。

③ 准备好脚手架，搭好搅拌棚，安设搅拌机，接水，接电，试车。

④ 制备并安设好皮数杆。

三、砖砌体的施工工艺

砖砌体的施工过程为抄平、放线、摆砖、立皮数杆、盘角及挂线、砌筑、勾缝与清理等。

1. 抄平放线（也称抄平弹线）

（1）抄平

砌墙前应在基础防潮层或楼层上定出各层标高，并用水泥砂浆或C10 细石混凝土找平，使各段墙底标高符合设计要求。

（2）放线

根据龙门板或轴线控制桩上的标志轴线，利用经纬仪和墨线弹出基础或墙体的轴线、边线及门窗洞口位置线。二层以上墙体轴线可以用经纬仪或垂球将轴线引测上去。

基础放线是保证墙体平面位置的关键工序，是体现定位测量精度的主要环节，稍有疏忽就会造成错位。所以，在放线过程中要充分重视以下环节。

① 龙门板在挖槽的过程中易被碰动，因此，在投线前要对控制桩、龙门板进行复查，避免问题的发生。

② 对于偏中基础，要注意偏中的方向。

③ 附墙垛、烟囱、温度缝、洞口等特殊部位要标清楚，防止遗忘。

2. 摆砖

摆砖也称撂底，是在弹好线的基础顶面上按选定的组砌方式先用砖试摆，目的在于核对所弹出的墨线在门窗洞口、墙垛等处是否符合砖模数，以便借助灰缝调整，使砖的排列和砖缝宽度均匀合理。摆砖时，山墙摆丁砖，檐墙摆顺砖，即“山丁檐跑”。

3. 立皮数杆

皮数杆一般是用 50 mm×70 mm 的方木做成，上面划有砖的皮数、灰缝厚度、门窗、楼板、圈梁、过梁、屋架等构件的位置及建筑物各种预留洞口和加筋的高度，作为墙体砌筑时竖向尺寸的控制标志。

划皮数杆时应从±0.000 开始。从±0.000 向下到基础垫层以上为基础部分皮数杆，±0.000 以上为墙身皮数杆。楼房如每层高度相同时划到二层楼地面标高为止，平房划到前后檐口为止。划完后在杆上以每五皮砖为级数，标上砖的皮数，如 5、10、15 等，并标明各种构件和洞口的标高位置及其大致图例，如图 3.26 所示。

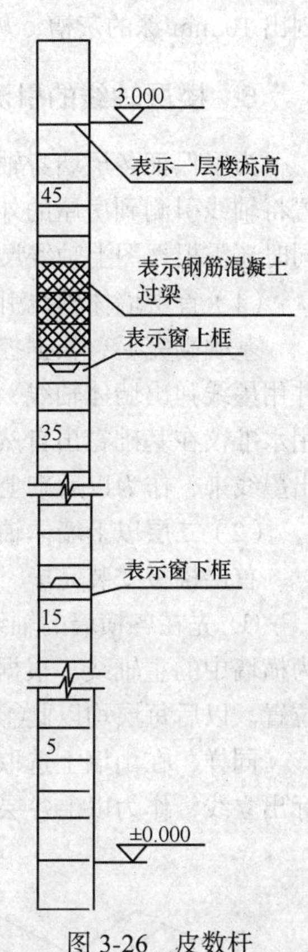

图 3-26　皮数杆

皮数杆一般设置在墙的转角、内外墙交接处、楼梯间及墙面变化较多的部位；如墙面过长时，应每隔 10 ~ 15 m 立一根。立皮数杆时可用水准仪测定标高，使各皮数杆立在同一标高上。在砌筑前，应检查皮数杆上±0.000 与抄平桩上的±0.000 是否符合，所立部位、数量是否符合，检查合格后方可进行施工。

4. 盘角及挂线

墙体砌砖时，应根据皮数杆先在转角及交接处砌 3 ~ 5 皮砖，并保证其垂直平整，称为盘角。然后再在其间拉准线，依准线逐皮砌筑中间部分。盘角主要是根据皮数杆控制标高，依靠线锤、托线板等使之垂直。中间部分墙身主要依靠准线使之灰缝平直，一般“三七”墙以内应单面挂线，“三七”墙以上应双面挂线。

5. 砌筑、勾缝

（1）砌筑

砖的砌筑宜采用“三一”砌法。“三一”砌法，又叫大铲砌筑法，即一铲灰、一块砖、一挤揉，并随手将挤出的砂浆刮平。这种砌法灰缝容易饱满，黏结力强，能保证砌筑质量。

除“三一”砌筑法外，也可采用铺浆法等。当采用铺浆法砌筑时，铺浆长度不宜超过 750 mm，施工期间气温超过 30℃，铺浆长度不宜超过 500 mm。

（2）勾缝

勾缝是砌清水墙的最后一道工序，可以用砂浆随砌随勾缝，叫作原浆勾缝；也可砌完墙后再用 1∶1.5 水泥砂浆或加色砂浆勾缝，称为加浆勾缝。勾缝具有保护墙面和增加墙面美观的作用，为了确保勾缝质量，勾缝前应清除墙面黏结的砂浆和杂物，并洒水湿润，在砌完墙后，应划出 10 mm 深的灰槽，灰缝可勾成凹、平、斜或凸形状。勾缝完毕还应清扫墙面。

6. 楼层轴线的引测

为了保证各层墙身轴线的重合和施工方便，在弹墙身线时，应根据龙门板上标注的轴线位置将轴线引测到房屋的外墙基上。二层以上各层墙的轴线，可用经纬仪或垂球引测到楼层上去，同时还需根据图上轴线尺寸用钢尺进行校核。

（1）首层墙体轴线引测方法

基础砌完后，根据控制桩将主墙体的轴线，利用经纬仪引到基础墙身上，如图 3.27 所示，并用墨线弹出墙体轴线，标出轴线号或“中”字形式，即确定了上部砖墙的轴线位置。同时，用水准仪在基础露出自然地坪的墙身上，抄出−0.100 m 或−0.150 m 标高线，并在墙的四周都弹出墨线来，作为以后砌上部墙体时控制标高的依据。

（2）二层以上墙体轴线引测方法

首层楼板安装完毕、抄平之后，即可进行二层的放线工作。

① 先在各横墙的轴线中，选取在长墙中间部位的某道轴线，如图 3.28 所示，取④轴线作为横墙中的主轴线。根据基础墙①轴线，向④轴线量出尺寸，量准确后在④轴立墙上标出轴线位置。以后每层均以此④轴立线为放线的主轴线。

同样，在山墙上选取纵墙中一条在山墙中部的轴线，如图 3.28 中的 C 轴，在 C 轴墙根部标出立线，作为以上各层放纵墙线的主轴线。

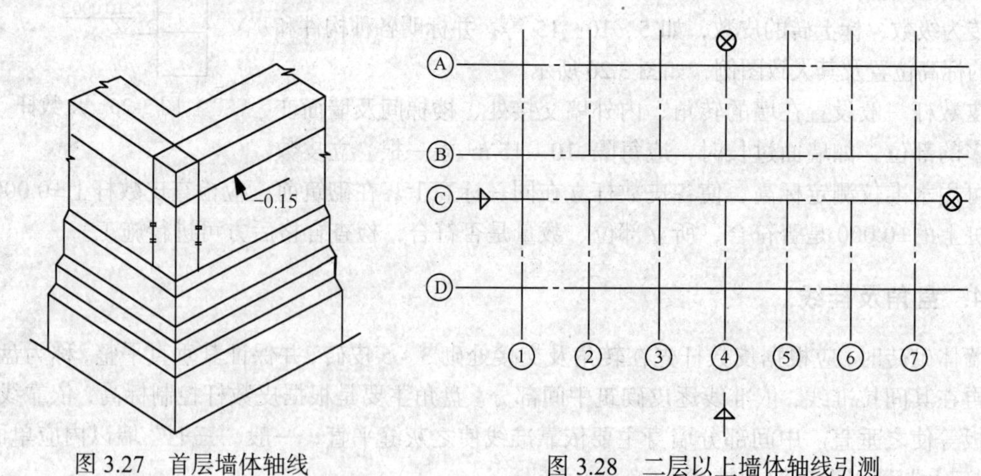

图 3.27　首层墙体轴线　　图 3.28　二层以上墙体轴线引测

② 两条轴线选定之后，将经纬仪支在选定的墙体轴线前，一般离开所测高度 10m 左右，用望远镜照准该轴线，在楼层操作人员的配合下，在楼板边棱上确定该墙体轴线的位置，并做好标记，如图 3.29 所示。依次可在楼层板确定④、C 轴的端点位置，确定互相垂直的一对主轴线。

③ 在楼层上定出了互相垂直的一对主轴线之后，其他各道墙的轴线就可以根据图纸的尺

寸，以主轴线为基准线，利用钢尺及小线在楼层上进行放线。

如果没有经纬仪，可采用垂球法，如图 3.30 所示。

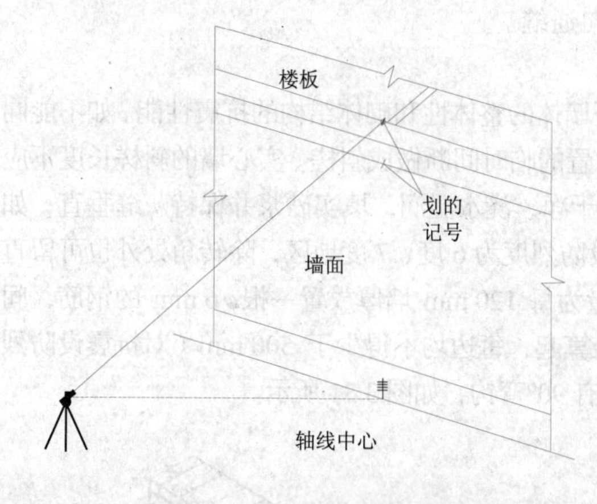

图 3.29　经纬仪测墙体轴线

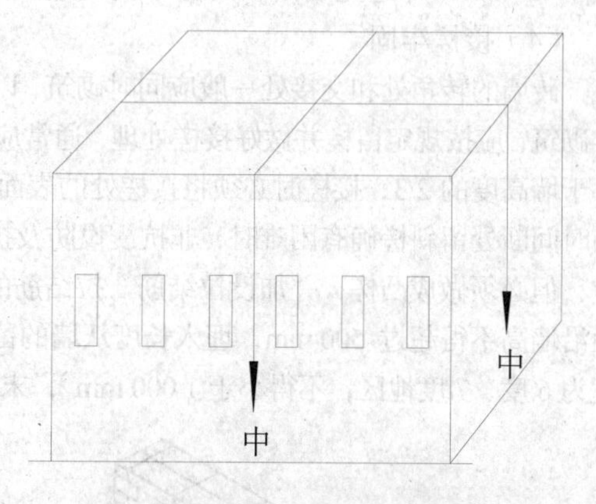

图 3.30　楼层轴线引测（垂球法）

7. 各层标高的控制

基础砌完之后，除要把主墙体的轴线，由龙门桩或龙门板上引到基础墙上外，还要在基础墙上抄出一条–0.100 m 或–0.150 m 标高的水平线。楼层各层标高除立皮数杆控制外，亦可用在室内弹出的水平线控制。

当砖墙砌起一步架高后，应随即用水准仪在墙内进行抄平，并弹出离室内地面高 500 mm 的线，在首层即为 0.5 m 标高线（现场叫 50 线），在以上各层即为该层标高加 0.5 m 的标高线。这道水平线是用来控制层高及放置门、窗过梁高度的依据，也是室内装饰施工时做地面标高，墙裙、踢脚线、窗台及其他有关的装饰标高的依据。

当二层墙砌到一步架高后，随即用钢尺在楼梯间处，把底层的 0.5 m 标高线引入到上层，就得到二层 0.5 m 标高线。如层高为 3.3 m，那么从底层 0.5 m 标高线往上量 3.3 m 画一铅笔痕，随后用水准仪及标尺从这点抄平，把楼层的全部 0.5 m 标高线弹出。

四、砖砌体的质量要求

1. 基本要求

砖砌体的质量应符合《砌体工程施工质量验收规范》（GB 50202—2011）的要求，做到横平竖直、砂浆饱满、上下错缝、内外搭接、接槎牢固。

（1）横平竖直

横平，即要求每一皮砖必须在同一水平面上，每块砖必须摆平。为此，首先应将基础或楼面抄平，砌筑时严格按皮数杆层层挂准线，每块砖按准线砌平。

竖直，即要求砌体表面轮廓垂直平整，且竖向灰缝垂直对齐。因而在砌筑过程中要随时用线锤和托线板进行检查，做到“三皮一吊、五皮一靠”，以保证砌筑质量。

（2）砂浆饱满

砂浆饱满度对砌体强度影响较大。水平灰缝和竖缝的厚度一般规定为（10±2）mm，要求水平灰缝的砂浆饱满度不得小于 80%，竖向灰缝宜采用挤浆或加浆方法，使其砂浆饱满。

（3）上下错缝、内外搭接

为保证砌体的强度和稳定性，砌体应按一定的组砌形式进行砌筑，错缝及搭接长度一般不少于 60 mm，并避免墙面和内缝中出现连续的竖向通缝。

（4）接槎牢固

砖墙的转角处和交接处一般应同时砌筑，以保证墙体的整体性和砌体结构的抗震性能。如不能同时砌筑，应按规定留槎并做好接槎处理，通常应将留置的临时间断做成斜槎。实心墙的斜槎长度不应小于墙高度的 2/3，接槎时必须将接槎处的表面清理干净，浇水湿润，填实砂浆并保持灰缝垂直；如临时间断处留斜槎确有困难时，非抗震设防及抗震设防烈度为 6 度、7 度地区，除转角处外也可留直槎，但必须做成凸槎，并加设拉结筋。拉结筋的数量为每 120 mm 墙厚放置一根ϕ6 mm 的钢筋，间距沿墙高不得超过 500 mm，埋入长度从墙的留槎处算起，每边均不得少于 500 mm（对抗震设防烈度为 6 度、7 度地区，不得小于 1 000 mm），末端应有 90°弯钩，如图 3.31 所示。

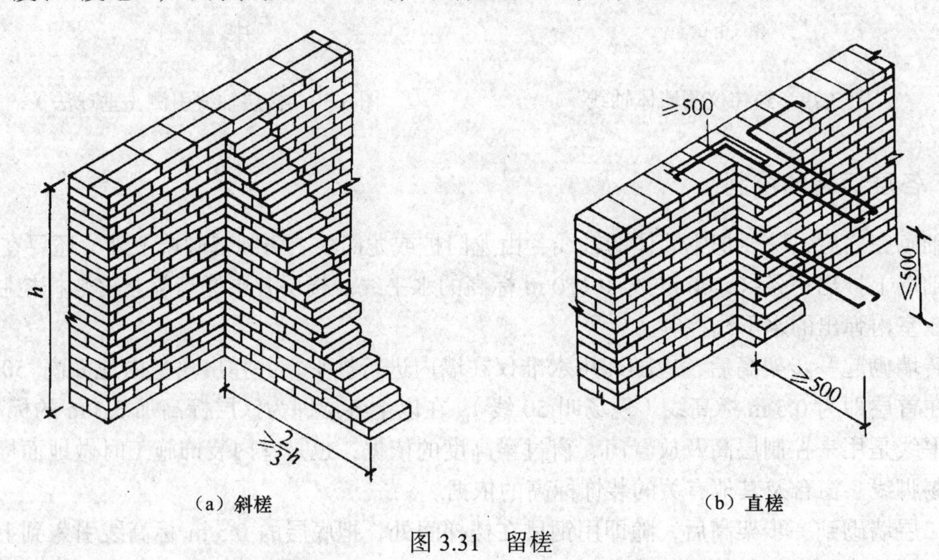

图 3.31 留槎

2. 砖砌体的有关规定

① 砂浆的配合比应采用质量比，石灰膏或其他塑化剂的掺量应适量，微沫剂的掺量（按 100%纯度计）应通过试验确定。

② 限定砂浆的使用时间。水泥砂浆在 3 h 内用完，混合砂浆在 4h 内用完。如气温超过 30℃适用时间均应减少 1 h。

③ 普通黏土砖在砌筑前应浇水润湿，含水率宜为 10% ~ 15%，灰砂砖和粉煤灰砖可不必润砖。

3. 钢筋混凝土构造柱

（1）混凝土构造柱的主要构造措施

通常，构造柱的截面尺寸为 240 mm×180 mm 或 240 mm×240 mm。竖向受力钢筋采用 4 根直径为 12 mm 的Ⅰ级钢筋，箍筋直径 4 ~ 6 mm，其间距不大于 250 mm，且在柱上下端适当加密。

砖墙与构造柱应沿墙高每隔 500 mm 设置 2ϕ6 mm 的水平拉结钢筋，两边伸入墙内不宜小于 1 m；若外墙为一砖半墙，则水平拉结钢筋应用 3 根。

砖墙与构造柱相接处，应砌成马牙槎，从每层柱脚开始，先退后进；每个马牙槎沿高度方向的尺寸不宜超过 300 mm（或 5 皮砖高）；每个马牙槎退进应不小于 60 mm。

构造柱必须与圈梁连接。其根部可与基础圈梁连接，无基础圈梁时，可增设厚度不小于120 mm的混凝土底脚，深度从室外地坪以下不应小于500 mm。

（2）钢筋混凝土构造柱施工要点

① 构造柱的施工顺序为：绑扎钢筋、砌砖墙、支模板、浇筑混凝土。必须在该层构造柱混凝土浇筑完毕后，才能进行上一层的施工。

② 构造柱的竖向受力钢筋伸入基础圈梁或混凝土底脚内的锚固长度，以及绑扎搭接长度，均不应小于35倍钢筋直径。接头区段内的箍筋间距不应大于200 mm。钢筋混凝土保护层厚度一般为20 mm。

③ 砌砖墙时，当马牙槎齿深为120 mm时，其上口可采用第一皮先进60 mm，往上再进120 mm的方法，以保证浇筑混凝土时上角密实。

④ 构造柱的模板，必须与所在砖墙面严密贴紧，以防漏浆。

⑤ 浇筑构造柱的混凝土坍落度一般为50～70 mm。振捣宜采用插入式振动器分层捣实，振捣棒应避免直接触碰钢筋和砖墙；严禁通过砖墙传振，以免砖墙变形和灰缝开裂。

任务五 砌块砌体施工

用砌块代替普通黏土砖作为墙体材料是墙体改革的重要途径。目前工程中多采用中小型砌块。中型砌块施工，是采用各种吊装机械及夹具将砌块安装在设计位置，一般要按建筑物的平面尺寸及预先设计的砌块排列图逐块按次序吊装、就位、固定。小型砌块施工，与传统的砖砌体砌筑工艺相似，也是手工砌筑，但在形状、构造上有一定的差异。

一、砌块砌筑前的准备工作

1. 编制砌块排列图

砌块砌筑前，应根据施工图纸的平面、立面尺寸，并结合砌块的规格，先绘制砌块排列图，砌块排列图如图3.32所示。绘制砌块排列图时在立面图上按比例绘出纵横墙，标出楼板、大梁、过梁、楼梯、孔洞等位置，在纵横墙上绘出水平灰缝线，然后以主规格为主、其他型号为辅，按墙体错缝搭砌的原则和竖缝大小进行排列。在墙体上大量使用的主要规格砌块，称为主规格砌块；与它相搭配使用的砌块，称为副规格砌块。小型砌块施工时，也可不绘制砌块排列图，但必须根据砌块尺寸和灰缝厚度计算皮数和排数，以保证砌体尺寸符合设计要求。

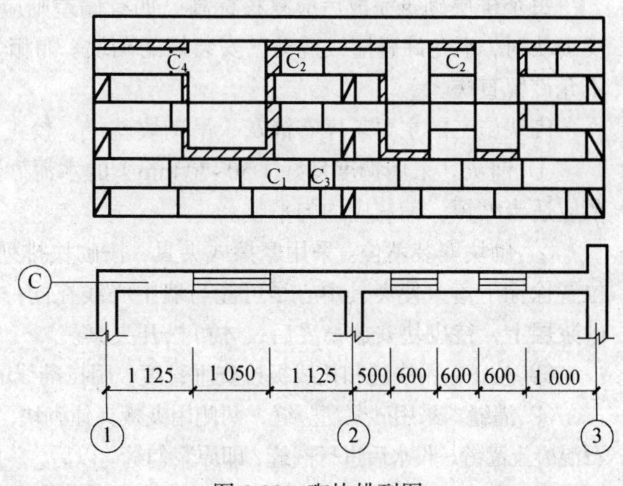

图3.32 砌块排列图

若设计无具体规定，砌块应按下列原则排列。

① 尽量多用主规格的砌块或整块砌块，减少非主规格砌块的规格与数量。

② 砌筑应符合错缝搭接的原则，搭接长度不得小于砌块高的1/3，且不应小于150 mm。当搭接长度不足时，应

在水平灰缝内设置 $2\phi^{b}4$ mm 的钢筋网片予以加强，网片两端离该垂直缝的距离不得小于 300 mm。

③ 外墙转角处及纵横交接处，应用砌块相互搭接，如不能相互搭接，则每两皮应设置一道拉结钢筋网片。

④ 水平灰缝一般为 10~20 mm，有配筋的水平灰缝为 20~25 mm。竖缝宽度为 15~20 mm，当竖缝宽度大于 40 mm 时应用与砌块同强度的细石混凝土填实，当竖缝宽度大于 100 mm 时，应用黏土砖镶砌。

⑤ 当楼层高度不是砌块高度（包括水平灰缝）的整数倍时，用黏土砖镶砌。

⑥ 对于空心砌块，上下皮砌块的壁、肋、孔均应垂直对齐，以提高砌体的承载能力。

2. 砌块的堆放

砌块的堆放位置应在施工总平面图上周密安排，应尽量减少二次搬运，使场内运输路线最短，以便于砌筑时起吊。堆放场地应平整夯实，使砌块堆放平稳，并做好排水工作；砌块不宜直接堆放在地面上，应堆在草袋、煤渣垫层或其他垫层上，以免砌块底面玷污。砌块的规格、数量必须配套，不同类型分别堆放。

3. 砌块的吊装方案

砌块墙的施工特点是砌块数量多，吊次也相应地多，但砌块的质量不很大。砌块安装方案与所选用的机械设备有关，通常采用的吊装方案有两种。一是以塔式起重机进行砌块、砂浆的运输，以及楼板等构件的吊装，由台灵架吊装砌块。如工程量大，组织两栋房屋对翻流水等可采用这种方案。二是以井架进行材料的垂直运输，杠杆车进行楼板吊装，所有预制构件及材料的水平运输则用砌块车和劳动车，台灵架负责砌块的吊装。

除应准备好砌块垂直、水平运输和吊装的机械外，还要准备安装砌块的专用夹具和有关工具。

二、砌块施工工艺

砌块施工时需弹墙身线和立皮数杆，并按事先划分的施工段和砌块排列图逐皮安装。其安装顺序是先外后内、先远后近、先下后上。砌块砌筑时应从转角处或定位砌块处开始，并校正其垂直度，然后按砌块排列图内外墙同时砌筑并且错缝搭砌。

每个楼层砌筑完成后应复核标高，如有偏差则应找平校正。铺灰和灌浆完成后，吊装上一皮砌块时，不允许碰撞或撬动已安装好的砌块。如相邻砌体不能同时砌筑时，应留阶梯形斜槎，不允许留直槎。

砌块施工的主要工序有铺灰、吊砌块就位、校正、灌缝和镶砖等。

① 铺灰。采用稠度良好（50~70 mm）的水泥砂浆，铺 3~5 m 长的水平缝。夏季及寒冷季节应适当缩短，铺灰应均匀平整。

② 砌块安装就位。采用摩擦式夹具，按砌块排列图将所需砌块吊装就位。砌块就位应对准位置徐徐下落，使夹具中心尽可能与墙中心线在同一垂直面上，砌块光面在同一侧，垂直落于砂浆层上，待砌块安放稳妥后，才可松开夹具。

③ 校正。用线锤和托线板检查垂直度，用拉准线的方法检查水平度。用撬棍、楔块调整偏差。

④ 灌缝。采用砂浆灌竖缝，两侧用夹板夹住砌块，超过 30 mm 宽的竖缝采用不低于 C20 的细石混凝土灌缝，收水后进行嵌缝，即原浆勾缝。以后，一般不应再撬动砌块，以防破坏砂浆的黏结力。

⑤ 镶砖。当砌块间出现较大竖缝或过梁找平时，应镶砖。采用 MU10 级以上的红砖，最

后一皮用丁砖镶砌。镶砖工作必须在砌砖校正后即刻进行，镶砖时应注意使砖的竖缝灌密实。

三、混凝土小砌块砌体施工

混凝土小砌块包括普通混凝土小型空心砌块和轻骨料混凝土小型空心砌块。

施工时所用的小砌块的产品龄期不应小于 28 天。普通混凝土小砌块饱和吸水率低、吸水速度迟缓，一般可不浇水，天气炎热时，可适当洒水湿润。

轻骨料混凝土小砌块的吸水率较大，宜提前浇水湿润。底层室内地面以下或防潮层以下的砌体，应采用强度等级不低于 C20 的混凝土灌实小砌块的孔洞。

小砌块墙体应对孔错缝搭砌，搭接长度不应小于 90 mm。墙体的个别部位不能满足上述要求时，应在灰缝中设置拉结钢筋或钢筋网片，但竖向通缝仍不得超过两皮小砌块。

浇灌芯柱的混凝土，宜选用专用的小砌块灌孔混凝土，当采用普通混凝土时，其坍落度不应小于 90 mm。砌筑砂浆强度大于 1 MPa 时，方可浇灌芯柱混凝土。浇灌时清除孔洞内的砂浆等杂物，并用水冲洗；先注入适量与芯柱混凝土相同的去石水泥砂浆，再浇灌混凝土。

小砌块墙体转角处和纵横交接处应同时砌筑。临时间断处应砌成斜槎，斜槎水平投影长度不应小于高度的 2/3。

小砌块砌体的灰缝应横平竖直，水平灰缝厚度和竖向灰缝宽度宜为 10 mm，但不应大于 12 mm，也不应小于 8 mm。砌体水平灰缝的砂浆饱满度，应按净面积计算不得低于 90%；竖向灰缝饱满度不得小于 80%，竖缝凹槽部位应用砌筑砂浆填实；不得出现瞎缝、透明缝。

四、加气混凝土砌块砌体施工

加气混凝土砌块可砌成单层墙或双层墙体。单层墙是将加气混凝土砌块立砌，墙厚为砌块的宽度。双层墙是将加气混凝土砌块立砌两层，中间夹以空气层，两层砌块间，每隔 500 mm 墙高在水平灰缝中放置$\phi 4 \sim \phi 6$ mm 的钢筋扒钉，扒钉间距为 600 mm，空气层厚度为 70～80 mm。

承重加气混凝土砌块墙的外墙转角处、墙体交接处，均应沿墙高 1 m 左右，在水平灰缝中放置拉结钢筋，拉结钢筋为$\phi 6$ mm，钢筋伸入墙内不少于 1000 mm。

加气混凝土砌块砌筑前，应根据建筑物的平面图、立面图绘制砌块排列图。在墙体转角处设置皮数杆，皮数杆上画出砌块皮数及砌块高度，并拉准线砌筑。

加气混凝土砌块墙的上下皮砌块的竖向灰缝应相互错开，相互错开长度宜为 300 mm，并且不小于 150 mm。

加气混凝土砌块墙的灰缝应横平竖直，砂浆饱满，水平灰缝砂浆饱满度不应小于 90%，竖向灰缝砂浆饱满度不应小于 80%。水平灰缝厚度宜为 15 mm，竖向灰缝宽度宜为 20 mm。

加气混凝土砌块墙的转角处，应使纵横墙的砌块相互搭砌，隔皮砌块露端面。加气混凝土砌块墙的 T 形交接处，应使横墙砌块隔皮露端面，并坐中于纵墙砌块，砌块的塔砌如图 3.33 所示。

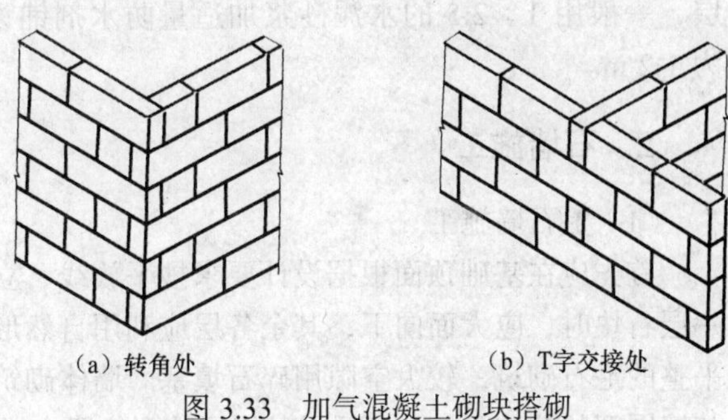

图 3.33　加气混凝土砌块搭砌

五、粉煤灰砌块砌体施工

粉煤灰砌块墙砌筑前，应按设计图绘制砌块排列图，并在墙体转角处设置皮数杆。粉煤灰砌块的砌筑面应适量浇水。

粉煤灰砌块的砌筑方法可采用“铺灰灌浆法”。先在墙顶上摊铺砂浆，然后将砌块按砌筑位置摆放到砂浆层上，并与前一块砌块靠拢，留出不大于 20 mm 的空隙。待砌完一皮砌块后，在空隙两旁装上夹板或塞上泡沫塑料条，在砌块的灌浆槽内灌砂浆，直至灌满。等到砂浆开始硬化不流淌时，即可卸掉夹板或取出泡沫塑料条。粉煤灰砌块砌筑如图 3.34 所示。

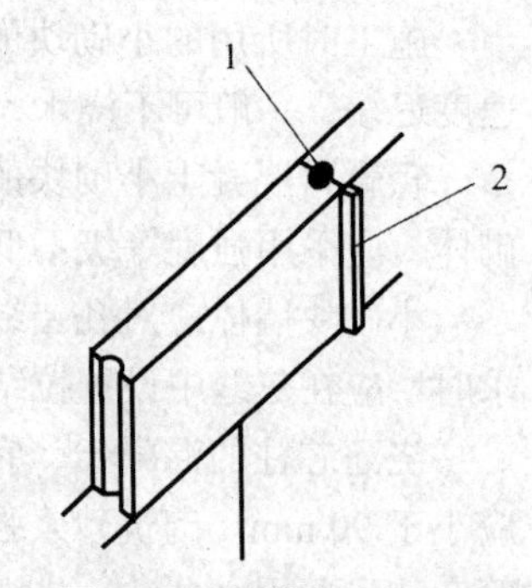

图 3.34　粉煤灰砌块砌筑
1—灌浆　2—泡沫塑料条

粉煤灰砌块上下皮的垂直灰缝应相互错开，错开长度应不小于砌块长度的 1/3。其灰缝厚度、砂浆饱满度及转角、交接处的要求同加气混凝土砌块。

粉煤灰砌块墙砌到接近上层楼板底时，因最上一皮不能灌浆，可改用烧结普通砖斜砌挤紧。

砌筑粉煤灰砌块外墙时，不得留脚手眼。每一楼层内的砌块墙应连续砌完，尽量不留接槎。如必须留槎时应留成斜槎，或在门窗洞口侧边间断。

六、石砌体施工

1. 毛石基础施工

砌筑毛石基础所用毛石应质地坚硬、无裂纹，尺寸在 200 ~ 400 mm，强度等级一般为 MU20 以上。所用水泥砂浆为 M2.5 ~ M5 级，稠度为 50 ~ 70 mm，灰缝厚度一般为 20 ~ 30 mm。不宜采用混合砂浆。

基础砌筑前，应校核毛石基础放线尺寸。

砌筑毛石基础的第一皮石块应坐浆，选较大而平整的石块将大面向下，分皮卧砌，上下错缝，内外搭砌；每皮厚度约 300 mm，搭接不小于 80 mm，不得出现通缝。毛石基础扩大部分，如做成阶梯形，上级阶梯的石块应至少压砌下级阶梯的 1/2，每阶内至少砌两皮，扩大部分每边比墙宽出 100 mm。为增加整体稳定性，应大、中、小毛石搭配使用，并按规定设置拉结石，拉结石长度应超过墙厚的 2/3。毛石砌到室内地坪以下 50 mm，应设置防潮层，一般用 1∶2.5 的水泥砂浆加适量防水剂铺设，厚度为 20 mm。毛石基础每日砌筑高度为 1.2 m。

2. 石墙施工

（1）毛石墙施工

首先应在基础顶面根据设计要求抄平放线、立皮杆、拉准线，然后进行墙体施工。砌筑第一层石块时，应大面向下，其余各层应利用自然形状相互搭接紧密，面石应选择至少具有一面平整的毛石砌筑，较大空隙用碎石填塞。墙体砌筑每层高 300 ~ 400 mm，中间隔 1 m 左右应砌与墙同宽的拉结石，上、下层间的拉结石位置应错开。施工时，上下层应相互错缝，内外搭接，不得采用外面侧立石块，中间填心的砌筑方法。每日砌筑高度不应超过 1.2 m，分段砌筑时所留踏步槎高度不超过一个步架。

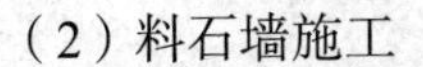

（2）料石墙施工

料石墙的砌筑应用铺浆法，竖缝中应填满砂浆并插捣至溢出为止。上下皮应错缝搭接，转角处或交接处应用石块相互搭砌，如确有困难时，应在每楼层范围内至少设置钢筋网或拉结筋两道。

（3）石墙勾缝

石墙的勾缝形式多采用平缝或凸缝。勾缝前先将灰缝刮深 20 ~ 30 mm，墙面喷水湿润，并修整。勾缝宜用 1 : 1 水泥砂浆，或用青灰和白灰浆掺加麻刀勾缝。勾缝线条必须均匀一致，深浅相同。

任务六　墙体节能工程施工

一、膨胀聚苯薄抹灰外墙外保温体系

1. EPS 外墙保温施工工艺流程

EPS 外墙保温施工工艺流程为：基层检查、处理→配专用黏结剂→预粘翻包网格布→粘聚苯保温板→钻孔及安装固定件→保温板面打磨、找平→配聚合物砂浆→抹底层聚合物砂浆→贴网格布→抹面层聚合物砂浆→验收。

2. 施工工艺

（1）弹控制线

根据建筑立面设计和外墙外保温技术要求，在墙面弹出外门窗水平、垂直控制线及伸缩缝线、装饰缝线等。

（2）挂基准线

在建筑外墙大角（阴阳角）及其他必要处挂垂直基准钢线，每个楼层适当位置挂水平线，用以控制聚苯板的垂直度和平整度。

（3）配制专用黏结剂

① 根据专用黏结剂的使用说明书提供的掺配比例配制，专人负责，严格计量，机械搅拌，确保搅拌均匀。

② 拌和好的黏结剂在静停 5min 后再搅拌方可使用。

③ 黏结剂必须随拌随用，拌和好的黏结剂应保证在 1 h 内用完。

（4）预粘翻包网格布

凡在聚苯板侧边外露处（如伸缩缝、门窗洞口处），都应做网格布翻包处理。

（5）粘贴聚苯板

① 外保温用聚苯板标准尺寸为 600 mm×900 mm、600 mm×1200 mm 两种，非标准尺寸或局部不规则处可现场裁切，但必须注意切口与板面垂直。

② 阴阳角处必须相互错茬搭接粘贴。

③ 门窗洞口四角不可出现直缝，必须用整块聚苯板裁切出刀把状，且小边宽度≥200 mm。

④ 粘贴方法采用点粘法，且必须保证粘接面积不小于 30%。

⑤ 聚苯板抹完专用黏结剂后必须迅速粘贴到墙面上，避免黏结剂结皮而失去黏结性。

⑥ 粘贴聚苯板时应轻柔、均匀挤压聚苯板，并用 2 m 靠尺和拖线板检查板面平整度和垂直度。粘贴时注意清除板边溢出的黏结剂，使板与板间不留缝。

（6）安装固定件

① 固定件安装应至少在粘完板的 24 h 后再进行。

② 固定件长度为板厚 + 50 mm。

③ 用电锤在聚苯板表面向内打孔，孔径视固定件直径而定，进墙深度不小于 60 mm，拧入固定件，钉头和压盘应略低于板面。

（7）板面打磨、找平

对板面接缝高低较大的区域用粗砂纸打磨找平，打磨时动作要轻，并以圆周运动打磨。

（8）配制聚合物砂浆

方法及要求同配制专用黏结剂。

（9）抹聚合物砂浆

聚合物砂浆分底层和面层两次抹灰。

① 在聚苯板面抹底层砂浆，厚度为 2~2.5 mm。同时将翻包网格布压入砂浆中。门窗洞口的加强网格布也应随即压入砂浆中。

② 贴网格布。将网格布紧绷后贴于底层抹面砂浆上，用抹子由中间向四周把网格布压入砂浆的表层，要平整压实，严禁网格布褶皱。网格布不得压入过深，表面必须暴露在底层砂浆之外。网格布上下搭接宽度不小于 80 mm，左右搭接宽度不小于 100 mm。

③ 网格布粘贴完后，在表面抹一层 0.5~1 mm 面层聚合物砂浆。

二、外贴式聚苯板外墙外保温系统

1. 构造做法及施工顺序

（1）聚苯板涂料饰面系统

聚苯板涂料饰面系统基本构造如图 3.35 所示。施工程序为：清理基层墙体→黏结剂粘贴、塑料膨胀锚栓固定聚苯板→抹聚合物抗裂砂浆中夹入耐碱玻纤网→柔性耐水腻子→涂料饰面。

（2）聚苯板复合 ZL 胶粉聚苯颗粒涂料饰面系统

聚苯板复合 ZL 胶粉聚苯颗粒涂料饰面系统基本构造如图 3.36 所示。施工程序为：清理基层墙体→黏结剂粘贴、塑料膨胀锚栓固定聚苯板→抹胶粉聚苯颗粒浆料 20 mm 厚→抹聚合物抗裂砂浆中夹入耐碱玻纤网→刮柔性耐水腻子→涂料饰面。

（3）聚苯板复合 ZL 胶粉聚苯颗粒面砖饰面系统

聚苯板复合 ZL 胶粉聚苯颗粒面砖饰面系统基本构造如图 3.37 所示。施工程序为：清理基层墙体→黏结剂粘贴聚苯板→抹 ZL 胶粉聚苯颗粒保温浆料→抹第一遍聚合物抗裂砂浆→塑料膨胀锚栓固定热镀锌钢丝网→抹第二遍聚合物抗裂砂浆→粘贴面砖。

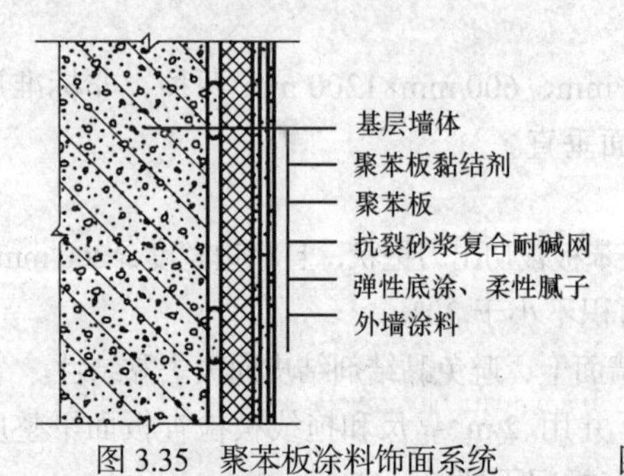

图 3.35　聚苯板涂料饰面系统

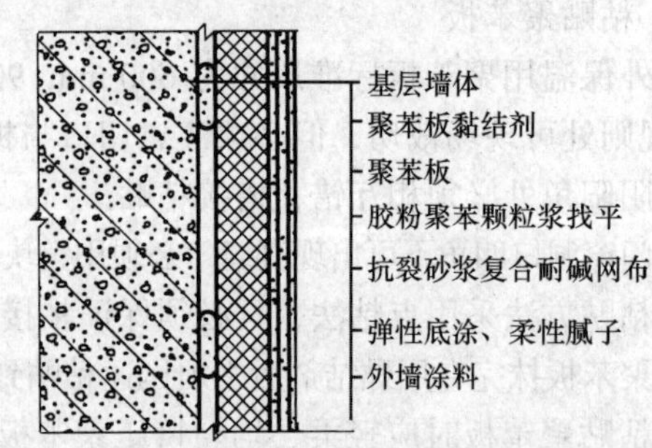

图 3.36　聚苯板复合 ZL 胶粉聚苯颗粒涂料饰面系统

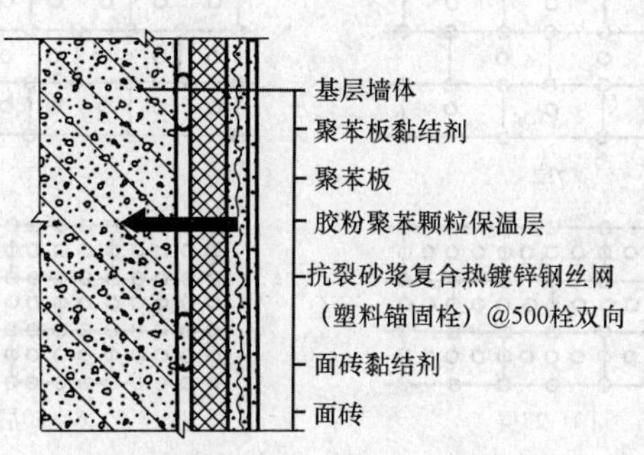

图 3.37　聚苯板复合 ZL 胶粉聚苯颗粒面砖饰面系统

2. 施工准备及材料配制

① 聚苯板外墙保温系统施工主要工具有不锈钢抹子、槽抹子、搓抹子、角抹子、700～1 000 r/min 电动搅拌器（或可调速电钻加配搅拌器）、专用锯齿抹子以及粘有大于 20 粒度的粗砂纸的不锈钢打磨抹子。此外尚需配电热丝切割器、冲击钻、靠尺、刷子、多用刀、灰浆托板、拉线、墨斗、空气压缩机、开槽器、皮尺、毛辊等一般施工工具以及操作人员必需的劳保用品等。

② 基层墙体表面应清洁，无油污、脱模剂等妨碍黏结的附着物。凸起、空鼓和疏松部位应剔除并找平。找平层应与墙体黏结牢固（应有可靠黏结力或界面处理措施），不得有脱层、空鼓、裂缝，面层不得有粉化、起皮、爆灰等现象。

③ 聚苯板的切割采用电热丝切割器，标准板尺寸一般为 1 200 mm×600 mm，对角误差为±1.6 mm，非标准板用整板按实际需要尺寸加工，尺寸允许偏差为±1.6 mm，大小面应互相垂直。

④ 黏结剂的配制应严格按规定的配比和制作工艺现场进行，除规定外严禁添加任何添加剂。

⑤ 配制双组分黏结剂。配制黏结剂用的树脂乳液开罐后，一般有离析现象，应在掺加水泥前，用专用电动搅拌器将其充分搅拌均匀，然后加入一定比例水泥继续搅拌至充分均匀并静置 5min 后，视其和易性，加入适量的水再进行搅拌，直至达到所需的黏稠度。

⑥ 配制单组分黏结剂。将干粉黏结剂直接加入适量水，用专用电动搅拌器搅拌均匀，达到所需的黏稠度。

⑦ 每次配制的黏结剂不宜过多，应视不同环境温度控制在 2h 内用完，或按产品说明书规定的时间用完。

⑧ 聚苯板保温层应采用粘锚结合方案，当采用 EPS 板时，其锚栓数量为：高层建筑标高 20 m 以下时不宜少于 3 个/m^2；20～50m 时不宜少于 4 个/m^2；50 m 以上时不宜少于 6 个/m^2。当采用 XPS 板时，可参照图 3.38 进行布置锚栓，锚栓长度应保证进入基层墙体内 50 mm，锚栓固定件在阳角、檐口下、孔洞边缘四周应加密，其间距不应大于 300 mm，距基层边缘不小于 80 mm。

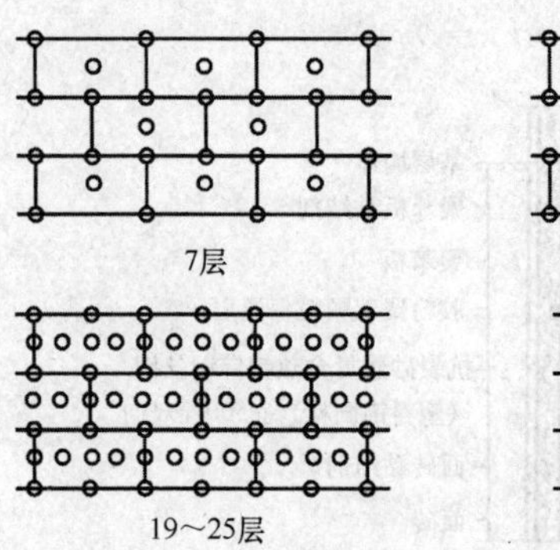

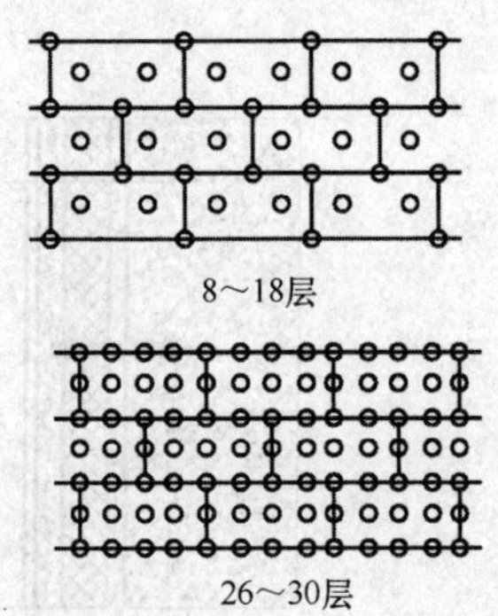

图 3.38　XPS 板排列锚固口布置图

⑨ 饰面层为面砖时，应在底部第一排以及每层标高保温板的每板端下方增设不锈角钢托架，间距小于等于 1 200 mm，角钢托架长 150 mm，宽度由保温层厚度确定，每个托架由两个经防腐处理的膨胀螺栓与基层墙体固定，具体做法如图 3.39 所示。

⑩ 洞口四角的聚苯板应采用整块聚苯板切割成型，不得拼接。拼接缝距四角距离应大于 200 mm，且须有锚固措施，并应在洞口处增贴耐碱玻纤网，如图 3.40~图 3.42 所示。

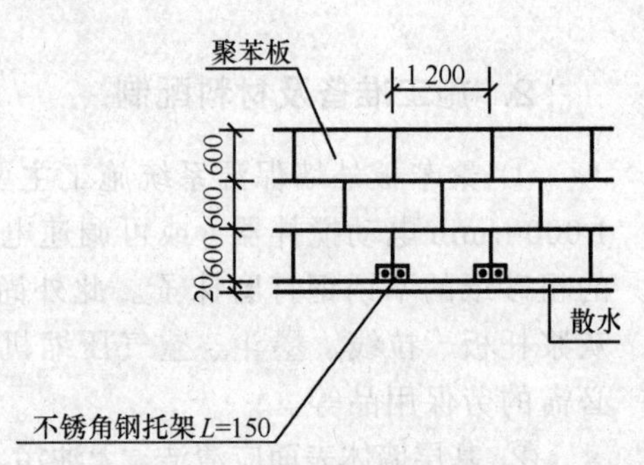

图 3.39　不锈角钢托架布置图

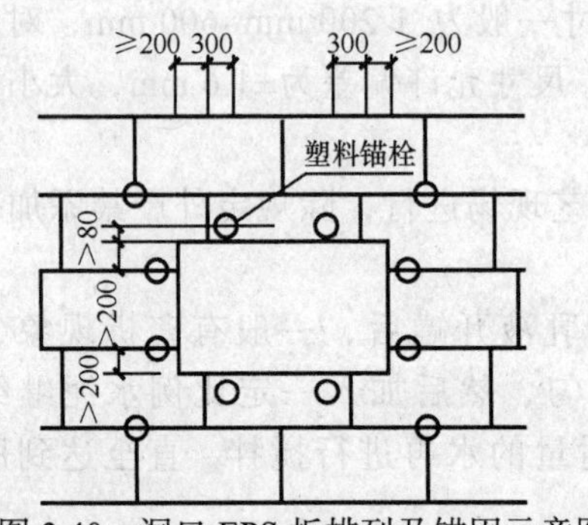

图 3.40　洞口 EPS 板排列及锚固示意图

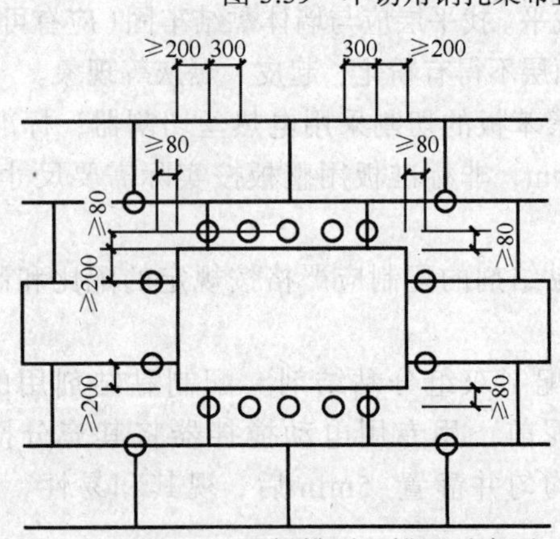

图 3.41　洞口 XPS 板排列及锚固示意图

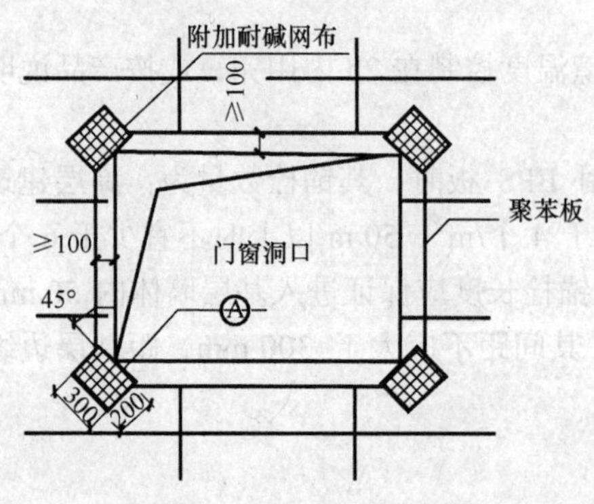

（a）门窗洞口网格布加强图一

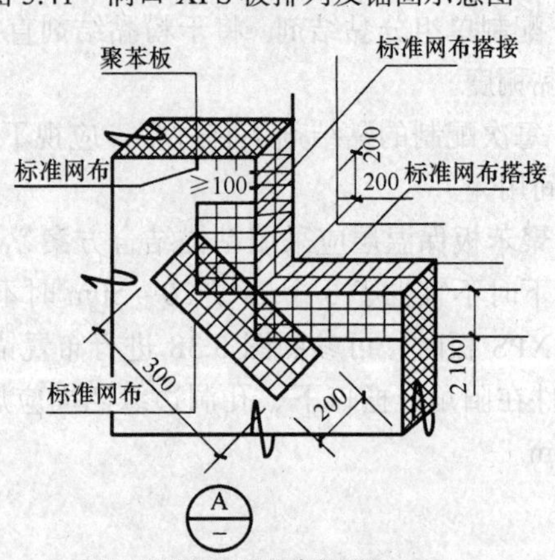

（b）门窗洞口网格布加强图二

图 3.42　门窗洞口网格布加强

3. 施工操作要点

① 根据建筑物体型和立面设计要求，进行聚苯板排板设计，特别应做好门窗洞口的排板设计。在经过平整处理的基层墙面上，用墨线弹出距散水标高 20mm 的水平线和保温层变形缝宽度线，排出聚苯板粘贴位置。所有细部构造应按标准图或施工图的节点大样进行处理。

② 粘贴聚苯板前，应按平整度和垂直度要求挂线（基层平整度偏差不宜超过 3 mm，垂直度偏差不应超过 10 mm）；应首先进行系统起端和终端的翻包或包边施工。

③ 聚苯板宜采用点框粘贴方法，如图 3.43 所示。先用抹子沿保温板背面四周抹上黏结剂，其宽度为 50 mm，如采用标准板时在板中还要均匀布置 8 个黏结饼，每个饼的黏结直径不小于 120 mm，胶厚 6 ~ 8 mm，中心距 200 mm，当采用非标准板时，板面中部黏结饼一般为 4 ~ 6 个。黏结剂黏结面积与保温板面积比：当外表为涂料饰面时不得小于 40%，当为面砖饰面时不得小于 45%。

④ 黏结剂应涂抹在聚苯板上，不应涂在基层上，涂胶点应按面积均布，板的侧边不得涂胶（需翻包标准网时除外），抹完黏结剂后应立即就位粘贴。

⑤ 聚苯板粘贴时，应先轻柔滑动就位，再采用 2m 靠尺进行压平操作，不得局部用力按压。聚苯板对头缝应挤紧，并与相邻板齐平。黏结剂的压实厚度宜控制在 3 ~ 6 mm，贴好后应立即刮除板缝和板侧残留的黏结剂。聚苯板板间缝隙不应大于 2 mm，板间高差不得大于 1 mm，否则须用砂纸或专用打磨机具打磨平整。为了减少对头缝热桥影响，宜将聚苯板四周边裁成企口，然后按上述方法进行粘贴。

⑥ 聚苯板应由勒角部位开始，自下而上，沿水平方向铺设粘贴，竖缝应逐行错缝 1/2 板长，在墙角处应交错互锁咬口连接，并保证墙角垂直度，如图 3.44 所示。

⑦ 门窗洞口角部应用整块板切割成 L 形进行粘贴，板间接缝距四角的距离不应小于 200 mm；门窗口内壁面贴聚苯板，其厚度应视门窗框与洞口间隙大小而定，一般不宜小于 30 mm。

⑧ 锚栓在聚苯板粘贴 24h 后开始安装，按设计要求的位置用冲击钻钻孔，孔径ϕ10 mm，用ϕ10 mm 聚乙烯胀塞，其有效锚固长度不小于 50 mm，并确保牢固可靠。

⑨ 塑料锚栓的钉帽与聚苯板表面齐平或略拧入些，确保膨胀栓钉尾部回拧，使其与基层墙体充分锚固。

⑩ 聚苯板贴完后，应至少静默 24 h，才可用金刚砂搓子将板缝不平处磨平，然后将聚苯板面打磨一遍，并将板面清理干净。

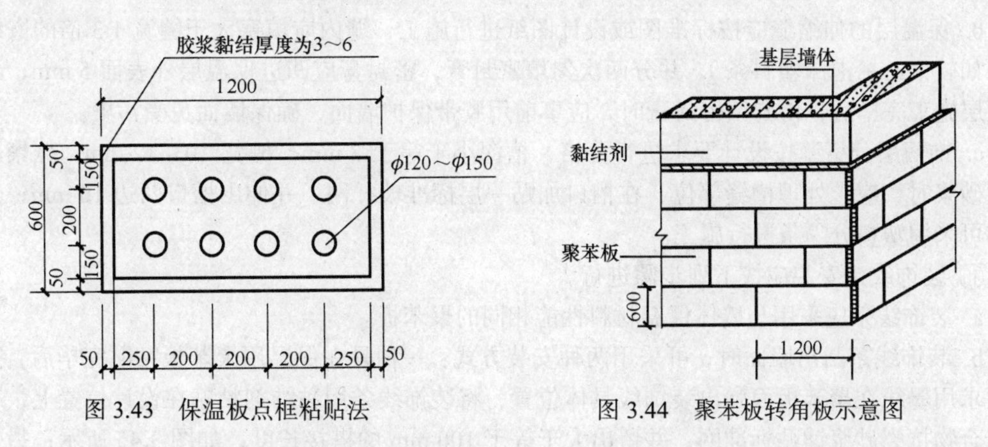

图 3.43　保温板点框粘贴法　　图 3.44　聚苯板转角板示意图

⑪ 标准网的铺设。先用抹子在聚苯板表面均匀涂抹一道厚度 1.5 ~ 2.0 mm 聚合物抗裂砂浆（底层），面积略大于一块玻纤网范围。然后立即将耐碱玻纤网压入抗裂砂浆中，压出抗裂砂浆表面应平

整，直至把整片墙面做完，待胶浆干硬至可碰触量，再抹第二遍。聚合物水泥抗裂砂浆（面层）厚度为 1.0 ~ 1.2 mm，直至全部覆盖玻纤网，使玻纤网约处于两道抗裂砂浆的中间位置，表面应平整。

⑫ 加强网铺设同标准网铺设，但加强网应采用对接。

⑬ 玻纤网铺设应自上而下，先从外墙转角处沿外墙一圈一圈铺设，当遇到门窗洞口时，要在洞口周边和四周，铺设加强网。

⑭ 首层墙面及其他可能遭受冲击的部位，应加铺一层加强玻纤网，二层及二层以上如无特殊要求（门窗洞口除外）应铺标准网；勒角以下部位宜增设钢丝网采用厚层抹灰。

⑮ 标准网接缝为搭接，搭接长度不应少于 100 mm，转角处标准网应是连续的，从每边双向绕角后包墙的宽度（即搭接长度）不应小于 200 mm。加强玻纤网铺设完毕后，至少静默养护 24 h 方可进行下道工序。在寒冷和潮湿的气候条件下，可适当延长养护时间，养护时应避免雨水渗透和冲刷。

⑯ 标准网在下列终端处应进行翻包处理。

a. 门窗洞口、管道或其他设备穿墙洞处。

b. 勒角、阴阳台、雨篷等系统的尽端部位。

c. 变形缝等需终止系统的部位。

d. 女儿墙顶部。

⑰ 翻包标准网施工应按下列步骤进行。

a. 裁剪窄幅标准网，长度由需翻包的墙体部位尺寸而定。

b. 在基层墙体上所有洞口周边及保温系统起、终端处，涂抹宽 100 mm、厚 2 ~ 3 mm 的黏结剂。

c. 将窄幅标准网的一端压入黏结剂内 10 mm，其余甩出备用，并保持清洁。

d. 将聚苯板背面抹好黏结剂，将其压在墙上，然后用抹子轻轻拍击，使其与墙面粘贴牢固。

e. 将翻包部位的聚苯板的正面和侧面，均涂抹上聚合物抗裂砂浆，将预先甩出的窄幅标准网沿板厚翻包，并压入抗裂砂浆内。当需要铺高加强网时，则应先铺设加强网，再将翻包标准网压在加强网之上。

⑱ 主体结构变形缝、保温层的伸缩缝和饰面层的分格缝的施工应符合下列要求。

a. 主体结构缝应按标准图或设计图纸进行施工，其金属调节片应在保温层粘贴前按设计要求安装就位，并与基层墙体牢固固定，做好防锈处理。缝外侧需采用橡胶密封条或采用密封膏的应留出嵌缝背衬及密封膏的深度，无密封条或密封膏的应与保温板面平齐。

b. 保温层的伸缩缝应按标准图或设计图纸进行施工，缝内应填塞大于缝宽 1.3 倍的嵌缝衬条（如软聚乙烯泡沫塑料条），并分两次勾填密封膏，密封膏应凹进保温层外表面 5 mm；当在饰面层施工完毕后，再勾填密封膏时，应事前用胶带保护墙面，确保墙面免受污染。

c. 饰面层分格缝按设计要求进行分格，槽深小于等于 8 mm，槽宽 10 ~ 12 mm，抹聚合物抗裂砂浆时，应先处理槽缝部位，在槽口加贴一层标准玻纤网，并伸出槽口两边 10 mm；分格缝亦可采用塑料分隔条进行施工。

⑲ 装饰线条安装应按下列步骤进行。

a. 装饰线条应采用与墙体保温材料性能相同的聚苯板。

b. 装饰线条凸出墙面时，可采用两种安装方式：一种是在保温用聚苯板粘贴完毕后，按设计要求用墨线在聚苯板面弹出装饰线具体位置，将装饰线条用黏结剂粘贴在设计位置上，表面用聚合物抗裂砂浆铺贴标准网，并留出大于等于 100 mm 的搭接长度，如图 3.45 所示；另一种是将凸出装饰线按设计要求先用黏结剂粘贴在基层墙面上，然后再用黏结剂粘贴装饰线上下保温用聚苯板，如图 3.46 所示。

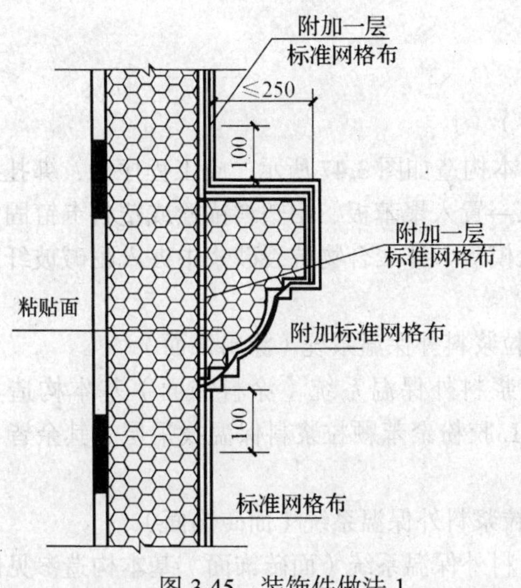

图 3.45　装饰件做法 1

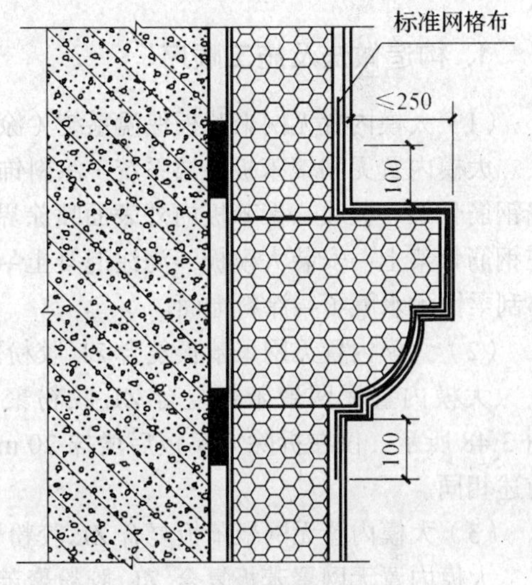

图 3.46　装饰件做法 2

c. 装饰线条凹进墙面时，应在粘贴完毕的保温聚苯板上，按设计要求用墨线弹出装饰线具体位置，用开槽器按图纸要求将聚苯板切出凹线或图案，凹槽处聚苯板的实际厚度不得小于 20 mm，然后压入标准网。墙面粘贴的标准网与凹槽周边甩出的网布需搭接。

d. 装饰线条凸出墙面保温板的厚度不得大于 250 mm，且应采取安全锚固措施。

e. 装饰件在铺网时，饰件应在大面积网外装贴，再加附加网，附加网与大面积网应有一定的搭接宽度。

⑳ 饰面层施工应符合下列要求。

a. 施工前，应首先检查聚合物抗裂砂浆是否有抹子抹痕，耐碱玻纤网是否全部嵌入，然后修补抗裂砂浆缺陷和凹凸不平处，并用细砂纸打磨一遍。

b. 待聚合物抗裂砂浆表干后，即可进行柔性耐水腻子施工，用镘刀或刮板批刮，待第一遍柔性腻子表干后，再刮第二遍柔性腻子，压实磨光成活，待柔性腻子完全干固后，即可进行与保温系统配套的涂料施工。

c. 采用涂料饰面系统，应采用高弹性防水耐擦洗外墙涂料，并按《建筑装饰装修工程质量验收规范》（GB 50210—2001）规定进行施工。

d. 采用面砖饰面系统，应增设热镀锌钢丝网和锚栓固定，并按《外墙饰面砖工程施工及验收规程》（JGJ 126—2000）规定进行施工。

e. 当采用模塑或挤塑聚苯板复合 ZL 胶粉聚苯颗粒浆料饰面系统时，仅需在聚苯板粘贴和用塑料膨胀锚栓固定并清除表面污物后，增抹一层厚 15 mm ZL 胶粉聚苯颗粒浆料作为保温找平层，然后再做饰面层施工即可。

f. 当采用模塑或挤塑聚苯板复合 ZL 胶粉聚苯颗粒面砖饰面系统时，则在聚苯板粘贴牢固并清除表面污物后，增抹一层厚 15 mm ZL 胶粉聚苯颗粒浆料作为保温找平层，然后抹第一遍厚 3 ~ 4 mm 聚合物抗裂砂浆，并用塑料膨胀锚栓将热镀锌钢丝网固定，再抹第二遍厚 5 ~ 6 mm 聚合物抗裂砂浆，最后用专用黏结砂浆黏贴面砖。

三、大模内置无网保温系统

1. 构造做法及施工顺序

（1）大模内置无网聚苯板保温系统（涂料饰面）

大模内置无网聚苯板保温系统（涂料饰面）基本构造如图 3.47 所示。施工程序为：绑扎外墙钢筋骨架、验收→聚苯板内外表面喷涂界面砂浆→置入聚苯板、用塑料锚栓或塑料卡钉固定在钢筋骨架上→安装大模板→浇注混凝土→拆除大模板→抹聚合物抗裂砂浆中夹入耐碱玻纤网→刮柔性耐水腻子→涂料饰面。

（2）大模内置无网聚苯板复合 ZL 胶粉聚苯颗粒浆料外保温系统（涂料饰面）

大模内置无网聚苯板复合 ZL 胶粉聚苯颗粒浆料外保温系统（涂料饰面）基本构造如图 3.48 所示。仅在拆除大模板后增抹 20 mm 厚 ZL 胶粉聚苯颗粒浆料保温找平层，其余皆与前述相同。

（3）大模内置无网聚苯板复合 ZL 胶粉聚苯颗粒浆料外保温系统（面砖饰面）

大模内置无网聚苯板复合 ZL 胶粉聚苯颗粒浆料外保温系统（面砖饰面）基本构造参见图 3.48。施工程序为：以前工序同（1）→拆除大模板→抹 ZL 胶粉聚苯颗粒浆料→抹第一遍聚合物抗裂砂浆→ϕ0.9 mm 热镀锌钢丝网用塑料锚栓与基层墙体固定→抹第二遍聚合物抗裂砂浆→专用黏结砂浆粘贴面砖。

注：拆除大模板前的所有工序皆与（1）相同。

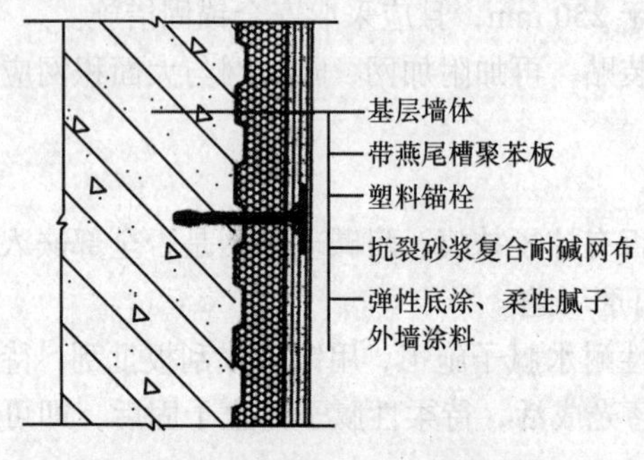

图 3.47　大模内置无网聚苯板保温系统（涂料饰面）

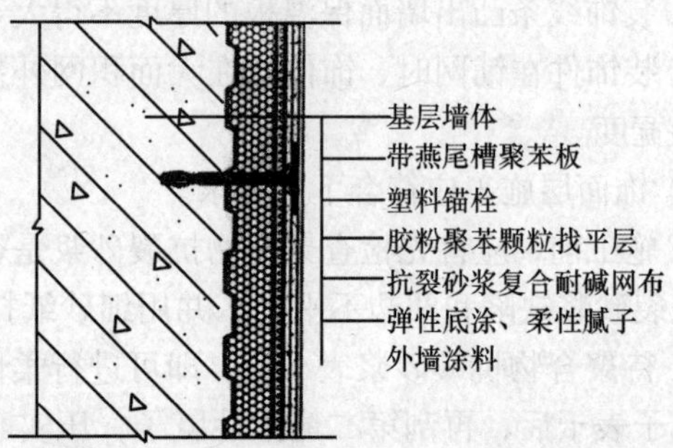

图 3.48　大模内置无网聚苯板复合 ZL 胶粉聚苯颗粒浆料外保温系统（涂料饰面）

2. 施工准备及材料配制

① 施工用主要工具及设备有不锈钢抹子、槽抹子、搓抹子、角抹子、700 ~ 1000 r/min 电动搅拌器（或可调速电钻加配搅拌器）、专用锯齿抹子以及粘有大于 20 粒度的粗砂纸的不锈钢打磨抹子。此外尚需配电热丝切割器、冲击钻、靠尺、刷子、多用刀、灰浆托板、拉线、墨斗、空气压缩机、开槽器、皮尺、毛辊等一般施工工具以及操作人员必需的劳保用品等。

② 聚苯板宽度宜为 1 200 mm，高度宜为建筑物高度，即与大模板同高；大小面互相垂直，对角误差为±1.6 mm，聚苯板单面开矩形（燕尾）槽，聚苯板两侧边应裁成企口。

③ 高层建筑，对于 EPS 板其塑料锚栓数量为：标高 20 m 以下不应少于 3 个/m^2；20 ~ 30 m 不应少于 4 个/m^2；50 m 以上时不应少于 6 个/m^2。对于 XPS 板可参照图 3.38 布置塑料锚栓，锚栓长度为保温层厚度加 80 mm。

④ 外墙体钢筋安装绑扎完毕，隐验合格；水电等专业预埋预留完成，预验合格。

⑤ 墙体大模板位置、控制线及控制各大角垂直线均设置完毕并预验合格。

⑥ 用于控制钢筋保护层水泥砂浆垫块已按要求绑扎完毕(每平方米保温板面不得少于3块)。

⑦ 聚苯板已开好单面矩形（燕尾）槽，并在内外表面喷涂界面砂浆；大模板对拉螺栓穿孔，聚苯板锚栓穿孔。

⑧ 加工好浇注混凝土和振捣时保护聚苯板所用的门形镀锌铁皮保护套，高度视实际情况而定，宽度为保温板厚加大模板厚，材料为镀锌铁皮。

3. 施工操作要求

① 根据弹好的墨线安装保温板，保温板凹槽面朝里，平面朝外，先安装阴阳角保温构件，再安装大面积保温板；安装时板缝不能留在门窗四角，将分块进行标记。

② 安装前保温板两侧企口处均匀涂刷黏结剂，保证将保温板竖缝之间相互黏结在一起。

③ 在安装好的保温板面上弹线，标出锚栓位置，用电烙铁或其他工具在锚栓定位处穿孔，然后在孔内塞入胀管，其尾部与墙体钢筋绑扎以固定保温板。

④ 用 100 mm 宽、10 mm 厚保温板，满涂黏结剂填补门窗洞口两边齿槽缝隙的凹槽处，以免在浇注混凝土时在该处跑浆（冬期施工时，保温板上可不开洞口，待全部保温板安装完毕后，再切割出洞口）。

⑤ 安装钢制大模板，应在保温板外侧根部采取可靠的定位措施，以防模板压损保温板。大模板就位后，穿螺栓紧固校正，连接必须严密、牢固，以防出现错台或露浆现象。

⑥ 注混凝土前，应在保温板和大模板上部扣上“门”形镀锌铁皮保护套，将保温板和大模板一同扣住。大模板吊环处，可在保护套上侧开口将吊环放在开口内。

⑦ 浇注混凝土应确保混凝土振捣密实，门窗洞口处浇灌混凝土时应沿洞口两边同时下料，使两侧浇灌高度大体一致。严禁振捣棒紧靠保温板。

⑧ 拆除模板后应及时修整墙面混凝土边角和板面余浆。

⑨ 穿墙套管拆除后，应以干硬性砂浆堵塞孔洞。保温板孔洞部位须用 ZL 胶粉聚苯颗粒浆料堵塞，并深入墙内大于 50 mm。

⑩ 抹面层聚合物抗裂砂浆前，应先清理保温层面层污物。板面、门窗洞口保温板如有缺损，应采用 ZL 胶粉聚苯颗粒浆料或聚苯板进行修补，不平之处应进行打磨。

⑪ 抹聚合物抗裂砂浆标准网和加强网的铺设，门窗洞口的处理，玻纤网翻包，沉降缝、抗震缝、伸缩缝、分格缝的处理，装饰线条的安装以及柔性防水腻子和涂料施工皆与装饰工程施工相同。

⑫ 采用大模内置无网聚苯板复合 ZL 胶粉聚苯颗粒浆料外保温系统(涂料饰面和面砖饰面)拆除大模板前皆与本节①~⑪相同，拆除大模板后，对于涂料饰面，增加抹 20 mm 胶粉聚苯颗粒浆料保温找平层；对于面砖饰面，应先用塑料锚栓固定热镀锌钢丝网，再抹 20 mm 胶粉聚苯颗粒保温浆料找平层，其余施工方法皆与本节⑦~⑪规定相同。

四、外墙保温砂浆施工

外墙保温砂浆是将无机保温砂浆、弹性腻子（粗灰腻子、细灰腻子）与保温涂料（含抗碱防水底漆）或与面砖和勾缝剂按照一定的方式复合在一起，设置于建筑物墙体表面，对建筑物起保温隔热、装饰和保护作用。保温砂浆由下列材料组成。

① 无机空心体：为中空的球体或不规则体，里面封闭不流动的空气或氮气，形成阻断热传导的物质。

② 对流阻断体：填充无机空心体之间的孔隙，防止其间的空气出现对流，提高隔热效果。

③ 少量硅酸盐：提高无机保温砂浆层硬度。

④ 无机黏结剂:改善无机保温砂浆层和基层的黏结效果,提高无机保温砂浆层本身的强度。

⑤ 助剂：改善无机保温砂浆的储存性能、施工性能、保水性能等。

1. 基层墙体准备

① 施工前清除墙面浮灰、油污、隔离剂及墙角杂物，保证施工作业面干净，混凝土墙面上因有不同的隔离剂，需做适当的界面处理。其他墙面只要剔除突出墙面大于 10 mm 的异物保证干净即可，不需特殊处理。

② 基层墙面、外墙四角、洞口等处的表面平整及垂直度应满足有关施工验收规范的要求。

③ 按垂直和水平方向在墙角、阳台栏板等处弹好厚度控制线。

④ 按厚度控制线，用膨胀玻化微珠保温防火砂浆作标准厚度灰饼，冲筋，间隔适度。

2. 施工工艺

（1）工艺流程

面饰涂料工艺流程：基层墙面清理（混凝土墙面界面处理）→测量垂直度、套方、弹控制线→做灰饼、冲筋、做口→抹保温砂浆→弹分格线、开分格槽、嵌贴滴水槽→抹抗裂砂浆→刮柔性耐水腻子→面层装饰涂料。

面饰瓷砖工艺流程：基层墙面清理（混凝土墙面界面处理）→测量垂直度、套方、弹控制线→做灰饼、冲筋、做口→抹保温砂浆→铺设低碳镀锌钢丝网→打锚固钉固定在主体墙体上→抹聚合物罩面砂浆→用专用瓷砖黏结砂浆粘贴瓷砖→瓷砖勾缝处理。

（2）作业条件

结构工程全部完工，并经有关部门验收合格；门窗框与墙体连接处的缝隙按规范规定嵌塞；施工墙面的灰尘、污垢和油渍应清理干净；脚手架搭设完成并验收合格。横竖杆与墙面、墙角的间距应保证满足保温层厚度和满足施工要求；施工环境温度不低于 5℃，严禁雨天施工。

3. 施工方法

① 当窗框安装完毕后将窗框四周分层填塞密实，保温层包裹窗框尺寸控制在 10 mm。

② 在清理干净的墙面上，用配好的保温料浆压抹第一层（厚度不低于 10 mm），使料浆均匀密实将墙面覆盖，稍待干燥后按设计要求抹至规定厚度，并且大杠搓平，门窗、洞口的垂直度和平整度均达到规范质量要求后，再在表面进行收平压实。

③ 抹灰厚度大于 25 mm 时，可分两次抹涂，待第一次抹浆硬化后（24 h）即可进行第二次抹浆，抹涂方法与普通砂浆相同。

④ 对于外饰涂料的墙体,待保温砂浆硬化后在其表面涂刮抗裂砂浆罩面,涂刮厚度为 1 ~ 2 mm,使其具有很好的防渗抗裂性能。同时对后续装饰工程形成很好的界面层，增强装饰装修效果。

⑤ 对于外贴瓷砖的墙体，待保温砂浆硬化后在其表面涂刮上 3 mm 聚合物抹面抗裂砂浆，铺设低碳镀锌钢丝网，打上锚固钉，固定在主体墙壁上，再涂刮上 2 mm 的聚合物抗裂砂浆，然后待其干燥后用专用的瓷砖黏结砂浆粘贴瓷砖。

⑥ 首层外保温的阳角，须用专用金属护角或网格布护角处理。其余各层阴角、阳角以及门窗洞口角各部用玻纤网格布搭接增强，网格布翻包尺寸为 150 ~ 200 mm。

⑦ 色带：设计要求用色带来体现立面效果时，在保温砂浆施工完毕后，弹出色带控制线，

用壁纸刀开出设定的凹槽，深度约为 10 mm，处理时应做工精细，保证色带内表面和侧面的平整和光滑。聚合物抹面抗裂砂浆施工时，色带和大面同时进行，色带部位用专用小型工具，做出阴阳角，并保证平整和顺直。

⑧ 滴水槽：根据设计要求弹出滴水槽控制线，然后用壁纸刀沿控制线划开设定的凹槽，用聚合物抹面抗裂砂浆填满凹槽，并与聚合物抹面抗裂砂浆黏结牢固，然后将挤出的抗裂砂浆清理掉，确保黏结牢固。滴水槽的位置应处于同一水平面上，并距窗口外边缘距离相等。

⑨ 外装饰：保温砂浆属于柔性涂层，所以严禁在其表面进行刚性涂层施工。其外装饰可按照设计要求进行涂料装饰、贴瓷砖、干挂石材等，但与其配套使用的涂料必须是弹性涂料和柔性耐水腻子、专用面砖黏结砂浆等，以保证工程质量和施工效果。

复习思考题

1. 脚手架的基本要求有哪些?
2. 扣件式钢管脚手架由哪些部件组成?安全要求有哪些?
3. 脚手架有哪些形式?适用于哪些场合?
4. 附着式塔式起重机如何锚固?
5. 塔式起重机如何选用?
6. 砌筑砂浆使用时应注意哪些问题?
7. 砖砌体如何组织施工?
8. 砌块安装前的准备工作有哪些?
9. 简述砌块施工工艺。

项目四 钢筋混凝土工程

学习内容

本项目内容包括钢筋工程施工、模板工程施工、混凝土工程施工、大体积混凝土工程施工、框剪结构混凝土工程施工等。

学习目标

1. 掌握钢筋的种类、性能、验收要求及加工安装方法，掌握钢筋的冷拉及钢筋的配料计算方法。
2. 掌握模板的种类、构造要求和安装、拆除方法。
3. 熟悉钢筋混凝土工程的施工过程、施工工艺。
4. 熟悉大体积混凝土工程的施工要求、方法。
5. 熟悉框剪结构混凝土工程的施工要求、方法。

任务一 钢筋工程施工

一、钢筋的验收与配料

（一）钢筋的验收与储存

1. 钢筋的验收

钢筋进场应具有出厂证明书或试验报告单，每捆（盘）钢筋应有标牌，同时应按有关标准和规定进行外观检查和分批做力学性能试验。钢筋在使用时，如发现脆断、焊接性能不良或机械性能显著不正常等，则应进行钢筋化学成分检验。

2. 钢筋的储存

钢筋进场后，必须严格按批分等级、牌号、直径、长度挂牌存放，不得混淆。钢筋应尽量堆入仓库或料棚内。条件不具备时，应选择地势较高，土质坚硬的场地存放。堆放时，钢筋下部应垫高，离地至少 20 cm 高，以防钢筋锈蚀。在堆场周围应挖排水沟，以利排水。

（二）钢筋的配料

钢筋的配料是指识读工程图纸、计算钢筋下料长度和编制配筋表。

1. 钢筋下料长度

（1）钢筋长度

施工图（钢筋图）中所指的钢筋长度是钢筋外缘至外缘之间的长度，即外包尺寸。

（2）混凝土保护层厚度

混凝土保护层厚度是指受力钢筋外缘至混凝土表面的距离，其作用是保护钢筋在混凝土中不被锈蚀。混凝土的保护层厚度，一般用水泥砂浆垫块或塑料卡垫在钢筋与模板之间来控制。塑料卡的形状有塑料垫块和塑料环圈两种，塑料垫块用于水平构件，塑料环圈用于垂直构件。

（3）钢筋接头增加值

由于钢筋直条的供货长度一般为 6 ~ 10 m，而有的钢筋混凝土结构的尺寸很大，需要对钢筋进行接长。钢筋接头增加值见表 4.1 ~ 表 4.3。

（4）弯曲量度差值

钢筋有弯曲时，在弯曲处的内侧发生收缩，而外皮却出现延伸，中心线则保持原有尺寸。钢筋长度的度量方法系指外包尺寸，因此钢筋弯曲后，存在一个量度差值，在计算下料长度时必须加以扣除。根据理论推理和实践经验，钢筋弯曲量度差值见表 4.4。

表 4.1　纵向受拉钢筋的最小搭接长度

钢筋类型		混凝土强度等级			
		C15	C20 ~ C25	C30 ~ C35	≥C40
光圆钢筋	HPB300	45d	35d	30d	25d
带肋钢筋	HRB400、RRB400	—	55d	40d	35d

注：① 两根直径不同钢筋的搭接长度，以较细钢筋直径计算。d 为钢筋直径，后同。

② 本表适用于纵向受拉钢筋的绑扎搭接接头面积百分率不大于 25%。当纵向受拉钢筋搭接接头面积百分率大于 25%，但不大于 50%时，其最小搭接长度应按表中的数值乘以系数 1.2 取用；当接头面积百分率大于 50%时，应按表中的数值乘以系数 1.35 取用。

③ 当符合下列条件时，纵向受拉钢筋的最小搭接长度应根据上述要求确定后，按下列规定进行修正。

a. 当带肋钢筋的直径大于 25 mm 时，其最小搭接长度应按相应数值乘以系数 1.1 取用。

b. 对环氧树脂涂层的带肋钢筋，其最小搭接长度应按相应数值乘以 1.25 使用。

c. 当在混凝土凝固过程中受力钢筋易受扰动时（如滑模施工），其最小搭接长度应按相应数值乘以系数 1.1 取用。

d. 对末端采用机械锚固措施的带肋钢筋，其最小搭接长度可按相应数值乘以系数 0.7 取用。

e. 当带肋钢筋的混凝土保护层厚度大于搭接钢筋直径的 3 倍且配有箍筋时，其最小搭接长度可按相应数值乘以系数 0.8 取用。

f. 对有抗震设防要求的结构构件，其受力钢筋的最小搭接长度对一、二级抗震等级应按相应数值乘以系数 1.05 采用；对三级抗震等级应按相应数值乘以系数 1.05 采用。在任何情况下，受拉钢筋的搭接长度不应小于 300mm。

④ 纵向压力钢筋搭接时，其最小搭接长度应根据上述规定确定相应数值后，乘以系数 0.7 取用。在任何情况下，受压钢筋的搭接长度不应小于 200 mm。

表 4.2　钢筋对焊长度损失值　单位：mm

钢筋直径	<16	16 ~ 25	>25
损失值	20	25	30

表 4.3　　　　　　钢筋搭接焊最小搭接长度

焊接类型	HPB300	HRB400
双面焊	4*d*	5*d*
单面焊	8*d*	10*d*

表 4.4　　　　　　钢筋弯曲量度差值

钢筋弯起角度	30°	45°	60°	90°	135°
钢筋弯曲调整值	0.35*d*	0.54*d*	0.85*d*	1.75*d*	2.5*d*

（5）钢筋弯钩增加值

弯钩形式最常用的有半圆弯钩、直弯钩和斜弯钩。受力钢筋的弯钩和弯折应符合下列要求。

① HPB300 钢筋末端应作 180°弯钩，其弯弧内直径不应小于钢筋直径的 2.5 倍，弯钩的弯后平直部分长度不应小于钢筋直径的 3 倍。

② 当设计要求钢筋末端需作 135°弯钩时，HRB400 钢筋的弯弧内直径不应小于钢筋直径的 4 倍，弯钩的弯后平直部分长度应符合设计要求。

③ 钢筋作不大于 90°的弯折时，弯折处的弯弧内直径不应小于钢筋直径的 5 倍。钢筋弯钩增加长度见表 4.5。

表 4.5　　　　　　钢筋弯钩增加长度

弯 钩 类 型		弯　钩		
		180°	135°	90°
增加长度	HPB300	6.25*d*	4.9*d*	3.5*d*

注：HPB300 光圆钢筋弯曲直径按 2.5*d* 计。

④ 除焊接封闭环式箍筋外，箍筋的末端应作弯钩，弯钩形式应符合设计要求，当无具体要求时，应符合下列要求。

a. 箍筋弯钩的弯弧内直径除应满足上述要求外，尚应不小于受力钢筋直径。

b. 箍筋弯钩的弯折角度：对一般结构不应小于 90°；对于有抗震等要求的结构应为 135°。

c. 箍筋弯后平直部分长度：对一般结构不宜小于箍筋直径的 5 倍；对于有抗震要求的结构，不应小于箍筋直径的 10 倍。

为了箍筋计算方便，一般将箍筋的弯钩增加长度、弯折减少长度两项合并成一箍筋调整值，见表 4.6。计算时将箍筋外包尺寸或内皮尺寸加上箍筋调整值即为箍筋下料长度。

表 4.6　　　　　　箍筋调整值　　　　　　单位：mm

箍筋量度方法	箍筋直径			
	4～5	6	8	10～12
量外包尺寸	40	50	60	70
量内皮尺寸	80	100	120	150～170

（6）钢筋下料长度计算

直筋下料长度=构件长度+搭接长度−保护层厚度+弯钩增加长度

弯起筋下料长度=直段长度+斜段长度+搭接长度−弯折减少长度+弯钩增加长度

箍筋下料长度=直段长度+弯钩增加长度−弯折减少长度=箍筋周长+箍筋调整值

2. 钢筋配料

钢筋配料是钢筋加工中的一项重要工作，合理地配料能使钢筋得到最大限度的利用，并使钢筋的安装和绑扎工作简单化。钢筋配料是依据钢筋表合理安排同规格、同品种的下料，使钢筋的出厂规格长度能够得以充分利用，或库存各种规格和长度的钢筋得以充分利用。

（1）归整相同规格和材质的钢筋

下料长度计算完毕后，把相同规格和材质的钢筋进行归整和组合，同时根据现有钢筋的长度和能够及时采购到的钢筋的长度进行合理组合加工。

（2）合理利用钢筋的接头位置

对有接头的配料，在满足构件中接头的对焊或搭接长度，接头错开的前提下，必须根据钢筋原材料的长度来考虑接头的布置。要充分考虑原材料被截下来的一段长度的合理使用，如果能够使一根钢筋正好分成几段钢筋的下料长度，则是最佳方案。但往往难以做到，所以在配料时，要尽量地使被截下的一段能够长一些，这样才不致使余料成为废料，使钢筋能得到充分利用。

（3）钢筋配料应注意的事项

配料计算时，要考虑钢筋的形状和尺寸在满足设计要求的前提下，要有利于加工安装；配料时，要考虑施工需要的附加钢筋。如板双层钢筋中保证上层钢筋位置的撑脚、墩墙双层钢筋中固定钢筋间距的撑铁、柱钢筋骨架增加四面斜撑等。

根据钢筋下料长度计算结果和配料选择，汇总编制钢筋配料单。在钢筋配料单中必须反映出工程部位、构件名称、钢筋编号、钢筋简图及尺寸、钢筋直径、钢号、数量、下料长度、钢筋质量等。列入加工计划的配料单，将每一编号的钢筋制作一块料牌作为钢筋加工的依据，并在安装中作为区别各工程部位、构件和各种编号钢筋的标志。钢筋配料单和料牌应严格校核，必须准确无误，以免返工浪费。钢筋料牌如图 4.1 所示。

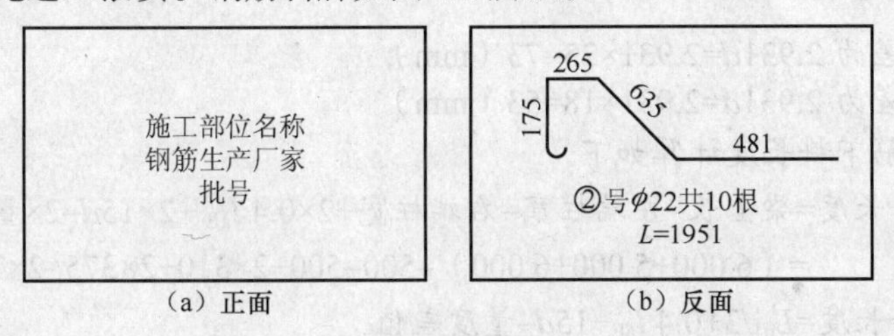

（a）正面　　（b）反面

图 4.1　钢筋料牌

【例 4-1】某教学楼第一层楼的 KL1，共计 5 根，如图 4.2 所示，KL1 钢筋布置如图 4.3 所示。梁混凝土保护层厚度为 25 mm，抗震等级为三级，混凝土强度级别为 C30，柱截面尺寸 500 mm×500 mm，请对其进行钢筋下料计算，并填写钢筋下料单。

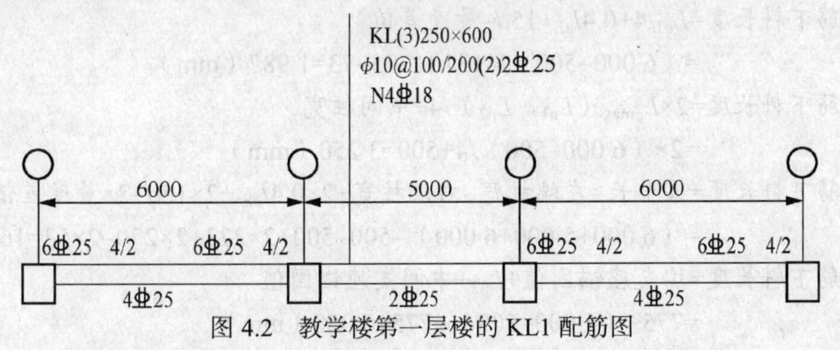

图 4.2　教学楼第一层楼的 KL1 配筋图

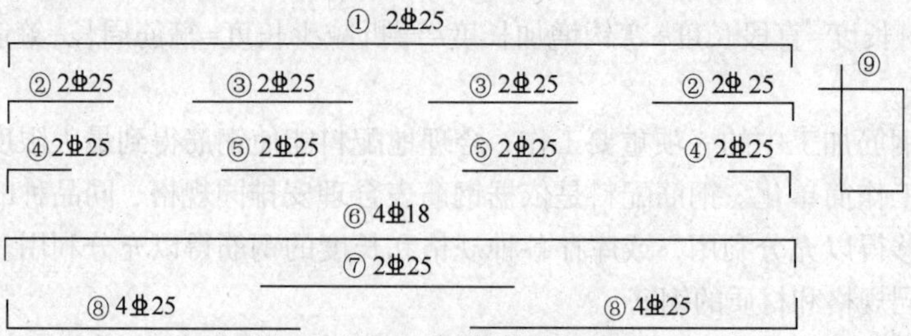

① 2Φ25
② 2Φ25　③ 2Φ25　③ 2Φ25　② 2Φ25　⑨
④ 2Φ25　⑤ 2Φ25　⑤ 2Φ25　④ 2Φ25
⑥ 4Φ18
⑦ 2Φ25
⑧ 4Φ25　⑧ 4Φ25

图 4.3　KL1 钢筋布置示意图

解：（1）依 11G101—1 图集，查得有关计算数据如下。

C30 混凝土，三级抗震，普通钢筋（$d \leqslant 25$ mm）时，$l_{aE}=31d$。

① 钢筋在端支座的锚固。

纵筋弯锚或直锚判断：因为（支座宽 25 ~ 500 mm）⩽锚固长度 31×18=558（mm），所以钢筋在端支座均需弯锚（注：这里考察的是直径 18 mm 的受扭钢筋，直径 25 mm 的钢筋必然也需要弯锚）。弯锚部分长度如下。

当直径=25 mm 时，$0.4\ l_{aE}=0.4\times31\times25=310$（mm），$15d=15\times25=375$（mm）;

当直径=18 mm 时，$0.4\ l_{aE}=0.4\times31\times18=223$（mm），$15d=15\times18=270$（mm）。

注：$0.4l_{aE}$ 表示钢筋弯锚时进入柱中水平段锚固长度值，$15d$ 表示在柱中竖直段钢筋的锚固长度值。

② 钢筋在中间支座的锚固（仅⑦、⑧钢筋）。

因为，$l_{aE}=31\times25=775$（mm），$0.5h_c+5d=0.5\times500+5\times25=375$（mm），所以，⑦、⑧钢筋在中间支座处的锚固长度取较大值 775 mm。

（2）量度差（纵向钢筋的弯折角度为 90°，依据平法图集构造要求，框架主筋的弯曲半径 $R=4d$）。

Φ25 钢筋量度差为 $2.931d=2.931\times25=73$（mm）;

Φ18 钢筋量度差为 $2.931d=2.931\times18=53$（mm）。

（3）各编号钢筋下料长度计算如下。

① 号钢筋下料长度=梁全长−左端柱宽−右端柱宽$+2\times0.4\ l_{aE}+2\times15d-2\times$量度差值

=（6 000+5 000+6 000）−500−500+2×310+2×375−2×73=17 224（mm）

② 号钢筋下料长度=$L_{n1}/3+0.4\ l_{aE}+15d-$量度差值

=（6 000−500）/3+310+375−73=2 445（mm）

③ 号钢筋下料长度=$2\times L_{nmax}$（L_{n1}，L_{n2}）/3+中间柱宽

=2×（6 000−500）/3+500=4 167（mm）

式中，L_{nmax} 为支座左右两跨净跨较大值；L_{n1} 为支座左跨净跨值；L_{n2} 为支座右跨净跨值。

④ 号钢筋下料长度=$L_{n1}/4+0.4l_{aE}+15d-$量度差值

=（6 000−500）/4+310+375−73=1 987（mm）

⑤ 号钢筋下料长度=$2\times L_{nmax}$（L_{n1}，L_{n2}）/4+中间柱宽

=2×（6 000−500）/4+500=3 250（mm）

⑥ 号钢筋下料长度=梁全长−左端柱宽−右端柱宽$+2\times0.4l_{aE}+2\times15d-2\times$量度差值

=（6 000+5 000+6 000）−500−500+2×223+2×270−2×53=16 880（mm）

⑦ 号钢筋下料长度=端支座锚固值$+L_{n2}+$中间支座锚固值

=775+（5 000−500）+775=6 050（mm）

⑧ 号钢筋下料长度=$L_{n1}+0.4\ l_{aE}+15d+$中间支座锚固值−量度差值

=（6 000−500）+310+375+775−73=6 887（mm）

⑨ 号钢筋下料长度=2×梁高+2×梁宽−8×保护层厚度+160（量内皮）

=2×600+2×250−8×25+160=1 660（mm）

（4）箍筋数量计算如下。

加密区长度为 900 mm（取 1.5h 与 500 mm 的大值，则 1.5×600=900mm >500 mm）。

每个加密区箍筋数量=（900−50）/100+1=10（个）

边跨非加密区箍筋数量=（6 000−500−900−900）/200−1=18（个）

中跨非加密区箍筋数量=（5 000−500−900−900）/200−1=13（个）

每根梁箍筋总数量=10×6+18×2+13=109（个）

编制钢筋下料表见表 4.7。

表 4.7　　钢筋下料表

构件	钢筋	简　图	直径/mm	钢筋级别	下料长度/mm	单位根数	合计根数	质量/kg
KL1 梁共 5 根	①		25	Φ	17 224	2	10	663.3
	②		25	Φ	2 445	4	20	188.3
	③		25	Φ	4 167	4	20	321.0
	④		25	Φ	1 987	4	20	158.7
	⑤		25	Φ	3 250	4	20	250.3
	⑥		18	Φ	16 880	4	20	584.4
	⑦		25	Φ	6 050	2	10	233.0
	⑧		25	Φ	6 887	8	40	1061
	⑨		10	ϕ	1 660	109	545	557.8

3. 钢筋代换

钢筋的级别、钢号和直径应按设计要求采用，若施工中缺乏设计图中所要求的钢筋，在征得设计单位的同意并办理设计变更文件后，可按下述原则进行代换。

① 当构件按强度控制时，可按强度相等的原则代换，称“等强代换”。如设计中所用钢筋强度为 f_{y1}，钢筋总面积为 A_{S1}；代换后钢筋强度为 f_{y2}，钢筋总面积为 A_{S2}，应使代换后钢筋的总强度不小于代换前钢筋的总强度，即

$$A_{S2} f_{y2} \geqslant f_{y1} A_{S1}$$

$$A_{S2} \geqslant (f_{y1}/f_{y2}) \cdot A_{S1}$$

② 当构件按最小配筋率配筋时，可按钢筋面积相等的原则进行代换，称为“等面积代换”。

二、钢筋内场加工

1. 钢筋的除锈

钢筋由于保管不善或存放时间过久，就会受潮生锈。在生锈初期，钢筋表面呈黄褐色，称水锈或色锈，这种水锈除在焊点附近必须清除外，一般可不处理；但是当钢筋锈蚀进一步发展，

钢筋表面已形成一层锈皮，受锤击或碰撞可见其剥落，这种铁锈不能很好地和混凝土黏结，影响钢筋和混凝土的握裹力，并且在混凝土中继续发展，需要清除。

钢筋除锈方式有 3 种：一是手工除锈，如用钢丝刷、砂堆、麻袋砂包、砂盘等擦锈；二是除锈机械除锈；三是在钢筋的其他加工工序的同时除锈，如在冷拉、调直过程中除锈。

2. 钢筋调直

钢筋在使用前必须经过调直，否则会影响钢筋受力，甚至会使混凝土提前产生裂缝，如未调直直接下料，会影响钢筋的下料长度，并影响后续工序的质量。

钢筋调直应符合下列要求。

① 钢筋的表面应洁净，使用前应无表面油渍、漆皮、锈皮等。

② 钢筋应平直，无局部弯曲，钢筋中心线同直线的偏差不超过其全长的 1%。成盘的钢筋或弯曲的钢筋均应调直后方允许使用。

③ 钢筋调直后其表面伤痕不得使钢筋截面积减少 5%以上。

钢筋调直一般采用机械调直，常用的调直机械有钢筋调直机、弯筋机、卷扬机等。钢筋调直机用于圆钢筋的调直和切断，并可清除其表面的氧化皮和污迹。

3. 钢筋切断

钢筋切断有手工切断、机械切断、氧气切割等 3 种方法。

手工切断的工具有断线钳（用于切断 5 mm 以下的钢丝）、手动液压钢筋切断机（用于切断直径为 16 mm 以下的钢筋、直径 25 mm 以下的钢绞线）。

机械切断一般采用钢筋切断机，它将钢筋原材料或已调直的钢筋切断，其主要类型有机械式、液压式和手持式钢筋切断机。机械式钢筋切断机有偏心轴立式、凸轮式和曲柄连杆式等形式。

直径大于 40 mm 的钢筋一般用氧气切割。

4. 钢筋弯曲成形

钢筋弯曲成形有手工和机械弯曲成形两种方法。钢筋弯曲机有机械钢筋弯曲机、液压钢筋弯曲机和钢筋弯箍机等几种形式。

三、钢筋接头的连接

钢筋的接头连接有焊接和机械连接两类。常用的钢筋焊接机械有电阻焊接机、电弧焊接机、气压焊接机及电渣压力焊机等。钢筋机械连接方法主要有钢筋套筒挤压连接、锥螺纹套筒连接等。

1. 钢筋焊接

钢筋焊接方式有闪光对焊、电阻点焊、电弧焊、电渣压力焊、埋弧压力焊、气压焊等，其中对焊用于接长钢筋，点焊用于焊接钢筋网，埋弧压力焊用于钢筋与钢板的焊接，电渣压力焊用于现场焊接竖向钢筋。

（1）电阻焊

① 钢筋点焊。钢筋点焊机是利用电流通过焊件时产生的电阻热作为热源，并施加一定的压力，使交叉连接的钢筋接触处形成一个牢固的焊点，将钢筋焊合起来。点焊时，将表面清理好的钢筋叠合在一起，放在两个电极之间预压夹紧，使两根钢筋交接点紧密接触。当踏下脚踏板时，带动压紧

机构使上电极压紧钢筋，同时断路器也接通电路，电流经变压器次级线圈引到电极，接触点处在极短的时间内产生大量的电阻热，使钢筋加热到熔化状态，在压力作用下两根钢筋交叉焊接在一起。当放松脚踏板时，电极松开，断路器随着杠杆下降，断开电路，点焊结束。

② 钢筋闪光对焊。闪光对焊是利用电流通过对接的钢筋时，产生的电阻热作为热源使金属熔化，产生强烈飞溅，并施加一定压力而使之焊合在一起的焊接方式。对焊不仅能提高工效，节约钢材，还能充分保证焊接质量。对焊机分为手动对焊机和自动对焊机。

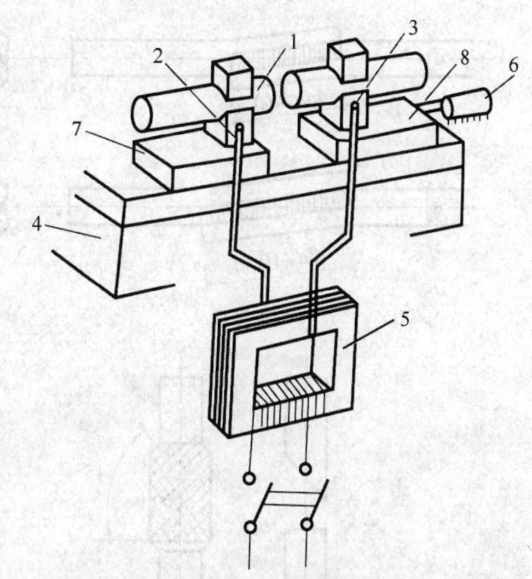

图 4.4　钢筋闪光对焊原理

1—焊接的钢筋　2—固定电极　3—可动电极　4—机座　5—变压器　6—平动顶压机构　7—固定支座　8—滑动支座

闪光对焊机由机架、导向机构、移动夹具和固定夹具、送料机构、夹紧机构、电气设备、冷却系统及控制开关等组成，如图 4.4 所示。闪光对焊机适用于水平钢筋非施工现场连接，适用于直径 10 ~ 40 mm 的各种热轧钢筋的焊接。

（2）电弧焊接

钢筋电弧焊是以焊条作为一极，钢筋为另一极，利用焊接电流通过产生的电弧热进行焊接的一种熔焊方法。电弧焊具有设备简单、操作灵活、成本低等特点，且焊接性能好，但工作条件差、效率低。适用于构件厂内和施工现场焊接碳素钢、低合金结构钢、不锈钢、耐热钢和对铸铁的补焊，可在各种条件下进行各种位置的焊接。电弧焊又分手弧焊、埋弧压力焊等。

① 手弧焊。手弧焊是利用手工操纵焊条进行焊接的一种电弧焊。手弧焊用的焊机有交流弧焊机（焊接变压器）、直流弧焊机（焊接发电机）等，辅助设备有焊钳、焊接电缆、面罩、敲渣锤、钢丝刷和焊条保温筒等。BX3-300 型交流弧焊机如图 4.5 所示。

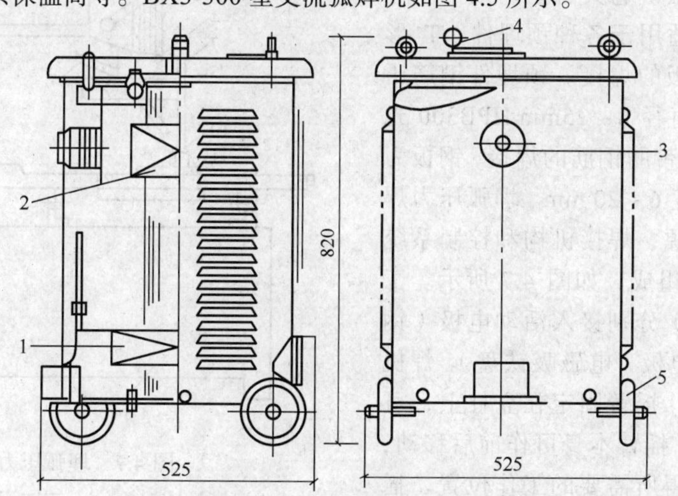

图 4.5　BX3-300 型交流弧焊机

1—初级线圈　2—次级线圈　3—电源转换开关　4—调节手柄　5—滚轮

焊接电流和焊条直径应根据钢筋级别、直径、接头形式和焊接位置进行选择。钢筋电弧焊的接头形式有搭接接头、帮条接头及坡口接头 3 种，如图 4.6 所示。

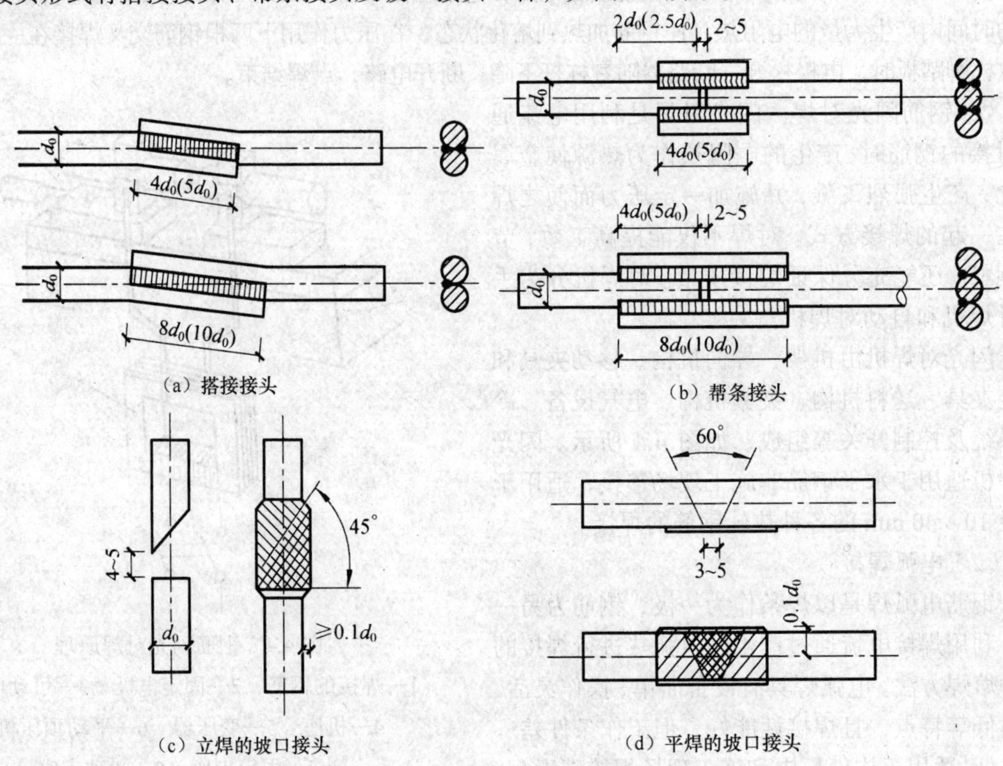

图 4.6 钢筋电弧焊的接头形式

② 埋弧压力焊。埋弧压力焊是将钢筋与钢板安放成 T 形，利用焊接电流通过时在焊剂层下产生电弧，形成熔池，加压完成的一种压焊方法。它具有生产效率高、质量好等优点，适用于各种预埋件、T 形接头、钢筋与钢板的焊接。预埋件钢筋压力焊适用于热轧直径 6 ~ 25mm HPB300 光圆钢筋、HRB400 带肋钢筋的焊接，钢板为普通碳素钢，厚度 6 ~ 20 mm。埋弧压力焊机主要由焊接电源、焊接机构和控制系统（控制箱）3 部分组成，如图 4.7 所示。工作线圈（副线圈）分别接入活动电极（钢筋夹头）及固定电极（电磁吸铁盘）。焊机结构采用摇臂式，摇臂固定在立柱上，可作左右回转活动；摇臂本身可作前后移动，以使焊接时能取得所需要的工作位置。摇臂末端装有可上下移动的工作头，其下端是用导电材料制成的偏心夹头，夹头接工作线圈，成活动电极。工作平台上装有平面型电磁吸铁盘，拟焊钢板放置其上，接

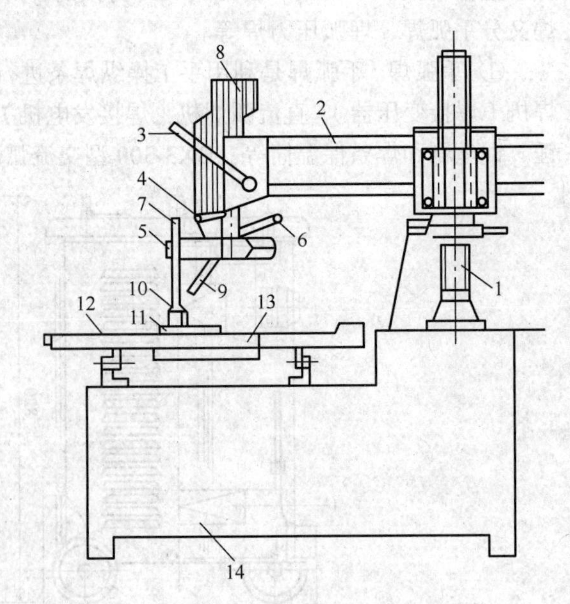

图 4.7 埋弧压力焊机

1—立柱 2—摇臂 3—压柄 4—工作头 5—钢筋夹头 6—手柄 7—钢筋 8—焊剂料箱 9—焊剂漏口 10—铁圈 11—预埋钢板 12—工作平台 13—焊剂储斗 14—机座

通电源，能被吸住而固定不动。

在埋弧压力焊时，钢筋与钢板之间引燃电弧之后，由于电弧作用使局部用材及部分焊剂熔化和蒸发，蒸发气体形成了一个空腔，空腔被熔化的焊剂所形成的熔渣包围，焊接电弧就在这个空腔内燃烧，在焊接电弧热的作用下，熔化的钢筋端部和钢板金属形成焊接熔池。待钢筋整个截面均匀加热到一定温度，将钢筋向下顶压，随即切断焊接电源，冷却凝固后形成焊接接头。

（3）气压焊接

气压焊是利用氧气和乙炔气，按一定的比例混合燃烧的火焰，将被焊钢筋两端加热，使其达到热塑状态，经施加适当压力，使其接合的固相焊接法。钢筋气压焊适用于 14 ~ 40 mm 各种热轧钢筋，也能进行不同直径钢筋间的焊接，还可用于钢轨焊接。被焊材料有碳素钢、低合金钢、不锈钢和耐热合金等。钢筋气压焊设备轻便，可进行水平、垂直、倾斜等全方位焊接，具有节省钢材、施工费用低廉等优点。

钢筋气压焊接机由供气装置（氧气瓶、溶解乙炔瓶等）、多嘴环管加热器、加压器（油泵、顶压油缸等）、焊接夹具及压接器等组成，如图 4.8 所示。

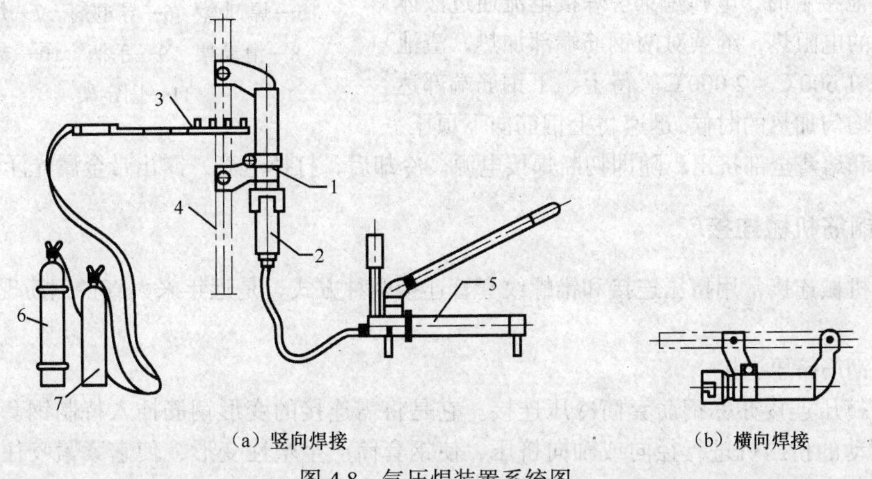

图 4.8　气压焊装置系统图

1—压接器　2—顶压油缸　3—加热器　4—钢筋　5—加压器（手动）　6—氧气瓶　7—乙炔瓶

钢筋气压焊采用氧—乙炔火焰对着钢筋对接处连续加热，淡白色羽状火焰前端要触及钢筋或伸到接缝内，火焰始终不离开接缝，待接缝处钢筋红热时，加足顶锻压力使钢筋端面闭合。钢筋端面闭合后，把加热焰调成乙炔稍多的中性焰，以接合面为中心，多嘴环管加热器沿钢筋轴向，在两倍钢筋直径范围内均匀摆动加热。摆幅由小变大，摆速逐渐加快。当钢筋表面变成炽白色、氧化物变成芝麻粒大小的灰白色球状物继而聚集成泡沫，开始随多嘴环管加热器摆动方向移动时，再加足顶锻压力，并保持压力到使接合处对称均匀变粗，其直径为钢筋直径的 1.4 ~ 1.6 倍，变形长度为钢筋直径的 1.2 ~ 1.5 倍，即可停止供气，焊接完成。

（4）电渣压力焊

钢筋电渣压力焊是将两根钢筋安放成竖向对接形式，利用焊接电流通过两钢筋端面间隙，在焊剂层下形成电弧过程和电渣过程，产生电弧热和电阻热，熔化钢筋，加压完成的一种焊接方法。钢筋电渣压力焊机操作方便，效率高，适用于竖向或斜向受力钢筋的连接，钢筋牌号为 HPB300 光圆钢筋、

HRB400 带肋钢筋，直径为 14～40 mm。

电渣压力焊机分为自动电渣压力焊机及手工电渣压力焊机两种，主要由焊接电源（BX2-1000 型焊接变压器）、焊接夹具、操作控制系统、辅件（焊剂盒、回收工具）等组成。图 4.9 为电动凸轮式钢筋自动电渣压力焊机基本构造示意图。将上、下两钢筋端部埋于焊剂之中，两端面之间留有一定间隙。电源接通后，采用接触引燃电弧，焊接电弧在两钢筋之间燃烧，电弧热将两钢筋端部熔化，熔化的金属形成熔池，熔融的焊剂形成熔渣（渣池），覆盖于熔池之上。熔池受到熔渣和焊剂蒸气的保护，不与空气接触而发生氧化反应。随着电弧的燃烧，两根钢筋端部熔化量增加，熔池和渣池加深，此时应不断将上钢筋下送。至其端部直接与渣池接触时，电弧熄灭。焊接电流通过液体渣池产生的电阻热，继续对两钢筋端部加热，渣池温度可达 1 600℃～2 000℃。待上、下钢筋端部达到全断面均匀加热的时候，迅速将上钢筋向下顶压，液态金属和熔渣全部挤出；随即切断焊接电源。冷却后，打掉渣壳，露出带金属光泽的焊包。

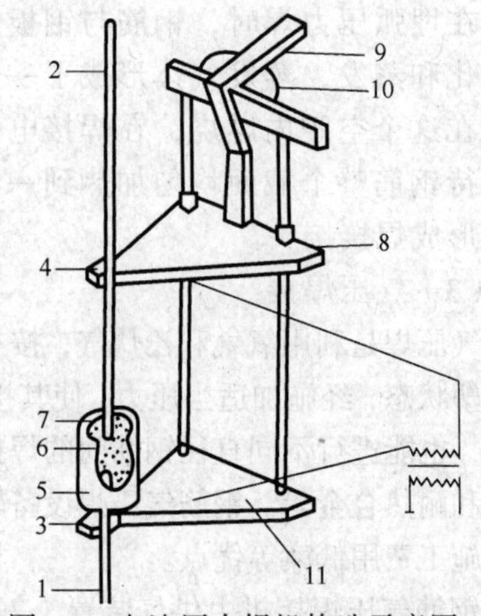

图 4.9　电渣压力焊机构造示意图

1、2—钢筋　3—固定电极　4—活动电极　5—焊剂盒　6—导电剂　7—焊剂　8—滑动架　9—手柄　10—支架　11—固定架

2. 钢筋机械连接

钢筋机械连接常用挤压连接和锥螺纹套管连接两种方式，是近年来大直径钢筋现场连接的主要方法。

（1）钢筋挤压连接

钢筋挤压连接亦称钢筋套筒冷压连接。它是将需连接的变形钢筋插入特制钢套筒内，利用液压驱动的挤压机进行径向或轴向挤压，使钢套筒产生塑性变形，使它紧紧咬住变形钢筋实现连接。它适用于竖向、横向及其他方向的较大直径变形钢筋的连接。与焊接相比，它具有节省电能、不受钢筋可焊性能的影响、不受气候影响、无明火、施工简便和接头可靠度高等特点。

① 钢筋径向挤压套管连接。钢筋径向挤压套管连接是沿套管直径方向从套管中间依此向两端挤压套管，使之发生冷塑性变形，把插在套管里的两根钢筋紧紧咬合成一体，如图 4.10、图 4.11 所示。它适用于带肋钢筋连接。

② 钢筋轴向挤压套管连接。钢筋轴向挤压套管连接是沿钢筋轴线冷挤压金属套管，把插入套管里的两根待连接热轧带肋钢筋紧固连成一体，如图 4.12 所示。它适用于连接直径 20～32 mm 竖向、斜向和水平钢筋。

套管的材料和几何尺寸应符合接头规格的技术要求，并应有出厂合格证。套管的标准屈服承载力和极限承载力应比钢筋大 10%以上，套管的保护层厚度不宜小于 15 mm，净距不宜小于 25 mm，当所用套管外径相同时，钢筋直径相差不宜大于两个级差。

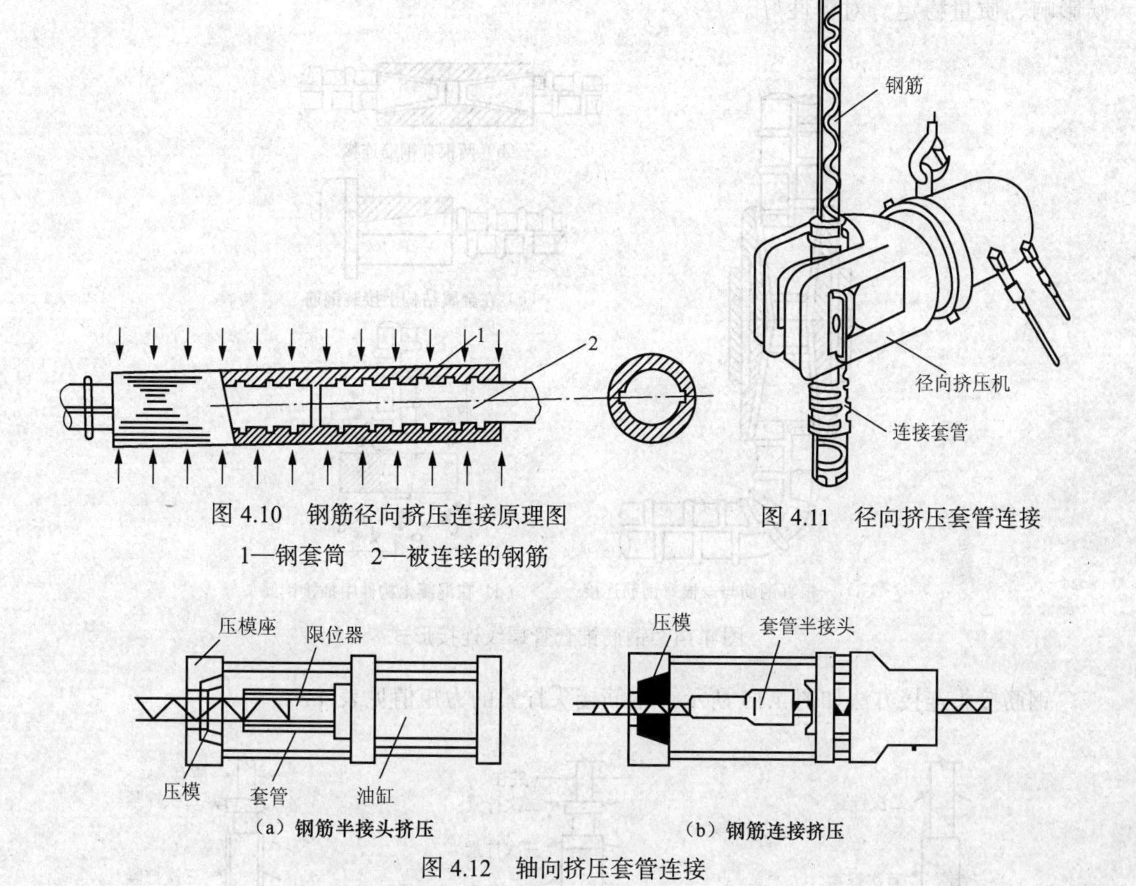

图 4.10　钢筋径向挤压连接原理图

1—钢套筒　2—被连接的钢筋

图 4.11　径向挤压套管连接

（a）钢筋半接头挤压　　（b）钢筋连接挤压

图 4.12　轴向挤压套管连接

冷挤压接头的外观检查应符合以下要求。

a. 钢筋连接端花纹要完好无损，不能打磨花纹；连接处不能有油污、水泥等杂物。

b. 钢筋端头离套管中线不应超过 10 mm。

c. 压痕间距宜为 1 ~ 6 mm，挤压后的套管接头长度为套管原长度的 1.10 ~ 1.15 倍，挤压后套管接头外径，用量规测量应能通过（量规不能从挤压套管接头外径通过的，可更换挤压模重新挤压一次），压痕处最小外径为套管原外径的 0.85 ~ 0.90 倍。

d. 挤压接头处不能有裂纹、接头弯折角度不得大于 4°。

（2）锥形螺纹钢筋连接

锥形螺纹钢筋连接是将两根待接钢筋的端部和套管预先加工成锥形螺纹，然后用手和力矩扳手将两根钢筋端部旋入套管形成机械式钢筋接头，如图 4.13 所示。它能在施工现场连接 ϕ16 ~ ϕ40 mm 的同径或异径的竖向、水平或任何倾角的钢筋，不受钢筋有无花纹及含量的限制。当连接异径钢筋时，所连接钢筋直径之差不应超过 9 mm。

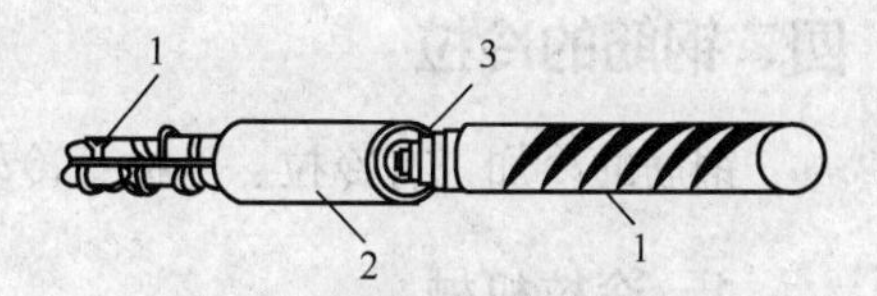

图 4.13　锥形螺纹钢筋接头

1—钢筋　2—套管　3—锥螺纹

钢套管内壁用专用机床加工有螺纹，钢筋的对端头亦在套丝机上加工有与套管匹配的螺纹。连接时，在对螺纹检查无油污和损伤后，先用手旋入钢筋，然后用力矩扳手紧固至规定的力矩即完成连接。钢筋锥套管螺纹连接形式如图 4.14 所示。它施工速度快、不受气候影响、质量稳定、对中性好。

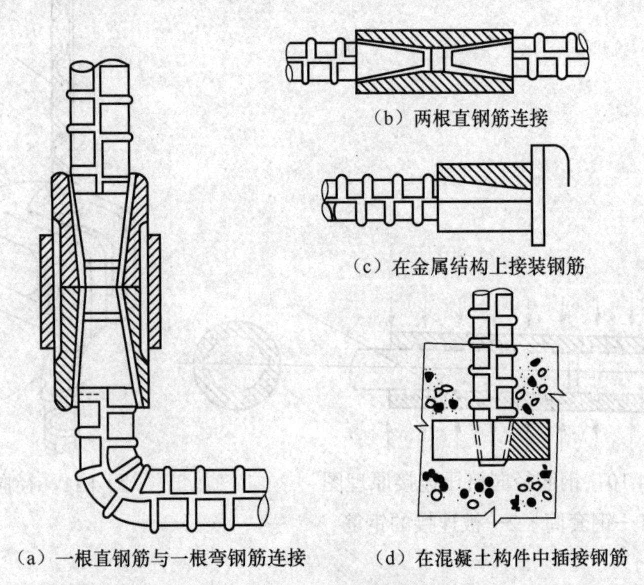

图 4.14 钢筋锥套管螺纹连接形式

钢筋接头连接方法如图 4.15 所示，钢筋接头拧紧的力矩值见表 4.8。

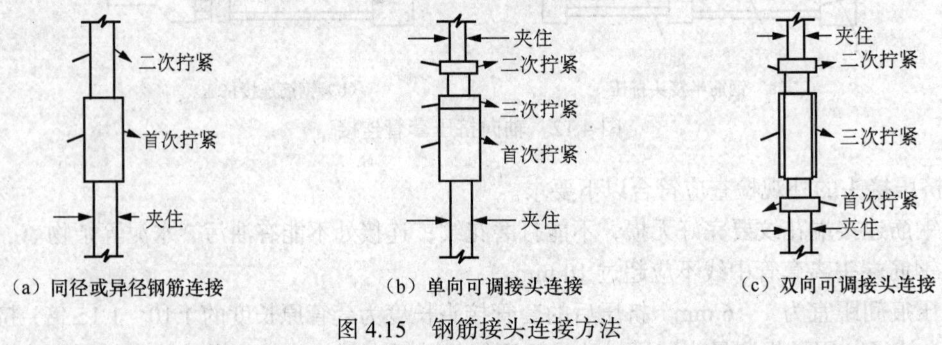

图 4.15 钢筋接头连接方法

表 4.8 钢筋接头拧紧力矩值

钢筋直径/mm	16	18	20	22	25 ~ 28	32	36	40
拧紧力矩值/（N·m）	118	145	177	216	275	314	343	343

四、钢筋的冷拉

钢筋的冷加工有冷拉、冷拔、冷轧等 3 种形式。这里仅介绍钢筋的冷拉。

1. 冷拉机械

常用的冷拉机械有卷扬机式、阻力轮式、丝杠式、液压式等钢筋冷拉机。

卷扬机式钢筋冷拉工艺是目前普遍采用的冷拉工艺。它适应性强，可按要求调节冷拉率和冷拉控制应力；冷拉行程大，不受设备限制，可适应冷拉不同长度和直径的钢筋；设备简单、效率高、成本低。图 4.16 所示为卷扬机式钢筋冷拉机构造，它主要由卷扬机、滑轮组、地锚、导向滑轮、夹具和测力装置等组成。工作时，由于卷筒上传动钢丝绳是正、反穿绕在两副动滑轮组上，因此当卷扬机旋转时，夹持钢筋的一副动滑轮组被拉向卷扬机，使钢筋被拉伸；而另一副动滑轮组则被拉向导向滑轮，在下次冷拉时交替使用。钢筋所受的拉力经传力杆、活动横梁传送给测力装置，从而测出拉力的大小。对于拉伸长度，可通过标尺直接测量或用行程开关来控制。

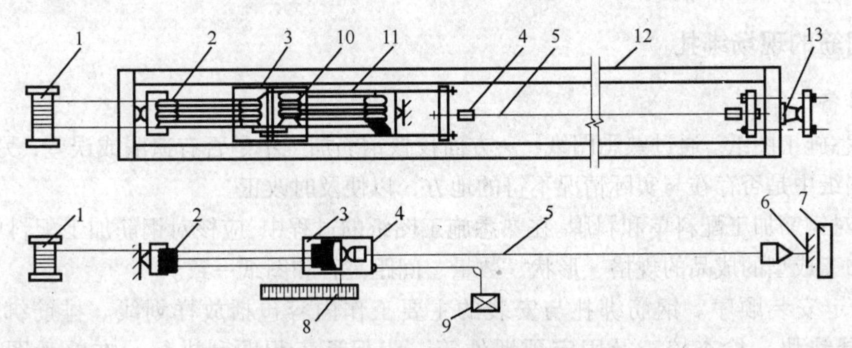

图 4.16　卷扬机式钢筋冷拉机

1—卷扬机　2—滑轮组　3—冷拉小车　4—夹具　5—被冷拉钢筋　6—地锚　7—防护壁
8—标尺　9—回程荷重架　10—回程滑轮组　11—传力架　12—冷拉槽　13—液压千斤顶

2. 冷拉钢筋作业

① 钢筋冷拉前，应先检查钢筋冷拉设备的能力和冷拉钢筋所需的吨位值是否相适应，不允许超载冷拉。特别是用旧设备拉粗钢筋时应特别注意。

② 为确保冷拉钢筋的质量，钢筋冷拉前，应对测力器和各项冷拉数据进行校核，并做好记录。

③ 冷拉钢筋时，操作人员应站在冷拉线的侧向，操作人员应在统一指挥下进行作业。听到开车信号，看到操作人员离开危险区后，方能开车。

④ 在冷拉过程中，应随时注意限制信号，当看到停车信号或见到有人误入危险区时，应立即停车，并稍微放松钢丝绳。在作业过程中，严禁横向跨越钢丝绳或冷拉线。

⑤ 冷拉钢筋时，不论是拉紧或放松，均应缓慢和均匀地进行，绝不能时快时慢。

⑥ 冷拉钢筋时，如遇焊接接头被拉断，可重新焊接后再拉，但一般不得超过两次。

五、钢筋的绑扎与安装

基面终验清理完毕或施工缝处理完毕养护一定时间，混凝土强度达到 2.5 MPa 后，即进行钢筋的绑扎与安装作业。钢筋的安设方法有两种：一种是将钢筋骨架在加工厂制好，再运到现场安装，叫整装法；另一种是将加工好的散钢筋运到现场，再逐根安装，叫散装法。

1. 钢筋的绑扎接头

（1）钢筋绑扎要求

① 钢筋的交叉点应用铁丝扎牢。

② 柱、梁的箍筋，除设计有特殊要求外，应与受力钢筋垂直；箍筋弯钩叠合处，应沿受力钢筋方向错开设置。

③ 柱中竖向钢筋搭接时，角部钢筋的弯钩平面与模板面的夹角，矩形柱应为 45°，多边形

柱应为模板内角的平分角。

④ 板、次梁与主梁交叉处，板的钢筋在上，次梁的钢筋居中，主梁的钢筋在下；当有圈梁或垫梁时，主梁的钢筋应放在圈梁上。主筋两端的搁置长度应保持均匀一致。

（2）钢筋绑扎接头

同一构件中相邻纵向受力钢筋的绑扎搭接接头宜相互错开。

2. 钢筋的现场绑扎

（1）准备工作

① 熟悉施工图纸。通过熟悉图纸，一方面校核钢筋加工中是否有遗漏或误差；另一方面也可以检查图纸中是否存在与实际情况不符的地方，以便及时改正。

② 核对钢筋加工配料单和料牌。在熟悉施工图纸的过程中，应核对钢筋加工配料单和料牌，并检查已加工成型的成品的规格、形状、数量、间距是否和图纸一致。

③ 确定安装顺序。钢筋绑扎与安装的主要工作内容包括放样划线、排筋绑扎、垫撑铁和保护层垫块、检查校正及固定预埋件等。为保证工程顺利进行，在熟悉图纸的基础上，要考虑钢筋绑扎安装顺序。板类构件排筋顺序一般先排受力钢筋后排分布钢筋；梁类构件一般先摆纵筋（摆放有焊接接头和绑扎接头的钢筋应符合规定），再排箍筋，最后固定。

④ 做好材料、机具的准备。钢筋绑扎与安装的主要材料、机具包括钢筋钩、吊线垂球、木水平尺、麻线、长钢尺、钢卷尺、扎丝、垫保护层用的砂浆垫块或塑料卡、撬杆、绑扎架等。对于结构较大或形状较复杂的构件，为了固定钢筋还需一些钢筋支架、钢筋支撑。扎丝一般采用 18 ~ 22 号铁丝或镀锌铁丝，扎丝长度一般用钢筋钩拧 2 ~ 3 圈后，铁丝出头长度为 20 cm 左右。

⑤ 放线。放线要从中心点开始向两边量距放点，定出纵向钢筋的位置。水平钢筋的放线可放在纵向钢筋或模板上。

（2）钢筋的绑扎

钢筋的绑扎应顺直均匀、位置正确。钢筋绑扎的操作方法有一面顺扣法、十字花扣法、反十字扣法、兜扣法、缠扣法、兜扣加缠法、套扣法等，较常用的是一面顺扣法。一面顺扣法的操作步骤是：首先将已切断的扎丝在中间折合成 180°弯，然后将扎丝清理整齐。绑扎时，执在左手的扎丝应靠近钢筋绑扎点的底部，右手拿住钢筋钩，食指压在钩前部，用钩尖端钩住扎丝底扣处，并紧靠扎丝开口端，绕扎丝拧转两圈套半，在绑扎时扎丝扣伸出钢筋底部要短，并用钩尖将铁丝扣紧。为使绑扎后的钢筋骨架不变形，每个绑扎点进扎丝扣的方向要求交替变换 90°。

钢筋加工的形状、尺寸应符合设计要求，其偏差应符合表 4.9 的规定。

表 4.9 钢筋加工的允许偏差

项目	允许偏差/mm
受力钢筋顺长度方向全长的净尺寸	±10
弯起钢筋的弯折位置	±20
箍筋内净尺寸	±5

钢筋安置位置的偏差应符合表 4.10 的规定。

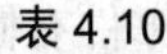

表 4.10　　钢筋安置位置的允许偏差和检验方法

项目			允许偏差/mm	检验方法
绑扎钢筋网		长、宽	±10	钢尺检查
		网眼尺寸	±20	钢尺量连续 3 挡，取最大值
绑扎钢筋骨架		长	±10	钢尺检查
		宽、高	±5	钢尺检查
受力钢筋	间距		±10	钢尺量两端、中间各一点，取最大值
	排距		±5	
	保护层厚度	基础	±10	钢尺检查
		柱、梁	±5	钢尺检查
		板、墙、壳	±3	钢尺检查
绑扎箍筋、横向钢筋间距			±20	钢尺量连续 3 挡，取最大值
钢筋弯起点位置			20	钢尺检查
预埋件中心线位置			5	钢尺检查
水平高差			+3.0	钢尺和塞尺检查

任务二　模板工程施工

一、模板构造

模板与其支撑体系组成模板系统。模板系统是一个临时架设的结构体系，其中模板是新浇混凝土成型的模具，它与混凝土直接接触，使混凝土构件具有所要求的形状、尺寸和表面质量；支撑体系是指支撑模板，承受模板、构件及施工中各种荷载的作用，并使模板保持所要求的空间位置的临时结构。

模板应保证混凝土结构和构件浇筑后的各部分形状和尺寸以及相互位置的准确性；具有足够的稳定性、刚度及强度；装拆方便，能够多次周转使用，形式要尽量做到标准化、系列化；接缝应不易漏浆、表面要光洁平整。

1．模板的分类

① 按模板形状分有平面模板和曲面模板。平面模板又称为侧面模板，主要用于结构物垂直面。曲面模板用于廊道、隧洞、溢流面和某些形状特殊的部位，如进水口扭曲面、蜗壳、尾水管等。

② 按模板材料分有木模板、竹模板、钢模板、混凝土预制模板、塑料模板、橡胶模板等。

③ 按模板受力条件分有承重模板和侧面模板。承重模板主要承受混凝土重量和施工中的垂直荷载；侧面模板主要承受新浇混凝土的侧压力。侧面模板按其支撑受力方式，又分为简支模板、悬臂模板和半悬臂模板。

④ 按模板使用特点分有固定式、拆移式、移动式和滑动式。固定式用于形状特殊的部位，不能重复使用。后 3 种模板都能重复使用，或连续使用在形状一致的部位。但其使用方式有所不同：拆移式模板需要拆散移动；移动式模板的车架装有行走轮，可沿专用轨道使模板整体移动；滑动式模板是以千斤顶或卷扬机为动力，可在混凝土连续浇筑的过程中，使模板面紧贴混凝土面滑动。

2．定型组合钢模板

定型组合钢模板系统包括钢模板、连接件、支撑件 3 部分。其中，钢模板包括平面钢模板和拐角模板；连接件有 U 形卡、L 形插销、钩头螺栓、紧固螺栓、蝶形扣件等；支撑件有圆钢管、薄壁矩形钢管、内卷边槽钢、单管伸缩支撑等。

（1）钢模板的规格和型号

钢模板包括平面模板、阳角模板、阴角模板和连接角模，如图 4.17 所示。单块钢模板由面板、边框和加劲肋焊接而成。面板厚 2.3 mm 或 2.5 mm，边框和加劲肋上面按一定距离（如 150 mm）钻孔，可利用 U 形卡和 L 形插销等拼装成大块模板。

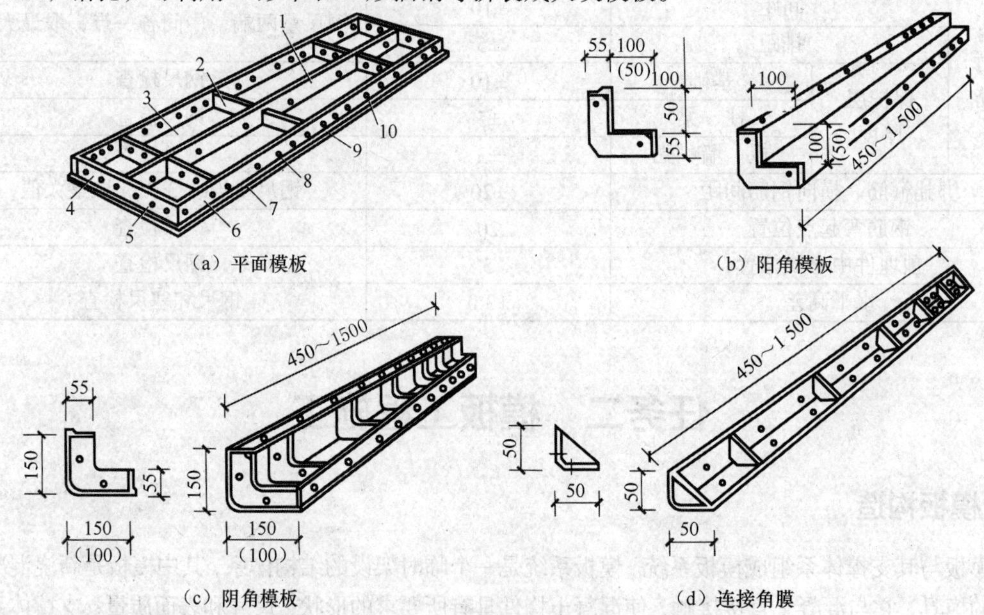

图 4.17 钢模板类型

1—中纵肋 2—中横肋 3—面板 4—横肋 5—插销孔 6—纵肋

7—凸棱 8—凸鼓 9—U 形卡孔 10—钉子孔

钢模板的宽度以 50 mm 进级，长度以 150 mm 进级，其规格和型号已做到标准化、系列化。如型号为 P3015 的钢模板，P 表示平面模板，3015 表示宽×长为 300 mm×1 500 mm。又如型号为 Y1015 的钢模板，Y 表示阳角模板，1015 表示宽×长为 100 mm×1 500 mm。如拼装时出现不足模数的空隙时，用镶嵌木条补缺，用钉子或螺栓将木条与板块边框上的孔洞连接。

（2）连接件

① U 形卡。它用于钢模板之间的连接与锁定，使钢模板拼装密合。U 形卡安装间距一般不大于 300 mm，即每隔一孔卡插一个，安装方向一顺一倒相互交错。

② L 形插销。它插入模板两端边框的插销孔内，用于增强钢模板纵向拼接的刚度和保证接头处板面平整。

③ 钩头螺栓。它用于钢模板与内、外钢楞之间的连接固定，使之成为整体，安装间距一般不大于 600 mm，长度应与采用的钢楞尺寸相适应。

④ 对拉螺栓。它用来保持模板与模板之间的设计厚度并承受混凝土侧压力及水平荷载，使模板不致变形。

⑤ 紧固螺栓。它用于紧固钢模板内外钢楞，增强组合模板的整体刚度，长度与采用的钢楞尺寸相适应。

⑥ 扣件。它用于将钢模板与钢楞紧固，与其他的配件一起将钢模板拼装成整体。按钢楞的不同形状尺寸，分别采用蝶形扣件和“3”形扣件，其规格分为大小两种。

钢模板连接件及其应用如图 4.18、图 4.19 所示。

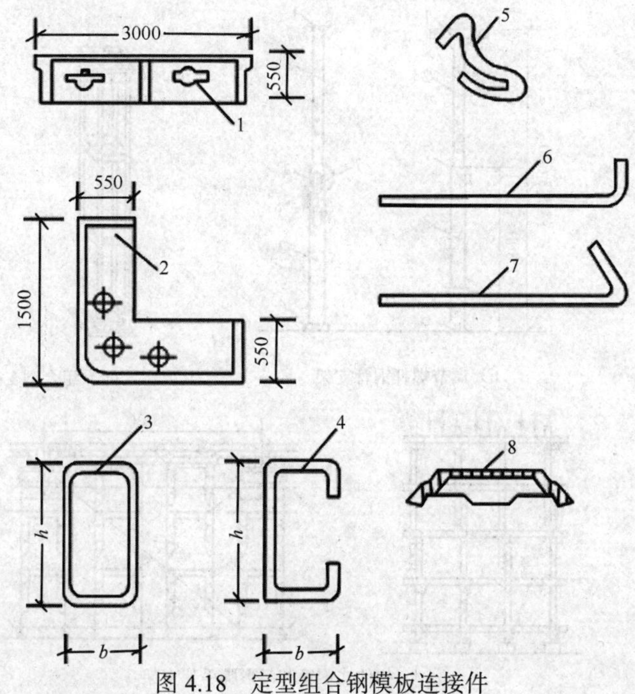

图 4.18　定型组合钢模板连接件

1—平面钢模板　2—拐角钢模板　3—薄壁矩形钢管　4—内卷边槽钢

5—U 形卡　6—L 形插销　7—钩头螺栓　8—蝶形扣件

（3）支撑件

钢模板的支承件包括钢楞、柱箍、梁卡具、圈梁卡、钢管架、斜撑、组合支柱、钢管脚手支架、平面可调桁架和曲面可变桁架等，如图 4.20~图 4.23 所示。

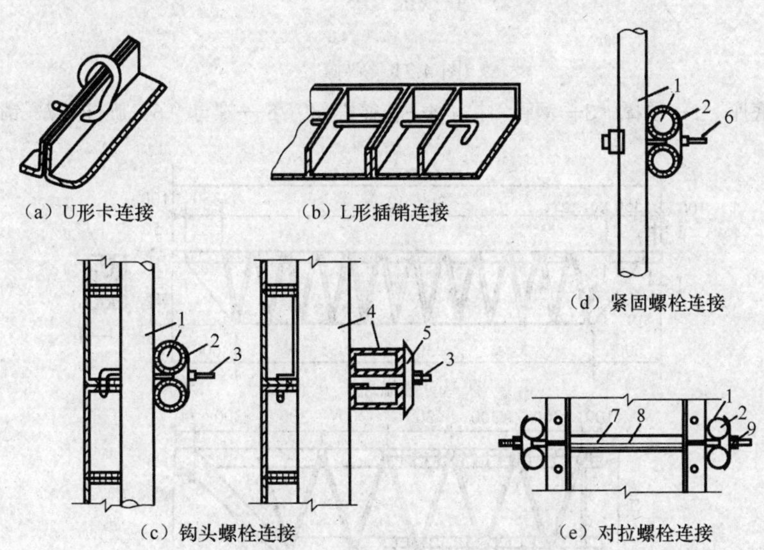

图 4.19　钢模板连接件的应用

1—圆钢管钢楞　2—“3”形扣件　3—钩头螺栓　4—内卷边槽钢钢楞　5—蝶形扣件

6—紧固螺栓　7—对拉螺栓　8—塑料套管　9—螺母

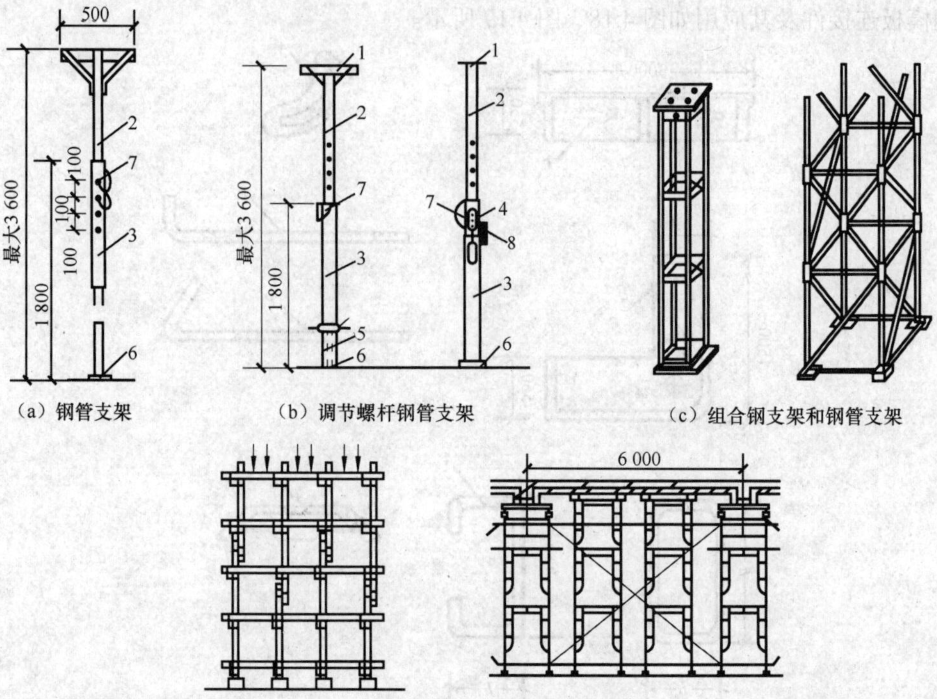

（a）钢管支架　（b）调节螺杆钢管支架　（c）组合钢支架和钢管支架

（d）扣件式钢管和门形脚手架支架

图 4.20　钢支架

1—顶板　2—钢管　3—套管　4—转盘　5—螺杆　6—底板　7—钢销　8—转动手柄

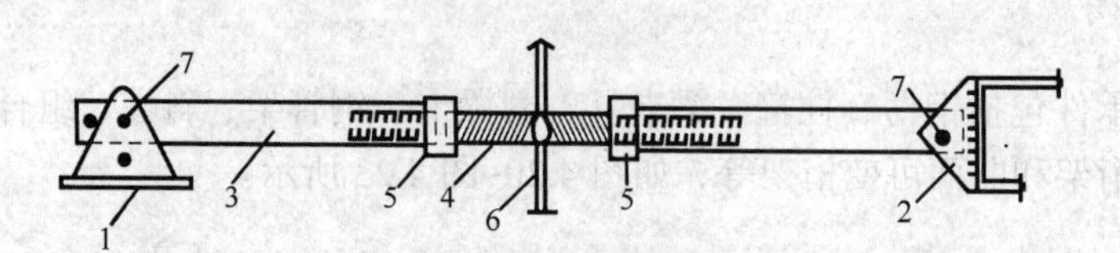

图 4.21　斜撑

1—底座　2—顶撑　3—钢管斜撑　4—花篮螺丝　5 —螺母　6—旋杆　7—销钉

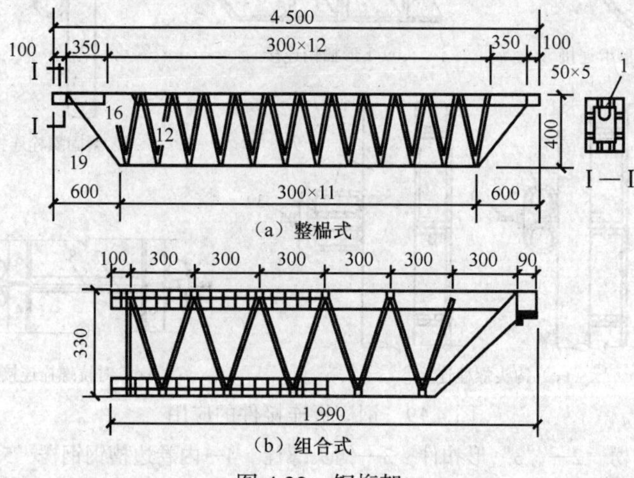

（a）整榀式

（b）组合式

图 4.22　钢桁架

3. 木模板

木模板的木材主要采用松木和杉木，其含水率不宜过高，以免干裂，材质不宜低于三等材。

木模板的基本元件是拼板，它由板条和拼条（木档）组成，如图 4.24 所示。板条厚 25 ~ 50 mm，宽度不宜超过 200 mm，以保证在干缩时缝隙均匀，浇水后缝隙要严密且板条不翘曲，但梁底板的板条宽度不受限制，以免漏浆。拼条截面尺寸为 25 mm×35 mm ~ 50 mm×50 mm，拼条间距根据施工荷载大小及板条的厚度而定，一般取 400 ~ 500 mm。图 4.25 和图 4.26 分别是阶梯形基础模板和楼梯模板。

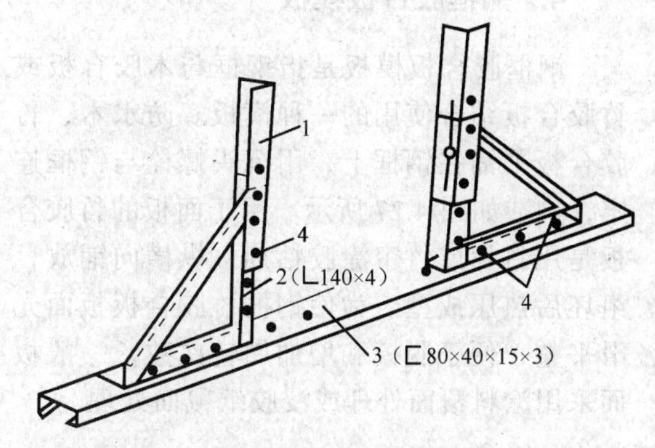

图 4.23　梁卡具

1—调节杆　2—三脚架　3—底座　4—螺栓

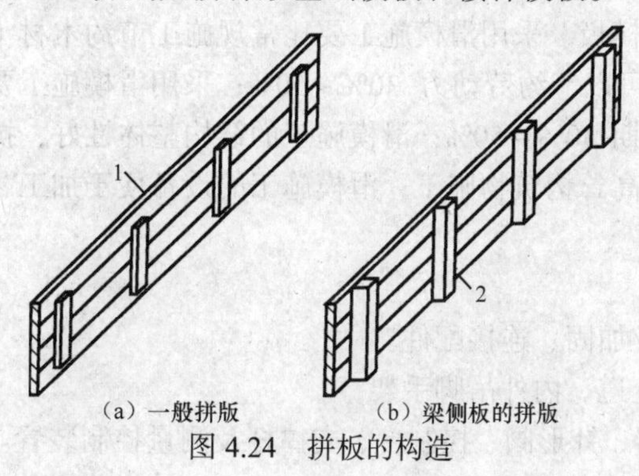

图 4.24　拼板的构造

1—板条　2—拼条

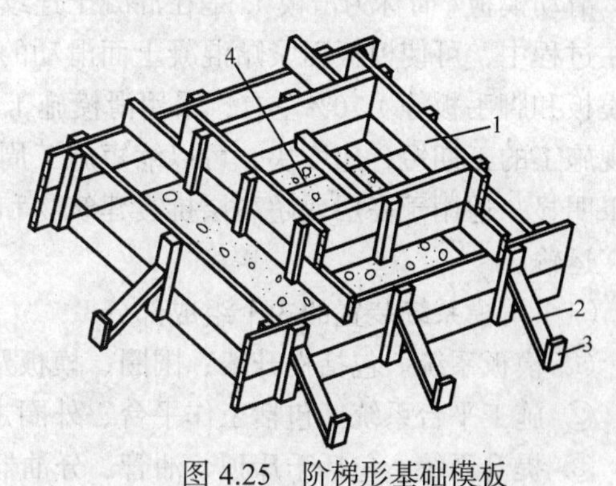

图 4.25　阶梯形基础模板

1—拼板　2—斜撑　3—木桩　4—铁丝

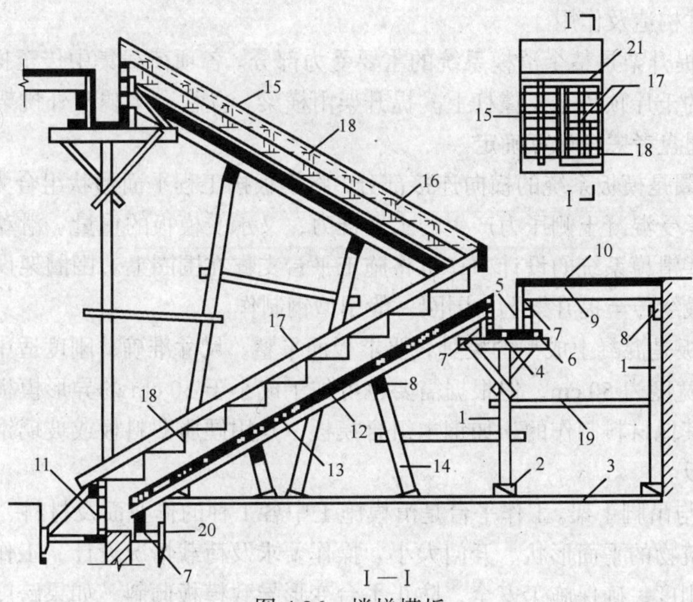

图 4.26　楼梯模板

1—支柱（顶撑）　2—木楔　3—垫板　4—平台梁底板　5—侧板　6—夹板　7—托木　8—扛木　9—木楞　10—平台底板　11—梯基侧板　12—斜木楞　13—楼梯底板　14—斜向顶撑　15—外帮板　16—横挡木　17—反三角板　18—踏步侧板　19—拉杆　20—木桩

4. 钢框胶合板模板

钢框胶合板模板是指钢框与木胶合板或竹胶合板结合使用的一种模板。防水木、竹胶合板平铺在钢框上，用沉头螺栓与钢框连牢，构造如图 4.27 所示。用于面板的竹胶合板是用竹片或竹帘涂胶粘剂，纵横向铺放，组坯后热压成型。为使钢框竹胶合板板面光滑平整，便于脱模和增加周转次数，一般板面采用涂料覆面处理或浸胶纸覆面处理。

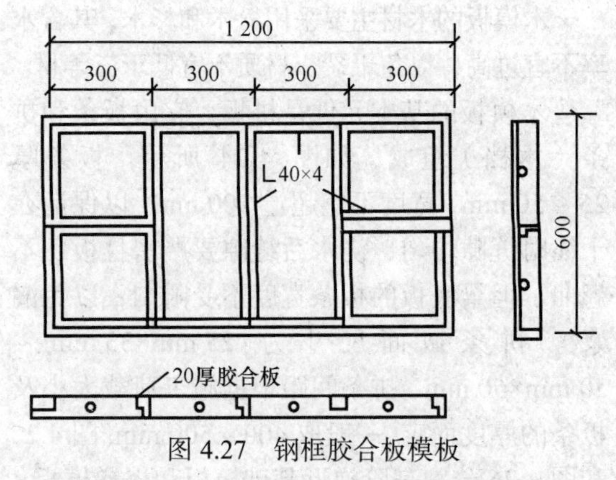

图 4.27　钢框胶合板模板

5. 滑动模板

滑动模板（简称为滑模），是在混凝土连续浇注过程中，可使模板面紧贴混凝土面滑动的模板。采用滑模施工要比常规施工节约木材（包括模板和脚手板等）70%左右；采用滑模施工可以节约劳动力 30%～50%；采用滑模施工要比常规施工的工期短，速度快，可以缩短施工周期 30%～50%；滑模施工的结构整体性好，抗震效果明显，适用于高层或超高层抗震建筑物和高耸构筑物施工；滑模施工的设备便于加工、安装、运输。

（1）滑模系统装置的 3 个组成部分

① 模板系统。包括提升架、围圈、模板及加固、连接配件。

② 施工平台系统。包括工作平台、外圈走道、内外吊脚手架。

③ 提升系统。包括千斤顶、油管、分油器、针形阀、控制台、支撑杆及测量控制装置。滑模构造如图 4.28 所示。

（2）主要部件构造及作用

① 提升架。提升架是整个滑模系统的主要受力部分。各项荷载集中传至提升架，最后通过装设在提升架上的千斤顶传至支撑杆上。提升架由横梁、立柱、牛腿及外挑架组成。各部分尺寸及杆件断面应通盘考虑经计算确定。

② 围圈。围圈是模板系统的横向连接部分，将模板按工程平面形状组合为整体。围圈也是受力部件，它既承受混凝土侧压力产生的水平推力，又承受模板的重量、滑动时产生的摩阻力等竖向力。在有些滑模系统的设计中，也将施工平台支撑在围圈上。围圈架设在提升架的牛腿上，各种荷载将最终传至提升架上。围圈一般用型钢制作。

③ 模板。模板是混凝土成型的模具，要求板面平整，尺寸准确，刚度适中。模板高度一般为 90～120 cm，宽度为 50 cm，但根据需要也可加工成小于 50 cm 的异形模板。模板通常用钢材制作，也有用其他材料制作的，如钢木组合模板，是用硬质塑料板或玻璃钢等材料做面板的有机材料复合模板。

④ 工作平台与吊脚手架。工作平台是滑模施工中各工种的作业面及材料、工具的存放场所。工作平台应视建筑物的平面形状、开门大小、操作要求及荷载情况设计。工作平台必须有可靠的强度及必要的刚度，确保施工安全，防止平台变形导致模板倾斜。如果跨度较大时，在平台下应设置承托桁架。

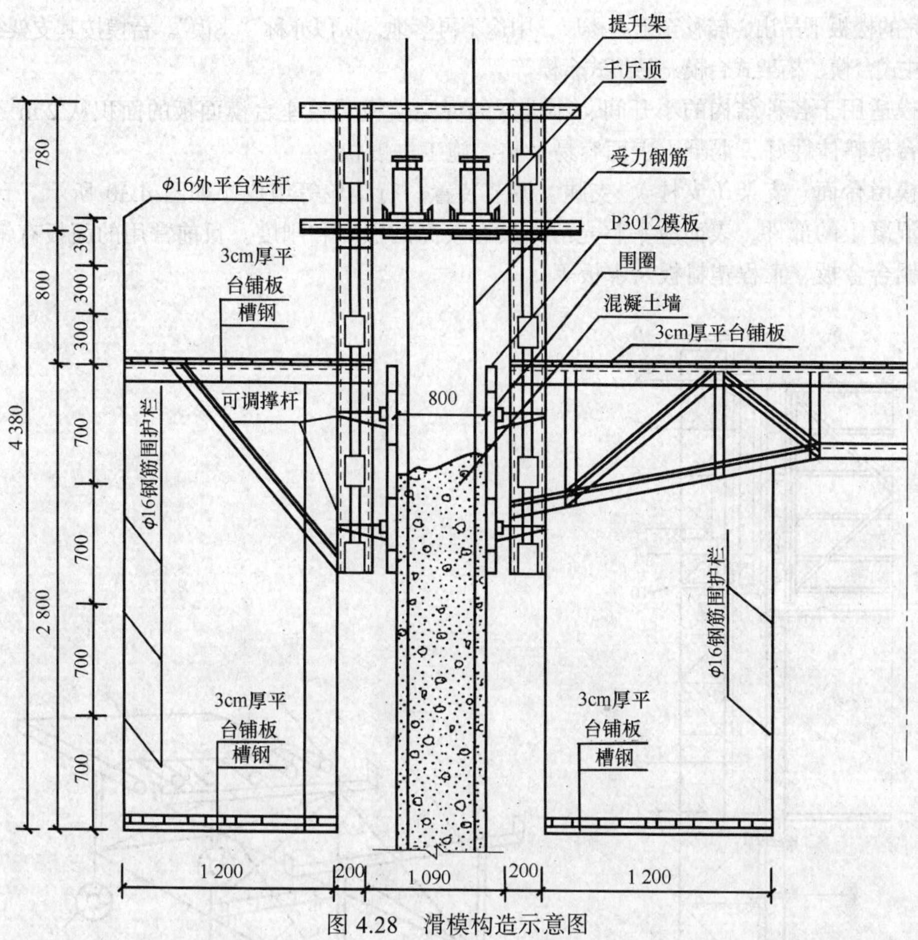

图 4.28　滑模构造示意图

吊脚手架用于对已滑出的混凝土结构进行处理或修补，要求沿结构内外两侧周围布置。吊脚手架的高度一般为 1.8 m，可以设双层或三层。吊脚手架要有可靠的安全设备及防护设施。

⑤ 提升设备。提升设备由液压千斤顶、液压控制台、油路及支撑杆组成。支撑杆可用直径为 25 mm 的光圆钢筋做支撑杆，每根支撑杆长度以 3.5 ~ 5m 为宜。支撑杆的接头可用螺栓连接（支撑杆两头加工成阴阳螺纹）或现场用小坡口焊接连接。若回收重复使用，则需要在提升架横梁下附设支撑杆套管。如有条件并经设计部门同意，则该支撑杆钢筋可以直接打在混凝土中以代替部分结构配筋，可利用 50% ~ 60%。

6. 爬升模板

爬升模板是在混凝土墙体浇筑完毕后，利用提升装置将模板自行提升到上一个楼层，浇筑上一层墙体的垂直移动式模板。爬升模板采用整片式大平模，模板由面板及肋组成，而不需要支撑系统；提升设备采用电动螺杆提升机、液压千斤顶或导链。爬升模板是将大模板工艺和滑升模板工艺相结合，既保持大模板施工墙面平整的优点，又保持了滑模利用自身设备使模板向上提升的优点，墙体模板能自行爬升而不依赖塔吊。爬升模板适用于高层建筑墙体、电梯井壁、管道间混凝土施工。

爬升模板由钢模板、提升架和提升装置三部分组成，如图 4.29 所示。

7. 台模

台模是浇筑钢筋混凝土楼板的一种大型工具式模板。在施工中可以整体脱模和转运，利用起重机从浇筑完的楼板下吊出，转移至上一楼层，中途不再落地，所以亦称“飞模”。台模按其支架结构类型分为立柱式台模、桁架式台模、悬架式台模等。

台模适用于各种结构的小开间、小进深的现浇楼板，单座台模面板的面积从 2 m² 到 60 m² 以上。台模整体性好，混凝土表面容易平整，施工进度快。

台模由台面、支架（支柱）、支腿、调节装置、行走轮等组成，如图 4.30 所示。台面是直接接触混凝土的部件，表面应平整光滑，具有较高的强度和刚度。目前常用的面板有钢板、胶合板、铝合金板、工程塑料板及木板等。

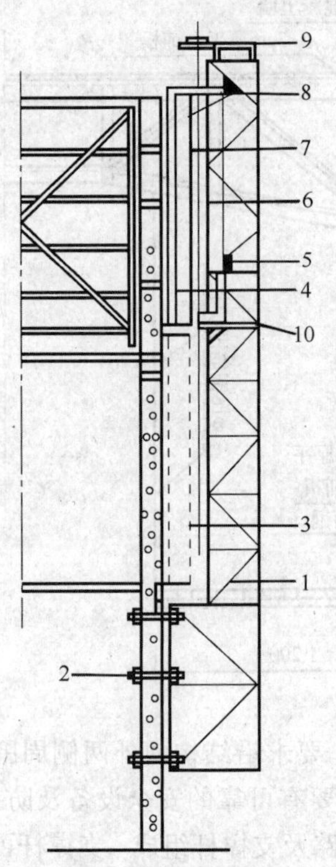

图 4.29　爬升模板

1—爬架　2—螺栓　3—预留爬架孔　4—爬模　5—爬架千斤顶　6—爬模千斤顶　7—爬杆　8—模板挑横梁　9　爬架挑横梁　10—脱模千斤顶

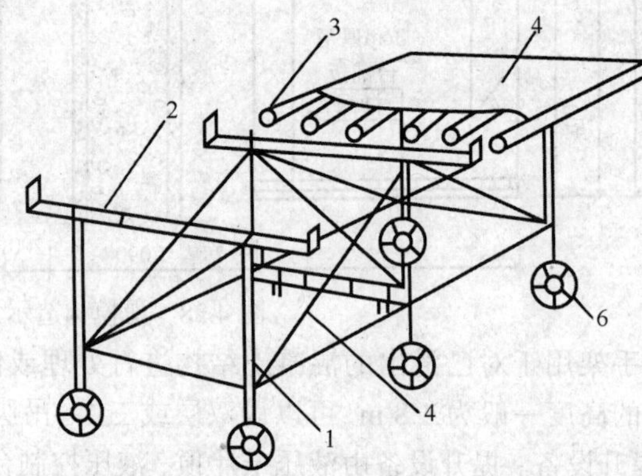

图 4.30　台模

1—支腿　2—可伸缩的横梁　3—檩条　4—面板　5—斜撑　6—滚轮

8. 隧道模

隧道模是将楼板和墙体一次支模的一种工具式模板，相当于将台模和大模板组合起来，如图 4.31 所示。隧道模有断面呈Ⅱ字形的整体式隧道模和断面呈Γ形的双拼式隧道模两种。整体式隧道模自重大、移动困难，目前已很少应用；双拼式隧道模应用较广泛，特别在内浇外挂和内浇外砌的高、多层建筑中应用较多。

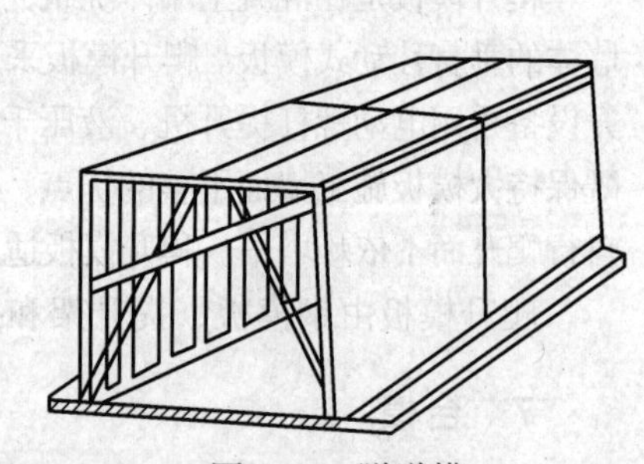

图 4.31　隧道模

双拼式隧道模由两个半隧道模和一道独立的插入模板

组成。在两个半隧道模之间加一道独立的模板，用其宽度的变化，使隧道模适应于不同的开间；在不拆除中间模板的情况下，半隧道模可提早拆除，增加周转次数。半隧道模的竖向墙模板和水平楼板模板间用斜撑连接。在半隧道模下部设行走装置，在模板长方向，沿墙模板设两个行走轮，在行走轮附近设置两个千斤顶，模板就位后，这两个千斤顶将模板顶起，使行走轮离开楼板，施工荷载全部由千斤顶承担。脱模时，松动两个千斤顶，半隧道模在自重作用下，下降脱模，行走轮落到楼板上。半隧道模脱模后，用专用吊架吊出，吊升至上一楼层。将吊架从半隧模的一端插入墙模板与斜撑之间，吊钩慢慢起钩，将半隧道模托起，托挂在吊架上，吊到上一楼层。

二、模板设计

常用定型模板在其适用范围内一般无须进行设计或验算。而对一些特殊结构、新型体系模板或超出适用范围的一般模板，则应进行设计或验算。由于模板为一临时性系统，因此对钢模板及其支架的设计，其设计荷载值可乘以系数 0.85 予以折减；对木模板及其支架系统设计，其设计荷载值可乘以系数 0.9 予以折减；对冷弯薄壁型钢不予折减。

作用在模板系统上的荷载分为永久荷载和可变荷载。永久荷载包括模板与支架的自重、新浇混凝土自重及对模板侧面的压力、钢筋自重等。可变荷载包括施工人员及施工设备荷载、振捣混凝土时产生的荷载、倾倒混凝土时产生的荷载。计算模板及其支架时，应根据构件的特点及模板的用途，进行荷载组合。各项荷载标准值按下列规定确定。

1. 模板及其支架自重标准值

可根据模板设计图纸或类似工程的实际支模情况予以计算荷载，对肋形楼板或无梁楼板的荷载可参考表 4.11。

表 4.11　楼板模板自重标准值　单位：N/mm^2

模板构件名称	木　模　板	定型组合钢模板	钢框胶合板模板
平面模板及小楞的自重	300	500	400
楼板模板的自重（其中包括梁模板）	500	750	600
楼板模板及其支架的自重（楼层高度为 4m 以下）	750	1100	950

2. 新浇混凝土自重标准值

普通混凝土可采用 24 kN/m^2，其他混凝土根据实际湿密度确定。

3. 钢筋自重标准值

钢筋自重标准值根据工程图纸确定。一般梁板结构每立方米钢筋混凝土的钢筋重量为楼板 1.1 kN，梁 1.5 kN。

4. 施工人员及施工设备荷载标准值

① 计算模板及直接支撑模板的小楞时，均布荷载为 2.5 kN/m^2，并应另以集中荷载 2.5kN 再进行验算，比较两者所得弯矩值取大者。

② 计算直接支撑小楞结构构件时，其均布荷载可取 1.5 kN/m^2。

③ 计算支架立柱及其他支撑结构构件时，均布荷载取 1.0 kN/m^2。

对大型浇筑设备（上料平台、混凝土泵等）按实际情况计算；混凝土堆集料高度超过 100 mm 时按实际高度计算；模板单块宽度小于 150 mm 时，集中荷载可分布在相邻的两块板上。

5. 振捣混凝土时产生的荷载标准值

对水平面模板为 2.0 kN/m^2，对垂直面模板为 4.0 kN/m^2。

6. 新浇混凝土对模板的侧压力标准值

影响新浇混凝土对模板侧压力的因素主要有混凝土材料种类、温度、浇筑速度、振捣方式、凝结速度等。此外还与混凝土坍落度大小、构件厚度等有关。

当采用内部振捣器振捣，新浇筑的普通混凝土作用于模板的最大侧压力，可按公式（4-1）和公式（4-2）计算，并取较小值。

$$F = 0.22\gamma_c t_0 \beta_1 \beta_2 v^{\frac{1}{2}} \tag{4-1}$$

$$F = \gamma_c H \tag{4-2}$$

式中，F 为新浇混凝土的最大侧压力，kN/m^2；γ_c 为混凝土的重力密度，kN/m^3；t_0 为新浇混凝土的初凝时间，h，可按实测确定，当缺乏资料时，可采用 t_0=200/（T+15）计算（T 为混凝土的温度）；v 为混凝土的浇筑速度，m/h；H 为混凝土侧压力计算位置处至新浇混凝土顶面的总高度，m；β_1 为外加剂影响修正系数，不掺外加剂取 1.0，掺具有缓凝作用的外加剂时取 1.2；β_2 为混凝土坍落度影响修正系数，坍落度小于 3 cm 时取 0.85，5～9 cm 时取 1.0，11～15 cm 时取 1.15。

7. 倾倒混凝土时产生的荷载标准值

倾倒混凝土时对垂直面模板产生的水平荷载标准值见表 4.12。

表 4.12　倾倒混凝土时产生的水平荷载标准值

向模板中供料的方法	水平荷载/（kN/m^2）
用溜槽、串筒或导管输出	2
用容量小于 0.2 m^3 的运输器具倾倒	2
用容量为 0.2～0.8 m^3 的运输器具倾倒	4
用容量大于 0.8 m^3 的运输器具倾倒	6

8. 风荷载标准值

对风压较大地区及受风荷载作用易倾倒的模板，须考虑风荷载作用下的抗倾倒稳定性。其标准值按公式（4-3）计算。

$$W_k = 0.8\,\beta_z \mu_s \mu_z w_0 \tag{4-3}$$

式中，W_k 为风荷载标准值，kN/m^2；β_z 为高度 z 处的风振系数；μ_s 为风荷载体型系数；μ_z 为风压高度变化系数；w_0 为基本风压，kN/m^2。

β_z、μ_s、μ_z、w_0 的取值均按《建筑结构荷载规范》（GB 50009—2011）的规定采用。

计算模板及其支架的荷载设计值时，应采用上述各项荷载标准值乘以相应的分项系数求得，荷载分项系数见表 4.13。

表 4.13　　荷载分项系数 γ_i

项　次	荷 载 类 别	γ_i
1	模板及支架自重	
2	新浇混凝土自重	1.2
3	钢筋自重	
4	施工人员及施工设备荷载	1.4
5	振捣混凝土时产生的荷载	
6	新浇混凝土对模板侧面的压力	1.2
7	倾倒混凝土时产生的荷载	1.4
8	风荷载	1.4

计算模板及支架的荷载效应组合见表 4.14。

表 4.14　　计算模板及支架的荷载效应组合

构 件 模 板 组 成	参与组合的荷载项	
	计算承载能力	验算刚度
平板和薄壳的模板及其支架	1，2，3，4	1，2，3
梁和拱模板的底板及支架	1，2，3，5	1，2，3
梁、拱、柱（边长≤300 mm）、墙（厚≤100 mm）的侧面模板	5，6	6
厚大结构、柱（边长>300 mm）、墙（厚>100 mm）的侧面模板	6，7	6

为了便于计算，模板结构设计计算时可做适当简化，即所有荷载可假定为均匀荷载。单元宽度面板、内楞和外楞、小楞和大楞或桁架均可视为梁，支撑跨度等于或多于两跨的可视为连续梁，并视实际情况可分别简化为简支梁、悬臂梁、两跨或三跨连续梁。

当验算模板及其支架的刚度时，其变形值不得超过下列数值。

① 结构表面外露的模板，为模板构件跨度的 1/400。

② 结构表面隐蔽的模板，为模板构件跨度的 1/250。

③ 支架压缩变形值或弹性挠度，为相应结构自由跨度的 1/1000。当验算模板及其支架在风荷载作用下的抗倾倒稳定性时，抗倾倒系数不应小于 1.15。

模板系统的设计包括选型、选材、荷载计算、拟定制作安装和拆除方案、绘制模板图等。

三、模板安装和拆除

1. 模板安装

安装模板之前，应事先熟悉设计图纸，掌握建筑物结构的形状尺寸，并根据现场条件，初步考虑好立模及支撑的程序，以及与钢筋绑扎、混凝土浇捣等工序的配合，尽量避免工种之间的相互干扰。

模板的安装包括放样、立模、支撑加固、吊正找平、尺寸校核、堵塞缝隙及清仓去污等工序。在安装过程中，应注意下述事项。

① 模板竖立后，须切实校正位置和尺寸，垂直方向用垂球校对，水平长度用钢尺丈量两次以上，务使模板的尺寸符合设计标准。

② 模板各结合点与支撑必须坚固紧密，牢固可靠，尤其是采用振捣器捣固的结构部位，更应注意，以免在浇捣过程中发生裂缝、鼓肚等不良情况。但为了增加模板的周转次数，减少模板拆模损耗，模板结构的安装应力求简便，尽量少用圆钉，多用螺栓、木楔、拉条等进行加固连接。

③ 凡属承重的梁板结构，跨度大于 4 m 以上时，由于地基的沉陷和支撑结构的压缩变形，跨中应预留起拱高度。

④ 为避免拆模时建筑物受到冲击或震动，安装模板时，撑柱下端应设置硬木楔形垫块，所用支撑不得直接支撑于地面，应安装在坚实的桩基或垫板上，使撑木有足够的支承面积，以免沉陷变形。

⑤ 模板安装完毕，最好立即浇筑混凝土，以防日晒雨淋导致模板变形。为保证混凝土表面光滑和便于拆卸，宜在模板表面涂抹肥皂水或润滑油。夏季或在气候干燥情况下，为防止模板干缩裂缝漏浆，在浇筑混凝土之前，需洒水养护。如发现模板因干燥产生裂缝，应事先用木条或油灰填塞衬补。

⑥ 安装边墙、柱等模板时，在浇筑混凝土以前，应将模板内的木屑、刨片、泥块等杂物清除干净，并仔细检查各连接点及接头处的螺栓、拉条、楔木等有无松动滑脱现象。在浇筑混凝土过程中，木工、钢筋、混凝土、架子等工种均应有专人“看仓”，以便发现问题随时加固修理。

⑦ 模板安装的偏差，应符合表 4.15 的规定。

表 4.15　现浇结构模板安装的允许偏差及检验方法

项　目		允许偏差/mm	检验方法
轴线位置		5	钢尺检查
底模上表面标高		±5	水准仪或拉线、钢尺检查
截面内部尺寸	基础	±10	钢尺检查
	柱、墙、梁	+4，−5	钢尺检查
层高垂直度	不大于 5m	6	经纬仪或吊线、钢尺检查
	大于 5m	8	经纬仪或吊线、钢尺检查
相邻两板表面高低差		2	钢尺检查
表面平整度		5	2m 靠尺和塞尺检查

2. 模板拆除

不承重的侧模板在混凝土强度能保证混凝土表面和棱角不因拆模而受损害时方可拆模。一般此时混凝土的强度应达到2.5 MPa以上；承重模板应在混凝土达到表4.16所要求的强度以后方能拆除。

表 4.16　承重模板拆除时的混凝土强度要求

构件类型	构件跨度/m	达到设计的混凝土立方体抗压强度标准值的百分率/%
板	≤2	≥50
	>2，≤8	≥75
	>8	≥100
梁、拱、壳	≤8	≥75
	>8	≥100
悬臂构件	—	≥100

任务三　混凝土工程施工

一、施工准备

混凝土施工准备工作的主要项目有施工缝处理、设置卸料入仓的辅助设备、模板和钢筋的架设、预埋件埋设、施工人员的组织、浇筑设备及其辅助设施的布置、浇筑前的检查验收等。

1. 施工缝处理

如果由于技术或施工组织上的原因，不能对混凝土结构一次连续浇筑完毕，而必须停歇较长的时间，其停歇时间已超过混凝土的初凝时间，致使混凝土已初凝；当继续浇混凝土时，形成了接缝，即为施工缝。

（1）施工缝的留设位置

施工缝设置的原则，一般宜留在结构受力（剪力）较小且便于施工的部位；柱子的施工缝宜留在基础与柱子交接处的水平面上，或梁的下面，或吊车梁牛腿的下面、吊车梁的上面、无梁楼盖柱帽的下面，如图 4.32 所示；高度大于 1 m 的钢筋混凝土梁的水平施工缝，应留在楼板底面下 20 ~ 30 mm 处，当板下有梁托时，留在梁托下部；单向平板的施工缝，可留在平行于短边的任何位置处；对于有主次梁的楼板结构，宜顺着次梁方向浇筑，施工缝应留在次梁跨度的中间 1/3 范围内，如图 4.33 所示。

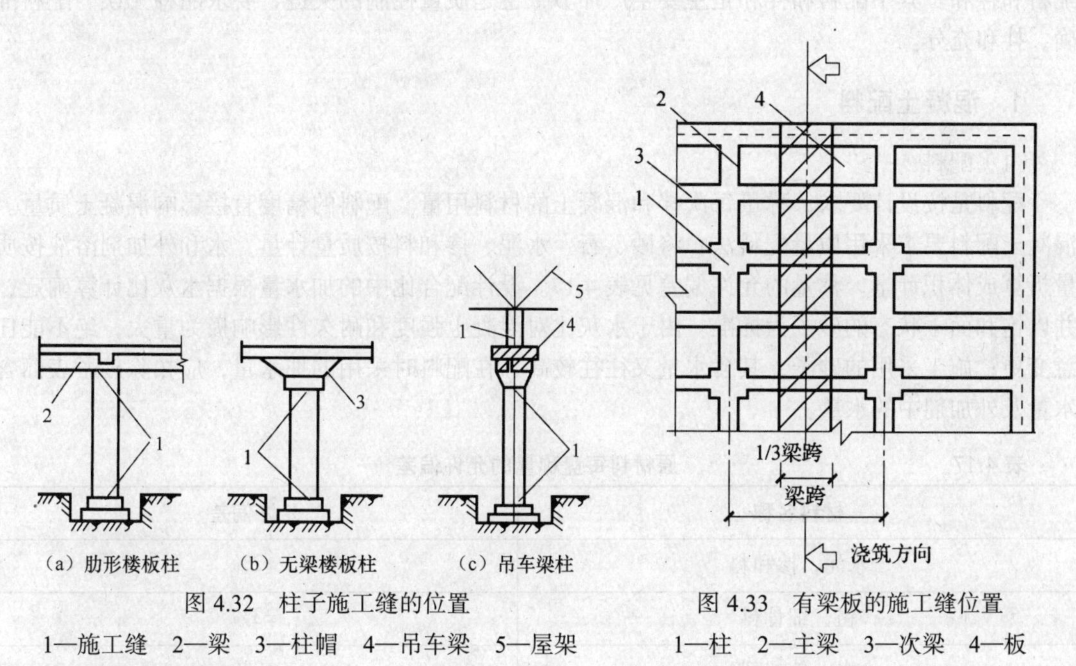

图 4.32　柱子施工缝的位置

1—施工缝　2—梁　3—柱帽　4—吊车梁　5—屋架

图 4.33　有梁板的施工缝位置

1—柱　2—主梁　3—次梁　4—板

（2）施工缝的处理

施工缝处继续浇筑混凝土时，应待混凝土的抗压强度不小于 1.2 MPa 方可进行；施工缝浇筑混凝土之前，应除去施工缝表面的水泥薄膜、松动石子和软弱的混凝土层，处理方法有风砂枪喷毛、高压水冲毛、风镐凿毛或人工凿毛，并加以充分湿润和冲洗干净，不得有积水；浇筑时，施工缝处宜先铺水泥浆（水泥:水=1:0.4），或与混凝土成分相同的水泥砂浆一层，厚度为 30 ~ 50 mm，以保证接缝的质量；浇筑过程中，施工缝应细致捣实，使其紧密结合。

2. 仓面准备

浇筑仓面的准备工作，包括机具设备、劳动组合、照明、风水电供应、所需混凝土原材料的准备等，应事先安排就绪，仓面施工的脚手架、工作平台、安全网、安全标志等应检查是否牢固，电源开关、动力线路是否符合安全规定。

仓位的浇筑高程、上升速度、特殊部位的浇筑方法和质量要求等技术问题，须事先进行技术交底。

地基或施工缝处理完毕并养护一定时间，已浇好的混凝土强度达到 2.5 MPa 后，即可在仓面进行放线，安装模板、钢筋和预埋件，架设脚手架等作业。

3. 模板、钢筋及预埋件检查

开仓浇筑前，必须按照设计图纸和施工规范的要求，对仓面安设的模板、钢筋及预埋件进行全面检查验收，签发合格证。

二、混凝土的拌制

混凝土拌制，是按照混凝土配合比设计要求，将其各组成材料（砂石、水泥、水、外加剂及掺合料等）拌和成均匀的混凝土料，以满足浇筑的需要。混凝土制备的过程包括储料、供料、配料和拌和。其中配料和拌和是主要生产环节，也是质量控制的关键，要求品种无误、配料准确、拌和充分。

1. 混凝土配料

（1）配料

配料是按设计要求，称量每次拌和混凝土的材料用量。配料的精度直接影响混凝土质量。混凝土配料要求采用质量配料法，将砂、石、水泥、掺和料按质量计量，水和外加剂溶液按质量折算成体积计量，称量的允许偏差见表 4.17。设计配合比中的加水量根据水灰比计算确定，并以饱和面干状态的砂子为标准。由于水灰比对混凝土强度和耐久性影响极为重大，绝不能任意变更；施工采用的砂子，其含水量又往往较高，在配料时采用的加水量，应扣除砂子表面含水量及外加剂中的水量。

表 4.17　　原材料每盘称量的允许偏差

材料名称	允许偏差
水泥、掺和料	±2%
粗、细骨料	±3%
水、外加剂	±2%

【例 4-2】设混凝土实验室配合比为水泥：砂子：石子=1：x：y，测得砂子的含水率为 ω_x，石子的含水率为 ω_y，则施工配合比应为 1：x（$1+\omega_x$）：y（$1+\omega_y$）。

已知 C20 混凝土的试验室配合比为 1：2.56：4.21，水灰比为 0.55，经测定砂子的含水率为 2%，石子的含水率为 1%，每 $1m^3$ 混凝土的水泥用量为 330kg，则施工配合比为

1：2.56（1+2%）：4.21（1+1%）=1：2.61：4.25

每 1m³ 混凝土材料用量如下。

水泥：330（kg）

砂子：330×2.61=861.3（kg）

石子：330×4.25=1402.5（kg）

水：330×0.55−330×2.56×2%−330×4.21×1%=150.7（kg）

施工中往往以一袋或两袋水泥为下料单位，每搅拌一次叫作一盘。因此，求出每 1m³ 混凝土材料用量后，还必须根据工地现有搅拌机出料容量确定每次需用几袋水泥，然后按水泥用量算出砂子、石子的每盘用量。例 4-2 中，如采用 JZ500 型搅拌机，出料容量为 0.5 m³，则每搅拌一次的装料数量如下。

水泥：330×0.5=155（kg）（取 3 袋水泥，即 150kg）

砂子：861.3×150/330=391.5（kg）

石子：1402.5×150/330=637.5（kg）

水：150.7×150/330=68.5（kg）

（2）给料

给料是将混凝土各组分从料仓按要求供到称料料斗。给料设备的工作机构常与称量设备相连，当需要给料时，控制电路开通，进行给料。当计量达到要求时，即断电停止给料。常用的给料设备有皮带给料机、给料闸门、电磁振动给料机、叶轮给料机、螺旋给料机等。

（3）称量

混凝土配料称量的设备有地磅、电动磅秤、自动配料杠杆秤、电子秤、配水箱及定量水表。

2. 混凝土拌和

混凝土拌和的方法，有人工拌和与机械拌和两种。用搅拌机拌和混凝土较广泛，能提高拌和质量和生产率。搅拌机有自落式和强制式两种，见表 4.18。

表 4.18　　混凝土搅拌机类型

自落式			强制式			
鼓筒式	双锥式		立轴式			卧轴式（单轴、双轴）
	反转出料	倾翻出料	涡桨式	行星式		
				定盘式	盘转式	

自落式搅拌机是通过筒身旋转，带动搅拌叶片将物料提高，在重力作用下物料自由坠下，反复进行，互相穿插、翻拌、混合使混凝土各组分搅拌均匀的。图 4.34 所示为锥形反转出料搅拌机外形。它主要由上料装置、搅拌筒、传动机构、配水系统和电气控制系统等组成。

强制式混凝土搅拌机一般筒身固定，搅拌叶片旋转，对物料施加剪切、挤压、翻滚、滑动、混合，使混凝土各组分搅拌均匀。单卧轴强制式搅拌机如图 4.35 所示。

图 4.34　锥形反转出料搅拌机外形

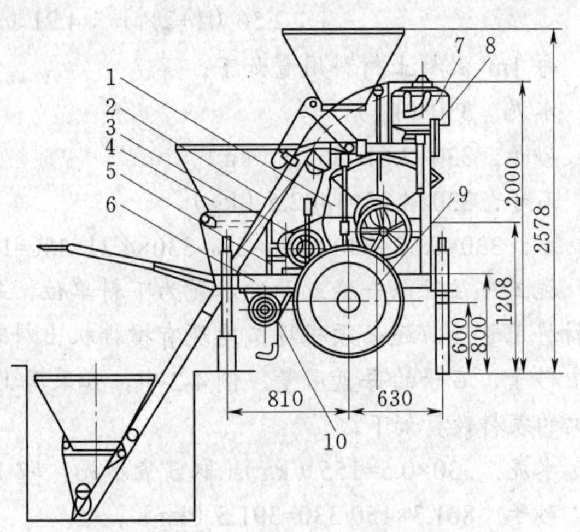

图 4.35　单卧轴强制式搅拌机

1—搅拌装置　2—上料架　3—料斗操纵手柄

4—料斗　5—水泵　6—底盘　7—水箱

8—供水装置操纵手柄　9—车轮　10—传动装置

搅拌机使用前应按照“十字作业法”（清洁、润滑、调整、紧固、防腐）的要求，检查离合器、制动器、钢丝绳等各个系统和部位，是否机件齐全、机构灵活、运转正常，并按规定位置加注润滑油脂。进行空转检查，检查搅拌机旋转方向是否与机身箭头一致，空车运转是否达到要求值。在确认以上情况正常后，搅拌筒内加清水搅拌 3 min，然后将水放出，再投料搅拌。

在完成上述检查工作后，即可进行开盘搅拌，为不改变混凝土设计配合比，补偿黏附在筒壁、叶片上的砂浆，第一盘应减少石子约 30%，或多加水泥、砂各 15%。

确定原材料投入搅拌筒内的先后顺序时，应综合考虑到能否保证混凝土的搅拌质量、提高混凝土的强度，减少机械的磨损与混凝土的粘罐现象，减少水泥飞扬，降低电耗以及提高生产率等多种因素。按原材料加入搅拌筒内的投料顺序的不同，普通混凝土的搅拌方法可分为一次投料法、二次投料法和水泥裹砂法等。

一次投料法是目前最普遍采用的方法。它是将砂、石、水泥和水同时加入搅拌筒中进行搅拌。为了减少水泥的飞扬和水泥的粘罐现象，向搅拌机上料斗中投料的顺序宜先倒砂子（或石子），再倒水泥，然后倒入石子（或砂子），将水泥加在砂、石之间，最后由上料斗将干物料送入搅拌筒内，加水搅拌。

二次投料法又分为预拌水泥砂浆法和预拌水泥净浆法。预拌水泥砂浆法是先将水泥、砂、和水加入搅拌筒内进行充分搅拌，成为均匀的水泥砂浆后，再加入石子搅拌成均匀的混凝土。国内一般是用强制式搅拌机拌制水泥砂浆 1 ~ 1.5 min，然后加入石子搅拌 1 ~ 1.5 min。国外对这种工艺还设计了一种双层搅拌机（称为复式搅拌机），其上层搅拌机搅拌水泥砂浆，搅拌均匀后，再送入下层搅拌机与石子一起搅拌成混凝土。

预拌水泥净浆法是先将水泥和水充分搅拌成均匀的水泥净浆后，再加入砂和石搅拌成混凝土。国外曾设计一种搅拌水泥净浆的高速搅拌机，其不仅能将水泥净浆搅拌均匀，而且对水泥还有活化作用。国内外的试验表明，二次投料法搅拌的混凝土与一次投料法相比较，混凝土的强度可提高 15%，在强度相同的情况下，可节约水泥 15% ~ 20%。

水泥裹砂法又称 SEC 法，采用这种方法拌制的混凝土称为 SEC 混凝土或造壳混凝土。该法的搅拌程序是先加一定量的水，使砂表面的含水量调到某一规定的数值（一般为 15% ~ 25%），再加入石子并与湿砂拌匀，然后将全部水泥投入与砂石共同拌和，使水泥在砂石表面形成一层低水灰比的水泥浆壳，最后将剩余的水和外加剂加入搅拌成混凝土。采用SEC法制备的混凝土与一次投料法相比较，强度可提高20%~30%，混凝土不易产生离析和泌水现象，工作性好。

从原材料全部投入搅拌筒中时起到开始卸料时止所经历的时间称为搅拌时间，为获得混合均匀、强度和工作性都能满足要求的混凝土所需的最低限度的搅拌时间称为最短搅拌时间，这个时间随搅拌机的类型与容量、骨料的品种、粒径及对混凝土的工作性要求等因素的不同而异。混凝土搅拌质量直接和搅拌时间有关，搅拌时间应满足表4.19的要求。

表4.19　　混凝土搅拌的最短时间

混凝土坍落度/cm	搅拌机机型	最短搅拌时间/s 搅拌机容量/L		
		＜250	250~500	＞500
≤3	强制式	60	90	120
	自落式	90	120	150
＞3	强制式	60	60	90
	自落式	90	90	120

注：① 当掺有外加剂时搅拌时间应适当延长。

② 全轻混凝土宜采用强制式搅拌机，砂轻混凝土可采用自落式搅拌机，搅拌时间均应延长60~90s。

③ 高强混凝土应采用强制式搅拌机搅拌，搅拌时间应适当延长。

混凝土拌和物的搅拌质量应经常检查，混凝土拌和物颜色均匀一致，无明显的砂粒、砂团及水泥团，石子完全被砂浆所包裹，说明其搅拌质量较好。

每班作业后应对搅拌机进行全面清洗，并在搅拌筒内放入清水及石子运转 10~15 min 后放出，再用竹扫帚洗刷外壁。搅拌筒内不得有积水，以免筒壁及叶片生锈，如遇冰冻季节应放尽水箱及水泵中的存水，以防冻裂。

每天工作完毕后，搅拌机料斗应放至最低位置，不准悬于半空。电源必须切断，锁好电闸箱，保证各机构处于空位。

3. 混凝土搅拌站

在混凝土施工工地，通常把骨料堆场、水泥仓库、配料装置、搅拌机及运输设备等，比较集中地布置，组成混凝土搅拌站，或采用成套的混凝土工厂（搅拌楼）来制备混凝土。

搅拌站根据其组成部分在竖向布置方式的不同分为单阶式和双阶式。在单阶式混凝土搅拌站

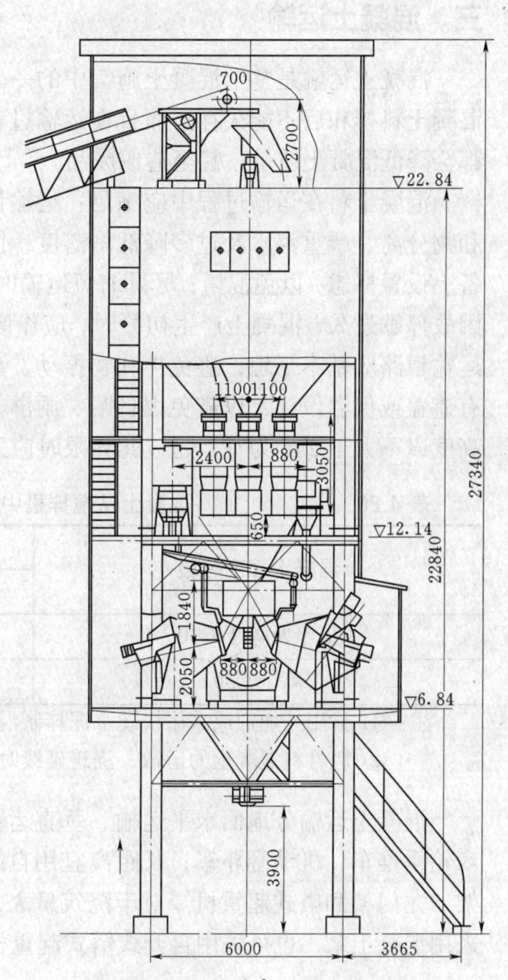

图4.36　3×1.5 m³自落式搅拌楼

中，原材料一次提升后经过储料斗，然后靠自重下落进入称量和搅拌工序。这种工艺流程，原材料从一道工序到下一道工序的时间短，效率高，自动化程度高，搅拌站占地面积小，适用于产量大的固定式大型混凝土搅拌站，如图 4.36 所示。

在双阶式混凝土搅拌站中，原材料经第一次提升后经过储料斗，下落经称量配料后，再经过第二次提升进入搅拌机，如图 4.37 所示。

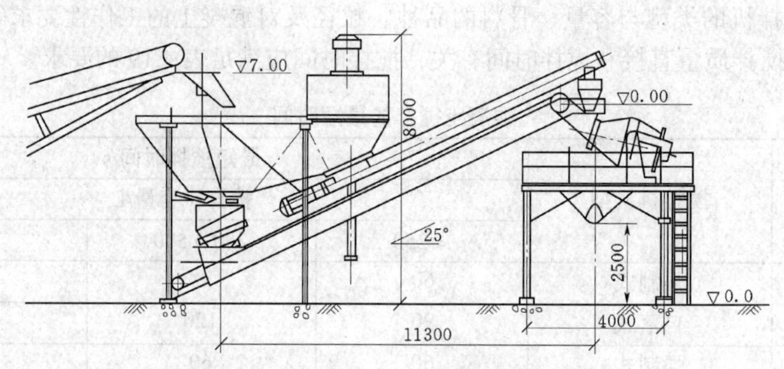

图 4.37　HZ20-1F750I 型混凝土搅拌站

三、混凝土运输

混凝土运输是整个混凝土施工中的一个重要环节，对工程质量和施工进度影响较大。由于混凝土料拌和后不能久存，而且在运输过程中对外界的影响敏感，运输方法不当或疏忽大意，都会降低混凝土质量，甚至造成废品。

混凝土料在运输过程中应满足：运输设备应不吸水、不漏浆，运输过程中不发生混凝土拌和物分离、严重泌水及过多降低坍落度；同时运输两种以上强度等级的混凝土时，应在运输设备上设置标志，以免混淆；尽量缩短运输时间、减少转运次数。运输时间不得超过表 4.20 规定。因故停歇过久，混凝土产生初凝时，应作废料处理。在任何情况下，严禁中途加水后运入仓内；运输道路应基本平坦，避免拌和物振动、离析、分层；混凝土运输工具及浇筑地点，必要时应有遮盖或保温设施，以避免因日晒、雨淋、受冻而影响混凝土的质量；混凝土拌和物自由下落高度以不大于 2 m 为宜，超过此界限时应采用缓降措施。

表 4.20　　混凝土从搅拌机中卸出后到浇筑完毕的延续时间

混凝土强度等级	延续时间/min	
	气温＜25°C	气温≥25°C
低于及等于 C30	120	90
高于 C30	90	60

注：① 掺用外加剂或采用快硬水泥拌制混凝土时，应按试验确定。
② 轻骨料混凝土的运输、浇筑延续时间应适当缩短。

混凝土运输分地面水平运输、垂直运输和楼面水平运输等 3 种。地面运输时，短距离多用双轮手推车、机动翻斗车；长距离宜用自卸汽车、混凝土搅拌运输车。垂直运输可采用各种井架、龙门架和塔式起重机。对于浇筑量大、浇筑速度比较稳定的大型设备基础和高层建筑，宜采用混凝土泵，也可采用自升式塔式起重机或爬升式塔式起重机运输。

1. 人工运输

人工运输混凝土常用手推车、架子车和斗车等。用手推车和架子车时，要求运输道路路面平整，随时清扫干净，防止混凝土在运输过程中受到强烈振动。道路的纵坡，一般要求水平，局部不宜大于 15%，一次爬高不宜超过 2 m，运输距离不宜超过 200 m。

2. 机动翻斗车

机动翻斗车是混凝土工程中使用较多的水平运输机械。它轻便灵活、转弯半径小、速度快且能自动卸料。车前装有容量为 476 L 的翻斗，载重量约 1 t，最高时速 20 km/h。适用于短途运输混凝土或砂石料。

3. 混凝土搅拌运输车

混凝土搅拌运输车（见图 4.38）是运送混凝土的专用设备。它的特点是在运量大、运距远的情况下，能保证混凝土的质量均匀，一般用于混凝土制备点（商品混凝土站）与浇筑点距离较远时使用。它的运送方式有两种：一是在 10 km 范围内作短距离运送时，只作运输工具使用，即将拌和好的混凝土接送至浇筑点，在运输途中为防止混凝土分离，让搅拌筒只作低速搅动，使混凝土拌和物不致分离、凝结；二是在运距较长时，搅拌运输两者兼用，即先在混凝土拌和站将干料（砂、石、水泥）按配比装入搅拌鼓筒内，并将水注入配水箱，开始只作干料运送，然后在到达距使用点 10 ~ 15 min 路程时，启动搅拌筒回转，并向搅拌筒注入定量的水，这样在运输途中边运输边搅拌成混凝土拌和物，送至浇筑点卸出。

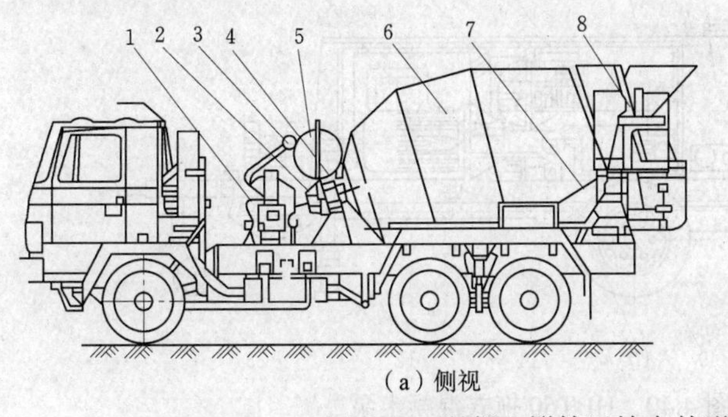

（a）侧视

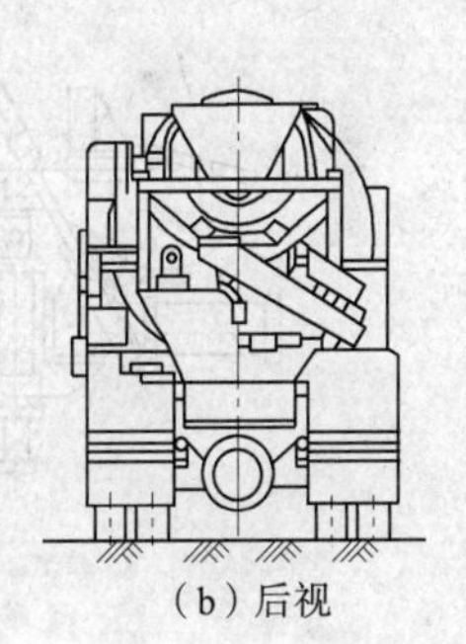

（b）后视

图 4.38　混凝土搅拌运输车外形图

1—泵连接件　2—减速机总成　3—液压系统　4—机架　5—供水系统

6—搅拌筒　7—操纵系统　8—进出料装置

4. 混凝土辅助运输设备

运输混凝土的辅助设备有吊罐、骨料斗、溜槽、溜管等，用于混凝土装料、卸料和转运入仓，对于保证混凝土质量和运输工作顺利进行起着相当大的作用。溜槽与串筒如图 4.39 所示。

5. 混凝土泵

泵送混凝土是将混凝土拌和物从搅拌机出口通过管道连续不断地泵送到浇筑仓面的一种施工方法。工程上使用较多的是液压活塞式混凝土泵，它是通过液压缸的压力油推动活塞，再通过活塞杆推动混凝土缸中的工作活塞来进行压送混凝土。混凝土泵可同时完成水平运输和垂直运输工作。

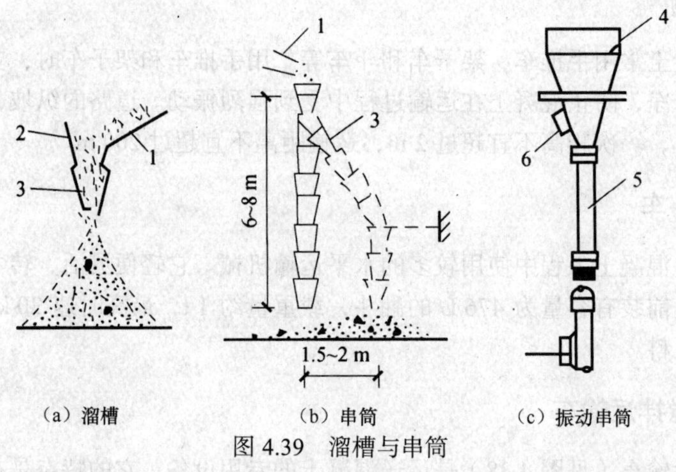

图 4.39 溜槽与串筒

1—溜槽 2—挡板 3—串筒 4—漏斗 5—节管 6—振动器

泵送混凝土的设备主要由混凝土泵、输送管道和布料装置构成。混凝土泵有活塞泵、气压泵和挤压泵等几种类型，而以活塞泵应用较多。活塞泵又根据其构造原理不同分为机械式和液压式两种，常用液压式。混凝土泵分拖式（地泵）和泵车两种形式。图 4.40 为 HBT60 拖式混凝土泵示意图。它主要由混凝土泵送系统、液压操作系统、混凝土搅拌系统、油脂润滑系统、冷却和水泵清洗系统以及用来安装和支撑上述系统的金属结构车架、车桥、支脚和导向轮等组成。

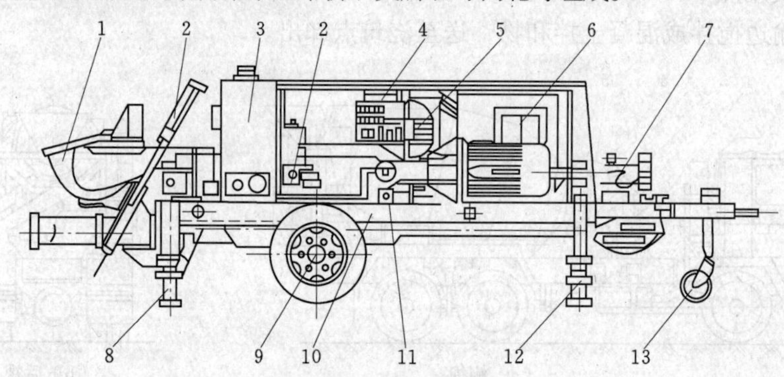

图 4.40 HBT60 拖式混凝土泵

1—料斗 2—集流阀组 3—油箱 4—操作盘 5—冷却器 6—电器柜 7—水泵 8—后支脚 9—车桥 10—车架 11—排出量手轮 12—前支腿 13—导向轮

常用的液压活塞式混凝土泵工作原理如图 4.41 所示，它是利用活塞的往复运动将混凝土吸入和排出。混凝土输送管有直管、弯管、锥形管和浇筑软管等，一般由合金钢、橡胶、塑料等材料制成，常用混凝土输送管的管径为 100 ~ 150 mm。

泵送混凝土对原材料的要求有以下几点。

① 粗骨料。碎石最大粒径与输送管内径之比不宜大于 1 : 3；卵石不宜大于 1 : 2.5。

② 砂。以天然砂为宜，砂率宜控制在 40% ~ 50%，通过 0.315 mm 筛孔的砂不少于 15%。

③ 水泥。最少水泥用量为 300 kg/m^3，坍落度宜为 80 ~ 180 mm，混凝土内宜适量掺入外加剂。泵送轻骨料混凝土的原材料选用及配合比，应通过试验确定。

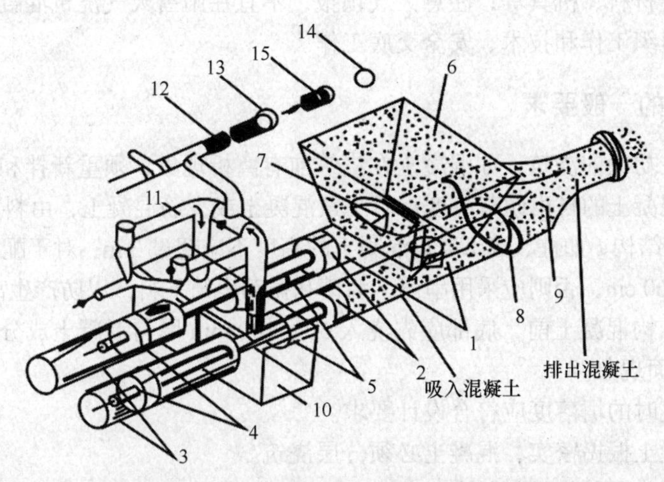

图 4.41　液压活塞式混凝土泵工作原理

1—混凝土缸　2—混凝土活塞　3—液压缸　4—液压活塞　5—活塞杆　6—受料斗
7—吸入端水平片阀　8—排出端竖直片阀　9—Y 形输送管　10—水箱　11—水管
12—水洗用高压软管　13—水洗用法兰　14—海绵球　15—清洗活塞

泵送混凝土施工中应注意的问题有以下几个。

① 输送管的布置宜短直，尽量减少弯管数，转弯宜缓，管段接头要严密，少用锥形管。

② 混凝土的供料应保证混凝土泵能连续工作，不间断；正确选择骨料级配，严格控制配合比。

③ 泵送前，为减少泵送阻力，应先用适量与混凝土内成分相同的水泥浆或水泥砂浆润滑输送管内壁。

④ 泵送过程中，泵的受料斗内应充满混凝土，防止吸入空气形成阻塞。

⑤ 防止停歇时间过长。若停歇时间超过 45 min，应立即用压力或其他方法冲洗管内残留的混凝土。

⑥ 泵送结束后，要及时清洗泵体和管道。

⑦ 用混凝土泵浇筑的建筑物，要加强养护，防止龟裂。

四、混凝土浇筑

混凝土成型就是将混凝土拌和料浇筑在符合设计尺寸要求的模板内，加以捣实，使其具有良好的密实性，达到设计强度的要求。混凝土成型过程包括浇筑与捣实，是混凝土工程施工的关键，将直接影响构件的质量和结构的整体性。混凝土经浇筑捣实后应内实外光，尺寸准确，表面平整，钢筋及预埋件位置符合设计要求，新旧混凝土结合良好。

1．浇筑前的准备工作

① 对模板及其支架进行检查，应确保标高、位置尺寸正确，强度、刚度、稳定性及严密性满足要求；模板中的垃圾、泥土和钢筋上的油污应加以清除；木模板应浇水润湿，但不允许留有积水。

② 对钢筋及预埋件应请工程监理人员共同检查钢筋的级别、直径、排放位置及保护层厚度是否符合设计和规范要求，并认真做好隐蔽工程记录。

③ 准备和检查材料、机具等；注意天气预报，不宜在雨雪天气浇筑混凝土。

④ 做好施工组织工作和技术、安全交底工作。

2. 浇筑工作的一般要求

① 混凝土应在初凝前浇筑，如混凝土在浇筑前有离析现象，须重新拌和后才能浇筑。

② 浇筑时，混凝土的自由倾落高度：对于素混凝土或少筋混凝土，由料斗进行浇筑时，不应超过 2m；对竖向结构（如柱、墙）浇筑混凝土的高度不应超过 3 m；对于配筋较密或不便捣实的结构，不宜超过 60 cm，否则应采用串筒、溜槽和振动串筒下料，以防产生离析。

③ 浇筑竖向结构混凝土前，底部应先浇入 50 ~ 100 mm 厚与混凝土成分相同的水泥砂浆，以避免产生蜂窝麻面现象。

④ 混凝土浇筑时的坍落度应符合设计要求。

⑤ 为了使混凝土振捣密实，混凝土必须分层浇筑。

⑥ 为保证混凝土的整体性，浇筑工作应连续进行。当由于技术上或施工组织上原因必须间歇时，其间歇时间应尽可能缩短，并应在前层混凝土凝结之前，将次层混凝土浇筑完毕。间歇的最长时间应按所用水泥品种及混凝土条件确定。

⑦ 正确留置施工缝。施工缝位置应在混凝土浇筑之前确定，并宜留置在结构受剪力较小且便于施工的部位。柱应留水平缝，梁、板、墙应留垂直缝。

⑧ 在混凝土浇筑过程中，应随时注意模板及其支架、钢筋、预埋件及预留孔洞的情况，当出现不正常的变形、位移时，应及时采取措施进行处理，以保证混凝土的施工质量。

⑨ 在混凝土浇筑过程中应及时认真填写施工记录。

3. 整体结构浇筑

为保证结构的整体性和混凝土浇筑工作的连续性，应在下一层混凝土初凝之前将上层混凝土浇筑完毕，因此，在编制浇筑施工方案时，首先应计算每小时需要浇筑的混凝土的数量 Q，即

$$Q=\frac{V}{t_1-t_2} \tag{4-4}$$

式中，V 为每个浇筑层中混凝土的体积，m^3；t_1 为混凝土初凝时间，h；t_2 为运输时间，h。

根据上式即可计算所需搅拌机、运输工具和振动器的数量，并据此拟定浇筑方案和组织施工。

4. 混凝土浇筑工艺

（1）铺料

开始浇筑前，要在老混凝土面上，先铺一层 2 ~ 3 cm 厚的水泥砂浆（接缝砂浆）以保证新混凝土与基岩或老混凝土结合良好。砂浆的水灰比应较混凝土水灰比减少 0.03 ~ 0.05。混凝土的浇筑，应按一定厚度、次序、方向分层推进。

铺料厚度应根据拌和能力、运输距离、浇筑速度、气温及振捣器的性能等因素确定。一般情况下，浇筑层的允许最大厚度不应超过表 4.21 规定的数值，如采用低流态混凝土及大型强力振捣设备时，其浇筑层厚度应根据试验确定。

表 4.21　　　　　　　　　　混凝土浇筑层厚度

项次	捣实混凝土的方法		浇筑层厚度/mm
1	插入式振捣		振捣器作用部分长度的 1.25 倍
2	表面振动		200
3	人工捣固	在基础、无筋混凝土或配筋稀疏的结构中	250
		在梁、墙板、柱结构中	200
		在配筋密列的结构中	150
4	轻骨料混凝土	插入式振捣器	300
		表面振动（振动时须加荷）	200

（2）平仓

平仓是把卸入仓内成堆的混凝土摊平到要求的均匀厚度。平仓不好会造成离析，使骨料架空，严重影响混凝土质量。平仓方式有人工平仓和振捣器平仓。

① 人工平仓。人工平仓用铁锹，平仓距离不超过 3 m。用人工平仓，使石子分布均匀，只适用于在靠近模板和钢筋较密的地方，也可用于设备预埋件等空间狭小的二期混凝土。

② 振捣器平仓。振捣器平仓时应将振捣器倾斜插入混凝土料堆下部，使混凝土向操作者位置移动，然后一次一次地插向料堆上部，直至混凝土摊平到规定的厚度为止。如将振捣器垂直插入料堆顶部，平仓工效固然较高，但易造成粗骨料沿锥体四周下滑，砂浆则集中在中间形成砂浆窝，影响混凝土匀质性。经过振动摊平的混凝土表面可能已经泛出砂浆，但内部并未完全捣实，切不可将平仓和振捣合二为一，影响浇筑质量。

（3）振捣

振捣是振动捣实的简称，它是保证混凝土浇筑质量的关键工序。振捣的目的是尽可能减少混凝土中的空隙，以清除混凝土内部的孔洞，并使混凝土与模板、钢筋及预埋件紧密结合，从而保证混凝土的最大密实度，提高混凝土质量。

当结构钢筋较密，振捣器难于施工，或混凝土内有预埋件、观测设备，周围混凝土振捣力不宜过大时采用人工振捣。人工振捣要求混凝土拌和物坍落度大于 5 cm，铺料层厚度小于 20 cm。人工振捣工具有捣固锤、捣固杆和捣固铲。捣固锤主要用来捣固混凝土的表面；捣固铲用于插边，使砂浆与模板靠紧，防止表面出现麻面；捣固杆用于钢筋稠密的混凝土中，以使钢筋被水泥砂浆包裹，增加混凝土与钢筋之间的握裹力。人工振捣工效低，混凝土质量不易保证。

混凝土振捣主要采用振捣器进行，振捣器产生小振幅、高频率的振动，使混凝土在其振动的作用下，内摩擦力和黏结力大大降低，使干稠的混凝土获得了流动性，在重力的作用下骨料互相滑动而紧密排列,空隙由砂浆所填满，空气被排出，从而使混凝土密实，并填满模板内部空间，且与钢筋紧密结合。

混凝土振捣机械的分类如图 4.42 所示。

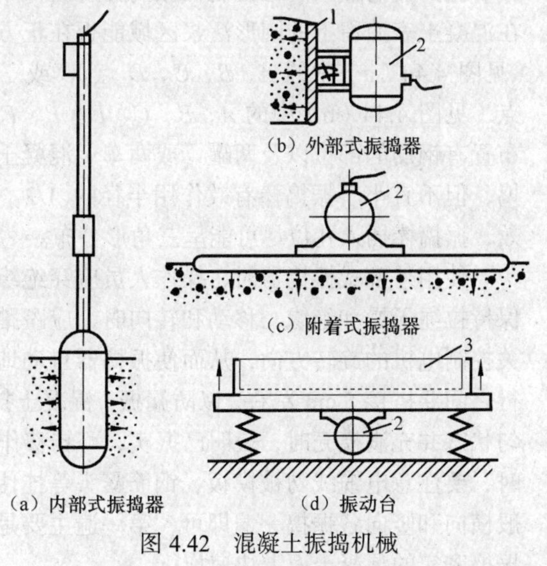

图 4.42　混凝土振捣机械

1—模板　2—振捣器　3—振动台

一般工程均采用电动式振捣器。电动插入式振捣器又分为串激式振捣器、软轴振捣器和硬轴振捣器3种。插入式振捣器使用较多。

混凝土振捣在平仓之后立即进行，此时混凝土流动性好，振捣容易，捣实质量好。振捣器的选用，对于素混凝土或钢筋稀疏的部位，宜用大直径的振捣棒；坍落度小的干硬性混凝土，宜选用高频和振幅较大的振捣器。振捣作业路线保持一致，并顺序依次进行，以防漏振。振捣棒尽可能垂直地插入混凝土中。如振捣棒较长或把手位置较高，垂直插入感到操作不便时，也可略带倾斜，但与水平面夹角不宜小于45°，且每次倾斜方向应保持一致，否则下部混凝土将会发生漏振。这时作用轴线应平行，如不平行也会出现漏振点，如图4.43所示。

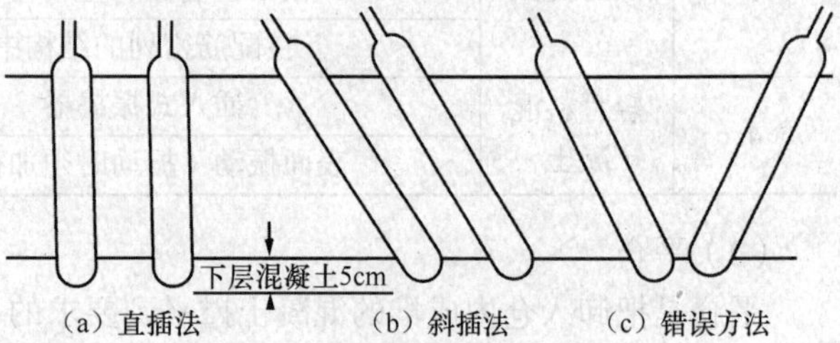

图4.43　插入式振捣器操作示意图

振捣棒应快插、慢拔。插入过慢，上部混凝土先捣实，就会阻止下部混凝土中的空气和多余的水分向上逸出；拔得过快，周围混凝土来不及填铺振捣棒留下的孔洞，将在每一层混凝土的上半部留下只有砂浆而无骨料的砂浆柱，影响混凝土的强度。为使上下层混凝土振捣密实均匀，可将振捣棒上下抽动，抽动幅度为5～10 cm。振捣棒的插入深度，在振捣第一层混凝土时，以振捣器头部不碰到基岩或老混凝土面，但相距不超过5 cm为宜；振捣上层混凝土时，则应插入下层混凝土5 cm左右，使上下两层结合良好。在斜坡上浇筑混凝土时，振捣棒仍应垂直插入，并且应先振低处，再振高处，否则在振捣低处的混凝土时，已捣实的高处混凝土会自行向下流动，致使密实性受到破坏。软轴振捣棒插入深度为棒长的3/4，过深软轴和振捣棒结合处容易损坏。

振捣棒在每一孔位的振捣时间，以混凝土不再显著下沉，水分和气泡不再逸出并开始泛浆为准。振捣时间和混凝土坍落度、石子类型及最大粒径、振捣器的性能等因素有关，一般为20～30 s。振捣时间过长，不但降低工效，且使砂浆上浮过多，石子集中下部，混凝土产生离析，严重时，整个浇筑层呈“千层饼”状态。

振捣器的插入间距控制在振捣器有效作用半径的1.5倍以内，实际操作时也可根据振捣后在混凝土表面留下的圆形泛浆区域能否在正方形排列（直线行列移动）的4个振捣孔径的中点（见图4.44（a）中的A、B、C、D点），或三角形排列（交错行列移动）的3个振捣孔位的中点（见图4.44（b）中的A、B、C、D、E、F点）相互衔接来判断。在模板边、预埋件周围、布置有钢筋的部位以及两罐（或两车）混凝土卸料的交界处，宜适当减少插入间距，以加强振捣，但不宜小于振捣棒有效作用半径的1/2，并注意不能触及钢筋、模板及预埋件。为提高工效，振捣棒插入孔位尽可能呈三角形分布。

使用外部式振捣器时，操作人员应穿绝缘胶鞋、戴绝缘手套，以防触电；平板式振捣器要保持拉绳干燥和绝缘，移动和转向时，应蹬踏平板两端，不得蹬踏电机。操作时可通过倒顺开关控制电机的旋转方向，从而使振捣器自动地向前或向后移动。沿铺料路线逐行进行振捣，两行之间要搭接5 cm左右，以防漏振。混凝土拌和物停止下沉、表面平整，往上泛浆且已达到均匀状态并充满模壳时，表明已振实，可转移作业面。振捣时间一般为30 s左右。在转移作业面时，要注意电缆线勿被模板、钢筋露头等挂住，防止拉断或造成触电事故。振捣混凝土时，一般横向和竖向各振捣一遍即可，第一遍主要是密实，第二遍是使表面平整，其中第二遍是在已振捣密实的混凝土面上快速拖行。

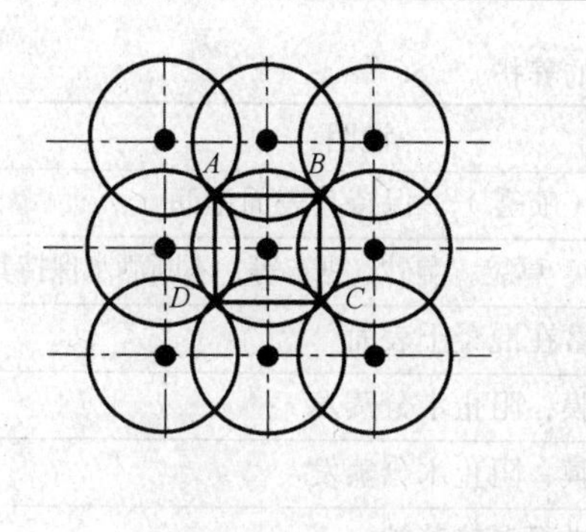

(a) 正方形分布

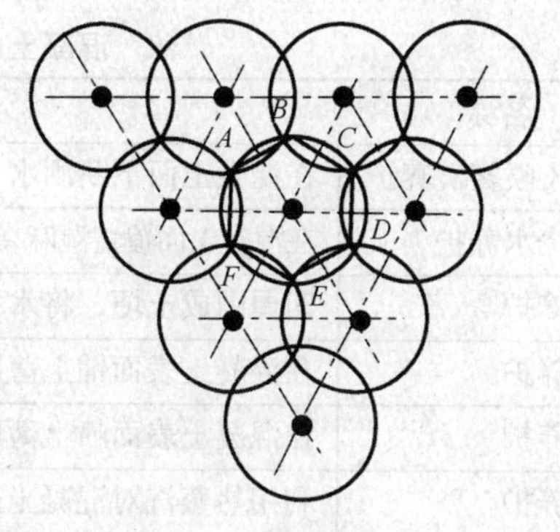

(b) 三角形分布

图 4.44 振捣孔位布置图

附着式振捣器安装时应保证转轴水平或垂直，如图 4.45 所示。在一个模板上安装多台附着式振捣器同时进行作业时，各振捣器频率必须保持一致，相对安装的振捣器的位置应错开。振捣器所装置的构件模板，要坚固牢靠，构件的面积应与振捣器的额定振动板面积相适应。

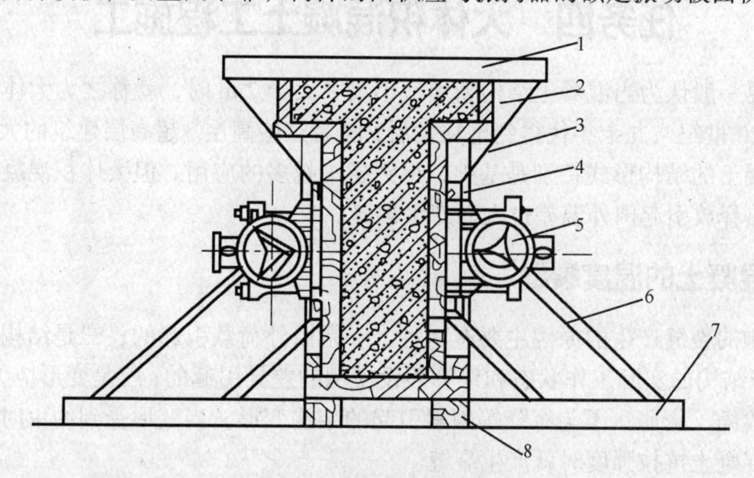

图 4.45 附着式振捣器的安装

1—模板面卡 2—模板 3—角撑 4—夹木枋 5—附着式振动器 6—斜撑 7—底横枋 8—纵向底枋

混凝土振动台是一种强力振动成型机械装置，必须安装在牢固的基础上，地脚螺栓应有足够的强度并拧紧。在振捣作业中，必须安置牢固可靠的模板锁紧夹具，以保证模板和混凝土与台面一起振动。

五. 混凝土的养护

混凝土浇筑完毕后，在一个相当长的时间内，应保持其适当的温度和足够的湿度，以造成混凝土良好的硬化条件，这就是混凝土的养护工作。混凝土表面水分不断蒸发，如不设法防止水分损失，水化作用未能充分进行，混凝土的强度将受到影响，还可能产生干缩裂缝。因此混凝土养护的目的，一是创造有利条件，使水泥充分水化，加速混凝土的硬化；二是防止混凝土成型后因曝晒、风吹、干燥等自然因素影响，出现不正常的收缩、裂缝等现象。

混凝土的养护方法分为自然养护和热养护两类，见表 4.22。养护时间取决于当地气温、水泥品种和结构物的重要性。混凝土必须养护至其强度达到 1.2 N/mm^2 以上，才准在上面行人和架设支架、安装模板，但不得冲击混凝土。

表 4.22 混凝土的养护

类别	名称	说明
自然养护	洒水（喷雾）养护	在混凝土面不断洒水（喷雾），保持其表面湿润
	覆盖浇水养护	在混凝土面覆盖湿麻袋、草袋、湿砂、锯末等，不断洒水保持其表面湿润
	围水养护	四周围成土埂，将水蓄在混凝土表面
	铺膜养护	在混凝土表面铺上薄膜，阻止水分蒸发
	喷膜养护	在混凝土表面喷上薄膜，阻止水分蒸发
热养护	蒸汽养护	利用热蒸汽对混凝土进行湿热养护
	热水（热油）养护	将水或油加热，将构件搁置在其上养护
	电热养护	对模板加热或微波加热养护
	太阳能养护	利用各种罩、窑、集热箱等封闭装置对构件进行养护

任务四　大体积混凝土工程施工

我国工程界一般认为当混凝土结构断面最小尺寸大于 2 m 时，就称之为大体积混凝土。我国高层建筑在 20 世纪八九十年代得到迅猛发展，随着这些高层、超高层建筑的大量建造，各种采用大体积混凝土的结构形式特别是基础，得到越来越多的应用。但大体积混凝土在施工阶段会因水泥水化热释放引起内外温差过大而产生裂缝。

一、大体积混凝土的温度裂缝

混凝土结构的裂缝产生的原因主要有 3 种，一是由外荷载引起的；二是结构次应力引起的裂缝，这是由于结构的实际工作状态和计算假设模型的差异引起的；三是变形应力引起的裂缝，这是由温度、收缩、膨胀、不匀沉降等因素引起的结构变形，当变形受到约束时便产生应力，当此应力超过混凝土抗拉强度时就产生裂缝。

当混凝土结构产生变形时，在结构的内部、结构与结构之间，都会受约束。当混凝土结构截面较厚时，其内部温度分布不均匀，引起内部不同部位的变形相互约束，称为内约束，当一个结构物的变形受到其他结构的阻碍称为外约束。建筑工程中的大体积混凝土结构所承受的变形，主要是由温差和收缩产生，其约束既有外约束又有内约束。

大体积钢筋混凝土结构中，由于结构截面大，体积大，水泥用量多，水泥水化所释放的水化热会产生较大的温度变化和收缩膨胀作用，由此引起的温度应力是导致钢筋混凝土产生裂缝的主要原因。这种裂缝有表面裂缝和贯穿裂缝两种。表面裂缝是由于混凝土表面和内部的散热条件不同，温度外低内高，形成了温度梯度，使混凝土内部产生压应力，表面产生拉应力，表面的拉应力超过混凝土抗拉强度而引起的。贯穿裂缝是由于混凝土在强度发展到一定程度时，混凝土逐渐降温，这个降温差引起的变形加上混凝土的收缩变形，受到地基和其他结构边界条件的约束引起拉应力，这个拉应力超过混凝土抗拉强度时而产生的。

简而言之，钢筋混凝土结构由温度引起的裂缝是一种由“变形变化引起的裂缝”。这种裂缝的起因是温度变化引起变形，变形受到约束引起应力，而且应力与结构的刚度大小有关，只有当应力超过一定数值才产生裂缝。

1. 温度变化引起变形

水泥在凝结硬化过程中，会放出大量的水化热。水泥在开始凝结时放热较快，以后逐渐变慢，普通水泥最初 3 天放出的热量占总水化热的 50%以上。水泥水化热与龄期的关系曲线如图 4.46 所示。图中 Q_0 为水泥的最终发热量（J/kg），其中 m 为系数，它与水泥品种及混凝土入仓温度有关。

在大体积混凝土工程施工中，水泥水化热引起混凝土内部温度和温度应力剧烈变化。大体积混凝土内部某点（如中心点）的温度值随时间而变化，其典型的温度—时间曲线，如图 4.47 所示。混凝土内同一点在不同时间的温度差值称为内部温差。

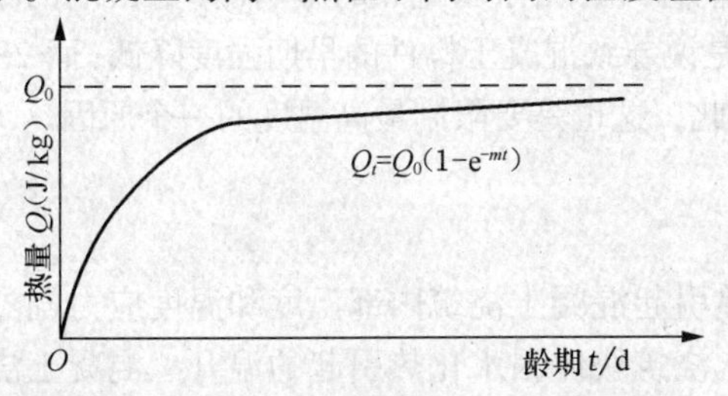

图 4.46　水泥水化热与龄期的关系曲线

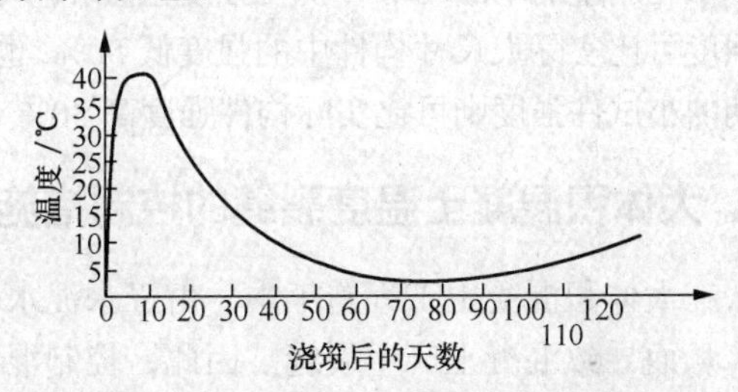

图 4.47　大体积混凝土内部温度变化曲线图

2. 变形受到约束，引起应力

当大体积混凝土浇筑在基岩或老混凝土上时，由于基岩（或老混凝土）的压缩模量（或弹性模量）较高，混凝土温度变化所产生的变形受到基岩（或老混凝土）的约束，而在新浇混凝土内部形成温度应力。在升温阶段，约束阻止新浇混凝土的温度膨胀变形，在混凝土内形成压应力，如图 4.48（a）所示。而在降温阶段，新浇混凝土收缩（降温收缩与干缩），因存在较强大的地基或基础的约束而不能自由收缩，在新浇混凝土内形成拉应力，如图 4.48（b）所示。由于升温较快，此时新浇混凝土的弹性模量较低，且徐变影响又较大，因此压应力较小；但是经过恒温阶段的降温时，新浇混凝土的弹性模量已较高，形成的拉应力也较大，除了抵消升温产生的压应力外，还存在较高的拉应力，导致产生内部裂缝，如图 4.49 所示。当结构厚度较小且约束较大时拉应力分布较均匀，而产生贯穿全断面的裂缝，影响结构安全和造成渗漏。

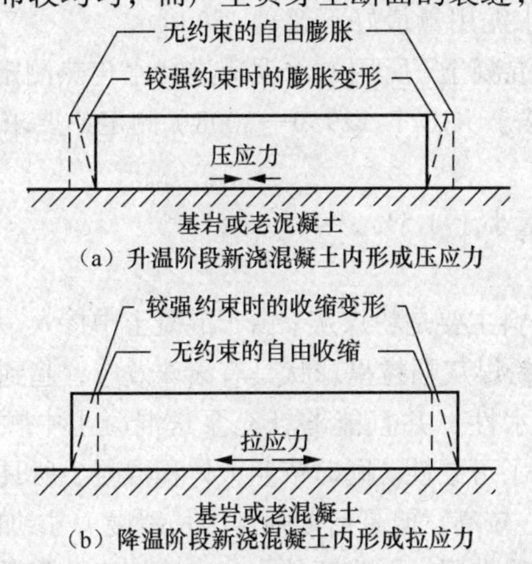

图 4.48　内部温差和约束共同作用下的温度应力

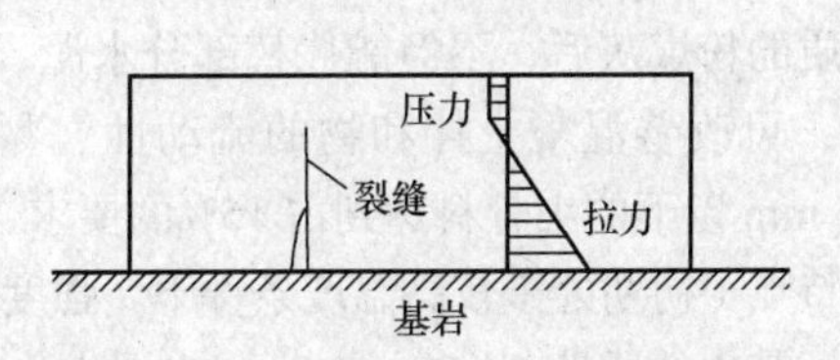

图 4.49　内部应力分布与裂缝特征

3. 应力超过了混凝土的抗拉强度，导致产生裂缝

不同龄期混凝土抗拉强度的比较见表 4.23。

表 4.23　　不同龄期混凝土抗拉强度的比较（以龄期 28 天为 1.0）

龄期	3	4	7	14	21	28
抗拉强度	0.26	0.35	0.53	0.76	0.90	1.00

由表 4.23 可以看出，混凝土的早期抗拉强度是很低的。值得注意的是随着水泥强度等级的提高，水泥用量的不断增加，抗拉强度也会相应增加。另外，由于水化热的影响，1 天龄期的小试件强度可比实际大尺寸构件中的强度低 50%，也就是说导致混凝土构件的早期强度降低；而 28 天龄期的小试件强度则可比实际构件强度高 30%。因此，这也是要限制最高温度的一个原因。

二、大体积混凝土温度裂缝的控制措施

在大体积混凝土工程施工中，由于水泥水化热引起混凝土浇筑内部温度和温度应力剧烈变化，从而导致混凝土产生裂缝。因此，控制混凝土浇筑块体因水化热引起的温升、混凝土浇筑块体的内外温差及降温速度，是防止混凝土出现有害的温度裂缝的关键问题。这需要在大体积混凝土结构的设计、混凝土材料的选择、配合比设计、拌制、运输、浇筑、保温养护及施工过程中，针对混凝土浇筑内部温度和温度应力的监测等环节，采取一系列的技术措施。

按照这个工序流程，将大体积混凝土温度裂缝控制措施分为设计措施、施工措施和监测措施。

1. 设计措施

① 大体积混凝土的强度等级宜在 C20~C35 范围内选用，利用后期强度 R60 甚至 R90。随着高层和超高层建筑物不断出现，大体积混凝土的强度等级日趋增高，出现 C40~C50 等高强度混凝土。设计强度过高，水泥用量过大，必然造成水化热过高。高层建筑的建设周期长，可以利用混凝土的 60 天或 180 天的后期强度，这样可以减少混凝土中的水泥用量，以降低混凝土浇筑块体的温度升高。采用降低水泥用量的方法来降低混凝土的绝对温升值，可以使混凝土浇筑后的内外温差和降温速度控制的难度降低，也可降低保温养护的费用，这是大体积混凝土配合比选择的特殊性。在强度等级 C25~C35 的范围内，水泥用量最好不超过 380 kg/m^3。

② 应优先采用水化热低的矿渣水泥配制大体积混凝土。所用的水泥应进行水化热测定，水泥水化热测定按现行国家标准《水泥水化热测定方法》（GB/T 12959—2008）测定，要求配制混凝土所用水泥 7 天的水化热不大于 25kJ/kg。

③ 采用 5 ~ 40 mm 颗粒级配的石子，控制含泥量小于 1.5%。

④ 采用中、粗砂，控制含泥量小于 1.5%。

⑤ 掺合料及外加剂的使用。国内目前采用的掺合料主要是粉煤灰。由于混凝土中掺入一定数量优质的粉煤灰后，不但能代替部分水泥，而且由于粉煤灰颗粒呈球状具有滚珠效应，起到润滑作用，可改善混凝土拌和物的流动性、黏聚性和保水性，并且能够补充泵送混凝土中颗粒在 0.315 mm 以下的细骨料达到占 15%的要求，从而改善了可泵性。同时依照大体积混凝土所具有的强度特点（初期处于较高温度条件下，强度增长较快、较高，但是后期强度增长缓慢），掺加粉煤灰后，其中的活性 Al_2O_3、SiO_2 与水泥水化析出的 CaO 作用，形成新的水化产物填充孔隙增加密实度，从而改善了混凝土的后期强度。值得注意的是，掺加粉煤灰混凝土的早期抗拉强度和极限

变形略有降低。因此，对早期抗裂要求较高的混凝土，粉煤灰掺量不宜太多，宜在10%~15%以内。

选用质量优良的粗细骨料，可以提高混凝土的和易性，大大改善混凝土工作性能和可靠性，同时可代替水泥，降低水化热。其掺加量为水泥用量的15%，能降低水化热15%左右。

根据结构最小断面尺寸和泵送管道内径，选择合理的粗骨料最大粒径，尽可能选用较大的粒径。例如，5~40 mm 粒径比 5~25 mm 粒径的碎石或卵石混凝土可减少用水量 6~8 kg/m^3，降低水泥用量 15 kg/m^3。因而减少泌水、收缩和水化热要优先选用天然连续级配的粗骨料，使混凝土具有较好的可泵性，减少用水量、水泥用量，进而减少水化热。

细骨料以采用级配良好的中砂为宜。实践证明，采用细度模数 2.8 的中砂比采用细度模数 2.3 的中砂，可减少用水量 20~25 kg/m^3，可降低水泥用量 28~35 kg/m^3，因而降低了水泥水化热、混凝土温升和收缩。

外加剂主要采用减水剂、缓凝剂和膨胀剂。混凝土中掺入水泥质量0.25%的木钙减水剂，不仅使混凝土工作性能有了明显的改善，同时可减少10%拌和用水，且节约10%左右的水泥，从而降低了水化热。

一般泵送混凝土为了延缓凝结时间，要加缓凝剂，反之凝结时间过早，将影响混凝土浇筑面的黏结，易出现层间缝隙，使混凝土防水、抗裂和整体强度下降。

为了防止混凝土的初始裂缝，宜加膨胀剂。

⑥ 大体积混凝土基础除应满足承载力和构造要求外，还应增配承受因水泥水化热引起的温度应力控制裂缝开展的钢筋，以构造钢筋来控制裂缝，配筋尽可能采用小直径、小间距。《钢筋混凝土结构设计规范》（GB 50010—2010）中规定，当筏板厚度超过 2 m 时，宜沿板厚方向间距不超过 lm 设置与板面平行的构造钢筋网片，直径不小于 12 mm，间距不宜大于 200 mm。

⑦ 当基础设置于岩石地基上时，宜在混凝土垫层上设置滑动层，滑动层构造可采用一毡二油，在夏季施工时也可采用一毡一油。也有涂抹两道海藻酸钠隔离剂，以减小地基水平阻力系数，一般可减小至（0.1~0.3）×10^{-2} N/mm^{-2}。当为软土地基时可以优先考虑采用砂垫层处理，因为砂垫层可以减小地基对混凝土基础的约束作用。

⑧ 大体积混凝土工程施工前，应对施工阶段大体积混凝土浇筑块体的温度、温度应力及收缩力进行验算，确定施工阶段大体积混凝土浇筑块体的升温峰值、内外温差不超过25℃，制订温控施工的技术措施。

2. 施工措施

① 混凝土的浇筑方法可用分层连续浇筑或推移式连续浇筑。

大体积混凝土结构多为厚大的桩基承台或基础底板等，整体性要求较高，往往不允许留施工缝，要求一次连续浇筑完毕。根据结构特点不同，可分为全面分层、分段分层、斜面分层等浇筑方案（见图 4.50）。

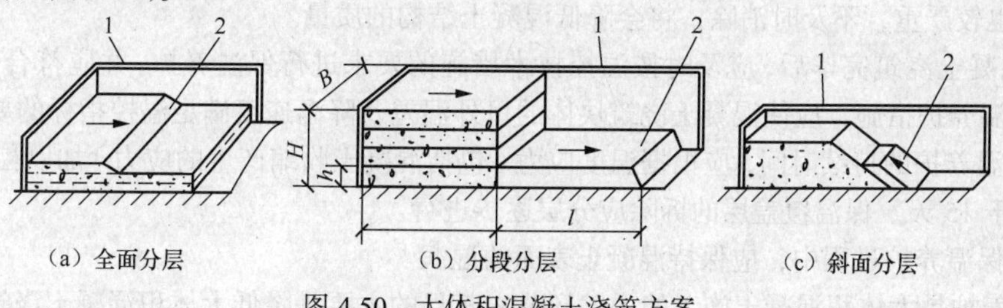

图 4.50 大体积混凝土浇筑方案

1—模板 2—新浇筑的混凝土

a. 全面分层。当结构平面面积不大时，可将整个结构分为若干层进行浇筑，即第一层全部浇筑完毕后，再浇筑第二层，如此逐层连续浇筑，直到结束。为保证结构的整体性，要求次层混凝土在前层混凝土初凝前浇筑完毕。若结构平面面积为 A（m^2），浇筑分层厚为 h（m），每小时浇筑量为 Q（m^3/h），混凝土从开始浇筑至初凝的延续时间为 T（一般等于混凝土初凝时间减去运输时间），为保证结构的整体性，则应满足：

$$Ah \leqslant QT \tag{4-5}$$

$$A \leqslant QT/h \tag{4-6}$$

b. 分段分层。当结构平面面积较大时，全面分层已不适应，这时可采用分段分层浇筑方案。即将结构划分为若干段，每段又分为若干层，先浇筑第一段各层，然后浇筑第二段各层，如此逐层连续浇筑，直至结束。为保证结构的整体性，要求次段混凝土应在前段混凝土初凝前浇筑并与之捣实成整体。若结构的厚度为 H（m），宽度为 b（m），分段长度为 l（m），为保证结构的整体性，则应满足：

$$l \leqslant QT/[b(H-b)] \tag{4-7}$$

c. 斜面分层。当结构的长度超过厚度的 3 倍时，可采用斜面分层的浇筑方案。这里，振捣工作应从浇筑层斜面下端开始，逐渐上移，且振动器应与斜面垂直。

混凝土的摊铺厚度应根据所用振捣器的作用深度及混凝土的和易性确定，当采用泵送混凝土时，混凝土的摊铺厚度应不大于 600 mm；当采用非泵送混凝土时，混凝土的摊铺厚度应不大于 400 mm。

分层连续浇筑或推移式连续浇筑，其层间的间隔时间应尽量缩短，必须在前层混凝土初凝之前，将其次层混凝土浇筑完毕。层间最长的时间间隔不大于混凝土的初凝时间。当层间间隔时间超过混凝土的初凝时间，层面应按施工缝处理。

② 混凝土的拌制、运输必须满足连续浇筑施工以及尽量降低混凝土出罐温度等方面的要求，并应符合下列规定。

a. 当炎热季节浇筑大体积混凝土时，混凝土搅拌场站宜对砂、石骨料采取遮阳、降温措施。

b. 当采用泵送混凝土施工时，混凝土的运输宜采用混凝土搅拌运输车，混凝土搅拌运输车的数量应满足混凝土连续浇筑的要求。

c. 必要时采取预冷骨料（水冷法、气冷法等）和加冰搅拌等。

d. 浇筑时间最好安排在低温季节或夜间，若在高温季节施工，则应采取减小混凝土温度回升的措施，譬如尽量缩短混凝土的运输时间，加快混凝土的入仓覆盖速度，缩短混凝土的暴晒时间，混凝土运输工具采取隔热遮阳措施等。对于泵送混凝土的输送管道，应全程覆盖并洒以冷水，以减少混凝土在泵送过程中吸收太阳的辐射热，最大限度地降低混凝土的入模温度。

③ 在混凝土浇筑过程中，应及时清除混凝土表面的泌水。泵送混凝土的水灰比一般较大，泌水现象也较严重，不及时消除，将会降低混凝土结构的质量。

④ 混凝土浇筑完毕后，应及时按温控技术措施的要求进行保温养护，并应符合下列规定。

a. 保温养护措施，应使混凝土浇筑块体的里外温差及降温速度满足温控指标的要求。

b. 保温养护的持续时间，应根据温度应力（包括混凝土收缩产生的应力）加以控制、确定，但不得少于 15 天，保温覆盖层的拆除应分层逐步进行。

c. 在保温养护过程中，应保持混凝土表面的湿润。

保温养护是大体积混凝土施工的关键环节，其目的主要是降低大体积混凝土浇筑块体的内外温差值，以降低混凝土块体的自约束应力；其次是降低大体积混凝土浇筑块体的降温速度，充分利用混凝土的抗拉强度，以提高混凝土块体承受外约束应力的抗裂能力，达到防止或控制温度裂缝的目的。同时，在养护过程中保持良好的湿度和抗风条件，使混凝土在良好的环境下养护。施工人员需根据事先确定的温控指标的要求，来确定大体积混凝土浇筑后的养护措施。

⑤ 对混凝土和模板可采取覆盖塑料膜或塑料泡沫板、喷水泥珍珠岩、挂双层草垫等保温措施，覆盖层的厚度应根据温控指标的要求计算。并可在混凝土终凝后，在板面做土围堰灌水 5~10 cm 深进行保温和养护。水的热容量大，覆水层相当于在混凝土表面设置了恒温装置。在寒冷季节可搭设挡风保温棚，并在草袋上设置碘钨灯。

⑥ 土是良好的养护介质，所以应及时回填土。

⑦ 在大体积混凝土拆摸后，应采取预防寒潮袭击、突然降温和剧烈干燥等措施。

⑧ 采用二次振捣技术，改善混凝土强度，提高抗裂性。当混凝土浇筑后即将凝固时，在适当的时间内再振捣，可以增加混凝土的密实度，减少内部微裂缝。但必须掌握好二次振捣的时间间隔（2 h 为宜），否则会破坏混凝土内部结构，起到相反的效果。

⑨ 利用预埋的冷却水管通低温水以散热降温。混凝土浇筑后立即通水，以降低混凝土的最高温升。

3. 监测措施

① 大体积混凝土的温控施工中，除应进行水泥水化热的测定外，在混凝土浇筑过程中还应进行混凝土浇筑温度的监测，在养护过程中应进行混凝土浇筑块体升降温、内外温差、降温速度及环境温度等监测。这些监测结果能及时反馈现场大体积混凝土浇筑块内温度变化的实际情况，以及所采用的施工技术措施的效果，为工程技术人员及时采取温控对策提供科学依据。

②混凝土的浇筑温度系指混凝土振捣后位于混凝土上表面以下 50~100 mm 深处的温度。混凝土浇筑温度的测试每工作班（8h）应不少于 2 次。大体积混凝土浇筑块体内外温差、降温速度及环境温度的测试一般在前期每 2~4 h 测一次，后期每 4~8 h 测一次。

③ 大体积混凝土浇筑块体温度监测点的布置，以能真实反映出混凝土块体的内外温差、降温速度及环境温度为原则。

任务五　框剪结构混凝土工程施工

一、浇筑要求

浇筑钢筋混凝土框剪结构首先要划分施工层和施工段，施工层一般按结构层划分，而每一施工层如何划分施工段，则要考虑工序数量、技术要求、结构特点等。要做到木工在第一施工层安装完模板，准备转移到第二施工层的第一施工段上时，该施工段所浇筑的混凝土强度应达到允许工人在其上操作的强度（1.2 MPa）。

混凝土浇筑前应做好必要的准备工作，如模板、钢筋和预埋管线的检查和清理以及隐蔽工程的验收；浇筑用脚手架、走道的搭设和安全检查；根据试验室下达的混凝土配合比通知单准备和检查材料；并做好施工用具的准备等。

浇筑柱时，施工段内的每排柱应由外向内对称地依次浇筑，不要由一端向一端推进，预防柱子模板因湿胀造成受推倾斜而误差积累难以纠正。截面在 400 mm×400 mm 以内，或有交叉箍筋的柱子，应在柱子模板侧面开孔用斜溜槽分段浇筑，每段高度不超过 2 m。截面在 400 mm×400 mm 以上、无交叉箍筋的柱子，如柱高不超过 4.0 m，可从柱顶浇筑；如用轻骨料混凝土从柱顶浇筑，则柱高不得超过 3.5 m。柱子开始浇筑时，底部应先浇筑一层厚 50 ~ 100 mm 与所浇筑混凝土成分相同的水泥砂浆。浇筑完毕，如柱顶处有较大厚度的砂浆层，则应加以处理。柱子浇筑后，应间隔 1 ~ 1.5 h，待所浇混凝土拌和物初步沉实后，再浇筑上面的梁板结构。

梁和板一般应同时浇筑，顺次梁方向从一端开始向前推进。只有当梁高大于 1 m 时才允许将梁单独浇筑，此时的施工缝留在楼板板面下 20 ~ 30 mm 处。梁底侧面注意振实，振动器不要直接触及钢筋和预埋件。楼板混凝土的虚铺厚度应略大于板厚，用表面振动器或内部振动器振实，用铁插尺检查混凝土厚度，振捣完后用长的木抹子抹平。

为保证捣实质量，混凝土应分层浇筑，每层厚度见表 4.21。

浇筑叠合式受弯构件时，应按设计要求确定是否设置支撑，且叠合面应根据设计要求预留凸凹差（当无要求时，凸凹为 6 mm），形成延期粗糙面。

二、浇筑方法

1. 混凝土柱的浇筑

（1）混凝土的灌注

① 混凝土柱灌注前，柱底基面应先铺 5 ~ 10 cm 厚与混凝土内砂浆成分相同的水泥砂浆，再分段分层灌注混凝土。

② 凡截面在 400 mm×400 mm 以内或有交叉箍筋的混凝土柱，应在柱模侧面开口装上斜溜槽来灌注，每段高度不得大于 2 m，如图 4.51 所示。如箍筋妨碍溜槽安装时，可将箍筋一端解开提起，待混凝土浇至窗口的下口时，卸掉斜溜槽，将箍筋重新绑扎好，用模板封口，柱箍箍紧，继续浇上段混凝土。采用斜溜槽下料时，可将其轻轻晃动，加快下料速度。采用溜筒下料时，柱混凝土的灌注高度可不受限制。

③ 当柱高不超过 3.5 m、截面大于 400 mm×400 mm 且无交叉钢筋时，混凝土可由柱模顶直接倒入。当柱高超过 3.5 m 时，必须分段灌注混凝土，每段高度不得超过 3.5 m。

（2）混凝土的振捣

① 混凝土的振捣一般需 3 ~ 4 人协同操作，其中 2 人负责下料，1 人负责振捣，另 1 人负责开关振捣器。

② 混凝土的振捣尽量使用插入式振捣器。当振捣器的软轴比柱长 0.5 ~ 1.0 m 时，待下料至分层厚度后，将振捣器从柱顶伸入混凝土内进行振捣。当用振捣器振捣比较高的柱子时，则应从柱模侧预留的洞口插入，待振捣器找到振捣位置时，再合闸振捣，如图 4.52 所示。

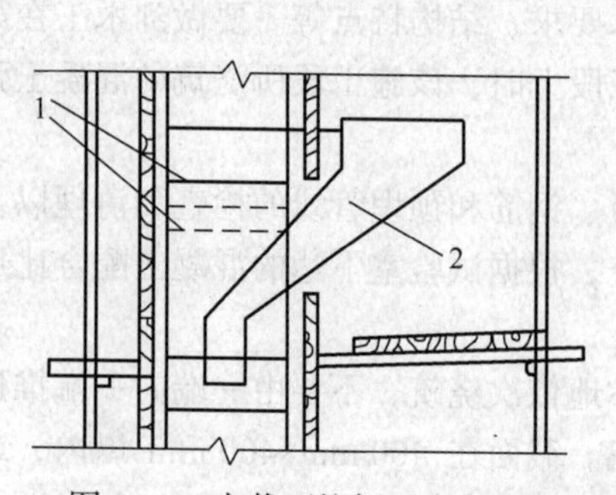

图 4.51　小截面柱侧开窗口浇筑

1—钢筋（虚线钢箍暂时向上移）　2—带垂直料筒的下料溜槽

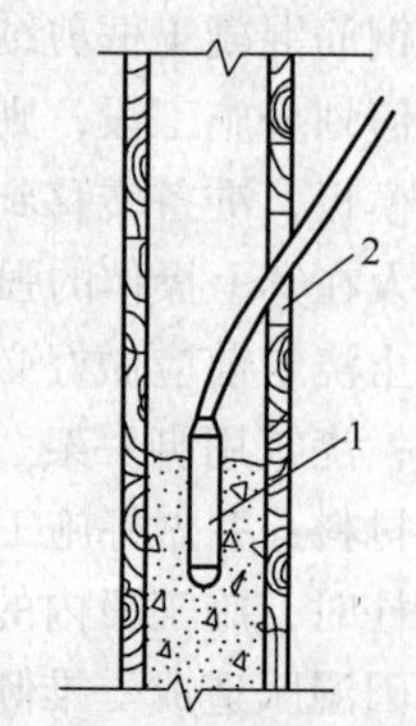

图 4.52　插入式振捣器从浇灌洞口插入振捣

1—振捣棒　2—浇灌洞口

③ 振捣时以混凝土不再塌陷，混凝土表面泛浆，柱模外侧模板拼缝均匀微露砂浆为好。也

可用木槌轻击柱侧模判定，如声音沉实，则表示混凝土已振实。

2. 混凝土墙的浇筑

（1）混凝土的灌注

① 浇筑顺序应先边角后中部，先外墙后隔墙，以保证外部墙体的垂直度。

② 高度在 3 m 以内的外墙和隔墙，混凝土可以从墙顶向模板内卸料，卸料时须在墙顶安装料斗缓冲，以防混凝土发生离析。高度大于 3 m 的任何截面墙体，均应每隔 2m 开洞口，装斜溜槽进料。

③ 墙体上有门窗洞口时，应从两侧同时对称进料，以防将门窗洞口模板挤偏。

④ 墙体混凝土浇筑前，应先铺 5 ~ 10 cm 与混凝土内砂浆成分相同的水泥砂浆。

（2）混凝土的振捣

① 对于截面尺寸较大的墙体，可用插入式振捣器振捣，其方法同柱的振捣。对较窄或钢筋密集的混凝土墙，宜采用在模板外侧悬挂附着式振捣器振捣，其振捣深度约为 25cm。

② 遇有门窗洞口时应在两边同时对称振捣，不得用振捣棒棒头敲击预留孔洞模板、预埋件等。

③ 当顶板与墙体整体现浇时，楼顶板端头部分的混凝土应单独浇筑，保证墙体的整体性。

3. 梁、板混凝土的浇筑

（1）混凝土的灌注

① 肋形楼板混凝土的浇筑应顺次梁方向，主次梁同时浇筑。在保证主梁浇筑的前提下，将施工缝留在次梁跨中 1/3 的范围内。

② 梁、板混凝土宜同时浇筑。当梁高大于 1 m 时，可先浇筑主次梁，后浇筑板。其水平施工缝应布置在板底以下 2 ~ 3 cm 处，如图 4.53（a）所示。凡截面高大于 0.4 m、小于 1 m 的梁，应先分层浇筑梁混凝土，待混凝土平楼板底面后，梁、板混凝土同时浇筑，如图 4.53（b）所示。操作时先将梁的混凝土分层浇筑成阶梯形，并向前赶。当起始点的混凝土到达板底位置时，与板的混凝土一起浇筑。随着阶梯的不断延长，板的浇筑也不断向前推移。

③ 采用小车或料罐运料时，宜将混凝土料先卸在拌盘上，再用铁锹往梁里浇灌混凝土。在梁的同一位置上，模板两边下料应均衡。浇筑楼板时，可将混凝土料直接卸在楼板上，但应注意不可集中卸在楼板边角或上层钢筋处。楼板混凝土的虚铺高度可高于楼板设计厚度的 2 ~ 3 cm。楼板厚度的控制工具如图 4.54 所示。

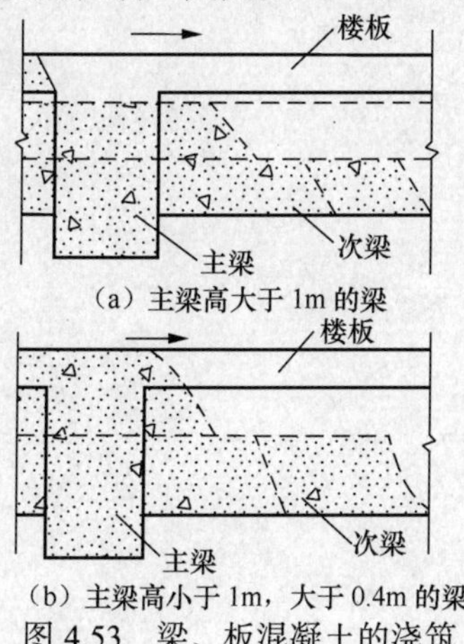

图 4.53　梁、板混凝土的浇筑

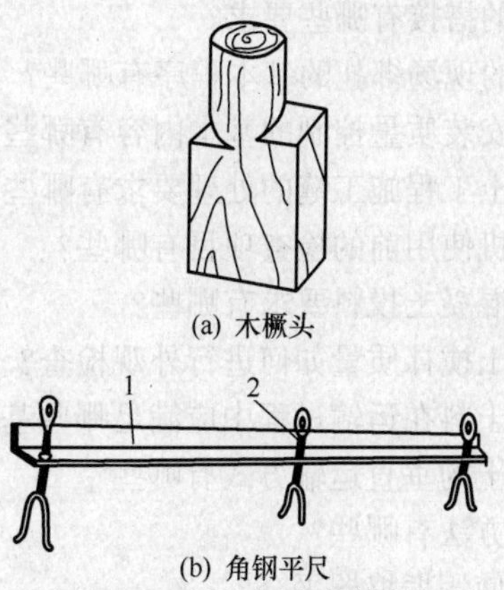

图 4.54　楼板厚度的控制工具

1—角钢　2—可调螺栓脚架

（2）混凝土的振捣

① 混凝土梁应采用插入式振捣器振捣，从梁的一端开始，先在起头的一小段内浇一层与混凝土成分相同的水泥砂浆，再分层浇筑混凝土。浇筑时两人配合，一人在前面用插入式振捣器振捣混凝土，使砂浆先流到前面和底部，让砂浆包裹石子，另一人在后面用捣钎靠着侧板及底部往回钩石子，以免石子阻碍砂浆往前流。待浇筑至一定距离后，再回头浇第二层，直至浇捣至梁的另一端。

② 浇筑梁柱或主次梁结合部位时，由于梁上部的钢筋较密集，普通振捣器无法直接插入振捣，此时可用振捣棒从钢筋空档插入振捣，或将振动棒从弯起钢筋斜段间隙中斜向插入振捣，如图4.55所示。

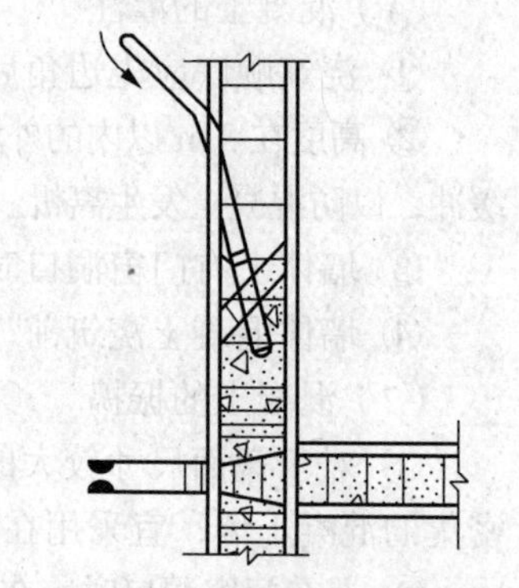

图4.55　钢筋密集处的振捣

③ 楼板混凝土的捣固宜采用平板振捣器振捣。当混凝土虚铺有一定的工作面后，用平板振捣器来振捣。振捣方向应与浇筑方向垂直。由于楼板的厚度一般在10cm以下，振捣一遍即可密实。但通常为使混凝土板面更平整，可将平板振捣器再快速拖拉一遍，拖拉方向与第一遍的振捣方向相垂直。

复习思考题

1. 模板安装的程序是怎样的？包括哪些内容？
2. 模板在安装过程中，应注意哪些事项？
3. 模板拆除时要注意哪些内容？
4. 钢筋下料长度应考虑哪几部分内容？
5. 钢筋切断有哪几种方法？
6. 钢筋弯曲成型有几种方法？
7. 钢筋的接头连接分为几类？
8. 钢筋焊接有几种形式？
9. 钢筋的安设方法有哪几种？
10. 钢筋的搭接有哪些要求？
11. 钢筋的现场绑扎的基本程序有哪些？
12. 钢筋安装质量控制的基本内容有哪些？
13. 混凝土工程施工缝的处理要求有哪些？
14. 搅拌机使用前的检查项目有哪些？
15. 普通混凝土投料要求有哪些？
16. 混凝土搅拌质量如何进行外观检查？
17. 混凝土料在运输过程中应满足哪些基本要求？
18. 混凝土的垂直运输方式有哪些？
19. 铺料方法有哪些？
20. 如何使用振捣器平仓？
21. 振捣器使用前的检查项目有哪些？
22. 振捣器如何进行操作？

23. 混凝土浇筑后为何要进行养护？

24. 钢筋配料计算。一钢筋混凝土梁，高 500 mm，宽 250 mm，长 4800 mm，保护层厚度为 25 mm，梁内钢筋的规格及形状如图 4.56 所示。试计算每根钢筋的下料长度。

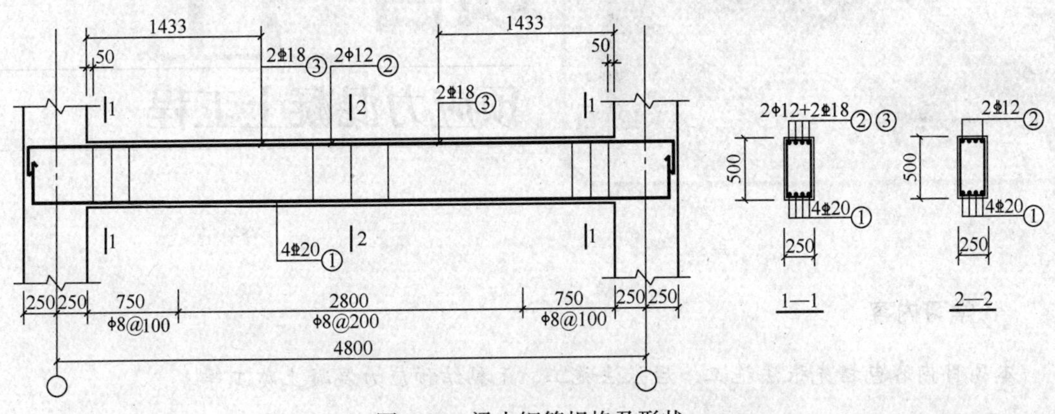

图 4.56　梁内钢筋规格及形状

25. 已知 C20 混凝土的试验室配合比为 1∶2.43∶4.31，水灰比为 0.50，经测定砂的含水率为 2.3%，石子的含水率为 1.2%，每 1m³ 混凝土的水泥用量为 345kg，则施工配合比为多少？工地采用 JZ500 型搅拌机拌和混凝土，出料容量为 0.5 m³，则每搅拌一次的装料数量为多少？

项目五

预应力混凝土工程

学习内容

本项目内容包括先张法施工、后张法施工、无黏结预应力混凝土施工等。

学习目标

1. 掌握预应力筋锚具、夹具和连接器应用。
2. 熟悉先张法、后张法和无黏结预应力施工工艺。

任务一　先张法施工

先张法是在浇筑混凝土之前，先张拉预应力钢筋，并将预应力筋临时固定在台座或钢模上，待混凝土达到一定强度（一般不低于混凝土设计强度标准值的 75%），混凝土与预应力筋具有一定的黏结力时，放松预应力筋，在预应力筋的反弹力作用下，使构件受拉区的混凝土承受预压应力。预应力筋的张拉力，主要是由预应力筋与混凝土之间的黏结力传递给混凝土。图 5.1 为预应力混凝土构件（台座）先张法生产示意图。

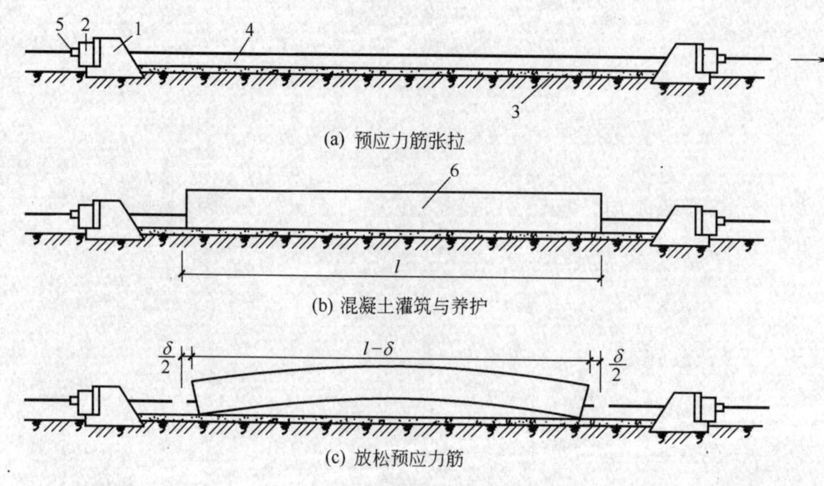

图 5.1　台座先张法生产示意图

1—台座承力结构　2—横梁　3—台面　4—预应力筋　5—锚固夹具　6—混凝土构件

先张法生产可采用台座法和机组流水法。

台座法是构件在台座上生产，即预应力筋的张拉、固定、混凝土浇筑、养护和预应力筋的放松等工序均在台座上进行。机组流水法是利用钢模板作为固定预应力筋的承力架，构件连同模板通过固定的机组，按流水方式完成其生产过程。先张法适用于生产定型的中小型构件，如空心板、屋面板、吊车梁、檩条等。先张法施工中常用的预应力筋有钢丝和钢筋两类。

先张法施工，对混凝土握裹力有严格要求，在混凝土构件制作、养护时要保证混凝土质量。

一、先张法的施工设备

1. 张拉台座

台座是先张法施工张拉和临时固定预应力筋的支撑结构，它承受预应力筋的全部张拉力，要求台座必须具有足够的强度、刚度和稳定性，同时要满足生产工艺要求。台座按构造形式分为墩式台座和槽式台座。

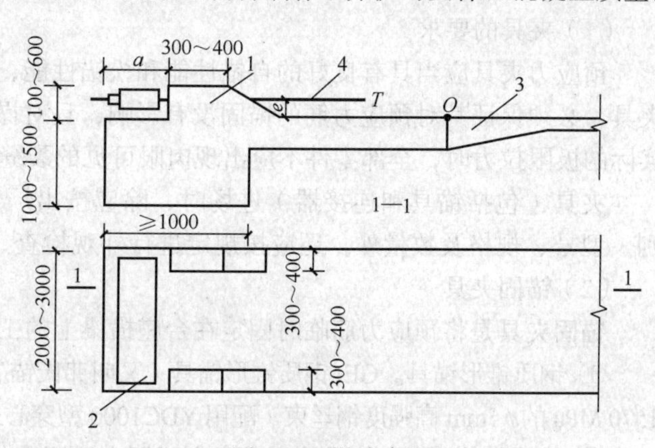

图 5.2　墩式台座

1—承力台墩　2—横梁　3—台面　4—预应力筋

（1）墩式台座

墩式台座由承力台墩、台面和横梁组成，如图 5.2 所示。目前常用现浇钢筋混凝土制成由承力台墩与台面共同受力的台座。台座的长度和宽度由场地大小、构件类型和产量而定，一般长度宜为 100 ~ 150 m，宽度为 2~4 m，这样既可利用钢丝长的特点，张拉一次可生产多根（块）预应力混凝土构件，又减少了张拉和临时固定的工作，而且可以减少因钢丝滑动或台座横梁变形引起的预应力损失。

承力台墩是墩式台座的主要受力结构，依靠其自重和土压力平衡张拉力产生的倾覆力矩，依靠土的反力和摩阻力平衡张力产生的水平位移。因此，承力台墩结构造型大，埋设深度深，投资较大。为了改善承力台墩的受力状况，提高台座承受张拉力的能力，可采用与台面共同工作的承力台墩，从而减小台墩自重和埋深。台面是预应力混凝土构件成型的胎模，它是由素土夯实后铺碎砖垫层，再浇筑 50~80 mm 厚的 C15~C20 混凝土面层组成的。台面要求平整、光滑，沿其纵向设置 0.3%的排水坡度，每隔 10~20 m 设置宽 30~50 mm 的温度缝。横梁是锚固夹具临时固定预应力筋的支点，也是张拉机械张抗预应力筋的支座，常采用型钢或由钢筋混凝土制作而成。横梁挠度要求小于 2 mm，并不得产生翘曲。

台座稍有变形、滑移或倾角，均会引起较大的应力损失。台座设计时，应进行稳定性和强度验算。稳定性验算包括台座的抗倾覆验算和抗滑移验算。

（2）槽式台座

槽式台座是由端柱、传力柱和上、下横梁及砖墙组成的，如图 5.3 所示。端柱和传力柱是槽式台座的主要受力结构，采用钢筋混凝土结构。

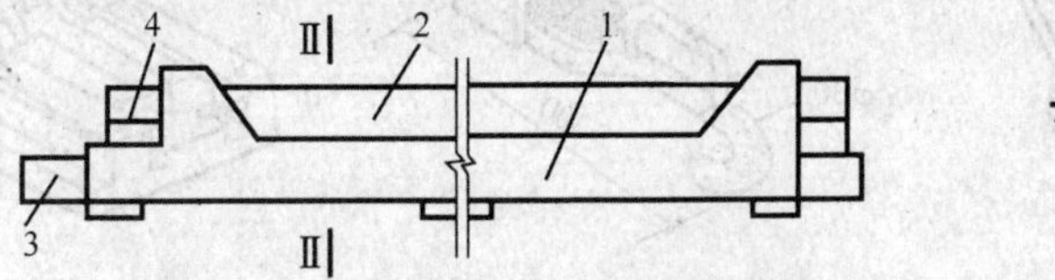

图 5.3　槽式台座

1—传力柱　2—砖墙　3—下横梁　4—上横梁

2. 夹具

夹具是预应力筋进行张拉和临时固定的工具，预应力筋夹具和连接器应具有可靠的锚固性能、足够的承载能力和良好的适用性，构造简单，施工方便，成本低。根据夹具的工作特点和用途分为张拉夹具和锚固夹具。

（1）夹具的要求

预应力夹具应当具有良好的自锚性能和松锚性能，应能多次重复使用。需敲击才能松开的夹具，必须保证其对预应力筋的锚固没有影响，且对操作人员的安全不造成危险。当夹具达到实际的极限拉力时，全部零件不应出现肉眼可见的裂缝和破坏。

夹具（包括锚具和连接器）进场时，除应按出厂合格证和质量证明书核查其锚固性能类别、型号、规格及数量外，还应按规定进行外观检查、硬度检验和静载锚固性能试验验收。

（2）锚固夹具

锚固夹具是将预应力筋临时固定在台座横梁上的工具。常用的锚固夹具有以下几种。

① 钢质锥形锚具。GE 钢质锥形锚具（又叫弗氏锚），由锚塞和锚圈组成，可锚固标准强度为 1570 MPa 的ϕ5mm 高强度钢丝束。配用 YDC1000 型穿心式千斤顶张拉、顶压锚固。

② 钢质锥形夹具。钢质锥形夹具主要用来锚固直径为 3~5 mm 的单根钢丝，如图 5.4 所示。

③ 镦头夹具。镦头夹具适用于预应力钢丝固定端的锚固，是将钢丝端部冷镦或热镦形成镦粗头，通过承力板锚固，如图 5.5 所示。

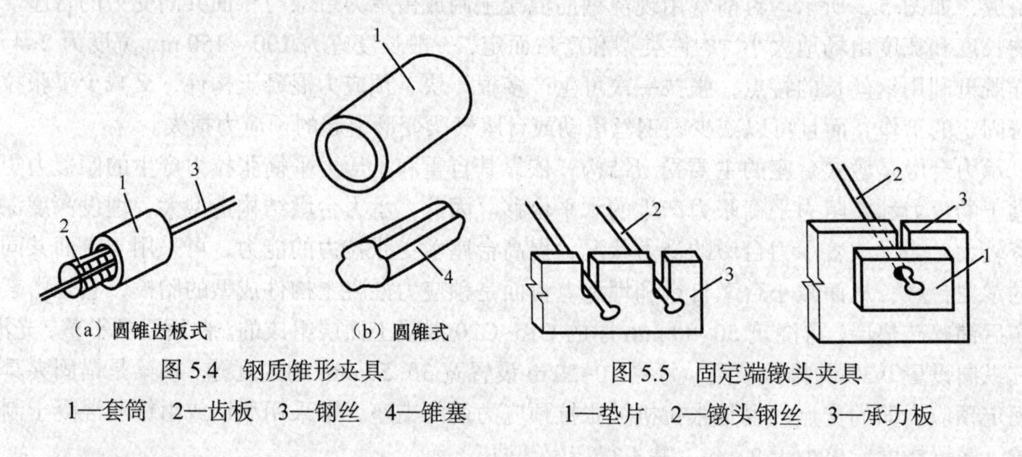

图 5.4 钢质锥形夹具

1—套筒 2—齿板 3—钢丝 4—锥塞

图 5.5 固定端镦头夹具

1—垫片 2—镦头钢丝 3—承力板

（3）张拉夹具

张拉夹具是将预应力筋与张拉机械连接起来进行预应力张拉的工具，常用的张拉夹具有月牙形夹具、偏心式夹具和楔形夹具等，如图 5.6 所示。

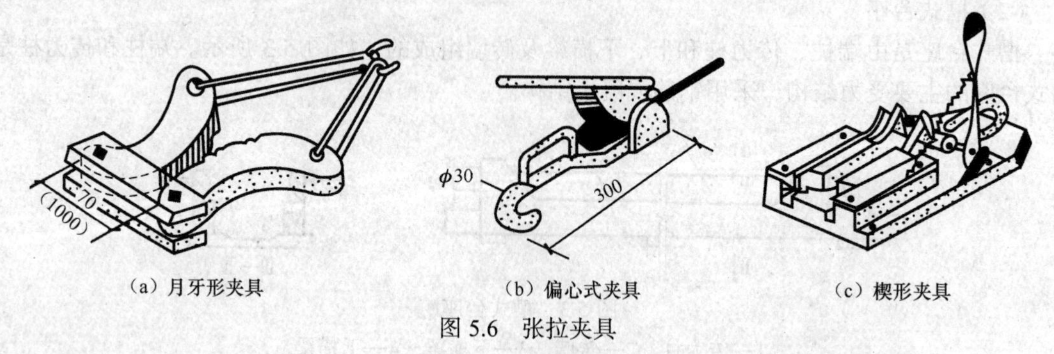

图 5.6 张拉夹具

3. 张拉设备

张拉设备要求工作可靠，能准确控制应力，能以稳定的速率加大拉力。在先张法中常用的张拉设备有油压千斤顶、卷扬机、电动螺杆张拉机等。

（1）油压千斤顶

油压千斤顶可张拉单根或多根成组的预应力筋。张拉过程可直接从油压表读取张拉力值。成组张拉时，由于拉力较大，一般用油压千斤顶张拉，图 5.7 所示为油压千斤顶成组张拉装置。

（2）卷扬机

在长线台座上张拉钢筋时，由于一般千斤顶的行程不能满足长台座要求，小直径钢筋可采用卷扬机张拉预应力筋，用杠杆或弹簧测力。弹簧测力时，宜设行程开关，在张拉到规定的应力时，能自行停机，如图 5.8 所示。

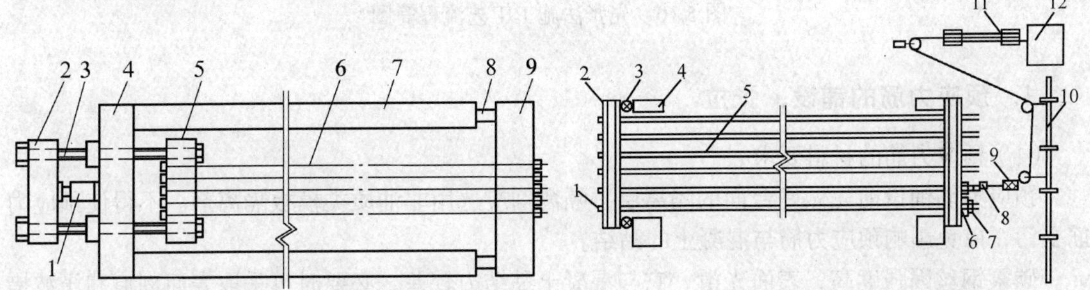

图 5.7　油压千斤顶成组张拉装置

1—油压千斤顶　2、5—拉力架横梁　3—大螺纹杆　4、9—前、后横梁　6—预应力筋　7—台座　8—放张装置

图 5.8　用卷扬机张拉预应力筋

1—镦头　2—横梁　3—放张装置　4—台座　5—钢筋　6—垫块　7—销片夹具　8—张拉夹具　9—弹簧测力计　10—固定梁　11—滑轮组　12—卷扬机

（3）电动螺杆张拉机

电动螺杆张拉机由螺杆、电动机、变速箱、测力计及顶杆等组成，可单根张拉预应力钢丝或钢筋，如图 5.9 所示。张拉时，顶杆支于台座横梁上，用张拉夹具夹紧钢筋后，开动电动机，由皮带、齿轮传动系统使螺杆作直线运动，从而张拉钢筋。这种张拉的特点是运行稳定，螺杆有自锁性能，故电动螺杆张拉机恒载性能好，速度快，张拉行程大。

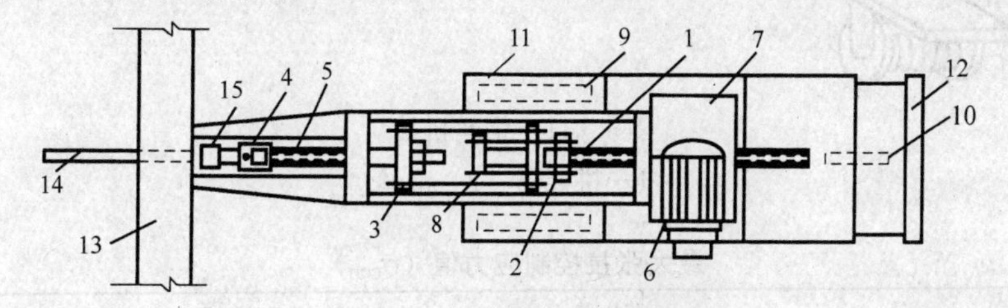

图 5.9　电动螺杆张拉机

1—螺杆　2、3—拉力架　4—张拉夹具　5—顶杆　6—电动机　7—齿轮减速箱　8—测力计　9、10—车轮　11—底盘　12—手把　13—横梁　14—钢筋　15—锚固夹具

二、先张法的施工工艺

先张法施工工艺流程如图 5.10 所示。

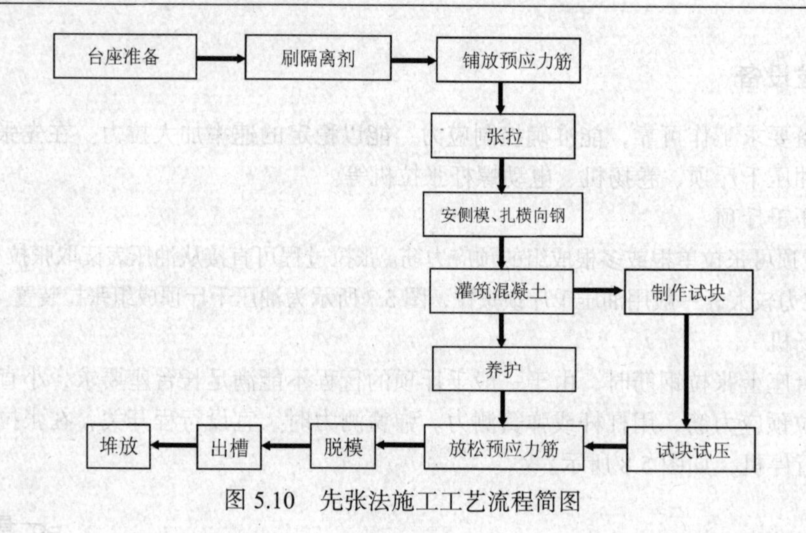

图 5.10 先张法施工工艺流程简图

1. 预应力筋的铺设、张拉

（1）预应力筋的材料要求

预应力筋铺设前先做好台面的隔离层，隔离剂应选用非油质类模板隔离剂。不得使预应力筋受污，以免影响预应力筋与混凝土的黏结。

碳素钢丝因强度高，表面光滑，它与混凝土黏结力较差，必要时可采取表面刻痕和压波措施，以提高钢丝与混凝土的黏结力。

钢丝接长可借助钢丝拼接器用 20~22 号铁丝密排绑扎，如图 5.11 所示。

（2）预应力筋张拉应力的确定

预应力筋的张拉控制应力，应符合设计要求。施工如采用超张拉，可比设计要求提高 5%，但其最大张拉控制应力不得超过表 5.1 的规定。

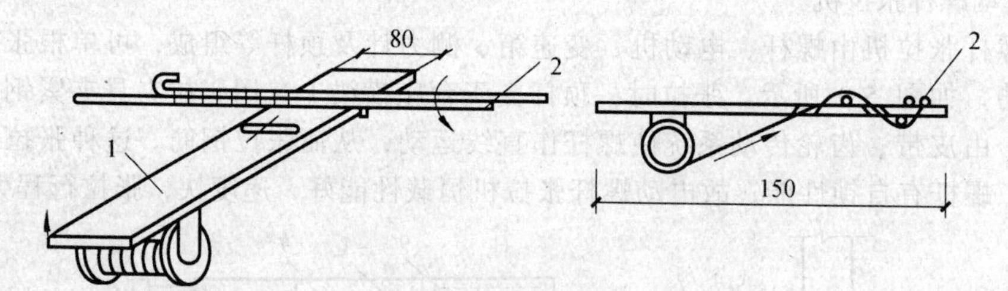

图 5.11 钢丝拼接

1—拼接器 2—钢丝

表 5.1 最大张拉控制应力值（σ_{con}）

钢筋种类	张拉方法	
	先张法	后张法
消除应力钢丝、刻痕钢丝、钢绞线	$0.80f_{ptk}$	$0.80f_{ptk}$
热处理钢筋	$0.75f_{ptk}$	$0.70f_{ptk}$
冷拉钢筋	$0.95f_{pyk}$	$0.90f_{pyk}$

注：f_{ptk} 为预应力筋极限抗拉强度标准值；f_{pyk} 为预应力筋屈服强度标准值。

（3）预应力筋张拉力的计算

预应力筋张拉力 P 按下式计算：

$$P=(1+m)\ \sigma_{con}A_p \tag{5-1}$$

式中，m 为超张拉百分率，%；σ_{con} 为张拉控制应力；A_p 为预应力筋截面面积。

（4）张拉程序

预应力筋的张拉可采用 $0\rightarrow 103\%\sigma_{con}$ 或 $0\rightarrow 105\%\sigma_{con}\xrightarrow{\text{持荷2 min}}\sigma_{con}$ 两种程序。

第一种张拉程序中，超张拉 3%是为了弥补预应力筋的松弛损失，这种张拉程序施工简便，一般多采用。

（5）预应力筋伸长值与应力的测定

预应力筋张拉后，一般应校核预应力筋的伸长值。如实际伸长值与计算伸长值的偏差超过±6%时，应暂停张拉，查明原因并采取措施予以调整后，方可继续张拉。预应力筋的实际伸长值，宜在初应力约为 $10\%\sigma_{con}$ 时开始测量，但必须加上初应力以下的推算伸长值。

预应力筋的位置不允许有过大偏差，对设计位置的偏差不得大于 5 mm，也不得大于构件截面最短边长的 4%。

（6）张拉伸长值校核

预应力筋伸长值的取值范围为 $\Delta L(1-6\%)\sim\Delta L(1+6\%)$。

2. 混凝土浇筑与养护

预应力筋张拉完毕后即应浇筑混凝土。混凝土的浇筑应一次完成，不允许留设施工缝。预应力混凝土构件混凝土的强度等级一般不低于 C30；当采用碳素钢丝、钢绞线、热处理钢筋做预应力筋时，混凝土的强度等级不宜低于 C40。

构件应避开台面的温度缝，当不可能避开时，在温度缝上可先铺薄钢板或垫油毡，然后再灌混凝土，浇筑时，振捣器不得碰撞预应力钢筋。混凝土未达到一定强度前也不允许碰撞和踩动预应力筋，以保证预应力筋与混凝土有良好的黏结力。

采用平卧叠浇法制作预应力混凝土构件时，其下层构件混凝土的强度需达到 8~10MPa 后，方可浇筑上层构件混凝土并应有隔离措施。

预应力混凝土可采用自然养护和蒸汽湿热养护。但应注意采取正确的养护制度，在台座上用蒸汽养护时，温度升高后，预应力筋膨胀而台座的长度并无变化，因而引起预应力筋应力减小，在这种情况下混凝土逐渐硬结，则在混凝土硬化前预应力筋由于温度升高而引起的应力降低将无法恢复，这就是温差引起的预应力损失。因此，为了减少这种温差应力损失，应保证混凝土在达到一定强度（100N/mm^2）之前，将温度升高限制在一定范围内（一般不超过 20℃），故在台座上采用蒸汽养护时，其最高允许温度应根据设计要求的允许温差（张拉钢筋时的温度与台座温度的差）经计算确定。当混凝土强度养护至 7.5 MPa（配粗钢筋）或 10 MPa（钢丝、钢绞线配筋）以上时，则可不受设计要求的温差限制，按一般构件的蒸汽养护规定进行。这种养护方法又称为二次升温养护法。在采用机组流水法用钢模制作顶应力构件、蒸汽养护时，由于钢模和预应力筋同样伸缩，所以不存在因温差而引起的预应力损失，可以采用一般加热养护制度。

3. 预应力筋的放张

（1）放张方法

配筋不多的中小型构件，钢丝可用砂轮锯或切断机等方法放张。配筋多的混凝土构件，钢丝应同时放张。如逐根放张，最后几根钢丝将由于承受过大的拉力而突然断裂，且构件端部容易开裂。

消除应力钢丝、钢绞线、热处理钢筋不得用电弧切割，宜用砂轮锯或切断机切断。预应力钢筋数量较多时，可用千斤顶、砂箱、楔块等装置，如图 5.12、图 5.13、图 5.14 所示。

（2）放张顺序

预应力筋的放张顺序，应满足设计要求，如设计无要求时应满足下列规定。

① 对轴心受预压构件（如压杆、桩等），所有预应力筋应同时放张。

② 对偏心受预压构件（如梁等），先同时放张预压力较小区域的预应力筋，再同时放张预压力较大区域的预应力筋。

③ 如不能按上述规定放张时，应分阶段、对称、相互交错地放张，以防止在放张过程中构件发生翘曲、裂纹及预应力筋断裂等现象。

④ 对配筋不多的中小型预应力混凝土构件，钢丝可用剪切、锯割等方法放张，配筋多的预应力混凝土构件，钢丝应同时放张。

⑤ 预应力筋为钢筋时，若数量较少可逐根加热熔断放张，数量较多且张拉力较大时，应同时放张。

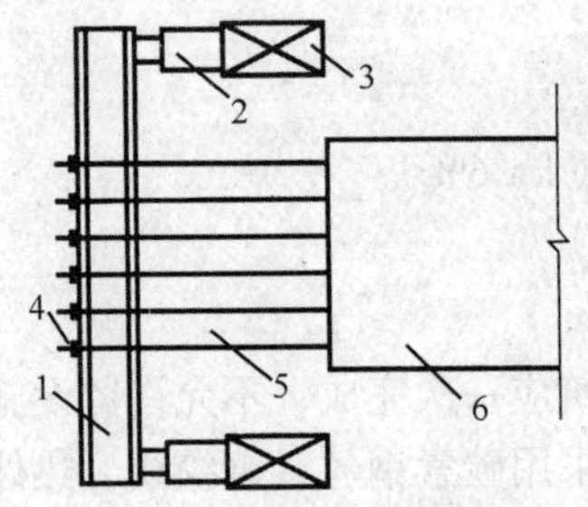

图 5.12　千斤顶放张装置

1—横梁　2—千斤顶　3—承力架

4—夹具　5—钢丝　6—构件

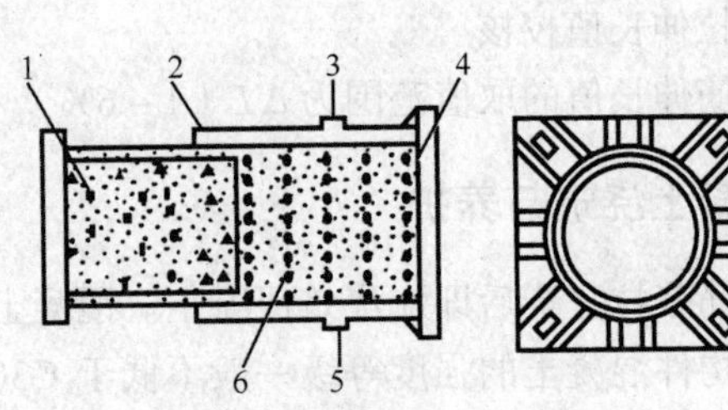

图 5.13　砂箱法放张装置

1—活塞　2—钢套箱　3—进砂口

4—钢套箱底板　5—出砂口　6—砂子

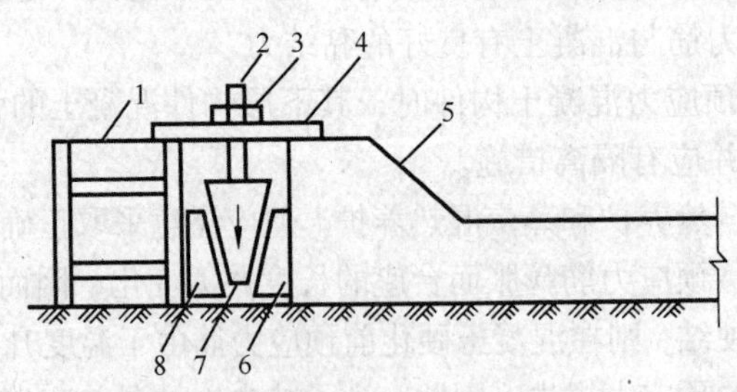

图 5.14　楔块法放张

1—横梁　2—螺杆　3—螺母　4—承力板　5—台座　6、8—钢块　7—钢楔块

任务二　后张法施工

后张法是先制作构件，在放置预应力钢筋的部位预先留有孔道，待构件混凝土强度达到设计规定的数值后，用张拉机具夹持预应力筋将其张拉至设计规定的控制预应力，并借助锚具在构件端部将预应力筋锚固，最后进行孔道灌浆（或不灌浆）。预应力筋的张拉力主要是靠构件端部的锚具传递给混凝土，使混凝土产生预压应力。图 5.15 所示为预应力混凝土后张法生产示意图。

在后张法施工中，锚具永久性地留在构件上，成为预应力构件的一个组成部分，不能重复使用。因此，在后张法施工中，必须有与不同预应力筋配套的锚具和张拉机具。

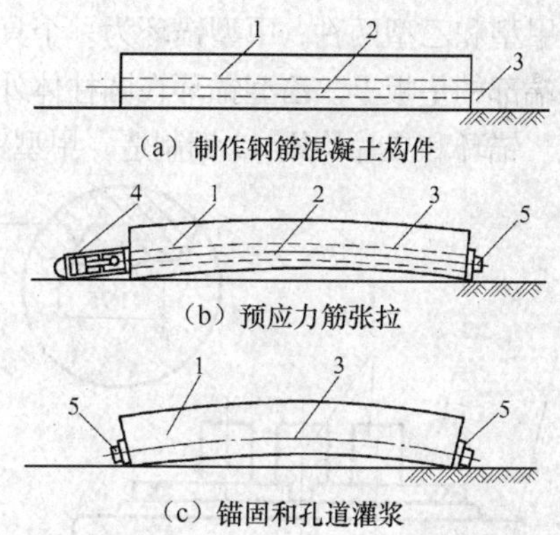

图 5.15　后张法施工示意图

1—钢筋混凝土构件　2—预留孔道

3—预应力筋　4—千斤顶　5—锚具

一、后张法的施工设备

1. 对锚具的要求

锚具是预应力筋张拉和永久固定在预应力混凝土构件上的传递预应力的工具，应该锚固可靠，使用方便，有足够的强度、刚度。按锚固性能不同，可分为Ⅰ类锚具和Ⅱ类锚具。Ⅰ类锚具适用于承受动载、静载的预应力混凝土结构；Ⅱ类锚具仅适用于有黏结预应力混凝土结构，且锚具只能处于预应力筋应力变化不大的部位。

锚具的静载锚固性能，应由预应力锚具组装件静载试验测定的锚具效率系数 η_a 和达到实测极限拉力时的总应变 ε_{apu} 确定，其值应符合表 5.2 的规定。

表 5.2　锚具效率系数与总应变

锚具类型	锚具效率系数 η_a	实测极限拉力时的总应变 ε_{apu}/%
Ⅰ	≥0.95	≥2.0
Ⅱ	≥0.90	≥1.7

锚具效率系数 η_a 按下式计算：

$$\eta_a = \frac{F_{apu}}{\eta_p F^c_{apu}} \tag{5-2}$$

式中，F_{apu} 为预应力筋锚具组装件的实测极限拉力，kN；F^c_{apu} 为预应力筋锚具组装件中各根预应力钢材计算极限拉力之和，kN；η_p 为预应力筋的效率系数。

对于重要预应力混凝土结构工程使用的锚具，预应力筋的效率系数 η_p 应按国家现行标准《预应力筋用锚具、夹具和连接器》（GB/T 14370）的规定进行计算。

对于一般预应力混凝土结构工程使用的锚具，当预应力筋为钢丝、钢绞线或热处理钢筋时，预应力筋的效率系数 η_p 取 0.97。

2. 锚具的种类

后张法所用锚具根据其锚固原理和构造型式不同，分为螺杆锚具、夹片锚具、锥销式锚具和镦头锚具 4 种体系。在预应力筋张拉过程中，根据锚具所在位置与作用不同，又可分为张拉端锚具和固定端锚具。按锚具锚固钢筋或钢丝的数量，可分为钢绞线束锚具和钢筋束锚具、钢丝束锚具及单根粗钢筋锚具。

（1）钢绞线束、钢筋束锚具

钢绞线束和钢筋束目前使用的锚具有 JM 型、XM 型、QM 型、KT-Z 型和镦头锚具等。

① JM 型锚具。JM 型锚具由锚环与夹片组成，用于锚固 3~6 根直径为 12 mm 的光圆或变形钢筋束和 5~6 根直径为 12 mm 的钢绞线束。它可以作为张拉端或固定端锚具，也可作重复使用的工具锚。JM12 型锚具如图 5.16 所示，其夹片呈扇形，靠两侧的半圆槽锚固预应力钢筋。为增加夹片与预应力筋之间的摩擦力，在半圆槽内刻有截面为梯形的齿痕，夹片背面的坡度与锚环一致。锚环

分甲型和乙型两种，甲型锚环为一个具有锥形内孔的圆柱体，外形比较简单，使用时直接放置在构件端部的垫板上。乙型锚环在圆柱体外部增添正方形肋板，使用时锚环预埋在构件端部，不另设垫板。锚环和夹片均用 45 钢制造，甲型锚环和夹片必须经过热处理，乙型锚环可不必进行热处理。

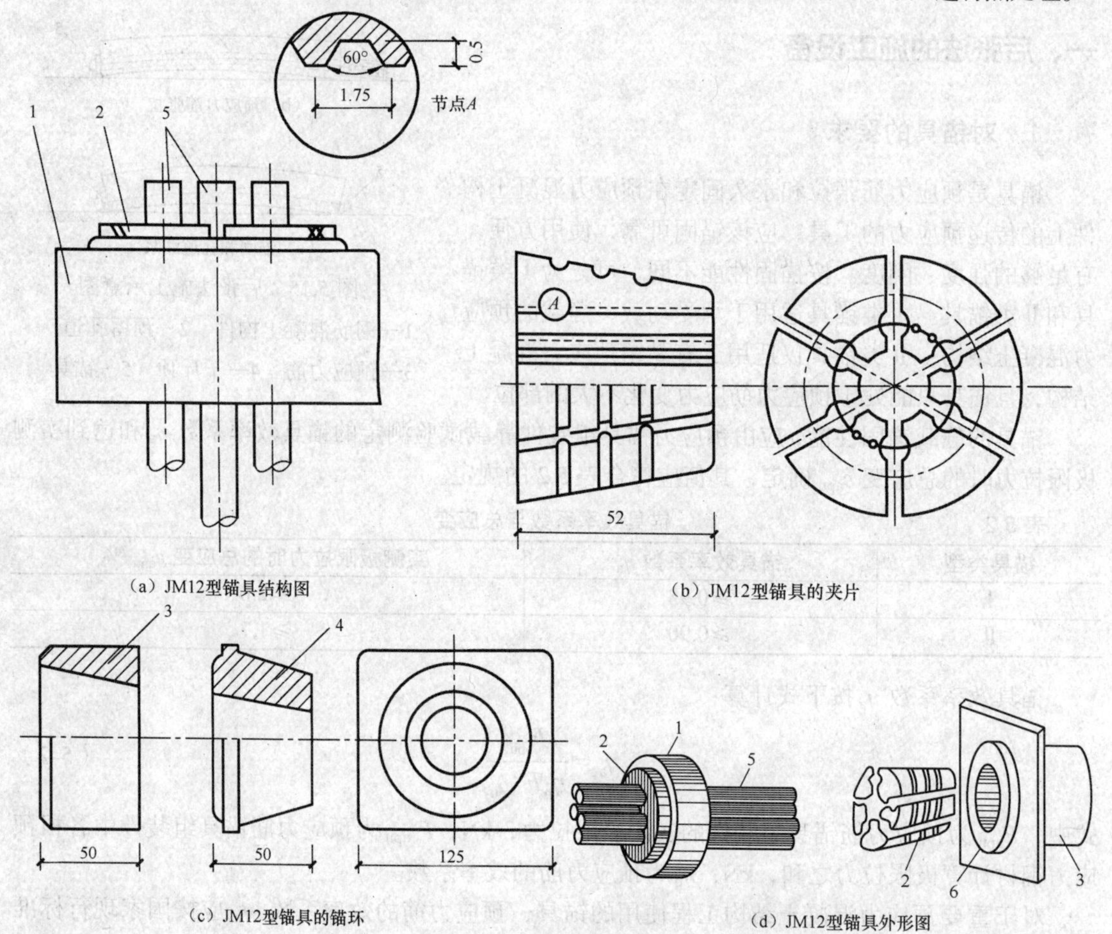

图 5.16　JM12 型锚具

1—锚环　2—夹片　3—圆锚环　4—方锚环　5—预应力钢筋束　6—垫板

② XM 型锚具。XM 型锚具属新型大吨位群锚体系锚具。它由锚环和夹片组成，如图 5.17 所示，对钢绞线束和钢丝束能形成可靠的锚固。三个夹片一组夹持一根预应力筋形成一锚固单元。由一个锚固单元组成的锚具称单孔锚具，由二个或二个以上的锚固单元组成的锚具称为多孔锚具。

XM 型锚具的夹片为斜开缝，以确保夹片能夹紧钢绞线或钢丝束中每一根外围钢丝，形成可靠的锚固，夹片开缝宽度一般为 1.5 mm。

XM 型锚具既可作为工作锚，又可兼作工具锚。

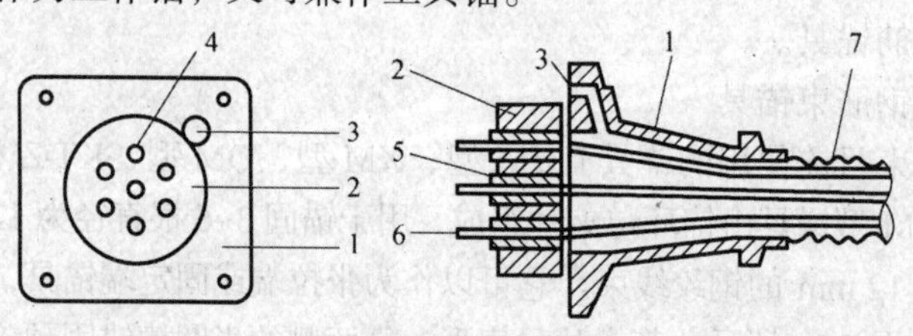

图 5.17　XM 型锚具

1—喇叭管　2—锚环　3—灌浆孔　4—圆锥孔　5—夹片　6—钢绞线　7—波纹管

③ QM 型锚具。QM 型锚具与 XM 型锚具相似。它由锚板和夹片组成，其锚孔是直的，锚板顶面是平的，夹片垂直开缝。此外，备有配套喇叭形铸铁垫板与弹簧圈等，如图 5.18 所示。这种锚具适用于锚固 4~31 根 ϕ^{j}12 mm 和 3~9 根 ϕ^{j}15 mm 钢绞线束。

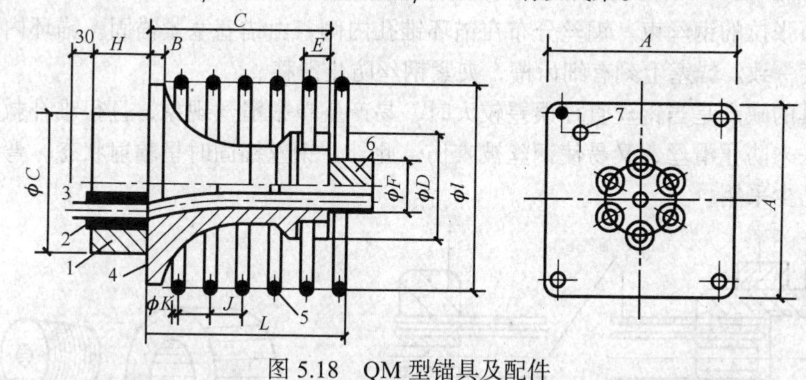

图 5.18 QM 型锚具及配件

1—锚板 2—夹片 3—钢绞线 4—喇叭形铸铁垫板 5—弹簧圈 6—预留孔道用的波纹管 7—灌浆孔

④ KT-Z 型锚具。KT-Z 型锚具由锚环和锚塞组成，如图 5.19 所示。它分为 A 型和 B 型两种，当预应力筋的最大张拉力超过 450 kN 时采用 A 型，不超过 450 kN 时，采用 B 型。KT-Z 型锚具适用于锚固 3~6 根直径为 12 mm 的钢筋束或钢绞线束。该锚具为半埋式，使用时先将锚环小头嵌入承压钢板中，并用断续焊缝焊牢，然后共同预埋在构件端部。预应力筋的锚固需借千斤顶将锚塞顶入锚环，其顶压力为预应力筋张拉力的 50%~60%。使用 KT-Z 型锚具时，预应力筋在锚环小口处形成弯折，因而产生摩擦损失。预应力筋的损失值为：钢筋束约 4%σ_{con}；钢绞线束约 2%σ_{con}。

⑤ 镦头锚具。镦头锚具用于固定端，如图 5.20 所示，它由锚固板和带镦头的预应力筋组成。

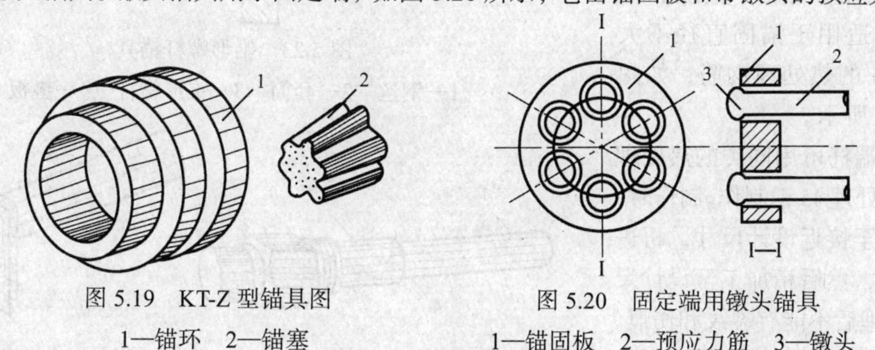

图 5.19 KT-Z 型锚具图

1—锚环 2—锚塞

图 5.20 固定端用镦头锚具

1—锚固板 2—预应力筋 3—镦头

（2）钢丝束锚具

钢丝束所用锚具目前国内常用的有钢质锥形锚具、锥形螺杆锚具、钢丝束镦头锚具，XM 型锚具和 QM 型锚具。

① 钢丝束镦头锚具。钢丝束镦头锚具用于锚固 12~54 根 ϕ^{s}5 mm 碳素钢丝束，分 DM5A 型和 DM5B 型两种。A 型用于张拉端，由锚环和螺母组成，B 型用于固定端，仅有一块锚板，如图 5.21 所示。

锚环的内外壁均有丝扣，内丝扣用于连接张拉螺杆，外丝扣用拧紧螺母锚固钢丝束。锚环和锚板四周钻孔，以固定镦头的钢丝。孔数和间距由钢丝根数确定。钢丝可用液压冷镦器进行镦头。钢丝束一端可在制束时将头镦好，另一端则待穿束后镦头，但构件孔道端部要设置扩孔。

张拉时，张拉螺丝杆一端与锚环内丝扣连接，另一端与拉杆式千斤顶的拉头连接，当张拉到控制应力时，锚环被拉出，则拧紧锚环外丝扣上的螺母加以锚固。

② 钢质锥形锚具。钢质锥形锚具由锚环和锚塞组成，如图 5.22 所示，用于锚固以锥锚式双作用千斤顶张拉的钢丝束。钢丝分布在锚环锥孔内侧，由锚塞塞紧锚固。锚环内孔的锥度应与锚塞的锥度一致。锚塞上刻有细齿槽，夹紧钢丝防止滑移。

锥形锚具的缺点是当钢丝直径误差较大时，易产生单根滑丝现象，且很难补救。如用加大顶锚力的办法来防止滑丝，又易使钢丝被咬伤。此外，钢丝锚固时呈辐射状态，弯折处受力较大，在国外已少采用。

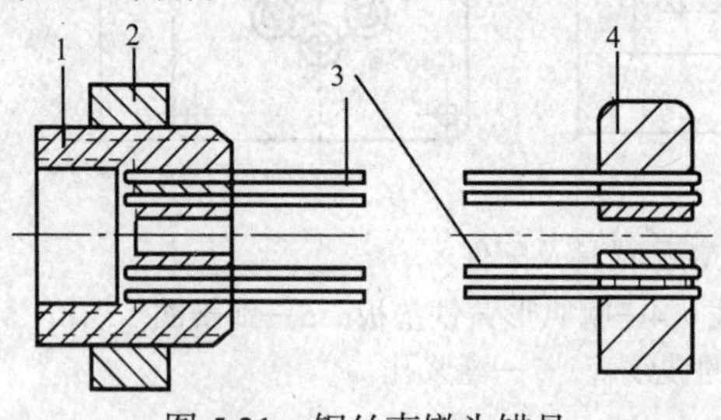

图 5.21　钢丝束镦头锚具

1—A 型锚环　2—螺母　3—钢丝束　4—锚板

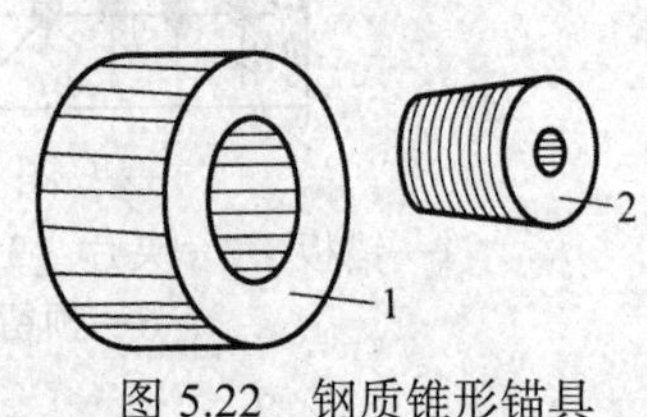

图 5.22　钢质锥形锚具

1—锚环　2—锚塞

③ 锥形螺杆锚具。锥形螺杆锚具适用于锚固 14~28 根 $\phi 5$ mm 组成的钢丝束。它由锥形螺杆、套筒、螺母、垫板组成，如图 5.23 所示。

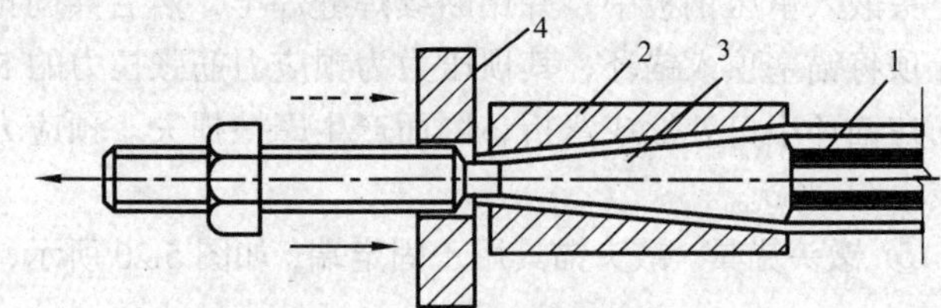

图 5.23　锥形螺杆锚具

1—钢丝　2—套筒　3—锥形螺杆　4—垫板

（3）单根粗钢筋锚具

① 螺丝端杆锚具。螺丝端杆锚具由螺丝端杆、垫板和螺母组成，适用于锚固直径不大于 36 mm 的热处理钢筋，如图 5.24（a）所示。

螺丝端杆可用同类的热处理钢筋或热处理45钢制作。制作时，先粗加工至接近设计尺寸，再进行热处理，然后精加工至设计尺寸。热处理后不能有裂纹和伤痕。螺丝端杆锚具与预应力筋对焊，用张拉设备张拉螺丝端杆，然后用螺母锚固。

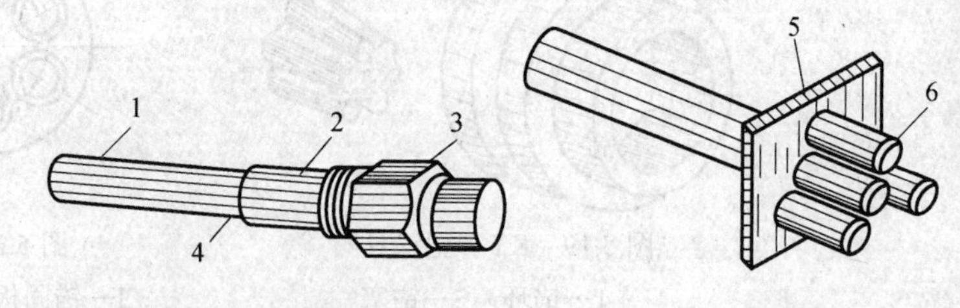

图 5.24　单根粗钢筋锚具

1—钢筋　2—螺丝端杆　3—螺母　4—焊接接头

5—衬板　6—帮条

② 帮条锚具。它由一块方形衬板与 3 根帮条组成，如图 5.24（b）所示。衬板采用普通低碳钢板，帮条采用与预应力筋同类型的钢筋。帮条锚具一般用在单根粗钢筋作预应力筋的固定端。

3. 张拉设备

后张法张拉设备主要有千斤顶和高压油泵。

（1）拉杆式千斤顶（YL 型）

拉杆式千斤顶主要用于张拉带有螺丝端杆锚具的粗钢筋、锥形螺杆锚具钢丝束及镦头锚具钢丝束。

拉杆式千斤顶构造如图 5.25 所示，由主缸 1、主缸活塞 2、副缸 4、副缸活塞 5、连接器 7、顶杆 8 和拉杆 9 等组成。张拉预应力筋时，首先使连接器 7 与预应力筋 11 的螺丝端杆 14 连接，并使顶杆 8 支承在构件端部的预埋钢板 13 上。当高压油泵使油液从主缸油嘴 3 进入主缸时，推动主缸活塞向左移动，带动拉杆 9 和连接在拉杆末端的螺丝端杆，预应力筋即被拉伸，当达到张拉力后，拧紧预应力筋端部的螺母 10，使预应力筋锚固在构件端部。锚固完毕后，改用副缸油嘴 6 进油，推动副缸活塞和拉杆向右移动，回到开始张拉时的位置，与此同时，主缸的高压油也回到油泵中。目前工地上常用的为 600 kN 拉杆式千斤顶。

（2）锥锚式千斤顶（YZ 型）

锥锚式千斤顶主要适用于张拉 KT-Z 型锚具锚固的钢筋束或钢绞线束和使用锥形锚具的预应力钢丝束。其张拉油缸用以张拉预应力筋，顶压油缸用以顶压锥塞，因此又称双作用千斤顶，如图 5.26 所示。

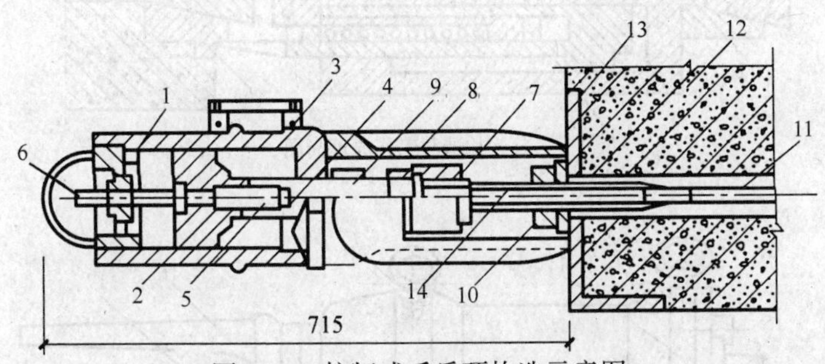

图 5.25　拉杆式千斤顶构造示意图

1—主缸　2—主缸活塞　3—主缸油嘴　4—副缸　5—副缸活塞 6—副缸油嘴　7—连接器　8—顶杆　9—拉杆　10—螺母　11—预应力筋　12—混凝土构件　13—预埋钢板　14—螺丝端杆

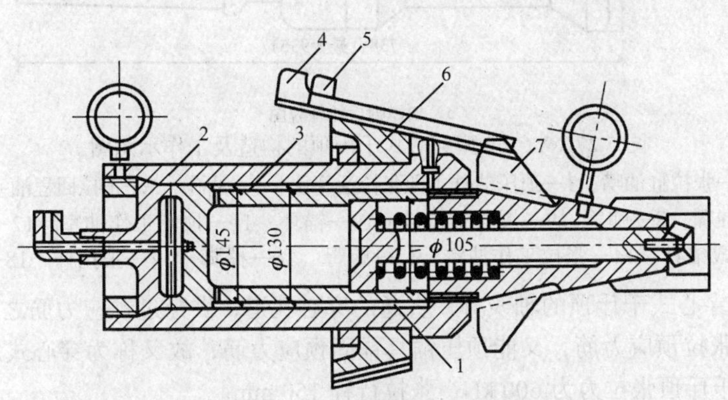

图 5.26　YZ85 型锥锚式千斤顶

1—副缸　2—主缸　3—退楔缸　4—楔块（退出时位置）
5—楔块（张拉时位置）　6—锥形卡环　7—退楔翼片

锥锚式双作用千斤顶的主缸及主缸活塞用于张拉预应力筋，主缸前端缸体上有卡环和销片，用以锚固预应力筋，主缸活塞为一中空筒状活塞，中空部分设有拉力弹簧。副缸和副缸活塞用于顶压锚塞，将预应力筋锚固在构件的端部，设有复位弹簧。

锥锚式双作用千斤顶张拉力为 300 kN 和 600 kN，最大张拉力 850 N，张拉行程 250 mm，顶压行程 60 mm。

（3）YC-60 型穿心式千斤顶

穿心式千斤顶（YC 型）适用性很强，它适用于张拉采用 JM12 型、QM 型、XM 型锚具的预应力钢丝束、钢筋束和钢绞线束。配置撑脚和拉杆等附件后，又可作为拉杆式千斤顶使用。根据张拉力和构造不同，有 YC-60、YC20D、YCD120、YCD200 和无顶压机构的 YCQ 型千斤顶。YC-60 型是目前我国预应力混凝土构件施工中应用最为广泛的张拉机械。YC-60 型穿心式千斤顶加装撑脚、张拉杆和连接器后，就可以张拉以螺丝端杆锚具为张拉锚具的单根粗钢筋，张拉以锥形螺杆锚具和 DM5A 型镦头锚具为张拉锚具的钢丝束。YC-60 型穿心式千斤顶的构造及工作原理如图 5.27 所示。

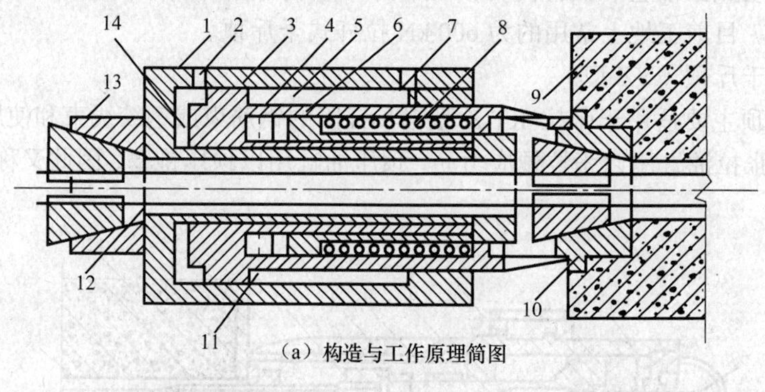

（a）构造与工作原理简图

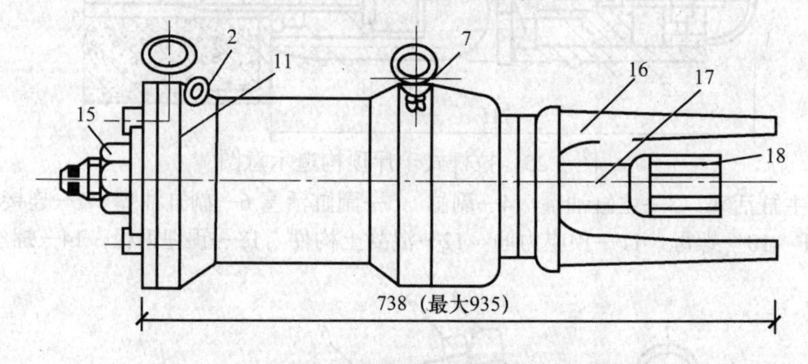

（b）加撑脚后的外貌图

图 5.27　YC-60 型穿心式千斤顶的构造及工作示意图

1—张拉油缸　2—张拉缸油嘴　3—顶压油缸（即张拉活塞）　4—油孔　5—张拉回程油室　6—顶压活塞　7—顶压缸油嘴　8—弹簧　9—混凝土构件　10—锚环　11—顶压工作油室　12—预应力筋　13—工具式锚具　14—张拉工作油室　15—螺母　16—撑脚　17—张拉杆　18—连接器

沿 YC-60 型穿心式千斤顶的轴线有一直通的穿心孔道，供穿过预应力筋之用。YC-60 型穿心式千斤顶既能张拉预应力筋，又能顶压锚具锚固预应力筋，故又称为穿心式双作用千斤顶。YC-60 型穿心式千斤顶张拉力为 600 kN，张拉行程 150 mm。

二、预应力筋的制作

1．钢筋束及钢绞线束制作

为了保证构件孔道穿入筋和张拉时不发生扭结，应对预应力筋进行编束。编束时把预应力筋理顺后，用 18～22 号铁丝，每隔 1 m 左右绑扎一道，形成束状。

钢绞线下料宜用砂轮切割机切割，不得采用电弧切割。

钢绞线编束宜用 20 号铁丝绑扎，间距 2 ~ 3 m。编束时应先将钢绞线理顺，并尽量使各根钢绞线松紧一致。如钢绞线单根穿入孔道，则不编束。

钢绞线下料长度：采用夹片锚具，以穿心式千斤顶在构件上张拉时，钢绞线的下料长度 L，按图 5.28 计算。

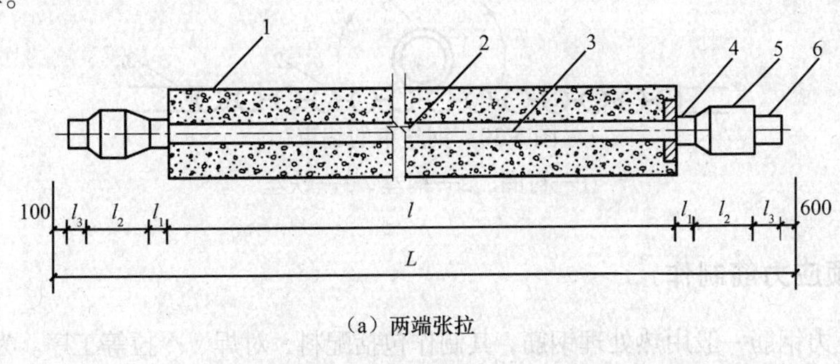

（a）两端张拉

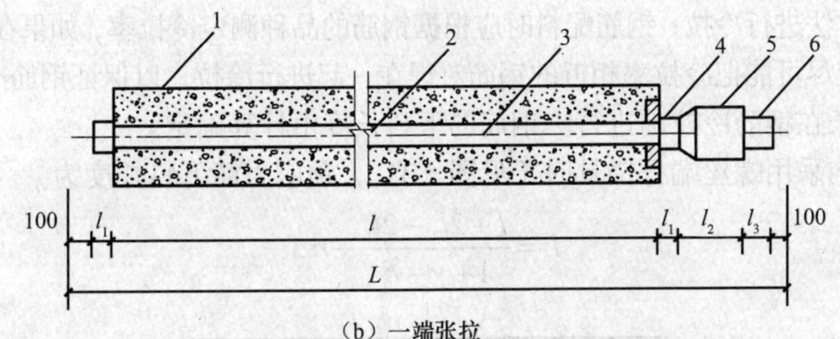

（b）一端张拉

图 5.28　钢筋束、钢绞线束下料长度计算简图

1—混凝土构件　2—孔道　3—钢绞线　4—夹片式工作锚　5—穿心式千斤顶　6—夹片式工具锚

（1）两端张拉

$$L = l + 2(l_1 + l_2 + l_3 + 100) \tag{5-3}$$

（2）一端张拉

$$L = l + 2(l_1 + 100) + l_2 + l_3 \tag{5-4}$$

式中，l 为构件的孔道长度；l_1 为夹片式工作锚厚度；l_2 为穿心式千斤顶长度；l_3 为夹片式工具锚厚度。

2. 钢丝束制作

钢丝束制作随锚具的不同而异，一般需经调直、下料、编束和安装锚具等工序。

当采用镦头锚具时，一端张拉，应考虑钢丝束张拉锚固后螺母位于锚环中部，钢丝下料长度 L，可按图 5.29，用下式计算：

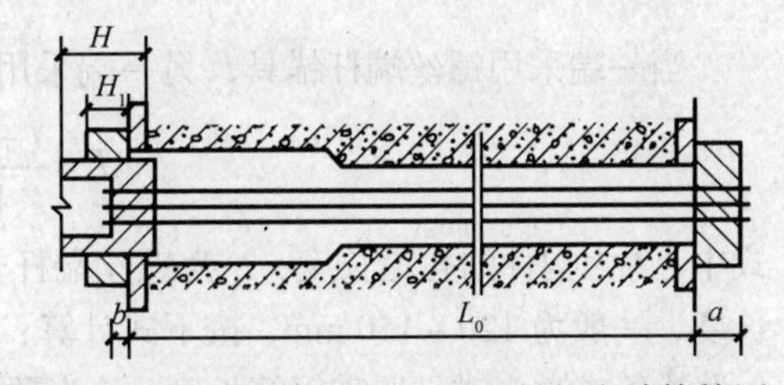

图 5.29　用镦头锚具时钢丝下料长度计算简图

$$L=L_0+2a+2b-0.5(H-H_1)-\Delta L-C \tag{5-5}$$

式中，L_0 为孔道长度；a 为锚板厚度；b 为钢丝镦头团量，取钢丝直径的 2 倍；H 为锚环高度；H_1 为螺母高度；ΔL 为张拉时钢丝伸长值；C 为混凝土弹性压缩量（很小时可忽略不计）。

为了保证钢丝不发生扭结，必须进行编束。编束前应对钢丝直径进行测量，直径相对误差不得超过 0.1 mm，以保证成束钢丝与锚具可靠连接。采用锥形螺杆锚具时，编束工作在平整的场地上把钢丝理顺放平，用 22 号铁丝将钢丝每隔 1 m 编成帘子状，然后每隔 1m 放置 1 个螺旋衬圈，再将编好的钢丝帘绕衬圈围成圆束，用铁丝绑扎牢固，如图 5.30 所示。

当采用镦头锚具时，根据钢丝分圈布置的特点，编束时首先将内圈和外圈钢丝分别用铁丝顺序编扎，然后将内圈钢丝放在外圈钢丝内扎牢。编束完成后，先在一端安装锚环并完成镦头工作，另一端钢丝的镦头，待钢丝束穿过孔道安装上锚板后再进行。

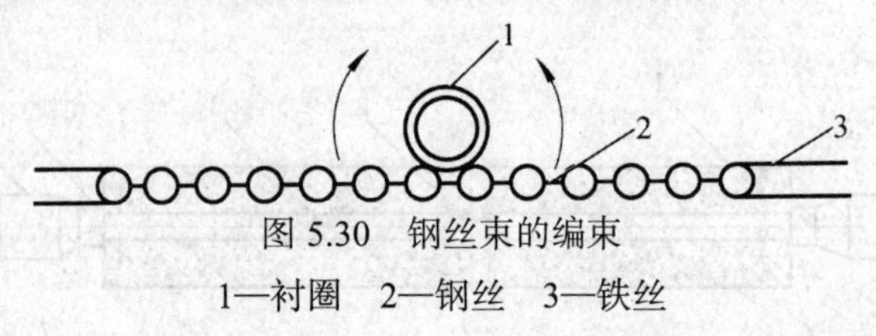

图 5.30 钢丝束的编束

1—衬圈 2—钢丝 3—铁丝

3. 单根预应力筋制作

单根粗预应力钢筋一般用热处理钢筋，其制作包括配料、对焊、冷拉等工序。为保证质量，宜采用控制应力的方法进行冷拉；钢筋配料时应根据钢筋的品种测定冷拉率，如果在一批钢筋中冷拉率变化较大时，应尽可能把冷拉率相近的钢筋对焊在一起进行冷拉，以保证钢筋冷拉力的均匀性。

钢筋对焊接长在钢筋冷拉前进行。钢筋的下料长度由计算确定。

当构件两端均采用螺丝端杆锚具时（见图 5.31），预应力筋下料长度为

$$L=\frac{l+2l_2-2l_1}{1+\gamma-\delta}+n\varDelta \tag{5-6}$$

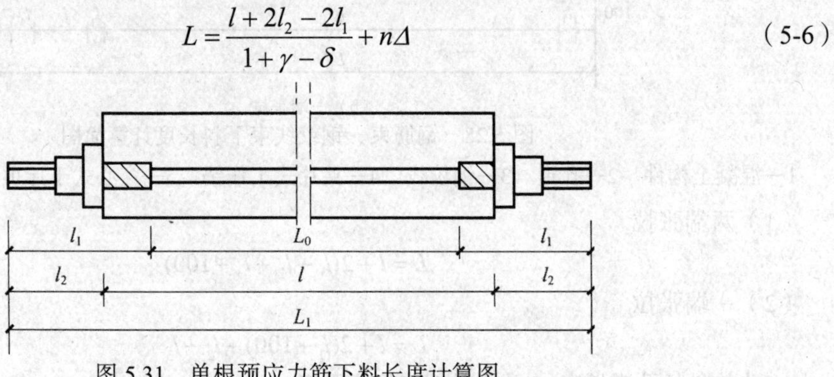

图 5.31 单根预应力筋下料长度计算图

当一端采用螺丝端杆锚具，另一端采用帮条锚具或镦头锚具时，预应力筋下料长度为

$$L=\frac{l+l_2+l_3-l_1}{1+\gamma-\delta}+n\varDelta \tag{5-7}$$

式中，l 为构件的孔道长度；l_1 为螺丝端杆长度，一般为 320 mm；l_2 为螺丝端杆伸出构件外的长度，一般为 120 ~ 150 mm，按下式计算：张拉端，l_2=2 H+h+5 mm；锚固端，l_2=H+h+10 mm；l_3 为帮条或镦头锚具所需钢筋长度；γ 为预应力筋的冷拉率（由试验定）；δ 为预应力筋的冷拉回弹率，一般为 0.4% ~ 0.6%；n 为对焊接头数量；$\varDelta$ 为每个对焊接头的压缩量，取一个钢筋直径；H 为螺母高度；h 为垫板厚度。

三、后张法的施工工艺

后张法施工工艺与预应力施工有关的主要是孔道留设、预应力筋张拉和孔道灌浆三部分，图 5.32 为后张法工艺流程图。

1. 孔道留设

孔道留设是后张法预应力混凝土构件制作中的关键工序之一，也是施工过程检验验收的重

要环节，主要为穿预应力钢筋（束）及张拉锚固后灌浆用。

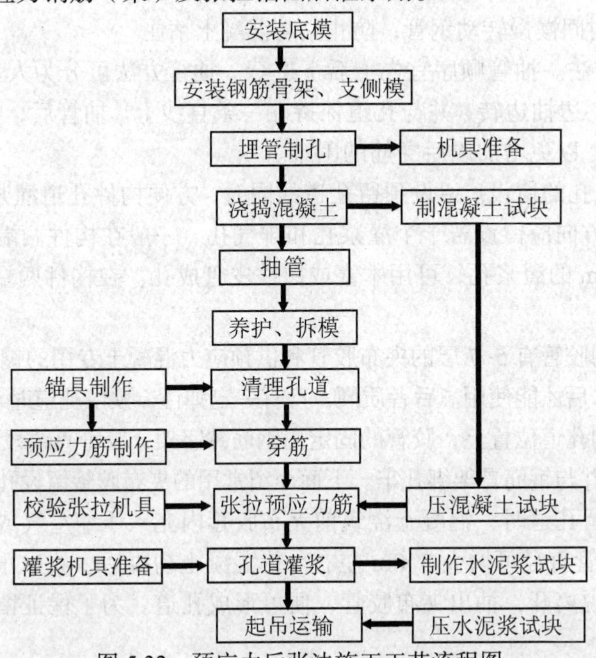

图 5.32　预应力后张法施工工艺流程图

孔道留设的方法有钢管抽芯法、胶管抽芯法、橡胶抽拔棒法和预埋管法（主要采用波纹管）等。预应力的孔道形式一般有直线、曲线和折线三种。钢管抽芯法只用于直线孔道的成型，胶管抽芯法、橡胶抽拔棒法和预埋管法则可以适用于直线、曲线和折线的孔道。

（1）钢管抽芯法

钢管抽芯法适用于留设直线孔道。钢管抽芯法是预先将钢管敷设在模板的孔道位置上，在混凝土浇筑和养护过程中，每隔一定时间要慢慢转动钢管一次，以防止混凝土与钢管黏结。待混凝土初凝后、终凝前抽出钢管即在构件中形成孔道。为保证预留孔道质量，施工中应注意以下几点。

① 选用的钢管要平直，表面光滑，安放位置准确。钢管不直，在转动及拔管时易将混凝土管壁挤裂。钢管预埋前应除锈、刷油，以便抽管。钢管的位置固定一般用钢筋井字架，井字架间距一般为 1~2 m。在灌筑混凝土时，应防止振动器直接接触钢管，避免产生位移。

② 钢管每根长度最好不超过 15 m，以便旋转和抽管。钢管两端应各伸出构件 500 mm 左右。较长构件可用两根钢管接长，两根钢管接头处可用 0.5 mm 厚铁皮做成的套管连接，如图 5.33 所示。套管内表面要与钢管外表面紧密结合，以防漏浆堵塞孔道。

③ 恰当准确地掌握抽管时间。抽管时间与水泥品种、气温和养护条件有关。抽管宜在混凝土初凝后、终凝以前进行，以用手指按压混凝土表面不显指纹时为宜。常温下抽管时间在混凝土浇筑后 3~6 h。抽管时间过早，会造成坍孔事故；抽管时间

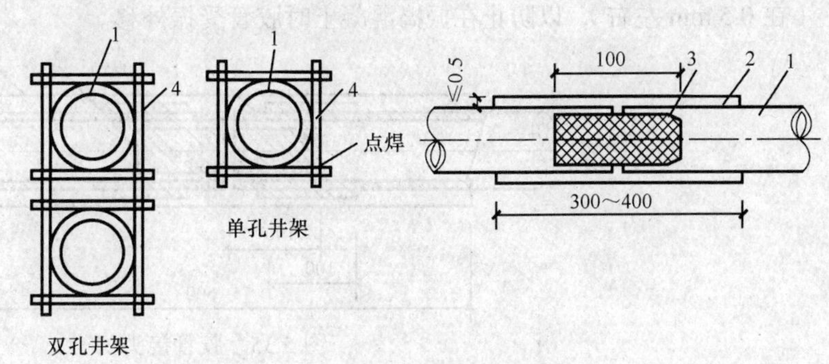

图 5.33　钢管连接方法

1—钢管　2—白铁皮套管　3—硬木塞　4—井字架

太晚，混凝土与钢管黏结牢固，抽管困难，甚至抽不出来。钢管抽芯法应当派人在混凝土浇筑过程及浇筑后每隔一定时间慢慢转动钢管，防止它与混凝土粘住。

④ 抽管顺序和方法。抽管顺序宜先上后下进行。抽管方法可分为人工抽管或卷扬机抽管，抽管时必须速度均匀，边抽边转，并与孔道保持在一条直线上。抽管后，应及时检查孔道情况，并做好孔道清理工作，以免增加以后穿筋的困难。

⑤ 灌浆孔和排气孔的留设。留设预留孔道的同时，方便构件孔道灌浆，按照设计规定，每个构件与孔道垂直的方向应留设若干个灌浆孔和排气孔。一般在构件两端和中间每隔 12 m 左右留设一个直径 20 mm 的灌浆孔，可用木塞或白铁皮管成孔。在构件两端各留一个排气孔。

（2）胶管抽芯法

胶管抽芯法利用的胶管有 5~7 层的夹布胶管和供预应力混凝土专用的钢丝网橡皮管两种。前者必须在管内充气或充水后才能使用。后者质硬，且有一定弹性，预留孔道时与钢管一样使用。将胶管预先敷设在模板中的孔道位置上，胶管的固定用钢筋井字架，胶管直线段每间隔不大于 1.0 m，曲线段不大于 0.5 m，并与钢筋骨架绑扎牢。下面介绍常用的夹布胶管留设孔道的方法。

采用夹布胶管预留孔道时，混凝土浇筑前夹布胶管内充入压缩空气或压力水，工作压力为 500~800 kPa，此时胶管直径可增大 3 mm 左右。待混凝土初凝后，放出压缩空气或压力水，使管径缩小并与混凝土脱离开，抽出夹布胶管，便可形成孔道。为了保证留设孔道质量，使用时应注意以下几个问题。

① 胶管铺设后，应注意不要让钢筋等硬物刺穿胶管，胶管应当有良好的密封性，不能漏水、漏气。夹布胶管内充入压缩空气或压力水前，胶管两端应有密封装置，如图 5.34 所示。密封的方法是将胶管一端外表面削去 1~3 层胶皮及帆布，然后将外表面带有粗丝扣的钢管（钢管一端用铁板密封焊牢）插入胶管端头孔内，再用 20 号铅丝与胶管外表面密缠牢固。铅丝头用锡焊牢。胶管另一端接上阀门，其方法与密封端基本相同。

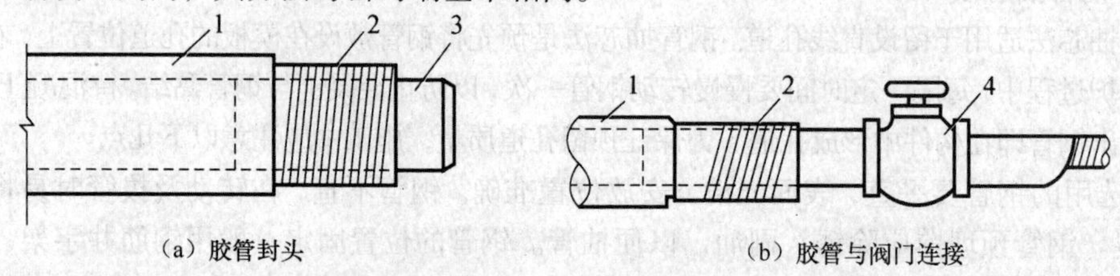

图 5.34 胶管密封装置

1—胶管 2—铁丝密缠 3—钢管堵头 4—阀门

② 胶管接头处理。图 5.35 为胶管接头方法。图中 1 mm 厚钢管用无缝钢管制成，其内径等于或略小于胶管外径，以便于打入硬木塞后起到密封作用。铁皮套管与胶管外径相等或稍大（在 0.5 mm 左右），以防止在振捣混凝土时胶管受振外移。

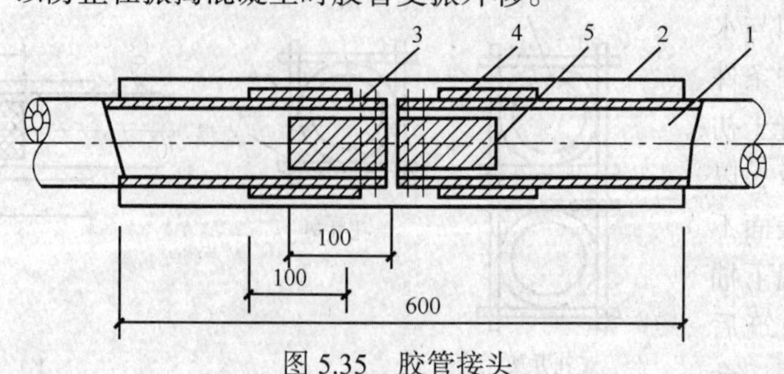

图 5.35 胶管接头

1—胶管 2—白铁皮套管 3—钉子 4—厚 1 mm 的钢管 5—硬木塞

③ 抽管时间和顺序。抽管时间比钢管略迟。一般可参照气温和浇筑后的小时数的乘积达200℃·h 左右。胶管抽芯法预留孔道，混凝土浇筑后不需要旋转胶管，抽管顺序一般为先上后下，先曲后直。

采用钢丝网胶管预留孔道时，预留孔道的方法和钢管相同。由于钢丝网胶管质地坚硬，并具有一定的弹性，抽管时在拉力作用下管径缩小和混凝土脱离开，即可将钢丝网胶管抽出。

胶管抽芯法的灌浆孔和排气孔的留设方法同钢管抽芯法。

（3）预埋金属波纹管法

预埋波纹管法就是利用与孔道直径相同的金属波纹管埋入混凝土构件中，无需抽出，波纹管一般是由薄钢带（厚 0.3 mm）经压波后卷成黑铁皮管、薄钢管或镀锌双波纹金属软管。它具有质量轻、刚度好、弯折方便、连接简单、摩阻系数小，预埋管法因省去抽管工序，且孔道留设的位置、形状也易保证，与混凝土黏结良好等优点，可做成各种形状的孔道，故目前应用较为普遍，是现代后张预应力筋孔道成型用的理想材料。

金属波纹管每根长 4~6 m，也可根据需要，现场制作，长度不限。波纹管在 1kN 径向力作用下不变形，使用前应作灌水试验，检查有无渗漏现象。波纹管外形按照每两个相邻的折叠咬口之间凸出部（波纹）的数量，分为单波纹和双波纹，如图 5.36 所示。

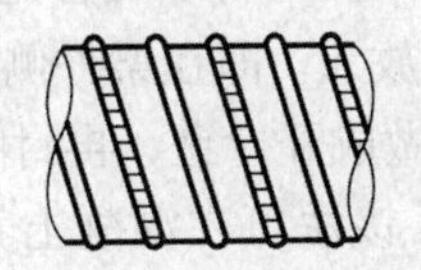

（a）单波纹

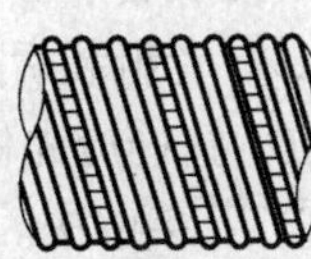

（b）双波纹

图 5.36　波纹管外形

波纹管内径为 40~100 mm，每 5 mm 递增。波纹管高度，单波为 2.5 mm，双波为 3.5 mm。波纹管长度，可根据运输要求或孔道长度进行卷制。波纹管用量大时，生产厂家可带卷管机到现场生产，管长不限。

安装前应事先按设计图纸中预应力的曲线坐标，以波纹管底边为准，在一侧侧模上弹出曲线来，定出波纹管的位置；也可以梁模板为基准，按预应力筋曲线上各点坐标，在垫好底筋保护层垫块的箍筋胶上做标志定出波纹管的曲线位置。波纹管的固定，可用钢筋支架或井字架，按间距 50~100 cm 焊在钢筋上，曲线孔道时应加密，并用铁丝绑扎牢，以防止浇筑混凝土时，管子上浮（先穿入预应力筋的情况稍好），造成质量事故。

灌浆孔与波纹管的连接，如图 5.37 所示。其做法是在波纹管上开洞，其上覆盖海绵垫片与带嘴的塑料弧形压板，并用铁丝扎牢，再用增强塑料管插在嘴上，并将其引出梁顶面 400~500 mm。在构件两端及管中应设置灌浆孔，其间距不宜大于 12 m（预埋波纹管时灌浆孔间距不宜大于 30 m）。曲线孔道的曲线波峰位置，宜设置泌水管。

2. 预应力筋张拉

用后张法张拉预应力筋时，混凝土强度应符合设计要求，如设计无规定时，不应低于设计强度等级的 75%。

（1）穿筋

成束的预应力筋将一头对齐，按顺序编号套在穿束器上，如图 5.38 所示。

预应力筋穿束根据穿束与浇筑混凝土之间的先后关系，可分为先穿束和后穿束两种。

① 先穿束法。该法穿束省力，但穿束占用工期，束的自重引起的波纹管摆动会增大摩擦损失，束端保护不当易生锈。按穿束与预埋波纹管之间的配合，又可分为以下 3 种情况。

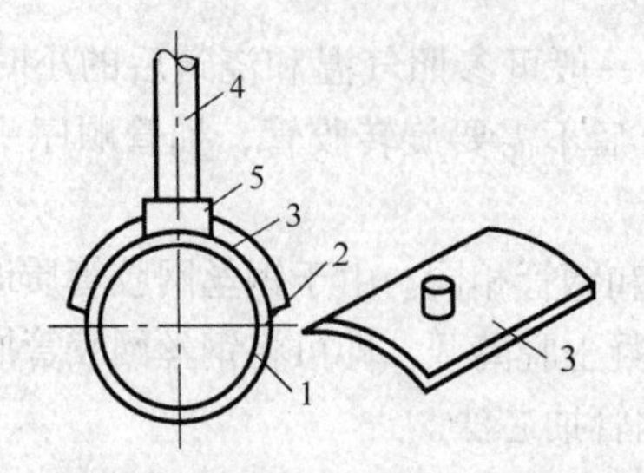

图 5.37　灌浆孔与波纹管的连接

1—波纹管　2—海绵垫片　3—塑料弧形压板

4—增强塑料管　5—铁丝绑扎

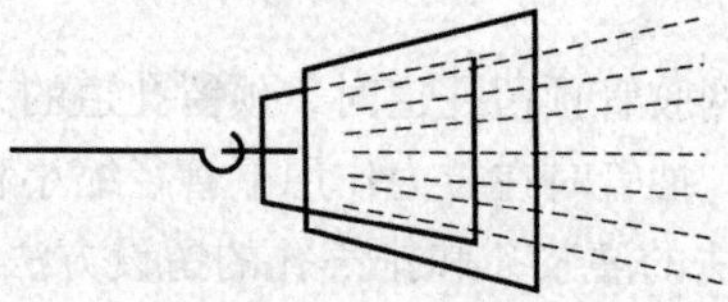

图 5.38　穿束器

a. 先穿束后装管。即将预应力筋先穿入钢筋骨架内，然后将螺旋管逐节从两端套入并连接。

b. 先装管后穿束。即将螺旋管先安装就位，然后将预应力筋穿入。

c. 二者组装后放入。即在梁外侧的脚手架上将预应力筋与套管组装后，从钢筋骨架顶部放入就位，箍筋应先做成开口箍，再封闭。

② 后穿束法。该法可在混凝土养护期内进行，不占工期，便于用通孔器或高压水通孔，穿束后即行张拉，易于防锈，但穿束较为费力。

（2）张拉控制应力及张拉程序

张拉控制应力越高，建立的预应力值就越大，构件抗裂性越好。但是张拉控制应力过高，构件使用过程中经常处于高应力状态，构件出现裂缝的荷载与破坏荷载很接近，往往构件破坏前没有明显预兆，而且当控制应力过高，构件混凝土预压应力过大而导致混凝土的徐变应力损失增加。因此控制应力应符合设计规定。在施工中预压力筋需要超张拉时，可比设计要求提高3%～5%，但其最大张拉控制应力不得超过表 5.1 的规定。

预应力筋的张拉程序，主要根据构件类型、张锚体系、松弛损失取值等因素来确定。

① 用超张拉方法减少预应力筋的松弛损失时，预应力筋的张拉程序宜为：$0 \rightarrow 105\%\sigma_{con} \xrightarrow{\text{持荷2 min}} \sigma_{con}$。

② 如果预应力筋张拉吨位不大，根数很多，而设计中又要求采取超张拉以减少应力松弛损失时，其张拉程序可为：$0 \rightarrow 103\%\sigma_{con}$。

以上各种张拉操作程序，均可分级加载。对曲线预应力束，一般以（0.2～0.25）σ_{con} 为量伸长起点，分 3 级加载（$0.2\sigma_{con}$、$0.6\sigma_{con}$ 及 $1.0\sigma_{con}$）或 4 级加载（$0.25\sigma_{con}$、$0.50\sigma_{con}$、$0.75\sigma_{con}$ 及 $1.0\sigma_{con}$），每级加载均应量测张拉伸长值。

当预应力筋长度较大，千斤顶张拉行程不够时，应采取分级张拉、分级锚固。第二级初始油压为第一级最终油压。预应力筋张拉到规定油压后，持荷复验伸长值，合格后进行锚固。

（3）张拉顺序

张拉顺序应符合设计要求。

图 5.39 所示为预应力混凝土屋架下弦杆与吊车梁的预应力筋张拉顺序。

① 对配有多根预应力筋的预应力混凝土构件，由于不可能同时一次张拉完预应力筋，应分批、对称地进行张拉。对称张拉是为了避免张拉时构件截面呈现过大的偏心受压状态。分批张拉时，由于后批张拉的作用力，使混凝土再次产生弹性压缩导致先批预应力筋应力下降，此应力损失可按式（5-8）计算后加到先批预应力筋的张拉应力中去。分批张拉的损失也可以采取对先批预应力筋逐根复位补足的办法处理。

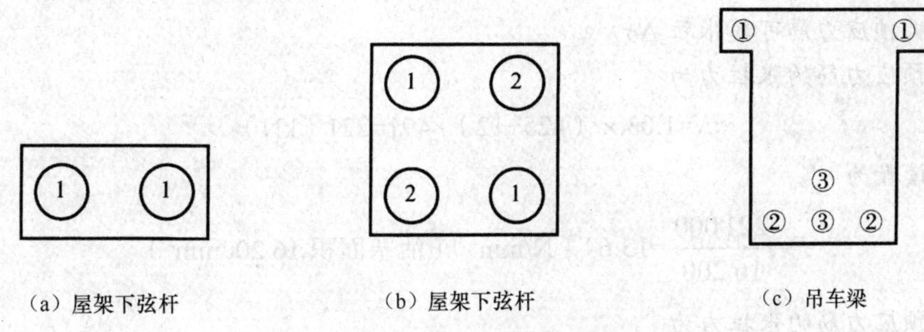

（a）屋架下弦杆　（b）屋架下弦杆　（c）吊车梁

图 5.39　预应力筋的张拉顺序

$$\Delta\sigma = E_s(\sigma_{con} - \sigma_1)A_p/(E_c A_n) \tag{5-8}$$

式中，$\Delta\sigma$ 为先批张拉钢筋应增加的应力；E_s 为预应力筋弹性模量，kN/mm^2；σ_{con} 为张拉控制应力；σ_1 为后批张拉预应力筋的第一批预应力损失（包括锚具变形后和摩擦损失），kN/mm^2；E_c 为混凝土弹性模量，kN/mm^2；A_P 为后批张拉的预应力筋截面面积，mm^2；A_n 为构件混凝土净截面积（包括构造钢筋折算面积），mm^2。

② 对平卧叠浇的预应力混凝土构件，上层构件的重量产生的水平摩阻力，会阻止下层构件在预应力筋张拉时混凝土弹性压缩的自由变形，待上层构件起吊后，由于摩阻力影响消失会增加混凝土弹性压缩的变形，从而引起预应力损失。该损失值，随构件型式、隔离剂和张拉方式而不同，其变化差异较大。目前尚未掌握其变化规律，为便于施工，在工程实践中可采取逐层加大超张拉的办法来弥补该预应力损失，但是底层的预应力混凝土构件的预应力筋的张拉力不得超过顶层的预应力筋的张拉力，具体规定是：预应力筋为钢丝，钢绞线、热处理钢筋，应小于 5%，其最大超张拉力应小于抗拉强度的 75%；预应力筋为冷拉热轧钢筋，应小于 9%，其最大超张拉力应小于标准强度的 95%。

【例 5-1】某屋架下弦截面尺寸为 240 mm×220 mm，有 4 根预应力筋；预应力筋采用 HRB335 级钢筋，直径为 25 mm，张拉控制应力 $\sigma_{con} = 0.85f_{pyk} = 0.85\times500 = 425$（N/mm^2）。采用 $0\rightarrow1.03\sigma_{con}$ 张拉程序，沿对角线分两批对称张拉，屋架下弦杆构造配筋为 $4\phi10$ mm，孔道直径为 $D = 48$ mm，试计算第一批预应力筋张拉应力增加值 $\Delta\sigma$。

解：采用两台 YL60 千斤顶，考虑到第二批张拉对第一批预应力筋的影响，则第一批预应力筋张拉应力应增加 $\Delta\sigma$。

$$\Delta\sigma = E_s(\sigma_{con} - \sigma_1)A_p/(E_c A_n)$$

其中，E_s=180 000N/ mm^2，E_c=32 500N/ mm^2，σ_{con}=425N/mm^2，σ_1=28N/mm^2，A_p=491×2=982 mm^2，A_n=240×220－4×π×48^2/4+4×78.5×200 000/32 500=47 493（mm^2），代入公式可得

$$\Delta\sigma=180\,000\times(425-28)\times982/(32\,500\times47\,493)=45.5\ (\text{N/mm}^2)$$

则第一批预应力筋张拉应力为

$$(425+45.5)\times1.03=485>0.9f_{pyk}=450\ (\text{N/mm}^2)$$

上述计算表明，分批张拉的影响若计算补加到先批预应力筋张拉应力中，将使张拉应力过大，超过了规范规定，故采取重复张拉补足的办法。

【例 5-2】例 5-1 中，若 $\Delta\sigma$=12 N/mm^2，试计算第一批、第二批预应力筋的张拉力及油压表读数。

解：当采用超张拉 $\Delta\sigma$ 时钢筋的应力为

$$1.03\times(425+12)=450\ (\text{N/mm}^2)=0.9f_{pyk}$$

故第一批预应力筋可超张拉 $\Delta\sigma$。

第一批预应力筋的张拉力为

$$N=1.03\times(425+12)\times491=221\text{（kN）}$$

油压表读数为

$$P=\frac{221\,000}{16\,200}=13.64\text{（N/mm}^2\text{）（活塞面积 16 200mm}^2\text{）}$$

第二批预应力筋的张拉力为

$$N=1.03\times425\times491=215\text{（kN）}$$

油压表读数为

$$P=\frac{215\,000}{16\,200}=13.27\text{（N/mm}^2\text{）}$$

（4）叠层构件的张拉

对叠浇生产的预应力混凝土构件，上层构件产生的水平摩阻力会阻止下层构件预应力筋张拉时混凝土弹性压缩的自由变形，当上层构件吊起后，由于摩阻力影响消失，将增加混凝土弹性压缩变形，因而引起预应力损失。该损失值与构件形式、隔离层和张拉方式有关。为了减少和弥补该项预应力损失，可自上而下逐层加大张拉力，底层张拉力不宜比顶层张拉力大 5%（钢丝、钢绞线、热处理钢筋），且不得超过表 5.1 规定。

为了使逐层加大的张拉力符合实际情况，最好在正式张拉前对某叠层第一、二层构件的张拉压缩量进行实测，然后按下式计算各层应增加的张拉力。

$$\Delta N=(n-1)\frac{\varDelta_1-\varDelta_2}{L}E_sA_p \tag{5-9}$$

式中，ΔN 为层间摩阻力；N 为构件所在层数（自上而下计）；$\varDelta_1$ 为第一层构件张拉压缩值；$\varDelta_2$ 为第二层构件张拉压缩值；L 为构件长度；E_s 为预应力筋弹性模量；A_p 为预应力筋截面面积。

【例 5-3】例 5-2 中的预应力屋架下弦孔道长度为 23 800mm，4 榀屋架叠加生产，经实测第一榀屋架压缩变形值为 12mm，第二榀屋架压缩变形值为 11mm，计算摩阻力 ΔN。

解：层间摩阻力 ΔN 为

$$\Delta N=(n-1)\frac{\varDelta_1-\varDelta_2}{L}E_sA_p=(2-1)\times\frac{12-11}{23\,800}\times180\,000\times982=7\,427\text{(N)}$$

则第二榀屋架张拉应力为

$$\sigma_{con}+\frac{7\,427}{982}=0.85\times500+7.6=433\text{(N/mm}^2\text{)}$$

第三榀屋架张拉应力为

$$433+7.6=440.6\text{（N/mm}^2\text{）}$$

第四榀屋架张拉应力为

$$440.6+7.6=448.2\text{（N/mm}^2\text{）}$$

上面各榀屋架预应力的张拉力都满足不超过 $0.90f_{pyk}$（450N/mm^2）的要求。

（5）张拉方法和张拉端设置的要求

为了减少预应力筋与预留孔壁摩擦引起的预应力损失，对于抽芯成形孔道，曲线预应力筋和长度大于 24 m 的直线预应力筋，应在两端张拉；对长度等于或小于 24 m 的直线预应力筋，可在一端张拉。预埋波纹管孔道，对于曲线预应力筋和长度大于 30 m 的直线预应力筋，宜在两端张拉；对于长度等于或小于 30 m 的直线预应力筋可在一端张拉。当同一截面中有多根一端张拉的预应力筋时，张拉端宜分别设在构件的两端，以免构件受力不均匀。安装张拉设备时，对于直线预应力筋，应使张拉力的作用线与孔道中心线重合；对于曲线预应力筋，应使张拉力的作用线与孔道中心线末端的切线方向重合。

（6）预应力值的校核和伸长值的测定

为了了解预应力值建立的可靠性，需对预应力筋的应力及损失进行检验和测定，以便张拉时补足和调整预应力值。检验应力损失最方便的办法是，在预应力筋张拉 24 h 后孔道灌浆前重拉一次，测读前后两次应力值之差，即为钢筋预应力损失（并非应力损失全部，但已完成很大部分）。预应力筋张拉锚固后，实际预应力值与工程设计规定检验值的相对允许偏差为±5%。

在测定预应力筋伸长值时，须先建立 $10\%\sigma_{con}$ 的初应力，预应力筋的伸长值，也应从建立初应力后开始测量，但须加上初应力的推算伸长值，推算伸长值可根据预应力弹性变形呈直线变化的规律求得。例如，某筋应力自 $0.2\sigma_{con}$ 增至 $0.3\sigma_{con}$ 时，其变形为 4 mm，即应力每增加 $0.1\sigma_{con}$ 变形增加 4 mm，故该筋初应力 $10\%\sigma_{con}$ 时的伸长值为 4 mm。对后张法尚应扣除混凝土构件在张拉过程中的弹性压缩值。预应力筋在张拉时，通过伸长值的校核，可以综合反映出张拉应力是否满足，孔道摩阻损失是否偏大，以及预应力筋是否有异常现象等。如实际伸长值与计算伸长值的偏差超过±6%时，应暂停张拉，分析原因后采取措施。

3. 孔道灌浆

孔道灌浆是后张法预应力工艺的重要环节，预应力筋张拉完毕后，应立即进行孔道灌浆。灌浆的目的是为了防止钢筋锈蚀，增加结构的整体性和耐久性，提高结构抗裂性和承载能力。

灌浆用的水泥浆应有足够的强度和黏结力，且应有较好的流动性、较小的干缩性和泌水性，水泥强度等级一般应不低于 42.5，水灰比控制在 0.4～0.45，搅拌后 3h 泌水率宜控制在 2%，最大不得超过 3%，水泥浆的稠度控制在 14～18 s。对孔隙较大的孔道，可采用砂浆灌浆。

为了增加孔道灌浆的密实性，减少水泥浆收缩，可掺 0.05%～0.1%的脱脂铝粉或其他类型的膨胀剂。在水泥浆或砂浆内可以掺入对预应力筋无腐蚀作用的外加剂，如掺入占水泥质量 0.25%的木质素磺酸钙，或掺入占水泥质量 0.05%的铝粉。不掺外加剂时，可用二次灌浆法。

灌浆前，用压力水冲洗和湿润孔道。用电动或手动灰浆泵进行灌浆。灌浆工作应连续进行，不得中断，并应防止空气压入孔道而影响灌浆质量。灌浆压力宜控制在 0.3～0.5 MPa。灌浆顺序应先下后上，以避免上层孔道漏浆时把下层孔道堵塞。孔道末端应设置排气孔，灌浆时待排气孔溢出浓浆后，才能将排气孔堵住继续加压到 0.5～0.6 MPa，并稳定 2 min，关闭控制闸，保持孔道内压力。每条孔道应一次灌成，中途不应停顿，否则要将已压的水泥浆冲洗干净，从头开始灌浆。

灌浆后，切割外露部分预应力钢绞线（留 30～50 mm）并将其分散，锚具应采用混凝土封头保护。封头混凝土尺寸应大于预埋钢板尺寸，厚度不小于 100 mm，封头内应配钢筋网片，细石混凝土强度等级为 C30～C40。

孔道灌浆后，当灰浆强度达到 15N/mm^2 时，方能移动构件，灰浆强度达到 100%设计强度时，才允许吊装。

任务三　无黏结预应力混凝土施工

在后张法预应力混凝土构件中，预应力筋分为有黏结和无黏结两种。有黏结的预应力是后张法的常规做法，张拉后通过灌浆使预应力筋与混凝土黏结。无黏结预应力是近几年发展起来的新技术，其做法是在预应力筋表面覆裹一层涂塑层或刷涂油脂并包塑料带（管）后，如同普通钢筋一样先铺设在支好的模板内，再浇筑混凝土，待混凝土达到规定的强度后，用张拉机具进行张拉，当张拉达到设计的应力后，两端再用特制的锚具锚固。预应力筋张拉力完全靠构件两端的锚具传递给构件。它属于后张法施工。

这种预应力工艺优点是借助两端的锚具传递预应力，无须留孔灌浆，施工简便，利于提高结构的整体刚度和使用功能，减少材料用量，摩擦损失小，预应力筋易弯成多跨曲线形状等，但对锚具锚固能力要求较高。无黏结预应力适用于大柱网整体现浇楼盖结构，尤其在双向连续平板和密肋楼板中使用最为合理经济。目前无黏结预应力混凝土平板结构的跨度，单向板可达9~10m，双向板为9m×9m，密肋板为12m，现浇梁跨度可达27m。

一、无黏结预应力筋的制作

1. 无黏结预应力筋的组成及要求

无黏结预应力筋主要由预应力钢材、涂料层、外包层3部分组成，如图5.40所示。

（1）无黏结筋

无黏结筋宜采用柔性较好的预应力筋制作，选用7ϕ^s4 mm或7ϕ^s5 mm钢绞线。无黏结预应力筋所用钢材主要有消除应力钢丝和钢绞线。钢丝和钢绞线不得有死弯，有死弯时必须切断，每根钢丝必须通长，严禁有接点。预应力筋的下料长度计算，应考虑构件长度、千斤顶长度、镦头的预留量、弹性回弹值、张拉伸长值、钢材品种和施工方法等因素。具体计算方法与有黏结预应力筋计算方法基本相同。

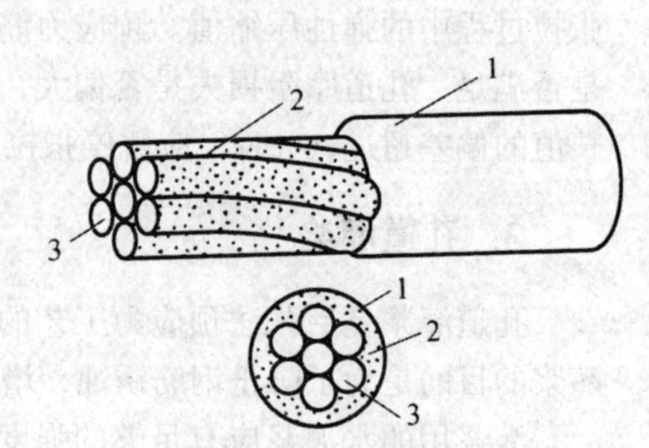

图5.40 无黏结预应力筋
1—塑料外包层 2—防腐润滑脂
3—钢绞线（或碳素钢丝束）

预应力筋下料时，宜采用砂轮锯或切断机切断，不得采用电弧切割。钢丝束的钢丝下料应采用等长下料。钢绞线下料时，应在切口两侧用20或22钢丝预先绑扎牢固，以免切割后松散。

（2）涂料层

无黏结筋的涂料层常采用防腐油脂或防腐沥青制作。涂料层的作用是使无黏结筋与混凝土隔离，减少张拉时的摩擦损失，防止预应力筋腐蚀等。因此，涂料应有较好的化学稳定性和韧性，要求涂料性能应满足在−20℃~+70℃温度范围内，不流淌、无开裂、不变脆、能较好地黏附在钢筋上并有一定韧性；使用期内化学稳定性高；润滑性能好，摩擦阻力小；不透水、不吸湿，防腐性能好。

（3）外包层

无黏结筋的外包层主要由高压聚乙烯塑料带或塑料管制作。外包层的作用是使无黏结筋在运输、储存、铺设和浇筑混凝土等过程中不会发生不可修复的破坏，因此要求外包层应满足在−20℃~+700℃温度范围内，低温不脆化，高温化学稳定性好；必须具有足够的韧性，抗破损性强；对周围材料无侵蚀作用；防水性强。塑料使用前必须烘干或晒干，避免在成型过程中由于气泡引起塑料表面开裂。

制作单根无黏结筋时，宜优先选用防腐油脂做涂料层，使预应力筋能在塑料套管中任意滑动，其塑料外包层应用塑料注塑机注塑成型，防腐油脂应填充饱满，外包层应松紧适度。成束无黏结预应力筋可用防腐沥青或防腐油脂做涂料层。当使用防腐沥青时，应用密缠塑料带做外包层，塑料带各圈之间的搭接宽度不应小于带宽的1/2，缠绕层数不小于4层。防腐油脂涂料层无黏结筋的张拉摩擦系数不应大于0.12；防腐沥青涂料层无黏结筋的张拉摩擦系数不应大于0.25。

2. 无黏结预应力筋的锚具

无黏结预应力筋的锚具性能，应符合Ⅰ类锚具的规定。我国主要采用高强钢丝和钢绞线作为无黏结预应力钢筋，高强钢丝主要用镦头锚具，钢绞线可采用XM、QM型锚具。

3. 无黏结预应力筋的制作

一般采用挤压涂层工艺和涂包成型工艺两种。

（1）挤压涂层工艺

挤压涂层工艺主要是无黏结筋通过涂油装置涂油，涂油无黏结筋通过塑料挤压机涂刷聚乙烯或聚丙烯塑料薄膜，再经冷却筒模成型塑料套管。这种挤压涂层工艺的特点是效率高、质量好、设备性能稳定，与电线、电缆包裹塑料套管的工艺相似。适用于大规模生产的单根钢绞线和7根钢丝束。挤压涂层工艺流程图如图5.41所示。

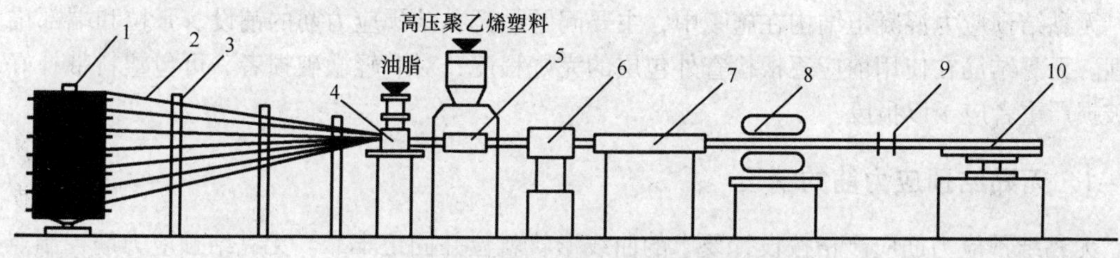

图5.41　挤压涂层工艺流程图

1—放线盘　2—钢丝　3—梳子板　4—给油装置　5—塑料挤压机机头　6—风冷装置　7—水冷装置　8—牵引机　9—定位支架　10—收线盘

（2）涂包成型工艺

涂包成型工艺是无黏结筋经过涂料槽涂刷涂料后，再通过归束滚轮成束并进行补充涂刷，涂料厚度一般为2 mm，可以采用手工操作完成内涂刷防腐沥青或防腐油脂，外包塑料布。涂好涂料的无黏结筋随即通过绕布转筒自动地交叉缠绕两层塑料布，当达到需要的长度后进行切割，成为一根完整的无黏结预应力筋。也可以在缠纸机上连续作业，完成编束、涂油、镦头、缠塑料布和切断等工序。缠纸机的工作示意图如图5.42所示。这种涂包成型工艺的特点是质量好，适应性较强。

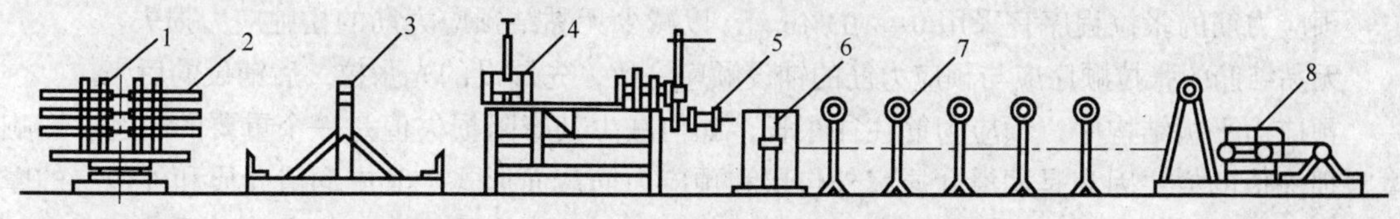

图5.42　无黏结预应力筋缠纸工艺流程图

1—放线盘　2—钢丝　3—梳子板　4—油枪　5—塑料布卷　6—切断机　7—滚道台　8—牵引装置

无黏结预应力筋制作时，钢丝放在放线盘上，穿过梳子板汇成钢丝束，通过油枪均匀涂油后穿入锚环用冷镦机冷镦锚头，带有锚环的成束钢丝用牵引机向前牵引，同时开动装有塑料条的缠纸转盘，钢丝束一边前进一边进行缠绕塑料布条工作。当钢丝束达到需要长度后，进行切割，成为一完整的无黏结预应力筋。

二、无黏结预应力筋的布置

在单向连续梁板中，无黏结筋的铺设如同普通钢筋一样铺设在设计位置上。在双向配筋的连续平板中，无黏结筋一般需要配置成两个方向的悬垂曲线，两个方向的无黏结筋互相穿插，施工操作较为困难，因此必须事先编出无黏结筋的铺设顺序。其方法是将各向无黏结筋各搭接点的标高标出，对各搭接点相应的两个标高分别进行比较，若一个方向某一无黏结筋的各点标高均分别低于与其相交的各筋相应点标高时，则此筋可先放置。按此规律编出全部无黏结筋的铺设顺序。即先铺设标高低的无黏结筋，再铺设标高较高的无黏结筋，并应尽量避免两个方向的无黏结筋相互穿插编结。

无黏结预应力筋应严格按设计要求的曲线形状就位固定牢固。无黏结预应力筋的铺设，通常是在底部钢筋铺设后进行。水电管线的铺设一般宜在无黏结筋铺设后进行，无黏结预应力筋应铺放在电线管下面，且不得将无黏结筋的竖向位置抬高或压低。支座处负弯矩钢筋通常是在最后铺设。

三、无黏结预应力混凝土结构施工

无黏结预应力混凝土结构在施工中，主要问题是无黏结预应力筋的铺设、张拉和端部锚头处理。无黏结筋在使用前应逐根检查外包层的完好程度，对有轻微破损者，可包塑料带补好，对破损严重者应予以报废。

1. 无黏结预应力筋的铺设

无黏结预应力筋应严格按设计要求的曲线形状就位并固定牢靠。无黏结预应力筋控制点的安装偏差：高度方向±5 mm，水平方向±30 mm。

无黏结筋的垂直位置，宜用支撑钢筋或钢筋马凳控制，其间距为 1 ~ 2 m。无黏结筋的水平位置应保持顺直。

在双向连续平板中，各无黏结筋曲线高度的控制点用铁马凳垫好并扎牢。在支座部位，无黏结筋可直接绑扎在梁或墙的顶部钢筋上；在跨中部位，无黏结筋可直接绑扎在板的底部钢筋上。

2. 无黏结预应力筋的张拉

由于无黏结预应力筋一般为曲线配筋，当预应力筋的长度小于 25 m 时，宜采用一端张拉；若长度大于 25 m 时，宜两端张拉；长度超过 50 m，宜采取分段张拉。

预应力筋的张拉程序宜采用 $0 \rightarrow 103\%\sigma_{con}$，以减少无黏结预应力筋的松弛应力损失。

无黏结筋的张拉顺序应与预应力筋的铺设顺序一致，先铺设的先张拉，后铺设的后张拉。

预应力平板结构中，预应力筋往往很长，如何减少其摩阻损失值是一个重要的问题。影响摩阻损失值的主要因素是润滑介质、外包层和预应力筋截面形式。其中润滑介质和外包层的摩阻损失值，对一定的预应力束是个定值、相对稳定。而截面形式则影响较大，不同截面形式其离散性不同，但如能保证截面形状在全长内一致，则其摩阻损失值就能在很小范围内波动。否则，因局部阻塞就可能导致其损失值无法测定。摩阻损失值，可用标准测力计或传感器等测力装置进行测定。施工时，为降低摩阻损失值，可用标准测力计或传感器等测力装置进行测定。在施工时，为降低摩阻损失值，宜采用多次重复张拉工艺。成束无黏结筋正式张拉前，一般宜先用千斤顶往复抽动 1 ~ 2 次以降低张拉摩擦损失。无黏结筋的张拉过程中，当有个别钢丝发生滑脱或断裂时，可相应降低张拉力，但滑脱或断裂的数量不应超过结构同一截面无黏结预应力筋总量的 2%。

预应力筋张拉长度值应按设计要求进行控制。

3. 无黏结预应力筋的端部锚头处理

（1）张拉端部处理

预应力筋端部处理取决于无黏结筋和锚具种类。

通常混凝土的端面缩进一定的距离，前面做成一个凹槽，待预应力筋张拉锚固后，将外伸在锚具外的钢绞线切割到规定的长度，即要求露出夹片锚具外长度不小于 30mm，然后在槽内壁涂以环氧树脂类黏结剂，以加强新老材料间的黏结，再用后浇膨胀混凝土或低收缩防水砂浆或环氧砂浆密封。

在对凹槽填砂浆或混凝土前，应预先对无黏结筋端部和锚具夹持部分进行防潮、防腐封闭处理。

无黏结预应力筋采用钢丝束镦头锚具时，其张拉端头处理如图 5.43 所示，其中塑料套筒供钢丝束张拉时锚环从混凝土中拉出来用，软塑料管是用来保护无黏结钢丝末端因穿锚具而损坏的塑料管。当锚环被拉出后，塑料套筒内产生空隙，必须用油枪通过锚环的注油孔向套筒内注满防腐油脂，灌油后将外露锚具封闭好，避免长期与大气接触造成锈蚀。

采用无黏结钢绞线夹片锚具时，张拉端头构造简单，无须另加设施。张拉端头钢绞线预留长度不小于 150mm，多余割掉，然后在锚具及承压板表面涂以防水涂料，再进行封闭。无黏结筋端部锚头的防腐处理应特别重视。采用 XM 型夹片式锚具的钢绞线，张拉端头构造简单，无须另加设施，锚固区可以用后浇的钢筋混凝土圈梁封闭，端头钢绞线预留长度不小于 150mm，多余部分切断并将锚具外伸的钢绞线散开打弯，埋在圈梁混凝土内加强锚固，如图 5.44 所示。

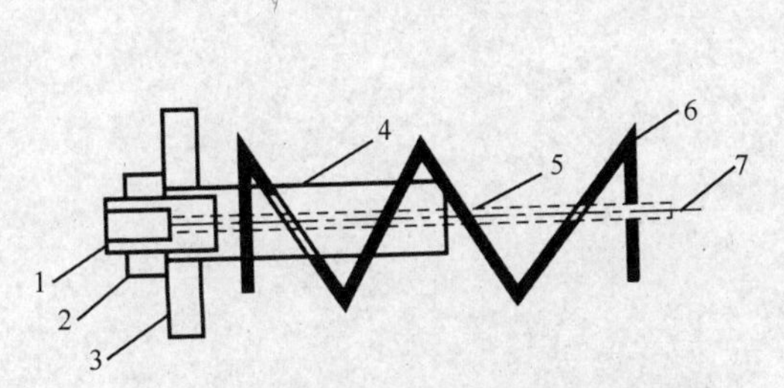

图 5.43　镦头锚固系统张拉端示意图

1—锚环　2—螺母　3—承压板　4—塑料套筒

5—软塑料管　6—螺旋筋　7—无黏结筋

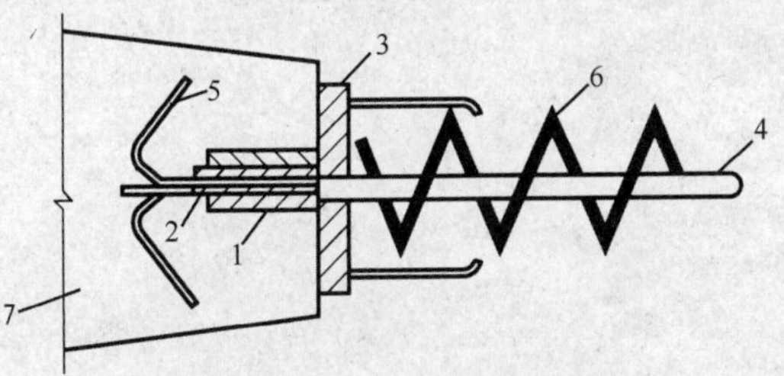

图 5.44　夹片式锚具张拉端处理

1—锚环　2—夹片　3—埋件（承压板）

4—无黏结筋　5—散开打弯的钢绞线

6—螺旋筋　7—后浇混凝土

（2）固定端处理

无黏结筋的固定端可设置在构件内。当采用无黏结钢丝束时，固定端可采用扩大的镦头锚板，并用螺旋筋加强，如图 5.45（a）所示。施工中如端头无结构配筋时，需要配置构造钢筋，使固定端板与混凝土之间有可靠锚固性能。当采用无黏结钢绞线时，锚固端可采用压花成型，埋置在设计部位，如图 5.45（b）所示。这种做法的关键是张拉前锚固端的混凝土强度等级必须达到设计强度（≥C30）才能形成可靠的黏结式锚头。

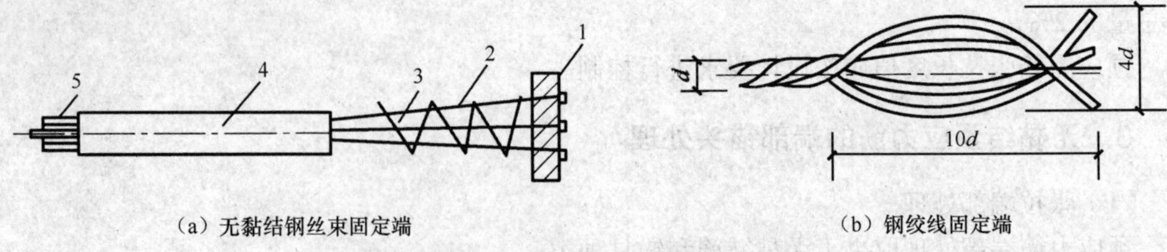

（a）无黏结钢丝束固定端　　　　（b）钢绞线固定端

图 5.45　无黏结筋固定端详图

1—锚板　2—钢丝　3—螺旋筋　4—软塑料管　5—无黏结钢丝束

复习思考题

1. 试述先张法预应力混凝土构件的生产流程。
2. 先张法预应力混凝土构件生产的张拉控制应力和张拉程序有哪些要求？
3. 先张法预应力筋如何铺设？
4. 先张法预应力筋如何放张？
5. 后张法预应力混凝土构件生产的张拉控制应力和张拉程序有哪些要求？
6. 后张法预应力筋的下料长度如何计算？
7. 后张法预应力施工孔道如何留设？
8. 试述无黏结预应力混凝土结构施工方法。
9. 预应力吊车梁，孔道尺寸为 6 m，采用 6 根ϕ6 mm 热处理钢筋束，用 YC60 型千斤顶张拉，一端张拉，张拉程序为 $0\rightarrow1.03\sigma_{con}$，张拉控制应力为 $0.70f_{pyk}$（$f_{pyk}=1\,400\ N/mm^2$）。试计算钢筋的下料长度和最大张拉力。

项目六 钢结构工程

学习内容

本项目内容包括钢结构构件制作、钢结构连接、钢结构涂装工程等。

学习目标

1. 了解钢结构连接的种类及特点。

2. 熟悉钢结构施工的一般规律和主要技术要求，熟悉钢结构构件加工制作流程，熟悉钢结构工程安装工艺流程，熟悉防腐及防火涂装工艺流程。

3. 掌握钢结构构件的焊接施工方法与质量要求，掌握钢结构螺栓连接的施工方法及质量要求。

任务一 钢结构构件制作

一、加工制作前的准备工作

① 根据钢结构工程设计图编制零部件加工图和数量。

② 制定零部件制作的工艺流程。

③ 对进厂材料进行复查，如检查钢板的材质、规格等是否符合钢结构规定。

④ 培训员工或招聘熟练工人、技术人员及车间管理人员。

⑤ 钢结构制作和质量检查所用的钢尺，均应具有相同精度，并应定期送计量部门检定。

⑥ 在钢结构制作过程中，应严格按工序检验，合格后，下道工序方能施工。

二、钢结构构件制作及检验流程

钢结构构件制作及检验流程如图 6.1 所示。

三、放样

放样是钢结构制作工艺中的第一道工序，其工作的准确与否将直接影响到整个产品的质量。放样工作包括核对图纸的安装尺寸和孔距；以 1∶1 的大样放出节点，根据设计图确定各构件的实际尺寸，放样工作完成后，对所放大样和样板进行检验；制作样板和样杆作为下料、弯制、铣、刨、制孔等加工的依据。

四、号料

号料（也称画线），即利用样板、样杆或根据图纸，在板料及型钢上画出孔的位置和零件形状的加工界线。号料的一般工作内容包括检查核对材料；在材料上画出切割、铣、刨、弯曲、钻孔等加工位置，打冲孔，标注出零件的编号等。常采用的号料方法有集中号料法、套料法、统计计算法、余料统一号料法。

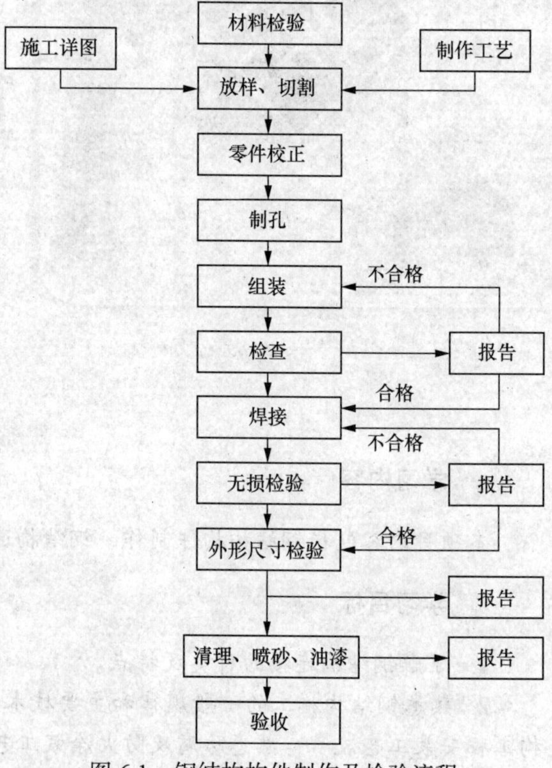

图 6.1　钢结构构件制作及检验流程

五、切割下料

切割下料的目的就是将放样和号料的零件形状从原材料上进行下料分离。钢材的切割可以通过切削、冲剪、摩擦机械力和热切割来实现。常用的切割方法有机械剪切、气割和等离子切割 3 种。

六、边缘加工

在钢结构加工中一般需要进行边缘加工，除图纸要求外，在梁翼缘板、支座支承面、焊接坡口及尺寸要求严格的加劲板、隔板、腹板和有孔眼的节点板等部位应进行边缘加工。常用的边缘加工方法有铲边、刨边、铣边、碳弧气刨、气割和坡口机加工等。

七、弯制

在钢结构制作中，弯制成型的加工方法主要是卷板（滚圆）、弯曲（煨弯）、折边和模具压制等几种。

1. 滚圆

滚圆是在外力的作用下，使钢板的外层纤维伸长、内层纤维缩短而产生弯曲变形。在常温状态下进行钢板滚圆的方法有机械滚圆、胎模压制和手工制作 3 种。

2. 弯曲

在钢结构的制造过程中，弯曲成型的应用相当广泛，其加工方法分为压弯、滚弯和拉弯等几种。

压弯是用压力机压弯钢板，此种方法适用于一般直角弯曲（V 形件）、双直角弯曲（U 形件）以及其他适宜弯曲的构件。滚弯是用滚圆机滚弯钢板，此种方法适用于滚制圆筒形构件及其他弧形构件。拉弯是用转臂拉弯机和转盘拉弯机拉弯钢板，它主要用于将长条板材拉制成不同曲率的弧形构件。

3. 折边

在钢结构制造中，将构件的边缘压弯成倾角或一定形状的操作称为折边。折边广泛用于薄板构件，它有较长的弯曲线和很小的弯曲半径。薄板经折边后可以大大提高结构的强度和刚度。

板料的弯曲折边是通过折边机来完成的。板料折弯压力机用于将板料弯曲成各种形状，一般在上模作一次行程后，便能将板料压成一定的几何形状，当采用不同形状模具或通过几次冲压，还可得到较为复杂的各种截面形状。当配备相应的装备时，还可用于剪切和冲孔。

八、开孔

在钢结构制孔中包括铆钉孔、普通螺栓连接孔、高强度螺栓孔、地脚螺栓孔等，制孔方法通常有钻孔和冲孔两种。

1. 钻孔

钻孔是钢结构制造中普遍采用的方法，能用于几乎任何规格的钢板、型钢的孔加工。钻孔的加工方法分为划线钻孔、钻模钻孔和数控钻孔。

2. 冲孔

冲孔是在冲孔机（冲床）上进行，一般适用于非圆孔。冲孔生产效率较高，但由于孔的周围产生冷作硬化，孔壁质量较差，有孔口下塌、孔的下方增大的倾向，所以，一般用于对质量要求不高的孔以及预制孔（非成品孔），在钢结构主构件中较少直接采用。

九、组装

钢结构组装的方法包括地样法、仿形复制装配法、立装法、卧装法、胎模装配法。

地样法：用 1∶1 的比例在装配平台上放出构件实样，然后根据零件在实样上的位置，分别组装起来成为构件。

仿形复制装配法：先用地样法组装成单面（单片）的结构，然后定位点焊牢固，将其翻身，作为复制胎模，在其上面装配另一单面结构，往返两次组装。

立装法：根据构件的特点及其零件的稳定位置，选择自上而下或自下而上的顺序装配。

卧装法：将构件卧放进行装配。

胎模装配法：将构件的零件用胎模定位在其装配位置上的组装方法。

十、钢结构构件的验收、运输、堆放

1. 钢结构构件的验收

钢构件加工制作完成后，应按照施工图和《钢结构工程施工质量验收规范》（GB 50205—2001）的规定进行验收，有的还分工厂验收、工地验收。钢构件出厂时，应提供产品合格证及技术文件，施工图和设计变更文件，制作中技术问题处理的协议文件，钢材、连接材料、涂装材料的质量证明或试验报告，焊接工艺评定报告，高强度螺栓摩擦面抗滑移系数试验报告，焊缝无损检验报告，涂层检测资料，主要构件检验记录和预拼装记录。

2. 构件的运输

发运的构件，单件超过 3 t 的，宜在易见部位用油漆标上质量及重心位置的标志，以免在装、卸车和起吊过程中损坏构件；节点板、高强度螺栓连接面等重要部分要有适当的保护措施，零星的部件等都要按同一类别用螺栓和铁丝紧固成束或包装发运。

大型或重型构件的运输应根据行车路线、运输车辆的性能、码头状况、运输船只来编制运输方案。在运输方案中要着重考虑吊装工程的堆放条件、工期要求来编制构件的运输顺序。

运输构件时，应根据构件的长度、重量断面形状选用车辆；构件在运输车辆上的支点、两端伸长的长度及绑扎方法均应保证构件不产生永久变形、不损伤涂层。构件起吊必须按设计吊点起吊，不得随意。

公路运输装运的高度极限为 4.5 m，如需通过隧道时，则高度极限为 4 m，构件长出车身不得超过 2 m。

3. 构件的堆放

构件一般要堆放在工厂的堆放场和现场的堆放场。构件堆放场地应平整坚实，无水坑、冰层，地面平整干燥，并应排水通畅，有较好的排水设施，同时有车辆进出的回路。

构件应按种类、型号、安装顺序划分区域，插竖标志牌。构件底层垫块要有足够的支承面，不允许垫块有大的沉降量，堆放的高度应有计算依据，以最下面的构件不产生永久变形为准，不得随意堆高。钢结构产品不得直接置于地上，要垫高 200 mm。

在堆放中，发现有变形不合格的构件，则严格检查，进行矫正，然后再堆放。不得把不合格的变形构件堆放在合格的构件中，否则会大大地影响安装进度。

对于已堆放好的构件，要派专人汇总资料，建立完善的进出厂的动态管理，严禁乱翻、乱移。同时对已堆放好的构件进行适当保护，避免风吹雨打、日晒夜露。

不同类型的钢构件一般不堆放在一起。同一工程的钢构件应分类堆放在同一地区，便于装车发运。

任务二　钢结构连接

钢结构是由若干构件组合而成的。连接的作用就是通过一定的方式将板材或型钢组合成构件，再将若干个构件组合成整体结构，以保证其共同工作。

钢结构的连接方法可分为焊接连接、铆钉连接、螺栓连接和紧固件连接，如图 6.2 所示。

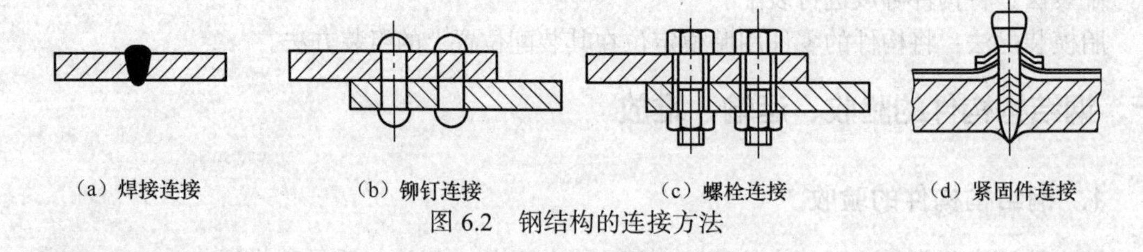

图 6.2　钢结构的连接方法

一、焊接连接

1. 焊接连接的特点

焊接连接构造简单，用料经济，制作加工方便，结构刚度大。但焊缝附近局部材质变脆，受压构件承载力降低，对裂纹很敏感。局部裂纹一旦萌生，就很容易扩展到整个构件截面，低温冷脆问题较为突出。

2. 焊接方法

用于钢结构连接的焊接方法主要有手工电弧焊、自动或半自动埋弧焊、气体保护焊和电阻焊。

（1）手工电弧焊

手工电弧焊是最常用的一种焊接方法。通电后，在涂有药皮的焊条和焊件间产生电弧；电弧提供热源，使焊条中的焊丝熔化，滴落在焊件上被电弧所吹成的小凹槽熔池中；焊缝金属冷却后把被连接件连成一体，如图 6.3 所示。

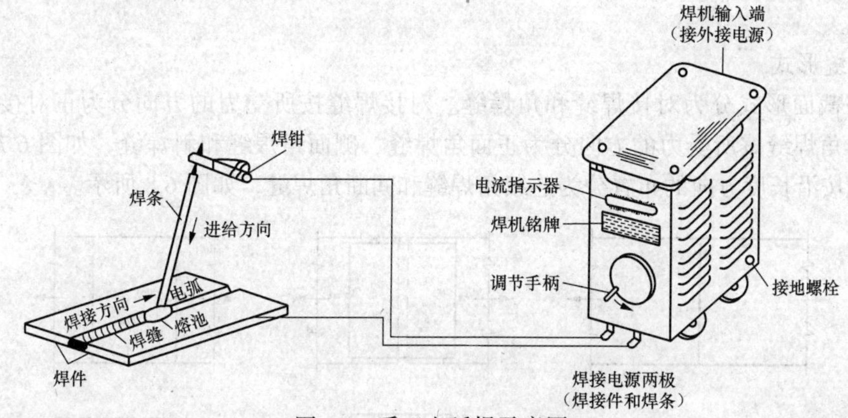

图 6.3　手工电弧焊示意图

手工电弧焊所用焊条应与焊件钢材（或称主体金属）相适应，例如，对 Q235 钢采用 E43 型焊条，对 Q345 钢采用 E50 型焊条，对 Q390 钢和 Q420 钢采用 E55 型焊条。不同钢种的钢材相焊接时，宜采用低组配方案，即宜采用与低强度钢相适应的焊条。

（2）埋弧焊

埋弧焊是电弧在焊剂层下燃烧的一种电弧焊方法。焊丝送进和焊接方向的移动有专门机构控制的称自动埋弧焊；焊丝送进有专门机构控制，而焊接方向的移动靠工人操作的称为半自动埋弧焊，如图 6.4 所示。电弧焊的焊丝不涂药皮，但施焊端被由焊剂漏斗自动流下的颗粒状焊剂所覆盖，电弧完全被埋在焊剂之内，电弧热量集中，熔深大，适于厚板的焊接，具有很高的生产率。

（3）气体保护焊

气体保护焊是利用二氧化碳气体或其他惰性气体作为保护介质的一种电弧熔焊方法。它直接依靠保护气体在电弧周围造成局部的保护层，以防止有害气体的侵入并保证了焊接过程的稳定性。

（4）电阻焊

电阻焊是利用电流通过焊件接触点表面的电阻所产生的热量来熔化金属，再通过压力使其焊合，适用于板叠厚度不大于 12mm 的焊接。对冷弯薄壁型钢的焊接，常用电阻点焊，如图 6.5 所示。

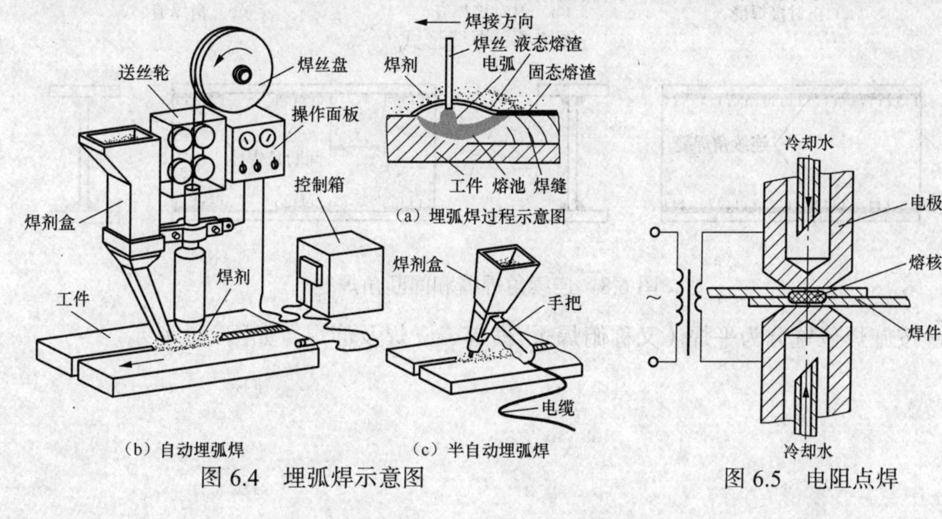

图 6.4　埋弧焊示意图　　图 6.5　电阻点焊

3. 焊缝连接形式及焊缝形式

（1）焊缝连接形式

按被连接钢材的相互位置，焊缝连接形式可分为对接、搭接、T 形连接和角部连接，如图 6.6 所示。

（2）焊缝形式

焊缝按截面形式分为对接焊缝和角焊缝。对接焊缝按所受力的方向分为正对接焊缝和斜对接焊缝。角焊缝按所受力的方向分为正面角焊缝、侧面角焊缝和斜焊缝，如图 6.7 所示。

角焊缝按沿长度方向的布置分为连续角焊缝和间断角焊缝，如图 6.8 所示。

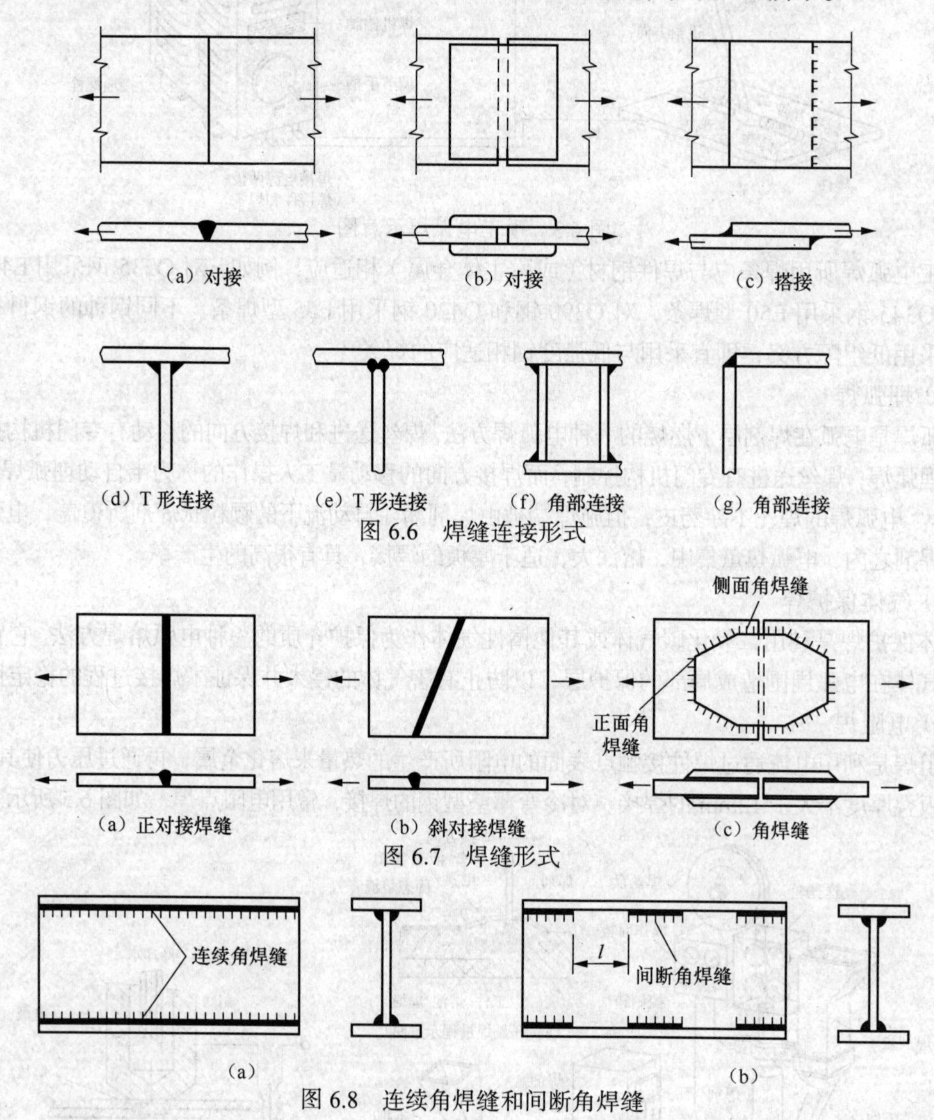

图 6.6　焊缝连接形式

图 6.7　焊缝形式

图 6.8　连续角焊缝和间断角焊缝

焊缝按施焊位置分为平焊（又称俯焊）、横焊、立焊及仰焊，如图 6.9 所示。

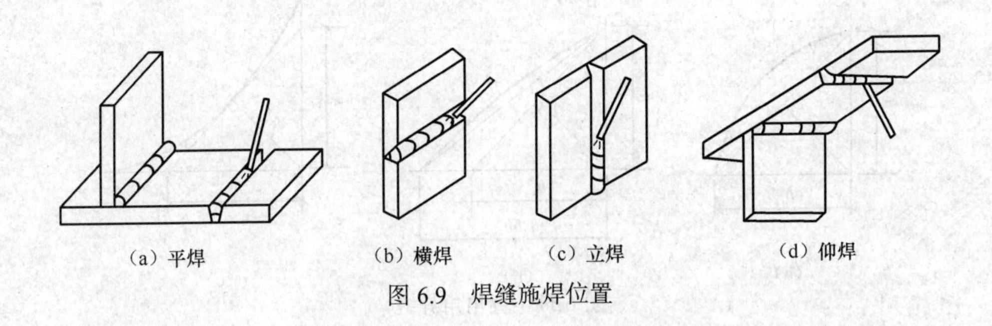

图 6.9　焊缝施焊位置

4. 焊缝缺陷及焊缝质量检验

（1）焊缝缺陷

焊缝缺陷指焊接过程中产生于焊缝金属或附近热影响区钢材表面或内部的缺陷。常见的缺陷有裂纹、焊瘤、烧穿、弧坑、气孔、夹渣、咬边、未熔合、未焊透以及焊缝尺寸不符合要求、焊缝成形不良等，如图 6.10 所示。裂纹是焊缝连接中最危险的缺陷。

（2）焊缝质量检验

《钢结构工程施工质量验收规范》（GB 50205—2001）规定焊缝按其检验方法和质量要求分为一级、二级和三级。三级焊缝只要求对全部焊缝作外观检查且符合三级质量标准；设计要求全焊透的一级、二级焊缝则除外观检查外，还要求用超声波探伤进行内部缺陷的检验，超声波探伤不能对缺陷作出判断时，应采用射线探伤检验，并应符合国家相应质量标准的要求。

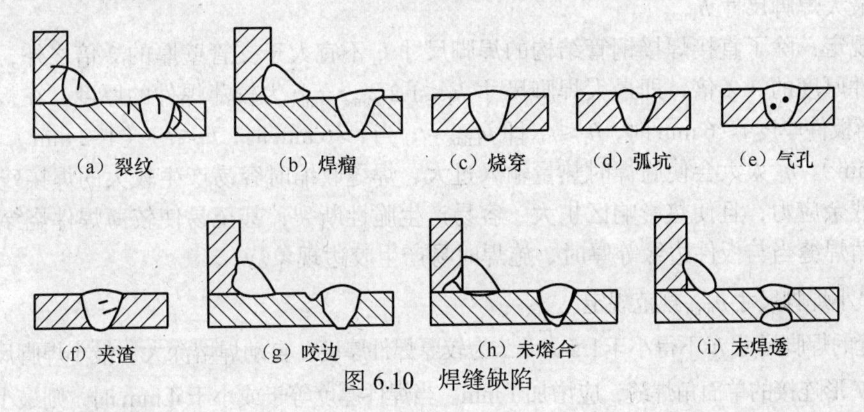

图 6.10　焊缝缺陷

5. 角焊缝的构造要求

（1）截面形式

角焊缝按其截面形式分为直角角焊缝（见图 6.11）和斜角角焊缝（见图 6.12）。

直角角焊缝通常焊成表面微凸的等腰直角三角形截面，在直接承受动力荷载的结构中，为了减少应力集中，提高构件的抗疲劳强度，侧面角焊缝以凹形为最好。但手工焊成凹形极为费事，因此采用手工焊时，焊缝做成直线形较为合适。当用自动焊时，由于电流较大，金属熔化速度快、熔深大，焊缝金属冷却后的收缩自然形成凹形表面。为此规定在直接承受动力荷载的结构（如吊车梁）中，侧面角焊缝做成凹形或直线形均可。对正面角焊缝，因其刚度较大，受动力荷载时应焊成平坡式，直角边的比例通常为 1∶1.5（长边顺内力方向）。

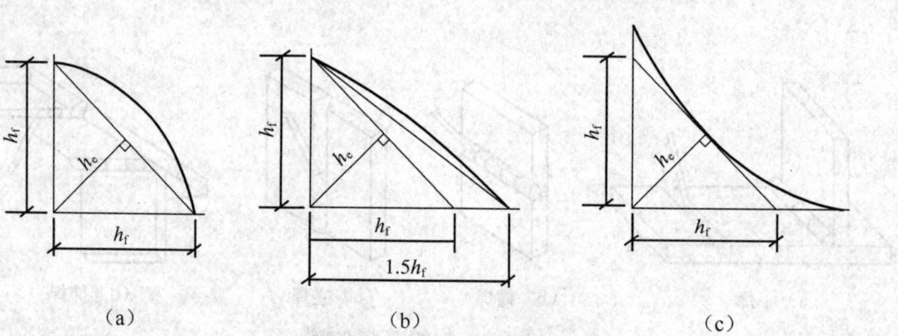

(a)　　(b)　　(c)

图 6.11　直角角焊缝

h_f—焊脚尺寸　h_e—焊缝有效厚度

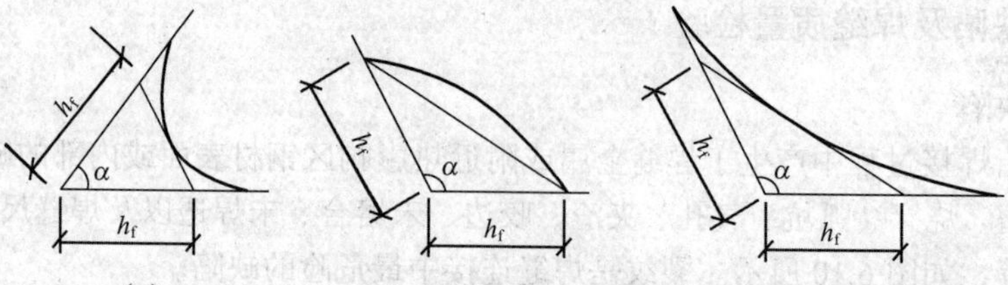

(a)　　(b)　　(c)

图 6.12　斜角角焊缝

h_f—焊脚尺寸　α—两焊脚边的夹角

两焊脚边的夹角 $\alpha > 90°$ 或 $\alpha < 90°$ 的焊缝称为斜角角焊缝，斜角角焊缝常用于钢漏斗和钢管结构中。对于夹角 $\alpha > 135°$ 或 $\alpha < 60°$ 的斜角角焊缝，除钢管结构外，不宜用作受力焊缝。

（2）最大焊脚尺寸 h_{fmax}

规范规定：除了直接焊接钢管结构的焊脚尺寸 h_f 不宜大于支管壁厚的 2 倍之外，h_f 不宜大于较薄焊件厚度的 1.2 倍，即最大焊脚尺寸 $h_f \leqslant 1.2t_{min}$，t_{min} 为较薄焊件的厚度。在板件边缘的角焊缝，当板件厚度 $t \leqslant 6$ mm 时，$h_f \leqslant t$，即 $h_{fmax} = t$；当 $t > 6$ mm 时，$h_f \leqslant t -$（1~2 mm），即 $h_{fmax} = t-$（1~2 mm）。h_f 太大会使施焊时热量输入过大，焊缝收缩时容易产生较大的焊接残余变形和三向焊接残余应力；且使热影响区扩大，容易产生脆性断裂；甚至易使较薄焊件烧穿。板件边缘的较大角焊缝当与板件边缘等厚时，施焊时易产生咬边现象。

（3）最小焊脚尺寸 h_{fmin} 规范规定

角焊缝的焊脚尺寸 h_f 不得小于 $1.5\sqrt{t}$，t 为较厚焊件厚度；自动焊熔深大，最小焊脚尺寸可减少 1 mm；对 T 形连接的单面角焊缝，应增加 1 mm。当焊件厚度等于或小于 4 mm 时，则最小焊脚尺寸应与焊件厚度相同。h_f 太小会使焊缝有缺陷或尺寸不足时影响承载力，且焊缝因冷却过快容易产生收缩裂纹。故规定 h_f 最小值随 t_{max} 而相应增加。

（4）不等焊脚尺寸的构造要求

角焊缝的两焊脚尺寸一般为相等。当焊件的厚度相差较大且等焊脚尺寸不能符合以上最大焊脚尺寸及最小焊脚尺寸要求时，可采用不等脚焊尺寸。

（5）搭接连接的构造要求

当板件端部仅有两条侧面角焊缝连接时，宜使每条侧面角焊缝计算长度 l_w 大于或等于其间距 b，且间距 b 小于或等于 16 倍的较薄焊件厚度 t（$t > 12$ mm）或 200 mm（$t \leqslant 12$ mm）时，在搭接连接中，当仅采用正面角焊缝时，其搭接长度不得小于焊件较小厚度的 5 倍，也不得小于 25 mm，以免焊缝受偏心弯矩影响太大而破坏。杆件端部搭接采用围焊（包括三面围焊、L 形围焊）时，转角处截面突变会产生应力集中，如在此处起灭弧，可能出现弧坑或咬边等缺陷，从而加大应力集中的影响，故所有围焊的转角处必须连续施焊。对于非围焊情况，当角焊缝的端部在构件转角处时，可连续地作长度为 2 h_f 的绕角焊。

6. 对接焊缝的构造要求

（1）坡口形式

对接焊缝的焊件常需做成坡口，故又叫坡口焊缝，当焊件厚度很小（手工焊 $t \leq 6$ mm，埋弧焊 $t \leq 10$ mm）时可用直边缝；对于一般厚度的焊件可采用具有坡口角度的单边 V 形或 V 形焊缝；对于较厚的焊件（$t > 20$ mm），常采用 U 形、K 形和 X 形坡口，如图 6.13 所示。

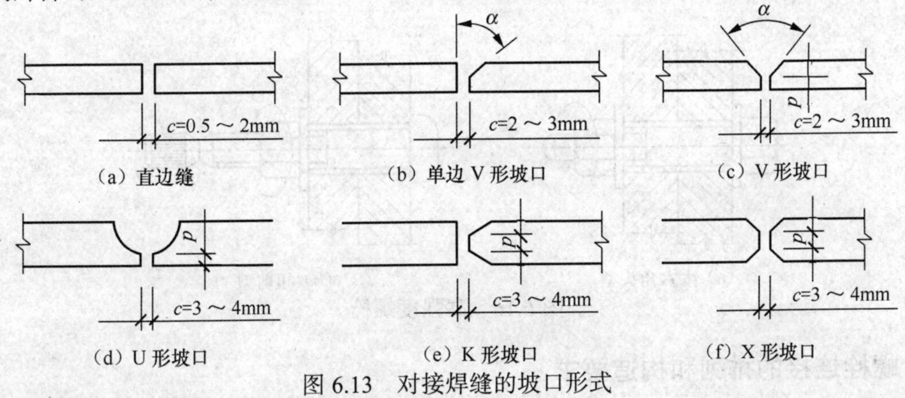

图 6.13　对接焊缝的坡口形式

（2）截面的改变

对接焊缝拼接处，当焊件的宽度不同或厚度在一侧相差 4 mm 以上时，在宽度方向或厚度方向从一侧或两侧做成坡度不大于 1 : 2.5 的斜角，如图 6.14 所示，以使截面过渡平缓，减小应力集中。

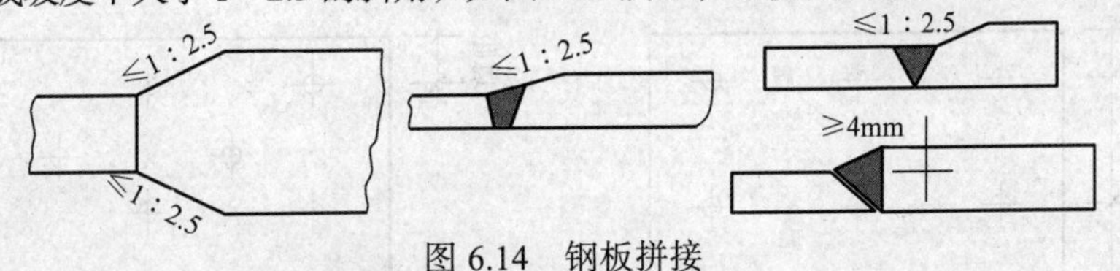

图 6.14　钢板拼接

（3）引弧板

在焊缝起灭弧处会出现弧坑等缺陷，这些缺陷对连接的承载力影响较大，故焊接时一般应设置引弧板（见图 6.15），焊后将它割除。对受静力荷载的结构设置引弧板有困难时，允许不设置，此时可令焊缝计算长度等于实际长度减去 2t（t 为较薄焊件厚度）。

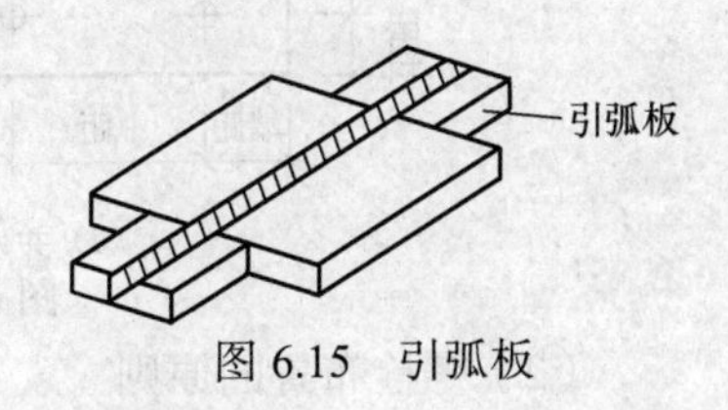

图 6.15　引弧板

二、螺栓连接

螺栓连接分普通螺栓连接和高强度螺栓连接两种。

1. 普通螺栓连接

钢结构普通螺栓连接即将普通螺栓、螺母、垫圈机械地和连接件连接在一起形成的一种连接形式。

普通螺栓分为 A、B、C 三级。A 级与 B 级为精制螺栓，C 级为粗制螺栓。

C 级螺栓由未经加工的圆钢压制而成。螺杆与栓孔之间有较大的间隙，连接的变形大，但安装方便，且能有效地传递拉力，故一般可用于沿螺栓杆轴受拉的连接中，以及次要结构的抗剪连接或安装时的临时固定。

A、B 级精制螺栓制作和安装复杂，价格较高，已很少在钢结构中采用。

2. 高强度螺栓连接

高强度螺栓一般采用 45 号钢、40 B 钢和 20 MnTiB 钢加工制作，分大六角头型和扭剪型两种，如图 6.16 所示。安装时通过特别的扳手，以较大的扭矩上紧螺帽，使螺杆产生很大的预拉力。高强度螺栓的连接分为摩擦型连接和承压型连接两种。

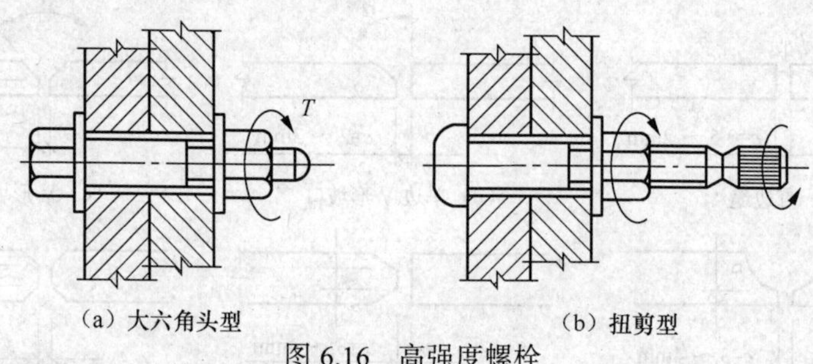

图 6.16 高强度螺栓

3. 螺栓连接的排列和构造要求

（1）排列方式

螺栓连接时钢板上的螺栓排列方式分为并列式和错列式（也称梅花式）两种，如图 6.17 所示。

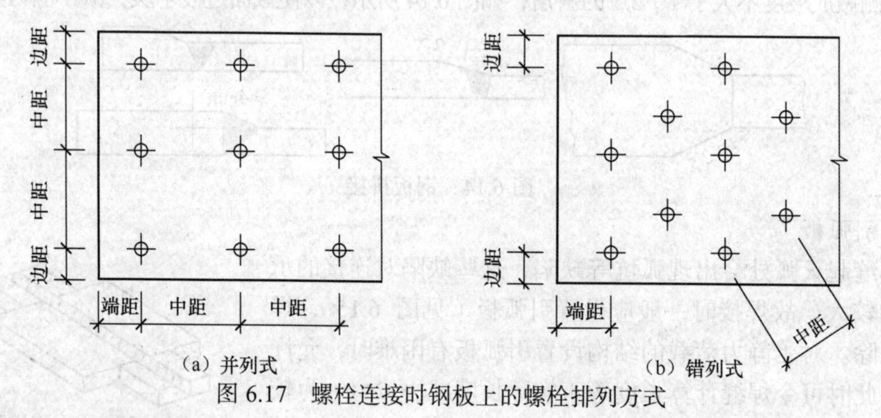

图 6.17 螺栓连接时钢板上的螺栓排列方式

（2）螺栓布置的原则

螺栓的排列中，螺栓的各间距应满足受力、构造和施工各方面的要求。钢板上螺栓的容许间距见表 6.1。

① 受力要求。对于受拉构件，各排螺栓的中距、边距不能过小，以免使螺栓周围应力集中相互影响，截面削弱过多，降低承载力。端距应按被连接件材料的抗挤压及抗剪切等强度条件确定，以使钢板在端部不致被螺栓撕裂；受压构件上的中距不宜过大，防止发生鼓曲。

② 构造要求。为了使连接可靠，每一杆件在节点上以及拼接接头的一端，永久性螺栓数不宜少于两个；对于直接承受动力荷载的普通螺栓连接，应采用双螺帽或其他防止螺帽松动的有效措施。

③ 施工要求。要保证有一定的空间，便于用扳手拧紧螺栓。

表 6.1　　钢板上螺栓和铆钉的容许间距

<table>
<tr><th>名称</th><th colspan="3">位置和方向</th><th>最大容许距离（取两者的较小者）</th><th>最小容许距离</th></tr>
<tr><td rowspan="5">中心间距</td><td colspan="3">外排（垂直内力方向或顺内力方向）</td><td>$8\ d_0$ 或 $12\ t$</td><td rowspan="5">$3\ d_0$</td></tr>
<tr><td rowspan="3">中间排</td><td colspan="2">垂直内力方向</td><td>$16\ d_0$ 或 $24\ t$</td></tr>
<tr><td rowspan="2">顺内力方向</td><td>构件受压力</td><td>$12\ d_0$ 或 $18\ t$</td></tr>
<tr><td>构件受拉力</td><td>$16\ d_0$ 或 $24\ t$</td></tr>
<tr><td colspan="3">沿对角线方向</td><td>—</td></tr>
<tr><td rowspan="4">中心至构件边缘距离</td><td colspan="3">顺内力方向</td><td rowspan="4">$4d_0$ 或 $8t$</td><td>$2\ d_0$</td></tr>
<tr><td rowspan="3">垂直内力方向</td><td colspan="2">剪切或手工气割边</td><td rowspan="2">$1.5\ d_0$</td></tr>
<tr><td rowspan="2">轧制边、自动气割或锯割边</td><td>高强度螺栓</td></tr>
<tr><td>其他螺栓或铆钉</td><td>$1.2\ d_0$</td></tr>
</table>

注：① d_0 为螺栓孔或铆钉孔径，t 为外层薄板件厚度。

② 钢板边缘与刚性构件（如角钢、槽钢）相连的螺栓最大间距，可按中间排数值采用。

4. 高强度螺栓施工

（1）施工的机具

① 手动扭矩扳手。常用的手动扭矩扳手有指针式、音响式和扭剪型 3 种。扭剪型手动扳手是一种紧固扭剪型高强度螺栓使用的手动扭矩扳手。

② 电动扳手。常用的电动扳手有 NR-9000A、NR-12 和双重绝缘定扭矩、定转角电动扳手等。

（2）大六角头高强度螺栓施工

① 扭矩法施工。在采用扭矩法终拧前，应首先进行初拧，对螺栓多的大接头，还需进行复拧。

② 转角法施工。转角法利用螺母旋转角度以控制螺杆弹性伸长量来控制螺栓轴向力的方法。

（3）扭剪型高强度螺栓施工

扭剪型高强度螺栓连接副紧固施工比大六角头高强度螺栓连接副紧固施工要简便得多，正常的情况采用专用的电动扳手进行终拧，梅花头拧掉标志着螺栓终拧的结束。

三、铆钉连接

铆钉连接有热铆和冷铆两种方法。热铆是由烧红的钉坯插入构件的钉孔中，用铆钉枪或压铆机铆合而成。冷铆是在常温下铆合而成。在建筑结构中一般都采用热铆。

铆钉连接由于构造复杂，技术水平要求较高，费钢费工，现已很少采用。但是铆钉连接的塑性和韧性较好，传力可靠，连接质量容易检查，对主体金属材质质量要求相对较低，在一些重型和直接承受动力荷载的结构中，有时仍然采用。

四、轻钢结构的紧固件连接

在冷弯薄壁型钢结构中经常采用自攻螺钉、钢拉铆钉、射钉等机械式紧固件连接方式，如图 6.18 所示，主要用于压型钢板之间和压型钢板与冷弯型钢等支承构件之间的连接。

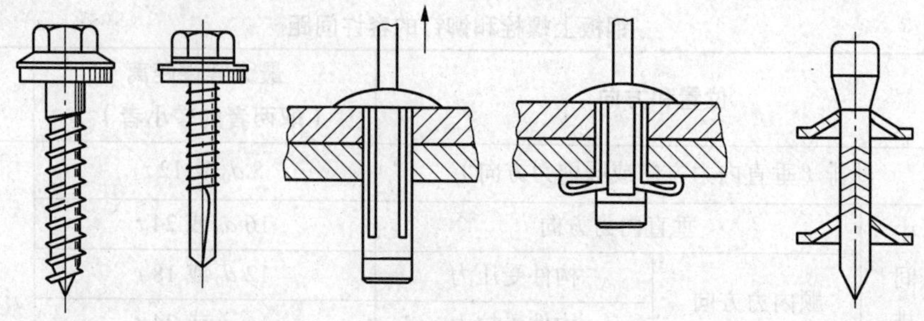

(a) 一般的自攻螺钉　(b) 自钻自攻螺钉　(c) 钢拉铆钉　(d) 射钉

图 6.18　轻钢结构紧固件

任务三　钢结构涂装工程

一、防腐涂装工程施工

1. 工艺流程

防腐涂装工程施工工艺流程为：基面喷砂除锈→底漆涂装→中间漆涂装→面漆涂装→检查验收。

2. 钢结构涂装前的表面处理（除锈）

建筑钢结构工程的油漆涂装应在钢结构制作安装验收合格后进行。油漆涂刷前，应采取适当的方法将需要涂装部位的铁锈、焊缝药皮、焊接飞溅物、油污、尘土等杂物清理干净。

基面清理除锈质量的好坏，直接影响到涂层质量的好坏。因此涂装工艺的基面除锈质量等级应符合设计文件的规定要求。钢结构除锈质量等级分类执行《涂覆涂料前钢材表面处理　表面清洁度的目视评定　第 1 部分：未涂覆过的钢材表面和全面清除原有涂层后的钢材表面的锈蚀等级和处理等级》(GB/T 8923.1—2011) 标准规定。

油污的清除方法根据工件的材质、油污的种类等因素来决定，通常采用溶剂清洗或碱液清洗。清洗方法有槽内浸洗法、擦洗法、喷射清洗和蒸汽法等。

钢构件表面除锈根据要求不同可采用手工除锈、机械除锈、喷砂除锈、酸洗除锈等方法。

3. 涂料涂装方法

合理的施工方法，对保证涂装质量、施工进度、节约材料和降低成本有很大的作用。常用的涂料的施工方法有刷涂法、手工滚涂法、浸涂法、空气喷涂法、雾气喷涂法。

4. 钢结构涂装施工工艺

环境要求：环境温度应按照涂料的产品说明书要求，当产品说明书无要求时，环境温度宜在 5℃~38℃之间，相对湿度不应大于 85%；涂装时构件表面不得有结露、水气等；涂装后 4 h 内应保护不受雨淋。

设计要求或钢结构施工工艺要求禁止涂装的部位为防止误涂，在涂装前必须进行遮蔽保护。如地脚螺栓和底板、高强度螺栓结合面，与混凝土紧贴或埋入的部位。

涂料开桶前，应充分摇匀。开桶后，原漆应不存在结皮、结块、凝胶等现象，有沉淀应能搅起，有漆皮应除掉。

涂装施工过程中，应控制油漆的黏度、稠度、稀度，兑制时应充分地搅拌，使油漆色泽、黏度均匀一致。调整黏度必须使用专用的稀释剂，如需代用，必须经过试验。

涂刷遍数及涂层厚度应执行设计要求规定；涂装间隔时间根据各种涂料产品说明书确定；涂刷第一层底漆时，涂刷方向应一致，接槎整齐。

钢结构安装后，进行防腐涂料第二次涂装。涂装前，首先利用砂布、电动钢丝刷、空气压缩机等工具将钢构件表面处理干净，然后对涂层损坏部分和未涂部位进行补涂，最后按照设计要求规定进行二次涂装施工。

涂装完工后，经自检和专业检验并作记录。涂层有缺陷时，应分析并确定缺陷原因，及时修补。修补的方法和要求和正式涂层部分相同。

构件涂装后，应加以临时围护隔离，防止踩踏损伤涂层；并不要接触酸类液体，防止咬伤涂层；需要运输时，应防止磕碰、拖拉损伤涂层。

钢构件在运输、存放和安装过程中，对损坏的涂层应进行补涂。一般情况下，工厂制作完后只涂一遍底漆，其他底漆、中间漆、面漆在安装现场吊装前涂装，最后一遍面漆应在安装完成后涂装；也有经安装与制作单位协商，在制作单位完成底漆、中间漆的涂装，但最后一遍面漆仍由安装单位最后完成。不论哪种方式，对损伤处的涂层及安装连接部位均应补涂，补涂遍数及要求应与原涂层相同。

5. 涂料涂装检验

钢结构防腐涂料、面漆、稀释剂和固化剂等材料的品种、规格、性能和质量等，应符合现行国家产品标准和设计要求。

涂装前钢结构表面除锈应符合现行国家有关标准和设计要求。处理后的钢材表面不应有铁锈、焊渣、焊疤、油污、尘土、水和毛刺等。当设计无要求时，钢结构表面除锈等级应符合规定。

不得误涂、漏涂，涂层应无脱皮和返锈。

二、防火涂装工程施工

1. 工艺流程

防火涂装工程施工工艺流程为：施工准备→调配涂料→涂装施工→检查验收。

2. 施工准备

钢结构防火涂料的选用应符合《钢结构防火涂料》（GB 14907—2002）的标准规定。所选用防火涂料应是主管部门鉴定合格，并经当地消防部门批准的产品。

防火涂料涂装前，钢结构工程已验收合格，钢结构表面除锈及防锈底漆应符合设计要求和规范规定，并经验收合格后方可进行涂装。

防火涂料涂装前，应彻底清除钢构件表面的灰尘、油污等杂物。对钢构件防锈涂层碰损或漏涂部位补刷防锈底漆，并应在室内装饰之前和不被后续工程所损坏的条件下进行。施工前，对不需要进行防火保护的墙面、门窗、机械设备和其他构件应用塑料布遮挡保护。

涂装施工时，环境温度宜在 5℃~38℃之间，相对湿度不应大于 80%，空气应流通。露天作业时应选择适当的天气，大风、遇雨、严寒均不应作业。

3. 厚涂型钢结构防火涂料操作工艺

防火涂料涂装，一般采用喷涂法施工，机具为压送式喷涂机，局部修补和小面积构件采用手工抹涂方法施工。

防火涂料配制搅拌，应边配边用，当天配制的涂料必须在说明书规定的时间使用完。搅拌和配制的涂料，使之均匀一致，且稠度适宜，既能在输送管道中流动畅通，而喷涂后又不会产生流淌和下坠现象。

喷涂应分若干层完成，第一层喷涂以基本盖住钢材表面即可，以后每层喷涂厚度为5~10 mm，一般以 7 mm 为宜。在每层涂层基本干燥或固化后，方可继续喷涂下一层涂料，通常每天喷涂一层。喷涂保护方式、喷涂层数和涂层厚度应根据防火设计要求确定。

喷涂时，喷枪要垂直于被喷涂钢构件表面，喷距为 6~10 m，喷涂气压应保持在 0.4~0.6 MPa。喷枪运行速度要保持稳定，不能在同一位置久留。喷涂过程中，配料及往喷涂机内加料要连续进行，不得停顿。

施工过程中，操作者应采用测厚针检测涂层厚度，直到符合设计规定的厚度，方可停止喷涂。喷涂后，对于明显凹凸不平处，采用抹灰刀等工具进行剔除和补涂，以确保涂层表面均匀。

质量要求：涂层应在规定的时间内干燥固化，各层间黏结牢固，不出现粉化、空鼓、脱落和明显裂纹。钢结构接头、转角处的涂层应均匀一致，无漏涂出现；涂层厚度应达到设计要求，否则，应进行补涂处理，使之符合规定的厚度。

4. 防火涂料涂装检验

钢结构防火涂料的品种、规格、性能和质量等，应符合设计要求，并应经过具有资质的检测机构检测，检测结果应符合现行国家有关标准的规定。

防火涂料涂装前钢结构表面除锈及防锈底漆应符合现行国家有关标准和设计要求。

钢结构防火涂料的黏结强度和抗拉强度应符合国家现行标准的规定。

复习思考题

1. 钢结构的连接方法有哪些？各种连接方法各有何优缺点？
2. 钢结构焊接如何进行施工？
3. 简述扭剪型高强度螺栓的施工方法。
4. 为何要规定螺栓排列的最大和最小间距要求？
5. 简要说明常用的焊接方法和各自的优缺点。
6. 摩擦型和承压型高强度螺栓的传力机理有何不同？
7. 简述螺栓的常见布置形式和考虑的因素。
8. 对接焊缝常用的坡口形式有哪些？
9. 钢结构在工程中的应用如何？
10. 钢结构材料如何进行下料？
11. 钢结构预拼装应达到什么要求？
12. 简述钢结构构件制作的施工工序。
13. 简述钢结构防腐与防火的防护方法。

项目七 结构工程安装

学习内容

本项目内容包括索具与起重机械、混凝土单层厂房构件吊装、钢结构工程安装等。

学习目标

1. 了解索具设备种类及特点，掌握桅杆式起重机、自行式起重机、塔式起重机的使用方法。

2. 熟悉混凝土单层厂房构件吊装工序和各工序施工方法。

3. 掌握单层钢结构厂房、多层及高层钢结构、钢网架结构安装等的施工方法。

任务一 索具与起重机械

一、索具设备

1. 钢丝绳

钢丝绳是吊装作业中最常用的绳索，它具有强度高、韧性好、耐磨性好、能承受冲击荷载等优点。同时，钢丝绳磨损后表面产生毛刺，容易发现，易于检查，便于防止发生事故。

（1）钢丝绳的构造

结构吊装中常用的钢丝绳是由直径相同的光面钢丝捻成钢丝股，再由 6 股钢丝股围绕 1 股绳芯捻成。

（2）钢丝绳的允许拉力计算

钢丝绳允许拉力按下列公式计算：

$$[F_g]=\frac{\alpha F_g}{K} \tag{7-1}$$

式中，$[F_g]$为钢丝绳的允许拉力，kN；F_g为钢丝绳的破断拉力总和，kN；α为换算系数；K为钢丝绳的安全系数。

（3）钢丝绳的安全检查及报废标准

钢丝绳使用一定时间后，就会产生不同程度的磨损、断丝和腐蚀等现象，这将降低其承载能力。经检查有下列情况之一者，就予以报废：钢丝绳整股破断；使用时断丝数目增加很快；

钢丝绳在一个节距内断丝、锈蚀或磨损的数量超过一定数值。

（4）钢丝绳使用注意事项

钢丝绳穿过滑轮时，滑轮槽的直径应比钢丝绳的直径大 1 ~ 2.5 mm。滑轮的直径不得小于钢丝绳直径的 10 ~ 12 倍，以减小钢丝绳的弯曲应力；应定期对钢丝绳加润滑油（一般为工作时间 4 月/次）；存放在仓库里的钢丝绳应成卷排列，避免重叠堆置，库中应保持干燥，以防钢丝绳锈蚀；在使用中，如绳股间有大量的油挤出，表明钢丝绳的荷载已相当大，这时必须勤加检查，以防发生事故。

2. 吊装工具

吊装工具是结构安装工程中绑扎、固定、吊升的工具。吊装工具包括卡环、吊索、横吊梁、滑轮组、倒链、卷杨机等。

（1）卡环（卸甲、卸扣）

卡环（又称卸甲或卸扣）用于吊索之间或吊索和构件吊环之间的连接，由弯环和销子两部分组成，如图 7.1 所示。

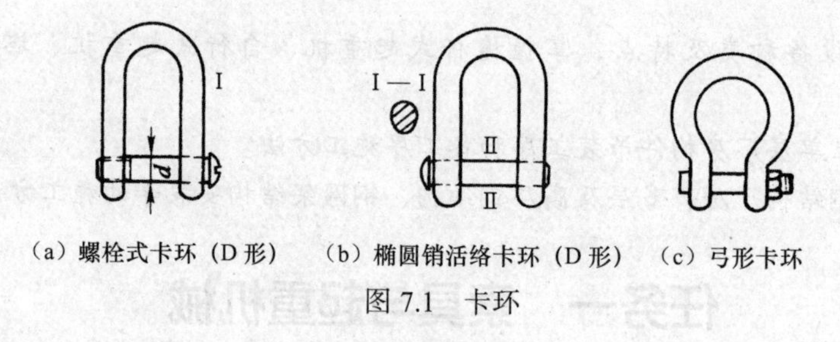

（a）螺栓式卡环（D 形）（b）椭圆销活络卡环（D 形）（c）弓形卡环

图 7.1 卡环

卡环按弯环形式分为 D 形卡环和弓形卡环两种形式；按销子和弯环的连接形式分为螺栓式卡环和活络式卡环两种。螺栓式卡环的销子和弯钩采用螺纹连接，而活络式卡环的销子端头和弯环孔眼无螺纹，可直接抽出，销子的截面为圆形和椭圆形。

（2）吊索

吊索也称千斤绳、绳套。根据形式不同分为环状吊索（又称万能吊索或闭式吊索）和开式吊索，又可分为 8 股吊索和轻便吊索，如图 7.2 所示。

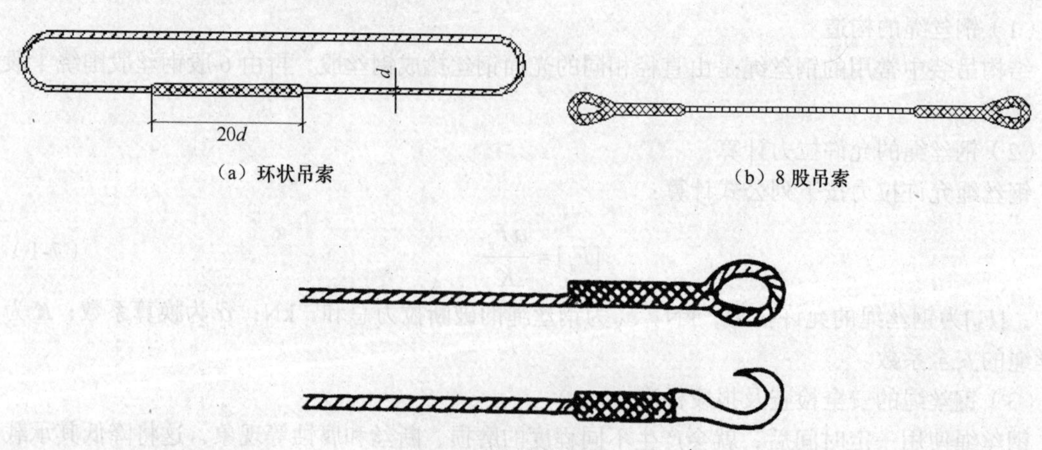

（a）环状吊索

（b）8 股吊索

（c）轻便吊索

图 7.2 吊索

（3）横吊梁（铁扁担、平衡梁）

为了承受吊索对构件轴向压力和减小起吊高度，可采用横吊梁。常用的横吊梁有滑轮横吊梁、钢板横吊梁（见图 7.3）、钢管横吊梁（见图 7.4）等。

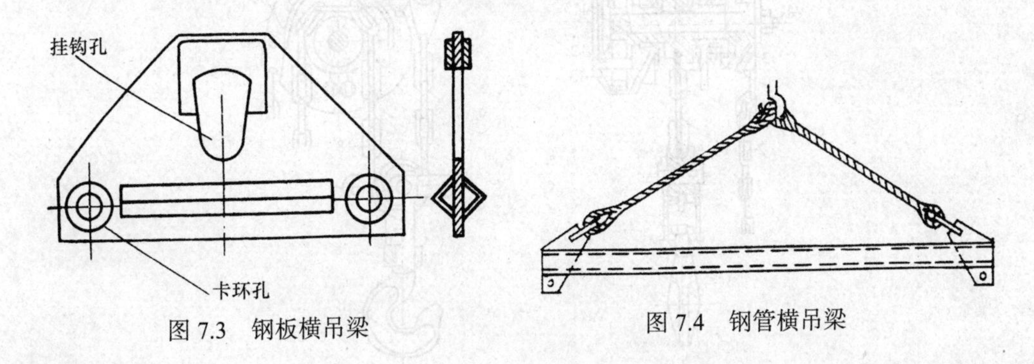

图 7.3　钢板横吊梁　　　　图 7.4　钢管横吊梁

（4）其他辅件

其他辅件主要有钢丝绳夹、花篮螺栓和钢丝绳卡扣，如图 7.5 所示。它们主要是用来固定或连接钢丝绳端。钢丝绳夹的构造尺寸按《钢丝绳夹》（GB/T 5976—2006）。

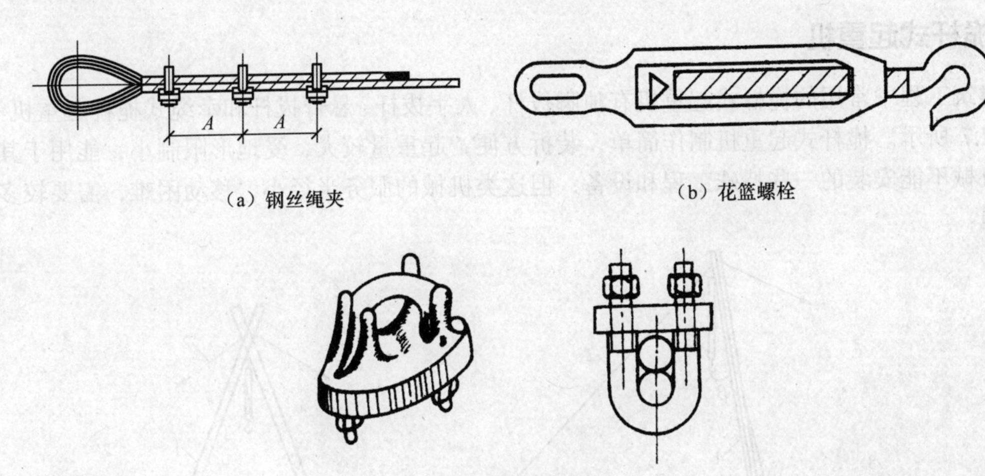

图 7.5　吊装辅件

（5）滑轮、滑轮组

滑轮又名葫芦，可以省力，也可以改变用力的方向。滑轮按其滑轮的多少，可分为单门、双门和多门等；按使用方式不同，可分为定滑轮和动滑轮两种。

定滑轮可改变力的方向，但不能省力；动滑轮可以省力，但不能改变力的方向。滑轮的允许荷载，根据滑轮轴的直径确定，使用时不能超载。

滑轮组是由一定数量的定滑轮和动滑轮及绕过的绳索组成的。它既可以改变力的方向，又可以达到省力的目的。图 7.6 所示为齿轮式链条滑轮。

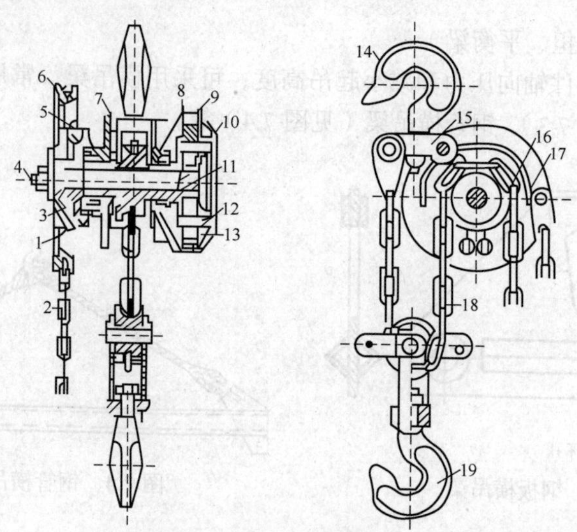

图 7.6　齿轮式链条滑轮

1—摩擦垫圈　2—手链　3—圆盘　4—链轮轴　5—棘轮圈　6—牵引链轮　7—夹板
8—传动轮　9—齿圈　10—驱动装置　11—齿轮　12—轴心　13—行星齿轮
14—挂钩　15—横梁　16—起重星轮　17—保险簧　18—起重链　19—吊钩

二、桅杆式起重机

建筑工程中常用的桅杆式起重机有独脚拔杆、人字拔杆、悬臂拔杆和牵缆式桅杆起重机等，如图 7.7 所示。桅杆式起重机制作简单，装拆方便，起重量较大，受地形限制小，能用于其他起重机械不能安装的一些特殊工程和设备；但这类机械的服务半径小，移动困难，需要较多的缆风绳。

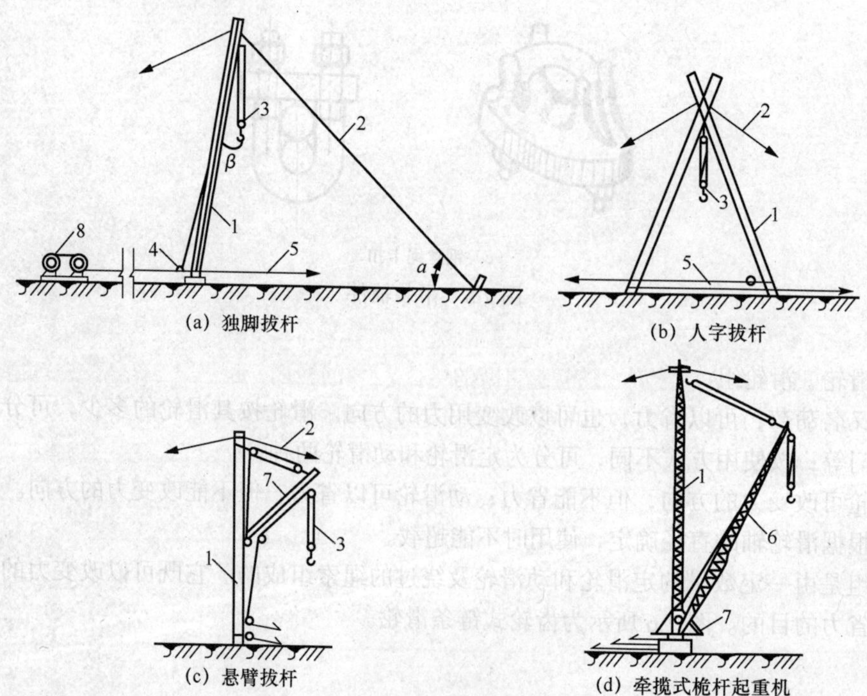

图 7.7　桅杆式起重机

1—拔杆　2—缆风绳　3—起重滑轮组　4—导向装置　5—拉索　6—起重臂　7—回转盘　8—卷扬机

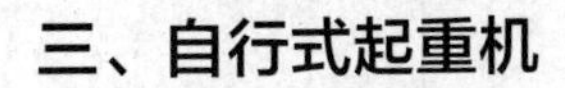

三、自行式起重机

在结构安装工程中主要采用的自行式起重机有履带式起重机、汽车式起重机和轮胎式起重机等。

1．履带式起重机

（1）构造及分类

履带式起重机是在行走的履带底盘上装有起重装置，它由动力装置、传动机构、回转机构、行走机构、操作系统以及工作机构（起重杆、起重滑轮组、卷扬机）等组成，如图 7.8 所示。履带式起重机稳定性差，行驶速度慢，且易损坏路面，转移时多用平板拖车装运。

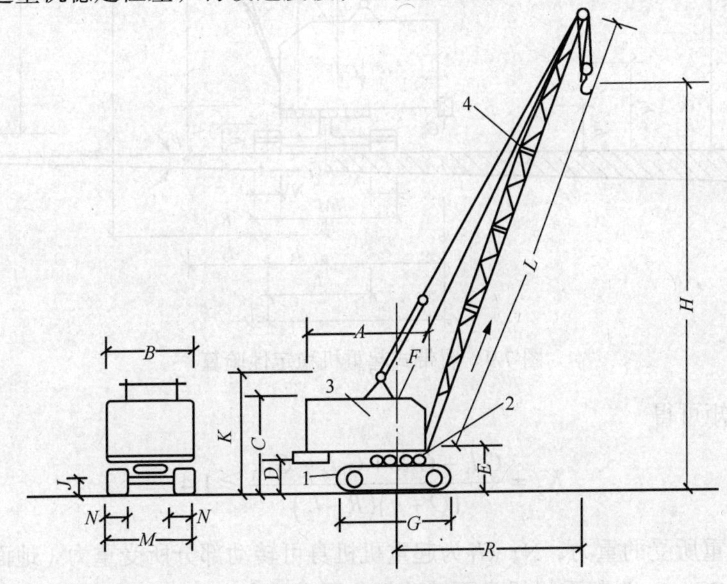

图 7.8　履带式起重机

1—行走机构　2—回转机构　3—机身　4—起重臂

（2）常用型号及性能

目前在结构安装工程中常用的履带式起重机，主要有国产的 W_1-50、W_1-100 和 W_1-200 等型号。

起重机的起重量（Q）、起升高度（H）、工作幅度（R）这 3 个参数之间存在着相互制约的关系，并与起重臂的长度（L）及其仰角（α）有关。每一种型号的起重机都有几种臂长（L）。当臂长（L）一定时，随起重机仰角（α）的增大，起重量（Q）增大，起重半径（R）减少，起升高度（H）增大。当起重臂仰角（α）一定时，随着起重臂的臂长（L）的增加，起重量（Q）减少，起重半径（R）增大，起升高度（H）增大。其数值的变化取决于起重臂仰角的大小和起重臂长度。

（3）稳定性验算

使用履带式起重机进行超负载吊装或接长起重臂时，必须对起重机进行稳定性验算，以保证起重机在吊装中不至于发生倾覆事故，确保安全生产。根据验算结果，采取增加配重等措施后，才能进行吊装。

履带式起重机稳定性应以起重机处于最不利的情况，即车身旋转 90° 起吊重物时，进行验算，如图 7.9 所示。验算结果应满足下式：

$$K_2=\frac{\text{稳定力矩}}{\text{倾覆力矩}}\geqslant 1.4 \quad (7\text{-}2)$$

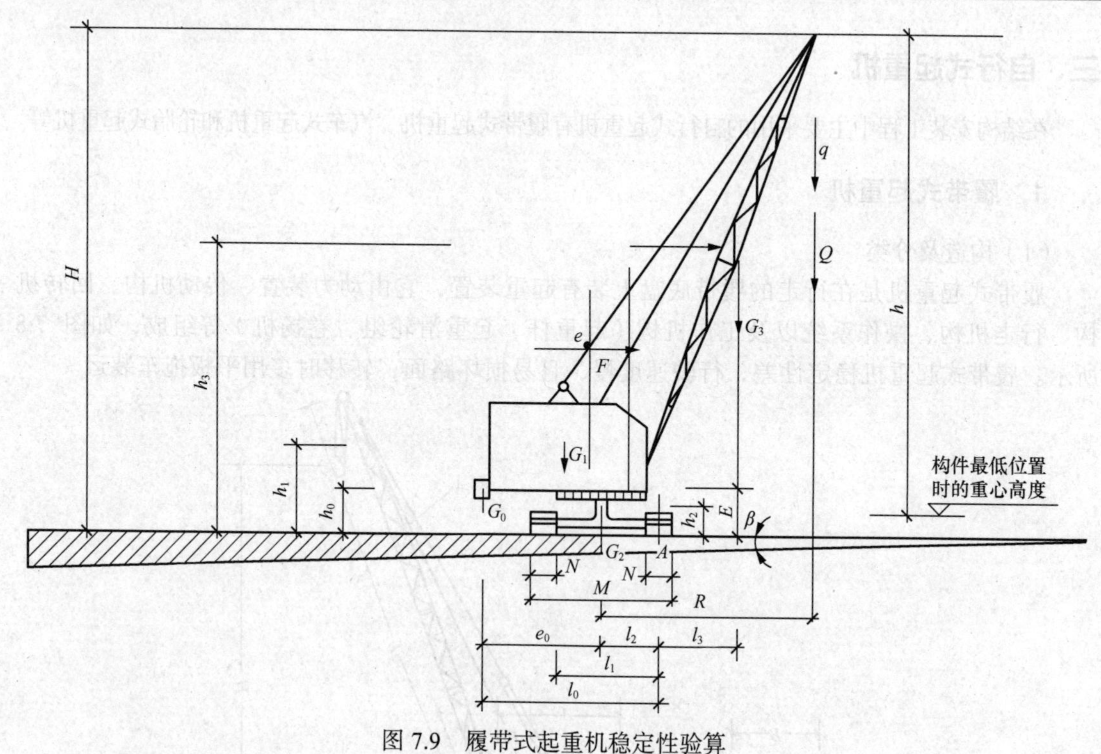

图 7.9　履带式起重机稳定性验算

对 A 点取力矩可得

$$K_2 = \frac{G_1 l_1 + G_2 l_2 + G_0 l_0 - G_3 l_3}{(Q+q)(R-l_2)} \geqslant 1.4 \tag{7-3}$$

式中，G_0 为平衡重所受的重力，N；G_1 为起重机机身可转动部分所受重力（地面倾斜的影响忽略不计，下同），N；G_2 为起重机机身不转动部分所受重力，N；G_3 为起重臂所受重力，N；Q 为吊装荷载（包括构件和索具），N；q 为起重滑轮组所受重力，N；l_0 为 G_0 重心至 A 点的距离，m；l_1 为 G_1 重心至 A 点的距离，m；l_2 为 G_2 重心至 A 点的距离，m；l_3 为 G_3 重心至 A 点的距离，m；R 为起重机的工作幅度，m。

2．汽车式起重机

汽车式起重机是装在通用载重汽车底盘或是专用载重汽车底盘上的一种起重机，其行驶的驾驶室与起重的操纵室是分开的。它也是一种自行式起重机，车身回转 360°，构造与履带式起重机基本相同，如图 7.10 所示。它的特点是机动灵活，行驶速度快，能快速转移到新的施工现场并迅速投入工作，对路面破坏性小，对路面要求也不十分高，特别适合于中小型单层工业厂房结构吊装中。

图 7.10　汽车式起重机

汽车式起重机吊装时稳定性差，所以起重机设有可伸缩的支腿，起重时支腿落地，以增加机身的稳定，并起到保护轮胎的作用，这种起重机不能负重行驶。

汽车式起重机按起重量大小分为轻型、中型和重型 3 种。起重量在 20 t 以内的为轻型，20～50 t 的为中型，50 t 及以上的为重型。按传动装置形式分为机械传动、电力传动、液压传动三种。

3. 轮胎式起重机

轮胎式起重机是把起重机构安装在专用加重型轮胎和轮轴组成的特制底盘上的一种全回转式起重机，构造与履带式起重机基本相同，但其横向尺寸较大，故横向稳定性好，并能在允许载荷下负荷行走。为了保证吊装作业时机身的稳定性，起重机设有 4 个可伸缩支腿，如图 7.11 所示。轮胎式起重机与汽车式起重机有许多相似之处，主要差别是行驶速度慢，所以不宜做长距离的行驶，适宜于作业地点相对固定而作业量较大的结构安装工程。

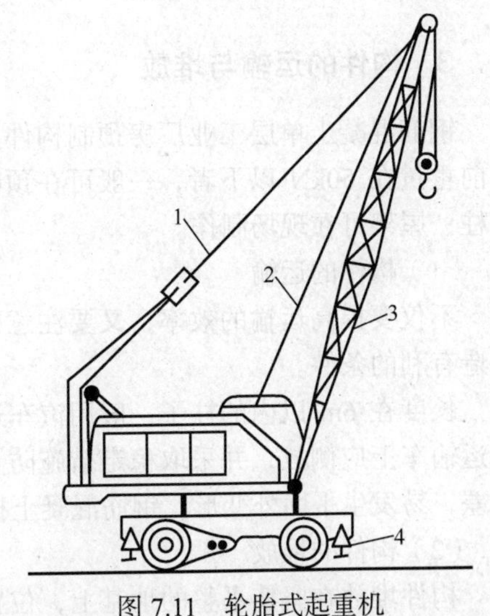

图 7.11　轮胎式起重机

1—起重杆　2—起重索　3—变幅索　4—支腿

任务二　混凝土单层厂房构件吊装

钢筋混凝土单层工业厂房除基础在施工现场就地浇筑外，其他构件均为预制构件，对于重量大、不便运输的构件在现场制作，而对于中小型构件在预制厂制作生产；在现场制作的构件主要有柱子、屋架、吊车梁等，而连系梁、屋面结构（屋面板、天窗架、天沟板）、基础梁等都集中在预制厂制作，运到施工现场安装。

一、准备工作

在结构安装中准备工作占有相当重要的地位。钢筋混凝土单层工业厂房构件安装前的准备工作包括场地清理，道路修筑，基础的准备，构件的运输、堆放、检查、清理、弹线及机具、吊具的准备等。

1. 场地清理与修筑临时道路

起重机进场之前，根据现场施工平面布置图，在场地上标出起重机开行路线，清理开行道路上的杂物，修筑好临时道路，并进行平整压实。对于回填土或软地基上，用碎石夯实或用枕木铺垫。对整个场地进行平整与清理，挖设排水沟，做好场地的排水准备，以利于雨期施工排水的需要。

2. 基础的准备

装配式钢筋混凝土柱基础一般做成杯形基础，在浇筑杯形基础时，应保证定位轴线及杯口尺寸准确。在柱吊装之前要对杯底标高进行抄平；抄平后，用高等级水泥砂浆或 C20 细石混凝土找平到所需的标高上。

杯底抄平，即对杯底标高进行一次检查和调整，以保证柱子吊装后各柱顶面标高一致。

在基础杯口顶面弹出建筑物的纵、横定位轴线和柱的吊装准线，杯口顶面的轴线与柱的吊装准线相对应，作为柱的对位、校正依据。

3. 构件的运输与堆放

钢筋混凝土单层工业厂房预制构件主要有柱、吊车梁、连系梁、屋架、天窗架、屋面板等。目前重量在 50kN 以下者，一般可在预制厂生产制作，一些尺寸及重量大、运输不便的构件，如柱、屋架可在现场制作。

（1）构件的运输

不仅要提高运输的效率，又要注意构件在运输过程中不损坏、不变形，并且要为吊装作业创造有利的条件。

长度在 6m 以内的柱子一般用汽车运输；较长的柱子用拖车运输，两点或三点支撑运输；在运输车上应侧放，并采取稳定措施防止倾倒。屋架一般跨度大、厚度小，重量不大，侧向刚度差，易发生平面外变形。钢筋混凝土折线形屋架一般均在现场制作。

（2）构件的堆放

构件堆放在坚实平整的地基上，位置尽可能布置在起重机工作幅度范围以内。构件应按工程名称、构件型号、吊装顺序分别堆放，并考虑构件吊装的先后顺序和施工进度的要求，以免出现先吊的构件被压，影响施工进度和出现二次搬运。

预制构件运输到现场后，大型构件如柱子、屋架等应按施工组织设计构件平面布置图就位；小型构件如屋面板、连系梁等可在规定的适当位置堆放，垫木在一条垂直线上，一般连系梁可叠放 2～3 层，屋面板 6～8 层。场地狭小时，小构件也可考虑随运随吊。

4. 构件检查与清理

预制构件在生产和运输过程中，可能会出现外形尺寸方面的误差，以及构件表面产生缺陷，构件的损伤、变形、裂纹等问题。因此，对构件必须进行检查与清理，以保证吊装质量。其检查内容包括以下几方面。

（1）强度检查

检查构件混凝土强度是否达到了吊装的强度要求。构件在吊装时，要求普通混凝土构件强度至少达到设计强度的 70%；跨度较大的梁和屋架混凝土强度达到设计强度的 100%；对预应力混凝土构件中的孔道灌浆的水泥浆强度不能低于 15 MPa。

（2）检查构件的外形尺寸，接头钢筋、埋铁件的位置和尺寸，吊环的规格和位置

检查柱子的总长度、柱脚底面的平整度、截面尺寸，各部位预埋件的位置与尺寸，柱底到牛腿面的长度等。

检查屋架的总长度与侧向弯曲，连接屋面板、天窗架、支撑等构件的预埋铁件的数量与位置。

检查吊车梁的总长度、高度与侧向弯曲，各埋铁件的数量与位置等。

检查吊环的位置是否正确，吊环有无变形和损伤，吊环的孔洞能否穿过钢丝索和卡环。

（3）构件表面检查

主要检查构件表面有无损伤、缺陷、变形及裂纹。另外，还应检查预埋件上是否有被水泥浆覆盖的现象或有污物，如发现及时清除，以免影响构件拼装（焊接等）和拼装质量。

（4）与设计要求核对

检查装配式钢筋混凝土构件的型号、规格与数量是否满足设计要求。

5. 构件的弹线

构件在吊装之前要在构件表面弹出吊装准线，此准线即为弹线，作为构件对位、校正的依据。

对于形状复杂的构件要标出它的重心及绑扎点的位置。构件的弹线一般在施工现场进行，主要包括柱子、屋架、吊车梁及屋面结构。

① 柱子：应在柱身的3个面上弹吊装准线。对于矩形截面柱，可按几何中线弹吊装准线；对于工字形截面柱，为便于观测及避免视差，则应在靠柱边翼缘上弹一条与中心线平行的线，该线应与基础杯口面上的定位轴线相吻合。另外，在柱顶要弹出截面中心线，在牛腿面上要弹出吊车梁的吊装准线。

② 屋架：在屋架上弦顶面应弹出几何中心线，并从跨度的中央向两端分别弹出天窗架、屋面板或檩条的吊装准线。在屋架的两个端头应弹出屋架纵横吊装准线。

③ 梁：在梁的两端及顶面应弹出几何中心线，作为梁的吊装准线。

6. 其他机具的准备

结构吊装工程除需要的大型起重机械外，还要准备好钢丝绳、吊具、吊索、起重滑轮组等；配备电焊机、电焊条；为配合高空作业，保证施工安全，便于人员上下及解开吊索，准备好轻便的竹梯或挂梯；为临时固定柱和调整构件的标高，准备好各种规格的木楔、铁楔或铁垫片。

二、柱子安装

单层工业厂房的柱子类型很多，重量和长度不一。装配式钢筋混凝土柱的截面形式有矩形、工字形、管形、双肢形等，但吊装工艺相同。

柱子安装的施工过程为：绑扎→吊升→对位、临时固定→校正→最后固定。

1. 绑扎

柱子的绑扎方法应根据柱子的形状、几何尺寸、重量、配筋部位、吊装方法以及所采用的吊具和起重机性能等情况确定。绑扎应牢固可靠，易绑易拆，自重在13 t以下的中、小型柱，大多绑扎一点；重型或配筋少而细长的柱，则需绑扎两点，甚至三点。有牛腿的柱，一点绑扎的位置，常选在牛腿以下；如柱上部较长，也可绑在牛腿以上。工字形截面柱的绑扎点应选在矩形截面处（实心处），否则，应在绑扎的位置用方木加固翼缘。双肢柱的绑扎点应选在平腹杆处。绑扎柱子用的吊具，有铁扁担、吊索（千斤绳）、卡环（卸甲）等。为使在高空中脱钩方便，尽量采用活络式卡环。为避免起吊时吊索磨损构件表面，在吊索与构件之间用麻袋或木板铺垫。

柱子在现场制作，一般是平卧（大面向上）浇筑，在支模、浇混凝土前，就要确定绑扎方法，在绑扎点埋吊环、留孔洞或底模悬空，以便绑扎钢丝绳。

柱子常用的绑扎方法有斜吊绑扎法、直吊绑扎法和两点绑扎法。

（1）斜吊绑扎法

当柱子的宽面抗弯强度能满足吊装要求时，可采用斜吊绑扎法，如图7.12所示。柱吊起后呈倾斜状态，由于吊索歪在柱的一边，起重钩可低于柱顶，这样起重臂可以短些。另外，柱子在现场是大面向上浇筑，直接把柱子在平卧的状态下，从底模上吊起，不需翻身，也不用横吊梁。但这种绑扎方法，因柱身倾斜，就位时对正底线比较困难。

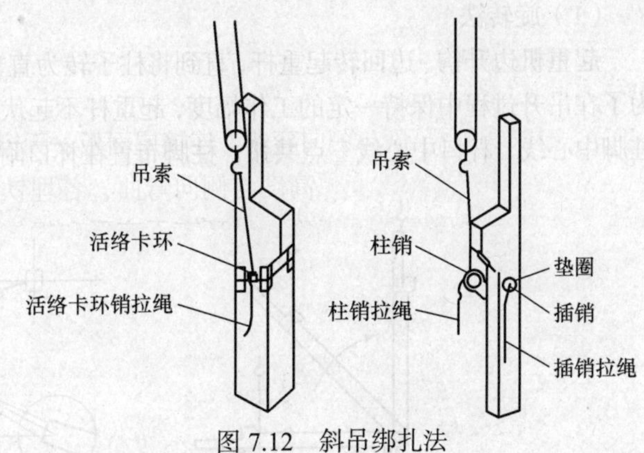

图7.12　斜吊绑扎法

（2）直吊绑扎法

当柱子的宽面抗弯强度不能满足吊装要求时，应采用直吊绑扎法，即吊装前先将柱子翻身，再经绑扎进行起吊，如图 7.13 所示。这种绑扎法是用吊索绑牢柱身，从柱子宽面两侧分别扎住卡环，再与横吊梁相连，柱吊直后，横吊梁必须超过柱顶，柱身呈直立状态，所以需要较长的起重臂。

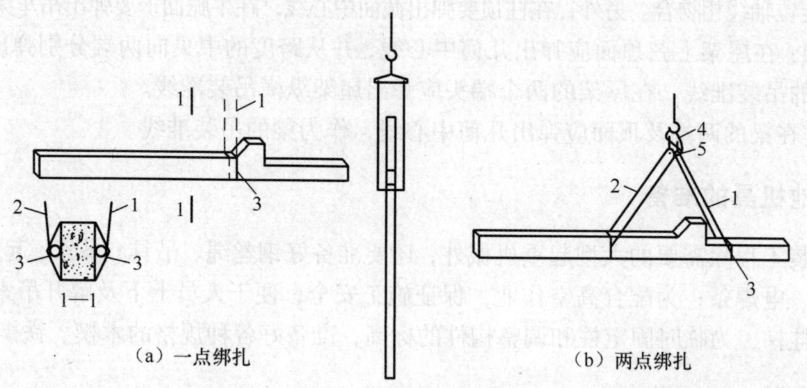

图 7.13 直吊绑扎法

1—第一支吊索 2—第二支吊索 3—活络卡环 4—铁扁担 5—滑车

（3）两点绑扎法

当柱身较长，一点绑扎抗弯强度不能满足时，可用两点绑扎起吊，如图 7.14 所示。当确定柱绑扎点的位置时，应使两根吊索的合力作用线高于柱子的重心，即下绑扎点至柱重心的距离小于上绑扎点至柱重心的距离。这样柱子在起吊过程中，柱身可自行转为直立状态。

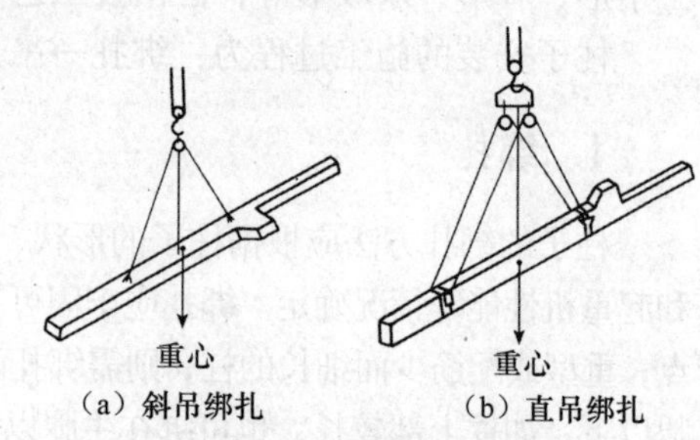

图 7.14 两点绑扎法

2. 吊升

柱子的吊升方法是根据柱子的重量、长度、起重机的性能和现场施工条件而定。对于重型柱子有时采用两台起重机起吊。用单机吊装时，基本上可用旋转法和滑行法两种吊升方法。

（1）旋转法

起重机边升钩、边回转起重杆，直到将柱子转为直立状态，使柱子绕柱脚旋转吊起插入杯口中。为了在吊升过程中保持一定的工作幅度，起重杆不起伏，在预制或堆放柱子时，应使柱子的绑扎点、柱脚中心线、杯口中心线三点共弧，柱脚布置在杯口附近，如图 7.15 所示。

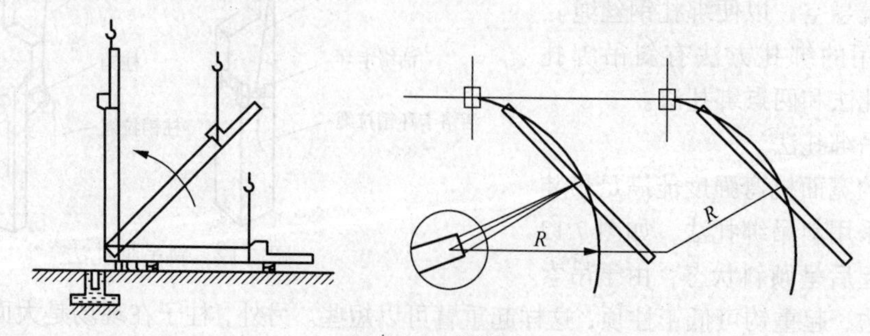

图 7.15 旋转法

由于条件限制，不能布置成三点共弧时，也可采取绑扎点或柱脚与杯口中心两点共弧。这样在吊升过程中就会改变工作幅度，起重杆要起伏，工效较低，且不够安全。

用旋转法吊升时，柱在吊装过程中所受的震动较小，生产率较高，但对起重机的机动性要求较高，构件在现场布置要求也高，通常使用自行式起重机吊装柱时，宜采用旋转法。

（2）滑行法

柱子在吊升时，起重机只升吊钩，起重杆不转动，使柱脚沿地面滑行逐渐成直立状态，然后起重杆转动使柱插入杯口中，如图 7.16 所示。这样柱子靠杯基成纵向布置，绑扎点布置在杯口附近，并与杯口中心位于起重机同一工作幅度的圆上，以便将柱子吊离地面后，稍转动吊杆即可就位。用滑行法吊装时，柱在滑行过程中受到震动，对构件不利。因此，宜在柱脚处采取加滑撬等措施以减少柱脚与地面的摩擦。滑行法适用于柱子较重、较长，现场狭窄，柱子无法按旋转法布置排放的情况下。滑行法对起重机械的机动性要求较低，只需要起重钩上升，通常使用桅杆式起重机吊装柱时，宜采用滑行法。

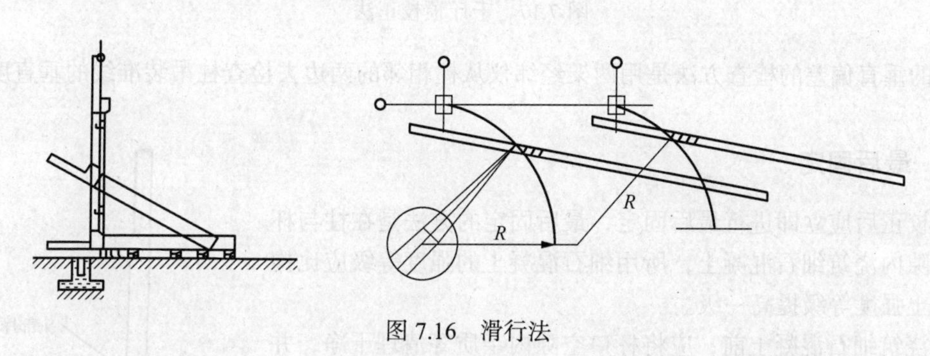

图 7.16　滑行法

3. 对位、临时固定

柱脚插入杯口后，并不立即落至杯底，而是停在离杯底 30 ~ 50 mm 处进行对位。对位的方法是用八块楔块从柱的四边放入杯口，并用撬棍撬动柱脚，使柱的吊装准线对准杯口顶面上的吊装准线，并使柱基本保持垂直。对位后，略打紧楔块，放松吊钩，柱沉至杯底。经复查吊装准线的对准情况，随即将四面的楔块打紧，将柱临时固定，起重机脱钩。当柱身与杯口间隙太大时，应选择较大规格的楔块，而不能用几个楔块叠合使用。

临时固定柱的楔块，可用硬木或铸铁制作，铸铁楔块可以重复使用，且易拔出。

当柱较高，基础的杯口深度与柱长之比小于 1/20，或柱具有较大的悬臂（或牛腿）时，仅靠柱脚处的楔块将不能保证柱临时固定的稳定性，这时则应采取增设缆风绳或加斜撑等措施来加强柱临时固定的稳定性。

4. 校正

如果柱的吊装就位不够准确，就会影响到与柱相连接的吊车梁、屋架等构件后续吊装的准确性。柱的校正包括垂直度、平面位置和标高等校正工作。其中柱的标高校正是在杯形基础抄平时就已完成，而柱的垂直度、平面位置的校正是在柱对位时进行。具体校正方法如图 7.17 和图 7.18 所示。

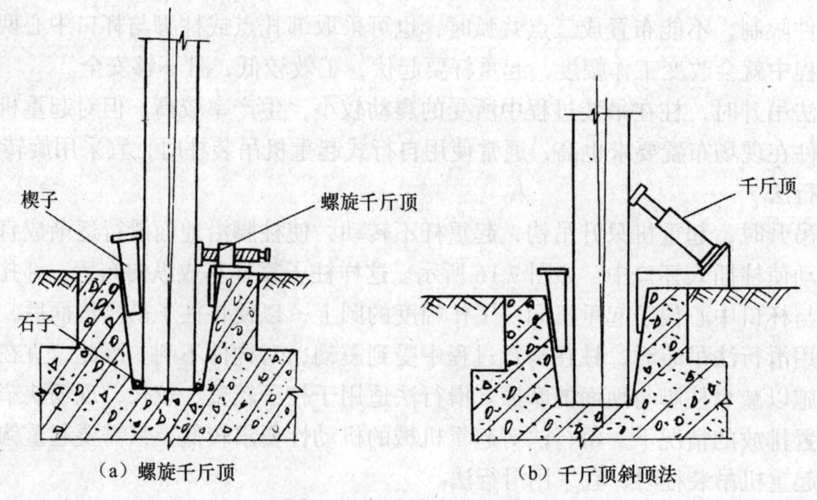

图 7.17　千斤顶校正法

柱的垂直偏差的检查方法是用两架经纬仪从柱相邻的两边去检查柱吊装准线的垂直度。

5. 最后固定

柱校正后应立即进行最后固定，最后固定的方法是在柱与杯口的空隙内浇筑细石混凝土，所用细石混凝土的强度等级应比构件混凝土强度等级提高一级。

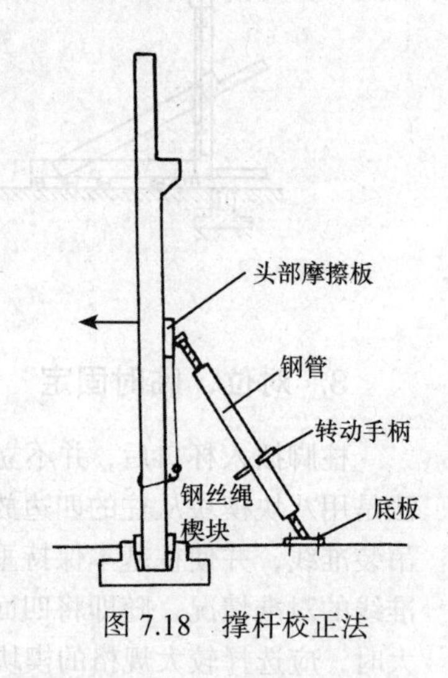

图 7.18　撑杆校正法

在浇筑细石混凝土前，应将杯口空隙内杂质等清理干净，并用水润湿柱和杯口壁，然后浇筑细石混凝土。混凝土浇筑工作一般分两次进行。

第一次浇筑混凝土至楔块的底面，待混凝土强度达设计强度的25%后，拔出楔块。再进行一次柱的平面位置、垂直度的复查。无误后，第二次浇筑混凝土至杯口的顶面。在捣实混凝土时，不要碰到楔块，以免影响柱子的垂直度或使柱子变位。

三、吊车梁吊装

吊车梁的类型通常有T形、鱼腹式和组合式等几种。当跨度为12m时，亦可采用横吊梁吊升，一般为单机起吊，特重的也可用双机抬吊。

吊车梁安装的施工过程为：绑扎→吊升→对位、临时固定→校正→最后固定。

1. 绑扎、吊升、对位、临时固定

吊车梁的吊装必须在基础杯口二次浇筑混凝土强度达到设计强度的70%以上才能进行。吊车梁起吊后应基本保持水平。因此，吊车梁绑扎时，两根吊索要等长，其绑扎点对称地设在梁的两端，吊钩应对准梁的重心，如图7.19所示。吊车梁两端绑扎溜绳以控制梁的转动，防止碰撞其他构件。

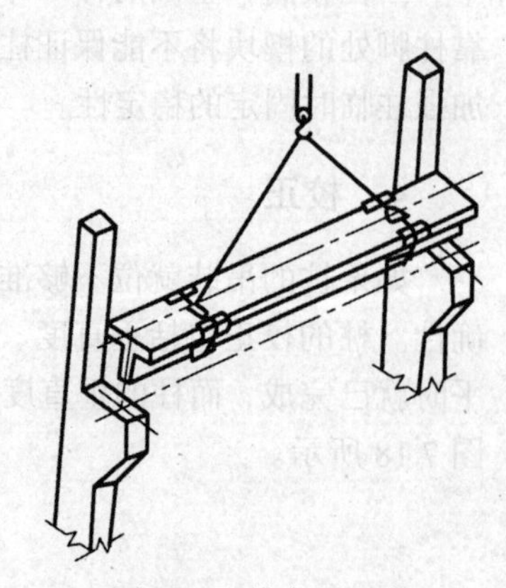
图 7.19　吊车梁吊装

当吊车梁吊升超过牛腿标高 300 mm 左右时，即可停止升

钩，然后缓缓下降进行就位。

吊车梁就位时，应使吊车梁端部的中心线基本上对准牛腿上安装吊车梁的安装准线。在对位过程中，纵轴方向上不宜用撬杠拨正吊车梁，因柱子在纵轴线方向上的刚度较差，撬动过度会使柱子发生弯曲而产生偏移。假若在横轴线上未对准，应将吊车梁吊起，再重新对位。

吊车梁本身的稳定性好，对位后一般不需要采取临时固定措施，仅用垫铁垫平即可，起重机可松钩移走。当梁高与梁宽之比超过 4 时，用铁丝将梁捆在柱上，以防倾倒。

2. 校正

吊车梁的校正工作主要包括平面位置、垂直度和标高等内容。标高的校正已经在杯形基础的杯底抄平时完成，如果有微小的偏差，可在铺轨时，用铁屑砂浆在吊车梁顶面找平即可。

吊车梁的校正工作，要在一个车间或伸缩缝区段内全部结构安装完毕，并最后固定后进行。因为安装屋架、支撑等构件时可能引起柱子变位，影响吊车梁的准确位置。

吊车梁垂直度与平面位置的校正应同时进行。吊车梁的垂直度测量，一般用尺寸锤、靠尺、线锤检查。T 形吊车梁测其两端垂直度，鱼腹式吊车梁测其跨中两侧垂直度。

吊车梁平面位置的校正，主要是检查各吊车梁是否在同一纵轴线上，以及两列吊车梁的纵轴线之间的跨距。跨距为 6 m 长，5 t 以内的吊车梁，可用拉钢丝法或仪器放线法校正；跨距为 12 m 长，重型吊车梁通常采用边吊边校正的方法。

（1）拉钢丝法（通线法）

根据柱的定位轴线，在车间的两端地面定出吊车梁定位轴线位置，打下木桩，并设置经纬仪；用经纬仪先将两端的四根吊车梁位置校正准确，用钢尺检查两列吊车梁之间的跨距；然后在四根已校正好的吊车梁端部设置支架，高约 200 mm。根据吊车梁的轴线拉钢丝线；发现吊车梁纵轴线与钢丝线不一致，据钢丝线逐根拨正吊车梁的吊装中心线；拨正吊车梁可用撬杠或其他工具，如图 7.20 所示。

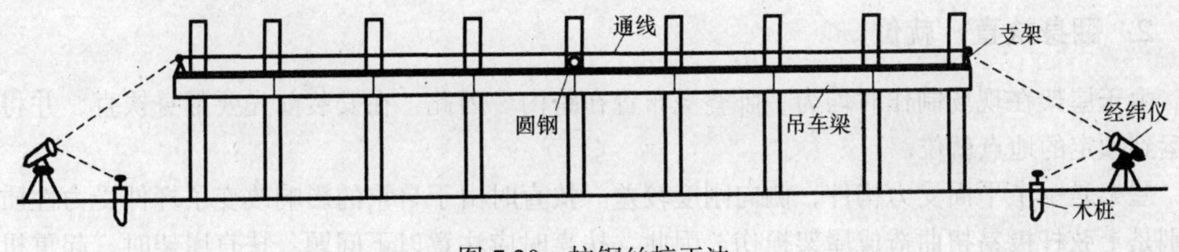

图 7.20　拉钢丝校正法

（2）仪器放线法

用经纬仪在各个柱侧面放一条与吊车梁中线距离相等的校正基线。校正基线至吊车梁中线距离由放线者自行决定。校正时，凡是吊车梁中线与其柱侧基线的距离不等者，用撬杠拨正即可。

3. 最后固定

吊车梁的最后固定，是在吊车梁校正完毕后，用连接钢板与柱侧面、吊车梁顶面的预埋铁件相焊接，并在接头处支模，浇筑细石混凝土。

四、屋架安装

钢筋混凝土屋架有预应力折线形屋架、三角形屋架、多腹杆折线形屋架、组合屋架等。中小型单层工业厂房屋架的跨度一般为 12～24 m，质量为 3～10 t，屋架的制作一般在施工现场采取平卧叠浇，以 3 ~ 4 榀为一叠。

屋架安装的特点是安装高度较高，屋架的跨度较大，但厚度较薄。吊升过程中容易产生平面外变形，甚至产生裂缝。因此，需要进行有关的吊装验算，采取必要的加固措施后，方可进行。

屋架安装的施工过程为：绑扎→翻身扶直、就位→吊升→对位、临时固定→校正→最后固定。

1. 绑扎

屋架的绑扎点应根据跨度和不同类型进行选择，绑扎点应在节点上或靠近节点处，对称于屋架的重心，吊点的数目应满足设计要求，以免吊装过程中构件产生裂缝。翻身扶直时，吊索与水平线的夹角不宜小于 60°，吊升时不宜小于 45°，以免屋架产生过大的横向压力，必要时应采用横吊梁。屋架的绑扎方法应根据屋架的跨度、安装高度和起重机的吊杆长度确定。当屋架的跨度 $L \leqslant 18$ m 时，采用 2 点绑扎起吊；当屋架的跨度 18 m $< L \leqslant 30$ m 时，采用 4 点绑扎起吊；当屋架的跨度 $L > 30$ m 时，除采用 4 点绑扎外，应加横吊梁，以减少吊索高度，如图 7.21 所示。对于三角形组合屋架，由于整体性和侧向刚度较差，且下弦为圆钢或角钢，必须用铁扁担绑扎；对于钢屋架，侧向刚度很差，均应绑扎几道杉木杆，作为临时加固措施。

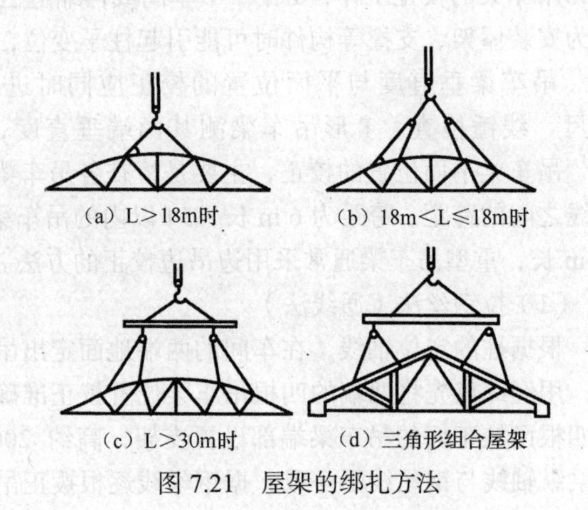

图 7.21　屋架的绑扎方法

2. 翻身扶直、就位

由于屋架在现场制作时均为平卧叠浇布置在跨内。因此，在安装前先要翻身扶直，并将其吊运到预定的地点就位。

屋架是一个平面受力构件，侧向刚度较差。扶直时由于自重的影响改变了杆件受力性质，特别是上弦杆极易扭曲造成屋架损伤。因此，扶直时应注意以下问题：扶直屋架时，起重机的吊钩应对准屋架的中心，吊索左右对称，吊钩对准屋架下弦中点，防止屋架摆动；数榀叠浇生产跨度 18 m 以上的屋架，为防止屋架扶直过程中突然下滑造成损伤，应在屋架两端搭设枕木垛，其高度与下一榀屋架上平面齐平；屋架在一起叠浇时，叠浇的屋架之间有黏结应力存在，应用凿、撬棍、倒链消除黏结应力后再行扶直；凡屋架高度超过 1.7 m，应在表面加绑木、竹或钢管横杆，用以加强屋架的平面刚度；如扶直屋架时采用的绑扎点或绑扎方法与设计不同时，应按实用的绑扎方法验算屋架的扶直应力。

扶直屋架时由于起重机与屋架相对位置不同，可分为正向扶直与反向扶直。

（1）正向扶直

起重机位于屋架下弦一边，首先以吊钩对准屋架中心，收紧吊钩，接着起重机升钩，并降低起重臂使屋架以下弦为轴缓转为直立状态，如图 7.22 所示。

（2）反向扶直

起重机位于屋架上弦一边，首先以吊钩对准屋架中心，收紧吊钩，然后略提升起重臂使屋架脱模。接着起重机升钩，并升起重臂使屋架以下弦为轴缓转为直立状态，如图 7.23 所示。

正向扶直与反向扶直中最大不同点就是在扶直过程中，起重臂一升一降，而升臂比降臂易于操作且较安全，所以应尽量采用正向扶直。

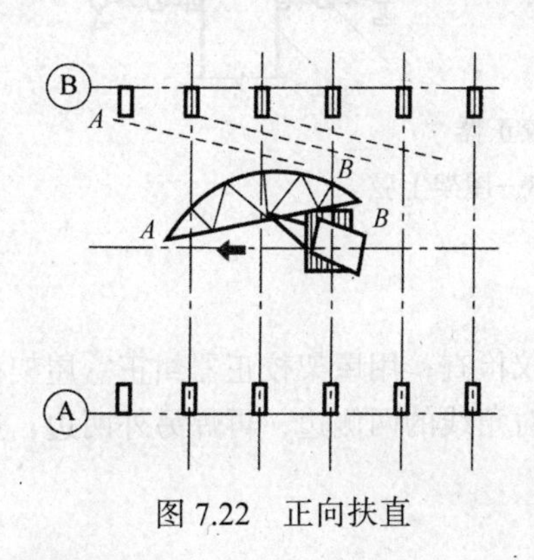

图 7.22　正向扶直

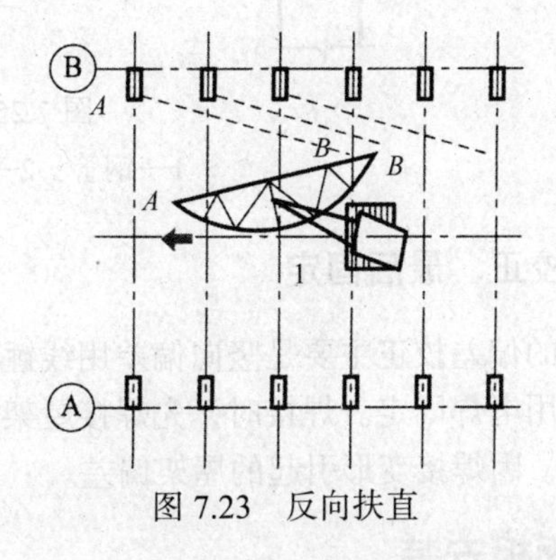

图 7.23　反向扶直

（3）就位

屋架扶直后应立即进行就位，就位位置与起重机的性能和安装方法有关，应力求少占地，便于吊装，且应考虑吊装顺序、两头朝向等问题，一般是靠柱斜放，就位范围在布置预制构件平面图时应确定。一般有同侧就位和异侧就位两种形式，就位位置与屋架预制位置在同一侧时称同侧就位；就位位置与屋架预制位置不在同一侧时称异侧就位，如图 7.28 所示。

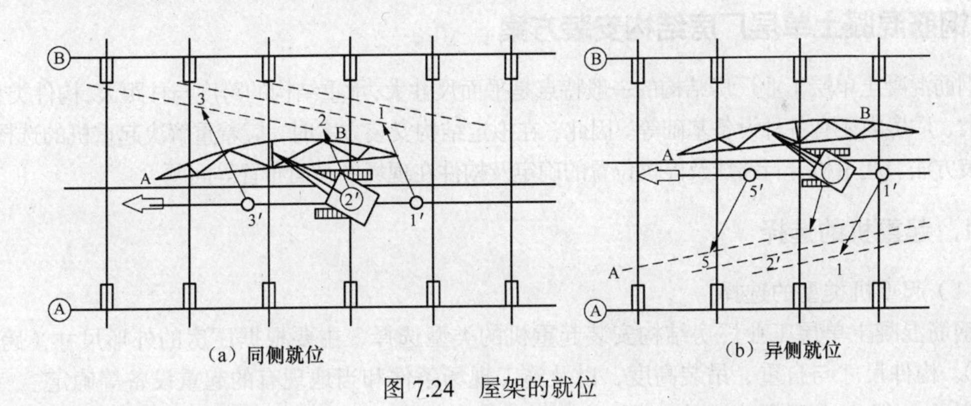

图 7.24　屋架的就位

3. 吊升、对位与临时固定

屋架吊升是先将屋架垂直吊离地面约 300 mm，然后将屋架转至吊装位置下方，再将屋架提升超过柱顶约 300 mm，对准建筑物的定位轴线，将屋架缓降至柱顶进行对位。

屋架对位后，立即进行临时固定。临时固定稳妥后，起重机才可摘钩离去。

第一榀屋架的临时固定必须十分可靠。因为这时它只是单片结构，并且第二榀屋架临时固定还要以第一榀屋架作为支撑。第一榀屋架临时固定方法，通常是用 4 根缆风绳从两侧将屋架拉牢，也可将屋架与抗风柱相连接作为临时固定。

第二榀屋架的临时固定是用屋架校正器（见图 7.25）撑牢在第一榀屋架上，以后各榀屋架的临时固定都是用屋架校正器撑牢在前一榀屋架上。每榀屋架至少用两根校正器。

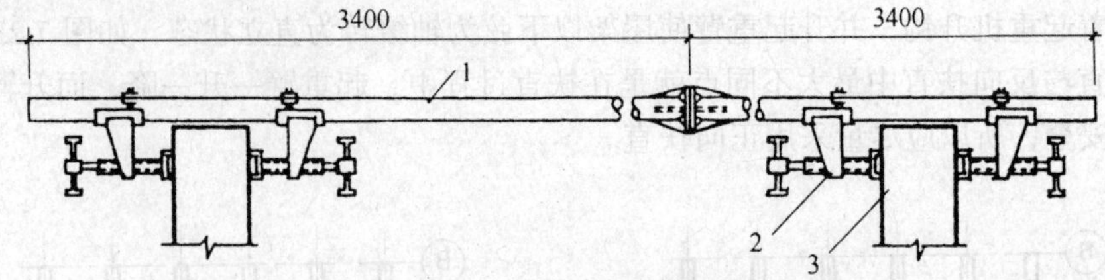

3400 3400 1 2 3

图 7.25 屋架校正器

1—钢管 2—撑脚 3—屋架上弦

4. 校正、最后固定

屋架的偏差校正主要是竖向偏差用线锤和经纬仪检查；用屋架校正器纠正。屋架校至垂直后，立即用电焊固定。焊接时，先焊接屋架两端成对角线的两侧边，再焊另外两边，避免两端同侧施焊，因焊接变形引起的屋架偏差。

五、屋面板安装

钢筋混凝土单层工业厂房屋面结构所用的屋面板一般为预应力大型屋面板，可单独安装。屋面板均埋有吊环，用吊索钩住吊环即可安装。为充分发挥起重机效率，一般采用一次多块。屋面板的安装顺序，应自两边檐口左右对称地逐块铺向屋脊，避免屋架受荷载不均匀；屋面板对位后，应用电焊固定，每块板至少焊 3 点，最后一块只能焊两点。

六、钢筋混凝土单层厂房结构安装方案

钢筋混凝土单层工业厂房结构的一般特点是平面尺寸大，承重结构的跨度与柱距大，构件类型少、重量大，厂房内还有各种设备基础等。因此，在拟定结构安装方案时，应着重解决起重机的选择、结构吊装方法、起重机开行路线及停机位置的确定及构件在现场的平面布置等问题。

1. 起重机的选择

（1）起重机类型的选择

钢筋混凝土单层工业厂房结构安装起重机的类型选择，主要根据厂房的外形尺寸（跨度、柱距）、构件尺寸与自重、吊装高度，以及施工现场条件和当地现有的起重设备等确定。

对于一般中小型厂房，由于平面尺寸不大，构件重量较轻，起升高度较小，厂房内设备为后安装，采用自行式起重机是较合理的，其中选择履带式起重机、汽车式起重机最为普遍；当厂房结构高度和长度较大时，选用塔式起重机吊装屋盖结构；对于大跨度的重型厂房，因厂房的跨度和高度都大，构件尺寸和重量亦很大，往往需要结合设备安装同时考虑结构吊装问题，多选用大型自行式起重机、重型塔式起重机、大型牵缆桅杆式起重机；在缺乏自行式起重机的地方，或是厂房面积较小，构件较轻，可采用桅杆式起重机，如独脚拔杆、人字拔杆等；对于重型构件，当一台起重机无法满足吊装要求时，也可用两台或 3 台起重机进行吊装。

（2）起重机型号及起重臂长度的选择

起重机类型确定之后，还要进一步选择起重机的型号及起重臂长度，所选择起重机的 3 个重要参数起重量 Q、起升高度 H、工作幅度 R 应满足结构吊装要求。

① 起重量 Q。所选起重机的起重量必须大于或等于所吊装构件的重量与索具之和，即

$$Q \geqslant Q_1 + Q_2 \tag{7-4}$$

式中，Q 为起重机的起重量，kN；Q_1 为构件的重量，kN；Q_2 为索具的重量，kN。

② 起升高度 H。所选起重机的起升高度，必须满足吊装构件安装高度的要求，如图 7.26 所示。

$$H \geqslant h_1 + h_2 + h_3 + h_4 \tag{7-5}$$

式中：H 为起重机起升高度，m，从停机面算起至吊钩的距离；h_1 为吊装支座表面高度，m，从停机面算起；h_2 为吊装间隙，m，视工作情况而定，一般不小于 0.3 m；h_3 为绑扎点至构件吊起后底面的距离，m；h_4 为索具高度，m，自绑扎点至吊钩钩口高度，视情况而定。

③ 工作幅度（回转半径）R。安装构件所需的最小工作幅度和起重机型号及所吊构件的横向尺寸有关，一般是根据所需的 $Q_{\min}$、$H_{\min}$ 值初步选定起重机的型号，再按下式进行计算，如图 7.27 所示。

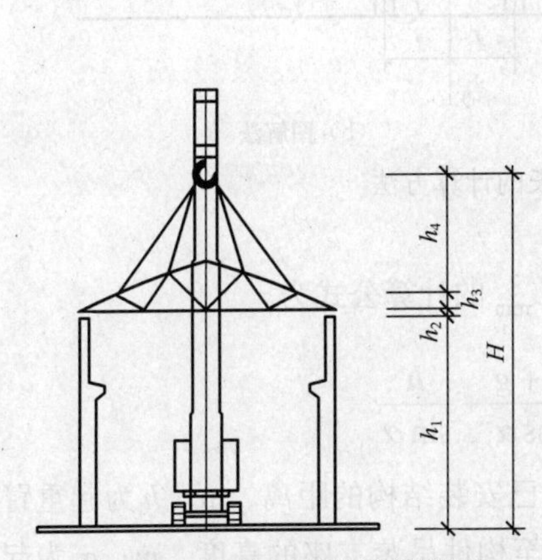

图 7.26　起升高度的计算简图

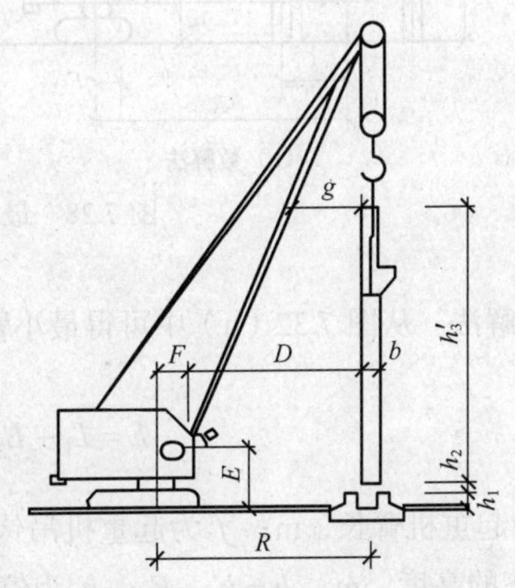

图 7.27　工作幅度计算简图

$$R_{\min} = F + D + \frac{1}{2}b \tag{7-6}$$

式中，$R_{\min}$ 为起重机最小起重半径，m；F 为起重臂底铰至回转中心的距离，m；b 为构件高度，m；D 为起重臂底铰距所吊构件边缘距离，m，且

$$D = g + (h_1 + h_2 + h_3' - E)\cot\alpha \tag{7-7}$$

式中，g 为构件上口边缘起重杆之间的水平空隙，m，不小于 0.5 m；E 为起重臂底铰距地面的距离，m；α 为起重杆的倾角；h_3' 为所吊构件高度，m；h_1、h_2 同前。

起重机工作幅度的确定通常考虑这几个因素：当起重机可以不受限制地开到构件安装位置附近安装时，对工作幅度无要求，在计算起重量和起升高度后，便可查阅起重机起重表或性能曲线来选择起重机型号及起重臂长，并可查得在此起重高度下相应的工作幅度，作为确定起重机开行路线及停机位置时参考；当起重机不能直接开到构件安装位置附近去安装构件时，应根据起重量、起升高度和工作幅度 3 个参数，查起重机性能表或性能曲线来选择起重机型号及起重臂长。

④ 最小臂长的确定。当起重机的起重臂需跨过已安装好的结构去安装构件时，如跨过屋架安装屋面板，为了不触碰屋架，需求出起重机的最小臂长。决定最小臂长的方法有数解法和图解法，如图 7.28 所示。

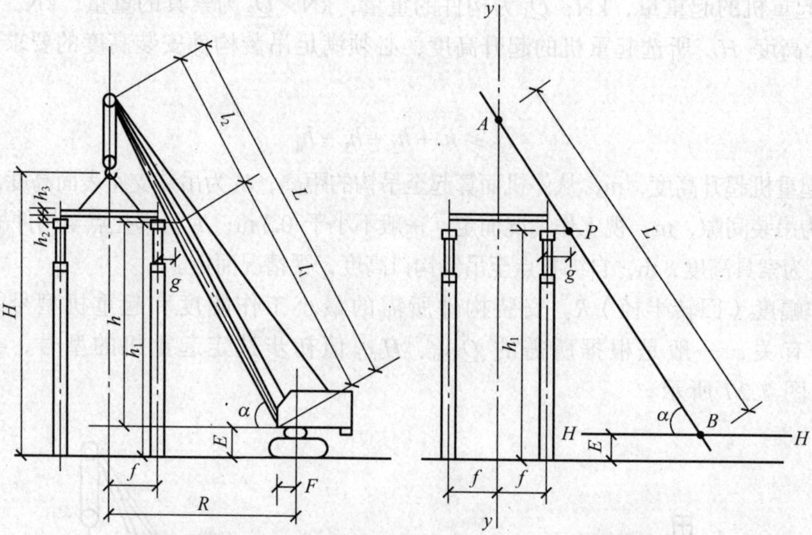

（a）数解法　　（b）图解法

图 7.28　最小臂长的计算方法

① 数解法。从图 7.32（a）中可得最小臂长 $L_{\min}$ 的计算公式为

$$L = L_1 + L_2 = \frac{f+g}{\cos\alpha} + \frac{h}{\sin\alpha} \tag{7-8}$$

式中，L 为起重机臂长，m；f 为起重机吊钩跨过已安装结构的距离，m；h 为起重臂底铰至构件吊装支座的高度，m，$h = h_1 - E$；h_1 为停机面至构件吊装支座的高度，m；g 为起重臂轴线与已吊装屋架间的水平距离，至少取 1 m；E、α 同前。

$L = \dfrac{f+g}{\cos\alpha} + \dfrac{h}{\sin\alpha}$ 中的仰角为变数，欲求最小臂长时的 α 值，对式（7-8）进行一次微分，并令 $\dfrac{\mathrm{d}L}{\mathrm{d}\alpha}$=0，解得

$$\alpha = \arctan\left(\frac{h}{f+g}\right)^{\frac{1}{3}} \tag{7-9}$$

α 求出之后，代入 $L = \dfrac{f+g}{\cos\alpha} + \dfrac{h}{\sin\alpha}$ 即得起重机最小臂长的理论值，再根据所选起重机的实际臂长加以确定。

则工作幅度：

$$R = F + L\cos\alpha \tag{7-10}$$

$$H = L\sin\alpha + E - d \tag{7-11}$$

式中，d 为起重杆顶至吊钩中心的距离，取 2～3.5 m 安全高度。

按计算出的 R 值及已选定的起重臂长 L，查起重机性能表，复核起重量 Q 得起升高度 H，如果能满足构件的吊装要求，即可根据 R 值确定起重机吊装屋面板时的停机位置。

② 图解法。首先按比例（一般不小于 1∶200）绘出构件的安装标高和实际地面线；然后由 $H+d$ 定出 A 点的位置，由 g 值定出 P 点位置，g 值为起重臂轴线与已吊装屋架间的水平距离，至少取 1 m。连接 AP 并延长，与起重机回转中心至停机面的高度线 $H—H$ 相交于 B 点，此点即为起重臂底铰的位置，测量出 AB 的长度，即为所求的起重机最小臂长，如图 7.28（b）所示。

2. 结构吊装方法及起重机开行路线、停机位置

（1）结构吊装方法

单层工业厂房的结构吊装方法有分件吊装法与综合吊装法两种。

① 分件吊装法。分件吊装法是指起重机在车间内每开行一次仅吊装一种或两种同类构件。起重机的第一次开行吊装完全部柱子，并对柱子进行校正和最后固定；第二次开行，吊装吊车梁、连系梁及柱间支撑等；第三次开行，分节间吊装屋架、天窗架、屋面板及屋面构件（如檩条、天沟板）等。

分件吊装法的特点是每次吊装基本是同类型构件，索具不需要经常更换，操作程序基本相同，速度快；能充分发挥起重机的工作能力；构件的校正、固定有足够的时间；构件可分批进场，供应较简单，现场平面布置较容易。其主要缺点是起重机行走频繁，开行路线长；不能按节间及早为下道工序创造工作面；层面板吊装往往另需辅助起重设备。

② 综合吊装法。综合吊装法是指起重机在车间内的一次开行中，分节间吊装完所有各种类型的构件。通常起重机开始吊装 4～6 根柱子，立即进行校正和固定，接着吊装吊车梁、连系梁、屋架、屋面板等构件。

综合吊装法的特点是开行路线较短、停机位置较小、构件供应平面布置复杂；校正也困难，平面位置很难保证；同时吊装多种构件，经常更换索具；起重机生产效率低。这种方法很少应用。

（2）起重机的开行路线及停机位置

起重机的开行路线与起重机的停机位置、起重机的性能、构件的尺寸及质量、构件的平面布置、构件的供应方式、吊装方法等因素有关。

① 当吊装屋架、层面板等屋面构件时，起重机大多沿跨中开行。

② 当吊装柱时，则视跨度、柱距的大小，柱的尺寸、质量及起重机性能，可沿跨中或跨边开行，若柱子布置在跨内，起重机在跨内开行，每个停机位置可吊装 1～4 根柱子。

a. 当 $R \geqslant \frac{L}{2}$ 时，起重机可沿跨中开行，每个停机位置可吊装两根柱，如图 7.29（a）所示。

b. 当 $R \geqslant \sqrt{\left(\frac{L}{2}\right)^2+\left(\frac{b}{2}\right)^2}$ 时，起重机可沿跨中开行，每个停机位置可吊装 4 根柱，如图 7.29（b）所示。

c. 当 $R < \frac{L}{2}$ 时，起重机可沿跨边开行，每个停机位置吊装一根柱，如图 7.29（c）所示。

d. 当 $R \geqslant \sqrt{a^2+\left(\frac{b}{2}\right)^2}$ 时，重机可沿跨边开行，每个停机位置可吊装两根柱，如图 7.29（d）所示。

其中，R 为起重机工作幅度，m；L 为厂房跨度，m；b 为柱间距，m；a 为起重机开行路线的跨边距离，m。

③ 当柱布置在跨外时，则起重机一般沿跨外沿边开行，停机位置与跨边开行相似。

④ 当单层厂房面积大，为加速工程进度，可将建筑物划分为若干段，选用多台起重机同时施工，每台起重机可以独立作业，负责完成一个区段的全部吊装工作，组成流水施工。

⑤ 当建筑具有多跨并列，且有纵跨时，可先吊装各纵向跨，然后吊装横向跨，以保证在各纵向跨吊装时，运输机械畅通。若纵向跨有高低跨，则应先吊装高跨，然后逐步向两边吊装。

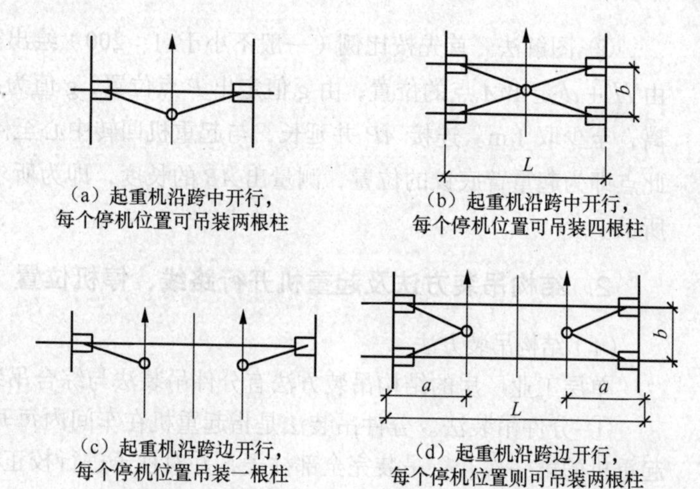

（a）起重机沿跨中开行，每个停机位置可吊装两根柱
（b）起重机沿跨中开行，每个停机位置可吊装四根柱
（c）起重机沿跨边开行，每个停机位置吊装一根柱
（d）起重机沿跨边开行，每个停机位置则可吊装两根柱

图 7.29 起重机吊装柱时的开行路线及停机位置

图 7.30 所示为一半单跨车间采用分件吊装法起重机开行路线及停机位置图。起重机沿跨外从 A 轴开行，吊装 A 列柱；再从 B 轴沿跨内开行，吊装 B 列柱；然后转到 A 轴一侧扶直屋架并将其就位，再转到 B 轴一侧扶直屋架并将其就位；再转到 B 轴安装 B 轴连系梁、吊车梁等，随后转到 A 轴安装 A 轴连系梁、吊车梁等构件；最后转到跨中安装屋面结构（屋面板、天窗架、天沟板）等。

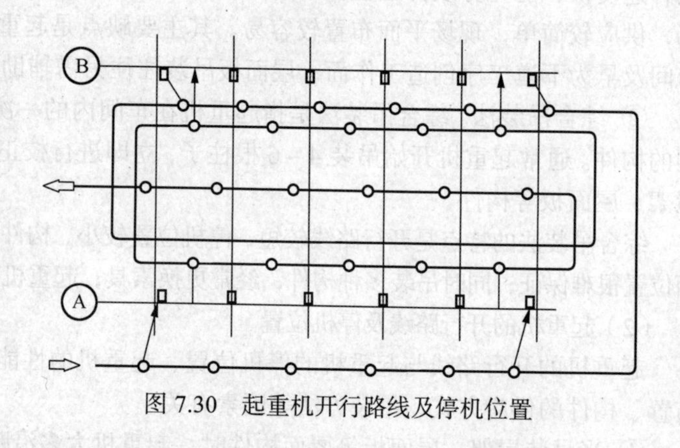

图 7.30 起重机开行路线及停机位置

3. 构件的平面布置

构件的平面布置应注意下列问题：每跨构件尽可能布置在本跨内，有困难时，才考虑布置到跨外便于吊装的地方；构件的布置方式应满足吊装工艺要求，尽可能布置在起重机工作幅度内，尽量减少起重机负重行走的距离及起伏起重臂的次数；构件的布置应“重近轻远”，首先考虑重型构件的布置；构件的布置方式应便于支模及混凝土的浇筑工作，对预应力混凝土构件应留出抽管及穿筋场所。

构件的布置可分为预制阶段的平面布置与吊装阶段的排放布置两种。

（1）预制阶段构件的平面布置

目前在现场预制的构件主要是柱和屋架，其他构件均在预制构件厂或场外制作。

① 柱的布置。柱预制时，应按以后吊装阶段的排放要求进行布置，采用的布置方式有斜向布置（见图 7.31）和纵向布置（见图 7.32）两种。采用旋转法吊装时，一般按斜向布置；采用滑行法吊装时，可纵向布置，也可斜向布置。

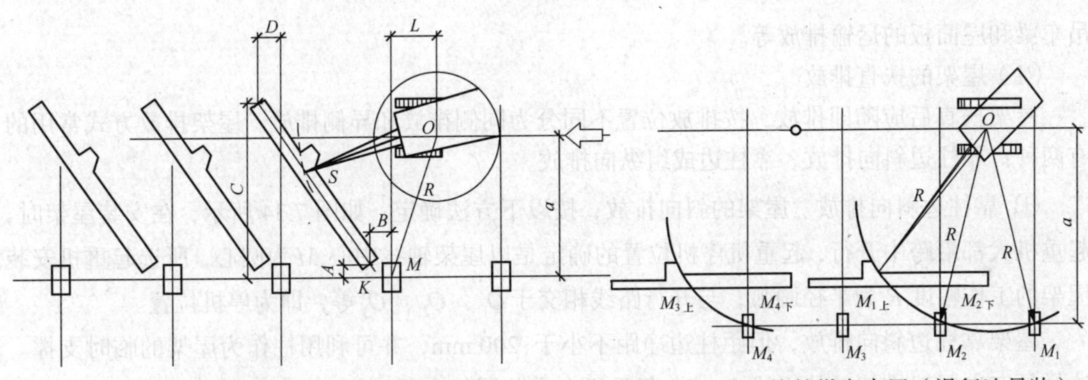

图 7.31　柱的斜向布置（旋转法吊装）　　图 7.32　柱的纵向布置（滑行法吊装）

② 屋架的布置。屋架一般在现场安排在跨内平卧叠浇，以 3～4 榀为一叠。屋架叠浇时其布置方式有正面斜向布置、正反斜向布置和正反纵向布置 3 种，如图 7.33 所示。因正面斜向布置使屋架扶直方便，故应优先选用正面斜向布置，只有在场地受限制时，才考虑采用其他两种形式。若为预应力混凝土屋架，在屋架一端或两端需留出抽管及穿筋必需的长度；若用钢管做预留孔，一端抽管时需留出的长度为屋架全长另加抽管时所需工作场地 3 m；若用胶管做预留孔，则屋架两端的预留长度可以减少；屋架之间的间隙可取 1 m 左右，以便支模及浇混凝土；屋架之间的搭接长度视场地大小而定；屋架布置的位置还应考虑到屋架的扶直排放要求及屋架扶直的先后次序，先扶直者放在上层；对屋架两端头的朝向也要注意，要符合屋架吊装时对朝向的要求。

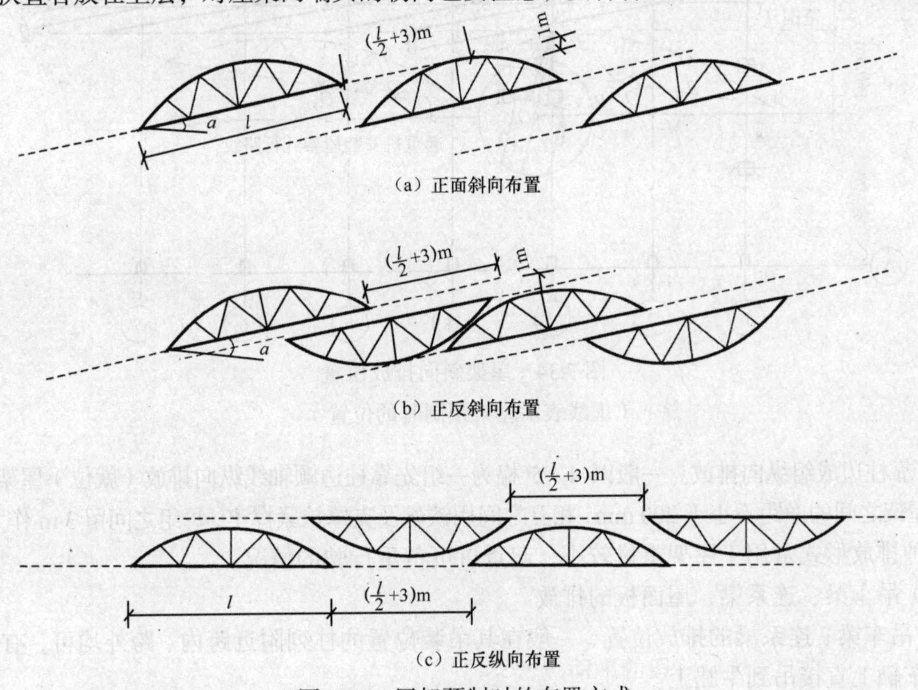

图 7.33　屋架预制时的布置方式

③ 吊车梁的布置。当吊车梁安排在现场预制时，可靠近柱基顺纵向轴线略作倾斜布置，也可插在柱子空档中制作。

2. 吊装阶段构件的排放布置

吊装阶段的排放布置一般是指柱已吊装完毕，其他构件的排放布置，如屋架的扶直排放，吊车梁和屋面板的运输排放等。

（1）屋架的扶直排放

屋架扶直后应随即排放，按排放位置不同分为同侧排放和异侧排放。屋架排放方式常用的有两种：靠柱边斜向排放、靠柱边成组纵向排放。

① 靠柱边斜向排放。屋架的斜向排放，按以下方法确定：如图 7.34 所示，在安装屋架时，起重机大都沿跨中开行，起重机停机位置的确定是以屋架轴线中心 M 为圆心，所选起重机安装屋架的工作幅度 R 为半径画弧，与开行路线相交于 O_1、O_2、O_3 等，即为停机位置。

屋架靠柱边斜向排放，但距柱边净距不小于 200 mm，并可利用柱作为屋架的临时支撑。这样便定出屋架排放的外边线 P—P；起重机在安装屋架和屋面板时，机身需要回转，若起重机机身尾部至回转中心距离为 A，则在距起重机开行路线 A+0.5m 范围内不宜布置屋架及其他构件，以免吊装构件时碰撞构件，由此可画出屋架排放的内边线 Q—Q。P—P 和 Q—Q 两条线即为屋架的排放控制范围。在 Q—Q 和 P—P 两条控制线中间，即是屋架中点 H—H 线，以停机点 O_1 为圆心，以起重机的工作幅度 R 为半径画弧交 H—H 线于 G 点，G 点则是屋架的中点。其他屋架的扶直排放位置均平行于此屋架，相邻两屋架中点的间距为此两屋架轴线间的距离。

此种排放形式常用于屋架重量较大，起重机无法负重行驶的情况。

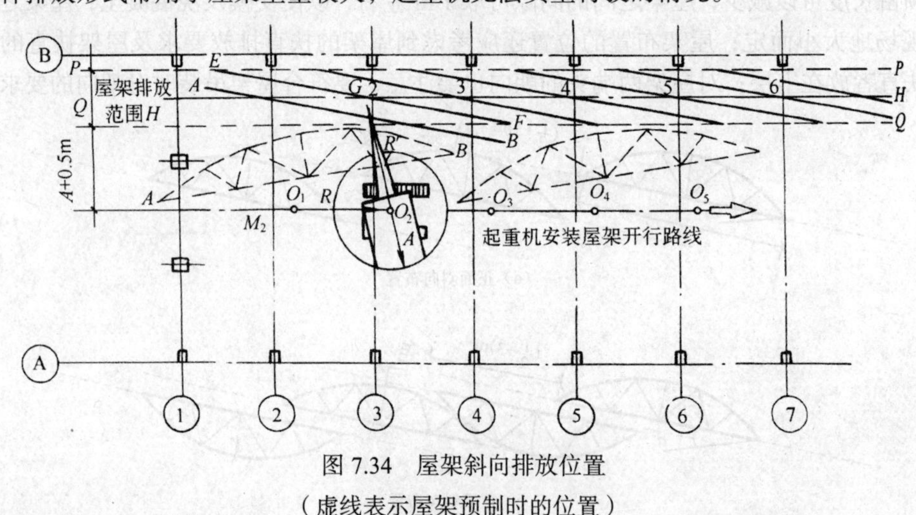

图 7.34　屋架斜向排放位置

（虚线表示屋架预制时的位置）

② 靠柱边成组纵向排放。一般以 4～5 榀为一组先靠柱边顺轴线纵向排放（就位）屋架与柱，屋架与屋架之间的净距不小于 200 mm，相互之间用铁丝及支撑拉紧撑牢，每组之间留 3 m 作为通路。

此种排放形式常用于屋架重量较小，起重机可负重行驶的情况。

（2）吊车梁、连系梁、屋面板的排放

① 吊车梁、连系梁的排放位置，一般在其吊装位置的柱列附近跨内、跨外均可，有时也可从运输车辆上直接吊到牛腿上。

② 屋面板的排放位置可布置在跨内或跨外。根据起重机吊装屋面板时所需的工作幅度，当屋面板在跨内排放时，应向后退 3～4 个节间开始排放；若在跨外排放时，应向后退 1～2 个节间开始排放。屋面板的叠放高度一般为 6～8 层。

③ 若吊车梁、屋面板等构件，在吊装时已集中堆放在吊装现场附近，也可不用排放，而采用随吊随运的办法。

任务三　钢结构工程安装

一、单层钢结构厂房安装

单层钢结构工业厂房一般由柱、柱间支撑、吊车梁、制动梁（桁架）、屋架、天窗架、上下支撑、檩条及墙体骨架等构件组成，如图 7.35 所示。柱基通常采用钢筋混凝土阶梯或独立基础。单层钢结构安装工艺流程，如图 7.36 所示。

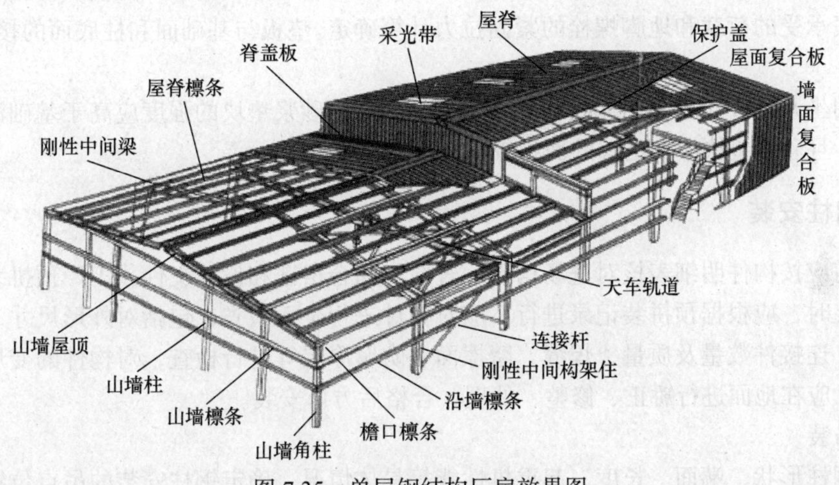

图 7.35　单层钢结构厂房效果图

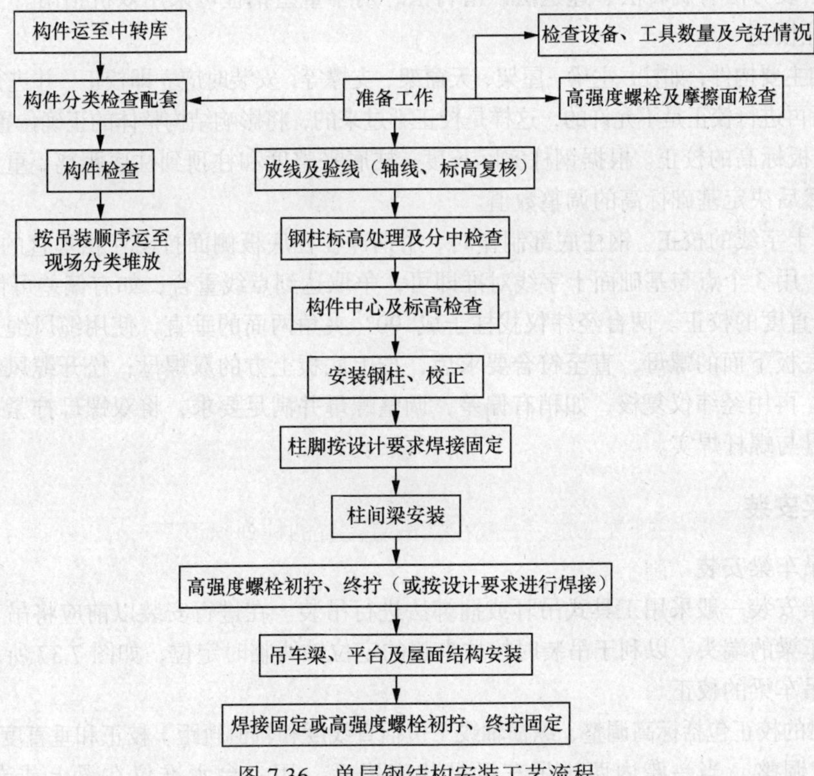

图 7.36　单层钢结构安装工艺流程

1. 基础检查

钢结构安装前应对建筑物的定位轴线、基础轴线和标高、地脚螺栓规格和位置等进行复查，并应进行基础检验和办理交接验收。

将柱子就位轴线弹测在柱基表面。

对柱基标高进行找平。混凝土柱基标高浇筑一般预留 50~60 mm（与钢柱底设计标高相比），在安装时用钢垫板或提前采用坐浆承板找平。

当采用钢垫板做支撑板时，钢垫板的面积应根据基础混凝土的抗压强度、柱脚底板下二次灌浆前柱底承受的荷载和地脚螺栓的紧固拉力计算确定。垫板与基础面和柱底面的接触应平整、紧密。

当采用坐浆承板时应采用无收缩砂浆，柱子吊装前砂浆垫块的强度应高于基础混凝土强度一个等级，且砂浆垫块应有足够的面积以满足承载的要求。

2. 钢柱安装

安装前应按构件明细表核对进场构件，查验产品合格证和设计文件；工厂预拼装过的构件在现场组装时，应根据预拼装记录进行。应对构件进行全面检查，包括对外形尺寸、螺栓孔位置及直径、连接件数量及质量、焊缝、摩擦面、防腐涂层等进行检查，对构件的变形、缺陷、不合格处，应在地面进行矫正、修整、处理，合格后方可安装。

（1）吊装

根据钢柱形状、端面、长度、起重机性能等具体情况，确定钢柱安装的吊点位置和数量。常用的钢柱吊装方法有旋转法、递送法、滑行法，对于重型钢柱可采用双机抬吊。

（2）钢柱校正

钢结构的主要构件，如柱、主梁、屋架、天窗架、支撑等，安装时应立即校正，并进行永久固定。安装一大片后再进行校正是不允许的，这样是校正不过来的，将影响结构整体的正确位置。

① 柱底板标高的校正。根据钢柱实际长度、柱底平整度和柱顶到柱底距离，重点保证柱顶部标高值，然后决定基础标高的调整数值。

② 纵横十字线的校正。钢柱底部制作时，用钢冲在柱底板侧面打出互相垂直的 4 个面，每个面一个点，用 3 个点与基础面十字线对准即可，争取达到点线重合，如有偏差可借线。

③ 柱垂直度的校正。两台经纬仪找柱子成 90° 夹角两面的垂直，使用缆风绳进行校正。先不断调整底板下面的螺母，直至符合要求后，拧上底板上方的双螺母；松开缆风绳，钢柱处于自由状态，再用经纬仪复核，如稍有偏差，调整螺母并满足要求，将双螺母拧紧；矫正结束后，可将螺母与螺杆焊实。

3. 钢梁安装

（1）钢吊车梁安装

钢吊车梁安装一般采用工具式吊耳或捆绑法进行吊装。在进行安装以前应将吊车梁的分中标记引至吊车梁的端头，以利于吊装时按柱牛腿的定位轴线临时定位，如图 7.37 所示。

（2）钢吊车梁的校正

钢吊车梁的校正包括标高调整、纵横轴线（包括直线度和轨道轨距）校正和垂直度校正。

① 标高调整。当一跨内两排吊车梁吊装完毕后，用一台水准仪在梁上或专门搭设的平台上，测量每根梁两端的标高，计算标准值。通过增加垫板的措施进行调整，达到规范

要求。

② 纵横轴线校正。钢柱和柱间支撑安装好，首先要用经纬仪，将每轴列中端部柱基的正确轴线，引到牛腿顶部的水平位置，定出正确轴线距吊车梁中心线距离；在吊车梁顶面中心线拉一通长钢丝（或使用经纬仪/全站仪），进行逐根调整。当两排纵横轴线达到要求后，复查吊车梁跨距。

③ 吊车梁垂直校正。从吊车梁的上翼缘挂锤球下去，测量线绳到梁腹板上下两处的水平距离。根据梁的倾斜程度，用楔铁块调整，使线锤与腹板上下两处的水平距离相等。纵横轴线和垂直度校正可同时进行。对重型吊车梁校正宜在屋盖吊装后进行。

4. 钢斜梁安装

（1）起吊方法

门式刚架采用的钢结构斜梁应最大限度在地面拼装，将组装好的斜梁吊起，就位后与柱连接。可用单机进行两、三、四点或结合使用铁扁担（见图 7.38）起吊，或者采用双机抬吊。

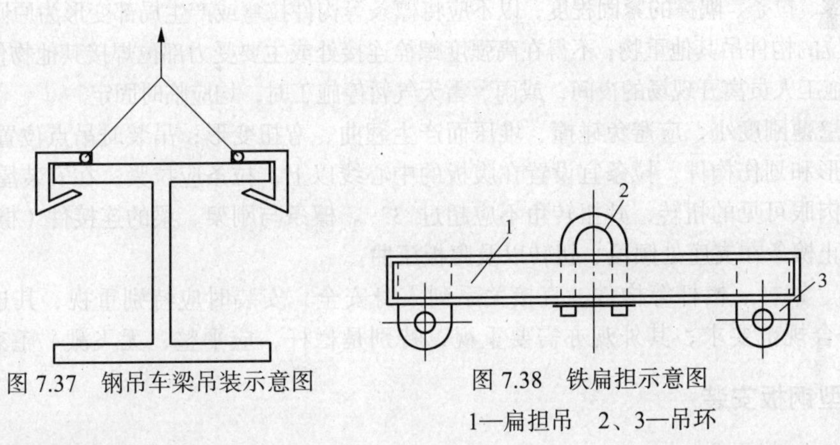

图 7.37　钢吊车梁吊装示意图

图 7.38　铁扁担示意图

1—扁担吊　2、3—吊环

（2）吊点选择

大跨度斜梁的吊点必须计算确定。对于侧向刚度小和腹板宽厚比大的构件，主要从吊点多少及双机抬吊同步的动作协调考虑；必要时，两机大钩间拉一根钢丝绳，保持两钩距离固定。在吊点中钢丝绳接触的部位放加强筋或用木方子填充好后，再进行绑扎。

5. 钢屋架安装

（1）钢屋架的吊装

钢屋架侧向刚度较差，安装前需要进行稳定性验算，稳定性不足时应进行加固。单机吊装常加固下弦，双机吊装常加固上弦；吊装绑扎处必须位于桁架节点，以防屋架产生弯曲变形。第一榀屋架起吊就位后，应在屋架两侧用缆风绳固定。如果端部已有抗风柱且已校正，可与其固定。第二榀屋架就位后，屋架的每个坡面用一个间隙调整器，进行屋架垂直度矫正；然后，两端支座中螺栓固定或焊接→安装垂直支撑→水平支撑→检查无误，成为样板跨，依次类推安装。如果有条件，可在地面上将天窗架预先拼装在屋架上，并将吊索两面绑扎，把天窗架夹在中间，以保证整体安装的稳定。屋架在扶直就位和吊升两个施工过程中，绑扎点均应选在上弦节点处，左右对称。绑扎吊索内力的合力作用点（绑扎中心）应高于屋架重心，这样屋架起吊后不易转动或倾翻。绑扎吊索与构件水平面所成夹角，扶直时不宜小于 60°，吊升时不宜小于

45°，具体的绑扎点数目及位置与屋架的跨度及型式有关，其选择方式应符合设计要求。一般钢筋混凝土屋架跨度小于或等于 18 m时，两点绑扎；屋架跨度大于 18 m时，用两根吊索，四点绑扎；屋架的跨度大于或等于 30 m 时，为了减少屋架的起吊高度，应采用横吊梁（减少吊索高度）。

（2）钢屋架垂直度的校正

在屋架下拉一根通长钢丝，同时在屋架上弦中心线引出一个同等距离的标尺，用线锤校正垂直度。也可用一台经纬仪，放在柱顶一侧，与轴线平移距离 L_a；在对面柱顶上设距离同样为 L_a 的一点，再从屋架中心线处用标尺挑出 L_a 距离点。如三点在一线上，则屋架垂直。

6. 其他构件的安装

安装顺序宜先从靠近山墙且有柱间支撑的两榀刚架开始，在刚架安装完毕后，应将其间的支撑、檩条、隅撑等全部安装好，并检查各部位尺寸及垂直度等，合格后进行连接固定；然后以此为起点，向房屋另一端顺序安装，其间墙梁、檩条、隅撑和檐檩等亦随之安装，待一个区段整体校正后，其螺栓方可拧紧。

各种支撑、拉条、隅撑的紧固程度，以不应将檩条等构件拉弯或产生局部变形为原则。不得利用已安装就位的构件吊其他重物；不得在高强度螺栓连接处或主要受力部位焊接其他物件。刚架在施工中以及施工人员离开现场的夜间，或雨、雪天气暂停施工时，均应临时固定。

檩条因壁薄刚度小，应避免碰撞、堆压而产生翘曲、弯扭变形；吊装时吊点位置应适当，防止弯扭变形和划伤构件。拉条宜设置在腹板的中心线以上，拉条应拉紧；在安装屋面时，檩条不致产生肉眼可见的扭转，其扭转角不应超过 3°。檩条与刚架、梁的连接件（檩托）应采取措施，防止檩条在支座处倾覆、扭转以及腹板压曲。

钢平台、钢梯、栏杆等构件，直接关系到人身安全，安装时应特别重视，其连接质量、尺寸等应符合规范要求；其外观亦需要重视，特别是栏杆，应平整，无飞溅、毛刺等。

7. 压型钢板安装

（1）施工准备

压型钢板安装应在钢结构安装、焊接、防腐、防火施工完毕，验收合格并办理有关隐蔽手续后进行，最好是整体施工。

压型钢板的几何尺寸、重量及允许偏差应符合要求，有关材质复验和有关试验鉴定应全部完成。

高空施工的安全走道应按施工组织设计的要求搭设完毕。施工用电的连接应符合安全用电的有关要求。

压型钢板施工前，应根据施工图的要求，选定符合设计规定的材料、板型报设计审批确认。根据已确认板型的有关技术参数绘制压型钢板排板图。

（2）施工工艺

压型钢板安装工艺流程如图 7.39 所示。压型钢板在装、卸、安装中严禁用钢丝绳捆绑直接起吊，运输及堆放时要有足够支点，以防变形。铺设前对弯曲变形者应矫正好，钢柱、屋架顶面要保持清洁，严防潮湿及涂刷油漆未干。

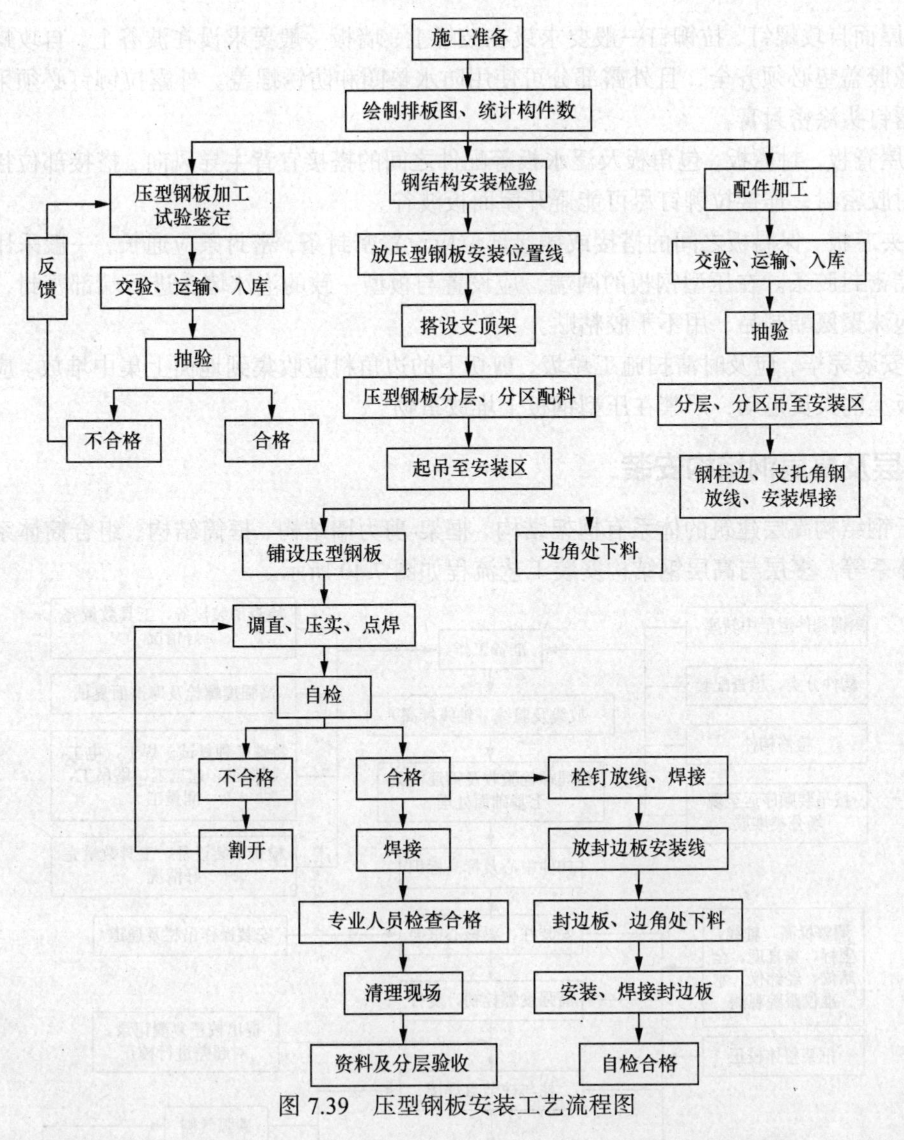

图 7.39 压型钢板安装工艺流程图

压型钢板的切割应用冷作、空气等离子弧的方法切割，严禁用氧气切割。大孔洞四周应补强。压型钢板应按施工要求分区、分片吊装到施工楼层并放置稳妥，及时安装，不宜在高空过夜，必须过夜的应临时固定。

压型钢板按图纸放线安装、调直、压实并用自攻螺钉固定。压型钢板之间，压型钢板与龙骨（屋面檩条、墙檩、平台梁等）之间，均需要连接件固定，常用的连接方式有自攻螺钉连接、拉铆钉连接、扣件连接、咬合连接、栓钉连接。不管采用何种连接方式，连接件的数量与间距应符合设计要求。

压型钢板是一种柔性构件，其搭接端必须支撑在龙骨上，同时保证有一定的搭接长度。纵向搭接部位一般会出现不同的缝隙，此缝隙会随搭接长度的增加而加大，尤其在屋面上，搭接越长并不意味着防雨水的渗漏就越好。在压型钢板安装时，搭接部位和搭接长度均应按设计要求施工，且应满足规范中规定的最小值。对组合楼板的压型钢板，施工和验收的重点是端部支撑长度和锚固连接的要求。

压型钢板的安装除了保证安全可靠外，防水和密封问题事关建筑物的使用功能和寿命，应注意以下几点。

① 屋面自攻螺钉、拉铆钉一般要求设在波峰上；墙板一般要求设在波谷上，自攻螺钉配备的密封橡胶盖垫必须齐全，且外露部分可使用防水垫圈和防锈螺盖。外露拉铆钉必须采用防水型，外露钉头涂密封膏。

② 屋脊板、封檐板、包角板及泛水板等配件之间的搭接宜背主导风向，搭接部位接触面宜采用密封胶密封，连接拉铆钉尽可能避开屋面板波谷。

③ 夹芯板、保温板之间的搭接或插接部位应设置密封条，密封条应通长，一般采用软质泡沫聚氨酯密封胶条。在压型钢板的两端，应设置与板型一致的泡沫堵头进行端部密封，一般采用软质泡沫聚氨酯制品，用不干胶粘贴。

④ 安装完毕，应及时清扫施工垃圾，剪切下的边角料应收集到地面上集中堆放。应减少在压型钢板上的人员走动，严禁在压型钢板上堆放重物。

二、多层及高层钢结构安装

用于钢结构高层建筑的体系有框架结构、框架-剪力墙结构、框筒结构、组合筒体系及交错钢桁架体系等。多层与高层钢结构安装工艺流程如图 7.40 所示。

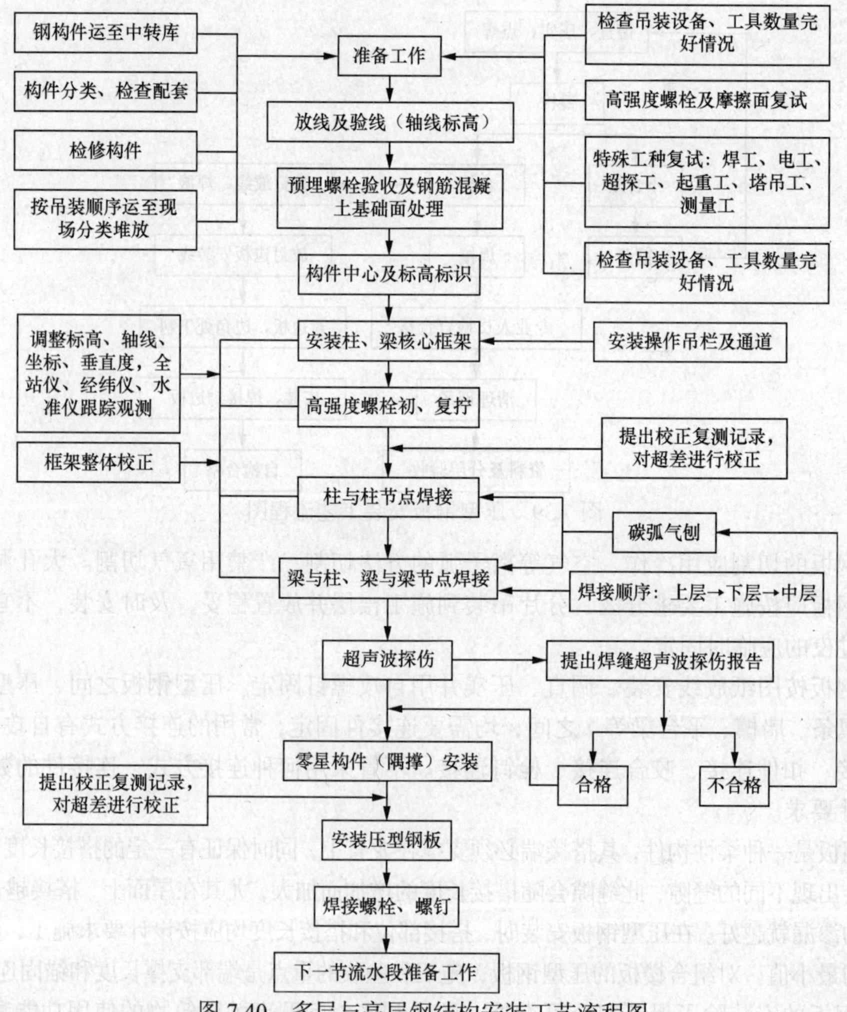

图 7.40　多层与高层钢结构安装工艺流程图

三、钢网架结构安装

网架结构是由多根杆件按照一定的规律布置，通过节点连接而成的网格状杆系结构。其构件和节点可定型化，适用于工厂成批生产，现场拼装。

网架结构安装方法有高空拼装法、整体安装法、高空滑移法。

1. 高空拼装法

高空拼装法是指先在地面上搭设拼装支架，然后用起重机把网架构件分件或分块吊至空中的设计位置，在支架上进行拼装的方法。

网架的总的拼装顺序是从建筑物的一端开始向另一端以两个三角形同时推进，待两个三角形相反后，则按人字形逐渐向前推进，最后在另一端的正中闭合。每榀块体的安装顺序，在开始的两个三角形部分是由屋脊部分开始分别向两边拼装，两个三角形相交后，则由交点开始同时向两边推进。

2. 整体安装法

整体安装法分为多机抬吊法、提升机提升法、桅杆提升法和千斤顶顶升法。

（1）多机抬吊法

准备工作简单，安装快速方便，适用于跨度 40 m 左右、高度 25 m 左右的中小型网架屋盖吊装。

（2）提升机提升法

在结构柱上安装升板工程用的电动穿心式提升机，将地面正位拼装的网架直接整体提升到柱顶横梁就位。适用于跨度 50~70 m、高度 40 m 以上、重复较大的大、中型周边支承网架屋盖吊装。

（3）桅杆提升法

网架在地面错位拼装，用多根独脚桅杆将其整体提升到柱顶以上，然后进行空中旋转和移位，落下就位安装。适用于高、重、大（跨度 80~100 m）的大型网架屋盖吊装。

（4）千斤顶顶升法

利用支承结构和千斤顶将网架整体顶升到设计位置。其设备简单，不用大型吊装设备；顶升支承结构可利用永久性支承，拼装网架不需要搭设拼装支架，可节省费用，降低施工成本，操作简便安全。但顶升速度较慢，且对结构顶升的误差控制要求严格，以防失稳。适用于安装多支点支承的各种四角锥网架屋盖。

3. 高空滑移法

将网架条状单元在建筑物上由一端滑移到另一端，就位后总拼成整体的方法称高空滑移法。分为单条滑移法和逐条积累滑移法。

（1）单条滑移法

将条状单元一条一条地分别从一端滑移到另一端就位安装，各条单元之间分别在高空再连接。即逐条滑移，逐条连成整体。

（2）逐条积累滑移法

先将条状单元滑移一段距离（能连接上第二条单元的宽度即可），连接上第二条单元后，两条单元一起再滑移一段距离（宽度同上），然后接第三条单元，三条又一起滑移一段距离……如此循环操作直至接上最后一条单元为止。

复习思考题

1. 起重机械的种类有哪些？

2. 桅杆式起重机的组成有哪些？主要包括哪些类型？独脚拔杆的固定方法有哪些？有什么要求？

3. 塔式起重机主要包括哪些类型？

4. 单层工业厂房构件安装工艺中，构件的检查与清理工作包括哪些内容？何谓构件的弹线？

5. 柱子的安装施工工艺包括哪些内容？绑扎柱子的方法有几种？有什么要求？

6. 柱子的吊升方法根据何种情况而定？有几种吊升方法？各自的特点是什么？

7. 柱子的校正工作包括哪些内容？柱子的最后固定施工方法是什么？

8. 吊车梁的吊装工艺是什么？在什么阶段完成吊车梁的校正工作？

9. 屋架的安装特点及施工工艺是什么？屋架扶直有几种？正向扶直与反向扶直的不同点是什么？

10. 结构吊装方法有哪些？各自的特点是什么？

11. 起重机的开行路线与什么因素有关？在吊装柱时如何确定？

12. 构件的平面布置应注意哪些问题？柱子有几种布置形式？旋转法布置柱子时如何确定？

13. 网架节点有哪些种类？其特点如何？

14. 钢结构开始安装前，施工单位应做哪些方面的准备工作？

15. 简述网架结构的安装方法。

项目八

防水及屋面工程

学习内容

本项目内容包括地下工程防水施工、室内防水工程施工、外墙防水施工、屋面工程施工等。

学习目标

1. 熟悉地下工程刚性防水和柔性防水施工方法。
2. 掌握卫生间楼地面聚氨酯防水施工方法，熟悉卫生间楼地面氯丁胶乳沥青防水涂料施工方法。
3. 熟悉室内防水工程施工要求、方法。
4. 掌握卷材防水屋面、涂膜防水屋面、刚性防水屋面施工方法，了解常见屋面渗漏防治方法。
5. 掌握屋面保温（隔热）层施工方法，了解屋面通风隔热架空层安装方法，熟悉坡屋面、内架空屋面保温（隔热）构造，熟悉金属板保温夹芯板屋面构造与施工方法。

任务一　地下工程防水施工

一、防水方案

目前，地下防水工程的方案主要有以下几种。

① 采用防水混凝土结构。通过调整配合比或掺入外加剂等方法，来提高混凝土本身的密实度和抗渗性，使其成为具有一定防水能力的整体式混凝土或钢筋混凝土结构。

② 在地下结构表面另加防水层。如抹水泥砂浆防水层或贴涂料防水层等。

③ 采用防水加排水措施。排水方案通常可用盲沟排水、渗排水与内排法排水等方法把地下水排走，以达到防水的目的。

《地下防水工程质量验收规范》(GB 50208—2011)根据防水工程的重要性、使用功能和建筑物类别的不同，按围护结构允许渗漏水的程度，将地下工程防水等级分为四级，各级标准应符合表 8.1 的要求。

表 8.1　地下工程防水等级标准

防水等级	防水标准
一级	不允许渗水，结构表面无湿渍
二级	不允许漏水，结构表面可有少量湿渍 房屋建筑地下工程：总湿渍面积不应大于总防水面积（包括顶板、墙面、地面）的 1/1 000；任意 100 m^2 防水面积上的湿渍不超过 2 处，单个湿渍的最大面积不大于 0.1 m^2 其他地下工程：湿渍总面积不应大于总防水面积的 2/1 000；任意 100 m^2 防水面积上

续表

防水等级	防水标准
二级	的湿渍不超过 3 处，单个湿渍的最大面积不大于 0.2 m^2；其中，隧道工程平均渗水量不大于 0.05L/（m^2·d），任意 100 m^2 防水面积上的渗水量不大于 0.15 L/（m^2·d）
三级	有少量漏水点，不得有线流和漏泥沙 任意 100 m^2 防水面积上的漏水或湿渍点数不超过 7 处，单个漏水点的最大漏水量不大于 2.5 L/d，单个湿渍的最大面积不大于 0.3 m^2
四级	有漏水点，不得有线流和漏泥沙 整个工程平均漏水量不大于 2L/（m^2·d），任意 100 m^2 防水面积上的平均漏量不大于 4L/（m^2·d)

二、防水混凝土施工

1. 防水混凝土的基本要求

防水混凝土可通过调整配合比，或掺加外加剂、掺合料等措施配制而成，其抗渗等级不得小于 P6；防水混凝土的施工配合比应通过试验确定，试配混凝土的抗渗等级应比设计要求提高 0.2 MPa；防水混凝土应满足抗渗等级要求，并应根据地下工程所处的环境和工作条件，满足抗压、抗冻和抗侵蚀性等耐久性要求。

防水混凝土结构是指因本身的密实性而具有一定防水能力的整体式混凝土或钢筋混凝土结构。防水混凝土适用于有防水要求的地下整体式混凝土结构。

防水混凝土一般分为普通防水混凝土、外加剂防水混凝土和膨胀剂或膨胀水泥防水混凝土三大类。外加剂防水混凝土又分为引气剂防水混凝土、减水剂防水混凝土、三乙醇胺防水混凝土、氯化铁防水混凝土。

2. 防水混凝土施工

（1）防水混凝土施工缝的处理

防水混凝土应连续浇筑，宜少留施工缝。当留设施工缝时，应符合下列规定。

① 墙体水平施工缝不应留在剪力最大处或底板与侧墙的交接处，应留在高出底板表面不小于 300 mm 的墙体上。拱（板）墙结合的水平施工缝，宜留在拱（板）墙接缝线以下 150 ~ 300 mm 处。墙体有顶留孔洞时，施工缝距孔洞边缘不应小于 300 mm。

② 垂直施工缝应避开地下水和裂隙水较多的地段，并宜与变形缝相结合。

（2）防水混凝土的施工工艺

① 模板安装。防水混凝土所有模板，除满足一般要求外，应特别注意模板拼缝严密不漏浆，构造应牢固稳定，固定模板的螺栓（或铁丝）不宜穿过防水混凝土结构。固定模板用的螺栓必须穿过混凝土结构时，可采用工具式螺栓、螺栓加堵头、螺栓上加焊方形止水环等做法。止水环尺寸及环数应符合设计规定。如设计无规定，则止水环应为 10 cm×10 cm 的方形止水环，且至少有一环。

a. 工具式螺栓做法。用工具式螺栓将固定模板用螺栓固定并拉紧，以压紧固定模板。拆模时将工具式螺栓取下，再以嵌缝材料及聚合物水泥砂浆将螺栓凹槽封堵严密，如图 8.1 所示。

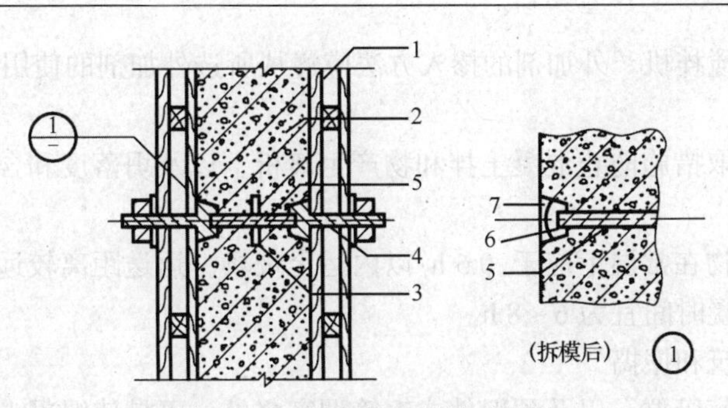

图 8.1　工具式螺栓的防水做法

1—模板　2—结构混凝土　3—工具式螺栓　4—固定模板用螺栓

5—嵌缝材料　6—密封材料　7—聚合物水泥砂浆

b. 螺栓加焊止水环做法。在对拉螺栓中部加焊止水环，止水环与螺栓必须满焊严密，如图 8.2 所示。拆模后应沿混凝土结构边缘将螺栓割断。此法将消耗所用螺栓。

c. 预埋套管加焊止水环做法。套管采用钢管，其长度等于墙厚（或其长度加上两端垫木的厚度之和等于墙厚），兼具撑头作用，以保持模板之间的设计尺寸。止水环在套管上满焊严密，如图 8.3 所示。支模时在预埋套管中穿入对拉螺栓拉紧固定模板。拆模后将螺栓抽出，套管内以膨胀水泥砂浆封堵密实。套管两端有垫木的，拆模时连同垫木一并拆除，除密实封堵套管外，还应将两端垫木留下的凹坑用同样方法封实。此法可用于抗渗要求一般的结构。

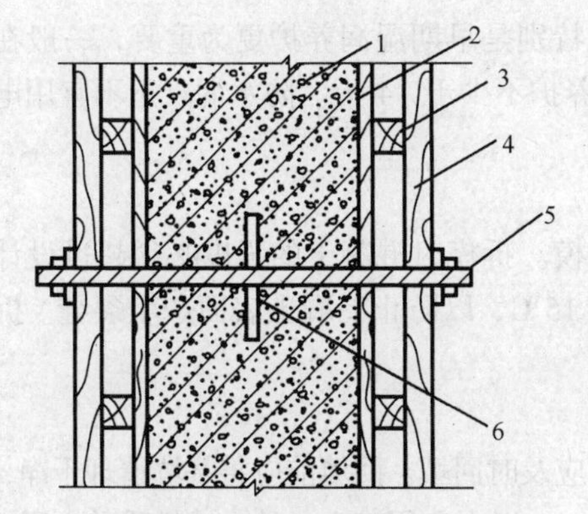

图 8.2　螺栓加焊止水环

1—防水结构　2—模板　3—小龙骨

4—大龙骨　5—螺栓　6—止水环

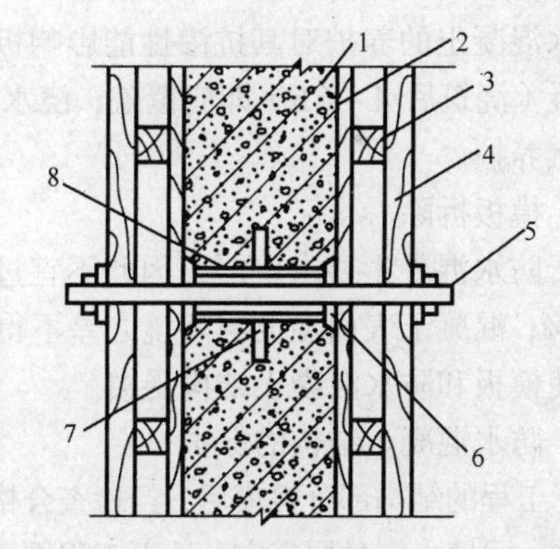

图 8.3　预埋套管加焊止水环

1—防水结构　2—模板　3—小龙骨　4—大龙骨

5—螺栓　6—垫木　7—止水环　8—预埋套管

（2）钢筋施工

做好钢筋绑扎前的除污、除锈工作。绑扎钢筋时，应按设计规定留足保护层，且迎水面钢筋保护层厚度不应小于 50 mm。应以相同配合比的细石混凝土或水泥砂浆制成垫块，将钢筋垫起，以保证保护层厚度。严禁以垫铁或钢筋头垫钢筋，或将钢筋用铁钉及钢丝直接固定在模板上。钢筋应绑扎牢固，避免因碰撞、振动使绑扣松散、钢筋移位，造成露筋。钢筋及绑扎钢丝均不得接触模板。采用铁马凳架设钢筋时，在不便取掉铁马凳的情况下，应在铁马凳上加焊止水环。在钢筋密集的情况下，更应注意绑扎或焊接质量，并用自密实高性能混凝土浇筑。

（3）混凝土搅拌

选定配合比时，其试配要求的抗渗水压应较其设计值提高 0.2 MPa，并准确计算及称量每种用料，投入混凝土搅拌机。外加剂的掺入方法应遵从所选外加剂的使用要求。

（4）混凝土运输

运输过程中应采取措施防止混凝土拌和物产生离析，以及坍落度和含气量的损失，同时要防止漏浆。

防水混凝土拌和物在常温下应于 0.5 h 以内运至现场；运送距离较远或气温较高时，可掺入缓凝型减水剂，缓凝时间宜为 6 ~ 8 h。

（5）混凝土的浇筑和振捣

在结构中若有密集管群，以及预埋件或钢筋稠密之处，不易使混凝土浇捣密实时，应选用免振捣的自密实高性能混凝土进行浇筑。

在浇筑大体积结构中，遇有预埋大管径套管或面积较大的金属板时，其下部的倒三角形区域不易浇捣密实而形成空隙，造成漏水，为此，可在管底或金属板上预先留置浇筑振捣孔，以利浇捣和排气，浇筑后再将孔补焊严密。

混凝土浇筑应分层，每层厚度不宜超过 30 ~ 40 cm，相邻两层浇筑时间间隔不应超过 2 h，夏季可适当缩短。混凝土在浇筑地点须检查坍落度，每工作班至少检查两次。普通防水混凝土坍落度不宜大于 50 mm。

防水混凝土必须采用高频机械振捣，振捣时间宜为 10 ~ 30 s，以混凝土泛浆和不冒气泡为准。要依次振捣密实，应避免漏振、欠振和超振。掺加引气剂或引气型减水剂时，应采用高频插入式振捣器振捣密实。

（6）混凝土的养护

防水混凝土的养护对其抗渗性能影响极大，特别是早期湿润养护更为重要，一般在混凝土进入终凝（浇筑后 4 ~ 6 h）即应覆盖，浇水湿润养护不少于 14 天。防水混凝土不宜用电热法养护和蒸汽养护。

（7）模板拆除

由于防水混凝土要求较严，因此不宜过早拆模。拆模时混凝土的强度必须超过设计强度等级的 70%，混凝土表面温度与环境之差不得大于 15℃，以防止混凝土表面产生裂缝。拆模时应注意勿使模板和防水混凝土结构受损。

（8）防水混凝土结构的保护

地下工程的结构部分拆模后，经检查合格后，应及时回填。回填前应将基坑清理干净，无杂物且无积水。回填土应分层夯实。地下工程周围 800 mm 以内宜用灰土、黏土或粉质黏土回填；回填土中不得含有石块、碎砖、灰渣、有机杂物以及冻土。回填施工应均匀对称进行。回填后地面建筑周围应做不小于 800 mm 宽的散水，其坡度宜为 5%，以防地表水侵入地下。

完工后的防水结构，严禁再在其上打洞。若结构表面有蜂窝麻面，应及时修补。修补时应先用水冲洗干净，涂刷一道水胶比为 0.4 的水泥浆，再用水胶比为 0.5 的 1 : 2.5 水泥砂浆填实抹平。

三、水泥砂浆防水层施工

1. 防水砂浆

防水砂浆包括聚合物水泥防水砂浆、掺外加剂或掺合料的防水砂浆，宜采用多层抹压法施工。水泥砂浆防水层可用于地下工程主体结构的迎水面或背水面，不应用于受持续振动或温度高于 80℃的地下工程防水。水泥砂浆防水层应在基础垫层、初期支护、围护结构及内衬结构验收合格后施工。

水泥砂浆的品种和配合比设计应根据防水工程要求确定。聚合物水泥防水砂浆厚度单层施工宜为 6 ~ 8 mm，双层施工宜为 10 ~ 12 mm；掺外加剂或掺合料的水泥防水砂浆厚度宜为 18 ~ 20 mm。水泥砂浆防水层的基层混凝土强度或砌体用的砂浆强度均不应低于设计值的 80%。

2. 防水砂浆的施工要求

（1）一般要求

基层表面应平整、坚实、清洁，并应充分湿润、无明水。基层表面的孔洞、缝隙，应采用与防水层相同的防水砂浆堵塞并抹平。施工前应将预埋件、穿墙管预留凹槽内嵌填密封材料后，再对水泥砂浆层进行施工。

防水砂浆的配合比和施工方法应符合所掺材料的规定，其中聚合物水泥防水砂浆的用水量应包括乳液中的含水量。水泥砂浆防水层应分层铺抹或喷射，铺抹时应压实、抹平，最后一层表面应提浆压光。聚合物水泥防水砂浆拌和后应在规定时间内用完，施工中不得任意加水。

水泥砂浆防水层各层应紧密黏合，每层宜连续施工；必须留设施工缝时，应采用阶梯坡形槎，但离阴阳角处的距离不得小于 200 mm。

水泥砂浆防水层不得在雨天、五级及以上大风中施工。冬期施工时，气温不应低于 5℃。夏季不宜在 30℃以上或烈日照射下施工。

水泥砂浆防水层终凝后，应及时进行养护，养护温度不宜低于 5℃，并应保持砂浆表面湿润，养护时间不得少于 14 天。

聚合物水泥防水砂浆未达到硬化状态时，不得浇水养护或直接受雨水冲刷，硬化后应采用干湿交替的养护方法。潮湿环境中，可在自然条件下养护。

（2）基层处理

基层处理十分重要，是保证防水层与基层表面结合牢固，不空鼓和密实不透水的关键。基层处理包括清理、浇水、刷洗、补平等工序，使基层表面保持潮湿、清洁、平整、坚实、粗糙。

① 混凝土基层的处理。

a. 新建混凝土工程处理。拆除模板后，立即用钢丝刷将混凝土表面刷毛，并在抹面前浇水冲刷干净。

b. 旧混凝土工程处理。补做防水层时需用钻子、剁斧、钢丝刷将表面凿毛，清理平整后再冲水，用棕刷刷洗干净。

c. 混凝土基层表面凹凸不平、蜂窝孔洞的处理。超过 1 cm 的棱角及凹凸不平处，应剔成慢坡形，并浇水清洗干净，用素灰和水泥砂浆分层找平，如图 8.4 所示。混凝土表面的蜂窝孔洞，应先将松散不牢的石子除掉，浇水冲洗干净，用素灰和水泥砂浆交替抹到与基层面相平，如图 8.5 所示。混凝土表面的蜂窝床面不深，石子黏结较牢固，只需用水冲洗干净后，用素灰打底，水泥砂浆压实找平，如图 8.6 所示。

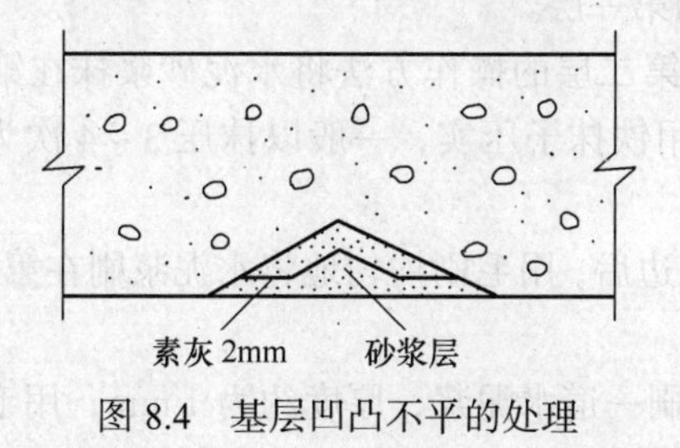

图 8.4 基层凹凸不平的处理

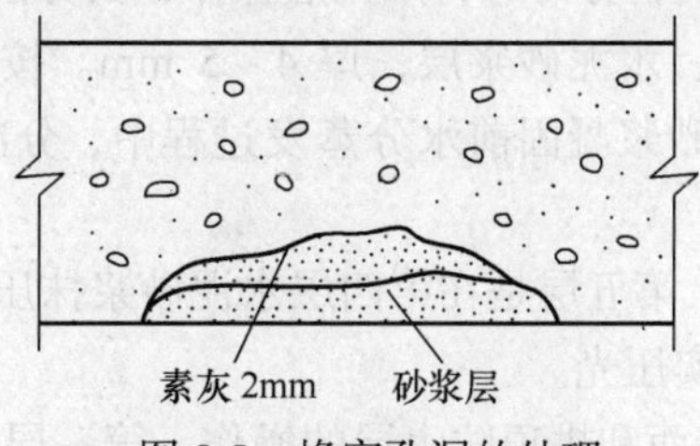

图 8.5 蜂窝孔洞的处理

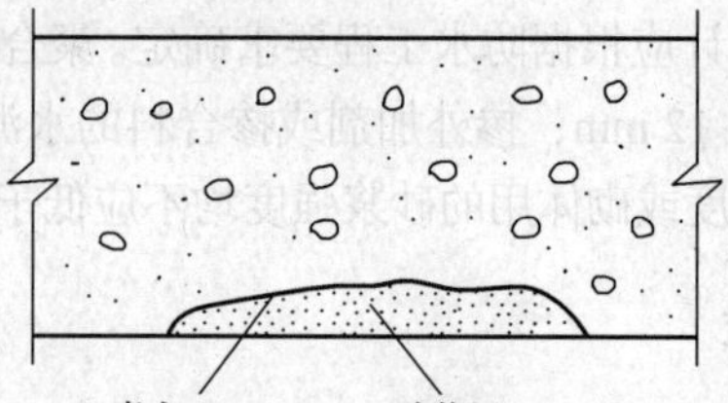

素灰 2mm　砂浆层

图 8.6　蜂窝麻面的处理

d. 混凝土结构的施工缝要沿缝剔成八字形凹槽，用水冲洗后，用素灰打底，水泥砂浆压实抹平，如图 8.7 所示。

② 砖砌体基层的处理。对于新砌体，应将其表面残留的砂浆等污物清除干净，并浇水冲洗。对于旧砌体，要将其表面酥松表皮及砂浆等污物清理干净，至露出坚硬的砖面，并浇水冲洗。对于石灰砂浆或混合砂浆砌的砖砌体，应将缝剔深 1 cm，缝内呈直角，如图 8.8 所示。

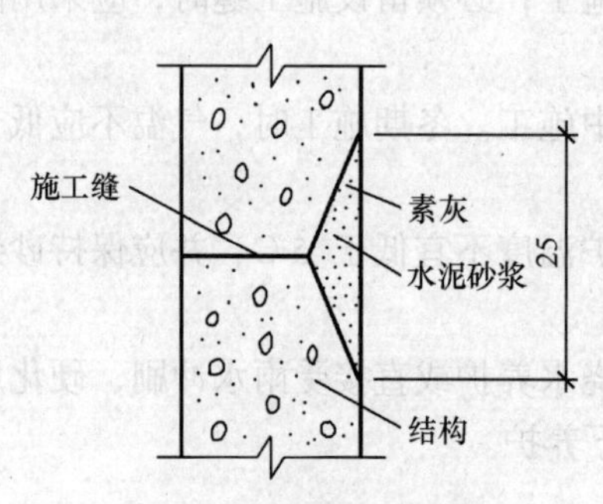

图 8.7　混凝土结构施工缝的处理

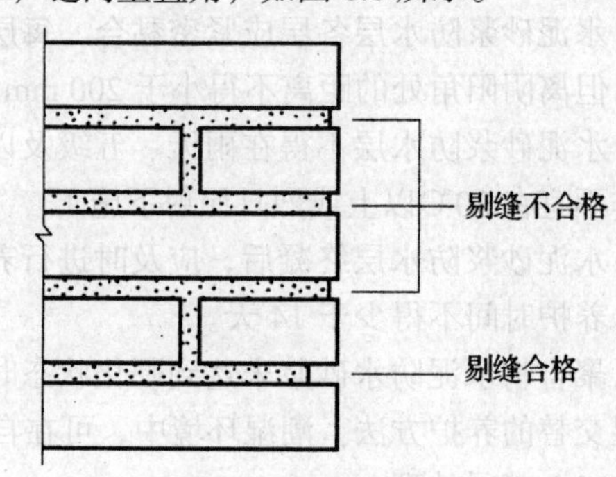

图 8.8　砖砌体的剔缝

3. 防水砂浆的施工方法

（1）普通水泥砂浆防水层施工

① 混凝土顶板与墙面防水层操作。

第一层：素灰层，厚 2 mm。先抹一道 1 mm 厚素灰，用铁抹子往返用力刮抹，使素灰填实基层表面的孔隙。随即在已刮抹过素灰的基层表面再抹一道厚 1 mm 的素灰找平层，抹完后，用湿毛刷在素灰层表面按顺序涂刷一遍。

第二层：水泥砂浆层，厚 4 ~ 5 mm。在素灰层初凝时抹第二层水泥砂浆层，要防止素灰层过软或过硬，过软将素灰层破坏；过硬黏结不良，要使水泥砂浆层薄薄压入素灰层厚度的 1/4 左右，抹完后，在水泥砂浆初凝时用扫帚按顺序向一个方向扫出横向条纹。

第三层：素灰层，厚 2 mm。在第二层水泥砂浆凝固并具有一定强度（常温下间隔一昼夜），适当浇水湿润，方可进行第三层操作，其方法同第一层。

第四层：水泥砂浆层，厚 4 ~ 5 mm。按照第二层的操作方法将水泥砂浆抹在第三层上，抹后在水泥砂浆凝固前水分蒸发过程中，分次用铁抹子压实，一般以抹压 3 ~ 4 次为宜，最后再压光。

第五层：第五层是在第四层水泥砂浆抹压两边后，用毛刷均匀地将水泥浆刷在第四层表面，随第四层抹实压光。

② 砖墙面和拱顶防水层的操作。第一层是刷一道水泥浆，厚度约为 1 mm，用毛刷往返涂刷均匀，涂刷后，可抹第二、三、四层等，其操作方法与混凝土基层防水相同。

（2）地面防水层的操作

地面防水层操作与墙面、顶板操作不同的地方是，素灰层（一、三层）不采用刮抹的方法，而是把拌和好的素灰倒在地面上，用棕刷往返用力涂刷均匀，第二层和第四层是在素灰层初凝前后把拌和好的水泥砂浆层按厚度要求均匀铺在素灰层上，按墙面、顶板操作要求抹压，各层厚度也均与墙面、顶板防水层相同。地面防水层在施工时要防止践踏，应由里向外顺序进行，如图 8.9 所示。

（3）特殊部位的施工

结构阴阳角处的防水层均需抹成圆角，阴角直径 5 cm，阳角直径 1 cm。防水层的施工缝需留斜坡阶梯形槎，槎子的搭接要依照层次操作顺序层层搭接。留槎的位置一般留在地面上，亦可留在墙面上，所留的槎子均需离阴阳角 20 cm 以上，如图 8.10 所示。

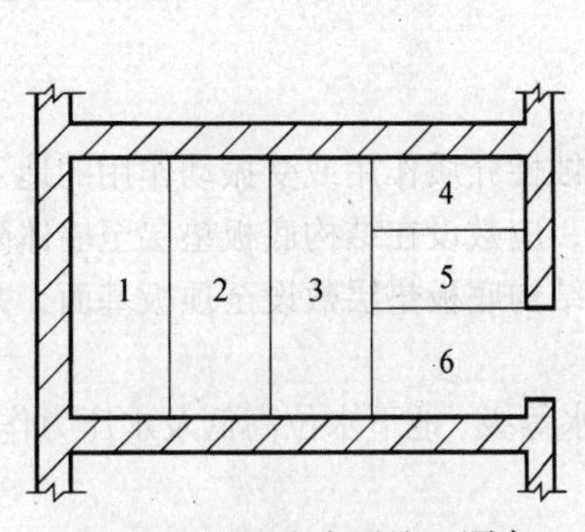

图 8.9　地面防水层施工顺序

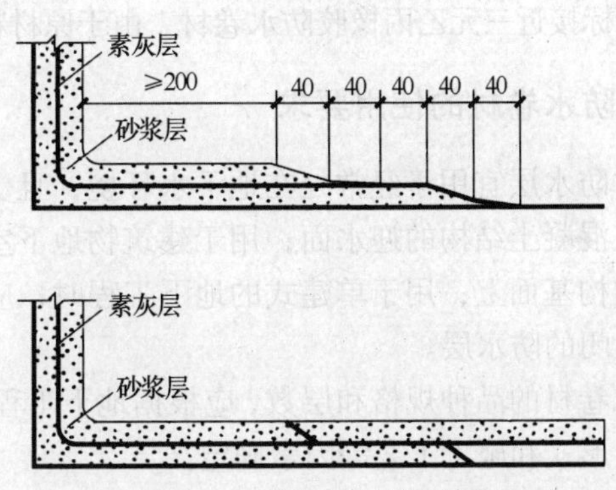

图 8.10　防水层接槎处理

四、卷材防水层施工

1. 防水卷材的主要类型

按原材料性质分类的防水卷材主要有沥青防水卷材、高聚物改性沥青防水卷材和合成高分子防水卷材三大类，沥青防水卷材现已逐渐淘汰使用。

（1）沥青防水卷材

沥青防水卷材的传统产品是石油沥青纸胎油毡。由于原料 80%左右是沥青，沥青类建筑防水卷材在生产过程中会产生较大污染，加之工艺落后、耗能高、资源浪费，自 1999 年以来，国家及地方政府不断发文，曾勒令除新型改性沥青类产品以外的其他产品逐步退市，并一再提高技术标准。从 2008 年开始，工信部、国家发改委、国家质检总局等部门也分别从淘汰落后产能、调整产业结构、管理生产许可证准入等方面，限制沥青类防水卷材的生产量。

（2）高聚物改性沥青防水卷材

该卷材使用的高聚物改性沥青，指在石油沥青中添加聚合物，以改善沥青的感温性差、低温易脆裂、高温易流淌等不足。用于沥青改性的聚合物较多，主要是以 SBS（苯乙烯-丁二烯-苯乙烯合成橡胶）为代表的弹性体聚合物和以 APP（无规聚丙烯合成树脂）为代表的塑性体聚合物两大类。卷材的胎体主要使用玻纤毡和聚酯毡等高强材料。主要品种有 SBS 改性沥青防水卷材、APP 改性沥青防水卷材、PVC 改性焦油沥青防水卷材、再生胶改性沥青防水卷材、废橡胶粉改性沥青防水卷材和其他改性沥青防水卷材等种类。

SBS 防水卷材的特点是低温柔性好、弹性和延伸率大、纵横向强度均匀性好，不仅可以在低寒、高温气候条件下使用，并在一定程度上可以避免结构层由于伸缩开裂对防水层构成的威胁。APP 防水卷材的特点则是耐热度高、热熔性好，适合热熔法施工，因而更适合高温气候或有强烈太阳辐射地区的建筑屋面防水。

（3）合成高分子防水卷材

合成高分子防水卷材是一类无胎体的卷材。其特点是拉伸强度大、断裂伸长率高、抗撕裂强度大、耐高低温性能好等，因而对环境气温变化和结构基层伸缩、变形、开裂等状况具有较强的适应性。此外，由于其耐腐蚀性和抗老化性好，可以延长卷材的使用寿命，降低防水工程的综合费用。

合成高分子防水卷材按其原料的品质分为合成橡胶和合成树脂两大类。当前最具代表性的产品是合成橡胶类的三元乙丙橡胶（EPDM）防水卷材和合成树脂类的聚氯乙烯（PVC）防水卷材。

此外，我国还研制出多种橡塑共混防水卷材，其中氯化聚乙烯-橡胶共混防水卷材具有代表性，其性能指标接近三元乙丙橡胶防水卷材。由于原材料与价格有一定优势，推广应用量正逐步扩大。

2. 防水卷材的使用要求

卷材防水层宜用于经常处在地下水环境，且受侵蚀性介质作用或受振动作用的地下工程；应敷设在混凝土结构的迎水面；用于建筑物地下室时，应敷设在结构底板垫层至墙体防水设防高度的结构基面上；用于单建式的地下工程时，应从结构底板垫层敷设至顶板基面，并应在外围形成封闭的防水层。

防水卷材的品种规格和层数，应根据地下工程防水等级、地下水位高低及水压力作用状况、结构构造形式和施工工艺等因素确定。

3. 防水卷材的施工方法

地下防水工程一般把卷材防水层设置在建筑结构的外侧迎水面上，称为外防水。外防水有两种设置方法，即外防内贴法和外防外贴法。外防水防水层的铺贴法可以借助土压力压紧，并与结构一起抵抗有压地下水的渗透和侵蚀作用，防水效果良好，采用比较广泛。卷材防水层用于建筑物地下室，应敷设在结构主体底板垫层至墙体顶端的基面上，在外围形成封闭的防水层。

铺贴卷材的基层必须牢固、无松动现象；基层表面应平整干净；阴阳角处均应做成圆弧形或钝角。铺贴卷材前，应在基面上涂刷基层处理剂。当基层较潮湿时，应涂刷湿固化型胶黏剂或潮湿界面隔离剂。基层处理剂应与卷材和胶黏剂的材性相容，基层处理剂可采用喷涂法或涂刷法施工。喷涂应均匀一致，不露底，待表面干燥后，再铺贴卷材。铺贴卷材时，每层的沥青胶要求涂布均匀，厚度一般为 1.5 ~ 2.5 mm。外贴法铺贴卷材应先铺平面，后铺立面。平、立面交接处应交叉搭接；内贴法宜先铺垂直面，后铺水平面。铺贴垂直面时应先铺转角，后铺大面。墙面铺贴时应待冷底子油干燥后自下而上进行。

卷材接槎的搭接长度：高聚物改性沥青卷材为 150 mm，合成高分子卷材为 100 mm。当使用两层卷材时，上下两层和相邻两幅卷材的接缝应错开 1/3 ~ 1/2 幅宽，并不得互相垂直铺贴。在立面与平面的转角处，卷材的接缝应留在平面距立面不小于 600 mm 处。在所有转角处均应铺贴附加层并仔细粘贴紧密。粘贴卷材时应展平压实。卷材与基层和各层卷材间必须粘贴紧密，搭接缝必须用沥青胶仔细封严。最后一层卷材贴好后，应在其表面均匀涂刷一层 1 ~ 1.5 mm 的热沥青胶，以保护防水层。铺贴高聚物改性沥青卷材时应采用热熔法施工，在幅宽内卷材底表面均匀加热，不可过分加热或烧穿卷材。只使卷材的黏结面材料加热呈熔融状态后，立即与基层或已粘贴好的卷材黏结牢固，但对厚度小于 3 mm 的高聚物改性沥青防水卷材不能采用热熔法施工。铺贴合成高分子卷材要采用冷粘法施工，所使用的胶黏剂必须与卷材材性相容。

（1）外防内贴法

外防内贴法是浇筑混凝土垫层后，在垫层上将永久保护墙全部砌好，将卷材防水层铺贴在垫层和永久保护墙上的方法，如图 8.11 所示，其施工程序如下。

① 在已施工好的混凝土垫层上砌筑永久保护墙，保护墙全部砌好后，用 1:3 水泥砂浆在垫层和永久保护墙上抹找平层。保护墙与垫层之间须干铺一层油毡。

② 找平层干燥后即涂刷冷底子油或基层处理剂，干燥后方可铺贴卷材防水层，铺贴时应先铺立面、后铺平面，先铺转角、后铺大面。在全部转角处应铺贴卷材附加层，附加层可为两层同类油毡或一层抗拉强度较高的卷材，并应仔细粘贴紧密。

③ 卷材防水层铺完经验收合格后即应做好保护层。立面可抹水泥砂浆、贴塑料板，或用氯丁系胶黏剂粘铺石油沥青纸胎油毡；平面可抹水泥砂浆，或浇筑不小于 50 mm 厚的细石混凝土。

④ 进行需防水结构的施工，将防水层压紧。如为混凝土结构，则永久保护墙可当一侧模板；结构顶板卷材防水层上的细石混凝土保护层厚度不应小于 70 mm，防水层如为单层卷材，则其与保护层之间应设置隔离层。

⑤ 结构完工后，方可回填土。

（2）外防外贴法

外防外贴法是将立面卷材防水层直接敷设在需防水结构的外墙外表面，施工程序如下。

① 先浇筑需防水结构的底面混凝土垫层；在垫层上砌筑永久性保护墙，墙下铺一层干油毡。墙的高度不小于需防水结构底板厚度再加 100 mm。

② 在永久性保护墙上用石灰砂浆接砌临时保护墙，墙高为 300 mm 并抹 1:3 水泥砂浆找平层；在临时保护墙上抹石灰砂浆找平层并刷石灰浆。如用模板代替临时性保护墙，应在其上涂刷隔离剂。

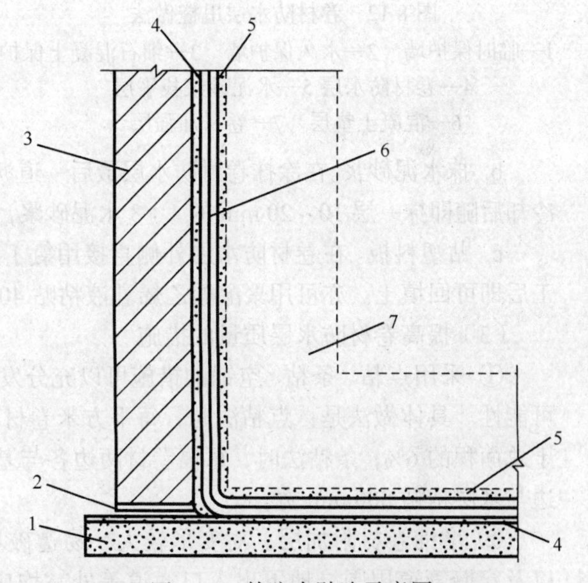

图 8.11　外防内贴法示意图

1—混凝土垫层　2—干铺油毡　3—永久性保护墙
4—找平层　5—保护层　6—卷材防水层
7—需防水的结构

③ 待找平层基本干燥后，即可根据所选卷材的施工要求进行铺贴。

④ 在大面积铺贴卷材之前，应先在转角处粘贴一层卷材附加层，然后进行大面积铺贴，先铺平面、后铺立面。在垫层和永久性保护墙上应将卷材防水层空铺，而在临时保护墙（或模板）上应将卷材防水层临时贴附，并分层临时固定在其顶端。

⑤ 浇筑需防水结构的混凝土底板和墙体，在需防水结构外墙外表面抹找平层。

⑥ 主体结构完成后，铺贴立面卷材时，应先将接槎部位的各层卷材揭开，并将其表面清理干净，如卷材有局部损伤，应及时进行修补。当使用两层卷材接槎时，卷材应错槎接缝，上层卷材应盖过下层卷材。卷材的甩槎、接槎做法如图 8.12 和图 8.13 所示。

⑦ 待卷材防水层施工完毕，并经过检查验收合格后，应及时做好卷材防水层的保护结构。保护结构的几种做法如下。

a. 砌筑永久保护墙，并每隔 5 ~ 6 m 及在转角处断开，断开的缝中填以卷材条或沥青麻丝；保护墙与卷材防水层之间的空隙应随砌随以砌筑砂浆填实，保护墙完工后方可回填土。注意在砌保护墙的过程中切勿损坏防水层。

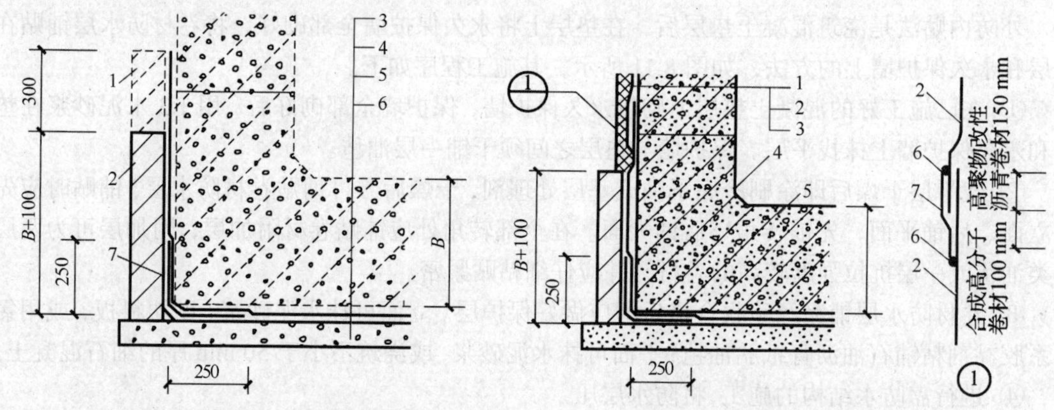

图 8.12　卷材防水层甩槎做法

1—临时保护墙　2—永久保护墙　3—细石混凝土保护层　4—卷材防水层 5—水泥砂浆找平层　6—混凝土垫层　7—卷材加强层

图 8.13　卷材防水层接槎做法

1—结构墙体　2—卷材防水层　3—卷材保护层　4—卷材加强层　5—结构底板　6—密封材料　7—盖缝条

b. 抹水泥砂浆。在涂抹卷材防水层最后一道沥青胶结材料时，趁热撒上干净的热砂或散麻丝，冷却后随即抹一层 10 ~ 20 mm 的 1∶3 水泥砂浆，水泥砂浆经养护达到强度后，即可回填土。

c. 贴塑料板。在卷材防水层外侧直接用氯丁系胶固定 5 ~ 6 mm 厚的聚乙烯泡沫塑料板，完工后即可回填土。亦可用聚醋酸乙烯乳液粘贴 40 mm 厚的聚苯泡沫塑料板代替。

（3）提高卷材防水层质量的措施

① 采用点粘、条粘、空铺的措施可以充分发挥卷材的延伸性能，有效地减少卷材被拉裂的可能性。具体做法是：点粘法时，每平方米卷材下粘 5 点（100 mm×100 mm），粘贴面积不大于总面积的 6%；条粘法时，每幅卷材两边各与基层粘贴 150 mm 宽；空铺法时，卷材防水层周边与基层粘贴 800 mm 宽。

② 增铺卷材附加层。对变形较大、易遭破坏或易老化部位，如变形缝、转角、三面角，以及穿墙管道周围、地下出入口通道等处，均应铺设卷材附加层。附加层可采用同种卷材加铺 1 ~ 2 层，亦可用其他材料作增强处理。

③ 做密封处理。在分格缝、穿墙管道周围、卷材搭接缝，以及收头部位应做密封处理。施工中，要重视对卷材防水层的保护。

五、涂料防水层施工

1. 常用的防水涂料类型

常用的防水涂料主要有以下几种。

（1）沥青防水涂料

该类涂料的主要成膜物质是以乳化剂配制的乳化沥青和填料。在Ⅲ级防水卷材屋面上单独使用时的厚度不应小于 8 mm，每平方米涂布量约为 8 kg，因而需多遍涂抹。由于这类涂料的沥青用量大、含固量低、弹性和强度等综合性能较差，在防水工程中已逐渐被淘汰。

（2）高聚物改性沥青防水涂料

该类涂料的品种有以化学乳化剂配制的乳化沥青为基料，掺加氯丁橡胶或再生橡胶水乳液的防水涂料；有众多的溶剂型改性沥青涂料，如氯丁橡胶沥青涂料、SBS 橡胶沥青涂料、丁基

橡胶沥青涂料等。

（3）合成高分子防水涂料

该类涂料的类型有水乳型、溶剂型和反应型 3 种。其中综合性能较好的品种是反应型的聚氨酯防水涂料。

聚氨酯防水涂料是以甲组分（聚氨酯预聚体）与乙组分（固化剂）按一定比例混合的双组分涂料。常用的品种有聚氨酯防水涂料（不掺加焦油）和焦油聚氨酯防水涂料两种。聚氨酯防水涂料大多为彩色，固体含量高，具有橡胶状弹性，延伸性好，拉伸强度和抗撕裂强度高，耐油、耐磨、耐海水浸蚀，使用温度范围宽，涂膜反应速度易于调整，因而是一种综合性能好的高档次涂料，但其价格也较高。焦油聚氨酯防水涂料为黑色，有较大臭感，反应速度不易调整，性能易出现波动。由于焦油对人体有害，故这种涂料不能用于冷库内壁和饮水工程；室内施工时应采取通风措施。

2. 防水涂料的使用要求

无机防水涂料宜用于地下工程结构主体的背水面；有机防水涂料宜用于主体结构的迎水面，用于背水面的有机防水涂料应具有较高的抗渗性，且与基层有较好的黏结性。

防水涂料品种的选择应符合下列规定。

① 潮湿基层宜选用与潮湿基面黏结力大的无机防水涂料或有机防水涂料，也可先涂无机防水涂料而后再涂有机防水涂料构成复合防水涂层。

② 冬期施工宜选用反应型涂料。

③ 埋置深度较深的重要工程、有振动或有较大变形的工程，宜选用高弹性防水涂料。

④ 有腐蚀性的地下环境宜选用耐腐蚀性较好的有机防水涂料，并应做刚性保护层。

⑤ 聚合物水泥防水涂料应选用Ⅱ型产品。

采用有机防水涂料时，基层阴阳角应做成圆弧形，阴角直径宜大于 50 mm，阳角直径宜大于 10 mm，在底板转角部位应增加胎体增强材料，并应增涂防水涂料。

防水涂料宜采用外防外涂或外防内涂，如图 8.14 和图 8.15 所示。

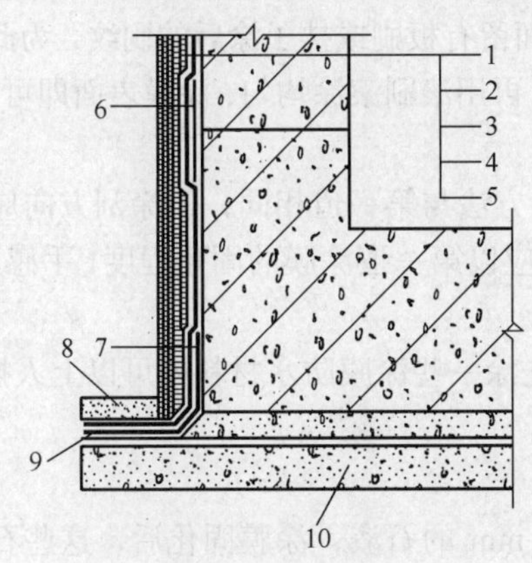

图 8.14　防水涂料外防外涂构造

1—保护墙　2—砂浆保护层
3—涂料防水层　4—砂浆找平层
5—结构墙体　6—涂料防水层加强层
7—涂料防水加强层　8—涂料防水层搭接部位保护层
9—涂料防水层搭接部位　10—混凝土垫层

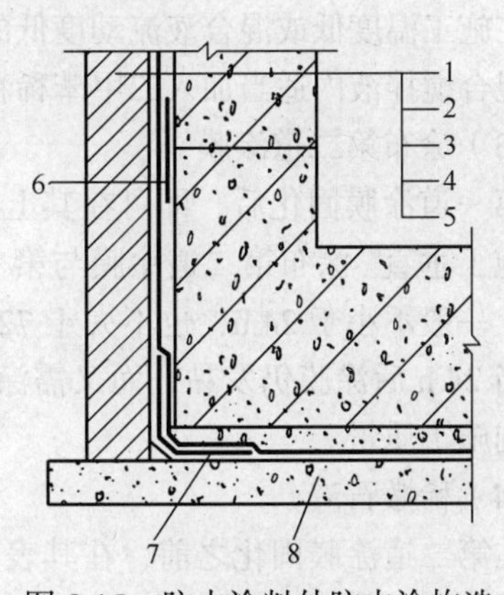

图 8.15　防水涂料外防内涂构造

1—保护墙　2—涂料保护层
3—涂料防水层　4—找平层
5—结构墙体 6—涂料防水层加强层
7—涂料防水加强层　8—混凝土垫层

掺外加剂、掺合料的水泥基防水涂料厚度不得小于 3.0 mm；水泥基渗透结晶型防水涂料的用量不应小于1.5 kg/m²，且厚度不应小于1.0 mm；有机防水涂料的厚度不得小于1.2 mm。

3. 防水涂料的施工方法

涂膜施工的顺序：基层处理→涂刷底层卷材（即聚氨酯底胶、增强涂布或增补涂布）→涂布第一道涂膜防水层（聚氨酯涂膜防水材料、增强涂布或增补涂布）→涂布第二道（或面层）涂膜防水层（聚氨酯涂膜防水材料）→稀撒石渣→铺抹水泥砂浆→设置保护层。

涂布顺序先垂直面、后水平面，先阴阳角及细部、后大面。每层涂布方向应互相垂直。

（1）涂布与增补涂布

在阴阳角、排水口、管道周围、预埋件及设备根部、施工缝或开裂处等需要增强防水层抗渗性的部位，应做增强或增补涂布。

增强涂布或增补涂布可在粉刷底层卷材后进行，也可以在涂布第一道涂膜防水层以后进行，还有将增强涂布夹在每相邻两层涂膜之间的做法。

增强涂布的做法：在涂布增强膜中敷设玻璃纤维布，用板刷涂刮驱气泡，将玻璃纤维布紧密地粘贴在基层上，不得出现空鼓或皱折。这种做法一般为条形；增补涂布为块状，做法同增强涂布，但可做多层涂抹。

增强、增补涂布与基层卷材是组成涂膜防水层的最初涂层，对防水层的抗渗性能具有重要作用，因此涂布操作时要认真仔细，保证质量，不得有气孔、鼓泡、皱折、翘边，玻璃布应按设计规定搭接，且不得露出面层表面。

（2）涂布第一道涂膜

在前一道卷材固化干燥后，应先检查其上是否有残留气孔或气泡，如无，即可涂布施工；如有，则应用橡胶板刷将混合料用力压入气孔填实补平，然后再进行第一层涂膜施工。

涂布第一道聚氨酯防水材料，可用塑料板刷均匀涂刮，厚薄一致，厚度约为1.5 mm。

平面或坡面施工后，在防水层未固化前不宜上人踩踏，涂抹施工过程中应留出施工退路，可以分区分片用后退法涂刷施工。

在施工温度低或混合液流动度低的情况下，涂层表面留有板刷或抹子涂后的刷纹，为此应预先在混合搅拌液内适当加入二甲苯稀释，用板刷涂抹后，再用滚刷滚涂均匀，涂膜表面即可平滑。

（3）涂布第二道涂膜

第一道涂膜固化后，即可在其上涂刮第二道涂膜，方法与第一道相同，但涂刮方向应与第一道施工垂直。涂布第二道涂膜与第一道相间隔的时间应以第一道涂膜的固化程度（手感不黏）确定，一般不小于24 h，也不大于72 h。

当24 h后涂膜仍发黏，而又需涂刷下一道时，可先涂一些涂膜防水材料即可以上人操作，不影响施工质量。

（4）稀撒石渣

在第二道涂膜固化之前，在其表面稀撒粒径约为2 mm的石渣，涂膜固化后，这些石渣即牢固地黏结在涂膜表面，其作用是增强涂膜与其保护层的黏结能力。

（5）设置保护层

最后一道涂膜固化干燥后，即可设置保护层。保护层可根据建筑要求设置相适宜的形式：立面、平面可在稀撒石渣上抹水泥砂浆，铺贴瓷砖、陶瓷锦砖；一般房间的立面可以铺抹水泥砂浆，平面可铺设缸砖或水泥方砖，也可抹水泥砂浆或浇筑混凝土；若用于地下室墙体外壁，可在稀撒石渣层上抹水泥砂浆保护层，然后回填土。

六、地下工程混凝土结构细部构造防水施工

1. 变形缝

设置变形缝是为了适应地下工程由于温度、湿度作用及混凝土收缩、徐变而产生的水平变位，以及地基不均匀沉降而产生的垂直变位，以保证工程结构的安全和满足密封防水的要求。在这个前提下，还应考虑其构造合理、材料易得、工艺简单、检修方便等要求。

变形缝应满足密封防水、适应变形、施工方便、检修容易等要求。用于伸缩的变形缝宜少设，可根据不同的工程结构类别、工程地质情况采用后浇带、加强带、诱导缝等替代措施。

止水带施工应符合下列规定。

① 止水带埋设位置应准确，其中间空心圆环应与变形缝的中心线重合。

② 止水带应固定，顶、底板内止水带应成盆状安设。

③ 中埋式止水带先施工一侧混凝土时，其端模应支撑牢固，并应严防漏浆。

④ 止水带的接缝宜为一处，应设在边墙较高位置上，不得设在结构转角处，接头宜采用热压焊接。

⑤ 中埋式止水带在转弯处应做成圆弧形，(钢边)橡胶止水带的转角半径不应小于 200 mm，转角半径应随止水带的宽度增大而相应加大。

安设于结构内侧的可卸式止水带施工时应符合下列规定。

① 所需配件应一次配齐。

② 转角处应做成 45°折角，并应增加紧固件的数量。

变形缝与施工缝均用外贴式止水带（中埋式）时，其相交部位宜采用十字配件，如图 8.16 所示。变形缝用外贴式止水带的转角部位宜采用直角配件，如图 8.17 所示。

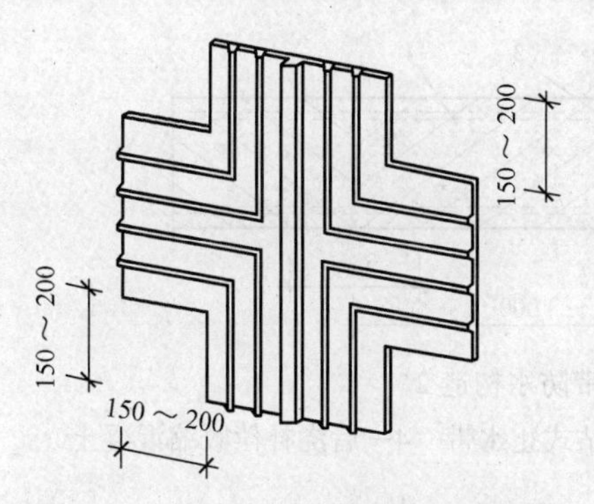

图 8.16　外贴式止水带在施工缝与变形缝相交处的十字配件

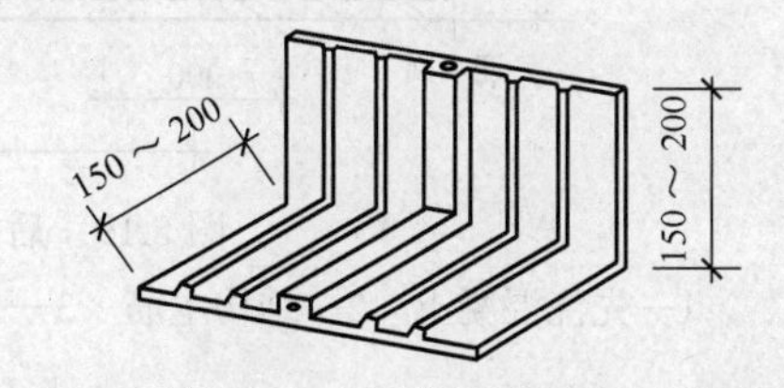

图 8.17　外贴式止水带在转角处的直角配件

密封材料嵌填施工时，应符合下列规定。

① 缝内两侧基面应平整干净、干燥，并应刷涂与密封材料相容的基层处理剂。

② 嵌缝底部应设置背衬材料。

③ 嵌填应密实连续、饱满，并应黏结牢固。

在缝表面粘贴卷材或涂刷涂料前，应在缝上设置隔离层。卷材防水层、涂料防水层的施工应符合规定。

2. 后浇带

后浇带是在地下工程不允许留设变形缝，而实际长度超过了伸缩缝的最大间距，所设置的一种刚性接缝。虽然先后浇筑混凝土的接缝形式和防水混凝土施工缝大致相同，但后浇带位置与结构形式、地质情况、荷载差异等有很大关系，故后浇带应按设计要求留设。

后浇带应在两侧混凝土干缩变形基本稳定后施工，混凝土的收缩变形一般在龄期为 6 周后才能基本稳定，在条件许可时，间隔时间越长越好。

(1) 一般要求

① 后浇带宜用于不允许留设变形缝的工程部位。

② 后浇带应在其两侧混凝土龄期达到 42 天后再施工，高层建筑的后浇带施工应按规定时间进行。

③ 后浇带应采用补偿收缩混凝土浇筑，其抗渗和抗压强度等级不应低于两侧混凝土。

④ 后浇带应设在受力和变形较小的部位，其间距和位置应按结构设计要求确定，宽度宜为 700 ~ 1 000 mm。

⑤ 后浇带两侧可做成平直缝或阶梯缝，其防水构造形式宜采用如图 8.18 ~ 图 8.20 所示构造。

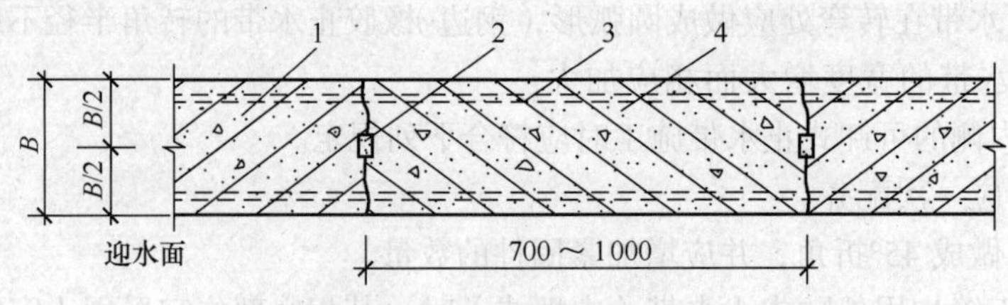

图 8.18 后浇带防水构造 1

1—先浇混凝土 2—遇水膨胀止水条（胶） 3—结构主筋 4—后浇补偿收缩混凝土

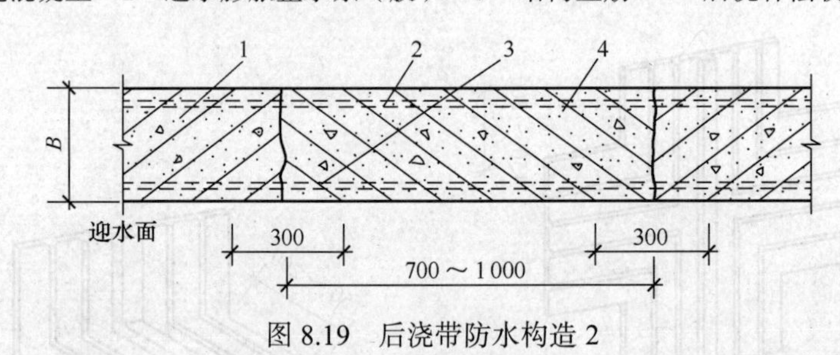

图 8.19 后浇带防水构造 2

1—先浇混凝土 2—结构主筋 3—外贴式止水带 4—后浇补偿收缩混凝土

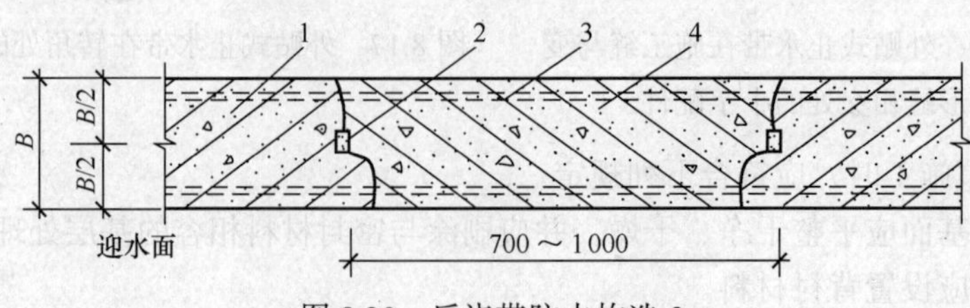

图 8.20 后浇带防水构造 3

1—先浇混凝土 2—遇水膨胀止水条（胶） 3—结构主筋 4—后浇补偿收缩混凝土

⑥ 采用掺膨胀剂的补偿收缩混凝土，水中养护 14 天后的限制膨胀率不应小于 0.015%，膨胀剂的掺量应根据不同部位的限制膨胀率设定值经试验确定。

（2）施工

后浇带混凝土施工前，后浇带部位和外贴式止水带应防止落入杂物和损伤外贴止水带。后浇带混凝土应一次浇筑，不得留设施工缝；混凝土浇筑后应及时养护，养护时间不得少于28天。

后浇带需超前止水时，后浇带部位的混凝土应局部加厚，并应增设外贴式或中埋式止水带，如图8.21所示。

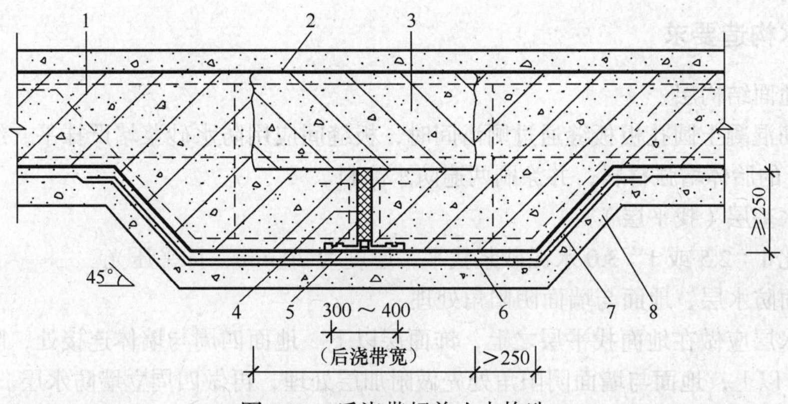

图8.21　后浇带超前止水构造

1—混凝土结构　2—钢丝网片　3—后浇带　4—填缝材料　5—外贴式止水带
6—细石混凝土保护层　7—卷材防水层　8—垫层混凝土

任务二　室内防水工程施工

一、施工要求

1. 防水材料要求

厕浴间和厨房防水材料的要求如下。

① 厕浴间和厨房防水材料一般有合成高分子防水涂料、聚合物水泥防水涂料、水泥基渗透结晶型防水材料、界面渗透型防水液与柔性防水涂料、聚乙烯丙纶防水卷材与聚合物水泥黏结料等。选用另外的防水材料时，其材料性能指标必须符合相关材料质量标准，应达到验收要求。

② 使用高分子防水涂料、聚合物水泥防水涂料时，防水层厚度不应小于 1.2 mm；水泥基渗透结晶型防水涂膜厚度不应小于0.8 mm或用料不应小于0.8 kg/m^2；界面渗透型防水液与柔性防水涂料复合施工时厚度不应小于0.8 mm；聚乙烯丙纶防水卷材与聚合物水泥黏结料复合施工时，其厚度不应小于1.8 mm。

采用防水材料复合施工时要求如下。

① 刚性防水材料与柔性涂料复合使用时，刚性材料宜放在下部。

② 两种柔性材料复合使用时，材料应具有相容性。

③ 厨房、厕浴间防水层现场使用的增强附加层的胎体材料可选用无纺布或低碱玻纤布，其质量应符合有关材料标准要求。

④ 基层处理剂与卷材、涂料、黏结料均应分别配套且材性相容。

2. 排水坡度（含找坡层）要求

① 地面向地漏处排水坡度应为1%～2%。

② 从地漏边缘向外50 mm内排水坡度为5%。

③ 大面积公共厕浴间地面应分区，每一个分区设一个地漏。区域内排水坡度为2%，坡度直线长度不大于3 m。

3. 防水构造要求

（1）楼地面结构层

预制钢筋混凝土圆孔板板缝通过厕浴间时，板缝间应用防水砂浆堵严抹平，缝上加一层宽度为250 mm的胎体增强材料，并涂刷两遍防水涂料。

（2）防水基层（找平层）

用配合比1∶2.5或1∶3.0水泥砂浆找平，厚度为20 mm，抹平压光。

（3）地面防水层、地面与墙面阴阳角处理

地面防水层应做在地面找平层之上，饰面层以下。地面四周与墙体连接处，防水层往墙面上返250 mm以上；地面与墙面阴阳角处先做附加层处理，再做四周立墙防水层。

（4）管根防水

① 管根孔洞在立管定位后，楼板四周缝隙用1∶3水泥砂浆堵严。缝隙大于20 mm时，可用细石防水混凝土堵严，并做底模。

② 在管根与混凝土（或水泥砂浆）之间应留凹槽，槽深10 mm、宽20 mm。凹槽内嵌填密封膏。

③ 管根平面与管根周围立面转角处应做涂膜防水附加层。

④ 预设套管措施。必要时在立管外设置套管，一般套管高出铺装层地面 20 mm，套管内径要比立管外径大2～5 mm，空隙嵌填密封膏。

套管安装时，在套管周边预留10 mm×10 mm凹槽，凹槽内嵌填密封膏。

（5）饰面层

防水层上做20 mm厚水泥砂浆保护层，在其上做地面砖等饰面层，材料由设计选定。

（6）墙面与顶板防水

墙面与顶板应做防水处理。有淋浴设施的厕浴间墙面，防水层高度不应小于 1.8 m，并与楼地面防水层交圈。顶板防水处理方案由设计确定。

二、厕浴间和厨房防水施工工艺

结合以往成熟的施工经验，厕浴间和厨房的防水施工工艺和作业要求可按使用要求和选材选择。

1. 聚合物乳液（丙烯酸）防水涂料施工

（1）施工机具

主要施工机具如下。

① 清理基面工具：开刀、凿子、锤子、钢丝刷、扫帚、抹布。

② 涂覆工具：滚子、刷子。

（2）施工工艺

① 工艺流程。

工艺流程为：清理基层→涂刷底部防水层→涂刷细部附加层→涂刷中层、面层防水层→防水层第一次蓄水试验→保护层或饰面层施工→第二次蓄水试验。

② 操作要点。

a. 清理基层。基层表面必须将浮土打扫干净，清除杂物、油渍、明水等。

b. 涂刷底部防水层。取丙烯酸防水涂料倒入一个空桶中约 2/3，少许加水稀释并充分搅拌，用滚刷均匀地涂刷底层，用量约为 0.4 kg/m^2，待手摸不沾手后进行下一道工序。

c. 涂刷细部附加层。

• 嵌填密封膏。按设计要求在管根等部位的凹槽内嵌填密封膏，密封材料应压嵌严密，防止裹入空气，并与缝壁黏结牢固，不得有开裂、鼓泡和下塌现象。

• 地漏、管根、阴阳角等易漏水部位的凹槽内，用丙烯酸防水涂料涂覆找平。

• 在地漏、管根、阴阳角和出入口等易发生漏水的薄弱部位，需增加一层胎体增强材料，宽度不得小于 300 mm，搭接宽度不得小于 100 mm，施工时先涂刷丙烯酸防水涂料，再铺增强层材料，然后再涂刷两遍丙烯酸防水涂料。

d. 涂刷中层、面层防水层。取丙烯酸防水涂料，用滚刷均匀地涂在底层防水层上面，每遍为 0.5 ~ 0.8 kg/m^2，其下层增强层和中层必须连续施工，不得间隔，若厚度不够，加涂一层或数层以达到设计规定的涂膜厚度要求。

e. 第一次蓄水试验。在做完全部防水层干固 48 h 以后，蓄水 24 h，未出现渗漏为合格。

f. 保护层或饰面层施工。第一次蓄水合格后，即可做保护层或饰面层施工。

g. 第二次蓄水试验。在保护层或饰面层施工完工后，应进行第二次蓄水试验，以确保防水工程质量。

（3）成品保护

① 操作人员应严格保护好已完工的防水层，非防水施工人员不得进入现场踩踏。

② 为确保排水畅通，地漏、排水口应避免杂物堵塞。

③ 施工时严防涂料污染已做好的其他部位。

（4）注意事项

① 5℃以下不得施工。

② 不宜在特别潮湿或不通风的环境中施工。

③ 涂料应存放在 5℃以上的阴凉干燥处。存放地点及施工现场必须通风良好，严禁烟火。

2. 单组分聚氨酯防水涂料施工

单组分聚氨酯防水涂料是以异氰酸酯、聚醚为主要原料，配以各种助剂制成，属于无有机溶剂挥发型合成高分子的单组分柔性防水涂料。

（1）主要施工机具

主要施工机具如下。

涂料涂刮工具：橡胶刮板。

地漏、转角处等涂料涂刷工具：油漆刷。

清理基层工具：铲刀。

修补基层工具：抹子。

（2）施工工艺

① 工艺流程。

工艺流程为：清理基层→细部附加层施工→第一遍涂膜施工→第二遍涂膜施工→第三遍涂膜施工→第一次蓄水试验→保护层、饰面层施工→第二次蓄水试验。

② 操作要点。

a. 清理基层。基层表面必须认真清扫干净。

b. 细部附加层施工。厕浴间的地漏、管根、阴阳角等处应用单组分聚氨酯涂刮一遍做附加层处理。

c. 第一遍涂膜施工。以单组分聚氨酯涂料用橡胶刮板在基层表面均匀涂刮，厚度一致，涂刮量以 0.6 ~ 0.8 kg/m^2 为宜。

d. 第二遍涂膜施工。在第一遍涂膜固化后，再进行第二遍聚氨酯涂刮。对平面的涂刮方向应与第一遍涂刮方向相垂直，涂刮量与第一遍相同。

e. 第三遍涂膜和撒砂粒施工。第二遍涂膜固化后，进行第三遍聚氨酯涂刮，达到设计厚度。在最后一遍涂膜施工完毕尚未固化时，在其表面应均匀地撒上少量干净的粗砂，以增加与即将覆盖的水泥砂浆保护层之间的黏结。

厕浴间和厨房防水层经多遍涂刷，单组分聚氨酯涂膜总厚度应不小于 1.5 mm。

f. 当涂膜固化完全并经第一次蓄水试验验收合格才可进行保护层、饰面层施工。

3. 聚合物水泥防水涂料施工

聚合物水泥防水涂料（简称 JS 防水涂料）是以聚合物乳液和水泥为主要原料，加入其他添加剂制成的液料与粉料两部分，按规定比例混合拌匀使用。

（1）施工机具

主要施工机具如下。

① 基层清理工具：锤子、凿子、铲子、钢丝刷、扫帚。

② 取料配料工具：台秤、搅拌器、材料桶。

③ 涂料涂覆工具：滚刷、刮板、刷子等。

（2）施工工艺

① 工艺流程。工艺流程为：清理基层→涂刷底面防水层→细部附加层施工→涂刷中间防水层→涂刷表面防水层→第一次蓄水试验→保护层、饰面层施工→第二次蓄水试验。

② 操作要点。

a. 清理基层。表面必须彻底清扫干净，不得有浮尘、杂物、明水等。

b. 涂刷底面防水层。底层用料由专人负责材料配制，先按表 8.2 的配合比分别称出配料所用的液料、粉料、水，在桶内用手提电动搅拌器搅拌均匀，使粉料均匀分散。

表 8.2　防水涂料配合比

防水涂料类别		按质量配合比
Ⅰ型	底层涂料	液料：粉料：水 = 10：（7 ~ 10）：14
	中、面层涂料	液料：粉料：水 = 10：（7 ~ 10）：（0 ~ 2）
Ⅱ型	底层涂料	液料：粉料：水 = 10：（10 ~ 20）：14
	中、面层涂料	液料：粉料：水 = 10：（10 ~ 20）：（0 ~ 2）

用滚刷或油漆刷均匀地涂刷成底面防水层，不得露底，一般用量为 0.3 ~ 0.4 kg/m^2。待涂层固化后，才能进行下一道工序。

c. 细部附加层施工。对地漏、管根、阴阳角等易发生漏水的部位，应进行密封或加强处理。按设计要求在管根等部位的凹槽内嵌填密封膏，密封材料应压嵌严密，防止裹入空气，并与缝壁黏结牢固，不得有开裂、鼓泡和下塌现象。在地漏、管根、阴阳角和出入口等易发生漏水的薄弱部位，可加一层增强胎体材料，材料宽度不小于300 mm，搭接宽度应不小于100 mm。施工时先涂一层JS防水涂料，再铺胎体增强材料，最后再涂一层JS防水涂料。

d. 涂刷中、面层防水层。按设计要求和表8.2提供的防水涂料配合比，将配制好的Ⅰ型或Ⅱ型JS防水涂料，均匀涂刷在底面防水层上。每遍涂刷量以0.8 ~ 1.0 kg/m^{2}为宜（涂料用量均为液料和粉料的原材料用量，不含稀释加水量）。多遍涂刷（一般3遍以上），直到达到设计规定的涂膜厚度要求。大面涂刷涂料时，不得加铺胎体，如设计要求增加胎体时，需使用耐碱网格布或40 g/m^{2}的聚酯无纺布。

e. 第一次蓄水试验。在最后一遍防水层固化48 h后蓄水24 h，以无渗漏为合格。

f. 保护层或饰面层施工。第一次蓄水试验合格后，即可做保护层、饰面层施工。

g. 第二次蓄水试验。在保护层或饰面层完工后，进行第二次蓄水试验，确保厕浴间和厨房的防水工程质量。

（3）成品保护

① 操作人员应严格保护已做好的涂膜防水层。涂膜防水层未干时，严禁在上面踩踏；在做完保护层以前，任何与防水作业无关的人员不得进入施工现场；在第一次蓄水试验合格后应及时做好保护层，以免损坏防水层。

② 地漏或排水口要防止杂物堵塞，确保排水畅通。

③ 施工时，涂膜材料不得污染已做好饰面的墙壁、卫生洁具、门窗等。

（4）注意事项

① 防水涂料的配制应计量准确，搅拌均匀。

② 涂料涂刷施工时应按操作工艺严格执行，保证涂膜厚度，注意工序间隔时间。粉料应存放在干燥处，液料存放在5℃以上的阴凉处。配制好的防水涂料应在3h内用完。

③ 厕浴间施工时应有良好的照明及通风条件。

4. 水泥基渗透结晶型防水材料施工

水泥基渗透结晶型防水材料施工指采用涂料涂刷或使用防水砂浆施抹进行防水层施工。

（1）水泥基渗透结晶型防水涂料施工

水泥基渗透结晶型防水材料是一种刚性防水材料，其与水作用后，材料中含有的活性化学物质通过载体向混凝土内部渗透，在混凝土中形成不溶于水的结晶体，填塞毛细孔道，从而使混凝土致密、防水。

水泥基渗透结晶型防水材料按使用方法分为防水涂料和防水剂。

水泥基渗透结晶型防水涂料包括浓缩剂、增效剂均是粉状材料，化学活性较强，经与水拌和调配成浆料为防水涂料。

浓缩剂浆料：直接刷涂或喷涂于混凝土表面。

增效剂浆料：用于浓缩剂涂层的表面，在浓缩剂涂层上形成坚硬的表层，可增强浓缩剂的渗透效果。单独使用于结构表面时，起防潮作用。

水泥基渗透结晶型防水剂（又称掺合剂）是以专有的多种特殊活性化学物质为主要原料，配以各种其他辅料制成的，属于水泥基渗透结晶型刚性防水材料。

① 施工机具。施工机具主要有手用钢丝刷、电动钢丝刷、凿子、锤子、计量水和料的器具、拌料器具、专用尼龙刷、油漆刷、喷雾器具、胶皮手套等。

② 作业条件。

a. 水泥基渗透结晶型防水材料不得在环境温度低于 4℃时使用。

b. 基层应粗糙、干净、湿润。无论新浇筑的或旧的混凝土基面，均应用水润湿透（但不得有明水）。新浇筑的混凝土以浇筑后 24 ~ 72 h 为涂料最佳使用时段。

c. 基层不得有缺陷部位，否则应进行处理后方可进行施工。

③ 施工工艺。

a. 工艺流程。工艺流程为：基层检查→基层处理→制浆→重点部位的加强处理→第一遍涂刷涂料→第二遍涂刷涂料→养护→检验。

b. 操作要点。

• 基层检查。检查混凝土基层有无裂纹、孔洞以及有机物、油漆和杂物等。

• 基层处理。先修理缺陷部位，如封堵孔洞，除去有机物、油漆等其他黏结物，遇有大于 0.4 mm 的裂纹，应进行裂缝修理；对蜂窝结构或疏松结构均应凿除，松动杂物用水冲刷至见到坚实的混凝土基面并将其润湿，涂刷浓缩剂浆料，用量为 1 kg/m^2，再用防水砂浆填补、压实，掺合剂的掺量为水泥含量的 2%。打毛混凝土基面，使毛细孔充分暴露。底板与边墙相交的阴角处加强处理。用浓缩剂料团（浓缩剂粉：水 = 5：1，用抹子调和 2 min 即可使用）趁潮湿嵌填于阴角处，用手锤或抹子捣固压实。

• 制浆。

防水涂料用量：总用量不小于 0.8 kg/m^2，浓缩剂不小于 0.4 kg/m^2，增效剂不小于 0.4 kg/m^2。

制浆工艺：按防水涂料：水 = 5：2（体积比）将粉料与水倒入容器内，搅拌 3 ~ 5 min，混合均匀。一次制浆不宜过多，要在 20 min 内用完，混合物变稠时要频繁搅动，中间不得加水、加料。

• 重点部位加强处理。厨房、厕浴间的地漏、管根、阴阳角、非混凝土或水泥砂浆基面等处用柔性涂料做加强处理。做法同柔性涂料或参考细部构造做法，厕浴间下水立管防水做法如图 8.22 所示，地漏防水做法如图 8.23 所示。

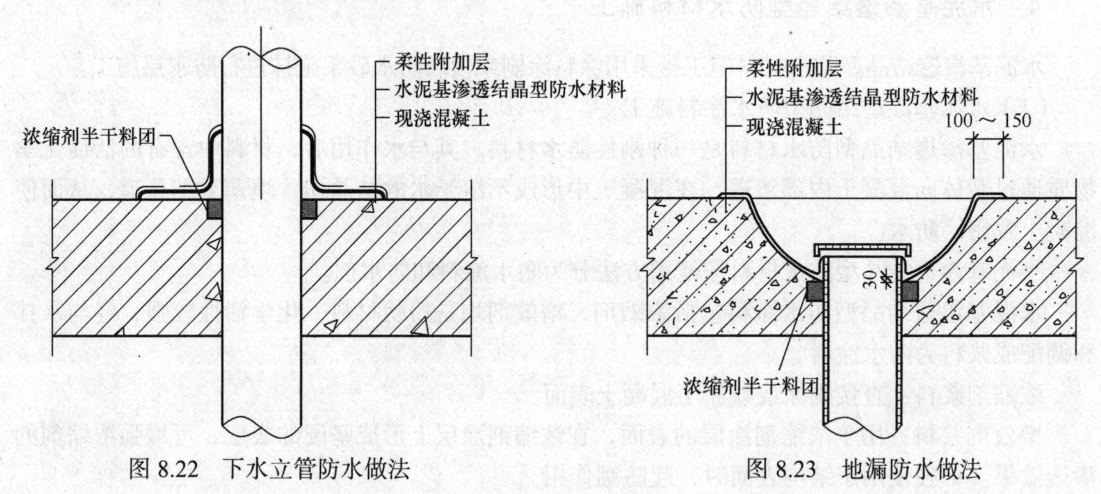

图 8.22 下水立管防水做法

图 8.23 地漏防水做法

• 第一遍涂刷涂料。涂料涂刷时需用半硬的尼龙刷，不宜用抹子、滚筒、油漆刷等；涂刷时应来回用力，以保证凹凸处都能涂上，涂层要求均匀，不应过薄或过厚，控制在单位用量之内。

• 第二遍涂刷涂料。待上道涂层终凝 6 ~ 12 h 后，仍呈潮湿状态时进行，如第一遍涂层太干，则应先喷洒些雾水后再进行增效剂涂刷。此遍涂层也可使用相同量的浓缩剂。

• 养护。养护必须用干净的水，在涂层终凝后做喷雾养护，不应出现明水，一般每天需喷雾水 3 次，连续数天，在热天或干燥天气应多喷几次，使其保持湿润状态，防止涂层过早干燥。蓄水试验需在养护完 3 ~ 7 天后进行。

• 检验。涂料涂层施工后，需检查涂层是否均匀，用量是否准确、有无漏涂，如有缺陷应及时修补。经蓄水试验合格后，进行下道工序施工。

④ 成品保护及安全注意事项

a. 保护好防水涂层，在养护期内任何人员不得进入施工现场。

b. 地漏要防止杂物堵塞，确保排水畅通。

c. 拌料和涂刷涂料时应戴胶皮手套。

d. 防水涂料必须储存在干燥的环境中，最低温度为 7℃，一般储存条件下有效期为 1 年。

（2）水泥基渗透结晶型防水砂浆施工

水泥基渗透结晶型防水砂浆由水泥基渗透结晶型掺合剂、硅酸盐水泥、中（粗）砂（含泥量不大于 2%）按比例配制而成。

① 主要施工机具。主要施工机具如下。

a. 基面处理工具：手用钢丝刷、电动钢丝刷、凿子、锤子等。

b. 拌和材料及运料工具：锹、桶、砂浆搅拌机、推车等。

c. 施抹防水砂浆工具：抹子。

d. 地漏等细部构造涂刷工具：油漆刷。

e. 防水层养护工具：喷雾器具。

② 作业条件。

a. 水泥基渗透结晶型防水材料不得在环境温度低于 4℃时使用，雨天不施工。

b. 基层应粗糙、干净，以提供充分开放的毛细管系统，以利于渗透。

c. 基层需要润湿，无论新浇筑的还是旧的混凝土基面，都应用水润湿，但不得有明水；基层有缺陷时应修补处理后方可进行施工。

③ 施工工艺。

a. 工艺流程。工艺流程为：基层检查→基层处理→重点部位附加层处理→第一遍涂刷水泥净浆→拌制防水砂浆→抹防水砂浆→加分格缝→养护。

b. 操作要点。

• 基层检查。检查混凝土基层有无油漆、有机物、杂物以及孔洞或大于 0.4 mm 的裂纹等缺陷。

• 基层处理。先处理缺陷部位，封堵孔洞，除去有机物、油漆等其他黏结物，清除油污及疏松物等。如有 0.4 mm 以上的裂纹，应先进行裂缝修理；沿裂缝两边凿出 20 mm（宽）×30 mm（深）的“U”形槽，用水冲净、润湿后，除去明水，沿槽内涂刷浆料后用浓缩剂半干料团（粉水比为 6∶1）填满、夯实；遇有蜂窝或疏松结构均应凿除，将所有松动的杂物用水冲刷掉，直至见到坚实的混凝土基面并将其润湿后，涂刷灰浆（粉水比为 5∶2），用量为 1 kg/m^2，再用防水砂浆填补、压实，防水剂的掺量为水泥用量的 2% ~ 3%。经处理过的混凝土基面，不应存留任何悬浮物等物质。底板与边墙相交的阴角处做加强处理。用浓缩剂料团（防水剂粉水比为 5∶1，用抹子调和 2 min 即可使用）趁潮湿嵌填于阴角处，用手锤或抹子捣固压实。

• 重点部位附加层处理。厕浴间和厨房的地漏、管根、阴阳角等处用柔性涂料做附加层处理，方法同柔性涂料施工，参照图 8.24 所示的细部构造图。

• 第一遍涂刷水泥净浆。用油漆刷等将水泥净浆涂刷在基层上，用量为 1 ~ 2 kg/m^2。

• 拌制防水砂浆。人工搅拌时，配合比为水泥∶砂∶水∶防水剂 = 1∶2.5（3）∶0.5∶2（3），将配好量的硅酸盐水泥与砂预混均匀后再在中间留有盛水坑；将配好量的防水剂与水在容器中搅拌均匀后倒入盛水坑中拌匀，再与水泥砂子的混合物进行混合搅拌成稠浆状；机械搅拌时，将按比例配好量的砂子、防水剂、水泥、水依次放入搅拌机内，搅拌 3 min，即可使用。

• 抹防水砂浆。将制备好的防水砂浆均摊在处理过的结构基层上，用抹子用力抹平、压实，不得有空鼓、裂纹现象，如发生此类现象应及时修复；所有的施工方法按防水砂浆的标准施工方法进行。陶粒、砖等砌筑墙面在做地面砂浆防水层时，可进行侧墙的防水砂浆层的施抹，施抹完成后即完成了防水施工作业。

• 加分格缝。防水砂浆施工面积大于 36 m^2 时应加分格缝，缝隙用柔性嵌缝膏嵌填。

• 养护。防水砂浆层养护必须用干净水做喷雾养护，不应出现明水，一般每天需喷雾水 3 次，连续 3～4 天，在热天或干燥天气应多喷几次，用湿草垫或湿麻袋片覆盖养护，保持湿润状态，防止防水砂浆层过早干燥。蓄水试验需在养护完 3～7 天后进行，蓄水验收合格后才可进行下道工序施工。

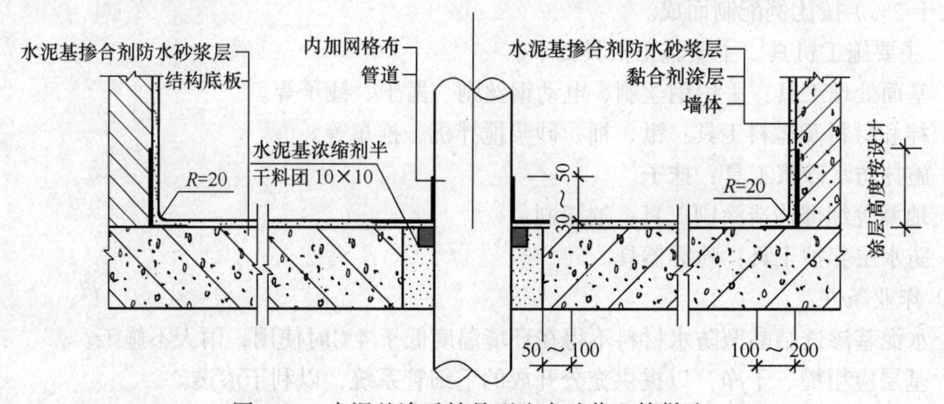

图 8.24　水泥基渗透结晶型防水砂浆立管做法

④ 成品保护及安全注意事项。

• 严格保护已做好的防水层，在养护期内任何人员不得进入施工现场。

• 地漏应防止杂物堵塞，确保排水畅通。

• 拌料时应戴胶皮手套。

• 水泥基渗透结晶型防水材料必须储存在干燥环境中，最低温度为 7℃，储存有效期为 1 年。

任务三　外墙防水施工

一. 外保温外墙防水防护施工

① 保温层应固定牢固，表面平整、干净。

② 外墙保温层的抗裂砂浆层施工应符合下列规定。

a. 抗裂砂浆层的厚度、配合比应符合设计要求。当内掺纤维等抗裂材料时，比例应符合设计要求，并应搅拌均匀。

b. 当外墙保温层采用有机保温材料时，抗裂砂浆施工时应先涂刮界面处理材料，然后分层抹压抗裂砂浆。

c. 抗裂砂浆层的中间宜设置耐碱玻纤网格布或金属网片。金属网片应与墙体结构固定牢固。玻纤网格布铺贴应平整无皱折，两幅间的搭接宽度不应小于 50 mm。

d. 抗裂砂浆应抹平压实，表面无接槎印痕，网格布或金属网片不得外露。防水层为防水砂浆时，抗裂砂浆表面应搓毛。

e. 抗裂砂浆终凝后应进行保湿养护。防水砂浆养护时间不宜少于 14 天，养护期间不得受冻。

③ 外墙保温层上的防水层施工应符合规定。

④ 防水透气膜施工应符合下列规定。

a. 基层表面应平整、干净、牢固，无尖锐凸起物。

b. 敷设宜从外墙底部一侧开始，将防水透气膜沿外墙横向展开，铺于基面上，沿建筑立面自下而上横向敷设，按顺水方向上下搭接，当无法满足自下而上敷设顺序时，应确保沿顺水方向上下搭接。

c. 防水透气膜横向搭接宽度不得小于 100 mm，纵向搭接宽度不得小于 150 mm。搭接缝应采用配套胶带黏结。相邻两幅膜的纵向搭接缝应相互错开，间距不小于 500 mm。

d. 防水透气膜搭接缝应采用配套胶带覆盖密封。

e. 防水透气膜应随铺随固定，固定部位应预先粘贴小块丁基胶带，用带塑料垫片的塑料锚栓将防水透气膜固定在基层墙体上，固定点每平方米不得少于 3 处。

f. 敷设在窗洞或其他洞口处的防水透气膜，以“I”字形裁开，用配套胶带固定在洞口内侧。与门、窗框连接处应使用配套胶带满粘密封，四角用密封材料封严。

g. 幕墙体系中穿透防水透气膜的连接件周围应用配套胶带封严。

二、无外保温外墙防水防护施工

① 外墙结构表面的油污、浮浆应清除，孔洞、缝隙应堵塞抹平，不同结构材料交接处的增强处理材料应固定牢固。

② 外墙结构表面宜进行找平处理，找平层施工应符合下列规定。

a. 外墙结构表面清理干净后，方可进行界面处理。

b. 界面处理材料的品种和配合比应符合设计要求，拌和应均匀一致，无粉团、沉淀等缺陷。涂层应均匀，不露底。待表面收水后，方可进行找平层施工。

c. 找平层砂浆的强度和厚度应符合设计要求，厚度在 10 mm 以上时，应分层压实、抹平。

③ 外墙防水层施工前，宜先做好节点处理，再进行大面积施工。

④ 防水砂浆施工应符合下列规定。

a. 基层表面应为平整的毛面，光滑表面应做界面处理，并充分润湿。

b. 防水砂浆的配制应符合下列规定。

• 配合比应按照设计要求，通过试验确定。

• 配制乳液类聚合物水泥防水砂浆前，乳液应先搅拌均匀，再按规定比例加入拌和料中搅拌均匀。

• 干粉类聚合物水泥防水砂浆应按规定比例加水搅拌均匀。

• 粉状防水剂配制普通防水砂浆时，应先将规定比例的水泥、砂和粉状防水剂干拌均匀，再加水搅拌均匀。

• 液态防水剂配制普通防水砂浆时，应先将规定比例的水泥和砂干拌均匀，再加入用水稀释的液态防水剂搅拌均匀。

c. 配制好的防水砂浆宜在 1 h 内用完，施工中不得任意加水。

d. 界面处理材料涂刷厚度应均匀、覆盖完全。收水后应及时进行防水砂浆的施工。

e. 防水砂浆涂抹施工应符合下列规定。

• 厚度大于 10 mm 时应分层施工，第二层应待前一层指触不粘时进行，各层应黏结牢固。

• 每层宜连续施工。当需留茬时，应采用阶梯坡形茬，接茬部位离阴阳角不得小于 200 mm；上下层接茬应错开 300 mm 以上。接茬应依层次顺序操作、层层搭接紧密。

• 喷涂施工时，喷枪的喷嘴应垂直于基面，合理调整压力、喷嘴与基面距离。

• 涂抹时应压实、抹平；遇气泡时应挑破，保证铺抹密实。

• 抹平、压实应在初凝前完成。

f. 窗台、窗楣和凸出墙面的腰线等部位上表面的流水坡应找坡准确，外口下沿的滴水线应连续、顺直。

g. 砂浆防水层分格缝的留设位置和尺寸应符合设计要求。分格缝的密封处理应在防水砂浆达到设计强度的 80%后进行，密封前应将分格缝清理干净，密封材料应嵌填密实。

h. 砂浆防水层转角宜抹成圆弧形，圆弧半径应不小于 5 mm，转角抹压应顺直。

i. 门框、窗框、管道、预埋件等与防水层相接处应留 8 ~ 10 mm 宽的凹槽，密封处理与分格缝的处理要求一致。

j. 砂浆防水层未达到硬化状态时，不得浇水养护或直接受雨水冲刷。聚合物水泥防水砂浆硬化后应采用干湿交替的养护方法；普通防水砂浆防水层应在终凝后进行保湿养护。养护时间不宜少于 14 天，养护期间不得受冻。

⑤ 防水涂料施工应符合下列规定。

a. 施工前应先对细部构造进行密封或增强处理。

b. 涂料的配制和搅拌应符合下列规定。

• 双组分涂料配制前，应将液体组分搅拌均匀。配料应按照规定要求进行，不得任意改变配合比。

• 应采用机械搅拌，配制好的涂料应色泽均匀，无粉团、沉淀。

c. 涂膜防水层的基层宜干燥；防水涂料涂布前，应先涂刷基层处理剂。

d. 涂膜宜多遍完成，后遍涂布应在前遍涂层干燥成膜后进行。挥发性涂料的每遍用量不宜大于 0.6 kg/m^2。

e. 每遍涂布应交替改变涂层的涂布方向，同一涂层涂布时，先后接茬宽度宜为 30 ~ 50 mm。

f. 涂膜防水层的甩茬应避免污损，接涂前应将甩茬表面清理干净，接茬宽度不应小于 100 mm。

g. 胎体增强材料应铺贴平整、排除气泡，不得有褶皱和胎体外露，胎体层充分浸透防水涂料；胎体的搭接宽度不应小于 50 mm。胎体的底层和面层涂膜厚度均不应小于 0.5 mm。

h. 涂膜防水层完工并经验收合格后，应及时做好饰面层。饰面层施工时应有成品保护措施。

任务四　屋面工程施工

一、找坡层和找平层施工

为了便于敷设隔汽层和防水层，必须在结构层或保温层表面作找平处理。在找坡层、找平层施工前，首先要检查其敷设的基层情况，如屋面板安装是否牢固，有无松动现象；基层局部是否凹凸不平，凹坑较大时应先填补；保温层表面是否平整，厚薄是否均匀；板状保温材料是否铺平垫稳；用保温材料找坡是否准确等。基层质量的好坏将直接影响防水层的质量，是防水层质量的基础。基层的质量包括结构层和找平层的刚度、平整度、强度、表面完整程度及基层含水率等。

找平层是防水层的依附层，其质量的好坏将直接影响到防水层的质量，所以要求找平层必须做到"五要、四不、三做到"。

"五要"：一要坡度准确、排水流畅；二要表面平整；三要坚固；四要干净；五要干燥。

"四不"：一是表面不起砂；二是表面不起皮；三是表面不酥松；四是不开裂。

"三做到"：一要做到混凝土或砂浆配比准确；二要做到表面二次压光；三要做到充分养护。

当屋面保温层、找平层因施工时含水率过大或遇雨水浸泡不能及时干燥，而又要立即敷设柔性防水层时，必须将屋面做成排汽屋面，以避免因防水层下部水分汽化造成防水层起鼓破坏，避免因保温层因含水率过高造成保温性能降低。如果采用低吸水率（小于6%）的保温材料时，就可以不必作排汽屋面。

1. 装配式钢筋混凝土板的板缝嵌填施工

装配式钢筋混凝土板的板缝嵌填施工应符合下列规定。

① 嵌填混凝土前板缝内应清理干净，并应保持湿润。

② 当板缝宽度大于40 mm或上窄下宽时，板缝内应按设计要求配置钢筋。

③ 嵌填细石混凝土的强度等级不应低于C20，填缝高度宜低于板面10～20 mm，且应振捣密实和浇水养护。

④ 板端缝应按设计要求增加防裂的构造措施。

2. 找坡层和找平层的基层的施工

找坡层和找平层的基层的施工应符合下列规定。

① 应清理结构层、保温层上面的松散杂物，凸出基层表面的硬物应剔平扫净。

② 抹找坡层前，宜对基层洒水润湿。

③ 突出屋面的管道、支架等根部，应用细石混凝土堵实和固定。

④ 对不易与找平层结合的基层应作界面处理。

找坡层和找平层所用材料的质量和配合比应符合设计要求，并应准确计量和机械搅拌；找坡应按屋面排水方向和设计坡度要求进行，找坡层最薄处厚度不宜小于20 mm；找坡材料应分层敷设和适当压实，表面宜平整和粗糙，并应适时浇水养护；找平层应在水泥初凝前压实抹平，水泥终凝前完成收水后应二次压光，并应及时取出分格条。养护时间不得少于7天。

卷材防水层的基层与突出屋面结构的交接处，以及基层的转角处，找平层均应做成圆弧形，且应整齐平顺。找平层圆弧半径应符合表8.3的规定。

表8.3　找平层圆弧半径

卷材种类	圆弧半径/mm
高聚物改性沥青防水卷材	50
合成高分子防水卷材	20

找坡层和找平层的施工环境温度不宜低于5℃。

二、保温层和隔热层施工

1. 保温隔热材料

屋面保温隔热材料宜选用聚苯乙烯硬质泡沫保温板、聚氨酯硬质泡沫保温板、喷涂硬泡聚氨酯或绝热玻璃棉等。聚氨酯硬质泡沫保温板应符合国家标准《建筑绝热用硬质聚氨酯泡沫塑料》（GB/T 21558—2008）的要求。

喷涂硬泡聚氨酯保温材料的主要物理性能应符合国家标准《硬泡聚氨酯保温防水工程技术规范》（GB 50404—2007）的要求。绝热玻璃棉应符合国家标准《建筑绝热用玻璃棉制品》（GB/T 17795—2008）的要求。

采用机械固定施工方法的块状保温隔热材料应单独固定，其具体固定方法见表 8.4。

表 8.4　采用机械固定施工方法的块状保温隔热材料的固定方法

保温隔热材料		每块板固定件最少数量		固定位置
发泡聚苯板	挤塑聚苯板（XPS）	4 个	任一边长≤1.2 m	4 个角，固定垫片距离板材边缘不大于 150 mm
	模塑聚苯板（EPS）	6 个	任一边长＞1.2 m	4 个角及沿长向中线均匀布置，固定垫片距离板材边缘不大于 150 mm
玻璃棉板、矿渣棉板、岩棉板		2 个	—	沿长向中线均匀布置

注：其他类型的保温隔热板材固定件布置由系统供应商建议提供。

2. 保温材料的储运、保管与验收

（1）保温材料的储运、保管的规定

① 保温材料应采取防雨、防潮、防火的措施，并应分类存放。

② 板状保温材料搬运时应轻拿轻放。

③ 纤维保温材料应在干燥、通风的房屋内储存，搬运时应轻拿轻放。

（2）进场的保温材料检验

进场的保温材料应检验下列项目。

① 板状保温材料应检验表观密度或干密度、压缩强度或抗压强度、导热系数、燃烧性能。

② 纤维保温材料应检验表观密度、导热系数、燃烧性能。

3. 保温层的施工环境温度

保温层的施工环境温度应符合下列规定。

① 干铺的保温材料可在 0℃以下施工。

② 用水泥砂浆粘贴的板状保温材料不宜低于 5℃。

③ 喷涂硬泡聚氨酯宜为 15℃～35℃，空气相对湿度宜小于 85%，风速不宜大于三级。

④ 现浇泡沫混凝土宜为 5℃～35℃。

4. 保温层施工

（1）板状材料保温层施工

板状材料保温层施工应符合下列规定。

① 基层应平整、干燥、干净。

② 相邻板块应错缝拼接，分层敷设的板块上下层接缝应相互错开，板间缝隙应采用同类材料嵌填密实。

③ 采用干铺法施工时，板状保温材料应紧靠在基层表面上，并应铺平垫稳。

④ 采用黏结法施工时，胶黏剂应与保温材料相容，板状保温材料应贴严、粘牢，在胶黏剂固化前不得上人踩踏。

⑤ 采用机械固定法施工时，固定件应固定在结构层上，固定件的间距应符合设计要求。

（2）纤维材料保温层施工

纤维材料保温层施工应符合下列规定。

① 基层应平整、干燥、干净。

② 纤维保温材料在施工时，应避免重压，并应采取防潮措施。

③ 纤维保温材料敷设时，平面拼接缝应贴紧，上下层拼接缝应相互错开。

④ 屋面坡度较大时，纤维保温材料宜采用机械固定法施工。

⑤ 在敷设纤维保温材料时，应做好劳动保护工作。

（3）喷涂硬泡聚氨酯保温层施工

喷涂硬泡聚氨酯保温层施工应符合下列规定。

① 基层应平整、干燥、干净。

② 施工前应对喷涂设备进行调试，并应对喷涂试块进行材料性能检测。

③ 喷涂时喷嘴与施工基面的间距应由试验确定。

④ 喷涂硬泡聚氨酯的配合比应准确计量，发泡厚度应均匀一致。

⑤ 一个作业面应分几遍喷涂完成，每遍喷涂厚度不宜大于 15 mm，硬泡聚氨酯喷涂后 20 min 内严禁上人。

⑥ 喷涂作业时，应采取防止污染的遮挡措施。

（4）现浇泡沫混凝土保温层施工

现浇泡沫混凝土保温层施工应符合下列规定。

① 基层应清理干净，不得有油污、浮尘和积水。

② 现浇泡沫混凝土应按设计要求的干密度和抗压强度进行配合比设计，拌制时应计量准确，并应搅拌均匀。

③ 泡沫混凝土应按设计的厚度设定浇筑面标高线，找坡时宜采取挡板辅助措施。

④ 泡沫混凝土的浇筑出料口离基层的高度不宜超过 1 m，泵送时应采取低压泵送。

⑤ 泡沫混凝土应分层浇筑，一次浇筑厚度不宜超过 200 mm，终凝后应进行保湿养护，养护时间不得少于 7 天。

5. 隔汽层施工

隔汽层施工应符合下列规定。

① 隔汽层施工前，基层应进行清理，宜进行找平处理。

② 屋面周边隔汽层应沿墙面向上连续敷设，高出保温层上表面不得小于 150 mm。

③ 采用卷材做隔汽层时，卷材宜空铺，卷材搭接缝应满粘，其搭接宽度不应小于 80 mm；采用涂膜做隔汽层时，涂料涂刷应均匀，涂层不得有堆积、起泡和露底现象。

④ 穿过隔汽层的管道周围应进行密封处理。

6. 倒置式屋面保温层施工

（1）一般规定

倒置式屋面是把原屋面“防水层在上，保温层在下”的构造设置倒置过来，将憎水性或吸水率较低的保温材料放在防水层上，使防水层不易损伤，提高耐久性，并可防止屋面结构内部结露。倒置式屋面保温层具有节能、保温隔热、延长防水层使用寿命、施工方便、劳动效率高、综合造价经济等特点。

保温材料应选用高热绝缘系数、低吸水率的新型材料，如聚苯乙烯泡沫塑料、聚乙烯泡沫塑料、聚氨酯泡沫塑料、泡沫玻璃等，也可选用蓄热系数和热绝缘系数都较大的水泥聚苯乙烯复合板等保温材料。

倒置式保温防水屋面主防水层（保温层之下的防水层）应选用合成高分子防水材料和中高档高聚物改性沥青防水卷材，也可选用改性沥青涂料与卷材复合防水。不宜选用刚性防水材料和松散憎水性材料，如防水宝、拒水粉等。也不宜选用胎基易腐烂的防水材料和易腐烂的涂料或加筋布等。

倒置式屋面保温层施工应符合下列规定。

① 施工完的防水层，应进行淋水或蓄水试验，并应在合格后再进行保温层的敷设。

② 板状保温层的敷设应平稳，拼缝应严密。

③ 保护层施工时，应避免损坏保温层和防水层。

（2）施工工艺

工艺流程为：基层清理检查、工具准备、材料检验→节点增强处理→防水层施工、检验→保温层敷设、检验→现场清理→保护层施工→验收。

① 防水层施工。根据不同的材料，采用相应的施工方法和工艺施工、检验。

② 保温层施工。保温材料可以直接干铺或用专用黏结剂粘贴，聚苯板不得选用溶剂型黏结剂粘贴。保温材料接缝处可以是平缝也可以是企口缝，接缝处可以灌入密封材料以连成整体。块状保温材料的施工应采用斜缝排列，以利于排水。

当采用现喷硬泡聚氨酯保温材料时，要在成型的保温层面进行分格处理，以减少收缩开裂。大风天气和雨天不得施工，同时注意喷施人员的劳动保护。

③ 面层施工。

a. 上人屋面。采用 40 ~ 50 mm 厚钢筋细石混凝土作面层时，应按刚性防水层的设计要求进行分格缝的节点处理；采用混凝土块材作上人屋面保护层时，应用水泥砂浆坐浆平铺，板缝用砂浆勾缝处理。

b. 不上人屋面。当屋面是非功能性上人屋面时，可采用平铺预制混凝土板的方法进行压埋，预制板要有一定强度，厚度也应不小于 30 mm。选用卵石或沙砾作保护层时，其直径应为 20 ~ 60 mm，铺埋前，应先敷设 250 g/m^2 的聚酯纤维无纺布或油毡等隔离，再铺埋卵石，并要注意雨水口的畅通。压置物的质量应保证最大风力时保温板不被刮起和保证保温层在积水状态下不浮起。聚苯乙烯保温层不能直接受太阳照射，以防紫外线照射导致老化，还应避免与溶剂接触和在高温环境下（80℃以上）使用。

7. 屋面排汽构造施工

保温层材料当采用吸水率低（ω<6%）的材料时，它们不会再吸水，保温性能就能得到保证。如果保温层采用吸水率大的材料，施工时如遇雨水或施工用水侵入，造成很大含水率时，则应使它干燥，但许多工程找平层已施工，一时无法干燥，为了避免因保温层含水率高而导致防水层起鼓，使屋面在使用过程中逐渐将水分蒸发（需几年或几十年时间），过去采取被称为“排汽屋面”的技术措施，也有人称呼吸屋面，如图 8.25 和图 8.26 所示。就是在保温层中设置纵横排汽道，在交叉处安放向上的排汽管，目的是当温度升高，水分蒸发，气体沿排汽道、排汽管与大气连通，不会产生压力，潮气还可以从孔中排出，排汽屋面要求排汽道不得堵塞。这种做法确实有一定的效果。所以在规范中规定如果保温层含水率过高（超过 15%）时，不管设计时是否有规定，施工时都必须作排汽屋面处理。当然如果采用低吸水率保温材料时，就可以不采取这种做法了。

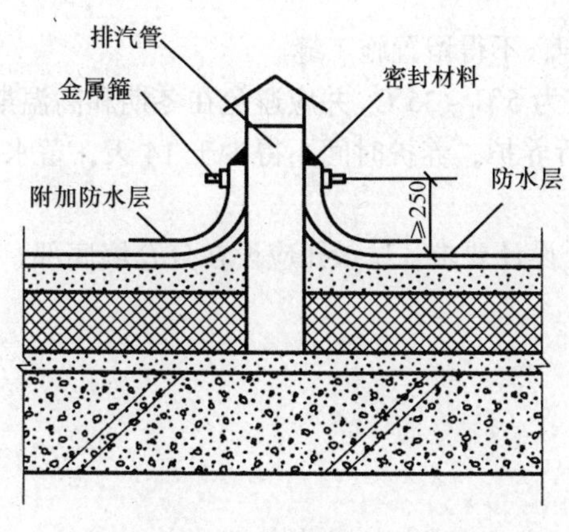

图 8.25　直立排汽出口构造

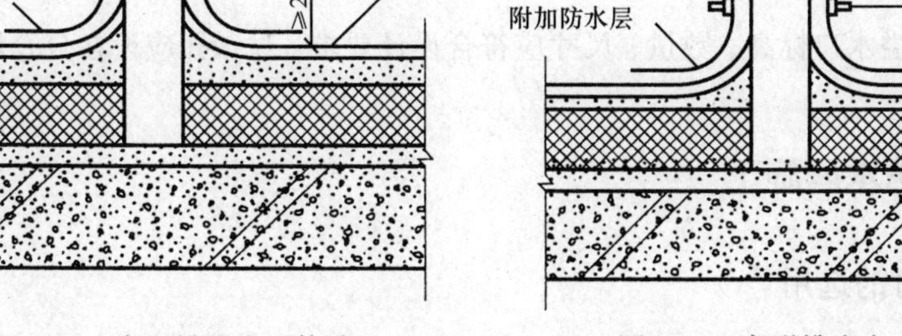

图 8.26　弯形排汽出口构造

屋面排汽构造施工应符合下列规定。

① 排汽道及排汽孔的设置应符合规范规定。

② 排汽道应与保温层连通，排汽道内可填入透气性好的材料。

③ 施工时，排汽道及排汽孔均不得被堵塞。

④ 屋面纵横排汽道的交叉处可埋设金属或塑料排汽管，排汽管宜设置在结构层上，穿过保温层及排汽道的管壁四周应打孔。排汽管应做好防水处理。

8. 种植隔热层施工

种植隔热层施工应符合下列规定。

① 种植隔热层挡墙或挡板施工时，留设的泄水孔位置应准确，并不得堵塞。

② 凹凸型排水板宜采用搭接法施工，搭接宽度应根据产品的规格具体确定；网状交织排水板宜采用对接法施工；采用陶粒作排水层时，敷设应平整，厚度应均匀。

③ 过滤层土工布敷设应平整、无皱折，搭接宽度不应小于 100 mm，搭接宜采用粘合或缝合处理；土工布应沿种植土周边向上敷设至种植土高度。

④ 种植土层的荷载应符合设计要求；种植土、植物等应在屋面上均匀堆放，且不得损坏防水层。

9. 架空隔热层施工

架空隔热层施工应符合下列规定。

① 架空隔热层施工前，应将屋面清扫干净，并应根据架空隔热制品的尺寸弹出支座中线。

② 在架空隔热制品支座底面，应对卷材、涂膜防水层采取加强措施。

③ 敷设架空隔热制品时，应随时清扫屋面防水层上的落灰、杂物等，操作时不得损伤已完工的防水层。

④ 架空隔热制品的敷设应平整、稳固，缝隙应勾填密实。

10. 蓄水隔热层施工

蓄水隔热层施工应符合下列规定。

① 蓄水池的所有孔洞应预留，不得后凿。所设置的溢水管、排水管和给水管等，应在混凝土施工前安装完毕。

② 每个蓄水区的防水混凝土应一次提筑完毕，不得留置施工缝。

③ 蓄水池的防水混凝土施工时，环境气温宜为 5℃～35℃，并应避免在冬期和高温期施工。

④ 蓄水池的防水混凝土完工后，应及时进行养护，养护时间不得少于 14 天，蓄水后不得断水。

⑤ 蓄水池的溢水口标高、数量、尺寸应符合设计要求；过水孔应设在分仓墙底部；排水管应与水落管连通。

三、屋面卷材防水层施工

1. 防水卷材的选用

① 根据当地历年最高气温、最低气温、屋面坡度和使用条件等因素，选择耐热度、柔性相适应的卷材。

② 根据地基变形程度，结构形式，当地年温差、日温差和震动等因素，选择拉伸性相适应的卷材。

③ 根据屋面防水卷材的暴露程度，选择耐紫外线、耐穿刺、热老化保持率或耐霉性能相适应的卷材。

④ 自粘橡胶沥青防水卷材和自粘聚酯毡改性沥青防水卷材（0.5 mm 厚铝箔覆面者除外），不得用于外露的防水层。

2. 防水卷材的储运、保管及验收

（1）防水卷材的储运、保管的规定

① 不同品种、规格的卷材应分别堆放。

② 卷材应储存在阴凉通风处，应避免雨淋、日晒和受潮，严禁接近火源。

③ 卷材应避免与化学介质及有机溶剂等有害物质接触。

（2）进场的防水卷材的检验项目

① 高聚物改性沥青防水卷材应检验可溶物含量、拉力、最大拉力时延伸率、耐热度、低温柔性、不透水性。

② 合成高分子防水卷材应检验断裂拉伸强度、扯断伸长率、低温弯折性、不透水性。

（3）胶黏剂和胶黏带的储运、保管的规定

① 不同品种、规格的胶黏剂和胶黏带，应分别用密封桶或纸箱包装。

② 胶黏剂和胶黏带应储存在阴凉通风的室内，严禁接近火源和热源。

（4）进场的基层处理剂、胶黏剂和胶黏带的检验项目

① 沥青基防水卷材用基层处理剂应检验固体含量、耐热性、低温柔性、剥离强度。

② 高分子胶黏剂应检验剥离强度、浸水 168 h 后的剥离强度保持率。

③ 改性沥青胶黏剂应检验剥离强度。

④ 合成橡胶胶黏带应检验剥离强度、浸水 168 h 后的剥离强度保持率。

（5）卷材防水层的施工环境温度要求

① 热熔法和焊接法不宜低于 -10℃。

② 冷粘法和热粘法不宜低于 5℃。

③ 自粘法不宜低于 10℃。

3. 卷材防水层基层要求

卷材防水层基层应坚实、干净、平整，应无孔隙、起砂和裂缝。基层的干燥程度应根据所选防水卷材的特性确定。

采用基层处理剂时，其配制与施工应符合下列规定。

① 基层处理剂应与防水卷材相容。

② 基层处理剂应配比准确，并应搅拌均匀。

③ 喷、涂基层处理剂前，应先对屋面细部进行涂刷。

④ 基层处理剂可选用喷涂或涂刷施工工艺，喷、涂应均匀一致，干燥后应及时进行卷材施工。

4. 卷材铺贴顺序和卷材搭接

（1）卷材铺贴顺序

卷材铺贴应按“先高后低，先远后近”的顺序施工。高低跨屋面，应先铺高跨屋面，后铺低跨屋面；在同高度大面积的屋面，应先铺离上料点较远的部位，后铺较近部位。

应先细部结构处理，后大面积由屋面最低标高向上铺贴。卷材大面积铺贴前，应先做好节点密封处理、附加层和屋面排水较集中部位（屋面与水落口连接处、檐口、天沟、檐沟、屋面转角处、板端缝等）的处理、分格缝的空铺条处理等，然后由屋面最低标高处向上施工。铺贴天沟、檐沟卷材时，宜顺天沟、檐沟方向铺贴，从水落口处向分水线方向铺贴，以减少搭接。卷材宜平行屋脊铺贴，上下层卷材不得相互垂直铺贴。立面或大坡面铺贴卷材时，应采用满粘法，并宜减少卷材短边搭接，如图 8.27 所示。

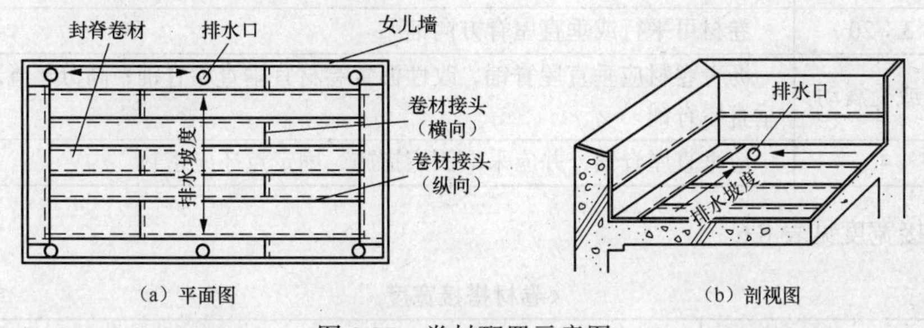

图 8.27　卷材配置示意图

为了保证防水层的整体性，减少漏水的可能性，屋面防水工程尽量不划分施工段；当需要划分施工段时，施工段的划分宜设在屋脊、天沟、变形缝等处。

（2）卷材搭接

卷材搭接缝应符合下列规定。

① 平行屋脊的搭接缝应顺流水方向，搭接缝宽度应符合规范规定。

② 同一层相邻两幅卷材短边搭接缝错开不应小于 500 mm。

③ 上下层卷材长边搭接缝应错开，且不应小于幅宽的 1/3。

④ 叠层铺贴的各层卷材，在天沟与屋面的交接处，应采用叉接法搭接，搭接缝应错开；搭接缝宜留在屋面与天沟侧面，不宜留在沟底。

卷材铺贴的搭接方向，主要考虑到坡度大或受震动时卷材易下滑，尤其是含沥青（温感性大）的卷材，高温时软化下滑是常有发生的。对于高分子卷材的铺贴方向要求不严格，为便于施工，一般顺屋脊方向铺贴，搭接方向应顺流水方向，不得逆流水方向，避免流水冲刷接缝，使接缝损坏。垂直屋脊方向铺卷材时，应顺大风方向。当卷材叠层敷设时，上下层不得相互垂直铺贴，以免在搭接缝垂直交叉处形成挡水条。叠层敷设的各层卷材，在天沟与屋面的连接处应采取叉接法搭接，搭接缝应错开，如图 8.28 和图 8.29 所示；接缝宜留在屋面或天沟侧面，不宜留在沟底。在铺贴卷材时，不得污染檐口的外侧和墙面。高聚物改性沥青防水卷材和合成高分子防水卷材的搭接缝，宜用材料性能相容的密封材料封严。

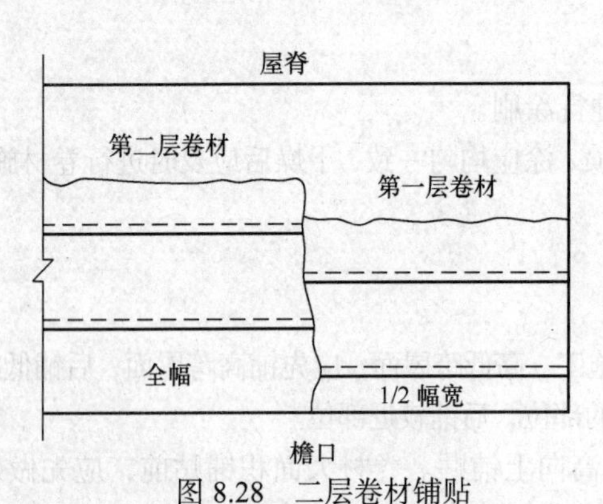

图 8.28　二层卷材铺贴

屋脊
第三层卷材
第二层卷材
第一层卷材
全幅
2/3 幅宽
檐口
1/3 幅宽

图 8.29　三层卷材铺贴

卷材铺贴搭接方向及要求见表 8.5。

表 8.5　卷材铺贴搭接方向及要求

屋面坡度	铺贴方向和要求
小于 3∶100	卷材宜平行屋脊方向，即顺平面长向为宜
3∶100～3∶20	卷材可平行或垂直屋脊方向铺贴
大于 3∶20 或受震动	沥青卷材应垂直屋脊铺，改性沥青卷材宜垂直屋脊铺；高分子卷材可平行或垂直屋脊铺
大于 1∶4	应垂直屋脊铺，并应采取固定措施，固定点还应密封

卷材搭接宽度见表 8.6。

表 8.6　卷材搭接宽度　单位：mm

卷材种类		铺贴方法			
		短边搭接		长边搭接	
		满粘法	空铺、点粘、条粘法	满粘法	空铺、点粘、条粘法
沥青防水卷材		100	150	70	100
高聚物改性沥青防水卷材		80	100	80	100
合成高分子防水卷材	胶黏剂	80	100	80	100
	胶黏带	50	60	50	60
	单焊缝	60（有效焊接宽度不小于 25）			
	双焊缝	80（有效焊接宽度 10×2 空腔宽）			

5. 卷材施工工艺

卷材与基层连接方式有满粘、空铺、条粘、点粘 4 种，见表 8.7。在工程应用中根据建筑部位、使用条件、施工情况，可以用其一种或两种，在图纸上应该注明。

表 8.7　　卷材与基层连接方式

铺贴方法	具体做法	适应条件
满粘法	又称全粘法，即在铺贴防水卷材时，卷材与基面全部黏结牢固的施工方法，通常热熔、冷粘、自粘法使用这种方法粘贴卷材	屋面防水面积较小，结构变形不大，找平层干燥
空铺法	铺贴防水卷材时，卷材与基面仅在四周一定宽度内黏结，其余部分不粘的施工方法。施工时檐口、屋脊、屋面转角、伸出屋面的出气孔、烟囱根等部位，采用满粘法，黏结宽度不小于 800 mm	适应于基层潮湿、找平层水汽难以排出及结构变形较大的屋面
条粘法	铺贴防水卷材时，卷材与屋面采用条状黏结的施工方法，每幅卷材黏结面不少于2条，每条黏结宽度不少于150 mm，檐口、屋脊、伸出屋面管口等细部做法同空铺法	适应于结构变形较大、基面潮湿、排气困难的屋面
点粘法	铺贴防水卷材时，卷材与基面采用点粘的施工方法，要求每平方米范围内至少有 5 个黏结点，每点面积不少于 100 mm×100 mm，屋面四周黏结，檐口、屋脊、伸出屋面管口等细部做法同空铺法	适应于结构变形较大、基面潮湿、排气有一定困难的屋面

高聚物改性沥青防水卷材粘接方法见表 8.8。

表 8.8　　高聚物改性沥青防水卷材粘接方法

项目	热 熔 法	冷 粘 法	自 粘 法
1	幅宽内应均匀加热，熔融至光亮黑色，卷材基面均匀加热	基面涂刷基面处理剂	基面涂刷基面处理剂
2	不得过分加热，以免烧穿卷材	卷材底面、基面涂刷黏结剂，涂刷均匀，不漏底，不堆积	边铺边撕去底层隔离纸
3	热熔后立即滚铺	根据黏结剂性能及气温，控制涂胶后的最佳黏结时间，一般用手触及表面似黏非黏为最佳	滚压、排气、粘牢
4	滚压排气，使之平展，粘牢，不得有皱折	铺贴排气粘牢后，溢口的黏结剂随即刮平封口	搭接部分用热风焊枪加热，溢出自粘胶时随即刮平封口
5	搭接部位溢出热熔胶后，随即刮封接口	—	铺贴立面及大坡面时应先加热粘牢固定

合成高分子改性沥青防水卷材粘接方法见表 8.9。

表 8.9　　合成高分子改性沥青防水卷材粘接方法

项目	冷 粘 法	自 粘 法	热风焊接法
1	在找平层上均匀涂刷基面处理剂	同高聚物改性沥青防水卷材	基面应清扫干净
2	在基面、卷材底面涂刷配套胶黏剂		卷材铺放平顺，搭接尺寸正确
3	控制黏合时间，一般用手触及表面，以黏结剂不粘手为最佳时间		控制热风加热温度和时间
4	黏合时不得用力拉伸卷材，避免卷材铺贴后处于受拉状态		卷材排气、铺平
5	辊压、排气、粘牢		先焊长边搭接缝，后焊短边搭接缝
6	清理卷材搭接缝的搭接面，涂刷接缝专用胶，辊压、排气、粘牢		机械固定

（1）卷材冷粘法施工工艺

冷粘法施工是指在常温下采用胶黏剂等材料进行卷材与基层、卷材与卷材间黏结的施工方法。一般合成高分子卷材采用胶黏剂、胶黏带粘贴施工，聚合物改性沥青采用冷玛碲脂粘贴施工。卷材采用自粘胶铺贴施工也属该施工工艺。该工艺在常温下作业，不需要加热或明火，施工方便、安全，但要求基层干燥，胶黏剂的溶剂（或水分）充分挥发，否则不能保证黏结的质量。冷粘法施工选择的胶黏剂应与卷材配套、相容且黏结性能满足设计要求。

冷粘法铺贴卷材应符合下列规定。

① 胶黏剂涂刷应均匀，不得露底、堆积；卷材空铺、点粘、条粘时，应按规定的位置及面积涂刷胶黏剂。

② 应根据胶黏剂的性能与施工环境、气温条件等，控制胶黏剂涂刷与卷材铺贴的间隔时间。

③ 铺贴卷材时应排除卷材下面的空气，并应辊压、粘贴牢固。

④ 铺贴的卷材应平整顺直，搭接尺寸应准确，不得扭曲、皱折；搭接部位的接缝应满涂胶黏剂，应辊压、粘贴牢固。

⑤ 合成高分子卷材铺好压粘后，应将搭接部位的黏合面清理干净，并应采用与卷材配套的接缝专用胶黏剂，在搭接缝黏合面上应涂刷均匀，不得露底、堆积，应排除缝间的空气，并应辊压、粘贴牢固。

⑥ 合成高分子卷材搭接部位采用胶黏带黏结时，黏合面应清理干净，必要时可涂刷与卷材及胶黏带材性相容的基层胶黏剂，撕去胶黏带隔离纸后应及时黏合接缝部位的卷材，并应辊压、粘贴牢固；低温施工时，宜采用热风机加热。

⑦ 搭接缝口应用材性相容的密封材料封严。

卷材冷粘法施工工艺具体步骤如下。

① 涂刷胶黏剂。底面和基层表面均应涂胶黏剂。卷材表面涂刷基层胶黏剂时，先将卷材展开摊铺在旁边平整干净的基层上，用长柄滚刷蘸胶黏剂，均匀涂刷在卷材的背面，不得涂刷得太薄而露底，也不能涂刷过多而产生聚胶。还应注意在搭接缝部位不得涂刷胶黏剂，此部位留作涂刷接缝胶黏剂，留置宽度即卷材搭接宽度。

涂刷基层胶黏剂的重点和难点与涂刷基层处理剂相同，即阴阳角、平立面转角处、卷材收头处、排水口、伸出屋面管道根部等节点部位。这些部位有增强层时应用接缝胶黏剂，涂刷工具宜用油漆刷。涂刷时，切忌在一处来回涂滚，以免将底胶“咬起”，形成凝胶而影响质量。应按规定的位置和面积涂刷胶黏剂。

② 卷材的铺贴。各种胶黏剂的性能和施工环境不同，有的可以在涂刷后立即粘贴卷材，有的需待溶剂挥发一部分后才能粘贴卷材，尤以后者居多，因此要控制好胶黏剂涂刷与卷材铺贴的间隔时间。一般要求基层及卷材上涂刷的胶黏剂达到表干程度，其间隔时间与胶黏剂性能及气温、湿度、风力等因素有关，通常为10～30 min，施工时可凭经验确定，用指触不粘手时即可开始粘贴卷材。间隔时间的控制是冷粘贴施工的难点，这对黏结力和黏结的可靠性影响很大。

卷材铺贴时应对准已弹好的粉线，并且在铺贴好的卷材上弹出搭接宽度线，以便进行第二幅卷材铺贴时，能以此为准进行铺贴。

平面上铺贴卷材时，一般可采用以下两种方法进行。

一种是抬铺法，在涂布好胶黏剂的卷材两端各安排一个工人，拉直卷材，中间根据卷材的长度安排1或4个人，同时将卷材沿长向对折，使涂布胶黏剂的一面向外，抬起卷材，将一边对准搭接缝处的粉线，再翻开上半部卷材铺在基层上，同时拉开卷材使之平服。操作过程中，对折、抬起卷材、对粉线、翻平卷材等工序，几人均应同时进行。

另一种是滚铺法，将涂布完胶黏剂并达到要求干燥度的卷材用ϕ50～ϕ100 mm 的塑料管或原来用来装运卷材的纸筒芯重新成卷，使涂布胶黏剂的一面朝外，成卷时两端要平整，不应出现笋状，以保证铺贴时能对齐粉线，并要注意防止沙子、灰尘等杂物粘在卷材表面。成卷后用一根ϕ30 mm×1500 mm 的钢管穿入中心的塑料管或纸筒芯内，由两人分别持钢管两端，抬起卷材的端头，对准粉线，固定在已铺好的卷材顶端搭接部位或基层面上，抬卷材的两人同时匀速向前展开卷材，随时注意将卷材边缘对准线，并应使卷材铺贴平整，直到铺完一幅卷材。

每铺完一幅卷材，应立即用干净而松软的长柄压辊（一般重 30～40 kg）滚压，使其粘贴牢固。滚压应从中间向两侧边移动，做到排气彻底。平立面交接处，则先粘贴好平面，经过转角，由下向上粘贴卷材，粘贴时切勿拉紧，要轻轻沿转角压紧压实，再往上粘贴，同时排出空气，最后用手持压辊滚压密实，滚压时要从上往下进行。

③ 搭接缝的粘贴。卷材铺好压粘后，应将搭接部位的结合面清除干净，可用棉纱蘸少量汽油擦洗。然后采用油漆刷均匀涂刷接缝胶黏剂，不得出现露底、堆积现象。涂胶量可按产品说明控制，待胶黏剂表面干燥后（指触不粘）即可进行黏合。黏合时应从一端开始，边压合边驱除空气，不许有气泡和皱折现象，然后用手持压辊顺边认真仔细辊压一遍，使其黏结牢固。三层重叠处最不易压严，要用密封材料预先加以填封，否则将会成为渗水通道。

搭接缝全部粘贴后，缝口要用密封材料封严，密封时用刮刀沿缝刮涂，不能留有缺口，密封宽度不应小于 10 mm。

（2）卷材热粘贴施工工艺

热粘贴是指采用热玛碲脂或采用火焰加热熔化热熔防水卷材底层的热熔胶进行黏结的施工方法。常用的有 SBS 或 APP（APAO）改性沥青热熔卷材，热玛碲脂或热熔改性沥青黏结胶粘贴的沥青卷材或改性沥青卷材。这种工艺主要针对以沥青为主要成分的卷材和胶黏剂，它采取科学有效的加热方法，对热源作了有效的控制，为以沥青为主的防水材料的应用创造了广阔的天地，同时取得良好的防水效果。

厚度小于 3 mm 的卷材严禁采用热熔法施工，因为小于 3 mm 的卷材在加热热熔底胶时极易烧坏胎体或烧穿卷材。大于 3 mm 的卷材在采用火焰加热器加热卷材时既不得过分加热，以免烧穿卷材或使底胶焦化，也不能加热不充分，以免卷材不能很好与基层粘牢。所以必须加热均匀，来回摆动火焰，使沥青呈光亮即止。热熔卷材铺贴常采取滚铺法，即边加热卷材边立即滚推卷材铺贴于基层，并用刮板用力推刮排出卷材下的空气，使卷材铺平，不皱折，不起泡，与基层粘贴牢固。推刮或辊压时，以卷材两边接缝处溢出沥青热熔胶为最适宜，并将溢出的热熔胶回刮封边。铺贴卷材亦应弹好标线，铺贴应顺直，搭接尺寸准确。

热粘法铺贴卷材应符合下列规定。

① 熔化热熔型改性沥青胶结料时，宜采用专用导热油炉加热，加热温度不应高于 200℃，使用温度不宜低于 180℃。

② 粘贴卷材的热熔型改性沥青胶结料厚度宜为 1.0～1.5 mm。

③ 采用热熔型改性沥青胶结料铺贴卷材时，应随刮随滚铺，并应展平压实。

卷材热粘贴施工工艺如下。

① 滚铺法。这是一种不展开卷材而边加热烘烤边滚动卷材铺贴的方法。滚铺法的步骤如下。

a. 起始端卷材的铺贴。将卷材置于起始位置，对好长、短方向搭接缝，滚展卷材 1 000 mm 左右，掀开已展开的部分，开启喷枪点火，喷枪头与卷材保持 50～100 mm 的距离，与基层呈 30°～45°，将火焰对准卷材与基层交接处，同时加热卷材底面热熔胶面和基层，待热熔胶层出现黑色光泽、发亮至稍有微泡出现，慢慢放下卷材平铺于基层，然后进行排气辊压，使卷材与基层黏结牢固。当起始端铺贴至剩下 300 mm 左右长度时，将其翻放在隔热板上，用火焰加热余下起始端基层后，再加热卷材起始端的余下部分，然后将其粘贴于基层。

b. 滚铺。卷材起始端铺贴完成后即可进行大面积滚铺。持枪人位于卷材滚铺的前方，按上述方法同时加热卷材和基层，条粘时只需加热两侧边，加热宽度各为 150 mm 左右。推滚卷材的人蹲在已铺好的卷材起始端上面，等卷材充分加热后缓缓推压卷材，并随时注意卷材的平整顺直和搭接缝宽度。其后紧跟一人用棉纱团等从中间向两边抹压卷材，赶出气泡，并用刮刀将溢出的热熔胶刮压接边缝。另一人用压辊压实卷材，使之与基层粘贴密实。

② 展铺法。展铺法是先将卷材平铺于基层，再沿边掀起卷材予以加热粘贴。此方法主要适用于条粘法铺贴卷材，其施工方法如下。

a. 先将卷材展铺在基层上，对好搭接缝，按滚铺法的要求先铺贴好起始端卷材。

b. 拉直整幅卷材，使其无皱折、无波纹，能平坦地与基层相贴，并对准长边搭接缝，然后对末端做临时固定，防止卷材回缩，可采用站人等方法。

c. 由起始端开始，掀起卷材边缘约 200 mm 高，将喷枪头伸入侧边卷材底下，加热卷材边宽约 200 mm 的底面热熔胶和基层，边加热边向后退。然后另一人用棉纱团等由卷材中间向两边赶出气泡，并抹压平整。再由紧随的操作人员持辊压实两侧边卷材，并用刮刀将溢出的热熔胶刮压平整。

d. 铺贴到距末端 1 000 mm 左右长度时，撤去临时固定，按前述滚压法铺贴末端卷材。

③ 搭接缝施工。热熔卷材表面一般有一层防粘隔离纸，因此在热熔黏结接缝之前，应先将下层卷材表面的隔离纸烧掉，以利搭接牢固严密。

操作时，由持枪人手持烫板（隔火板）柄，将烫板沿搭接粉线后退，喷枪火焰随烫板移动，喷枪应离开卷材 50 ~ 100 mm，贴近烫板。移动速度要控制合适，以刚好熔去隔离纸为宜。烫板和喷枪要密切配合，以免烧损卷材。排气和辊压方法与前述相同。

当整个防水层熔贴完毕后，所有搭接缝应用密封材料涂封严密。

（3）卷材自粘法施工工艺

自粘贴卷材施工是指自粘型卷材的铺贴方法。自粘型卷材在工厂生产时，在其底面涂有一层压敏胶，胶黏剂表面敷有一层隔离纸。施工时只要剥去隔离纸，即可直接铺贴。自粘型卷材通常为高聚物改性沥青卷材，施工一般可采用满粘法和条粘法进行铺贴。采用条粘法时，需与基层脱离的部位可在基层上刷一层石灰水或加铺一层撕下的隔离纸。铺贴时为增加黏结强度，基层表面也应涂刷基层处理剂；干燥后应及时铺贴卷材，可采用滚铺法或抬铺法进行。

自粘法铺贴卷材应符合下列规定。

① 铺粘卷材前，基层表面应均匀涂刷基层处理剂，干燥后应及时铺贴卷材。

② 铺贴卷材时，应将自粘胶底面的隔离纸完全撕净。

③ 铺贴卷材时，应排除卷材下面的空气，并应辊压、粘贴牢固。

④ 铺贴的卷材，应平整顺直，搭接尺寸应准确，不得扭曲、皱折；低温施工时，立面、大坡面及搭接部位宜采用热风机加热，加热后应随即粘贴牢固。

⑤ 搭接缝口应采用材性相容的密封材料封严。

铺贴自粘卷材施工工艺如下。

① 滚铺法。如图 8.30 所示，操作小组由 5 人组成，2 人用 1 500 mm 长的管材穿入卷材芯孔，一边一人架空慢慢向前转动，一人负责撕去卷材底面的隔离

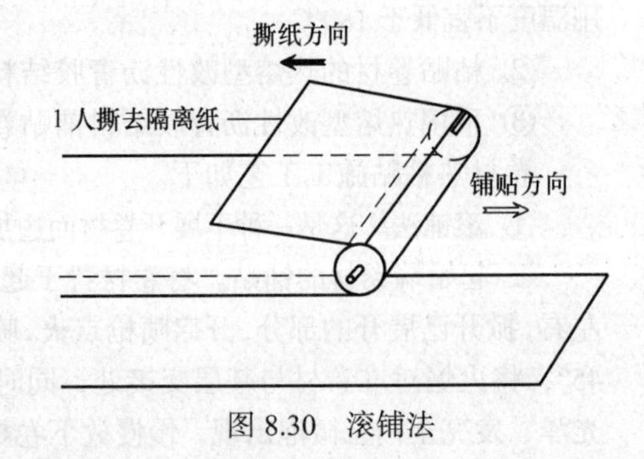

图 8.30 滚铺法

纸，一名有经验的操作工负责铺贴并尽量排除卷材与基层之间的空气，一名操作工负责在铺好的卷材面进行滚压及收边。

开卷后撕掉卷材端头500～1 000 mm长的隔离纸，对准长边线和端头的位置贴牢就可铺贴。负责转动铺开卷材的二人还要看好卷材的铺贴和撕拉隔离纸的操作情况，一般保持1 000 mm长左右。在自然松弛状态下对准长边线粘贴。底面的隔离纸必须全部撕净。使用铺卷材器时，要对准弹在基面的卷材边线滚动。

卷材铺贴的同时应从中间向前方顺压，使卷材与基层之间的空气全部排出；在铺贴好的卷材上用压辊滚压平整，确保无皱折、无扭曲、无鼓包等缺陷。

卷材的接口处用手持小辊沿接缝顺序滚压，要将卷材末端处滚压严实，并使黏结胶略有外露为好。

卷材的搭接部分要保持洁净，严禁掺入杂物，上下层及相邻两幅的搭接缝均应错开，长短边搭接宽度不少于80 mm，如遇气温低，搭接处黏结不牢，可用加热器适当加热，确保粘贴牢固。溢出的自粘胶随即刮平封口。

② 抬铺法。抬铺法是先将待铺卷材剪好，反铺于基层上，并剥去卷材全部隔离纸后再铺贴卷材的方法。适合于较复杂的铺贴部位，或隔离纸不易掀剥的场合。施工时按下述方法进行。

首先根据基层形状裁剪卷材。裁剪时，将卷材铺展在待铺部位，实测基层尺寸（考虑搭接宽度）裁剪卷材。然后将剪好的卷材认真仔细地剥除隔离纸，用力要适度，已剥开的隔离纸与卷材宜成锐角，这样不易拉断隔离纸。如出现小片隔离纸粘连在卷材上时，可用小刀仔细挑出，实在无法剥离时，应用密封材料加以涂盖。全部隔离纸剥离完毕后，将卷材带胶面朝外，沿长向对折卷材。然后抬起并翻转卷材，使搭接边转向搭接粉线。当卷材较长时，在中间安排数人配合，一起将卷材抬到待铺位置，使搭接边对准粉线，从短边搭接缝开始沿长向铺放好搭接缝侧半幅卷材，然后再铺放另半幅。在铺放过程中，各操作人员要默契配合，铺贴的松紧与滚铺法相同。铺放完毕后再进行排气、辊压。

③ 立面和大坡面的铺贴。由于自粘型卷材与基层的黏结力相对较低，在立面或大坡面上，卷材容易产生下滑现象，因此在立面或大坡面上粘贴施工时，宜用手持式汽油喷灯将卷材底面的胶黏剂适当加热后再进行粘贴、排气和辊压。

④ 搭接缝粘贴。自粘型卷材上表面常带有防粘层（聚乙烯膜或其他材料），在铺贴卷材前，应将相邻卷材待搭接部位上表面的防粘层先熔化掉，使搭接缝能黏结牢固。操作时，用手持汽油喷灯沿搭接粉线进行。黏结搭接缝时，应掀开搭接部位卷材，宜用扁头热风枪加热卷材底面胶黏剂，加热后随即粘贴、排气、辊压，溢出的自粘胶随即刮平封口。搭接缝粘贴密实后，所有接缝口均用密封材料封严，宽度不应小于10 mm。

（4）卷材热风焊接施工工艺

热风焊接施工是指采用热空气加热热塑性卷材的黏合面进行卷材与卷材接缝黏结的施工方法，卷材与基层间可采用空铺、机械固定、胶黏剂黏结等方法。热风焊接主要适用于树脂型（塑料）卷材。焊接工艺结合机械固定使防水设防更有效。目前采用焊接工艺的材料有PVC卷材、高密度和低密度聚乙烯卷材。这类卷材热收缩值较高，最适宜用于有埋置的防水层，宜采用机械固定，点粘或条粘工艺。它强度大，耐穿刺好，焊接后整体性好。

热风焊接卷材在施工时，首先应将卷材在基层上铺平顺直，切忌扭曲、皱折，并保持卷材清洁，尤其在搭接处，要求干燥、干净，更不能有油污、泥浆等，否则会严重影响焊接效果，造成接缝渗漏。如果采取机械固定的，应先行用射钉固定；若用胶黏结的，也需要先行粘接，留准搭接宽度。焊接时应先焊长边，后焊短边，否则一旦有微小偏差，长边很难调整。

热风焊接卷材防水施工工艺的关键是接缝焊接，焊接的参数是加热温度和时间，而加热的温度和时间与施工时的气候，如温度、湿度、风力等有关。优良的焊接质量必须使用经培训而真正熟练掌握加热温度、时间的工人才能保证。温度低或加热时间过短，会形成假焊，焊接不牢。温度过高或加热时间过长，会烧焦或损伤卷材本身。当然漏焊、跳焊更是不允许的。

焊接法铺贴卷材应符合下列规定。

① 对热塑性卷材的搭接缝可采用单缝焊或双缝焊，焊接应严密。

② 焊接前，卷材应铺放平整、顺直，搭接尺寸应准确，焊接缝的结合面应清理干净。

③ 应先焊长边搭接缝，后焊短边搭接缝。

④ 应控制加热温度和时间，焊接缝不得漏焊、跳焊或焊接不牢。

（5）热熔法铺贴卷材施工工艺

热熔法铺贴卷材应符合下列规定。

① 火焰加热器的喷嘴距卷材面的距离应适中，幅宽内加热应均匀，应以卷材表面熔融至光亮黑色为度，不得过分加热卷材；厚度小于 3 mm 的高聚物改性沥青防水卷材，严禁采用热熔法施工。

② 卷材表面沥青热熔后应立即滚铺卷材，滚铺时应排除卷材下面的空气。

③ 搭接缝部位宜以溢出热熔的改性沥青胶结料为度，溢出的改性沥青胶结料宽度宜为 8 mm，并宜均匀顺直；当接缝处的卷材上有矿物粒或片料时，应用火焰烘烤及清除干净后再进行热熔和接缝处理。

④ 铺贴卷材时应平整顺直，搭接尺寸应准确，不得扭曲。

热熔法铺贴卷材施工工艺如下。

① 清理基层。剔除基层上的隆起异物，清除基层上的杂物，清扫干净尘土。

② 涂刷基层处理剂。高聚物改性沥青卷材施工，按产品说明书配套使用，基层处理剂应与铺贴的卷材材性相容。可将氯丁橡胶沥青胶黏剂加入工业汽油稀释，搅拌均匀，用长把滚刷均匀涂刷于基层表面上，常温经过 4 h 后，开始铺贴卷材。

③ 节点附加增强处理。待基层处理剂干燥后，按设计节点构造图做好节点（女儿墙、水落管、管根、檐口、阴阳角等细部）的附加增强处理。

④ 定位、弹线。在基层上按规范要求，排布卷材，弹出基准线。

⑤ 热熔铺贴卷材。按弹好的基准线位置，将卷材沥青膜底面朝下，对正粉线，点燃火焰喷枪（喷灯）对准卷材底面与基层的交接处，使卷材底面的沥青熔化。喷枪头距加热面 50 ~ 100 mm，与基层成 30° ~ 45°角为宜。当烘烤到沥青熔化，卷材底有光泽并发黑，有一薄的熔层时，即用胶皮压辊压密实。这样边烘烤边推压，当端头只剩下 300 mm 左右时，将卷材翻放于隔热板上加热，同时加热基层表面，粘贴卷材并压实，如图 8.31 所示。

⑥ 搭接缝黏结。搭接缝黏结之前，先熔烧下层卷材上表面搭接宽度内的防粘隔离层。处理时，操作者一手持烫板，一手持喷枪，使喷枪靠近烫板并距卷材 50 ~ 100 mm，边熔烧，边沿搭接线后退。为防火焰烧伤卷材其他部位，烫板与喷枪应同步移动。处理完毕隔离层，即可进行接缝黏结，如图 8.32 所示。

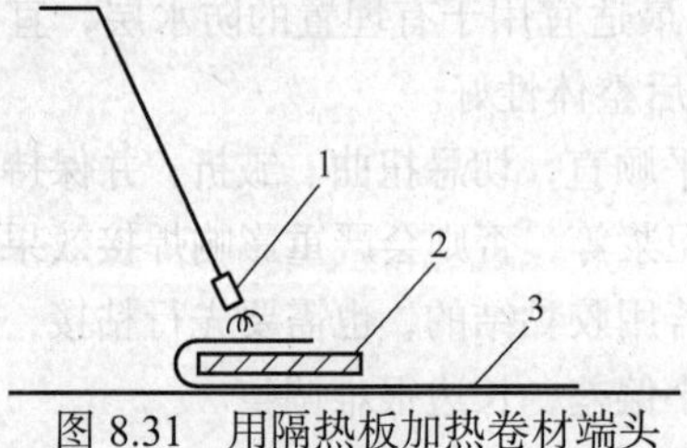

图 8.31 用隔热板加热卷材端头

1—喷枪 2—隔热板 3—卷材

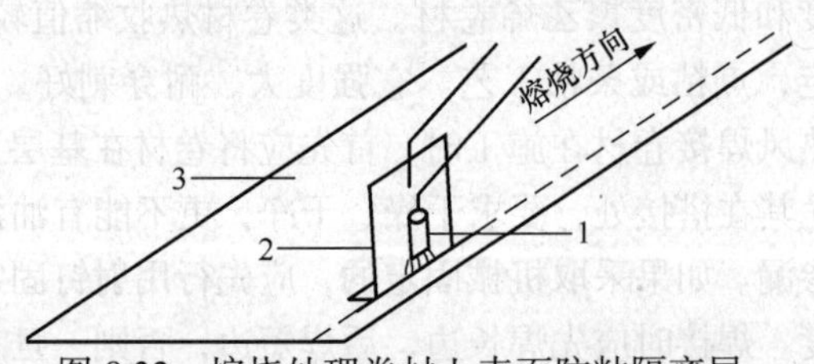

图 8.32 熔烧处理卷材上表面防粘隔离层

1—喷枪 2—烫板 3—已铺下层卷材

施工时应注意：幅宽内应均匀加热，烘烤时间不宜过长，防止烧坏面层材料；热熔后立即滚铺，滚压排气，使之平展、粘牢、无皱褶；滚压时，以卷材边缘溢出少量的热熔胶为宜，溢出的热熔胶应随即刮封接口；整个防水层粘贴完毕，所有搭接缝用密封材料予以严密封涂。

⑦ 蓄水试验。卷材铺贴完毕后 24 h，按要求进行检验。平屋面可采用蓄水试验，蓄水深度为 20 mm，蓄水时间不宜少于 72 h；坡屋面可采用淋水试验，持续淋水时间不少于 2 h，屋面无渗漏和积水、排水系统通畅为合格。

（6）机械固定法铺贴卷材

机械固定法铺贴卷材应符合下列规定。

① 固定件应与结构层连接牢固。

② 固定件间距应根据抗风揭试验和当地的使用环境与条件确定，并不宜大于 600 mm。

③ 卷材防水层周边 800 mm 范围内应满粘，卷材收头应采用金属压条钉压固定和作密封处理。

四、涂膜防水层施工

1. 防水涂料和胎体增强材料的储运、保管及验收

（1）防水涂料和胎体增强材料的储运、保管的规定

① 防水涂料包装容器应密封，容器表面应标明涂料名称、生产厂家、执行标准号、生产日期和产品有效期，并应分类存放。

② 反应型和水乳型涂料储运和保管环境温度不宜低于 5℃。

③ 溶剂型涂料储运和保管环境温度不宜低于 0℃，并不得日晒、碰撞和渗漏。保管环境应干燥、通风，并应远离火源、热源。

④ 胎体增强材料储运、保管环境应干燥、通风，并应远离火源、热源。

（2）进场的防水涂料和胎体增强材料的检验项目。

① 高聚物改性沥青防水涂料应检验固体含量、耐热性、低温柔性、不透水性、断裂伸长率或抗裂性。

② 合成高分子防水涂料和聚合物水泥防水涂料应检验固体含量、低温柔性、不透水性、拉伸强度、断裂伸长率。

③ 胎体增强材料应检验拉力、延伸率。

2. 涂膜防水层的施工环境温度

涂膜防水层的施工环境温度应符合下列规定。

① 水乳型及反应型涂料宜为 5℃ ~ 35℃。

② 溶剂型涂料宜为 – 5℃ ~ 35℃。

③ 热熔型涂料不宜低于 – 10℃。

④ 聚合物水泥涂料宜为 5℃ ~ 35℃。

3. 涂膜防水层的基层要求

涂膜防水层基层应坚实平整，排水坡度应符合设计要求，否则会导致防水层积水；同时防水层施工前基层应干净，无孔隙、起砂和裂缝，以保证涂膜防水层与基层有较好的黏结强度。

溶剂型、热熔型和反应固化型防水涂料，涂膜防水层施工时，基层要求干燥，否则会导致防水层成膜后出现空鼓、起皮现象。水乳型或水泥基类防水涂料对基层的干燥度没有严格要求，

但从成膜质量和涂膜防水层与基层黏结强度来考虑，干燥的基层比潮湿基层有利。基层处理剂的施工应符合规范规定。

4. 防水涂料配料

双组分或多组分防水涂料应按配合比准确计量，应采用电动机具搅拌均匀，已配制的涂料应及时使用。配料时，可加入适量的缓凝剂或促凝剂调节固化时间，但不得将其加入已固化的涂料。

5. 涂膜防水层施工要求

涂膜防水层施工应符合下列规定。

① 防水涂料应多遍均匀涂布，涂膜总厚度应符合设计要求。

② 涂膜间夹铺胎体增强材料时，宜边涂布边铺胎体。胎体应铺贴平整，应排除气泡，并应与涂料黏结牢固。在胎体上涂布涂料时，应使涂料浸透胎体，并应覆盖完全，不得有胎体外露现象。最上面的涂膜厚度不应小于 1.0 mm。

③ 涂膜施工应先做好细部处理，再进行大面积涂布。

④ 屋面转角及立面的涂膜应薄涂多遍，不得流淌和堆积。

涂膜防水层施工工艺应符合下列规定。

① 水乳型及溶剂型防水涂料宜选用滚涂或喷涂施工。

② 反应固化型防水涂料宜选用刮涂或喷涂施工。

③ 热熔型防水涂料宜选用刮涂施工。

④ 聚合物水泥防水涂料宜选用刮涂施工。

⑤ 所有防水涂料用于细部构造时，宜选用刷涂或喷涂施工。

6. 涂膜防水的操作方法

涂膜防水的操作方法有涂刷法、涂刮法、喷涂法，见表 8.10。

表 8.10 涂膜防水的操作方法

操作方法	具体做法	适应范围
涂刷法	① 用刷子涂刷一般采用蘸刷法，也可边倒涂料边用刷子刷匀，涂布垂直面层的涂料时，最好采用蘸刷法。涂刷应均匀一致，倒料时要注意涂料应均匀倒洒，不可在一处倒得过多，否则涂料难以刷开，造成涂膜厚薄不均匀现象。涂刷时不能将气泡裹进涂层中，如遇气泡应立即消除。涂刷遍数必须按事先试验确定的遍数进行 ② 涂布时应先涂立面，后涂平面。在立面或平面涂布时，可采用分条或按顺序进行。分条进行时，每条宽度应与胎体增强材料宽度一致，以免操作人员踩踏刚涂好的涂层 ③ 前一遍涂料干燥后，方可进行下一层涂膜的涂刷。涂刷前应将前一遍涂膜表面的灰尘、杂物等清理干净，同时还应检查前一遍涂层是否有缺陷，如气泡、露底、漏刷、胎体材料皱折、翘边、杂物混入涂层等不良现象，如果存在上述质量问题，应先进行修补，再涂布下一道涂料 ④ 后续涂层的涂刷，材料用量控制要严格，用力要均匀，涂层厚薄要一致，仔细认真涂刷。各道涂层之间的涂刷方向应相互垂直，以提高防水层的整体性和均匀性。涂层间的接茬处，在每遍涂刷时应退茬 50 ~ 100 mm，接茬时也应超过 50mm，以免接茬不严造成渗漏 ⑤ 刷涂施工质量要求涂膜厚薄一致，平整光滑，无明显接茬。施工操作中不应出现流淌、皱纹、漏底、刷花和起泡等弊病	用于刷涂立面和细部节点处理及黏度较小的高聚物改性沥青防水涂料和合成高分子涂料

续表

操作方法	具体做法	适应范围
涂刮法	① 刮涂就是利用刮刀，将厚质防水涂料均匀地刮涂在防水基层上，形成厚度符合设计要求的防水涂膜 ② 刮涂时应用力按刀，使刮刀与被涂面的倾斜角为 50°～60°，按刀要用力均匀 ③ 涂层厚度控制采用预先在刮板上固定铁丝（或木条）或在屋面上作好标志的方法。铁丝（或木条）的高度应与每遍涂层厚度要求一致 ④ 刮涂时只能来回刮 1 次，不能往返多次刮涂，否则将会出现“皮干里不干”现象 ⑤ 为了加快施工进度，可采用分条间隔施工，待先批涂层干燥后，再抹后批空白处。分条宽度一般为 0.8～1.0 m，以便抹压操作，并与胎体增强材料宽度相一致 ⑥ 待前一遍涂料完全干燥后（干燥时间不宜少于 12 h）可进行下一遍涂料施工。后一遍涂料的刮涂方向应与前一遍刮涂方向垂直 ⑦ 当涂膜出现气泡、皱折、凹陷、刮痕等情况，应立即进行修补。补好后才能进行下一道涂膜施工	用于黏度较大的高聚物改性沥青防水涂料和合成高分子防水涂料的大面积施工
喷涂法	① 喷涂施工是利用压力或压缩空气将防水涂料涂布于防水基层面上的机械施工方法，其特点是涂膜质量好，工效高，劳动强度低，适用于大面积作业 ② 作业时，喷涂压力为 0.4～0.8 MPa，喷枪移动速度一般为 400～600 mm/min，喷嘴至受喷面的距离一般应控制在 400～600 mm ③ 喷枪移动的范围不能太大，一般直线喷涂 800～1 000 mm 后，拐弯 180° 向后喷下一行。根据施工条件可选择横向或竖向往返喷涂 ④ 第一行与第二行喷涂面的重叠宽度，一般应控制在喷涂宽度的 1/3～1/2，以使涂层厚度比较一致 ⑤ 每一涂层一般要求两遍成活，横向喷涂一遍，再竖向喷涂一遍。两遍喷涂的时间间隔由防水涂料的品种及喷涂厚度而定 ⑥ 如有喷枪喷涂不到的地方，应用油刷刷涂	用于黏度较小的高聚物改性沥青防水涂料和合成高分子防水涂料的大面积施工

7. 涂膜防水层的施工工艺

（1）涂膜防水常规施工程序

施工流程：施工准备工作→板缝处理及基层施工→基层检查及处理→涂刷基层处理剂→节点和特殊部位附加增强处理→涂布防水涂料、铺贴胎体增强材料→防水层清理与检查整修→保护层施工。

其中板缝处理和基层施工及检查处理是保证涂膜防水施工质量的基础，防水涂料的涂布和胎体增强材料的敷设是最主要和最关键的工序，这道工序的施工方法取决于涂料的性质和设计方法。

涂膜防水的施工与卷材防水层一样，也必须按照“先高后低、先远后近”的原则进行，即遇有高低跨的屋面，一般先涂布高跨屋面，后涂布低跨屋面。在相同高度的大面积屋面上，要合理划分施工段，施工段的交接处应尽量设在变形缝处，以便于操作和运输顺序的安排，在每段中要先涂布离上料点较远的部位，后涂布较近的部位。先涂布排水较集中的水落口、天沟、檐口，再往高处涂布至屋脊或天窗下。先做节点、附加层，然后再进行大面积涂布。一般涂布方向应顺屋脊方向，如有胎体增强材料时，涂布方向应与胎体增强材料的铺贴方向一致。

（2）防水涂料的涂布

根据防水涂料种类的不同，防水涂料可以采用涂刷、刮涂或机械喷涂的方法涂布。

涂布前，应根据屋面面积、涂膜固化时间和施工速度估算好一次涂布用量，确定配料量，保证在固化干燥前用完，这一规定对于双组分反应固化型涂料尤为重要。已固化的涂料不能与未固化的涂料混合使用，否则会降低防水涂膜的质量。涂布的遍数应按设计要求的厚度事先通过试验确定，以便控制每遍涂料的涂布厚度和总厚度。胎体增强材料上层的涂布不应少于两遍。

涂料涂布应分条或按顺序进行。分条进行时，每条的宽度应与胎体增强材料的宽度相一致，以免操作人员踩踏刚涂好的涂层。每次涂布前应仔细检查前遍涂层有无缺陷，如气泡、露底、漏刷、胎体增强材料皱折、翘边、杂物混入等现象，如发现上述问题，应先进行修补，再涂布后遍涂层。立面部位涂层应在平面涂布前进行，而且应采用多次薄层涂布，尤其是流平性好的涂料，否则会产生流坠现象，使上部涂层变薄，下部涂层增厚，影响防水性能。

（3）胎体增强材料的敷设

胎体增强材料的敷设方向与屋面坡度有关。屋面坡度小于 3：20 时可平行屋脊敷设，屋面坡度大于 3：20 时，为防止胎体增强材料下滑，应垂直屋脊敷设。敷设时由屋面最低标高处开始向上操作，使胎体增强材料搭接顺流水方向，避免呛水。

胎体增强材料搭接时，其长边搭接宽度不得小于 50 mm，短边搭接宽度不得小于 70 mm。采用两层胎体增强材料时，由于胎体增强材料的纵向和横向延伸率不同，因此上下层胎体应同方向敷设，使两层胎体材料有一致的延伸性。上下层的搭接缝还应错开，其间距不得小于 1/3 幅宽，以免产生重缝。

胎体增强材料的敷设可采用湿铺法或干铺法施工。当涂料的渗透性较差或胎体增强材料比较密实时，宜采用湿铺法施工，以便涂料可以很好地浸润胎体增强材料。铺贴好的胎体增强材料不得有皱折、翘边、空鼓等缺陷，也不得有露白现象。铺贴时切忌拉伸过紧，刮平时也不能用力过大，敷设后应严格检查表面是否有缺陷或搭接不足问题，否则应进行修补后才能进行下一道工序的施工。

（4）细部节点的附加增强处理

屋面细部节点，如天沟、檐沟、檐口、泛水、出屋面管道根部、阴阳角和防水层收头等部位，均应加铺有胎体增强材料的附加层。一般先涂刷 1 ~ 2 遍涂料，铺贴裁剪好的胎体增强材料，使其贴实、平整，干燥后再涂刷一遍涂料。

五、接缝密封防水施工

1．接缝密封防水材料

接缝密封防水材料如下。

（1）接缝密封材料

接缝种类及其对应的密封材料见表 8.11。

表 8.11　　接缝种类及其对应的密封材料

项　次	接缝种类	主要考虑因素	密封材料
1	屋面板接缝	（1）剪切位移 （2）耐久性 （3）耐热度	改性沥青 塑料油膏 聚氯乙烯胶泥

续表

项　次	接缝种类	主要考虑因素	密封材料
2	水落口杯节点	（1）耐热度 （2）拉伸压缩循环性能	硅酮系
3	天沟、檐沟节点	同屋面板接缝	—
4	檐口、泛水卷材收头节点	（1）黏结性 （2）流淌性	改性沥青 塑料油膏
5	刚性屋面分格缝节点	（1）水平位移 （2）耐热度	硅酮系 聚氨酯密封膏 水乳丙烯酸

（2）背衬材料

背衬材料常选用聚乙烯闭孔泡沫体和沥青麻丝。其作用是控制密封膏嵌入深度，确保两面粘接，从而使密封材料有较大的自由伸缩能力，提高变形能力。

（3）隔离条

隔离条一般有四氟乙烯条、硅酮条、聚酯条、氯乙烯条和聚乙烯泡沫条等，其作用与背衬材料相同，主要用于接缝较浅的部位，如檐口、泛水卷材收头、金属管道根部等节点处。

（4）防污条

防污条要求黏性恰当，其作用是保持黏结物不对界面两边造成污染。

（5）基层处理剂

基层处理剂一般与密封材料配套供应。

2. 密封材料的储运、保管及验收

（1）密封材料的储运、保管的规定

① 密封材料运输时应防止日晒、雨淋、撞击、挤压。

② 密封材料的储运、保管环境应通风、干燥，防止日光直接照射，并应远离火源、热源。乳胶型密封材料在冬季时应采取防冻措施。

③ 密封材料应按类别、规格分别存放。

（2）进场的密封材料的检验项目

① 改性石油沥青密封材料应检验耐热性、低温柔性、拉伸黏结性、施工度。

② 合成高分子密封材料应检验拉伸模量、断裂伸长率、定伸黏结性。

3. 接缝密封防水的施工环境温度

接缝密封防水的施工环境温度应符合下列规定。

① 改性沥青密封材料和溶剂型合成高分子密封材料宜为 0～35℃。

② 乳胶型及反应型合成高分子密封材料宜为 5℃～35℃。

4. 密封防水部位的基层

密封防水部位的基层应符合下列规定。

① 密封防水部位的基层应牢固，表面应平整、密实，不得有裂缝、蜂窝、麻面、起皮和起砂等现象。

② 密封防水部位的基层应清洁、干燥，应无油污、无灰尘。

③ 嵌入的背衬材料与接缝壁间不得留有空隙。

④ 密封防水部位的基层宜涂刷基层处理剂，涂刷应均匀，不得漏涂。

5. 密封材料防水施工要求

（1）改性沥青密封材料防水施工

改性沥青密封材料防水施工应符合下列规定。

① 采用冷嵌法施工时，宜分次将密封材料嵌填在缝内，并应防止裹入空气。

② 采用热灌法施工时，应由下向上进行，并宜减少接头。密封材料熬制及浇灌温度，应按不同材料要求严格控制。

（2）合成高分子密封材料防水施工

合成高分子密封材料防水施工应符合下列规定。

① 单组分密封材料可直接使用；多组分密封材料应根据规定的比例准确计量，并应拌和均匀。每次拌和量、拌和时间和拌和温度，应按所用密封材料的要求严格控制。

② 采用挤出枪嵌填时，应根据接缝的宽度选用口径合适的枪嘴，应均匀挤出密封材料嵌填，并应由底部逐渐充满整个接缝。

③ 密封材料嵌填后，应在密封材料表干前用腻子刀嵌填修整。

密封材料嵌填应密实、连续、饱满，应与基层黏结牢固；表面应平滑，缝边应顺直，不得有气泡、孔洞、开裂、剥离等现象。

对嵌填完毕的密封材料，应避免碰损及污染；固化前不得踩踏。

6. 施工准备及施工工艺

（1）施工方法

根据密封材料的种类、作业部位选择施工方法。

（2）缝槽要求

缝槽应清洁、干燥，表面应密实、牢固、平整，否则应予以清洗和修整。用直尺检查接缝的宽度和深度，必须符合设计要求，一般接缝的宽度和深度见表 8.12。如尺寸不符合要求，应修整。

表 8.12　一般接缝的宽度和深度

接缝间距/m	0 ~ 2.0	2.0 ~ 3.5	3.5 ~ 5.0	5.0 ~ 6.5	6.5 ~ 8.0
最小缝宽/mm	10	15	20	25	30
嵌缝深度/mm	8±2	10±2	12±2	15±3	15±3

（3）施工工艺

施工工艺流程：嵌填背衬材料→敷设防污条→刷涂基层处理剂→嵌填密封材料→保护层施工。其施工要点如下。

① 嵌填背衬材料。先将背衬材料加工成与接缝宽度和深度相符合的形状（或选购多种规格），然后将其压入接缝里，如图 8.33 所示。

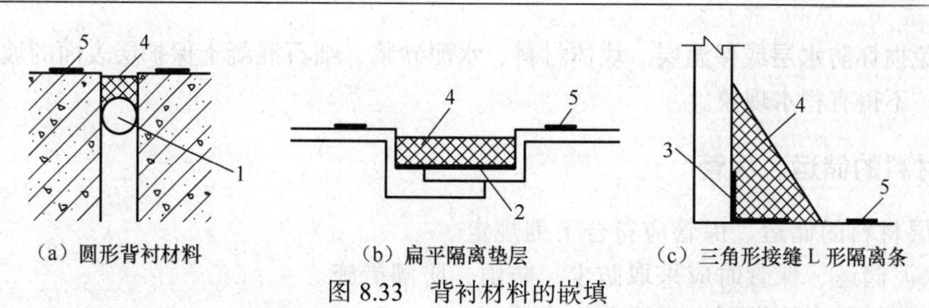

（a）圆形背衬材料　（b）扁平隔离垫层　（c）三角形接缝 L 形隔离条

图 8.33　背衬材料的嵌填

1—圆形背衬材料　2—扁平隔离垫层　3—L 形隔离条　4—密封防污胶条　5—遮挡防污胶条

② 敷设防污条。防污条粘贴要成直线，保持密封膏线条美观。

③ 刷涂基层处理剂。单组分基层处理剂摇匀后即可使用。双组分基层处理剂须按产品说明书配比，用机械搅拌均匀，一般搅拌 10 min。用刷子将接缝周边涂刷薄薄的一层，要求刷匀，不得漏涂和出现气泡、斑点，表干后应立即嵌填密封材料，表干时间一般为 20 ~ 60 min，如超过 24 h 应重新涂刷。

④ 嵌填密封材料。密封材料的嵌填按施工方法分为热灌法和冷嵌法两种，其施工方法及适用范围见表 8.13。热灌时应从低处开始向上连续进行，先灌垂直屋脊板缝，遇纵横交叉时，应向平行屋脊的板缝两端各延伸 150 mm，并留成斜茬。灌缝一般宜分两次进行，第一次先灌缝深的 1/2 ~ 1/3，用竹片或木片将油膏沿缝两边反复搓擦，使之不露白槎，第二次灌满并略高于板面和板缝两侧各 20 mm。密封材料在嵌填完毕但未干前，用刮刀用力将其压平与修整，并立即揭去遮挡条，养护 2 ~ 3 天，养护期间不得碰损或污染密封材料。

表 8.13　　密封材料施工方法及适用范围

方　法		具体做法	适　用
热灌法		采用塑化炉加热，将锅内材料加温，使其溶化，加热温度为 110℃ ~ 130℃，然后用灌缝车或鸭嘴壶将密封材料灌入缝中，浇灌时的温度不低于 110℃	平面接缝
冷嵌法	批刮法	密封材料不需加热，手工嵌填时可用腻子刀或刮刀将密封材料分次刮到缝槽两侧的粘接面，然后将密封材料填满整个接缝	平面、立面及节点接缝
	挤出法	可采用专用的挤出枪，并根据接缝的宽度选用合适的枪嘴，将密封材料挤入接缝内。若采用管装密封材料时，可将包装筒塑料嘴斜向切开作为枪嘴，将密封材料挤入接缝内	

⑤ 保护层施工。密封材料表干后，按设计要求做保护层。如无设计要求，可用密封材料稀释做“一布二涂”的涂膜保护层，宽度为 200 ~ 300 mm。

六、保护层和隔离层施工

防水层不但要起到防水作用，而且还要抵御大自然的雨水冲刷，紫外线、臭氧、酸雨的损害，温差变化的影响以及使用时外力的损坏，这些都会对防水层造成损害，致使防水层的使用寿命缩短，使防水层提前老化或失去防水功能，因此防水层应加保护层，以延长防水层的使用寿命。这在功能上讲是合理的，在经济上是合算的。一般地，有了保护层，防水层的寿命至少延长一倍以上，如果做成倒置式屋面，寿命将延长更多。目前采用的保护层是根据不同的防水材料和屋面功能决定的。

施工完的防水层应进行雨后观察、淋水或蓄水试验，并应在合格后再进行保护层和隔离层的施工。保护层和隔离层施工前，防水层或保温层的表面应平整、干净。保护层和隔离层施工时，应避免损坏防水层或保温层。块体材料、水泥砂浆、细石混凝土保护层表面的坡度应符合设计要求，不得有积水现象。

1. 材料的储运、保管

保护层材料的储运、保管应符合下列规定。

① 水泥储运、保管时应采取防尘、防雨、防潮措施。

② 块体材料应按类别、规格分别堆放。

③ 对于浅色涂料的储运、保管环境温度，反应型及水乳型不宜低于 5℃，溶剂型不宜低于 0℃。

④ 溶剂型涂料保管环境应干燥、通风，并应远离火源和热源。

隔离层材料的储运、保管应符合下列规定。

① 塑料膜、土工布、卷材储运时，应防止日晒、雨淋、重压。

② 塑料膜、土工布、卷材保管时，应保证室内干燥、通风。

③ 塑料膜、土工布、卷材的保管环境应远离火源、热源。

2. 施工环境温度

保护层的施工环境温度应符合下列规定。

① 块体材料干铺不宜低于 -5℃，湿铺不宜低于 5℃。

② 水泥砂浆及细石混凝土宜为 5℃~35℃。

③ 浅色涂料不宜低于 5℃。

隔离层的施工环境温度应符合下列规定。

① 干铺塑料膜、土工布、卷材可在 0℃以下施工。

② 铺抹低强度等级砂浆宜为 5℃~35℃。

3. 施工工艺

（1）浅色涂层的施工

浅色涂层可在防水层上涂刷，涂刷面除干净外，还应干燥，涂膜应完全固化，刚性层应硬化干燥。涂刷时应均匀，不露底，不堆积，一般应涂刷两遍以上。

浅色涂料保护层施工应符合下列规定。

① 浅色涂料应与卷材、涂膜相容，材料用量应根据产品说明书的规定使用。

② 浅色涂料应多遍涂刷，当防水层为涂膜时，应在涂膜固化后进行。

③ 涂层应与防水层粘结牢固，厚薄应均匀，不得漏涂。

④ 涂层表面应平整，不得流淌和堆积。

（2）金属反射膜粘铺

金属反射膜在工厂生产时一般敷于热熔改性沥青卷材表面，也可以用黏结剂粘贴于涂膜表面。在现场将金属反应膜粘铺于涂膜表面时，应两人滚铺，从膜下排出空气后，立即辊压、粘牢。

（3）蛭石、云母粉、粒料（砂、石片）撒布

这些粒料如用于热熔改性沥青卷材表面时，应在工厂生产时粘附。在现场将这些粒料粘铺于防水层表面时，是在涂刷最后一遍热玛碲脂或涂料时，立即均匀撒铺粒料并轻轻地辊压一遍，待完全冷却或干燥固化后，再将上面未粘牢的粒料扫去。

（4）纤维毡、塑料网格布的施工

纤维毡一般在四周用压条钉压固定于基层，中间可采取点粘固定，塑料网格布在四周亦应固定，中间均应用咬口连接。

（5）块体敷设

在敷设块体前应先用点粘法铺贴一层聚酯毡。块体有各式各样的混凝土制品，如方砖、六角形、多边形，只要铺摆就可以。如果是上人屋面，则要求用坐砂、坐浆铺砌。块体施工时应铺平垫稳，缝隙均匀一致。

块体材料保护层敷设应符合下列规定。

① 在砂结合层上敷设块体时，砂结合层应平整，块体间应预留 10 mm 的缝隙，缝内应填砂，并应用 1∶2 水泥砂浆勾缝。

② 在水泥砂浆结合层上敷设块体时，应先在防水层上做隔离层，块体间应预留 10 mm 的缝隙，缝内应用 1∶2 水泥砂浆勾缝。

③ 块体表面应洁净、色泽一致，应无裂纹、掉角和缺楞等缺陷。

（6）水泥砂浆、聚合物水泥砂浆或干粉砂浆铺抹

铺抹砂浆也应按设计要求，如需隔离层，则应先铺一层无纺布，再按设计要求铺抹砂浆，抹平压光，并按设计分格，也可以在硬化后用锯切割，但必须注意不可伤及防水层，锯割深度为砂浆厚度的 1/3 ~ 1/2。

（7）混凝土、钢筋混凝土施工

混凝土、钢筋混凝土保护层施工前应在防水层上做隔离层，隔离层可采用低标号砂浆（石灰黏土砂浆）、油毡、聚酯毡、无纺布等。隔离层应铺平，然后铺放绑扎配筋，支好分格缝模板，浇筑细石混凝土，也可以全部浇筑硬化后用锯切割混凝土缝，但缝中应填嵌密封材料。

七、瓦屋面施工

瓦屋面采用的木质基层、顺水条、挂瓦条的防腐、防火及防蛀处理，以及金属顺水条、挂瓦条的防锈蚀处理，均应符合设计要求。屋面木基层应铺钉牢固、表面平整；钢筋混凝土基层的表面应平整、干净、干燥。

防水垫层的敷设应符合下列规定。

① 防水垫层可采用空铺、满粘或机械固定。

② 防水垫层在瓦屋面构造层次中的位置应符合设计要求。

③ 防水垫层宜自下而上平行屋脊敷设。

④ 防水垫层应顺流水方向搭接，搭接宽度应符合规范规定。

⑤ 防水垫层应敷设平整，下道工序施工时，不得损坏已敷设完成的防水垫层。

持钉层的敷设应符合下列规定。

① 屋面无保温层时，木基层或钢筋混凝土基层可视为持钉层。钢筋混凝土基层不平整时，宜用 1∶2.5 的水泥砂浆进行找平。

② 屋面有保温层时，保温层上应按设计要求做细石混凝土持钉层，内配钢筋网应骑跨屋脊，并应绷直，与屋脊和檐口、檐沟部位的预埋锚筋连牢。预埋锚筋穿过防水层或防水垫层时，破损处应进行局部密封处理。

③ 水泥砂浆或细石混凝土持钉层可不设分格缝；持钉层与突出屋面结构的交接处应预留 30 mm 宽的缝隙。

1. 烧结瓦、混凝土瓦屋面

烧结瓦、混凝土瓦的储运、保管应轻拿轻放，不得抛扔、碰撞；进入现场后应堆垛整齐。进场的烧结瓦、混凝土瓦应检验抗渗性、抗冻性和吸水率等项目。顺水条应顺流水方向固定，间距不宜大于 500 mm，顺水条应铺钉牢固、平整。钉挂瓦条时应拉通线，挂瓦条的间距应根据瓦片尺寸和屋面坡长经计算确定，挂瓦条应铺钉牢固、平整，上棱应成一直线。

敷设瓦屋面时，瓦片应均匀分散堆放在两坡屋面基层上，严禁集中堆放；应由两坡从下向上同时对称敷设；瓦片应铺成整齐的行列，并应彼此紧密搭接，应做到瓦棒落槽、瓦脚挂牢、瓦头排齐，且无翘角和张口现象，檐口应成一直线；脊瓦搭盖间距应均匀，脊瓦与坡面瓦之间的缝隙应用聚合物水泥砂浆填实抹平，屋脊或斜脊应顺直；沿山墙一行瓦宜用聚合物水泥砂浆做出披水线。

檐口第一根挂瓦条应保证瓦头出檐口 50 ~ 70 mm；屋脊两坡最上面的一根挂瓦条，应保证脊瓦在坡面瓦上的搭盖宽度不小于 40 mm；钉檐口条或封檐板时，均应高出挂瓦条 20 ~ 30 mm。

烧结瓦、混凝土瓦屋面完工后，应避免屋面受物体冲击，严禁任意上人或堆放物件。

2. 沥青瓦屋面

不同类型、规格的沥青瓦应分别堆放；储存温度不应高于 45℃，并应平放储存；应避免雨淋、日晒、受潮，并应注意通风和避免接近火源。进场的沥青瓦应检验可溶物含量、拉力、耐热度、柔度、不透水性、叠层剥离强度等项目。

敷设沥青瓦前，应在基层上弹出水平及垂直基准线，并应按线敷设。檐口部位宜先敷设金属滴水板或双层檐口瓦，并应将其固定在基层上，再敷设防水垫层和起始瓦片。

沥青瓦应自檐口向上敷设，起始层瓦应由瓦片经切除垂片部分后制得，且起始层瓦沿檐口应平行敷设并伸出檐口 10 mm，再用沥青基胶结材料和基层黏结；第一层瓦应与起始层瓦叠合，但瓦切口应向下指向檐口；第二层瓦应压在第一层瓦上且露出瓦切口，但不得超过切口长度。相邻两层沥青瓦的拼缝及切口应均匀错开。

檐口、屋脊等屋面边沿部位的沥青瓦之间、起始层沥青瓦与基层之间，应采用沥青基胶结材料满粘牢固。在沥青瓦上钉固定钉时，应将钉垂直钉入持钉层内；固定钉穿入细石混凝土持钉层的深度不应小于 20 mm，穿入木质持钉层的深度不应小于 15 mm，固定钉的钉帽不得外露在沥青瓦表面。每片脊瓦应用两个固定钉固定；脊瓦应顺年最大频率风向搭接，并应搭盖住两坡面沥青瓦每边不小于 150 mm；脊瓦与脊瓦的压盖面不应小于脊瓦面积的 1/2。

沥青瓦屋面与立墙或伸出屋面的烟囱、管道的交接处应做泛水，在其周边与立面 250 mm 的范围内应敷设附加层，然后在其表面用沥青基胶结材料满粘一层沥青瓦片。

敷设沥青瓦屋面的天沟应顺直，瓦片应黏结牢固，搭接缝应密封严密，排水应通畅。

八、金属板屋面施工

金属板应用专用吊具安装，吊装和运输过程中不得损伤金属板材；金属板堆放地点宜选择在安装现场附近，堆放场地应平整、坚实且便于排除地表水。金属板应边缘整齐、表面光滑、色泽均匀、外形规则，不得有扭翘、脱膜和锈蚀等缺陷。进场的彩色涂层钢板及钢带应检验屈服强度、抗拉强度、断后伸长率、镀层重量、涂层厚度等项目。

金属面绝热夹芯板的储运、保管应采取防雨、防潮、防火措施；夹芯板之间应用衬垫隔离，并应分类堆放，应避免受压或机械损伤。进场的金属面绝热夹芯板应检验剥离性能、抗弯承载力、防火性能等项目。

金属板屋面的构件及配件应有产品合格证和性能检测报告，其材料的品种、规格、性能等应符合设计要求和产品标准的规定。

金属板屋面施工应在主体结构和支承结构验收合格后进行。金属板屋面施工前应根据施工图纸进行深化排板图设计。金属板敷设时，应根据金属板板型技术要求和深化设计排板图进行。施工测量应与主体结构测量相配合，其误差应及时调整，不得积累；施工过程中应定期对金属板的安装定位基准点进行校核。金属板的长度应根据屋面排水坡度、板型连接构造、环境温差及吊装运输条件等综合确定，横向搭接方向宜顺主导风向；当在多维曲面上雨水可能翻越金属板板肋横流时，金属板的纵向搭接应顺流水方向。金属板敷设过程中应对金属板采取临时固定措施，当天就位的金属板材应及时连接固定，其安装应平整、顺滑，板面不应有施工残留物；檐口线、屋脊线应顺直，不得有起伏不平的现象。

金属板屋面施工完毕，应进行雨后观察、整体或局部淋水试验，檐沟、天沟应进行蓄水试验，并应填写淋水和蓄水试验记录，完工后，应避免屋面受物体冲击，并不宜对金属面板进行焊接、开孔等作业，严禁任意上人或堆放物件。

九、玻璃采光顶施工

采光顶部件在搬运时应轻拿轻放，严禁发生互相碰撞；采光玻璃在运输中应采用有足够承载力和刚度的专用货架；部件之间应用衬垫固定，并应相互隔开；采光顶部件应放在专用货架上，存放场地应平整、坚实、通风、干燥，并严禁与酸碱等物质接触。

玻璃采光顶施工应在主体结构验收合格后进行；采光顶的支承构件与主体结构连接的预埋件应按设计要求埋设。施工测量应与主体结构测量相配合，测量偏差应及时调整，不得积累；施工过程中应定期对采光顶的安装定位基准点进行校核。其支承构件、玻璃组件及附件的材料品种、规格、色泽和性能应符合设计要求和技术标准的规定。

玻璃采光顶施工完毕后，应进行雨后观察、整体或局部淋水试验，檐沟、天沟应进行蓄水试验，并应填写淋水和蓄水试验记录。

框支撑玻璃采光顶的安装施工应符合下列规定。

① 应根据采光顶分格测量，确定采光顶各分格点的空间定位。

② 支撑结构应按顺序安装，采光顶框架组件安装就位、调整后应及时紧固；不同金属材料的接触面应采用隔离材料。

③ 采光顶的周边封堵收口、屋脊处压边收口、支座处封口处理，均应敷设平整且固定可靠。

④ 采光顶天沟、排水槽、通气槽及雨水排出口等细部构造应符合设计要求。

⑤ 装饰压板应顺流水方向设置，表面应平整，接缝应符合设计要求。

点支承玻璃采光顶的安装施工应符合下列规定。

① 应根据采光顶分格测量，确定采光顶各分格点的空间定位。

② 钢桁架及网架结构安装就位、调整后应及时紧固；钢索杆结构的拉索、拉杆预应力施加应符合设计要求。

③ 采光顶应采用不锈钢驳接组件装配，爪件安装前应精确定出其安装位置。

④ 玻璃宜采用机械吸盘安装，并应采取必要的安全措施。

⑤ 玻璃接缝应采用硅酮耐候密封胶。

⑥ 中空玻璃钻孔周边应采取多道密封措施。

明框玻璃组件组装应符合下列规定。

① 玻璃与构件槽口的配合应符合设计要求和技术标准的规定。

② 玻璃四周密封胶条的材质、型号应符合设计要求，镶嵌应平整、密实，胶条的长度宜大于边框内槽口长度 1.5%～2.0%。胶条在转角处应斜面断开，并应用黏结剂黏结牢固。

③ 组件中的导气孔及排水孔设置应符合设计要求，组装时应保持孔道通畅。

④ 明框玻璃组件应拼装严密，框缝密封应采用硅酮耐候密封胶。

隐框及半隐框玻璃组件组装应符合下列规定。

① 玻璃及框料黏结表面的尘埃、油渍和其他污物，应分别使用带溶剂的擦布和干擦布清除干净，并应在清洁后 1 h 内嵌填密封胶。

② 结构黏结材料应采用硅酮结构密封胶，其性能应符合现行国家标准《建筑用硅酮结构密封胶》（GB 16776—2005）的有关规定；硅酮结构密封胶应在有效期内使用。

③ 硅酮结构密封胶应嵌填饱满，并应在温度 15℃～30℃、相对湿度 50%以上、洁净的室内进行，不得在现场嵌填。

④ 硅酮结构密封胶的黏结宽度和厚度应符合设计要求，胶缝表面应平整光滑，不得出现气泡。

⑤ 硅酮结构密封胶固化期间，组件不得长期处于单独受力状态。

玻璃接缝密封胶的施工应符合下列规定。

① 玻璃接缝密封应采用硅酮耐候密封胶，其性能应符合现行行业标准《幕墙玻璃接缝用密封胶》（JC/T 882—2001）的有关规定，密封胶的级别和模量应符合设计要求。

② 密封胶的嵌填应密实、连续、饱满，胶缝应平整光滑、缝边顺直。

③ 玻璃间的接缝宽度和密封胶的嵌填深度应符合设计要求。

④ 不宜在夜晚、雨天嵌填密封胶，嵌填温度应符合产品说明书规定，嵌填密封胶的基面应清洁、干燥。

复习思考题

1. 试述沥青卷材屋面防水层的施工过程。
2. 常用防水卷材有哪些种类？
3. 刚性防水屋面的隔离层如何施工？分格缝如何处理？简述其施工要点。
4. 卷材屋面保护层有哪几种做法？
5. 试述涂膜防水屋面的施工过程。
6. 简述屋面保温工程保温层的铺设施工要点。
7. 倒置式屋面的保温层应如何施工？
8. 简述倒置式屋面施工工艺流程。
9. 简述卷材地下防水外贴法、内贴法施工要点。
10. 补偿收缩混凝土防水层怎样施工？
11. 影响普通防水混凝土抗渗性的主要因素有哪些？防水混凝土所用的材料有什么要求？
12. 防水混凝土是如何分类的？各有哪些特点？
13. 卫生间防水有哪些特点？
14. 聚氨酯涂膜防水有哪些优缺点？有哪些施工工序？
15. 卫生间涂膜防水施工应注意哪些事项？

项目九

装饰工程

学习内容

本项目内容包括常用施工机具、抹灰工程、饰面工程、地面工程、裱糊工程、天棚工程、涂料工程、门窗工程、玻璃幕墙工程等。

学习目标

1. 熟悉常用施工机具的种类、用途。
2. 熟悉抹灰的分类和组成、抹灰基体的表面处理方法，掌握一般抹灰施工工艺、装饰抹灰施工工艺。
3. 熟悉饰面砖镶贴工艺，掌握石材饰面板和金属饰面板安装方法。
4. 熟悉油漆、墙面涂料、刷浆、裱糊工程施工方法。
5. 熟悉天棚施工工艺。
6. 熟悉门窗工程施工基本要求，掌握门窗安装工艺。
7. 熟悉玻璃幕墙材料一般要求，了解玻璃幕墙安装施工方法。

任务一　常用施工机具

一、木结构施工机具

1. 电动圆锯

电动圆锯又称木材切割机，如图 9.1 所示，主要用于切割木夹板、木方条、装饰板等。施工时，常把电动圆锯反装在工作台面下，并使圆锯片从工作台面的开槽处伸出台面，以便切割木板和木方。

电动圆锯使用时，双手握稳电锯，开动手柄上的电钮，让其空转至正常速度，再进行锯切工作。操作者应戴防护眼镜或把头偏离锯片径向范围，以免木屑乱飞击伤眼睑。

2. 电动曲线锯

电动曲线锯又称为电动线锯、垂直锯、直锯机、线锯机等，如图 9.2 所示。它由电动机、往复机构、机壳、开关、手柄、锯条等零件组成。电动曲线锯可以在金属、木材、塑料、橡胶皮条、泡沫塑料板等材料上切割直线或曲线，锯割复杂形状和曲率半径小的几何图形。锯条可分为粗齿、中齿、细齿 3 种，其中粗齿锯条适用于锯割木材，中齿锯条适用于锯割有色金属板材、层压板，细齿锯条适用于锯割钢板。

图 9.1　电动圆锯

图 9.2　电动曲线锯

电动曲线锯锯割前应根据加工件的材料种类选取合适的锯条。若在锯割薄板时发现工件有反跳现象，表明锯齿太大，应调换细齿锯条。锯割时向前推力不能太猛，转角半径不宜小于50mm。若卡住应立刻切断电源，退出锯条，再进行锯割。在锯割时不能将曲线锯任意提起，以防损坏锯条。使用过程中，发现不正常声响、火花过大、外壳过热、不运转或运转过慢时，应立即停锯，检查修复后再用。

3. 电刨

电刨又称手提式电刨、木工电刨，如图 9.3 所示，它由电机、刨刀、刨刀调整装置和护板等组成，主要用于刨削木材或木结构件。开关带有锁定装置并附有台架的电刨，还可以翻转固定于台架上，作小型台刨使用。

电刨使用前，要检查电刨的各部件完整性和绝缘情况，确认没有问题后，方可投入使用。

操作时，双手前后握刨，推刨时，平稳匀速向前移动，刨到工件尽头时应将机身提起，以免损坏刨好的工件表面。

4. 电动木工修边机

电动木工修边机也称倒角机，如图 9.4 所示，它由电机、刀头以及可调整角度的保护罩组成，配用各种成形铣刀，用于对各种木质工件的边棱或接口处进行整平、斜面加工或图形切割、开槽等。

使用时应用手正确把握，沿着加工件均匀运动，速度不宜太快，按事先的边线进行操作，以免损坏物件。使用后应切断电源，清除灰尘。

图 9.3　电刨

图 9.4　电动木工修边机

5. 电动、气动打钉枪

打钉枪用于在木龙骨上钉木夹板、纤维板、刨花板、石膏板等板材和各种装饰木线条。

电动打钉枪插入 220V 电源插座就可直接使用，如图 9.5 所示。气动打钉枪需与气泵连接。操作时用钉枪嘴压在需钉接处，再按下开关即可把钉子压入所钉面材内。

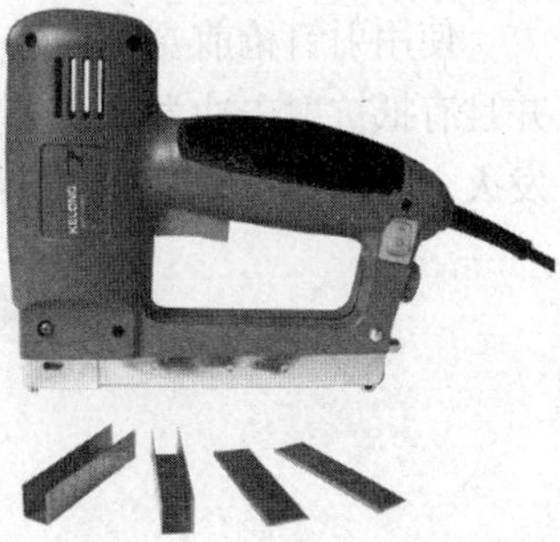

图 9.5　电动打钉枪

二、金属结构施工机具

1. 型材切割机

型材切割机如图 9.6 所示，可分为单速型材切割机和双速型材切割机两种。它由电动机、切割动力头、变速机构、可转夹钳、砂轮片等部件组成，主要用于切割金属型材。它根据砂轮磨损原理，利用高速旋转的薄片砂轮进行切割，也可改换合金锯片切割木材、硬质塑料等，多用于金属内外墙板、铝合金门窗安装、吊顶等装饰装修工程施工。

操作时用锯板上的夹具夹紧工件，按下手柄使砂轮片轻轻接触工件，平稳匀速地进行切割。因切割时有大量火星，须注意远离木器、油漆等易燃物品。

2. 电动角向磨光机

电动角向磨光机是供磨削用的电动工具，如图 9.7 所示。它由电机、传动机构、磨头和防护罩等组成，主要用于对金属型材进行磨光、除锈、去毛刺等作业，使用范围比较广泛。

磨光机使用的砂轮，必须是增强纤维树脂砂轮，安全线速度不小于 80 m/s。使用的电缆和插头具有加强绝缘性能，不能任意用其他导线和插头更换或接长。操作时用双手平握住机身，再按下开关，以砂轮片的侧面轻触工件，并平稳地向前移动，磨到尽头时应提起机身，不可在工件上来回推磨，以免损坏砂轮片。电动角向磨光机转速很快，振动大，应保持磨光机的通风畅通、清洁，应经常清除油垢和灰尘。

图 9.6　型材切割机

图 9.7　电动角向磨光机

3. 射钉枪

射钉枪是一种直接完成型材安装固定的工具，如图 9.8 所示。它主要由活塞、弹膛组件、击针、击针弹簧及枪体外套等部分组成。在装饰工程施工中，利用射钉枪击发射钉弹，以弹内燃料的能量，将各种射钉直接钉入钢铁、混凝土或砖砌体等材料中去。射钉种类主要有一般射钉、螺纹射钉、带孔射钉 3 种。

使用射钉枪前要认真检查枪的完好程度，操作者最好经过专门训练。射击的基体必须稳固坚实，并且有抵抗射击冲力的刚度。扣动扳机后如发现子弹不发火，应再次按于基体上扣动扳机，如仍不发火，应仍保持原射击位置数秒后，再来回拉伸枪管，使下一颗子弹进入枪膛，再扣动扳机。

图 9.8 射钉枪

三、钻孔机具

1. 轻型手电钻

轻型手电钻又称手枪钻、手电钻、木工电钻，如图 9.9 所示，是用来对木材、塑料件、金属件等材料或工件进行小孔径钻孔的电动工具。操作时，注意钻头应垂直平稳进给，防止跳动和摇晃。要经常清除钻头旋出的碎渣，以免钻头扭断在工件中。

2. 冲击电钻

冲击电钻是带冲击的、可调节式旋转的特种电钻。冲击电钻由单相串激电机、传动机构、旋冲调节机构及壳体等部分组成。它主要用于混凝土结构、砖结构、瓷砖地砖的钻孔，以便安装膨胀螺栓或木楔。

使用前，应检查冲击电钻完好情况，包括机体、绝缘、电线、钻头等有无损坏。根据冲击、旋转要求，把调节开关调好，钻头垂直于工作面冲转。如使用中发现声音和转速不正常时，要立即停机检查；使用后，及时进行保养。电钻旋转正常后方可作业，钻孔时不能用力过猛。使用双速电钻，一般钻小孔时用高速，钻大孔时用低速。

3. 电锤

电锤主要由单相串激式电动机、传动箱、曲轴、连杆、活塞机构、保险离合器、刀夹机构、手柄等组成，如图 9.10 所示。它主要用于混凝土等结构表面剔、凿和打孔作业。作冲击钻使用时，则用于门窗、吊顶和设备安装中的钻孔，埋置膨胀螺栓。

使用电锤打孔时，首先保证电源的电压与铭牌上规定相符，电锤各部件紧固螺钉必须牢固，根据钻孔开凿情况选择合适的钻头，并安装牢靠。操作时工具必须垂直于工作面，不允许工具在孔内左右摆动，以免扭坏工具。电锤多为断续工作制，切勿长期连续使用，以免烧坏电动机。

图 9.9 轻型手电钻　　　　图 9.10 电锤

任务二　抹 灰 施 工

一、抹灰工程施工要求

1. 抹灰工程分类

抹灰工程按照抹灰施工的部位，分为室外抹灰和室内抹灰。通常室内各部位的抹灰叫作内抹灰，如内墙、楼地面、天棚抹灰等；室外各部位的抹灰叫作外抹灰，如外墙面、雨篷和檐口抹灰等。按使用材料和装饰效果不同分为一般抹灰和装饰抹灰两大类。一般抹灰有水泥石灰砂浆、水泥砂浆、聚合物水泥砂浆以及麻刀灰、纸筋灰、石膏灰等；装饰抹灰有水刷石、水磨石、斩假石（剁斧石）、干粘石、拉毛灰、洒毛灰以及喷砂、喷涂、滚涂、弹涂等。

一般抹灰按使用要求、质量标准不同分为普通抹灰和高级抹灰两种。

① 普通抹灰的质量要求：分层涂抹、赶平、表面应光滑、洁净、接槎平整，分格缝应清晰。普通抹灰适用于一般居住、公共和工业建筑以及高级建筑物中的附属用房等。

② 高级抹灰的质量要求：分层涂抹、赶平、表面应光滑、洁净、颜色均匀、无抹纹、接槎平整，分格缝和灰线应清晰美观，阴阳角方正。高级抹灰适用于大型公共建筑、纪念性建筑物以及有特殊要求的高级建筑等。

2. 抹灰层的组成

为了使抹灰层与基层黏结牢固，防止起鼓开裂，并使抹灰层的表面平整，保证工程质量，抹灰层应分层涂抹。

抹灰层一般由底层、中层和面层组成。底层主要起与基层（基体）黏结作用，中层主要起找平作用，面层主要起装饰美化作用。各层厚度和使用砂浆品种应视基层材料、部位、质量标准以及各地气候情况决定。抹灰层一般做法见表 9.1。

表 9.1　抹灰层的一般做法

层次	作　用	基层材料	一 般 做 法
底层	主要起与基层黏结作用，兼起初步找平作用。砂浆稠度为 10 ~ 20cm	砖墙	① 室内墙面一般采用石灰砂浆或水泥混合砂浆打底 ② 室外墙面、门窗洞口外侧壁、屋檐、勒脚、压檐墙等及湿度较大的房间和车间宜采用水泥砂浆或水泥混合砂浆打底
		混凝土	① 宜先刷素水泥浆一道，采用水泥砂浆或混合砂浆打底 ② 高级装修顶板宜用乳胶水泥砂浆打底
		加气混凝土	宜用水泥混合砂浆、聚合物水泥砂浆或掺增稠粉的水泥砂浆打底。打底前先刷一遍胶水溶液
		硅酸盐砌块	宜用水泥混合砂浆或掺增稠粉的水泥砂浆打底
		木板条、苇箔、金属网基层	宜用麻刀灰、纸筋灰或玻璃丝灰打底，并将灰浆挤入基层缝隙内，以加强拉结
		平整光滑的混凝土基层，如顶棚、墙体	可不抹灰，采用刮粉刷石膏或刮腻子处理

续表

层次	作用	基层材料	一般做法
中层	主要起找平作用。砂浆稠度 7 ~ 8cm		① 基本与底层相同。砖墙则采用麻刀灰、纸筋灰或粉刷石膏 ② 根据施工质量要求可以一次抹成，也可以分遍进行
面层	主要起装饰作用。砂浆稠度 10cm		① 要求平整、无裂纹，颜色均匀 ② 室内一般采用麻刀灰、纸筋灰、玻璃丝灰或粉刷石膏，高级墙面用石膏灰，保温、隔热墙面按设计要求 ③ 室外常用水泥砂浆、水刷石、干粘石等

3. 抹灰层的平均总厚度

抹灰层的平均总厚度，应小于下列数值。

① 顶棚：板条、现浇混凝土和空心砖抹灰为 15 mm，预制混凝土抹灰为 18 mm，金属网抹灰为 20 mm。

② 内墙：普通抹灰两遍做法（一层底层、一层面层）为 18 mm，普通抹灰三遍做法（一层底层、一层中层和一层面层）为 20 mm；高级抹灰为 25 mm。

③ 外墙抹灰为 20 mm，勒脚及凸出墙面部分抹灰为 25 mm。

④ 石墙抹灰为 35 mm。

控制抹灰层平均总厚度的目的，主要是为了防止抹灰层脱落。

4. 一般抹灰的材料

①水泥。抹灰常用的水泥为普通硅酸盐水泥和矿渣硅酸盐水泥。水泥的品种、强度等级应符合设计要求。出厂 3 个月的水泥，应经试验后方能使用，受潮后结块的水泥应过筛试验后使用。水泥体积的安定性必须合格。

② 石灰膏和磨细生石灰粉。块状生石灰须经熟化成石灰膏才能使用，在常温下，熟化时间不应少于 15 天；用于罩面的石灰膏，在常温下，熟化的时间不得少于 30 天。

块状生石灰碾碎磨细后的成品，即为磨细生石灰粉。罩面用的磨细生石灰粉的熟化时间不得少于 3 天。使用磨细生石灰粉粉饰，不仅具有节约石灰，适合冬季施工的优点，而且粉饰后不易出现膨胀、臌皮等现象。

③ 石膏。抹灰用石膏，一般用于高级抹灰或抹灰龟裂的补平。宜采用乙级建筑石膏，使用时磨成细粉，要求无杂质，细度要求通过 0.15 mm 筛孔，筛余量不大于 10%。

④ 粉煤灰。粉煤灰作为抹灰掺合料，可以节约水泥，提高和易性。

⑤ 粉刷石膏。粉刷石膏是以建筑石膏粉为基料，加入多种添加剂和填充料等配制而成的一种白色粉料，是一种新型的装饰材料。常见的粉刷石膏有面层粉刷石膏、基层粉刷石膏、保温粉刷石膏等。

⑥ 砂。抹灰用砂最好是中砂，或粗砂与中砂混合掺用，也可以用细砂，但不宜用特细砂。抹灰用砂要求颗粒坚硬、洁净，使用前需要过筛（筛孔不大于 5 mm），不得含有黏土（不超过 2%）、草根、树叶、碱质及其他有机物等有害杂质。

⑦ 麻刀、纸筋、稻草、玻璃纤维。麻刀、纸筋、稻草、玻璃纤维在抹灰层中起拉结和骨架作用，提高抹灰层的抗拉强度，增加抹灰层的弹性和耐久性，使抹灰层不易裂缝脱落。

除了一般抹灰和装饰抹灰以外，还有采用特种砂浆进行的具有特殊要求的抹灰。例如，钡砂（重晶石）砂浆抹灰，对 X 和 γ 射线有阻隔作用，常用作 X 射线探伤室、X 射线治疗室、同位素实验室等墙面抹灰。还有应用膨胀珍珠岩、膨胀蛭石作为骨料的保温隔热砂浆抹灰，不但具有保温隔热隔音性能，还具有无毒、无臭、不燃烧、质量密度轻的特点。

二、一般抹灰施工工艺

1. 抹灰基体的表面处理

为保证抹灰层与基体之间能黏结牢固，不致出现裂缝、空鼓和脱落等现象，在抹灰前基体表面上的灰土、污垢、油渍等应清除干净，基体表面凹凸明显的部位在施工前先剔平或用水泥砂浆补平。基体表面应具有一定的粗糙度。砖石基体面灰缝应砌成凹缝式，使砂浆能嵌入灰缝内与砖石基体黏结牢固。混凝土基体表面较光滑，应在表面先刷一道水泥浆或喷一道水泥砂浆疙瘩，如刷一道聚合物水泥浆效果更好。加气混凝土表面抹灰前应清扫干净，并需刷一道聚合物胶水溶液，然后才可抹灰。板条墙或板条顶棚，各板条之间应预留 8 ~ 10 mm 缝隙，以便底层砂浆能压入板缝内结合牢固。当抹灰总厚度≥35 mm 时应采取加强措施。不同材料基体交接处表面的抹灰，应采取防开裂的加强措施，当采用加强网时，加强网与各基体的搭接宽度不应小于 100 mm，如图 9.11 所示。对于容易开裂的部位，也应先设加强网以防止开裂。门窗框与墙连接处的缝隙，应用水泥砂浆嵌塞密实，以防因振动而引起抹灰层剥落、开裂。

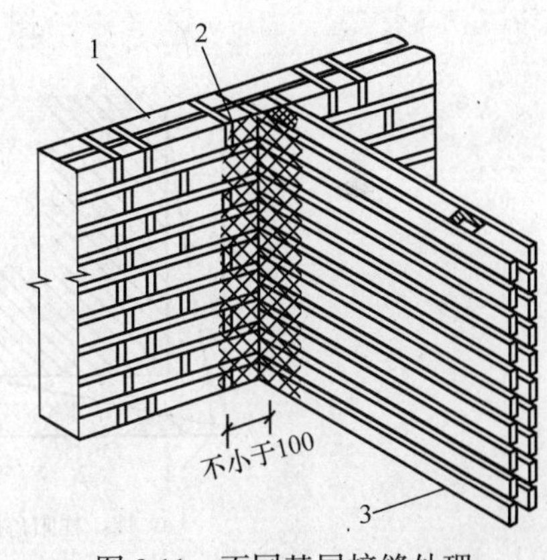

图 9.11　不同基层接缝处理

1—砖墙　2—钢丝网　3—板条墙

2. 设置标筋

为了有效地控制墙面抹灰层的厚度与垂直度，使抹灰面平整，抹灰层涂抹前应设置标筋（又称冲筋），作为底层、中层抹灰的依据。

设置标筋时，先用托线板检查墙面的平整垂直程度，据以确定抹灰厚度（最薄处不宜小于 7 mm），再在墙两边上角离阴角边 100 ~ 200 mm 处按抹灰厚度用砂浆做一个四方形（边长约 50 mm）标准块，称为“灰饼”，然后根据这两个灰饼，用托线板或线锤吊挂垂直，做墙面下角的两个灰饼（高低位置一般在踢脚线上口），随后以上角和下角左右两灰饼面为准拉线，每隔 1.2 ~ 1.5 m 上下加做若干灰饼，如图 9.12 所示。待灰饼稍干后在上下灰饼之间用砂浆抹上一条宽 100 mm 左右的垂直灰埂，此即为标筋，作为抹底层及中层的厚度控制和赶平的标准。

顶棚抹灰一般不做灰饼和标筋，而是在靠近顶棚四周的墙面上弹一条水平线以控制抹灰层厚度，并作为抹灰找平的依据。

3. 做护角

室内外墙面、柱面和门窗洞口的阳角容易受到碰撞而损坏，故该处应采用 1∶2 水泥砂浆做暗护角，其高度不应低于 2 m，每侧宽度不应小于 50 mm，待砂浆收水稍干后，用捋角器抹成小圆角，如图 9.13 所示。要求抹灰阳角线条清晰、挺直、方正。

（a）灰饼和标筋的位置示意图

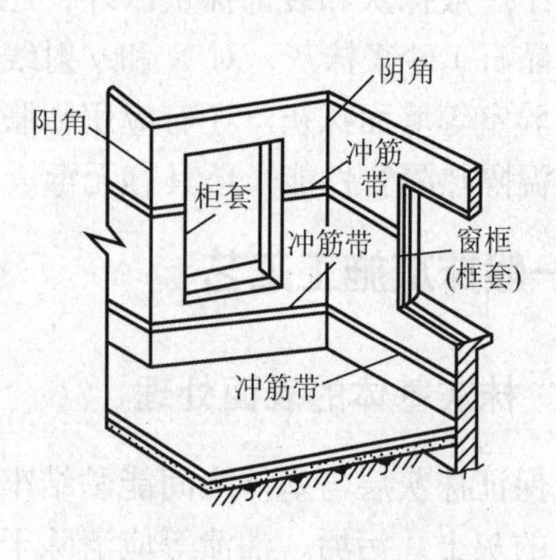

（b）水平横向标筋示意图

图 9.12　挂线做标准灰饼及标筋

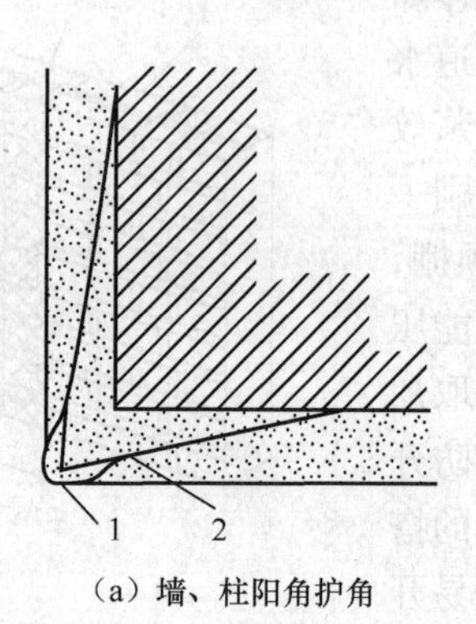

（a）墙、柱阳角护角

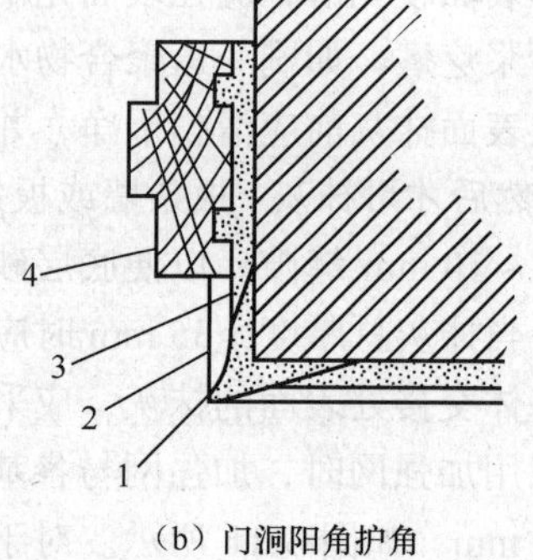

（b）门洞阳角护角

图 9.13　阳角护角

1—水泥砂浆护角　2—墙面砂浆　3—嵌缝砂浆　4—门框

4. 抹灰层的涂抹

当标筋稍干后，即可进行抹灰层的涂抹。涂抹应分层进行，以免一次涂抹厚度较厚，砂浆内外收缩不一致而导致开裂。一般涂抹水泥砂浆时，每遍厚度以 5 ~ 7 mm 为宜；涂抹石灰砂浆和水泥混合砂浆时，每遍厚度以 7 ~ 8 mm 为宜。

分层涂抹时，应防止涂抹后一层砂浆时破坏已抹砂浆的内部结构而影响与前一层的黏结，应避免几层湿砂浆合在一起造成收缩率过大，导致抹灰层开裂、空鼓。因此，水泥砂浆和水泥混合砂浆应待前一层抹灰层凝结后，再涂抹后一层；石灰砂浆应待前一层发白（约七八成干）后，再涂抹后一层。抹灰用的砂浆应具有良好的工作性（和易性），以便于操作。砂浆稠度一般宜控制为底层抹灰砂浆 100 ~ 120 mm，中层抹灰砂浆 70 ~ 80 mm。底层砂浆与中层砂浆的配合比应基本相同。中层砂浆强度不能高于底层，底层砂浆强度不能高于基体，以免砂浆在凝结过程中产生较大的收缩应力，破坏强度较低的抹灰底层或基体，导致抹灰层产生裂缝、空鼓或脱落。另外，底层砂浆强度与基体强度相差过大时，由于收缩变形性能相差悬殊也易产生开裂和脱离，故混凝土基体上不能直接抹石灰砂浆。

为使底层砂浆与基体黏结牢固，抹灰前基体一定要浇水湿润，以防止基体过干而吸去砂浆中的水分，使抹灰层产生空鼓或脱落。砖基体一般宜浇水两遍，使砖面渗水深度达 8 ~ 10 mm。混凝土基体宜在抹灰前 1 天即浇水，使水渗入混凝土表面 2 ~ 3 mm。如果各层抹灰相隔时间较长，已抹灰砂浆层较干时，也应浇水湿润，才可抹下一层砂浆。

抹灰层除用手工涂抹外，还可利用机械喷涂。机械喷涂抹灰将砂浆的拌制、运输和喷涂过程有机地衔接起来。

5. 罩面压光

室内常用的面层材料有麻刀石灰、纸筋石灰、石膏灰等，应分层涂抹，每遍厚度为 1 ~ 2 mm，经赶平压实后，面层总厚度对于麻刀石灰不得大于 3 mm；对于纸筋石灰、石膏灰不得大于 2 mm。罩面时应待底子灰五六成干后进行。如底子灰过干应先浇水湿润。分纵横两遍涂抹，最后用钢抹子压光，不得留抹纹。

室外抹灰常用水泥砂浆罩面。由于面积较大，为了不显接槎，防止抹灰层收缩开裂，一般应设有分格缝，留槎位置应留在分格缝处。由于大面积抹灰罩面抹纹不易压光，在阳光照射下极易显露而影响墙面美观，故水泥砂浆罩面宜用木抹子抹成毛面。为防止色泽不匀，应用同一品种与规格的原材料，由专人配料，采用统一的配合比，底层浇水要均匀，干燥程度基本一致。

三、装饰抹灰施工工艺

装饰抹灰工艺是采用装饰性强的材料，或用不同的处理方法以及在灰浆中加入各种颜料，使建筑物具备某种特定的色调和光泽。随着建筑工业生产的发展和人民生活水平的提高，这方面取得了很大发展，也出现很多新的工艺。

装饰抹灰的底层和中层的做法与一般抹灰要求相同，面层根据材料及施工方法的不同而具有不同的形式。下面介绍几种常用的饰面。

1. 水刷石

水刷石多用于室外墙面的装饰抹灰。对于高层建筑大面积水刷石，为加强底层与混凝土基体的黏结，防止空鼓、开裂，墙面要加钢筋做拉结网。施工时先用 12 mm 厚的 1：3 水泥砂浆打底找平，待底层砂浆终凝后，在其上按设计的分格弹线安装分格木条，用水泥浆在两侧黏结固定，以防大片面层收缩开裂。然后将底层浇水润湿后刮水泥浆（水灰比 0.37 ~ 0.40）一道，以增加面层与底层的黏结。随即抹上稠度为 5 ~ 7 cm、厚 8 ~ 12 mm 的水泥石子浆（水泥：石子=1：1.25 ~ 1：1.50）面层，拍平压实，使石子密实且分布均匀。当水泥石子浆开始凝固时（大致是以手指按上去无指痕，用刷子刷石子，石子不掉下为准），用刷子从上而下蘸水刷掉石子间表层水泥浆，使石子露出灰浆面 1 ~ 2 mm 为度。刷洗时间要严格掌握，刷洗过早或过度，则石子颗粒露出灰浆面过多，容易脱落；刷洗过晚，则灰浆洗不净，石子不显露，饰面浑浊不清晰，影响美观。水刷石的外观质量标准是石粒清晰、分布均匀、紧密平整、色泽一致，不得有掉粒和接槎痕迹。

2. 干粘石

干粘石主要是用于外墙面的装饰抹灰，施工时是在已经硬化的底层水泥砂浆层上按设计要求弹线分格，根据弹线镶嵌分格木条。将底层浇水润湿后，抹上一层 6 mm 厚 1：2 ~ 1：2.5 的水泥砂浆层，随即紧跟着再抹一层 2 mm 厚的 1：0.5 水泥石灰膏浆黏结层，同时将配有不同颜色或同色的粒径为 4 ~ 6 mm 的石子甩粘拍平压实。拍时不得把砂浆拍出来，以免影响美观，要使石子嵌入深度不小于石子粒径的 1/2，持有一定强度后洒水养护。

上述为手工甩石子，亦可用喷枪将石子均匀有力地喷射于黏结层上，用铁抹子轻轻压一遍，使表面搓平。干粘石的质量要求是石粒黏结牢固、分布均匀、不掉石粒、不露浆、不漏粘、颜色一致。

3. 斩假石（剁斧石）

斩假石又称剁斧石，是仿制天然石料的一种饰面，用不同的骨料或掺入不同的颜料，可以仿制成仿花岗石、玄武石、青条石等。施工时先用 1：2～1：2.5 水泥砂浆打底，待 24 h 后浇水养护，硬化后在表面洒水湿润，刮素水泥浆一道，随即用 1：1.25 水泥石子浆（内掺 30%石屑）罩面，厚为 10 mm；抹完后要注意防止日晒或冰冻，并养护 2～3 天（强度达 60%～70%）即可试剁，如石子颗粒不发生脱落便可正式斩假石加工；加工时用剁斧将面层斩毛，剁的方向要一致，剁纹深浅要均匀，一般两遍成活，分格缝周边、墙角、柱子的棱角周边留 15～20 mm 不剁，即可做出似用石料砌成的装饰面。

4. 拉毛灰和洒毛灰

拉毛灰是将底层用水湿透，抹上 1：（0.05～0.3）：（0.5～1）水泥石灰罩面砂浆，随即用硬棕刷或铁抹子进行拉毛。棕刷拉毛时，用刷蘸砂浆往墙上连续垂直拍拉，拉出毛头。铁抹子拉毛时，则不蘸砂浆，只用抹子黏结在墙面随即抽回，要做到拉的快慢一致、均匀整齐、色泽一致、不露底，在一个平面上要一次成活，避免中断留槎。

洒毛灰（又称撒云片）是用茅草小帚蘸 1：1 水泥砂浆或 1：1：4 水泥石灰砂浆，由上往下洒在湿润的底层上，洒出的云朵须错乱多变、大小相称、空隙均匀，形成大小不一而有规律的毛面。亦可在未干的底层上刷上颜色，再不均匀地洒上罩面灰，并用抹子轻轻压平，使其部分地露出带色的底子灰，使洒出的云朵具有浮动感。

5. 喷涂饰面

喷涂饰面工艺是用挤压式灰浆泵或喷斗将聚合物水泥砂浆经喷枪均匀喷涂在墙面底层上。这种砂浆由于掺入聚合物乳液因而具有良好的和易性及抗冻性，能提高装饰面层的表面强度与黏结强度。根据涂料的稠度和喷射压力的大小，以质感区分，可喷成砂浆饱满、呈波纹状的波面喷涂和表面布满点状颗粒的粒状喷涂。底层为厚 10～13 mm 的 1：3 水泥砂浆，喷涂前须喷或刷一道胶水溶液（108 胶：水=1：3），使基层吸水率趋近于一致，并确保与喷涂层黏结牢固。喷涂层厚 3～4 mm，粒状喷涂应连续 3 遍完成；波面喷涂必须连续操作，喷至全部泛出水泥浆但又不至流淌为好。在大面喷涂后，按分格位置用铁皮刮子沿靠尺刮出分格缝。喷涂层凝固后再喷罩一层有机硅疏水剂。质量要求表面平整，颜色一致，花纹均匀，不显接搓。

6. 滚涂饰面

滚涂饰面是将带颜色的聚合物砂浆均匀涂抹在底层上，随即用平面或带有拉毛、刻有花纹的橡胶、泡沫塑料滚子，滚出所需的图案和花纹。其分层施工步骤如下。

① 10～13 mm 厚水泥砂浆打底，木抹搓平。

② 粘贴分格条（施工前在分格处先刮一层聚合物水泥浆，滚涂前将涂有聚合物胶水溶液的电工胶布贴上，等饰面砂浆收水后揭下胶布）。

③ 3 mm 厚色浆罩面，随抹随用辊子滚出各种花纹。

④ 待面层干燥后，喷涂有机硅水溶液。

滚涂砂浆的配合比为水泥：骨料（砂子、石屑或珍珠岩）=1：0.5～1：1，再掺入占水泥量 20%的 108 胶和 0.3%的木钙减水剂。手工操作滚涂分干滚、湿滚两种。干滚时滚子不蘸水、滚出的花纹较大，工效较高；湿滚时滚子反复蘸水，滚出的花纹较小。滚涂工效比喷涂低，但便于小面积局部应用。滚涂应一次成活，多次滚涂易产生翻砂现象。

7. 弹涂饰面

弹涂饰面是用电动弹力器分几遍将不同色彩的聚合物水泥色浆弹到墙面上，形成 1 ~ 3 mm 的圆状色点。由于色浆一般由 2 ~ 3 种颜色组成，不同色点在墙面上相互交错、相互衬托，犹如水刷石、干粘石，亦可做成单色光面、细麻面、小拉毛拍平等多种形式。这种工艺可在墙面上做底灰，再作弹涂饰面，也可直接弹涂在基层平整的混凝土板、加气板、石膏板、水泥石棉板等板材上。弹涂器有手动和电动两种，后者工效高，适合大面积施工。

弹涂的做法是在 1∶3 水泥砂浆打底的底层砂浆面上，洒水润湿，待干至 60% ~ 70%时进行弹涂。先喷刷底色浆一道，弹分格线，贴分格条，弹头道色点，待稍干后即弹二道色点，最后进行个别修弹，再进行喷射树脂罩面层。

任务三　饰面板与饰面砖施工

饰面工程是在墙柱表面镶铁或安装具有保护和装饰功能的块料而形成饰面层。块料的种类可分为饰面板和饰面砖两大类。饰面板有石材饰面板（包括天然石材和人造石材）、金属饰面板、塑料饰面板、镜面玻璃饰面板等；饰面砖有釉面瓷砖、外墙面砖、陶瓷锦砖和玻璃马赛克等。

一、饰面板施工

1. 大理石、磨光花岗石、预制水磨石饰面施工

薄型小规格块材（边长小于 400 mm、厚度 10 mm 以下）施工工艺流程为：基层处理→吊垂直、套方、找规矩、贴灰饼→抹底层砂浆→弹线分格→排块材→浸块材→镶贴块材→表面勾缝与擦缝。大规格块材（边长大于 400 mm）施工工艺流程为：施工准备（钻孔、剔槽）→穿铜丝或镀锌铁丝与块材固定→绑扎、固定钢筋网→吊垂直、找规矩弹线→安装大理石、磨光花岗石或预制水磨石→分层灌浆→擦缝。

（1）薄型小规格块材粘贴

① 基层处理和吊垂直、套方、找规矩，操作方法同镶贴面砖的施工方法。需要注意同一墙面不得有一排以上的非整砖，并应将其镶贴在较隐蔽的部位。

② 在基层湿润的情况下，先刷 108 胶素水泥浆一道（内掺水重 10%的 108 胶），随刷随打底；底灰采用 1∶3 水泥砂浆，厚度约 12 mm，分两遍操作，第一遍约 5 mm，第二遍约 7 mm，待底灰压实刮平后，将底子灰表面划毛。

③ 待底子灰凝固后便可进行分块弹线，随即将已湿润的块材抹上厚度为 2 ~ 3 mm 的素水泥浆，内掺水重 20%的 108 胶进行镶贴（也可以用胶粉），用木槌轻敲，用靠尺找平找直。

（2）大规格块材安装

① 钻孔、剔槽。安装前先将饰面板按照设计要求用台钻打眼，事先应钉木架使钻头直对板材上端面，在每块板的上、下两个面打眼，孔位打在距板宽的两端 1/4 处，每个面各打两个眼，孔径为 5 mm，深度为 12 mm，孔位距石板背面以 8 mm 为宜（指钻孔中心）。如大理石或预制水磨石、磨光花岗石，板材宽度较大时，可以增加孔数。钻孔后用钢錾子把石板背面的孔壁轻轻剔一道槽，深 5 mm 左右，连同孔洞形成牛鼻子眼，以备埋卧铜丝之用，如图 9.14 所示。

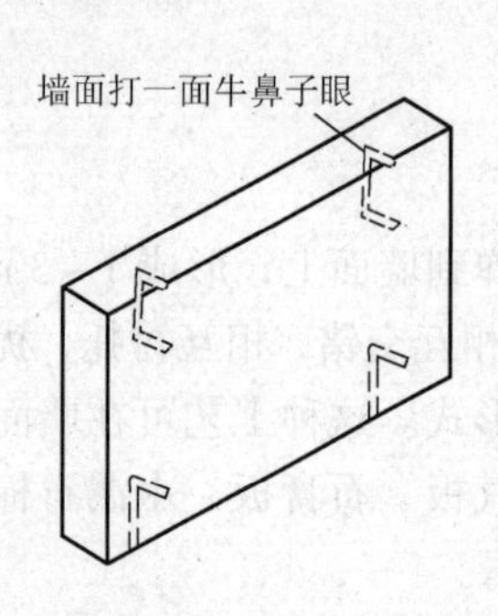

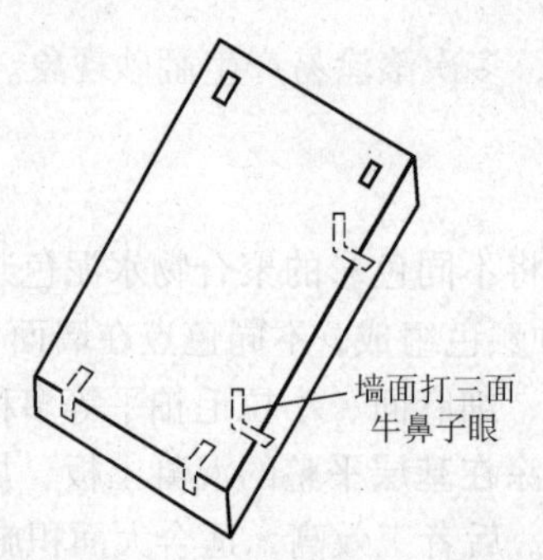

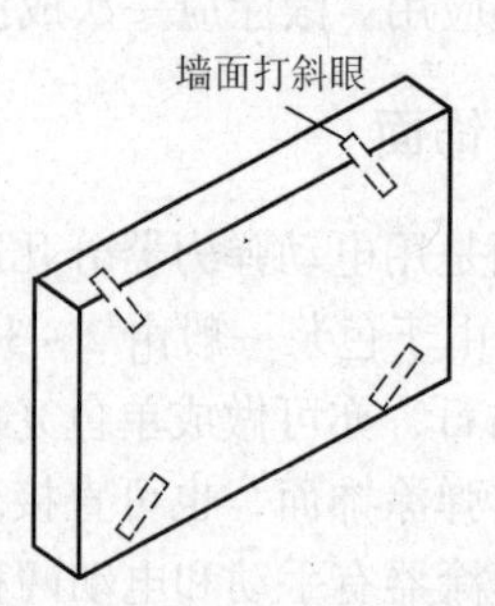

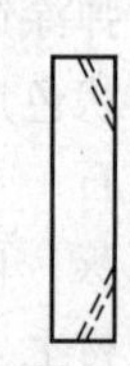

图 9.14　饰面板材打眼示意图

若饰面板规格较大，特别是预制水磨石和磨光花岗石板，如下端不好拴绑镀锌铁丝或铜丝时，亦可在未镶贴饰面板的一侧，采用手提轻便小薄砂轮（4 ~ 5 mm），按规定在板高的 1/4 处上、下各开一槽（槽长 3 ~ 4 mm，槽深约 12 mm，与饰面板背面打通，竖槽一般居中，亦可偏外，但以不损坏外饰面和不反碱为宜），可将镀锌铁丝或铜丝卧入槽内，便可拴绑与钢筋网固定。

② 穿钢丝或镀锌铁丝。把备好的铜丝或镀锌铁丝剪成长 20 cm 左右，一端用木楔粘环氧树脂将铜丝或镀锌铁丝进孔内固定牢固，另一端将铜丝或镀锌铁丝顺孔槽弯曲并卧入槽内，使大理石或预制水磨石、磨光花岗石板上、下端面没有铜丝或镀锌铁丝突出，以便和相邻石板接缝严密。

③ 绑扎钢筋网。首先剔出墙上的预埋筋，把墙面镶贴大理石或预制水磨石的部位清扫干净。先绑扎一道竖向 ϕ6 mm 钢筋，并把绑好的竖筋用预埋筋弯压于墙面。横向钢筋为绑扎大理石或预制水磨石、磨光花岗石板材所用，如板材高度为 60 cm 时，第一道横筋在地面以上 10 cm 处与主筋绑牢，用作绑扎第一层板材的下口固定铜丝或镀锌铁丝。第二道横筋绑在 50 cm 水平线上 7 ~ 8 cm，比石板上口低 2 ~ 3 cm 处，用于绑扎第一层石板上口固定铜丝或镀锌铁丝，再往上每 60cm 绑一道横筋即可。

④ 弹线。首先将大理石或预制水磨石、磨光花岗石的墙面、柱面和门窗套用大线坠从上至下找出垂直（高层应用经纬仪找垂直）。应考虑大理石或预制水磨石、磨光花岗石板材厚度、灌注砂浆的空隙和钢筋网所占尺寸，一般大理石或预制水磨石、磨光花岗石外皮距结构面的厚度应以 5 ~ 7 cm 为宜。找出垂直后，在地面上顺墙弹出大理石或预制水磨石板等外轮廓尺寸线（柱面和门窗套等同）。此线即为第一层大理石或预制水磨石等的安装基准线。编好号的大理石或预制水磨石板等在弹好的基准线上画出就位线，每块留 1 mm 缝隙（如设计要求拉开缝，则按设计规定留出缝隙）。

⑤ 安装大理石或预制水磨石、磨光花岗石。按安装部位取石板并理直铜丝或镀锌铁丝，将石板就位，石板上口外仰，右手伸入石板背面，把石板下口铜丝或镀锌铁丝绑扎在横筋上。绑时不要太紧（可留余量），只要把铜丝或镀锌铁丝和横筋拴牢即可（灌浆后即可锚固），把石板竖起，便可绑大理石或预制水磨石、磨光花岗石板上口铜丝或镀锌铁丝，并用木楔子垫稳，块材与基层间的缝隙（灌浆厚度）一般为 30 ~ 50 mm。用靠尺板检查调整木楔，再拴紧铜丝或镀锌铁丝，依次向另一方进行。柱面可按顺时针方向安装，一般先从正面开始。第一层安装完毕再用靠尺板找垂直，水平尺找平整，方尺找阴阳角方正，在安装石板时如出现石板规格不准确或石板之间的空隙不符，应用铅皮垫牢，使石板之间缝隙均匀一致，并保持第一层石板上口的平直。找完垂直、平整、方正后，用碗调制熟石膏，把调成粥状的石膏贴在大理石或预制水磨石、磨光花岗石板上下之间，使这两层石板结成一整体，木楔处亦可粘贴石膏，再用靠尺板检查有无变形，等石膏硬化后方可灌浆（如设计有嵌缝塑料软管者，应在灌浆前塞放好）。

⑥ 灌浆。把配合比为 1∶2.5 水泥砂浆放入半截大桶加水调成粥状（稠度一般为 8 ~ 12 cm），用铁簸箕舀浆徐徐倒入，注意不要碰大理石或预制水磨石板，边灌边用橡皮锤轻轻敲击石板面，使灌入砂浆排气。第一层浇灌高度为 15 cm，不能超过石板高度的 1/3；第一层灌浆很重要，因要锚固石板的下口铜丝又要固定石板，所以要轻轻操作，防止碰撞和猛灌。如发生石板外移错动，应立即拆除重新安装。

第一次灌入 15 cm 后停 1 ~ 2 h，等砂浆初凝，此时应检查是否有移动，再进行第二层灌浆，灌浆高度一般为 20 ~ 30 cm，待初凝后再继续灌浆。第三层灌浆至低于板上口 5 ~ 10 cm 处为止。

⑦ 擦缝。全部石板安装完毕后，清除所有石膏和余浆痕迹，用麻布擦洗干净，并按石板颜色调制色浆嵌缝，边嵌边擦干净，使缝隙密实、均匀、干净、颜色一致。

⑧ 柱子贴面。安装柱面大理石或预制水磨石、磨光花岗石，其弹线、钻孔、绑钢筋和安装等工序与镶贴墙面方法相同，要注意灌浆前用木方子钉成槽形木卡子，双面卡住大理石板或预制水磨石板，以防止灌浆时大理石或预制水磨石、磨光花岗石板外胀。

夏季安装室外大理石或预制水磨石、磨光花岗石时，应有防止暴晒的可靠措施。

2. 大理石、花岗石干挂施工

干挂法的操作工艺包括选材、钻孔、基层处理、弹线、板材铺贴和固定五道工序。除钻孔和板材固定工序外，其余做法均同前。

（1）钻孔

由于相邻板材是用不锈销钉连接的，因此钻孔位置一定要准确，以便使板材之间的连接水平一致、上下平齐。钻孔前应在板材侧面按要求定位后，用电钻钻成直径为 5 mm、孔深 12 ~ 15 mm 的圆孔，然后将直径为 5 mm 的销钉插入孔内。

（2）板材的固定

用膨胀螺栓将固定和支撑板块的连接件固定在墙面上，如图 9.15 所示。连接件是根据墙面与板块销孔的距离，用不锈钢加工成 L 形。为便于安装板块时调节销孔和膨胀螺栓的位置，在 L 形连接件上留槽型孔眼，待板块调整到正确位置时，随即拧紧膨胀螺栓螺帽进行固结，并用环氧树脂胶将销钉固定。

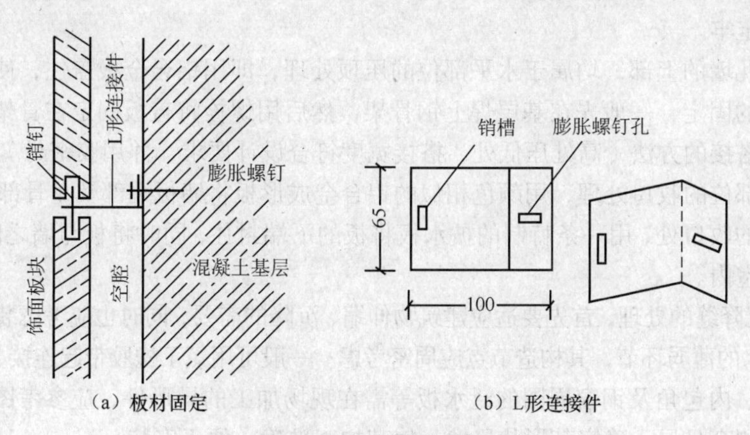

图 9.15 用膨胀螺栓固定板材

3. 金属饰面板施工

金属饰面板一般采用铝合金板、彩色压型钢板和不锈钢钢板，用于内外墙面、屋面、顶棚等，亦可与玻璃幕墙或大玻璃窗配套应用，以及在建筑物四周的转角部位、玻璃幕墙的伸缩缝、水平部位的压顶等配套应用。

（1）吊直、套方、找规矩、弹线

根据设计图样的要求和几何尺寸，对镶贴金属饰面板的墙面进行吊直、套方、找规矩并依次实测和弹线，确定饰面墙板的尺寸和数量。

（2）固定骨架的连接件

骨架的横竖杆件是通过连接件与结构固定的，连接件与结构之间的固定可以与结构的预埋件焊接，也可以在墙上打膨胀螺栓进行固定。因后一种方法比较灵活，尺寸误差较小，容易保证位置的准确性，因而实际施工中采用得比较多。须在螺栓位置画线按线开孔。

（3）固定骨架

骨架应预先进行防腐处理。安装骨架位置要准确，结合要牢固。安装后应全面检查中心线、表面标高等。对高层建筑外墙，为了保证饰面板的安装精度，宜用经纬仪对横竖杆件进行贯通。变形缝、沉降缝等应妥善处理。

（4）金属饰面安装

墙板的安装顺序是从每面墙的竖向第一排下部第一块板开始，自下而上安装。安装完该面墙的第一排再安装第二排。每安装铺设 10 排墙板后，应吊线检查一次，以便及时消除误差。为了保证墙面外观质量，螺栓位置必须准确，并采用单面施工的钩形螺栓固定，使螺栓的位置横平竖直。固定金属饰面板的方法，常用的主要有两种：一是将板条或方板用螺栓拧到型钢或木架上，这种方法耐久性较好，多用于外墙；另一种是将板条卡在特制的龙骨上，此法多用于室内。

板与板之间的缝隙一般为 10 ~ 20 mm，多用橡胶条或密封垫弹性材料处理。当饰面板安装完毕，要注意在易于被污染的部位用塑料薄膜覆盖保护。易被划、碰的部位应设安全栏杆保护。

（5）收口构造

水平部位的压顶、端部的收口、伸缩缝的处理、两种不同材料的交接处理等，不仅关系到装饰效果，而且对使用功能也有较大的影响。因此，一般多用特制的两种材质性能相似的成型金属板进行妥善处理。

构造比较简单的转角处理方法，大多是用一条较厚（1.5 mm）的直角形金属板，与外墙板用螺栓连接固定牢。

窗台、女儿墙的上部，均属于水平部位的压顶处理，即用铝合金板盖住，使之能阻挡风雨浸透。水平桥的固定，一般先在基层焊上钢骨架，然后用螺栓将盖板固定在骨架上。盖板之间的连接宜采取搭接的方法（高处压低处，搭接宽度符合设计要求，并用胶密封）。

墙面边缘部位的收口处理，用颜色相似的铝合金成形板将墙板端部及龙骨部位封住。

墙面下端的收口处，用一条特制的披水板将板的下端封住，同时将板与墙之间的缝隙盖住，防止雨水渗入室内。

伸缩缝、沉降缝的处理，首先要适应建筑物伸缩、沉降的需要，同时也应考虑装饰效果。此外，此部位也是防水的薄弱环节，其构造节点应周密考虑。一般可用氯丁橡胶带起连接、密封作用。

墙板的外、内包角及钢窗周围的泛水板等需在现场加工的异形件，应参考图样，对安装好的墙面进行实测套足尺，确定其形状尺寸，使其加工准确、便于安装。

二、饰面砖施工

外墙面砖施工工艺流程为：基层处理→吊垂直、套方、找规矩→贴灰饼→抹底层砂浆→弹线分格→排砖→浸砖→镶贴面砖→面砖勾缝与擦缝。

1. 基层为混凝土墙面时施工工艺

（1）基层处理

首先将凸出墙面的混凝土剔平，对大钢模施工的混凝土墙面应凿毛，并用钢丝刷满刷一遍，再浇水湿润。如果基层混凝土表面很光滑时，亦可采取如下的"毛化处理"办法，即先将表面尘土、污垢清扫干净，用10%火碱水将板面的油污刷掉，随之用净水将碱液冲净、晾干，然后用1：1水泥细砂浆内掺水重20%的108胶，喷或用笤帚将砂浆甩到墙上，其甩点要均匀，终凝后浇水养护，直至水泥砂浆疙瘩全部粘到混凝土光面上，并有较高的强度（用手掰不动）为止。

（2）吊垂直、套方、找规矩、贴灰饼

若建筑物为高层时，应在四大角和门窗口边用经纬仪打垂直线找直；如果建筑物为多层时，可从顶层开始用特制的大线坠绷铁丝吊垂直，然后根据面砖的规格尺寸分层设点、做灰饼。横线则以楼层为水平基准线交圈控制，竖向线则以四周大角和通天柱或垛子为基准线控制，应全部是整砖。每层打底时则以此灰饼作为基准点进行冲筋，使其底层灰做到横平竖直。同时要注意找好凸出檐口、腰线、窗台、雨篷等饰面的流水坡度和滴水线（槽）。

（3）抹底层砂浆

先刷一道掺水重10%的108胶水泥素浆，紧跟着分层分遍抹底层砂浆（常温时采用配合比为1：3水泥砂浆），第一遍厚度约为5 mm，抹后用木抹子搓平，隔天浇水养护；待第一遍6～7成干时，即可抹第二遍，厚度约8～12 mm，随即用木杠刮平、木抹子搓毛，隔天浇水养护；若需要抹第三遍时，其操作方法同第二遍，直至把底层砂浆抹平为止。

（4）弹线分格

待基层灰6～7成干时，即可按图样要求进行分段分格弹线，同时亦可进行面层贴标准点的工作，以控制面层出墙尺寸及垂直、平整。

（5）排砖

根据大样图及墙面尺寸进行横竖向排砖，以保证面砖缝隙均匀，符合设计图样要求，注意大墙面、通天柱子和垛子要排整砖，以及在同一墙面上的横竖排列，均不得有一行以上的非整砖。非整砖行应排在次要部位，如窗间墙或阴角处等，但亦要注意一致和对称。如遇有突出的卡件，应用整砖套割吻合，不得用非整砖随意拼凑镶贴。

（6）浸砖

外墙面砖镶贴前，首先要将面砖清扫干净，放入净水中浸泡2h以上，取出待表面晾干或擦干净后方可使用。

（7）镶贴面砖

镶贴应自上而下进行。高层建筑采取措施后，可分段进行。在每一分段或分块内的面砖，均为自下而上镶贴。从最下一层砖下皮的位置线先稳好靠尺，以此托住第一皮面砖。在面砖外皮上口拉水平通线，作为镶贴的标准。

在面砖背面可采用1：2水泥砂浆或1：0.2：2=水泥：白灰膏：砂的混合砂浆镶贴，砂浆厚度为6～10 mm，贴砖后用灰铲柄轻轻敲打，使之附线，再用钢片开刀调整竖缝，并用小杠通过标准点调整平面和垂直度。

另外一种做法是，用1：1水泥砂浆加水重20%的108胶，在砖背面抹3～4 mm厚粘贴即可。但此种做法其基层灰必须抹得平整，而且砂子必须用窗纱筛后使用。

另外也可用胶粉来粘贴面砖，其厚度为2～3 mm，用此种做法其基层灰必须更平整。

如要求面砖拉缝镶贴时，面砖之间的水平缝宽度用米厘条控制，米厘条用贴砖砂浆与中层灰临时镶贴，米厘条贴在已镶贴好的面砖上口，为保证其平整，可临时加垫小木楔。

女儿墙压顶、窗台、腰线等部位平面也要镶贴面砖时，除流水坡度符合设计要求外，应采取平面面砖压立面面砖的做法，预防向内渗水，引起空裂；同时，立面中最低一排面砖必须压底平面面砖，并低出底平面面砖 3 ~ 5 mm，让其起滴水线（槽）的作用，防止尿檐而引起空裂。

（8）面砖勾缝与擦缝

面砖铺贴拉缝时，用 1∶1 水泥砂浆勾缝，先勾水平缝再勾竖缝，勾好后要求凹进面砖外表面 2 ~ 3 mm。若横竖缝为干挤缝，或小于 3 mm 者，应用白水泥配颜料进行擦缝处理。面砖缝子勾完后，用布或棉丝蘸稀盐酸擦洗干净。

2. 基层为砖墙面时施工工艺

① 抹灰前，墙面必须清扫干净，浇水湿润。

② 大墙面和四角、门窗口边弹线找规矩，必须由顶层到底一次进行，弹出垂直线，并决定面砖出墙尺寸，分层设点、做灰饼。横线则以楼层为水平基线交圈控制，竖向线则以四周大角和通天垛、柱子为基准线控制。每层打底时则以此次饼作为基准点进行冲筋，使其底层灰做到横平竖直。同时要注意找好突出檐口、腰线、窗台、雨篷等饰面的流水坡度。

③ 抹底层砂浆：先把墙面浇水湿润，然后用 1∶3 水泥砂浆刮一道约 6 mm 厚，紧跟着用同强度等级的灰与所冲的筋抹平，随即用木杠刮平，木抹搓毛，隔天浇水养护。

其他同基层为混凝土墙面的做法。

3. 基层为加气混凝土墙面时的施工工艺

① 用水湿润加气混凝土表面，修补缺棱掉角处。修补前，先刷一道聚合物水泥浆，然后用 1∶3∶9=水泥∶白灰膏∶砂子混合砂浆分层补平，隔天刷聚合物水泥浆并抹 1∶1∶6 混合砂浆打底，木抹子搓平，隔天浇水养护。

② 用水湿润加气混凝土表面，在缺棱掉角处刷聚合物水泥浆一道，用 1∶3∶9 混合砂浆分层补平，待干燥后，钉金属网一层并绷紧。在金属网上分层抹 1∶1∶6 混合砂浆打底（最好采取机械喷射工艺），砂浆与金属网应结合牢固，最后用木抹子轻轻搓平，隔天浇水养护。

其他做法同混凝土墙面。

任务四 地 面 施 工

一、地面工程层次构成及面层材料

按照《建筑工程施工质量验收统一标准》（GB 50300—2013）的规定，整体面层包括水泥混凝土面层、水泥砂浆面层、水磨石面层、水泥钢（铁）屑面层、防油渗面层、不发火（防爆的）面层；板块面层包括砖面层（陶瓷锦砖、缸砖、陶瓷地砖和水泥化砖面层）、大理石面层和花岗石面层、预制板块面层（水泥混凝土板块、水磨石板块面层）、料石面层（条石、块石面层）、塑料板面层、活动地板面层、地毯面层；木竹面层包括实木地板面层、实木复合地板面层、中密度（强化）复合地板面层、竹地板面层等。

二、整体面层施工

1．水泥砂浆地面施工

水泥砂浆地面施工工艺流程为：基层处理→找标高、弹线→洒水湿润→抹灰饼和标筋→搅拌砂浆→刷水泥浆结合层→铺水泥砂浆面层→木抹子搓平→铁抹子压第一遍→第二遍压光→第三遍压光→养护。施工工艺如下。

① 基层处理。先将基层上的灰尘扫掉，用钢丝刷和錾子刷净、剔掉灰浆皮和灰渣层，用10%的火碱水溶液刷掉基层上的油污，并用清水及时将碱液冲净。

② 找标高、弹线。根据墙上的+50cm 水平线，往下量测出面层标高，并弹在墙上。

③ 洒水湿润。用喷壶将地面基层均匀洒水一遍。

④ 抹灰饼和标筋（或称冲筋）。根据房间内四周墙上弹的面层标高水平线，确定面层抹灰厚度（不应小于 20 mm），然后拉水平线开始抹灰饼（5 cm×5 cm），横竖间距为 1.5 ~ 2.0 m，灰饼上平面即为地面面层标高。

如果房间较大，为保证整体面层平整度，还须抹标筋（或称冲筋），将水泥砂浆铺在灰饼之间，宽度与灰饼宽相同，用木抹子拍抹成与灰饼上表面相平。铺抹灰饼和标筋的砂浆材料配合比均与抹地面的砂浆相同。

⑤ 搅拌砂浆。水泥砂浆的体积比宜为 1：2（水泥：砂），其稠度不应大于 35 mm，强度等级不应小于 M15。为了控制加水量，应使用搅拌机搅拌均匀，颜色一致。

⑥ 刷水泥浆结合层。在铺设水泥砂浆之前，应涂刷水泥浆一层，其水灰比为 0.4 ~ 0.5（涂刷之前要将抹灰饼的余灰清扫干净再洒水湿润），涂刷面积不要过大，随刷随铺面层砂浆。

⑦ 铺水泥砂浆面层。涂刷水泥浆之后紧跟着铺水泥砂浆，在灰饼之间（或标筋之间）将砂浆铺均匀，然后用木刮杠按灰饼（或标筋）高度刮平，铺砂浆时如果灰饼（或标筋）已硬化，木刮杠刮平后，同时将利用过的灰饼（或标筋）敲掉，并用砂浆填平。

⑧ 木抹子搓平。木刮杠刮平后，立即用木抹子搓平，从内向外退着操作，并随时用 2m 靠尺检查其平整度。

⑨ 铁抹子压第一遍。木抹子抹平后，立即用铁抹子压第一遍，直到出浆为止，如果砂浆过稀表面有泌水现象时，可均匀撒一遍干水泥和砂（1：1）的拌和料（砂子要过 3mm 筛），再用木抹子用力抹压，使干拌料与砂浆紧密结合为一体，吸水后用铁抹子压平。如有分格要求的地面，在面层上弹分格线，用劈缝溜子开缝，再用溜子将分缝内压至平、直、光。上述操作均在水泥砂浆初凝之前完成。

⑩ 第二遍压光。面层砂浆初凝后，人踩上去有脚印但不下陷时，用铁抹子压第二遍，边抹压边把坑凹处填平，要求不漏压，表面压平、压光。有分格的地面压过后，应用溜子溜压，做到缝边光直、缝隙清晰、缝内光滑顺直。

⑪ 第三遍压光。在水泥砂浆终凝前进行第三遍压光（人踩上去稍有脚印），铁抹子抹上去不再有抹纹时，用铁抹子把第二遍抹压时留下的全部抹纹压平、压实、压光（必须在终凝前完成）。

⑫ 养护。地面压光完工后 24 h，铺锯末或其他材料覆盖洒水养护，保持湿润，养护时间不少于 7 天，当抗压强度达 5 MPa 才能上人。

2．水磨石地面施工

水磨石地面施工工艺流程为：基层处理→找标高、弹水平线→铺抹找平层砂浆→养护→

弹分格线→镶分格条→拌制水磨石拌和料→涂刷水泥浆结合层→铺水磨石拌和料→滚压、抹平→试磨→粗磨→细磨→磨光→草酸擦洗→打蜡上光。施工工艺如下。

（1）基层处理

将混凝土基层上的杂物清净，不得有油污、浮土。用钢錾子和钢丝刷将沾在基层上的水泥浆皮錾掉铲净。

（2）找标高、弹水平线

根据墙面上的+50cm 标高线，往下量测出水磨石面层的标高，弹在四周墙上，并考虑其他房间和通道面层的标高要相互一致。

（3）铺抹找平层砂浆

① 根据墙上弹出的水平线，留出面层厚度（10 ~ 15 mm），抹 1：3 水泥砂浆找平层。为了保证找平层的平整度，先抹灰饼（纵横方向间距 1.5 m 左右），大小为 8 ~ 10 cm。

② 灰饼砂浆硬结后，以灰饼高度为标准，抹宽度为 8 ~ 10 cm 的纵横标筋。

③ 在基层上洒水湿润，刷一道水灰比为 0.4 ~ 0.5 的水泥浆，面积不得过大，随刷浆随铺抹 1：3 找平层砂浆，并用 2 m 长刮杠以标筋为标准进行刮平，再用木抹子搓平。

（4）养护

抹好找平层砂浆后养护 24 h，待抗压强度达到 1.2 MPa，方可进行下道工序施工。

（5）弹分格线

根据设计要求的分格尺寸，一般采用 1 m×1 m，在房间中部弹十字线，计算好周边的镶边宽度后，以十字线为准可弹分格线。如果设计有图案要求时，应按设计要求弹出清晰的线条。

（6）镶分格条

用小铁抹子抹稠水泥浆将分格条固定住（分格条安在分格线上），抹成 30°八字形，如图 9.16 所示，高度应低于分格条条顶 3 mm，分格条应平直（上平必须一致）、牢固、接头严密，不得有缝隙，作为铺设面层的标志。另外在粘贴分格条时，在分格条十字交叉接头处，为了使拌和料填塞饱满，在距交点 40 ~ 50 mm 内不抹水泥浆，如图 9.17 所示。

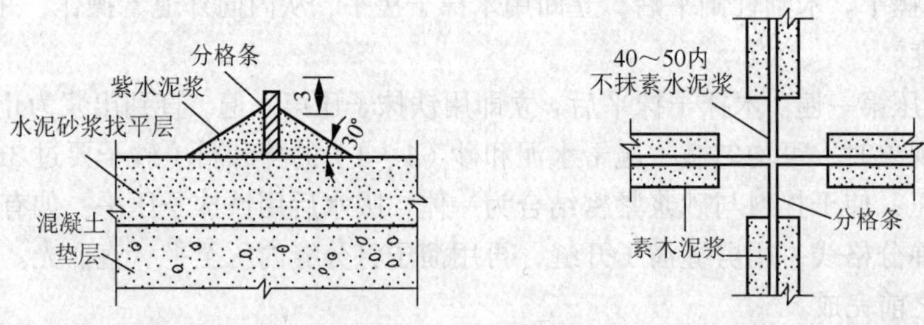

图 9.16　现制水磨石地面镶嵌分格条剖面示意　图 9.17　分格条交叉处正确的粘贴方法

当分格采用铜条时，应预先在两端头下部 1/3 处打眼，穿入 22 号铁丝，锚固于下口八字角水泥浆内。镶条 12 h 后开始浇水养护，最少 2 天，一般洒水养护 3 ~ 4 天，在此期间房间应封闭，禁止各工序进行。

（7）拌制水磨石拌和料（或称石渣浆）

① 拌和料的体积比宜采用 1：1.5 ~ 1：2.5（水泥：石粒），要求配合比准确，拌和均匀。

② 使用彩色水磨石拌和料，除彩色石粒外，还加入耐光耐碱的矿物颜料，其掺入量为水泥重量的 3% ~ 6%，普通水泥与颜料配合比、彩色石子与普通石子配合比，在施工前都须经试验室试验后确定。同一彩色水磨石面层应使用同厂、同批颜料。在拌制前应根据整个地面所需的用量，

将水泥和所需颜料一次统一配好、配足。配料时不仅用铁铲拌和，还要用筛子筛匀后，用包装袋装起来存放在干燥的室内，避免受潮。彩色石粒与普通石粒拌和均匀后，集中储存待用。

③ 各种拌和料在使用前加水拌和均匀，稠度约 6 cm。

（8）涂刷水泥浆结合层

先用清水将找平层洒水湿润，涂刷与面层颜色相同的水泥浆结合层，其水灰比宜为 0.4 ~ 0.5，要刷均匀，亦可在水泥浆内掺加胶黏剂，要随刷随铺拌和料，不得刷的面积过大，防止浆层风干导致面层空鼓。

（9）铺设水磨石拌和料

① 水磨石拌和料的面层厚度，除有特殊要求的以外，宜为 12 ~ 18 mm，并应按石料粒径确定。铺设时将搅拌均匀的拌和料先铺抹分格条边，后铺入分格条方框中间，用铁抹子由中间向边角推进，在分格条两边及交角处特别注意压实抹平，随抹随用直尺进行平度检查。如局部地面铺设过高时，应用铁抹子将其挖去一部分，再将周围的水泥石子浆拍挤抹平（不得用刮杠刮平）。

② 几种颜色的水磨石拌和料不可同时铺抹，要先铺抹深色的，后铺抹浅色的，待前一种凝固后，再铺后一种（因为深颜色的掺矿物颜料多，强度增长慢，影响机磨效果）。

（10）滚压、抹平

用滚筒液压前，先用铁抹子或木抹子在分格条两边宽约 10 cm 范围内轻轻拍实（避免将分格条挤移位）。滚压时用力要均匀（要随时清掉粘在滚筒上的石碴），应从横竖两个方向轮换进行，达到表面平整密实、出浆石粒均匀为止。待石粒浆稍收水后，再用铁抹子将浆抹平、压实，如发现石粒不均匀之处，应补石粒浆再用铁抹子拍平、压实。24 h 后浇水养护。

（11）试磨

一般根据气温情况确定养护天数，温度在 20℃ ~ 30℃时 2 ~ 3 天即可开始机磨，过早开磨石粒易松动，过迟造成磨光困难。所以需进行试磨，以面层不掉石粒为准。

（12）粗磨

第一遍用 60 ~ 90 号金刚石磨，使磨石机机头在地面上走横“8”字形，边磨边加水（如磨石面层养护时间太长，可加细砂，加快机磨速度），随时清扫水泥浆，并用靠尺检查平整度，直至表面磨平、磨匀，分格条和石粒全部露出（边角处用人工磨成同样效果），用水清洗晾干，然后用较浓的水泥浆（如掺有颜料的面层，应用同样掺有颜料配合比的水泥浆）擦一遍，特别是面层的洞眼小，孔隙要填实抹平，脱落的石粒应补齐，浇水养护 2 ~ 3 天。

（13）细磨

第二遍用 90 ~ 120 号金刚石磨，要求磨至表面光滑为止。然后用清水冲净，满擦第二遍水泥浆，仍注意小孔隙要细致擦严密，然后养护 2 ~ 3 天。

（14）磨光

第三遍用 200 号细金刚石磨，磨至表面石子显露均匀，无缺石粒现象，平整、光滑，无孔隙为度。

普通水磨石面层磨光遍数不应少于 3 遍，高级水磨石面层的厚度和磨光遍数及油石规格应根据设计确定。

（15）草酸擦洗

为了取得打蜡后显著的效果，在打蜡前磨石面层要进行一次适量限度的酸洗，一般均用草酸进行擦洗。使用时，将 10%草酸溶液用扫帚蘸后洒在地面上，再用油石轻轻磨一遍；磨出水泥及石粒本色，再用水冲洗软布擦干。此道操作必须在各工种完工后才能进行，经酸洗后的面层不得再受污染。

（16）打蜡上光

将蜡包在薄布内，在面层上薄薄涂一层，待干后用钉有帆布或麻布的木块代替油石，装在磨石机上研磨，用同样方法再打第二遍蜡，直到光滑洁亮为止。

三、板块面层施工

大理石、花岗石地面施工工艺流程为：准备工作→试拼→弹线→试排→刷水泥素浆及铺砂浆结合层→铺大理石板块（或花岗石板块）→灌缝、擦缝→打蜡。施工工艺如下。

（1）准备工作

① 以施工大样图和加工单为依据，熟悉了解各部位尺寸和做法，弄清洞口、边角等部位之间的关系。

② 基层处理。将地面垫层上的杂物清净，用钢丝刷刷掉黏结在垫层上的砂浆，并清扫干净。

（2）试拼

在正式铺设前，对每一房间的板块，应按图案、颜色、纹理试拼，将非整块板对称排放在房门靠墙部位，试拼后按两个方向编号排列，然后按编号码放整齐。

（3）弹线

为了检查和控制板块的位置，在房间内拉十字控制线，弹在混凝土垫层上，并引至墙面底部，然后依据墙面+50 cm标高线找出面层标高，在墙上弹出水平标高线，弹水平线时注意室内与楼道面层标高要一致。

（4）试排

在房间内的两个相互垂直的方向铺两条干砂，其宽度大于板块宽度，厚度不小于3 cm，结合施工大样图及房间实际尺寸，把板块排好，以便检查板块之间的缝隙，核对板块与墙面、柱、洞口等部位的相对位置。

（5）刷水泥素浆及铺砂浆结合层

试铺后将干砂和板块移开，清扫干净，用喷壶洒水湿润，刷一层素水泥浆（水灰比为0.4～0.5，刷的面积不要过大，随铺砂浆随刷）。根据板面水平线确定结合层砂浆厚度，拉十字控制线，开始铺结合层干硬性水泥砂浆（一般采用1：2～1：3的干硬性水泥砂浆，干硬程度以手捏成团，落地即散为宜），厚度控制在放板块时宜高出面层水平线3～4 mm。铺好后用大杠刮平，再用抹子拍实找平（铺摊面积不得过大）。

（6）铺砌板块

① 板块应先用水浸湿，待擦干或表面晾干后方可铺设。

② 根据房间拉的十字控制线，纵横各铺一行，作为大面积铺砌标筋用。依据试拼时的编号、图案及试排时的缝隙（板块之间的缝隙宽度，当设计无规定时不应大于1 mm），在十字控制线交点开始铺砌。先试铺，即搬起板块对好纵横控制线铺落在已铺好的干硬性砂浆结合层上，用橡皮锤敲击木垫板（不得用橡皮锤或木槌直接敲击板块），振实砂浆至铺设高度后，将板块掀起移至一旁，检查砂浆表面与板块之间是否相吻合，如发现有空虚之处，应用砂浆填补。然后正式镶铺，先在水泥砂浆结合层上满浇一层水灰比为0.5的素水泥浆（用浆壶浇均匀），再铺板块，安放时四角同时往下落，用橡皮锤或木槌轻击木垫板，根据水平线用铁水平尺找平，铺完第一块，向两侧和后退方向顺序铺砌。铺完纵、横行之后有了标准，可分段分区依次铺砌，一般房间是先里后外进行，逐步退至门口，便于成品保护，但必须注意与楼道相呼应。也可从门口处往里铺砌，板块与墙角、镶边和靠墙处应紧密砌合，不得有空隙。

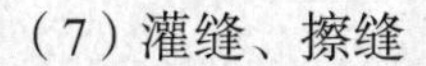

（7）灌缝、擦缝

在板块铺砌后 1 ~ 2 昼夜进行灌浆擦缝。根据大理石（或花岗石）颜色，选择相同颜色矿物颜料和水泥（或白水泥）拌和均匀，调成 1 : 1 稀水泥浆，用浆壶徐徐灌入板块之间的缝隙中（可分几次进行），并用长把刮板把流出的水泥浆刮向缝隙内，至基本灌满为止。灌浆 1 ~ 2 h 后，用棉纱团蘸原稀水泥浆擦缝与板面擦平，同时将板面上水泥浆擦净，使大理石（或花岗石）面层的表面洁净、平整、坚实，以上工序完成后，面层加以覆盖。养护时间不应小于 7 天。

（8）打蜡

当水泥砂浆结合层达到强度后（抗压强度达到 1.2 MPa 时），方可进行打蜡，使面层达到光滑洁亮。

四、木（竹）面层施工

普通木（竹）地板和拼花木地板按构造方法不同，有“实铺”和“空铺”两种，如图 9.18 所示。“空铺”是由木搁（多为搁）栅、企口板、剪刀撑等组成，一般均设在首层房间。当搁栅跨度较大时，应在房中间加设地垄墙，地垄墙顶上要铺油毡或抹防水砂浆及放置沿缘木。“实铺”是木搁栅铺在钢筋混凝土板或垫层上，它是由木搁栅及企口板等组成。施工工艺流程为：安装木搁栅→钉木地板→刨平→净面细刨、磨光→安装踢脚板。施工工艺如下。

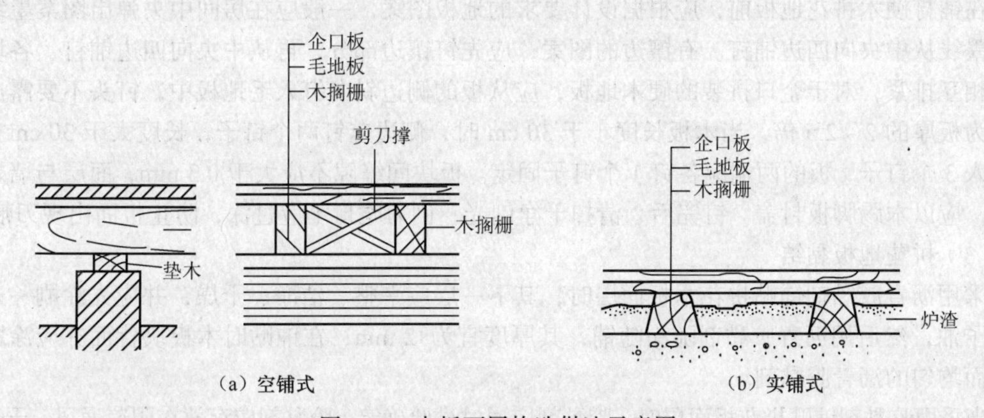

图 9.18 木板面层构造做法示意图

1. 安装木搁栅

（1）空铺法

在砖砌基础墙上和地垄墙上垫放通长沿椽木，用预埋的铁丝将其捆绑好，并在沿椽木表面画出各搁栅的中线，然后将搁栅对准中线摆好，端头离开墙面约 30 mm 的缝隙，依次将中间的搁栅摆好。当顶面不平时，可用垫木或木楔在搁栅底下垫平，并将其钉牢在沿缘木上。为防止搁栅活动，应在固定好的木搁栅表面临时钉设木拉条，使之互相牵拉着。搁栅摆正后，在搁栅上按剪刀撑的间距弹线，然后按线将剪刀撑钉于搁栅侧面，同一行剪刀撑要对齐顺线，上口齐平。

（2）实铺法

楼层木地板的铺设，通常采用实铺法施工，应先在楼板上弹出各木搁栅的安装位置线（间距约 400 mm）及标高。将搁栅（断面呈梯形，宽面在下）放平、放稳，并找好标高，将预埋在楼板内的铁丝拉出，捆绑好木搁栅（如未预埋镀锌铁丝，可按设计要求用膨胀螺栓等方法固定木搁栅），然后把干炉渣或其他保温材料塞满两搁栅之间。

2. 钉木地板

（1）条板铺钉

空铺的条板铺钉方法为剪刀撑钉完之后，可从墙的一边开始铺钉企口条板，靠墙的一块板应离墙面有 10 ~ 20 mm 缝隙，以后逐块排紧，用钉从板侧凹角处斜向钉入，钉长为板厚的 2 ~ 2.5 倍，钉帽要砸扁，企口条板要钉牢、排紧。板的排紧方法一般可在木搁栅上钉扒钉一只，在扒钉与板之间夹一对硬木楔，打紧硬木楔就可以使板排紧。钉到最后一块企口板时，因无法斜着钉，可用明钉钉牢，钉帽要砸扁，冲入板内。企口板的接头要在搁栅中间，接头要互相错开，板与板之间应排紧，搁栅上临时固定的木拉条，应随企口板的安装随时拆去，铺钉完之后及时清理干净，先应垂直木纹方向粗刨一遍，再依顺木纹方向细刨一遍。

实铺条板铺钉方法同上。

（2）拼花木地板铺钉

硬木地板下层一般都钉毛地板，可采用纯棱料，其宽度不宜大于 120 mm，毛地板与搁栅成45°或30°方向铺钉，并应斜向钉牢，板间缝隙不应大于3 mm，毛地板与墙之间应留 10 ~ 20 mm 缝隙，每块毛地板应在每根搁栅上各钉两个钉子固定，钉子的长度应为板厚的 2.5 倍。铺钉拼花地板前，宜先铺设一层沥青纸（或油毡），以隔声和防潮用。

在铺打硬木拼花地板前，应根据设计要求的地板图案，一般应在房间中央弹出图案墨线，再按墨线从中央向四边铺钉。有镶边的图案，应先钉镶边部分，再从中央向四边铺钉，各块木板应相互排紧，对于企口拼装的硬木地板，应从板的侧边斜向钉入毛地板中，钉头不要露出；钉长为板厚的 2 ~ 2.5 倍，当木板长度小于 30 cm 时，侧边应钉两个钉子，长度大于 30 cm 时，应钉入 3 个钉子，板的两端应各钉 1 个钉子固定。板块间缝隙不应大于 0.3 mm，面层与墙之间缝隙，应以木踢脚板封盖。钉完后，清扫干净刨光，刨刀吃口不应过深，防止板面出现刀痕。

（3）拼花地板黏结

采用沥青胶黏剂铺贴拼花木板面层时，其下一层应平整、洁净、干燥，并应先涂刷一遍同类底子油，然后用沥青胶黏剂随涂随铺，其厚度宜为 2 mm，在铺贴时木板块背面亦应涂刷一层薄而均匀的沥青胶黏剂。

当采用胶黏剂铺贴拼花板面层时，胶黏剂应通过试验确定。胶黏剂应存放在阴凉通风、干燥的室内。超过生产期 3 个月的产品，应取样检验，合格后方可使用；超过保质期的产品，不得使用。

3. 净面细刨、磨光

地板刨光宜采用地板刨光机（或六面刨），转速在 5000 r/min 以上。长条地板应顺水纹刨，拼花地板应与地板木纹成 45°斜刨。刨时不宜走得太快，刨口不要过大，要多走几遍，地板机不用时应先将机器提起关闭，防止啃伤地面。机器刨不到的地方要用手刨，并用细刨净面。地板刨平后，应使用地板磨光机磨光，所用砂布应先粗后细，砂布应绷紧绷平，磨光方向及角度与刨光方向相同。

木地板油漆、打蜡详见装饰工程木地板油漆工艺标准。

任务五　吊顶与轻质隔墙施工

一、吊顶施工

吊顶有直接式顶棚和悬吊式顶棚两种形式。直接式顶棚按施工方法和装饰材料的不同，可分为直接刷（喷）浆顶棚、直接抹灰顶棚、直接粘贴式顶棚（用胶黏剂粘贴装饰面层）；悬吊式顶棚按结构形式分为活动式装配吊顶、隐蔽式装配吊顶、金属装饰板吊顶、开敞式吊顶和整体式吊顶（灰板条吊顶）等。

1. 木骨架罩面板顶棚施工

木骨架罩面板顶棚施工工艺流程为：安装吊点紧固件→沿吊顶标高线固定沿墙边龙骨→刷防火涂料→在地面拼接木隔栅（木龙骨架）→分片吊装→与吊点固定→分片间的连接→预留孔洞→整体调整→安装胶合板→后期处理。施工工艺如下。

（1）安装吊点紧固件

① 用冲击电钻在建筑结构底面按设计要求打孔，钉膨胀螺钉。

② 用直径大于 5 mm 的射钉，将角铁等固定在建筑底面上。

③ 利用事先预埋吊筋固定吊点。

（2）沿吊顶标高线固定沿墙边龙骨

① 遇砖墙面，可用水泥钉将木龙骨固定在墙面上。

② 遇混凝土墙，先用冲击钻在墙面标高线以上 10 mm 处打孔（孔的直径应大于 12 mm，在孔内下木楔，木楔的直径要稍大于孔径），木楔下入孔内要达到牢固配合。木楔下完后，木楔和墙面应保持在同一平面，木楔间距为 0.5 ~ 0.8 mm。然后将边龙骨用钉固定在墙上。边龙骨断面尺寸应与吊顶木龙骨断面尺寸相同，边龙骨固定后其底边与吊顶标高线应齐平。

（3）刷防火涂料

木吊顶龙骨筛选后要刷 3 遍防火涂料，待晾干后备用。

（4）在地面拼接木隔栅（木龙骨架）

① 先把吊顶面上需分片或可以分片的尺寸位置定出，根据分片的尺寸进行拼接前安排。

② 拼接接法将截面尺寸为 25 mm×30 mm 的木龙骨，在长木方向上按中心线距 300 mm 的尺寸开出深 15 mm、宽 25 mm 的凹槽。然后按凹槽对凹槽的方法拼接，在拼口处用小圆钉或胶水固定。通常是先拼接大片的木隔栅，再拼接小片的木隔栅，但木隔栅最大片不能大于 10 m^2。

（5）分片吊装

平面吊顶的吊装先从一个墙角位置开始，将拼接好的木隔栅托起至吊顶标高位置。对于高度低于 3.2 m 的吊顶木隔栅，可在木隔栅举起后用高度定位杆支撑，使隔栅的高度略高于吊顶标高线；高度大于 3 m 时，则用铁丝在吊点上做临时固定。

（6）与吊点固定

与吊点固定有 3 种方法。

① 用木方固定。先用木方按吊点位置固定在楼板或屋面板的下面，然后，再用吊筋木方与固定在建筑顶面的木方钉牢。吊筋长短应大于吊点与木隔栅表面之间的距离 100 mm 左右，便于调整高度。吊筋应在木龙骨的两侧固定后再截去多余部分。吊筋与木龙骨钉接处每处不许少于两只铁钉。如木龙骨搭接间距较小，或钉接处有劈裂腐朽虫眼等缺陷，应换掉或立刻在木龙骨的吊挂处钉挂上 200 mm 长的加固短木方。

② 用角铁固定。在需要上人和一些重要的位置，常用角铁做吊筋与木隔栅固定连接。其方法是在角铁的端头钻 2 ~ 3 个孔做调整。角铁在木隔栅的角位上，用两只木螺钉固定。

③ 用扁铁固定。将扁铁的长短先测量截好，在吊点固定端钻出两个调整孔，以便调整木隔栅的高度。扁铁与吊点件用 M6 螺栓连接，扁铁与木龙骨用两只木螺钉固定。扁铁端头不得长出木隔栅下平面。

（7）分片间的连接

分片间的连接有两种情况：两分片木隔栅在同一平面对接，先将木隔栅的各端头对正，然后用短木方进行加固；对分片木隔栅不在同一平面，平面吊顶处于高低面连接，先用一条木方斜位地将上下两平面木隔栅架定位，再将上下平面的木隔栅用垂直的木方条固定连接。

（8）预留孔洞

预留灯光盘、空调风口、检修孔位置。

（9）整体调整

各个分片木隔栅连接加固完后，在整个吊顶面下用尼龙线或棒线拉出十字交叉标高线，检查吊顶平面的平整度，吊顶应起拱一般可按 7 ~ 10 m 跨度为 3/1000 的起拱量，10 ~ 15 m 跨度为 5/1000 起拱量。

（10）安装胶合板

① 按设计要求将挑选好的胶合板正面向上，按照木隔栅分格的中心线尺寸，在胶合板正面上画线。

② 板面倒角。在胶合板的正面四周按宽度为 2 ~ 3 mm 刨出 45°倒角。

③ 钉胶合板。将胶合板正面朝下，托起到预定位置，使胶合板上的画线与木隔栅中心线对齐，用铁钉固定。钉距为 80 ~ 150 mm，钉长为 25 ~ 35 mm，钉帽应砸扁钉入板内，钉帽进入板面 0.5 ~ 1 mm，钉眼用油性腻子抹平。

④ 固定纤维板。钉距为 80 ~ 120 mm，钉长为 20 ~ 30 mm，钉帽进入板面 0.5 mm。钉眼用油性腻子抹平。硬质纤维板用前应先用水浸透，自然阴干后安装。

⑤ 胶合板、纤维板、木丝板要钉木压条，先按图纸要求的间距尺寸在板面上弹线。以墨线为准，将压条用钉子左右交错钉牢，钉距不应大于 200 mm，钉帽应砸扁顺着木纹打入木压条表面 0.5 ~ 1 mm，钉眼用油性腻子抹平。木压条的接头处，用小齿锯制角，使其严密平整。

（11）后期处理

按设计要求进行刷油、裱糊、喷涂，最后安装 PVC 塑料板。

2. 轻钢骨架罩面板顶棚施工

轻钢骨架罩面板顶棚施工工艺流程为：弹顶棚标高水平线→画龙骨分档线→安装主龙骨吊杆→安装主龙骨→安装次龙骨→安装罩面板→安装压条→刷防锈漆。施工工艺如下。

（1）弹顶棚标高水平线

根据楼层标高水平线，用尺竖向量至顶棚设计标高，沿墙、往四周弹顶棚标高水平线。

（2）画龙骨分档线

按设计要求的主、次龙骨间距布置，在已弹好的顶棚标高水平线上画龙骨分档线。

（3）安装主龙骨吊杆

弹好顶棚标高水平线及龙骨分档位置线后，确定吊杆下端头的标高，按主龙骨位置及吊挂间距，将吊杆无螺栓丝扣的一端与楼板预埋钢筋连接固定。未预埋钢筋时可用膨胀螺栓。

（4）安装主龙骨

① 配装吊杆螺母。

② 在主龙骨上安装吊挂件。

③ 将组装好吊挂件的主龙骨，按分档线位置使吊挂件穿入相应的吊杆螺栓，拧好螺母。

④ 主龙骨相接处装好连接件，拉线调整标高、起拱和平直。

⑤ 安装洞口附加主龙骨，按图集相应节点构造，设置连接卡固件。

⑥ 钉固边龙骨，采用射钉固定。设计无要求时，射钉间距为 1000 mm。

（5）安装次龙骨

① 按已弹好的次龙骨分档线，卡放次龙骨吊挂件。

② 按设计规定的次龙骨间距，将次龙骨通过吊挂件吊挂在大龙骨上，设计无要求时，一般间距为 500 ~ 600 mm。

③ 当次龙骨长度需多根延续接长时，用次龙骨连接件，在吊挂次龙骨的同时相接，调直固定。

④ 当采用 T 形龙骨组成轻钢骨架时，次龙骨的卡档龙骨应在安装罩面板时，每装一块罩面板先后各装一根卡档次龙骨。

（6）安装罩面板

在安装罩面板前必须对顶棚内的各种管线进行检查验收，并经打压试验合格后，才允许安装罩面板。顶棚罩面板的品种繁多，在设计文件中应明确选用的种类、规格和固定方式。罩面板与轻钢骨架固定的方式分为罩面板自攻螺钉钉固法、罩面板胶黏剂固定法、罩面板托卡固定法等。

① 罩面板自攻螺钉钉固法。在已装好并经验收的轻钢骨架下面，按罩面板的规格、拉缝间隙进行分块弹线，从顶棚中间顺通长次龙骨方向先装一行罩面板，作为基准，然后向两侧伸延分行安装，固定罩面板的自攻螺钉间距为 150 ~ 170 mm。

② 罩面板胶黏剂固定法。按设计要求和罩面板的品种、材质选用胶黏剂材料，一般可用 401 胶黏剂，罩面板应经选配修整，使厚度、尺寸、边楞一致和整齐。每块罩面板黏结时应预装，然后在预装部位龙骨框底面刷胶，同时在罩面板四周边宽 10 ~ 15 mm 的范围刷胶，经 5 min 后，将罩面板压粘在预装部位；每间顶棚先由中间行开始，然后向两侧分行黏结。

③ 罩面板托卡固定法：当轻钢龙骨为 T 形时，多为托卡固定法安装。

T 形轻钢龙骨安装完毕，经检查标高、间距、平直度和吊挂荷载符合设计要求，垂直于通长次龙骨弹分块及卡档龙骨线。罩面板安装由顶棚的中间行次龙骨的一端开始，先装一根边卡档次龙骨，再将罩面板槽托入 T 形次龙骨翼缘或将无槽的罩面板装在 T 形翼缘上，然后安装另一侧长档次龙骨。按上述程序分行安装，最后分行拉线调整 T 型明龙骨。

（7）安装压条

罩面板顶棚如设计要求有压条，待一间顶棚罩面板安装后，经调整位置，使拉缝均匀，对缝平整，按压条位置弹线，然后接线进行压条安装。其固定方法宜用自攻螺钉，螺钉间距为 300 mm；也可用胶黏剂粘贴。

（8）刷防锈漆

轻钢骨架罩面板顶棚，碳钢或焊接处未做防腐处理的表面（如预埋件、吊挂件、连接件、钉固附件等），在各工序安装前应刷防锈漆。

二、轻质隔墙工程

1. 钢丝网架夹芯板隔墙

钢丝网架夹芯墙板是以三维构架式钢丝网为骨架，以膨胀珍珠岩、阻燃型聚苯乙烯泡沫塑料、矿棉、玻璃棉等轻质材料为芯材，由工厂制成面密度为 4 ~ 20 kg/m^2 的钢丝网架夹芯板，然后在其两面喷抹 20 mm 厚水泥砂浆面层的新型轻质墙板。

钢丝网架夹芯墙板施工工艺流程为：清理→弹线→墙板安装→墙板加固→管线敷设→墙面粉刷。施工工艺如下。

（1）弹线

在楼地面、墙体及顶棚面上弹出墙板双面边线，边线间距为 80 mm（板厚），用线坠吊垂直，以保证对应的上下线在一个垂直平面内。

（2）墙板安装

钢丝网架夹芯板墙体施工时，按排列图将板块就位，一般是按由下至上、从一端向另一端顺序安装。

① 将结构施工时预埋的两根直径为 6 mm、间距为 400 mm 的锚筋与钢丝网架焊接或用钢丝绑扎牢固。也可通过直径为 8mm 的胀铆螺栓加 U 形码（或压片），或打孔植筋，把板材固定在结构梁、板、墙、柱上。

② 板块就位前，可先在墙板底部安装位置满铺 1∶2.5 水泥砂浆垫层，砂浆垫层厚度不小于 35 mm，使板材底部填满砂浆。有防渗漏要求的房间，应做高度不低于 100 mm 的细石混凝土墙垫，待其达到一定强度后，再进行钢丝网架夹芯板的安装。

③ 墙板拼缝、墙体阴阳角、门窗洞口等部位，均应按设计构造要求采用配套的钢网片覆盖或槽形网加强，用箍码固定或用钢丝绑牢。钢丝网架边缘与钢网片相交点用钢丝绑扎紧固，其余部分相交点可相隔交错扎牢，不得有变形、脱焊现象。

④ 板材拼接时，接头处芯材若有空隙，应用同类芯材补充、填实、找平。门窗洞口应按设计要求进行加强，一般洞口周边设置的槽形网（300 mm）和洞口四角设置的 45°加强钢网片（可用长度不小于 500 mm 的“之”字条）应与钢网架用金属丝捆扎牢固。如设置洞边加筋，应与钢丝网架用金属丝绑扎定位；如设置通天柱，应与结构梁、板的预留锚筋或预埋件焊接固定。门窗框安装，应与洞口处的预埋件连接固定。

⑤ 墙板安装完成后，检查板块间以及墙板与建筑结构之间的连接，确定是否符合设计规定的构造要求及墙体稳定性的要求，并检查暗设管线、设备等隐蔽部分施工质量以及墙板表面平整度是否符合要求；同时对墙板安装质量进行全面检查。

（3）暗管、暗线与暗盒安装

安装暗管、暗线与暗盒等应与墙板安装相配合，在抹灰前进行。按设计位置将板材的钢丝剪开，剔除管线通过位置的芯材，把管、线或设备等埋入墙体内，上、下用钢筋码与钢丝网架固定，周边填实。埋设处表面另加钢网片覆盖补强，钢网片与钢丝网架用点焊连接或用金属丝绑扎牢固。

（4）水泥砂浆面层施工

钢丝网架夹芯板墙体安装完毕并通过质量检查，即可进行墙面抹灰。

①将钢丝网架夹芯板墙体四周与建筑结构连接处（25 ~ 30 mm 宽缝）的缝隙用 1∶3 水泥砂浆填实。清理好钢丝网架与芯材结构的整体稳定效果，墙面做灰饼、设标筋；重要的阳角部位应按国家标准规定及设计要求做护角。

② 水泥砂浆抹灰层施工可分 3 遍完成，底层厚 12 ~ 15 mm，中层厚 8 ~ 10 mm，罩面层厚 2 ~ 5 mm。水泥砂浆抹灰层的平均总厚度不小于 25 mm。

③ 可采用机械喷涂抹灰。若人工抹灰时，以自下而上为宜。底层抹灰后，应用木抹子反复揉搓，使砂浆密实并与墙体的钢丝网及芯材紧密黏结，且使抹灰表面保持粗糙。待底层砂浆终凝后，适当洒水润湿，即抹中层砂浆，表面用刮板找平、搓毛。两层抹灰均应采用同一配合比的砂浆。水泥砂浆抹灰层的罩面层，应按设计要求的装饰材料抹面。当罩面层需掺入其他防裂材料时，应经试验合格后方可使用。在钢丝网架夹芯墙板的一面喷灰时，注意防止芯材位置偏移。尚应注意，每一水泥砂浆抹灰层的砂浆终凝后，均应洒水养护；墙体两面抹灰的时间间隔，不得小于 24 h。

2. 木龙骨隔墙工程

采用木龙骨作墙体骨架，以 4 ~ 25 mm 厚的建筑平板作罩面板，组装而成的室内非承重轻质墙体，称为木龙骨隔墙。

（1）木龙骨隔墙的种类

木龙骨隔墙分为全封隔墙、有门窗隔墙和隔断 3 种，其结构形式不尽相同。大木方构架结构的木隔墙，通常用 50 mm×80 mm 或 50 mm×100 mm 的大木方做主框架，框体规格为@500 mm 的方框架或 500 mm×800 mm 的长方框架，再用 4 ~ 5 mm 厚的木夹板做基面板。该结构多用于墙面较高较宽的隔墙。为了使木隔墙有一定的厚度，常用 25 mm×30 mm 带凹槽木方作成双层骨架的框体，每片规格为@300 mm 或@400 mm，间隔为 150 mm，用木方横杆连接。单层小木方构架常用 25 mm×30 mm 的带凹槽木方组装，框体@300 mm，多用于 3 m 以下隔墙或隔断。

（2）施工工艺

木龙骨隔墙工程施工工艺流程为：弹线→钻孔→安装木骨架→安装饰面板→饰面处理。

① 弹线、钻孔。在需要固定木隔墙的地面和建筑墙面上弹出隔墙的边缘线和中心线，画出固定点的位置，间距 300 ~ 400 mm，打孔深度在 45 mm 左右，用膨胀螺栓固定。如用木楔固定，则孔深应不小于 50 mm。

② 木骨架安装。

a. 木骨架的固定通常是在沿墙、沿地和沿顶面处。对隔断来说，主要是靠地面和端头的建筑墙面固定。如端头无法固定，常用铁件来加固端头，加固部位主要是在地面与竖木方之间。对于木隔墙的门框竖向木方，均应用铁件加固，否则会使木隔墙颤动、门框松动以及木隔墙松动。

b. 如果隔墙的顶端不是建筑结构，而是吊顶，处理方法区分不同情况而定。对于无门隔墙，只需相接缝隙小，平直即可；对于有门的隔墙，考虑到振动和碰动，所以顶端必须加固，即隔墙的竖向龙骨应穿过吊顶面，再与建筑物的顶面进行固定。

c. 木隔墙中的门框是以门洞两侧的竖向木方为基体，配以挡位框、饰边板或饰边线条组合而成；大木方骨架隔墙门洞竖向木方较大，其挡位框可直接固定在竖向木方上；小木方双层构架的隔墙，因其木方小，应先在门洞内侧钉上厚夹板或实木板之后，再固定挡位框。

d. 木隔墙中的窗框是在制作时预留的，然后用木夹板和木线条进行压边定位；隔断墙的窗也分固定窗和活动窗，固定窗是用木压条把玻璃板固定在窗框中，活动窗与普通活动窗一样。

③ 饰面板安装。墙面木夹板的安装方式主要有明缝和拼缝两种。明缝固定是在两板之间留一条有一定宽度的缝，图样无规定时，缝宽以 8 ~ 10 mm 为宜；明缝如不加垫板，则应将木龙骨面刨光，明缝的上下宽度应一致，锯割木夹板时，应用靠尺来保证锯口的平直度与尺寸的准确性，并用零号砂纸修边。拼缝固定时，要对木夹板正面四边进行倒角处理（45°×3 mm），以使板缝平整。

3. 轻钢龙骨隔墙工程

采用轻钢龙骨作墙体骨架，以 4 ~ 25 mm 厚的建筑平板作罩面板，组装而成的室内非承重轻质墙体，称为轻钢龙骨隔墙。

（1）材料要求

隔墙所用的轻钢龙骨主件及配件、紧固件（包括射钉、膨胀螺钉、镀锌自攻螺钉、嵌缝料等）均应符合设计要求，轻钢龙骨还应满足防火及耐久性要求。

（2）施工工艺

轻钢龙骨隔墙施工工艺流程为：基层清理→定位放线→安装沿顶龙骨和沿地龙骨→安装竖向龙

骨→安装横向龙骨→安装通贯龙骨（采用通贯龙骨系列时）、横撑龙骨、水电管线→安装门窗洞口部位的横撑龙骨→各洞口的龙骨加强及附加龙骨安装→检查骨架安装质量，并调整校正→安装墙体一侧罩面板→板面钻孔安装管线固定件→安装填充材料→安装另一侧罩面板→接缝处理→墙面装饰。

① 施工前应先完成基本的验收工作，石膏罩面板安装应在屋面、顶棚和墙抹灰完成后进行。

② 弹线定位。墙体骨架安装前，按设计图样检查现场，进行实测实量，并对基层表面予以清理。在基层上按龙骨的宽度弹线，弹线应清晰，位置应准确。

③ 安装沿地、沿顶龙骨及边端竖龙骨：沿地、沿顶龙骨及边端竖龙骨可根据设计要求及具体情况采用射钉、膨胀螺钉或按所设置的预埋件进行连接固定。沿地、沿顶龙骨固定射钉或膨胀螺钉固定点间距，一般为 600 ~ 800 mm。边框竖龙骨与建筑基体表面之间，应按设计规定设置隔声垫或满嵌弹性密封胶。

④ 安装竖向龙骨。竖向龙骨的长度应比沿地、沿顶龙骨内侧的距离尺寸短 15 mm。竖向龙骨准确垂直就位后，即用抽芯铆钉将其两端分别与沿地、沿顶龙骨固定。

⑤ 安装横向龙骨。当采用有配件龙骨体系时，其通贯龙骨在水平方向穿过各条竖向龙骨上的贯通孔，由支撑卡在两者相交的开口处连接稳。对于无配件龙骨体系，可将横向龙骨（可由竖向龙骨截取或采用加强龙骨等配套横撑型材）端头剪开折弯，用抽芯铆钉与竖向龙骨连接固定。

⑥ 墙体龙骨骨架的验收。龙骨安装完毕，有水电设施的工程，尚需由专业人员按水电设计对暗管、暗线及配件等安装进行检查验收。墙体中的预埋管线和附墙设备按设计要求采取加强措施。在罩面板安装之前，应检查龙骨骨架的表面平整度、立面垂直度及稳定性。

4. 平板玻璃隔墙工程

平板玻璃隔墙龙骨常用的有金属龙骨平板玻璃隔墙和木龙骨平板玻璃隔墙。常用的金属龙骨为铝合金龙骨。下面主要介绍铝合金龙骨的平板玻璃隔墙安装方法。隔墙的构造做法及施工安装基本上同于玻璃门窗工程。施工工艺流程为：弹线→铝合金下料→安装框架→安装玻璃。

（1）弹线

主要弹出地面、墙面位置线及高度线。

（2）铝合金下料

首先是精确画线，精度要求为 ± 0.5 mm，画线时注意不要碰坏型材表面。下料要使用专门的铝材切割机，要求尺寸准确、切口平滑。

（3）安装框架

半高铝合金玻璃隔断通常是先在地面组装好框架后，再竖立起来固定，通高的铝合金玻璃隔墙通常是先固定竖向型材，再安装框架横向型材。铝合金型材相互连接主要是用铝角和自攻螺钉。铝合金型材与地面、墙面的连接则主要是用铁脚固定法。

型材的安装连接主要是竖向型材与横向型材的垂直结合，目前所采用的方法主要是铝角连接法。铝角连接的作用有两个方面，一方面是连接，另一方面是起定位作用，防止型材安装后转动。对连接件的基本要求是有一定的强度和尺寸准确，所用的铝角通常是厚铝角，其厚度为 3 mm 左右。铝角与型材的固定，通常用半圆头 M4×20 或 M5×20 自攻螺钉。

需要注意的是，为了美观，自攻螺钉的安装位置应在较隐蔽处。通常的处理方法，如对接处在 1.5 m 以下，自攻螺钉安装在型材的下方；如对接处在 1.8 m 以上，自攻螺钉安装在型材的上方。在固定铝角时就应注意其弯角的方向。

（4）安装玻璃

建议使用安全玻璃，如钢化玻璃的厚度不小于 5 mm，夹层玻璃的厚度不小于 6.38 mm。对于无框玻璃隔墙，应使用厚度不小于 10 mm 的钢化玻璃，以保证使用的安全性。

玻璃安装应符合门窗工程的有关规定。铝合金隔墙的玻璃安装方式有两种，一种是安装于活动窗扇上，另一种是直接安装于型材上。前者需在制作铝合金活动窗时同时安装。在型材框架上安装玻璃，应先按框洞的尺寸缩 3 ~ 5 mm 裁玻璃，以防止玻璃的不规整和框洞尺寸的误差，而造成装不上玻璃的问题。玻璃在型材框架上的固定，应用与型材同色的铝合金槽条在玻璃两侧夹定，槽条可用自攻螺钉与型材固定，并在铝槽与玻璃间加玻璃胶密封。

平板玻璃隔墙的玻璃边缘不得与硬性材料直接接触，玻璃边缘与槽底隙不应小于 5 mm。玻璃嵌入墙体、地面和顶面的槽口深度应符合相关规定，当玻璃厚 5 ~ 6 mm 时，为 8 mm；当玻璃厚 8 ~ 12 mm 时，为 10 mm。玻璃与槽口的前后空隙亦应符合有关规定，当玻璃厚 5 ~ 6 mm 时，为 2.5 mm；当玻璃厚 8 ~ 1.2 mm 时，为 3mm。这些缝隙用弹性密封胶或橡胶条填嵌。

玻璃底部与槽底空隙间，应用不少于两块的 PVC 垫块或硬橡胶垫块支撑，支撑块长度不小于 10 mm。玻璃平面与两边槽口空隙应使用弹性定位块衬垫，定位块长度不小于 25 mm。支撑块和定位块应设置在距槽角不小于 300 mm 或 1/4 边长的位置。

对于纯粹为采光而设置的平板落地玻璃分隔墙，应在距地面 1.5 ~ 1.7 m 处的玻璃表面用装饰图案设置防撞标志。

任务六　门 窗 施 工

常见的门窗类型有木门窗、铝合金门窗、塑料门窗、彩板门窗和特种门窗。门窗工程的施工可分为两类，一类是由工厂预先加工拼装成型，在现场安装；另一类是在现场根据设计要求加工制作即时安装。

一、木门窗安装

木门窗安装工艺流程为：弹线找规矩→决定门窗框安装位置→决定安装标高→掩扇、门框安装样板→窗框、扇安装→门框安装→门扇安装。施工工艺如下。

① 结构工程经过监督站验收达到合格后，即可进行门窗安装施工。首先，应从顶层用大线坠吊垂直，检查窗口位置的准确度，并在墙上弹出安装位置线，对不符线的结构边楞进行处理。

② 根据室内 50 cm 的平线检查窗框安装的标高尺寸，对不符线的结构边棱进行处理。

③ 室内外门框应根据图纸位置和标高安装，为保证安装的牢固，应提前检查预埋木砖数量是否满足，1.2 m 高的门口，每边预埋两块木砖；高 1.2 ~ 2 m 的门口，每边预埋木砖 3 块；高 2 ~ 3 m 的门口，每边预埋木砖 4 块。每块木砖上应钉两根长 10 cm 的钉子，将钉帽砸扁，顺木纹钉入木门框内。

④ 木门框安装应在地面工程和墙面抹灰施工以前完成。

⑤ 采用预埋带木砖的混凝土块与门窗框进行连接的轻质隔断墙，其混凝土块预埋的数量，亦应根据门口高度设 2 块、3 块、4 块，用钉子使其与门框钉牢。采用其他连接方法的，应符合设计要求。

⑥ 做样板。把窗扇根据图样要求安装到窗框上，此道工序称为掩扇。对掩扇的质量，按验评标准检查缝隙大小，五金安装位置、尺寸、型号，以及牢固性，符合标准要求后作为样板，并以此作为验收标准和依据。

⑦ 弹线安装门窗框扇。应考虑抹灰层厚度，并根据门窗尺寸、标高、位置及开启方向，在墙上画出安装位置线。有贴脸的门窗立框时，应与抹灰面齐平；有预制水磨石窗台板的窗，应注意窗台板的出墙尺寸，以确定立框位置；中立的外窗，如外墙为清水砖墙勾缝时，可稍移动，以盖上砖墙立缝为宜。窗框的安装标高，以墙上弹 50 cm 平线为准，用木楔将框临时固定于窗

洞内，为保证相隔窗框的平直，应在窗框下边拉小线找直，并用铁水平将平线引入洞内作为立框时的标准，再用线坠校正吊直。黄花松窗框安装前，应先对准木砖位置钻眼，便于钉钉。

⑧ 若隔墙为加气混凝土条板时，应按要求的木砖间距钻 ϕ30 mm 的孔，孔深 7～10 cm，并在孔内预埋木楔粘 108 胶水泥浆打入孔中（木楔直径应略大于孔径 5 mm，以便其打入牢固），待其凝固后，再安装门窗框。

⑨ 木门扇的安装。

a. 先确定门的开启方向及小五金型号、安装位置，对开门扇扇口的裁口位置及开启方向（一般右扇为盖口扇）。

b. 检查门口尺寸是否正确，边角是否方正，有无窜角，检查门口高度应量门的两个立边，检查门口宽度应量门口的上、中、下 3 点，并在扇的相应部位定点画线。

c. 将门扇靠在柜上画出相应的尺寸线，如果扇大，则应根据框的尺寸将大出的部分刨去，若扇小应绑木条，且木条应绑在装合页的一面，用胶粘后并用钉子打牢，钉帽要砸扁，顺木纹送入框内 1～2 mm。

d. 第一次修刨后的门扇应以能塞入口内为宜，塞好后用木楔顶住临时固定，按门扇与口边缝宽尺寸合适，画第二次修刨线，标出合页槽的位置（距门扇的上下端各 1/10，且避开上、下冒头）。同时应注意口与扇安装的平整。

e. 门扇第二次修刨，缝隙尺寸合适后，即安装合页。应先用线勒子勒出合页的宽度，根据上、下冒头 1/10 的要求，定出合页安装边线，分别从上、下边线往里量出合页长度，剔合页槽，以槽的深度来调整门扇安装后与框的平整，刨合页槽时应留线，不应剔得过大、过深。

f. 合页槽剔好后，即安装上、下合页，安装时应先拧一个螺钉，然后关上门检查缝隙是否合适，口与扇是否平整，无问题后方可将螺钉全部拧上拧紧。木螺钉应钉入全长 1/3，拧入 2/3，如木门为黄花松或其他硬木时，安装前应先打眼，眼的孔径为木螺钉直径的 0.9 倍，眼深为螺钉长的 2/3，打眼后再拧螺钉，以防安装劈裂或将螺钉拧断。

g. 安装对开扇时，应将门扇的宽度用尺量好，再确定中间对口缝的裁口深度。如采用企口榫时，对口缝的裁口深度及裁口方向应满足装锁的要求，然后将四周刨到准确尺寸。

h. 五金安装应符合设计图纸的要求，不得遗漏，一般门锁、碰珠、拉手等距地高度为 95～100 cm，插销应在拉手下面。

i. 安装玻璃门时，一般玻璃裁口在走廊内。厨房、厕所玻璃裁口在室内。

j. 门扇开启后易碰墙，为固定门扇位置，应安装门碰头，对有特殊要求的关闭门，应安装门扇开启器，其安装方法，参照产品安装说明书的要求。

二、硬 PVC 塑料门窗安装

硬 PVC 塑料门窗安装工艺流程为：弹线找规矩→门窗洞口处理→安装连接件的检查→塑料门窗外观检查→按图示要求运到安装地点→塑料门窗安装→门窗四周嵌缝→安装五金配件→清理。施工工艺如下。

① 本工艺应采用后塞口施工，不得先立口后进行结构施工。

② 检查门窗洞口尺寸是否比门窗框尺寸大 3cm，否则应先行剔凿处理。

③ 按图纸尺寸放好门窗框安装位置线及立口的标高控制线。

④ 安装门窗框上的铁脚。

⑤ 安装门窗框，并按线就位找好垂直度及标高，用木楔临时固定，检查正侧面垂直及对角线，合格后，用膨胀螺栓将铁脚与结构牢固固定好。

⑥ 嵌缝。门窗框与墙体的缝隙应按设计要求的材料嵌缝，如设计无要求时用沥青麻丝或泡沫塑料填实。表面用厚度为 5 ~ 8 mm 的密封胶封闭。

⑦ 门窗附件安装。安装时应先用电钻钻孔，再用自攻螺钉拧入，严禁用铁锤或硬物敲打，防止损坏框料。

⑧ 安装后注意成品保护，防污染，防电焊火花烧伤损坏面层。

三、铝合金门窗安装

1. 准备工作及安装质量要求

检查铝合金门窗成品及构配件各部位，如发现变形，应予以校正和修理；同时还要检查洞口标高线及几何形状，预埋件位置、间距是否符合规定，埋设是否牢固。不符合要求的，应纠正后才能进行安装。安装质量要求是位置准确，横平、竖直，高低一致，牢固严密。

2. 安装方法

先安装门窗框，后安装门窗扇，用后塞口法。

3. 施工要点

① 将门窗框安放到洞口中正确位置，用木楔临时定位。

② 拉通线进行调整，使上、下、左、右的门窗分别在同一竖直线、水平线上。

③ 框边四周间隙与框表面距墙体外表面尺寸一致。

④ 仔细校正其正、侧面垂直度，水平度及位置合格后，楔紧木楔。

⑤ 再校正一次后，按设计规定的门窗框与墙体或预埋件连接固定方式进行焊接固定。常用的固定方法有预留洞燕尾铁脚连接、射钉连接、预埋木砖连接、膨胀螺钉连接、预埋铁件焊接等，如图 9.19 所示。

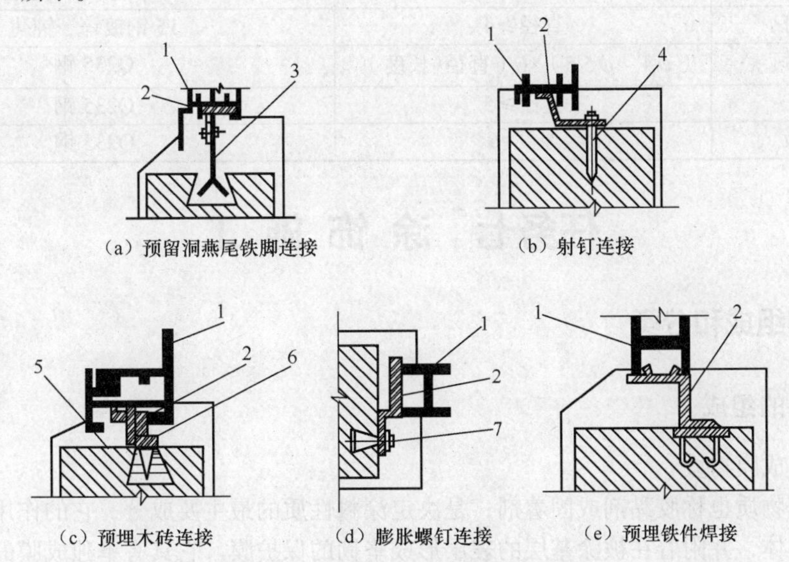

图 9.19　铝合金门窗常用固定方法

1—门窗框　2—连接铁件　3—燕尾铁脚　4—射（钢）钉　5—木砖　6—木螺钉　7—膨胀螺钉

⑥ 窗框安装质量检查合格后，用 1：2 的水泥砂浆或细石混凝土嵌填洞口与门窗框间的缝

隙，使门窗框牢固地固定在洞内。

a. 嵌填前应先把缝隙中的残留物清除干净，然后浇湿。

b. 拉直检查外形平直度的直线。

c. 嵌填操作应轻而细致，不破坏原安装位置，应边嵌填边检查门窗框是否变形移位。

d.嵌填时应注意不可污染门窗框和不嵌填部位，嵌填必须密实饱满不得有间隙，也不得松动或移动木楔，并洒水养护。

e. 在水泥砂浆未凝固前，绝对禁止在门窗框上工作，或在其上搁置任何物品，待嵌填的水泥砂浆凝固后，才可取下木楔，并用水泥砂浆抹严框周围缝隙。

⑦ 窗扇的安装。

a. 质量要求：位置正确、平直，缝隙均匀、严密牢固，启闭灵活、启闭力合格，五金零配件安装位置准确，能起到各自的作用。

b. 施工操作要点：对推拉式门窗扇，先装室内侧门窗扇，后装室外侧的门窗扇；对固定扇应装在室外侧，并固定牢固，不会脱落，确保使用安全；平开式门窗扇应装于门窗框内，要求门窗扇关闭后四周压合严密，搭接量一致，相邻两门窗扇在同一平面内。

⑧ 门窗框与墙体连接固定时应满足以下规定。

a. 窗框与墙体连接必须牢固，不得有任何松动现象。

b. 焊接铁件应对称地排列在门窗框两侧，相邻铁件宜内外错开，连接铁件不得露出装饰层。

c. 连接铁件时，应用橡胶或石棉布或石棉板遮盖门窗框，不得烧损门窗框，焊接完毕后应清除焊渣，焊接应牢固，焊缝不得有裂纹和漏焊现象，严禁在铝框上拴接地线或打火（引弧）。

d. 固接件离墙体边缘应不小于 50 mm，且不能装在缝隙中。

e. 窗框与墙体连接用的预埋件连接铁件、紧固件规格和要求，必须符合设计的规定，见表 9.2。

表 9.2 紧固件材料表

紧固件名称	规格/mm	材料或要求
膨胀螺钉	直径≥8	45 钢镀锌、钝化
自攻螺钉	直径≥4	15 钢镀锌、钝化
钢钉、射钉	（ϕ4 ~ ϕ5.5）×6（直径×长度）	Q235 钢
木螺钉	直径≥5	Q235 钢
预埋钢板	厚度=6	Q235 钢

任务七 涂饰施工

一、涂料的组成和分类

1. 涂料的组成

（1）主要成膜物质

主要成膜物质也称胶黏剂或固着剂，是决定涂料性质的最主要成分，它的作用是将其他组分粘结成一整体，并附着在被涂基层的表层形成坚韧的保护膜。它具有单独成膜的能力，也可以黏结其他组分共同成膜。

（2）次要成膜物质

次要成膜物质也是构成涂膜的组成部分，但它自身没有成膜的能力，要依靠主要成膜物质的黏结才可成为涂膜的一个组成部分。颜料就是次要成膜物质，其对涂膜的性能及颜色有重要作用。

（3）辅助成膜物质

辅助成膜物质不能构成涂膜或不是构成涂膜的主体，但对涂料的成膜过程有很大影响，或对涂膜的性能起一定辅助作用，它主要包括溶剂和助剂两大类。

2. 涂料的分类

建筑涂料的产品种类繁多，一般按下列几种方法进行分类。

① 按使用的部位不同，可分为外墙涂料、内墙涂料、顶棚涂料、地面涂料、门窗涂料、屋面涂料等。

② 按涂料的特殊功能不同，可分为防火涂料、防水涂料、防虫涂料、防霉涂料等。

③ 按涂料成膜物质的组成不同，可分为以下几种。

a. 油性涂料，系指传统的以干性油为基础的涂料，即以前所称的油漆。

b. 有机高分子涂料，包括聚醋酸乙烯系、丙烯酸树脂系、环氧系、聚氨酯系、过氯乙烯系等，其中以丙烯酸树脂系建筑涂料性能最优越。

c. 无机高分子涂料，包括有硅溶胶类、硅酸盐类等。

d. 有机无机复合涂料，包括聚乙烯醇水玻璃涂料、聚合物改性水泥涂料等。

④ 按涂料分散介质（稀释剂）的不同可分为以下几种。

a. 溶剂型涂料，它是以有机高分子合成树脂为主要成膜物质，以有机溶剂为稀释剂，加入适量的颜料、填料及辅助材料，经研磨而成的涂料。

b. 水乳型涂料，它是在一定工艺条件下在合成树脂中加入适量乳化剂形成的以极细小的微粒形式分散于水中的乳液，以乳液中的树脂为主要成膜物质，并加入适量颜料、填料及辅助材料经研磨而成的涂料。

c. 水溶型涂料，它是以水溶性树脂为主要成膜物质，并加入适量颜料、填料及辅助材料经研磨而成的涂料。

⑤ 按涂料所形成涂膜的质感可分为以下几种。

a. 薄涂料，又称薄质涂料。它的黏度低，刷涂后能形成较薄的涂膜，表面光滑、平整、细致，但对基层凹凸线型无任何改变作用。

b. 厚涂料，又称厚质涂料。它的特点是黏度较高，具有触变性，上墙后不流淌，成膜后能形成有一定粗糙质感的较厚的涂层，涂层经拉毛或滚花后富有立体感。

c. 复层涂料，原称喷塑涂料，又称浮雕型涂料、华丽喷砖，其由封底涂料、主层涂料与罩面涂料三种涂料组成。

二、建筑涂料的施工

各种建筑涂料的施工过程大同小异，大致上包括基层处理、刮腻子与磨平、涂料的施涂 3 个阶段工作。

1. 基层处理

基层处理的工作内容包括基层清理和基层修补。

（1）混凝土及抹灰面的基层处理

为保证涂膜能与基层牢固黏结在一起，基层表面必须干燥、洁净、坚实，无酥松、脱皮、起壳、粉化等现象，基层表面的泥土、灰尘、污垢、黏附的砂浆等应清扫干净，酥松的表面应予铲除。为保证基层表面平整，缺棱掉角处应用 1∶3 水泥砂浆（或聚合物水泥砂浆）修补，表面的麻面、缝隙及凹陷处应用腻子填补修平。混凝土或抹灰面基层应干燥，当涂刷溶剂型涂料时，含水率不得大于 8%，当涂刷乳液型涂料时，含水率不得大于 10%。

（2）木材与金属基层的处理及打底子

为保证涂抹与基层粘接牢固，木材表面的灰尘、污垢和金属表面的油渍、鳞皮、锈斑、焊渣、毛刺等必须清除干净。木料表面的裂缝等在清理和修整后应用石膏腻子填补密实、刮平收净，用砂纸磨光以使表面平整。木材基层缺陷处理好后表面上应作打底子处理，使基层表面具有均匀吸收涂料的性能，以保证面层的色泽均匀一致。金属表面应刷防锈漆，涂料施涂前被涂物件的表面必须干燥，以免水分蒸发造成涂膜起泡。一般木材含水率不得大于 12%，金属表面不得有湿气，木基层含水率不得大于 12%。

2. 刮腻子与磨平

涂膜对光线的反射比较均匀，因而在一般情况下不易觉察的基层表面细小的凹凸不平和砂眼，在涂刷涂料后由于光影作用都将显现出来，影响美观。所以基层必须刮腻子数遍予以找平，并在每遍所刮腻子干燥后用砂纸打磨，保证基层表面平整光滑。需要刮腻子的遍数，视涂饰工程的质量等级、基层表面的平整度和所用的涂料品种而定。

3. 涂料的施涂

涂料在施涂前及施涂过程中，必须充分搅拌均匀。用于同一表面的涂料，应注意保证颜色一致。涂料黏度应调整合适，使其在施涂时不流坠、不显刷纹，如需稀释应用该种涂料所规定的稀释剂稀释。涂料的施涂遍数应根据涂料工程的质量等级而定。施涂溶剂型涂料时，后一遍涂料必须在前一遍涂料干燥后进行；施涂乳液型和水溶性涂料时，后一遍涂料必须在前一遍涂料表干后进行。每一遍涂料不宜施涂过厚，应施涂均匀，各层必须结合牢固。

涂料的施涂方法有刷涂、滚涂、喷涂、刮涂和弹涂等。

（1）刷涂

它是用油漆刷、排笔等将涂料刷涂在物体表面上的一种施工方法。此法操作方便，适应性广，除极少数流平性较差或干燥太快的涂料不宜采用外，大部分薄涂料或云母片状厚质涂料均可采用。刷涂顺序是先左后右、先上后下、先过后面、先难后易。

（2）滚涂（或称辊涂）

它是利用滚筒（或称辊筒、涂料辊）蘸取涂料并将其涂布到物体表面上的一种施工方法。滚筒表面有的是粘贴合成纤维长毛绒，也有的是粘贴橡胶（称之为橡胶压辊），当绒面压花滚筒或橡胶压花压辊表面为凸出的花纹图案时，即可在涂层上滚压出相应的花纹。

（3）喷涂

它是利用压力或压缩空气将涂料涂布于物体表面的一种施工方法。涂料在高速喷射的空气流带动下，呈雾状小液滴喷到基层表面上形成涂层。喷涂的涂层较均匀，颜色也较均匀，施工效率高，适用于大面积施工。可使用各种涂料进行喷涂，尤其是外墙涂料用得较多。

喷嘴的直径、喷枪距墙的距离、工作压力与喷枪移动的速度是喷涂工艺的四要素，喷涂的效果与质量与喷涂四要素密切相关。喷涂时空气压缩机的压力，一般应控制在 0.4 ~ 0.7 MPa，气泵的排气量不小于 0.6 m^3/h；喷嘴距喷涂面的距离，以喷涂后不流挂为准，一般为 40 ~ 60 cm。喷嘴应与被涂面垂直且作平行移动，运行中速度保持一致，如图 9.20 所示。喷嘴在纵横方向应做 S 形移动，如图 9.21 所示。当喷涂两个平面相交的墙角时，应将喷嘴对准墙角线。

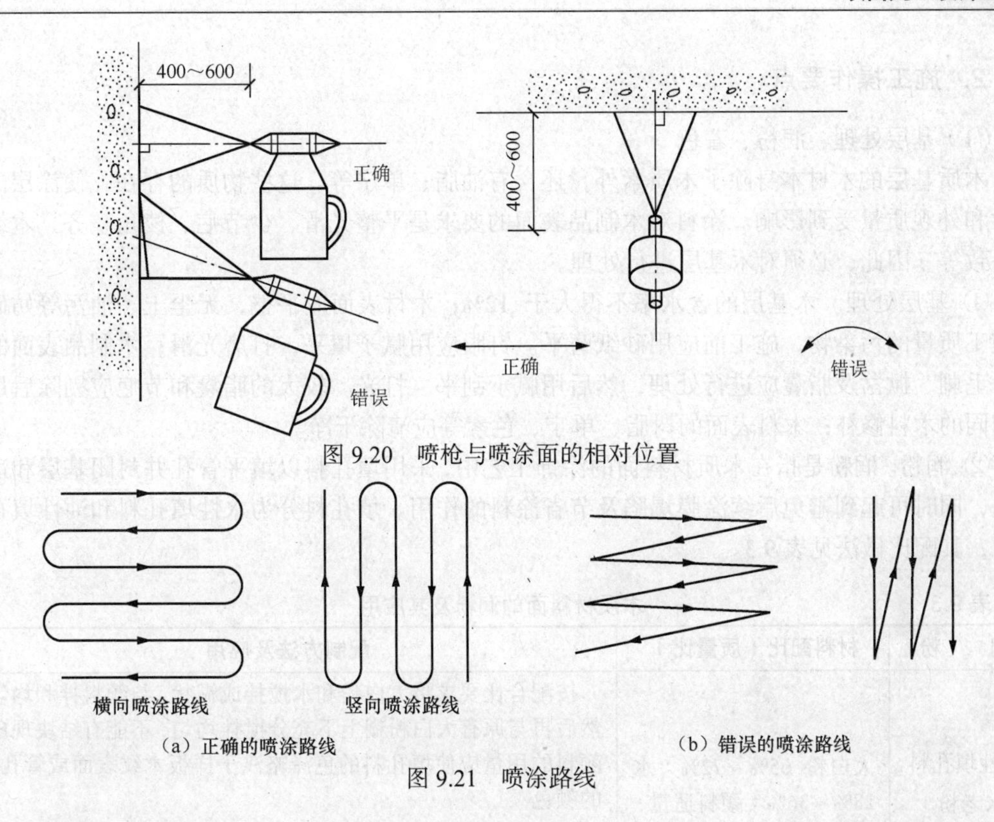

图 9.20　喷枪与喷涂面的相对位置

图 9.21　喷涂路线

（4）刮涂

它是利用刮板将涂料厚浆均匀地批刮于被涂面上，形成厚度为 1 ~ 2mm 的厚涂层。刮涂常用于地面厚层涂料的施涂。

（5）弹涂

它是利用弹涂器通过转动的弹棒将涂料以圆点形状弹到被涂面上的一种施工方法。若分数次弹涂，每次用不同颜色的涂料，被涂面由不同色点的涂料装饰，相互衬托，可使饰面增加装饰效果。

三、油漆涂料施工

油漆工程是一个专业性及技艺性较强的技术工程，从其主要材料如油漆、稀释剂、腻子、润粉、着色颜料及染料（水色、酒色和油色）、研磨抛光和上蜡材料的使用，到清除、嵌批、打磨、配料和涂饰等工序均十分复杂且要求严格。因此，建筑装饰的中、高级油漆工程，必须严格执行油漆施工操作规程。根据国家《建筑装饰装修工程质量验收规范》（GB 50210—2001），其重点项目是混色油漆、清漆和美术油漆工程以及木地板烫蜡、擦软蜡，大理石、水磨石地面打蜡工程。

油漆工程的基层面主要是木质基层、抹灰基层。抹灰基层的处理参考内墙涂料基层处理。木基层主要有门窗、家具、木装修（木墙裙、隔断、顶棚）等。一般松木等软材类的木料表面，以采用混色涂料或清漆面的普通、中等涂料较多；硬材类的木材表面则多采用漆片、蜡克面的清漆，属于高级涂料。

1. 施工工艺流程

油漆涂料施工工艺流程为：基层处理→润粉→着色→打磨→配料→涂刷面层。

2. 施工操作要点

（1）基层处理、润粉、着色

木质基层的木材本身除了木质素外，还含有油脂、单宁等。这些物质的存在，使涂层的附着力和外观质量受到影响。涂料对木制品表面的要求是平整光滑、少节疤、棱角整齐、木纹颜色一致等。因此，必须对木基层进行处理。

① 基层处理。木基层的含水率不得大于 12%；木材表面应平整，无尘土、油污等妨碍涂饰施工质量的污染物，施工前应用砂纸磨平。钉眼应用腻子填平，打磨光滑；木制品表面的缝隙、毛刺、掀岔及脂囊应进行处理，然后用腻子刮平、打光。较大的脂囊和节疤应剔除后用木纹相同的木料修补；木料表面的树脂、单宁、色素等应清除干净。

② 润粉。润粉是指在木质材料面的涂饰工艺中，采用填孔料以填平管孔并封闭基层和适当着色，同时可起到避免后续涂膜塌陷及节省涂料的作用。填孔料分为水性填孔料和油性填孔料两种，其配比做法见表 9.3。

表 9.3　木质材料面的润粉及其应用

润　　粉	材料配比（质量比）	配制方法及应用
水性填孔料（水老粉）	大白粉 65%～72%：水 28%～36%：颜料适量	按配合比要求将大白粉和水搅拌成糊状，与颜料拌和均匀，然后再与原有大白粉糊上下充分搅拌均匀，不能有结块现象；颜料的用量应使填孔料的色泽略浅于样板木纹表面或管孔内的颜色 优点：施工方便，着色均匀 缺点：处理不当易使木纹膨胀，附着力较差，透明度低
油性填孔料（油老粉）	大白粉 60%：清油 10%：松香水 20%：煤油 10%：颜料适量	配制方法与以上所述相同 优点：木纹不会膨胀，不易收缩开裂，干燥后坚固，着色效果好，透明度高，附着力强，吸收上层涂料少 缺点：干燥较慢，操作不如水性填孔料方便

③ 着色。为了更好地突出木材表面的美丽花纹，常采用基层着色工艺，即在木质基面上涂刷着色剂，着色分为水色、酒色和油色 3 种不同的做法，其材料组成见表 9.4。

表 9.4　木质基层面透明涂饰时着色的材料组成

着色	材 料 组 成	染 色 特 点
水色	常用黄纳粉、黑纳粉等酸性染料溶解于热水中（染料占 10%～20%）	优点：透明，无遮盖力，保持木纹清晰 缺点：耐光照性能差，易产生褪色
酒色	在清虫胶清漆中掺入适量品色的染料，即成为着色虫胶漆	透明，清晰显露木纹，耐光照性能较好
油色	用氧化铁系材料、哈巴粉、锌钡白、大白粉等调入松香水中，再加入清油或清漆等，调制成稀浆	优点：由于采用无机颜料作为着色剂，所以耐光照性能良好，不易褪色 缺点：透明度较低，显露木纹不够清晰

（2）打磨

打磨工序是使用研磨材料对被涂物面进行研磨平整的过程，对于油漆涂层的平整光滑、附着力及被涂物面的棱角、线脚、外观质量等方面均有重要影响。常用的砂纸和砂布代号是根据磨料的粒径而划分的，砂布代号数字越大则磨粒越粗；而砂纸则恰恰相反，代号越大则磨粒越细。

油漆涂饰的打磨操作，包括对基层的打磨、层间打磨，以及面层的打磨；打磨的方式又分为干磨与湿磨。打磨必须是在基层或漆膜干实后进行；水性腻子或不宜浸水的基层不能采用湿磨，但含铅的油漆涂料必须湿磨；漆膜坚硬不平或软硬相差较大时，需选用锋利的磨料打磨。干磨是指使用木砂纸、铁砂布、浮石等的一般研磨操作；湿磨则是为了防止漆膜打磨时受热变软而使漆尘黏附于磨粒间影响打磨效率与质量，故将砂纸（或浮石）蘸水或润滑剂进行研磨。

（3）配料

根据设计、样板或操作所需，将油漆饰面施工所需的原材料按配比调制的工序称为配料，如色漆调配，腻子调配，木质基层、填孔料及着色剂的调配等。配料在油漆涂饰施工中是一项重要的基本技术，它直接影响到涂施、漆膜质量和耐久性。此外，根据油漆涂料的应用特点，油漆技工常需对油漆的黏度（稠度）、品种性能等作必要的调配，其中最基本的事项和做法包括施工稠度的控制、油性漆的调配（油性漆易沉淀，使用时须加入清油等）、硝基漆韧性的调配（掺加适量增韧剂等）、醇酸漆油度的调配（面漆与底漆的调兑等）、无光色漆的调配（普通油基漆掺加适度颜料使漆膜平坦、光泽柔和且遮盖力强）等。

（4）涂刷面层

① 涂刷涂料时，应做到横平竖直、纵横交错、均匀一致。在涂刷顺序上应先上后下，先内后外，先浅色后深色，按木纹方向理平理直。

② 涂刷混色涂料，一般不少于4遍；涂刷清漆时，一般不少于5遍。

③ 当涂刷清漆时，在操作上应当注意色调均匀，拼色一致，表面不可显露刷纹。

任务八 裱糊施工

裱糊工程就是在墙面、顶棚表面用黏结材料把塑料壁纸、复合壁纸、墙布和绸缎等薄型柔性材料贴到上面，形成装饰效果的施工工艺。裱糊的基层可以是清水平整的混凝土面、抹灰面、石膏板面、纤维水泥加压板面等。基层必须光滑、平整，无鼓包、凹坑、毛糙等现象，可用批刮腻子、砂纸磨平等方法，对基层进行处理。裱糊工序应待顶棚、墙面、门窗及建筑设备的油漆、刷浆工序完成后进行。裱糊前要将突出基层表面的设备或附件先卸下；如为木基层则钉帽应打进表面，并涂防锈漆和抹油性腻子刮平；表面为混凝土、抹灰面，其含水率不得大于8%，木制品含水率不得大于12%。裱糊的基层表面要求颜色一致，阴阳角先做成小圆弧角。对易透底的壁纸等材料，在基层表面先刷一遍乳胶漆，使颜色一致。冬期施工，应在具备采暖的条件下进行。

1. 材料要求

① 石膏、大白粉、滑石粉、聚醋酸乙烯乳液、羧甲基纤维素、108胶、各种型号的壁纸、胶黏剂等。

② 为保证裱糊质量，各种壁纸、墙布的质量应符合设计要求和相应的国家标准。

③ 胶黏剂、嵌缝腻子、玻璃网格布等，应根据设计和基层的实际需要提前备齐。胶黏剂应满足建筑物的防火要求，避免在高温下因胶黏剂失去黏结力使壁纸脱落而引起火灾。

2. 使用工具

① 裁剪用的工具：工作台（1 m×2 m）、钢直尺、钢卷尺、裁刀或剪刀。

② 弹线工具：线锤、粉袋、铝质水平尺。

③ 裱糊工具：脚手架（高的顶棚用）、人字梯、塑料刮板、橡皮刮板、排笔、大油刷、壁纸

刀、小辊子、白毛巾、棉丝、塑料桶、海绵块、毛刷、羊毛辊刷、胶质辊筒、牛皮纸、电熨斗等。

3. 作业条件

① 混凝土和墙面抹灰已完成，且经过干燥，含水率不高于 8%；木材制品含水率不得大于 12%。

② 水电及设备、顶墙上预留预埋件已安装完。

③ 门窗油漆已完成。

④ 有水磨石地面的房间，出光、打蜡已完，并将面层磨石保护好。

⑤ 墙面清扫干净，如有凸凹不平、缺棱掉角或局部面层损坏，提前修补好并应干燥，预制混凝土表面提前刮石膏腻子找平。

⑥ 事先将凸出墙面的设备部件等卸下收存好，待壁纸粘贴完后再将其部件重新装好复原。

⑦ 如基层色差大，设计选用的又是易透底的薄型壁纸，粘贴前应先进行基层处理，使其颜色一致。

⑧ 对湿度较大的房间和经常潮湿的墙体表面，如需做裱糊时，应采用有防水性能的壁纸和胶黏剂等材料。

⑨ 如房间较高，应提前准备好脚手架；房间不高，应提前钉设木凳。

⑩ 对施工人员进行技术交底时，应强调技术措施和质量要求。大面积施工前应先做样板间，经质检部门鉴定合格后，方可组织班组施工。

4. 施工工艺程序

基层、裱糊材料不同，裱糊工序也不同。一般裱糊施工工艺流程为：清扫基层→接缝处糊条→找补腻子、磨砂纸→满刮腻子、磨平→涂刷铅油一遍涂刷底胶一遍→墙面画准线→壁纸浸水润湿→壁纸涂刷胶黏剂→基层涂刷胶黏剂→墙上纸裱糊→拼缝、搭接、对花→赶压胶黏剂、气泡→裁边→擦净挤出的胶液→清理修整。

5. 裱糊顶棚壁纸

（1）基层处理

清理混凝土顶面，满刮腻子。首先将混凝土顶土的灰渣、浆点、污物等清刮干净，并用笤帚将粉尘扫净，满刮腻子一道。腻子的体积配合比为聚醋酸乙烯乳液：石膏或滑石粉：2%羧甲基纤维素溶液=1：5：3.5。腻子干后用砂纸打磨，满刮第二遍腻子，待腻子干后用砂纸磨平、磨光。

（2）吊直、套方、找规矩、弹线

首先应将顶子的对称中心线通过吊直、套方、找规矩的办法弹出中心线，以便从中间向两边对称控制。墙顶交接处的处理原则：凡有挂镜线的按挂镜线，没有挂镜线则按设计要求弹线。

（3）计算用料、裁纸

根据设计要求决定壁纸的粘贴方向，然后计算用料、裁纸。应按所量尺寸每边留出 2～3 cm 余量，如采用塑料壁纸，应在水槽内先浸泡 2～3 min 后拿出，抖去余水，将纸面用净毛巾沾干。

（4）刷胶、糊纸

在纸的背面和顶棚的粘贴部位刷胶，应注意按壁纸宽度刷胶，不宜过宽，铺贴时应从中间开始向两边铺粘。第一张一定要按已弹好的线找直粘牢，应注意纸的两边各甩出 1～2 cm 不压死，以满足与第二张铺粘时的拼花压控对缝的要求。然后依上法铺粘第二张，两张纸搭接 1～2 cm，用钢板尺比齐，两人将尺按紧，一人用壁纸刀裁切，随即将搭槎处两张纸条撕去，用刮板带胶将缝隙压实刮牢。随后将顶子两端阴角处用钢板尺比齐、拉直，用刮板及辊子压实，最后用湿毛巾将接缝处辊压出的胶痕擦净，依次进行。

（5）修整

壁纸粘贴完后，应检查是否有空鼓不实之处，接槎是否平顺，有无翘进现象，胶痕是否擦净，有无小包，表面是否平整，多余的胶是否擦干净等，直至符合要求为止。

6. 裱糊墙面壁纸

（1）基层处理

若为混凝土墙面，可根据原基层质量的好坏，在清扫干净的墙面上满刮 1 ~ 2 道石膏腻子，干后用砂纸磨平、磨光；若为抹灰墙面，可满刮大白腻子 1 ~ 2 道找平、磨光，但不可磨破灰皮；石膏板墙用嵌缝腻子将缝堵实堵严，粘贴玻璃网格布或丝绸条、绢条等，然后局部刮腻子补平。

（2）吊垂直、套方、找规矩、弹线

首先应将房间四角的阴阳角通过吊垂直、套方、找规矩，并确定从哪个阴角开始按照壁纸的尺寸进行分块弹线控制（习惯做法是进门左阴角处开始铺贴第一张）。有挂镜线的按挂镜线，没有挂镜线的按设计要求弹线控制。

（3）计算用料、裁纸

按已量好的墙体高度放大 2 ~ 3 cm，按此尺寸计算用料、裁纸，一般应在案子上裁割，将裁好的纸用湿毛巾擦后，折好待用。

（4）刷胶、糊纸

应分别在纸上及墙上刷胶，其刷胶宽度应相吻合，墙上刷胶一次不应过宽。糊纸时从墙的阴角开始铺贴第一张，按已画好的垂直线吊直，并从上往下用手铺平，刮板刮实，并用小辊子将上、下阴角处压实。第一张粘好留 1 ~ 2 cm（应拐过阴角约 2 cm），然后粘铺第二张，依同法压平、压实，与第一张搭槎 1 ~ 2 cm，要自上而下对缝，拼花要端正，用刮板刮平，用钢板尺在第一、第二张搭槎处切割开，将纸边撕去，边槎处带胶压实，并及时将挤出的胶液用湿毛巾擦净，然后用同法将接顶、接踢脚的边切割整齐，并带胶压实。墙面上遇有电门、插销盒时，应在其位置上破纸作为标记。在裱糊时，阳角不允许甩槎接缝，阴角处必须裁纸搭缝，不允许整张纸铺贴，避免产生空鼓与皱折。

（5）花纸拼接

纸的拼缝处花形要对接拼搭好，铺贴前应注意花形及纸的颜色力求一致，墙与顶壁纸的搭接应根据设计要求而定，一般有挂镜线的房间应以挂镜线为界，无挂镜线的房间则以弹线为准。花形拼接如出现困难时，错槎应尽量甩到不显眼的阴角处，大面不应出现错槎和花形混乱的现象。

（6）壁纸修整

糊纸后应认真检查，对墙纸的翘边翘角、气泡、皱折及胶痕未擦净等，应及时处理和修整使之完善。

任务九　幕 墙 施 工

玻璃幕墙的施工方式除挂架式和无骨架式外，分为单元式安装（工厂组装）和元件式安装（现场组装）两种。单元式玻璃幕墙施工是将立柱、横梁和玻璃板材在工厂已拼装为一个安装单元（一般为一层楼高度），然后在现场整体吊装就位，如图 9.22 所示；元件式玻璃幕墙施工是将立柱、横梁和玻璃等材料分别运到工地现场，进行逐件安装就位，如图 9.23 所示。由于元件式安装不受层高和柱网尺寸的限制，是目前应用较多的安装方法，它适用于明框、隐框和半隐框幕墙，其主要工序如下。

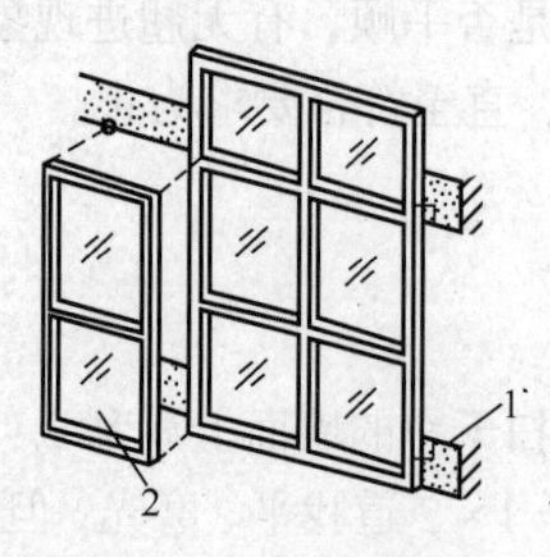

图 9.22 单元式玻璃幕墙

1—楼板 2—玻璃幕墙板

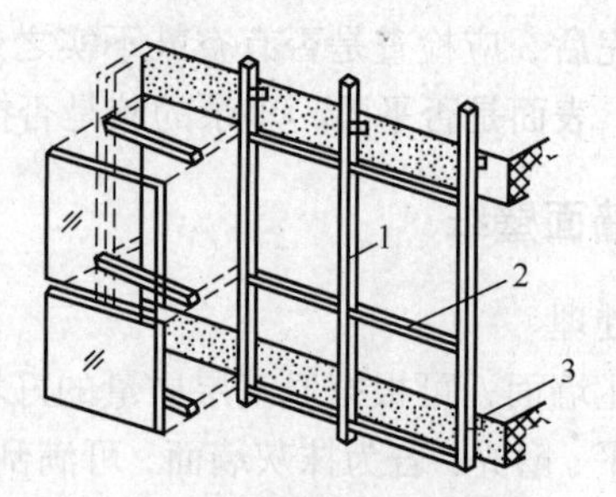

图 9.23 元件式玻璃幕墙

1—立柱 2—横梁 3—楼板

一、测量放线

将骨架的位置弹到主体结构上。放线工作应根据主体结构施工大的基准轴线和水准点进行。对于由横梁、立柱组成的幕墙骨架，先弹出立柱的位置，然后再将立柱的锚固点确定。待立柱通长布置完毕，将横梁弹到立柱上。如果是全玻璃安装，则首先将玻璃的位置线弹到地面上，再根据外边缘尺寸确定锚固点。

二、预埋件检查

幕墙与主体结构连接的预埋件应在主体结构施工过程中按设计要求进行埋设，在幕墙安装前检查各预埋件位置是否正确，数量是否齐全。若预埋件遗漏或位置偏差过大，应会同设计单位采取补救措施。补救方法应采用植锚栓补设预埋件，同时应进行拉拔试验。

三、骨架施工

根据放线的位置进行骨架安装。骨架安装是采用连接件与主体结构上的预埋件相连。连接件与主体结构是通过预埋件或后埋锚栓固定，当采用后埋锚栓固定时，应通过试验确定锚栓的承载力。骨架安装先安装立柱，再安装横量。上下立柱通过芯柱连接，如图 9.24 所示。横梁与立柱的连接根据材料不同，可以采用焊接、螺栓连接、穿插件连接或用铝角连接。

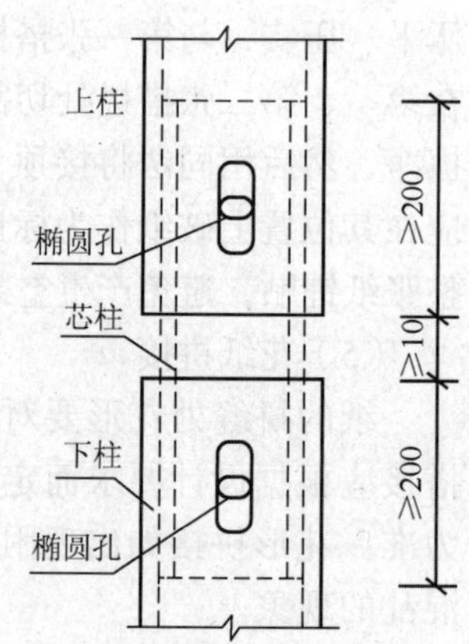

图 9.24 上下立柱连接方法

四、玻璃安装

玻璃的安装因幕墙的类型不同而不同。钢骨架，因型钢没有镶嵌玻璃的凹槽，多用窗框过渡，先将玻璃安装在铝合金窗框上，再将铝合金窗框与骨架相连。铝合金型材的幕墙框架，在成型时已经将固定玻璃的凹槽随同断面一次挤压成型，可以直接安装玻璃。玻璃与金属之间不能直接接触，玻璃底部设防震垫片，侧面与金属之间用封缝材料嵌缝。对隐框玻璃幕墙，在玻璃框安装前应对玻璃及四周的铝框进行清洁，保证嵌缝耐候胶能可靠黏结。安装前玻璃的镀膜面应粘贴保护膜加以保护，交工前全部揭除。安装时对于不同的金属接触面应设防静电垫片。

五、密缝处理

玻璃或玻璃组件安装完后，应使用耐候密封胶嵌缝密封，保证玻璃幕墙的气密性、水密性等性能。嵌缝密封做法如图 9.25 ~ 图 9.27 所示。玻璃幕墙使用的密封胶其性能必须符合规范规定。耐候密封胶必须是中性单组分胶，酸碱性胶不能使用。使用前，应经国家认可的检测机构对与硅酮结构胶相接触的材料进行相容性和剥离黏结性试验，并应对邵氏硬度和标准状态下拉伸黏结性能进行复验。

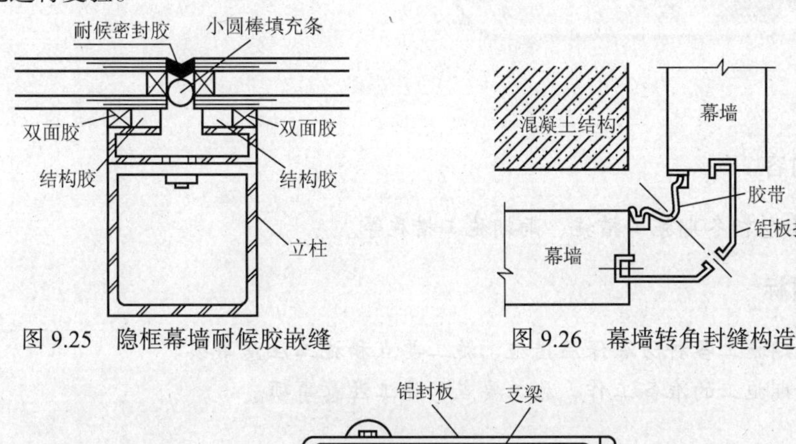

图 9.25　隐框幕墙耐候胶嵌缝　　图 9.26　幕墙转角封缝构造

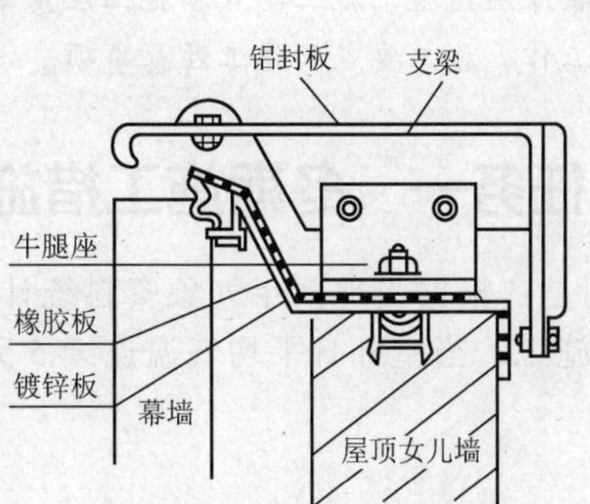

图 9.27　幕墙顶部封缝做法

6. 清洁维护

玻璃安装完后，应从上往下用中性清洁剂对玻璃幕墙表面及外露构件进行清洁，清洁剂使用前应进行腐蚀性检验，证明对铝合金和玻璃无腐蚀作用后方可使用。

复习思考题

1. 试述装饰工程的作用、特点及所包含的内容。
2. 试述一般抹灰的分层做法操作要点及质量要求。
3. 试述机械抹灰的原理、施工工艺及操作注意事项。
4. 装饰抹灰有哪些种类？试述水刷石、水磨石、干粘石的做法及质量要求。
5. 简述饰面砖的镶贴方法。
6. 简述大理石及花岗岩石的安装方法。
7. 简述铝合金门窗及塑料门窗的安装方法。
8. 油漆施工有哪些工序？如何保证施工质量？

项目十 冬期与雨期施工

学习内容

本项目内容包括冬期施工措施、雨期施工措施等。

学习目标

1. 熟悉冬期施工各种防冻保温措施、施工要点和施工注意事项。
2. 熟悉雨期施工的准备工作、施工要点和施工注意事项。

任务一 冬期施工措施

冬期施工期限划分原则是：根据当地多年气象资料统计，当室外日平均气温连续 5 天稳定低于 5℃即进入冬期施工，当室外日平均气温连续 5 天高于 5℃即解除冬期施工。

一、土方工程

冬期施工的地基基础工程，除应有建筑场地的工程地质勘察资料外，尚应根据需要提出地基土的主要冻土性能指标，如冻土层实际厚度与分布、各层冻土的含水量、冻胀性或融沉系数等。

建筑场地宜在冻结前清除地上和地下障碍物、地表积水，并应平整场地与道路。冬期应及时清除积雪，春融期应做好排水准备。

1. 土方的防冻

为了减少冬期挖土困难，如有大量土方开挖，则应在冬期前就采取措施进行防冻。土的防冻应尽量利用自然条件，以就地取材为原则，防冻的主要方法有以下几种。

（1）翻松耙平防冻法

进入冬期施工前，在准备施工的部位将表层土翻松耙平，其深度宜为 25 ~ 30 cm，宽度宜为开挖时土层冻结深度的两倍加基槽底宽之和。经翻松的土壤中，有许多充满空气的空隙，可降低土的导热性，起到保温作用，如图 10.1 所示。此方法适用于大面积的土方工程。

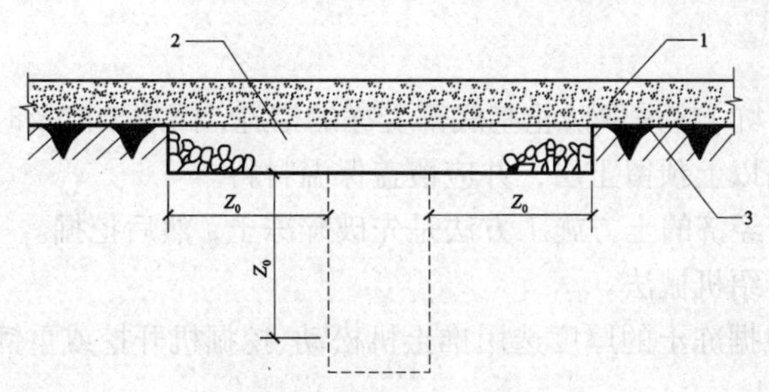

图 10.1　翻松耙平防冻法

1—覆雪层　2—翻松土层　3—自然地面　Z_0—最大冻结深度

（2）雪覆盖防冻法

在初冬降雪量较大的土方工程施工地区，宜采用雪覆盖法，如场地面积较大，可在地面上设篱笆或雪堤，或用其他材料堆积成墙，高度宜为 50 ~ 100 cm，间距宜为 10 ~ 15 m，并应与主导风向垂直。面积较小的基槽，可在预定的位置上挖积雪沟，深度宜为 30 ~ 50 cm，宽度为基槽预计深度的两倍加基槽底宽之和，并随即用雪填满，如图 10.2 所示。

（3）保温材料防冻法

此方法适用于开挖面积较小的基槽。保温材料可用草帘、炉渣、膨胀珍珠岩（可装入袋内使用）等，再加盖一层塑料布。保温材料的铺设宽度宜为土层冻结深度的两倍加基槽底宽之和，如图 10.3 所示。

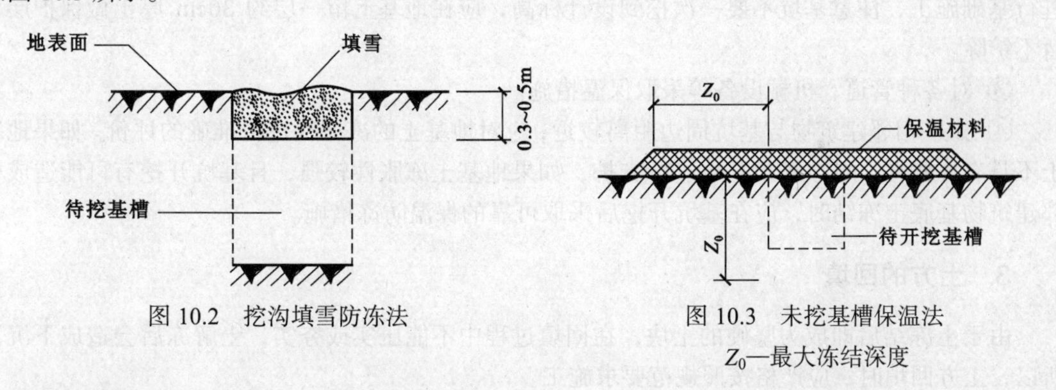

图 10.2　挖沟填雪防冻法

图 10.3　未挖基槽保温法

Z_0—最大冻结深度

（4）暖棚法

此方法主要适用于基础或地下工程，在已挖好的基槽上搭设骨架铺上基层，覆盖保温材料，也可搭设塑料大棚，在棚内采取供暖措施。

2. 冻土的开挖

对建筑物、构筑物的施工控制坐标点、水准点及轴线定位点的埋设，应采取防止土壤冻胀、融沉变位和施工振动影响的措施，并应定期复测校正。

在冻土上进行桩基础和强夯施工时所产生的振动，对周围建筑物及各种设施有影响时，应采取隔振措施。

靠近建筑物、构筑物基础的地下基坑施工时，应采取防止相邻地基土遭冻的措施。

同一建筑物基槽（坑）开挖时应同时进行，基底不得留冻土层。基础施工中，应防止地基土被融化的雪水或冰水浸泡。

在挖方上边弃置冻土时，其弃土堆坡脚至挖方边缘的距离应为常温下规定的距离加上弃土堆的高度。

挖掘完毕的基槽（坑）应采取防止基底部受冻的措施，因故未能及时进行下道工序施工时，应在基槽（坑）底标高以上预留土层，并应覆盖保温材料。

土已冻结时，比较经济的土方施工方法是先破碎冻土，然后挖掘。一般有人工法、机械法、爆破法 3 种，现主要介绍机械法。

机械挖掘冻土可根据冻土的厚度选用推土机松动、挖掘机开挖或重锤冲击破碎冻土等方法，其设备可按表 10.1 选用。

表 10.1　　机械挖掘冻土设备选择表

冻土厚度/mm	挖掘设备
< 500	铲运机，挖掘机
500~1000	松土机，挖掘机
1000~1500	重锤或重球

当采用重锤冲击破碎冻土时，重锤可为铸铁楔形或球形，质量宜为 2 ~ 3t。

土方开挖过程中应注意以下几点。

① 必须周密计划，组织强有力的施工队伍，连续施工，尽可能减少继续加深冻结深度。

② 挖完一段，覆盖一段，以防已挖完的基土冻结。如果基坑开挖后需要停歇较长时间才能进行基础施工，注意基坑不要一次挖到设计标高，应在地基上留一层约 30cm 厚土做保护层，暂不铲除。

③ 对各种管道、机械设备等采取保温措施。

④ 如果相邻建筑物与基坑周边距离较近，应对地基土的冻胀性进行准确的评价。如果地基土不具有冻胀性，可按正常基坑进行支护；如果地基土冻胀性较强，且基坑开挖有可能造成相邻建筑物基底土冻结时，应在基坑开挖后采取可靠的保温防冻措施。

3. 土方的回填

由于土冻结后即成为坚硬的土块，在回填过程中不能压实或夯实，土解冻后会造成下沉，所以，土方回填时，应严格按照规范要求施工。

土方回填时，铺层铺土厚度应比常温施工时减少 20%~25%，预留沉陷量应比常温施工时增加。

对于大面积回填土和有路面的路基及其人行道范围内的平整场地填方，可采用含有冻土块的土回填，但冻土块的粒径不得大于 150 mm，其含量不得超过 30%，铺填时冻土块应分散开，并应逐层夯实。

冬期施工应在填方前清除基底上的冰雪和保温材料，填方上层部位应采用未冻的或透水性好的土方回填。其厚度应符合设计要求。填方边坡的表层 1 m 以内，不得采用含有冻土块的土填筑。

室外的基槽（坑）或管沟可采用含有冻土块的土回填，冻土块粒径不得大于 150 mm，含量不得超过 15%，且应均匀分布。管沟底以上 500 mm 范围内不得用含有冻土块的土回填。

室内的基槽（坑）或管沟不得采用含有冻土块的土回填，施工应连续进行并应夯实。当采用人工夯实时，每层铺土厚度不得超过 200 mm，夯实厚度宜为 100~150 mm。

冻结期间暂不使用的管道及其场地回填时，冻土块的含量和粒径可不受限制，但融化后应作适当处理。

室内地面垫层下回填的土方，填料中不得含有冻土块，并应及时夯实。填方完成后至地面施工前，应采取防冻措施。

永久性的挖、填方和排水沟的边坡加固修整，宜在解冻后进行。

冬期填方的高度不宜超过表 10.2 的规定。

表 10.2　　冬期填方的高度

室外日平均气温/℃	填方高度/m
−5 ~ −10	4.5
−12 ~ −15	3.5
−16 ~ −20	2.5

土方回填时，应注意以下问题。

① 在施工前将未冻的土堆积在一起，覆盖 2 ~ 3 层草帘防止受冻，留作回填土用。

② 土方回填时，要注意施工的连续性，加快回填速度，对已回填的土方采取防冻措施。

③ 土方回填前，应先将基底的冰雪和保温材料打扫干净，方可开始回填。

④ 冬期施工应尽量减少回填土方量，其余的土可待春暖解冻后再回填。

⑤ 为确保回填土质量，对重大工程项目，必要时可用砂土进行回填（注意：不得将砂土回填在黏土等渗透性小的土层上，以免回填的砂土在一定条件下液化）。

二、地基处理及基础工程

1. 地基处理

强夯施工技术参数应根据加固要求与地质条件在场地内经试夯确定，试夯应按现行行业标准《建筑地基处理技术规范》（JGJ 79—2012）的规定进行。

强夯施工时，不应将冻结基土或回填的冻土块夯入地基的持力层，回填土的质量应符合《建筑工程冬期施工规程》（JGJ 104—2011）第 3.2 节的有关规定。

黏性土或粉土地基的强夯，宜在被夯土层表面铺设粗颗粒材料，并应及时清除黏结于锤底的土料。

强夯加固后的地基越冬维护，应按《建筑工程冬期施工规程》（JGJ 104—2011）第 11 章的有关规定进行。

2. 桩基础

冻土地基可采用干作业钻孔桩、挖孔灌注桩等或沉管灌注桩、预制桩等施工。

桩基施工时，当冻土层厚度超过 500mm，冻土层宜采用钻孔机引孔，引孔直径不宜大于桩径 20mm。

钻孔机的钻头宜选用锥形钻头并镶焊合金刀片。钻进冻土时应加大钻杆对土层的压力，并应防止摆动和偏位。钻成的桩孔应及时覆盖保护。

振动沉管成孔时，应制定保证相邻桩身混凝土质量的施工顺序。拔管时，应及时清除管壁上的水泥浆和泥土。当成孔施工有间歇时，宜将桩管埋入桩孔中进行保温。

灌注桩的混凝土施工应符合下列规定。

① 混凝土材料的加热、搅拌、运输、浇筑应按规定进行；混凝土浇筑温度应根据热工计算确定，且不得低于 5℃。

② 地基土冻深范围内的和露出地面的桩身混凝土养护，应按规定进行。

③ 在冻胀性地基土上施工时，应采取防止或减小桩身与冻土之间产生切向冻胀力的防护措施。

预制桩施工应符合下列规定。

① 施工前桩表面应保持干燥与清洁。

② 起吊前，钢丝绳索与桩机的夹具应采取防滑措施。

③ 沉桩施工应连续进行，施工完成后应采用保温材料覆盖于桩头上进行保温。

④ 接桩可采用焊接或机械连接，焊接和防腐要求应符合规定。

⑤ 起吊、运输与堆放应符合规定。

桩基静荷载试验前，应将试桩周围的冻土融化或挖除。试验期间，应对试桩周围地表土和锚桩横梁支座进行保温。

3. 基坑支护

基坑支护冬期施工宜选用排桩和土钉墙的方法。

采用液压高频锤法施工的型钢或钢管排桩基坑支护工程，除应考虑对周边建筑物、构筑物和地下管道的振动影响外，尚应符合下列规定。

① 当在冻土上施工时，应采用钻机在冻土层内引孔，引孔的直径应大于型钢或钢管的最大边缘尺寸。

② 型钢或钢管的焊接应按规定进行。

钢筋混凝土灌注桩的排桩施工应符合下列规定。

① 基坑土方开挖应待桩身混凝土达到设计强度时方可进行。

② 基坑土方开挖时，排桩上部自由端外侧的基土应进行保温。

③ 排桩上部的冠梁钢筋混凝土施工应按有关规定进行。

④ 桩身混凝土施工可选用掺防冻剂混凝土进行。

锚杆施工应符合下列规定。

① 锚杆注浆的水泥浆配制宜掺入适量的防冻剂。

② 锚杆体钢筋端头与锚板的焊接应符合相关规定。

③ 预应力锚杆张拉应待锚杆水泥浆体达到设计强度后方可进行。

土钉施工应符合上述锚杆施工的有关规定。严寒地区土钉墙混凝土面板施工应符合下列规定。

① 面板下宜铺设 60~100mm 厚聚苯乙烯泡沫板。

② 浇筑后的混凝土应按相关规定立即进行保温养护。

三、砌体工程

1. 一般规定

冬期施工所用材料应符合下列规定。

① 砖、砌块在砌筑前，应清除表面污物、冰雪等，不得使用遭水浸和受冻后表面结冰、污染的砖或砌块。

② 砌筑砂浆宜采用普通硅酸盐水泥配制，不得使用无水泥拌制的砂浆。

③ 现场拌制砂浆所用砂中不得含有直径大于 10mm 的冻结块或冰块。

④ 石灰膏、电石渣膏等材料应有保温措施，遭冻结时应经融化后方可使用。

⑤ 砂浆拌和水温不宜超过 80℃，砂加热温度不宜超过 40℃，且水泥不得与 80℃以上热水直接接触；砂浆稠度宜较常温适当增大，且不得二次加水调整砂浆和易性。

砌筑间歇期间，宜及时在砌体表面进行保护性覆盖，砌体面层不得留有砂浆。继续砌筑前，应将砌体表面清理干净。

砌体工程宜选用外加剂法进行施工，对绝缘、装饰等有特殊要求的工程，应采用其他方法。

施工日记中应记录大气温度、暖棚内温度、砌筑时砂浆温度、外加剂掺量等有关资料。

砂浆试块的留置，除应按常温规定要求外，尚应增设一组与砌体同条件养护的试块，用于检验转入常温 28 天的强度。如有特殊需要，可另外增加相应龄期的同条件试块。

2. 外加剂法

采用外加剂法配制砂浆时，可采用氯盐或亚硝酸盐等外加剂。氯盐应以氯化钠为主，当气温低于−15℃时，可与氯化钙复合使用。氯盐掺量可按表 10.3 选用。

表 10.3　氯盐掺量

氯盐及砌体材料种类			日最低气温/℃			
			≥−10	−11～−15	−16～−20	−21～−25
单掺氯化钠/%		砖，砌块	3	5	7	—
		石材	4	7	10	—
复掺/%	氯化钠	砖，砌块	—	—	5	7
	氯化钙		—	—	2	3

注：氯盐以无水盐计，掺量为占拌和水质量百分比。

砌筑施工时，砂浆温度不应低于 5℃。

当设计无要求，月最低气温等于或低于−15℃时，砌体砂浆强度等级应较常温施工提高一级。

氯盐砂浆中复掺引气型外加剂时，应在氯盐砂浆搅拌的后期掺入。

采用氯盐砂浆时，应对砌体中配置的钢筋及钢预埋件进行防腐处理。

砌体采用氯盐砂浆施工，每日砌筑高度不宜超过 1.2m，墙体留置的洞口，距交接墙处不应小于 500mm。

下列情况不得采用掺氯盐的砂浆砌筑砌体。

① 对装饰工程有特殊要求的建筑物。

② 使用环境湿度大于 80%的建筑物。

③ 配筋、钢埋件无可靠防腐处理措施的砌体。

④ 接近高压电线的建筑物（如变电所、发电站等）。

⑤ 经常处于地下水位变化范围内，以及在地下未设防水层的结构。

3. 暖棚法

暖棚法适用于地下工程、基础工程以及工期紧迫的砌体结构。

暖棚法施工时，暖棚内的最低温度不应低于 5℃。

砌体在暖棚内的养护时间应根据暖棚内的温度确定，并应符合表 10.4 的规定。

表 10.4　　暖棚法施工时的砌体养护时间

暖棚内温度/℃	5	10	15	20
养护时间/天	≥6	≥5	≥4	≥3

四、钢筋混凝土工程

1. 钢筋工程

（1）一般规定

① 钢筋冷拉调直温度不宜低于–20℃。预应力钢筋张拉温度不宜低于–15℃。

② 钢筋负温焊接，可采用闪光对焊、电弧焊、电渣压力焊等方法。当采用细晶粒热轧钢筋时，其焊接工艺应经试验确定。当环境温度低于–20℃时，不宜进行施焊。

③ 负温条件下使用钢筋，施工过程中应加强管理和检验，钢筋在运输和加工过程中应防止撞击和刻痕。

④ 钢筋张拉与冷拉设备、仪表和液压工作系统油液应根据环境温度选用，并应在使用温度条件下进行配套检验。

⑤ 当环境温度低于–20℃时，不得对 HRB335、HRB400 钢筋进行冷弯加工。

（2）钢筋负温焊接

① 雪天或施焊现场风速超过三级风焊接时，应采取遮蔽措施，焊接后未冷却的接头应避免碰到冰雪。

② 热轧钢筋负温闪光对焊，宜采用预热→闪光焊或闪光→预热→闪光焊工艺。钢筋端面比较平整时，宜采用预热→闪光焊工艺；端面不平整时，宜采用闪光→预热→闪光焊工艺。

③ 钢筋负温闪光对焊工艺应控制热影响区长度。焊接参数应根据当地气温按常温参数调整。采用较低变压器级数，宜增加调整长度、预热留量、预热次数、预热间歇时间和预热接触压力，并宜减慢烧化过程的中期速度。

④ 钢筋负温电弧焊宜采取分层控温施焊。热轧钢筋焊接的层间温度宜控制在 150℃~350℃之间。

钢筋负温电弧焊可根据钢筋牌号、直径、接头形式和焊接位置选择焊条和焊接电流。焊接时应采取防止产生过热、烧伤、咬肉和裂缝等措施。

⑤ 钢筋负温帮条焊或搭接焊的焊接工艺应符合下列规定。

a. 帮条与主筋之间应采用四点定位焊固定，搭接焊时应采用两点固定；定位焊缝与帮条或搭接端部的距离不应小于 20mm。

b. 帮条焊的引弧应在帮条钢筋的一端开始，收弧应在帮条钢筋端头上，弧坑应填满。

c. 焊接时，第一层焊缝应具有足够的熔深，主焊缝或定位焊缝应熔合良好。平焊时，第一层焊缝应先从中间引弧，再向两端引弧；立焊时，应先从中间向上方运弧，再从下端向中间运弧；在以后各层焊缝焊接时，应采用分层控温施焊。

d. 帮条接头或搭接接头的焊缝厚度不应小于钢筋直径的 30%，焊缝宽度不应小于钢筋直径的 70%。

⑥ 钢筋负温坡口焊的工艺应符合下列规定。

a. 焊缝根部、坡口端面以及钢筋与钢垫板之间均应熔合，焊接过程中应经常除渣。

b. 焊接时，宜采用几个接头轮流施焊。

c. 加强焊缝的宽度应超出 V 形坡口边缘 3mm，高度应超出 V 形坡口上下边缘 3mm，并应平缓过渡至钢筋表面。

d. 加强焊缝的焊接，应分两层控温施焊。HRB400 钢筋多层施焊时，焊后可采用回火焊道施焊，其回火焊道的长度应比前一层焊道的两端缩短 4~6mm。

⑦ 钢筋负温电渣压力焊应符合下列规定。

a. 电渣压力焊宜用于 HRB400 热轧带肋钢筋。

b. 电渣压力焊机容量应根据所焊钢筋直径选定。

c. 焊剂应存放于干燥库房内，在使用前经 250℃~300℃烘焙 2h 以上。

d. 焊接前，应进行现场负温条件下的焊接工艺试验，经检验满足要求后方可正式作业。

e. 电渣压力焊焊接参数可按表 10.5 进行选用。

表 10.5　　钢筋负温电渣压力焊焊接参数

<table>
<tr><th rowspan="2">钢筋直径/mm</th><th rowspan="2">焊接温度/℃</th><th rowspan="2">焊接电流/A</th><th colspan="2">焊接电压/V</th><th colspan="2">焊接通电时间/s</th></tr>
<tr><th>电弧过程</th><th>电渣过程</th><th>电弧过程</th><th>电渣过程</th></tr>
<tr><td>14~18</td><td>−10
−20</td><td>300~350
350~400</td><td rowspan="4">35~45</td><td rowspan="4">18~22</td><td>20~25</td><td>6~8</td></tr>
<tr><td>20</td><td>−10
−20</td><td>350~400
400~450</td><td rowspan="3">25~30</td><td rowspan="3">8~10</td></tr>
<tr><td>22</td><td>−10
−20</td><td>400~450
500~550</td></tr>
<tr><td>25</td><td>−10
−20</td><td>450~500
550~600</td></tr>
</table>

注：本表采用常用 HJ431 焊剂和半自动焊剂参数。

f. 焊接完毕，应停歇 20s 以上方可卸下夹具回收焊剂，回收的焊剂内不得混入冰雪，接头渣壳应待冷却后清理。

2. 混凝土工程

（1）一般规定

① 冬期浇筑的混凝土，其受冻临界强度应符合下列规定。

a. 采用蓄热法、暖棚法、加热法等施工的普通混凝土，采用硅酸盐水泥、普通硅酸盐水泥配制时，其受冻临界强度不应小于设计混凝土强度等级值的 30%；采用矿渣硅酸盐水泥、粉煤灰硅酸盐水泥、火山灰质硅酸盐水泥、复合硅酸盐水泥时，不应小于设计混凝土强度等级值的 40%。

b. 当室外最低气温不低于−15℃时，采用综合蓄热法、负温养护法施工的混凝土受冻临界强度不应小于 4.0MPa；当室外最低气温不低于−30℃时，采用负温养护法施工的混凝土受冻临界强度不应小于 5.0MPa。

c. 对强度等级等于或高于 C50 的混凝土，不宜小于设计混凝土强度等级值的 30%。

d. 对有抗渗要求的混凝土，不宜小于设计混凝土强度等级值的 50%。

e. 对有抗冻耐久性要求的混凝土，不宜小于设计混凝土强度等级值的 70%。

f. 当采用暖棚法施工的混凝土中掺入早强剂时，可按综合蓄热法受冻临界强度取值。

g. 当施工需要提高混凝土强度等级时，应按提高后的强度等级确定受冻临界强度。

② 混凝土工程冬季施工应按规程进行混凝土热工计算。

③ 混凝土的配置宜选用硅酸盐水泥或普通硅酸盐水泥，并应符合下列规定。

a. 当采用蒸汽养护时，宜选用矿渣硅酸盐水泥。

b. 混凝土最小水泥用量不宜低于 280kg/m^3，水胶比不应大于 0.55。

c. 大体积混凝土的最小水泥用量，可根据实际情况决定。

④ 拌制混凝土所用骨料应清洁，不得含有冰、雪、冻块及其他易冻裂物质。掺加含有钾、钠离子的防冻剂混凝土，不得采用活性骨料或在骨料中混有此类物质的材料。

⑤ 冬期施工混凝土使用外加剂应符合现行国家标准《混凝土外加剂应用技术规范》（GB 50119—2013）的相关规定。非加热养护法混凝土施工，所选用的外加剂应含有引气组分或掺入引气剂，含气量宜控制在 3.0%~5.0%。

⑥ 钢筋混凝土掺入氯盐类防冻剂时，氯盐掺量不得大于水泥质量的 1.0%。掺用氯盐的混凝土应振捣密实，且不宜采用蒸汽养护。

⑦ 在下列情况下，不得在钢筋混凝土结构中掺用氯盐。

a. 排出大量蒸汽的车间、浴室、游泳馆、洗衣房和经常处于空气相对湿度大于 80%的房间以及有顶盖的钢筋混凝土蓄水池等在高湿度空气环境中使用的结构。

b. 处于水位升降部位的结构。

c. 露天结构或经常受雨、水淋的结构。

d. 有镀锌钢材或铝铁相接触部位的结构，和有外露钢筋、预埋件而无防护措施的结构。

e. 与含有酸、碱或硫酸盐等侵蚀介质相接触的结构。

f. 使用过程中经常处于环境温度为 60℃以上的结构。

g. 使用冷拉钢筋或冷拔低碳钢丝的结构。

h. 薄壁结构，中级和重级工作制吊车梁、屋架、落锤或锻锤基础结构。

i. 电解车间或直接靠近直流电源的结构。

j. 直接靠近高压电源（发电站、变电所）的结构。

k. 预应力混凝土结构。

⑧ 模板外和混凝土表面覆盖的保温层，不应采用潮湿状态的材料，也不应将保温材料直接铺盖在潮湿的混凝土表面，新浇筑混凝土表面应铺一层塑料薄膜。

⑨ 采用加热养护的整体结构，浇筑程序和施工缝位置的设置，应采取能防止产生较大温度应力的措施。当加热温度超过 45℃时，应进行温度应力核算。

⑩ 型钢混凝土组合结构，浇筑混凝土前应对型钢进行预热，预热温度宜大于混凝土入模温度，预热方法可按相关规定进行。

（2）混凝土原材料加热、搅拌、运输和浇筑

① 混凝土原材料加热宜采用加热水的方法，当加热水仍不能满足要求时，可对骨料进行加热。水、骨料加热的最高温度应符合表 10.6 的规定。

表 10.6　拌和水及骨料加热最高温度

水泥强度等级	拌和水/℃	骨料/℃
小于 42.5	80	60
42.5、42.5R 及以上	60	40

当水和骨料的温度仍不能满足热工计算要求时，可提高水温到 100℃，但水泥不得与 80℃以上的水直接接触。

② 水加热宜采用蒸汽加热、电加热、汽水热交换罐或其他加热方法。水箱或水池容积及水

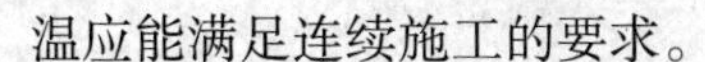

温应能满足连续施工的要求。

③ 砂加热应在开盘前进行，加热应均匀。当采用保温加热料斗时，宜配备两个，交替加热使用。每个料斗容积可根据机械可装高度和侧壁厚度等要求进行设计，每一个斗的容量不宜小于 3.5m^3。

④ 预拌混凝土用砂，应提前备足料，运至有加热设施的保温封闭储料棚（室）或仓内备用。

⑤ 水泥不得直接加热，袋装水泥使用前宜运入暖棚内存放。

混凝土搅拌的最短时间应符合表 10.7 的规定。

表 10.7　　混凝土搅拌的最短时间

混凝土坍落度/mm	搅拌机容积/L	混凝土搅拌的最短时间/s
≤80	<250	90
	250~500	135
	>500	180
>80	<250	90
	250~500	90
	>500	135

注：采用自落式搅拌机时，应较表中搅拌时间延长 30~60s；采用预拌混凝土时，应较常温下预拌混凝土搅拌时间延长 15~30s。

⑥ 混凝土在运输、浇筑过程中的温度和覆盖的保温材料，应进行热工计算后确定，且入模温度不应低于 5℃。当不符合要求时，应采取措施进行调整。

⑦ 混凝土运输与输送机具应进行保温或具有加热装置。泵送混凝土在浇筑前应对泵管进行保温，并应采用与施工混凝土同配比砂浆进行预热。

⑧ 混凝土浇筑前，应清除模板和钢筋上的冰雪和污垢。

⑨ 冬期不得在强冻胀性地基土上浇筑混凝土；在弱冻胀性地基基础上浇筑混凝土时，基土不得受冻。在非冻胀性地基土上浇筑混凝土时，混凝土受冻临界强度应符合规定。

⑩ 大体积混凝土分层浇筑时，已浇筑层的混凝土在未被上一层混凝土覆盖前，温度不应低于 2℃。采用加热法养护混凝土时，养护前的混凝土温度也不得低于 2℃。

（3）混凝土蓄热法和综合蓄热法养护

① 当室外最低温度不低于−15℃时，地面以下的工程，或表面系数不大于 5m^{-1} 的结构，宜采用蓄热法养护。对结构易受冻的部位，应加强保温措施。

② 当室外最低气温不低于−15℃时，对于表面系数为 5m^{-1}~15m^{-1} 的结构，宜采用综合蓄热法养护，围护层散热系数宜控制在 50~200kJ/（m^3·h·K）之间。

③ 综合蓄热法施工的混凝土中应掺入早强剂或早强型复合外加剂，并应具有减水、引气作用。

④ 混凝土浇筑后应采用塑料布等防水材料对裸露表面覆盖并保温。对边、棱角部位的保温层厚度应增大到面部位的 2~3 倍。混凝土在养护期间应防风、防失水。

（4）混凝土蒸汽养护法

① 混凝土蒸汽养护法可采用棚罩法、蒸汽套法、热模法、内部通汽法等方式进行。其适用范围应符合下列规定。

a. 棚罩法适用于预制梁、板、地下基础、沟道等。

b. 蒸汽套法适用于现浇梁、板、框架结构、墙、柱等。

c. 热模法适用于墙、柱及框架架构。

d. 内部通汽法适用于预制梁、柱、桁架，现浇梁、柱、框架单梁。

② 蒸汽养护法应采用低压饱和蒸汽，当工地有高压蒸汽时，通过减压阀或过水装置后方可

使用。

③ 蒸汽养护的混凝土，采用普通硅酸盐水泥时最高养护温度不得超过 80℃，采用矿渣硅酸盐水泥时可提高到 85℃。但采用内部通汽法时，最高加热温度不应超过 60℃。

④ 整体浇筑的结构，用蒸汽加热养护时，升温和降温速度不得超过表 10.8 规定。

表 10.8 蒸汽加热养护混凝土升温和降温速度

结构表面系数/m^{-1}	升温速度/（℃/h）	降温速度/（℃/h）
≥6	15	10
<6	10	5

⑤ 蒸汽养护应包括升温、恒温、降温 3 个阶段，各阶段加热延续时间可根据养护结束时要求的强度确定。

⑥ 采用蒸汽养护的混凝土，可掺入早强剂或非引气型减水剂。

⑦ 蒸汽加热养护混凝土时，应排除冷凝水，并应防止渗入地基土中。当有蒸汽喷出口时，喷嘴与混凝土外露面的距离不得小于 300 mm。

（5）电加热法养护混凝土

① 电加热法养护混凝土的温度应符合表 10.9 的规定。

表 10.9 电加热法养护混凝土的温度（℃）

水泥强度等级	结构表面系数/m^{-1}		
	<10	10~15	>15
32.5	70	50	45
42.5	40	40	35

注：采用红外线辐射加热时，其辐射表面温度可采用 70℃~90℃。

② 电极加热法养护混凝土的适用范围宜符合表 10.10 的规定。

表 10.10 电极加热法养护混凝土的适用范围

分类		常用电极规格	设置方法	适用范围
内部电极	棒形电极	ϕ6~ϕ12mm 钢筋短棒	混凝土浇筑后，将电极穿过模板或在混凝土表面插入混凝土体内	梁、柱、厚度大于 150 mm 的板、墙及设备基础
	弦形电极	ϕ6~ϕ12 mm 钢筋，长为 2.0~2.5m	在浇筑混凝土前将电极装入，与结构纵向平行，电极两端弯成直角，由模板孔引出	含筋较少的墙、柱、梁、大型柱基础以及厚度大于 200 mm 单侧配筋的板
表面电极		ϕ6mm 钢筋或厚 1~2mm、宽 30~60mm 扁钢	电极固定在模板内侧，或装在混凝土的外表面	条形基础、墙及保护层大于 50 mm 的大体积结构和地面等

③ 混凝土采用电极加热法养护应符合下列规定。

a. 电路接好应经检查合格后方可合闸送电。当结构工程量较大，需边浇筑边通电时，应将钢筋接地线。电加热现场应设安全围栏。

b. 棒形和弦形电极应固定牢固，并不得与钢筋直接接触。电极与钢筋之间的距离应符合表 10.11 的规定；当因钢筋密度大而不能保证钢筋与电极之间的距离满足表中的规定时，应采取绝缘措施。

表 10.11 电极与钢筋之间的距离

工作电压/V	最小距离/mm
65	50~70
87	80~100
106	120~150

c. 电极加热法应采用交流电。电极的形式、尺寸、数量及配置应能保证混凝土各部位加热均匀，且应加热到设计的混凝土强度标准值的 50%。在电极附近的辐射半径方向每隔 10m 距离的温度差不得超过 1℃。

d. 电极加热应在混凝土浇筑后立即送电。送电前混凝土表面应保温覆盖。混凝土在加热养护过程中的洒水应在断电后进行。

④ 混凝土采用电热毯法养护应符合下列规定。

a. 电热毯宜由四层玻璃纤维布中间夹以电阻丝制成。其几何尺寸应根据混凝土表面或模板外侧与龙骨组成的区格大小确定；电热毯的电压宜为 60~80V，功率宜为 75~100W。

b. 布置电热毯时，在模板周边的各区格应连续布毯，中间区格可间隔布毯，并应与对面模板错开。电热毯外侧应设置岩棉板等性质的耐热保温材料。

c. 电热毯养护的通电持续时间应根据气温及养护温度确定，可采取分段、间断或连续通电养护工序。

⑤ 混凝土采用工频涡流法养护应符合下列规定。

a. 工频涡流法养护的涡流管应采用钢管，其直径宜为 12.5mm，壁厚宜为 3mm。钢管内穿铝芯绝缘导线，其截面宜为 25~30mm^2，技术参数宜符合表 10.12 的规定。

表 10.12 工频涡流管技术参数

项目	取值	项目	取值
饱和电压降值/（V/m）	1.05	钢管极限功率/（W /m）	195
饱和电流值/A	200	涡流管间距/mm	150~250

b. 各种构件涡流模板的配置应通过热工计算确定，也可按下列规定配置。

• 柱：四面配置。

• 梁：当高宽比大于 2.5 时，侧模宜采用涡流模板，底模宜采用普通模板；当高宽比小于等于 2.5 时，侧模和底模皆宜采用涡流模板。

• 墙板：距墙板底部 600mm 范围内，应在两侧对称拼装涡流板；600mm 以上部位，应在两侧采用涡流和普通钢模交错拼装，并应使涡流模板对应面为普通模板。

• 梁、柱节点：可将涡流钢管插入节点内。钢管总长度应根据混凝土量按 6.0kW/m^3 功率计算，节点外围应保温养护。

c. 当采用工频涡流法养护时，各阶段送电功率应使预养与恒温阶段功率相同，升温阶段功率应大于预养阶段功率的 2.2 倍。预养、恒温阶段的变压器一次接线为 Y 形，升温阶段接线应为△形。

⑥ 线圈感应加热法养护宜用于梁、柱结构，以及各种装配式钢筋混凝土结构的接头混凝土的加热养护；亦可用于型钢混凝土组合结构的钢体、密筋结构的钢筋和模板预热，以及受冻混凝土结构构件的解冻。

⑦ 混凝土采用线圈感应加热养护应符合下列规定。

a. 变压器宜选择 50kVA 或 100kVA 低压加热变压器，电压宜在 36~110V 间调整。当混凝土量较少时，也可采用交流电焊机。变压器的容量宜比计算结果增加 20% ~ 30%。

b. 感应线圈宜选用截面面积为 35mm^2 铝质或铜质电缆。加热主电缆的截面面积宜为

150mm²。电流不宜超过 400A。

c. 当缠绕感应线圈时，宜靠近钢模板。构件两端线圈导线的间距应比中间加密一倍，加密范围宜由端部开始向内至一个线圈直径的长度为止，端头应密缠 5 圈。

d. 最高电压值宜为 80V，新电缆电压值可采用 100V，但应确保接头绝缘。养护期间电流不得中断，并应防止混凝土受冻。

e. 通电后应采用钳形电流表和万用表随时检查测定电流，并应根据具体情况随时调整参数。

⑧ 采用电热红外线加热器对混凝土进行辐射加热养护，宜用于薄壁钢筋混凝土结构和装配式钢筋混凝土结构接头处混凝土加热，加热温度应符合规定。

（6）暖棚法施工

① 暖棚法施工适用于地下结构工程和混凝土构件比较集中的工程。

② 暖棚法施工应符合下列规定。

a. 应设专人监测混凝土及暖棚内温度，暖棚内各测点温度不得低于 5℃。测温点应选择具有代表性位置进行布置。在离地面 500mm 高度处应设点，每昼夜测温不应少于 4 次。

b. 养护期间应监测暖棚内的相对湿度，混凝土不得有失水现象，否则应及时采取增湿措施或在混凝土表面洒水养护。

c. 暖棚的出入口应设专人管理，并应采取防止棚内温度下降或引起风口处混凝土受冻的措施。

d. 在混凝土养护期间应将烟或燃烧气体排至棚外，并应采取防止烟气中毒和防火的措施。

（7）负温养护法

① 混凝土负温养护法适用于不易加热保温、且对强度增长要求不高的一般混凝土结构工程。

② 负温养护法施工的混凝土，应以浇筑后 5 天内的预计日最低气温来选用防冻剂。起始养护温度不应低于 5℃。

③ 混凝土浇筑后，裸露表面应采取保湿措施；同时，应根据需要采取必要的保温覆盖措施。

④ 负温养护法施工应加强测温；混凝土内部温度降到防冻剂规定温度之前，混凝土的抗压强度应符合规定。

（8）混凝土质量控制及检查

① 混凝土冬期施工质量检查除应符合现行国家标准《混凝土结构工程施工质量验收规范》（GB 50204—2002）以及国家现行有关标准规定外，尚应符合下列规定。

a. 应检查外加剂质量及掺量；外加剂进入施工现场后应进行抽样检验，合格后方准使用。

b. 应根据施工方案确定的参数检查水、骨料、外加剂溶液和混凝土出机、浇筑、起始养护时的温度。

c. 应检查混凝土从入模到拆除保温层或保温模板期间的温度。

d. 采用预拌混凝土时，原材料、搅拌、运输过程中的温度检查及混凝土质量检查应由预拌混凝土生产企业进行，并应将记录资料提供给施工单位。

② 施工期间的测温项目与频次应符合表 10.13 规定。

表 10.13　施工期间的测温项目与频次

测温项目	频次
室外气温	测量最高、最低气温
环境温度	每昼夜不少于 4 次
搅拌机棚温度	每一工作班不少于 4 次
水、水泥、矿物掺合料、砂、石及外加剂溶液温度	每一工作班不少于 4 次
混凝土出机、浇筑、入模温度	每一工作班不少于 4 次

③ 混凝土养护期间的温度测量应符合下列规定。

a. 采用蓄热法或综合蓄热法时，在达到受冻临界强度之前每隔 4~6h 测量一次。

b. 采用负温养护法时，在达到受冻临界强度之前应每隔 2h 测量一次。

c. 采用加热法时，升温和降温阶段应每隔 1h 测量一次，恒温阶段每隔 2h 测量一次。

d. 混凝土在达到受冻临界强度后，可停止测温。

e. 大体积混凝土养护期间的温度测量尚应符合现行国家标准《大体积混凝土施工规范》（GB 50496—2009）的相关规定。

④ 养护温度的测量方法应符合下列规定。

a. 测温孔应编号，并应绘制测温孔布置图，现场应设置明显标志。

b. 测温时，测温元件应采取措施与外界气温隔离；测温元件测量位置应处于结构表面下 20mm 处，预留在测温孔内的时间不应少于 3min。

c. 采用非加热法养护时，测温孔应设置在易于散热的部位；采用加热法养护时，应分别设置在离热源不同的位置。

⑤ 混凝土质量检查应符合下列规定。

a. 应检查混凝土表面是否受冻、粘连、收缩裂缝，边角是否脱落，施工缝处有无受冻痕迹。

b. 应检查同条件养护试块的养护条件是否与结构实体相一致。

c. 采用电加热养护时，应检查供电变压器二次电压和二次电流强度，每一工作班不应少于两次。

⑥ 模板和保温层在混凝土达到要求强度并冷却到 5℃后方可拆除。拆模时混凝土表面与环境温差大于 20℃时，混凝土表面应及时覆盖，缓慢冷却。

⑦ 混凝土抗压强度时间的留置除应按现行国家标准《混凝土结构工程施工质量验收规范》（GB 50204—2002）规定进行外，尚应增设不少于 2 组同条件养护试件。

五、钢结构工程

1. 一般规定

① 在负温下进行钢结构的制作和安装时，应按照负温施工的要求，编制钢结构制作工艺规程和安装施工组织设计文件。

② 钢结构制作和安装采用的钢尺和量具，应和土建单位使用的钢尺和量具相同，并应采用同一精度级别进行鉴定。土建结构和钢结构应采用不同的温度膨胀系数差值调整措施。

③ 钢结构在正温下制作，负温下安装时，施工中应采取相应调整偏差的技术措施。

④ 参加负温钢结构施工的电焊工应经过负温焊接工艺培训，并应取得合格证，方能参加钢结构的负温焊接工作。定位点焊工作应由取得定位点焊合格证的电焊工来担任。

2. 材料

① 冬期施工宜采用 Q345 钢、Q390 钢、Q420 钢，其质量应分别符合国家现行标准的规定。

② 负温下施工用钢材，应进行负温冲击韧性试验，合格后方可使用。

③ 负温下钢结构的焊接梁、柱接头板厚大于 40mm，且在板厚方向承受拉力作用时，钢材板厚方向的伸长率应符合现行国家标准《厚度方向性能钢板》（GB/T 5313—2010）的规定。

④ 负温下施工的钢铸件应按现行国家标准《一般工程用铸造碳钢件》（GB/T 11352—2009）中规定的 ZG200-400、ZG230-450、ZG270-500、ZG310-570 号选用。

⑤ 钢材及有关连接材料应附有质量证明书，性能应符合设计和产品标准的要求。根据负温下结构的重要性、荷载特征和连接方法，应按国家标准的规定进行复验。

⑥ 负温下钢结构焊接用的焊条、焊丝应在满足设计强度要求的前提下，选择屈服强度较低、冲击韧性较好的低氢型焊条、重要结构可采用高韧性超低氢型焊条。

⑦ 负温下钢结构用低氢型焊条烘焙温度宜为 350℃~380℃，保温时间宜为 1.5~2h，烘焙后应缓慢存放在 110℃~120℃烘箱内，使用时应取出放在保温筒内，随用随取。当负温下使用的焊条外露超过 4h 时，应重新烘焙。焊条的烘焙次数不宜超过 2 次，受潮的焊条不应使用。

⑧ 焊剂在使用前应按照质量证明书的规定进行烘焙，其含水量不得大于 0.1%。在负温下露天进行焊接工作时，焊剂重复使用的时间间隔不得超过 2h，当超过时应重新进行烘焙。

⑨ 气体保护焊采用的二氧化碳，气体纯度按体积比计算不宜低于 99.5%，含水量按质量比计不得超过 0.005%。使用瓶装气体时，瓶内气体压力低于 1MPa 时应停止使用。在负温下使用时，要检查瓶嘴有无冰冻堵塞现象。

⑩ 在负温下钢结构使用的高强螺栓、普通螺栓应有产品合格证，高强螺栓应在负温下进行扭矩系数、轴力的复验工作，符合要求后方能使用。

⑪ 钢结构使用涂料应符合负温下涂刷的性能要求，不得使用水基涂料。

⑫ 负温下钢结构基础锚栓施工时，应保护好锚栓螺纹端，不宜进行现场对焊。

3. 钢结构制作

① 钢结构在负温下放样时，切割、铣刨的尺寸应考虑负温对钢材收缩的影响。

② 端头为焊接接头的构件下料时，应根据工艺要求顶留焊缝收缩量。多层框架和高层钢结构的多节柱应预留荷载使柱子产生的压缩变形量。焊接收缩量和压缩变形量应与钢材在负温下产生的收缩变形量相协调。

③ 形状复杂和要求在负温下弯曲加工的构件，应按制作工艺规定的方向取料。弯曲构件的外侧不应有大于 1mm 的缺口和伤痕。

④ 普通碳素结构钢工作地点温度低于–20℃、低合金钢工作地点温度低于–15℃时不得剪切、冲孔。普通碳素结构钢工作地点温度低于–16℃、低合金结构钢工作地点温度低于–12℃时不得进行冷矫正和冷弯曲。当工作地点温度低于–30℃时，不宜进行现场火焰切割作业。

⑤ 负温下对边缘加工的零件应采用精密切割机加工，焊缝坡口宜采用自动切割。采用坡口机、刨条机进行坡口加工时，不得出现鳞状表面。重要结构的焊缝坡口，应采用机械加工或自动切割加工，不宜采用手工气焊切割加工。

⑥ 构件的组装应按工艺规定的顺序进行，由里往外扩展组拼。在负温下组装焊接结构时，预留焊缝收缩值宜由试验确定，点焊缝的数量和长度应经计算确定。

⑦ 零件组装应把接缝两侧各 50mm 内铁锈、毛刺、泥土、油污、冰雪等清理干净，并应保持接缝干燥，不得残留水分。

⑧ 焊接预热温度应符合下列规定。

a. 焊接作业区环境温度低于 0℃时，应将构件焊接区各方向大于或等于 2 倍钢板厚度且不小于 100mm 范围内的母材，加热到 20℃以上时方可施焊，且在焊接过程中均不得低于 20℃。

b. 负温下焊接中厚钢板、厚钢板、厚钢管的预热温度可由试验确定，当无试验资料时可按表 10.14 选用。

表 10.14 负温下焊接中厚钢板、厚钢板、厚钢管的预热温度

钢材种类	钢材厚度/mm	工作地点温度/℃	预热温度/℃
普通碳素钢构件	<30	<−30	36
	30~50	−30~−10	36
	50~70	−10~0	36
	>70	<0	100
普通碳素钢管构件	<16	<−30	36
	16~30	−30~−20	36
	30~40	−20~−10	36
	40~50	−10~0	36
	>50	<0	100
低合金钢构件	<10	<−26	36
	10~16	−26~−10	36
	16~24	−10~−5	36
	24~40	−5~0	36
	>40	<0	100~150

⑨ 在负温下构件组装定型后进行焊接应符合焊接工艺规定。单条焊缝的两端应设置引弧板和熄弧板，引弧板和熄弧板的材料应和母材相一致。严禁在焊接的母材上引弧。

⑩ 负温下厚度大于 9mm 的钢板应分多层焊接，焊缝应由下往上逐层堆焊。每条焊缝应一次焊完，不得中断。当发生焊接中断，在再次施焊时，应先清除焊接缺陷，合格后方可按焊接工艺规定再继续施焊，且再次预热温度应高于初期预热温度。

⑪ 在负温下露天焊接钢结构时，应考虑雨、雪和风的影响，当焊接场地环境温度低于−10℃时，应在焊接区域采取相应保温措施；当焊接场地环境温度低于−30℃时，宜搭设临时防护棚。严禁雨水、雪花飘落在尚未冷却的焊缝上。

⑫ 当焊接场地环境温度低于−15℃时，应适当提高焊机的电流强度，每降低 3℃，焊接电流应提高 2%。

⑬ 采用低氢型焊条进行焊接时，焊接后焊缝宜进行焊后消氢处理，消氢处理的加热温度应为 200℃~250℃，保温时间应根据工件的板厚确定，且每 25mm 板厚不小于 0.5h，总保温时间不得小于 1h，达到保温时间后应缓慢冷却至常温。

⑭ 在负温下厚钢板焊接完成后，在焊缝两侧板厚的 2~3 倍范围内，应立即进行焊后热处理，加热温度宜为 150℃~300℃，并宜保持 1~2h。焊缝焊完或焊后热处理完毕后，应采取保温措施，使焊缝缓慢冷却，冷却速度不应大于 10℃/min。

⑮ 当构件在负温下进行热矫正时，钢材加热矫正温度应控制在 750℃ ~ 900℃之间，加热矫正后应保温覆盖使其缓慢冷却。

⑯ 负温下钢构件需成孔时，成孔工艺应选用钻成孔或先冲后扩钻孔。

⑰ 在负温下制作的钢构件在进行外形尺寸检查验收时，应考虑检查当时的温度影响。焊缝外观检查应全部合格，等强接头和要求焊透的焊缝应 100%超声波检查，其余焊缝可按 30%~50%超声波抽样检查。如设计有要求时，应按设计要求的数量进行检查，负温下超声波探伤仪用的探头与钢材接触面间应采用不冻结的油基耦合剂。

⑱ 不合格的焊缝应铲除重焊，并仍应按在负温下钢结构焊接工艺的规定进行施焊。焊后应采用同样的检验标准进行检验。

⑲ 低于0℃的钢构件上涂刷防腐或防火涂层前，应进行涂刷工艺试验。涂刷时应将构件表面的铁锈、油污、边沿孔洞的飞边毛刺等清除干净，并应保持构件表面干燥，可用热风或红外线照射干燥，干燥温度和时间应由试验确定。雨雪天气或构件上有薄冰时不得进行涂刷工作。

⑳ 钢结构焊接加固时，应由对应类别合格的焊工施焊。施焊镇静钢板的厚度不大于30mm时，环境空气温度不应低于-15℃，当厚度超过30mm时，温度不应低于0℃；当施焊沸腾钢板时，环境空气温度应高于5℃。

㉑ 栓钉施焊环境温度低于 0℃时，打弯试验的数量应增加 1%。当栓钉采用手工电弧焊或其他保护性电弧焊焊接时，其预热温度应符合相应工艺的要求。

4. 钢结构安装

① 冬期运输、堆存钢结构时，应采取防滑措施。构件堆放场地应平整坚实并无水坑，地面无结冰。同一型号构件叠放时，构件应保持水平，垫块应在同一垂直线上，并应防止构件溜滑。

② 钢结构安装前除应按常温规定要求内容进行检查外，尚应根据负温条件下的要求对构件质量进行详细复验。凡是在制作中漏检和运输、堆放中造成的构件变形等，偏差大于规定影响安装质量时，应在地面进行修理、校正，符合设计和规范要求方能起吊安装。

③ 在负温下绑扎、起吊钢构件用的钢索与构件直接接触时，应加防滑隔垫。凡是与构件同时起吊的节点板、安装人员用的挂梯、校正用的卡具，应采用绳索绑扎牢固。直接使用吊环、吊耳起吊构件时应检查吊环、吊耳连接焊缝有无损伤。

④ 在负温下安装构件时，应根据天气条件编制钢构件安装顺序图标，在施工中应按照规定的顺序进行安装。平面上应从建筑物的中心逐步向四周扩展安装，立面上宜从下部逐件往上安装。

⑤ 钢结构安装的焊接工作应编制焊接工艺。在各节柱的一层构件安装、校正、栓接并预留焊缝收缩量后，平面上应从结构中心开始向四周对称扩展焊接，不得从结构外圈向中心焊接，一个构件的两端不得同时进行焊接。

⑥ 构件上有积雪、结冰、结露时，安装前应清除干净，但不得损伤涂层。

⑦ 在负温下安装钢结构用的专用机具应按负温要求进行检验。

⑧ 在负温下安装柱子、主梁、支撑等大构件时应立即进行校正，位置校正正确后应立即进行永久固定。当天安装的构件，应形成空间稳定体系。

⑨ 高强螺栓接头安装时，构件的摩擦面应干净，不得有积雪、结冰，且不得雨淋，不得接触泥土、油污等赃物。

⑩ 多层钢结构安装时，应限制楼面上对方的荷载。施工活荷载、积雪、结冰的质量不得超过钢梁和楼板（压型钢板）的承载能力。

⑪ 栓接焊接前，应根据负温值的大小，对焊接电流、焊接时间等参数进行预测。

⑫ 在负温下钢结构安装的质量除应符合现行国家标准《钢结构工程施工质量验收规范》（GB 50205—2001）规定外，尚应按设计的要求进行检验查收。

⑬ 钢结构在低温安装过程中，需要进行临时固定或连接时，宜采用螺栓连接形式，当需要现场临时焊接时，应在安装完毕后及时清理临时焊缝。

六、结构工程安装

1. 构件的堆放及运输

① 混凝土构件运输及堆放前，应将车辆、构件、垫木及对方场地的积雪、结冰清除干净。

场地应平整、坚实。

② 混凝土构件在冻胀性土壤的自然地面上或冻结前回填土地面上堆放时，应符合下列规定。

a. 每个构件在满足刚度、承载力条件下，应尽量减少支撑点数量。

b. 对于大型板、槽板及空心板等类构件，两端的支点应选用长度大于板宽的垫木。

c. 构件堆放时，如支点为两个及两个以上时，应采取可靠措施防止土壤的冻胀和融化下沉。

d. 构件用垫木垫起时，地面与构件之间的间隙应大于 150mm。

③ 在回填冻土并经一般压实的场地上堆放构件时，当构件重叠堆放时间长，应根据构件质量，尽量减少重叠层数，底层构件支垫与地面接触面积应适当加大。在冻土融化之前，应采取防止因冻土融化下沉造成构件变形和破坏的措施。

④ 构件运输时，混凝土强度不得小于设计混凝土强度等级值 75%。在运输车上的支点设置应按设计要求确定。对重叠运输的构件，应与运输车固定并防止滑移。

2. 构件的吊装

① 吊车行走的场地应平整，并应采取防滑措施。起吊的支撑点地基应坚实。

② 地锚应具有稳定性，回填冻土的质量应符合设计要求，活动地锚应设防滑措施。

③ 构件在正式起吊前，应先松动、后起吊。

④ 凡使用滑行法起吊的构件，应采取控制定向滑行，防止偏离滑行方向的措施。

⑤ 多层框架结构的吊装，接头混凝土强度未达到设计要求前，应加设缆风绳等防止整体倾斜的措施。

3. 构件的连接与校正

① 装配整浇式构件接头的冬期施工应根据混凝土体积小、表面系数大、配筋密等特点，采取相应的保证质量措施。

② 构件接头采用现浇混凝土连接时，应符合下列规定。

a. 接头部位的积雪、冰霜等应清除干净。

b. 承受内力接头的混凝土，当设计无要求时，其受冻临界强度不应低于设计强度等级值的 70%。

c. 接头处混凝土的养护应符合有关规定。

d. 接头处钢筋的焊接应符合有关规定。

③ 混凝土构件预埋连接板的焊接除应符合规程相关规定外，尚应分段连接，并应防止累积变形过大影响安装质量。

④ 混凝土柱、屋架及框架冬期安装，在阳光照射下校正时，应计入温差的影响。各固定支撑校正后，应立即固定。

七、保温及屋面防水工程

1. 一般规定

① 保温工程、屋面防水工程冬期施工应选择晴朗天气进行，不得在雨、雪天和五级风及其以上或基层潮湿、结冰、霜冻条件下进行。

② 保温及屋面工程应依据材料性能确定施工气温界限，最低施工环境气温宜符合表 10.15 的规定。

表 10.15　　保温及屋面工程施工环境气温要求

防水与保温材料	施工环境气温
黏结保温板	有机胶黏剂不低于−10℃；无机胶黏剂不低于 5℃
现喷硬泡聚氨酯	15℃~30℃
高聚物改性沥青防水卷材	热熔法不低于−10℃
合成高分子防水卷材	冷粘法不低于 5℃；焊接法不低于−10℃
高聚物改性沥青防水涂料	溶剂型不低于 5℃；热熔型不低于−10℃
合成高分子防水涂料	溶剂型不低于−5℃
防水混凝土，防水砂浆	符合混凝土、砂浆相关规定
改性石油沥青密封材料	不低于 0℃
合成高分子密封材料	溶剂型不低于 0℃

③ 保温与防水材料进场后，应存放于通风、干燥的暖棚内，并严禁接近火源和热源。棚内温度不宜低于 0℃，且不得低于规定的温度。

④ 屋面防水施工时，应先做好排水比较集中的部位，凡节点部位均应加铺一层附加层。

⑤ 施工时，应合理安排隔气层、保温层、找平层、防水层的各项工序，连续操作，已完成部位应及时覆盖，防止受潮与受冻。穿过屋面防水层的管道、设备或预埋件，应在防水施工前安装完毕。

2. 外墙外保温工程施工

① 外墙外保温工程冬期施工宜采用 EPS 板薄抹灰外墙外保温系统、EPS 板现浇筑混凝土外墙外保温系统或 EPS 钢丝网架板现浇混凝土外墙外保温系统。

② 建筑外墙外保温冬期施工最低温度不应低于−5℃。

③ 建筑外墙外保温工程期间以及完工后的 24h 内，基层及环境空气温度不应低于 5℃。

④ 进场的 EPS 板胶黏剂、聚合物抹面胶浆应存放于暖棚内，液态材料不得受冻，粉状材料不得受潮，其他材料应符合本项目有关规定。

⑤ EPS 板薄抹灰外墙外保温系统应符合下列规定。

a. 应采用低温型 EPS 板胶黏剂和低温型聚合物抹面胶浆，并应按产品说明书要求进行使用。

b. 低温型 EPS 板胶黏剂和低温型 EPS 板聚合物抹面胶浆的性能应符合表 10.16 和表 10.17 的规定。

表 10.16　　低温型 EPS 板胶黏剂技术指标

实验项目		性能指标
拉伸黏结强度（与水泥砂浆）/MPa	原强度	≥0.60
	耐水	≥0.40
拉伸黏结强度（与 EPS 板）/MPa	原强度	≥0.10，破坏界面在 EPS 板上
	耐水	≥0.10，破坏界面在 EPS 板上

表 10.17　　低温型 EPS 板聚合物抹面胶浆技术指标

实验项目		性能指标
拉伸黏结强度（与 EPS 板）/MPa	原强度	≥0.10，破坏界面在 EPS 板上
	耐水	≥0.10，破坏界面在 EPS 板上
	耐冻融	≥0.10，破坏界面在 EPS 板上
柔韧性	抗压强度/抗折强度	≤3.00

注：低温型胶黏剂与聚合物抹面胶浆检验方法与常温一致，试件养护温度取施工环境温度。

c. 胶黏剂和聚合物抹面胶浆拌和温度皆应高于 5℃，聚合物抹面胶浆拌和水温度不宜大于 80℃，且不宜低于 40℃。

d. 拌和完毕的 EPS 板胶黏剂和聚合物抹面胶浆每隔 15min 搅拌一次，1h 内使用完毕。

e. 施工前应按常温规定检查基层施工质量，并确保干燥，无结冰、霜冻。

f. EPS 板粘贴应保证有效粘贴面积大于 50%。

g. EPS 板粘贴完毕后，应养护至规定强度后方可进行面层薄抹灰施工。

⑥ EPS 板现浇混凝土外墙外保温系统和 EPS 钢丝网架板现浇混凝土外墙外保温系统冬期施工应符合下列规定。

a. 施工前应经过试验确定负温混凝土配合比，选择合适的混凝土防冻剂。

b. EPS 板内外表面应预先在暖棚内喷刷界面砂浆。

c. EPS 板现浇混凝土外墙外保温系统和 EPS 钢丝网架板现浇混凝土外墙外保温系统的外抹面层施工应符合《建筑工程冬期施工规程》（JGJ/T 104—2011）第 8 章的有关规定，抹面抗裂砂浆中可掺入非氯盐类砂浆防冻剂。

d. 抹面层厚度应均匀，钢丝网应完全包覆于抹面层中；分层抹灰时，底层灰不得受冻，抹灰砂浆在硬化初期应采取保温措施。

⑦ 其他施工技术要求应符合现行行业标准《外墙外保温工程技术规程》（JGJ 144—2004）的相关规定。

3. 屋面保温工程施工

① 屋面保温材料应符合设计要求，且不得含有冰雪、冻块和杂质。

② 干铺的保温层可在负温下施工，采用沥青胶结的保温层应在气温不低于-10℃时施工，采用水泥、石灰或其他胶结料胶结的保温层应在气温不低于 5℃时施工。当气温低于上述要求时，应采取保温、防冻措施。

③ 采用水泥砂浆粘贴板状保温材料以及处理板间缝隙，可采用掺有防冻剂的保温砂浆。防冻剂掺量应通过试验确定。

④ 干铺的板状保温材料在负温施工时，板材应在基层表面铺平垫稳，分层铺设。板块上下层缝应相互错开，缝间隙应采用同类材料的碎屑填嵌密实。

⑤ 倒置式屋面所选用的材料应符合设计及《建筑工程冬期施工规程》（JGJ/T 104—2011）相关规定，施工前应检查防水层平整度及有无结冰、霜冻或积水现象，满足要求后方可施工。

4. 屋面防水工程施工

① 屋面找平层施工应符合下列规定。

a. 找平层应牢固坚实，表面无凹凸、起砂、起鼓现象。如有积雪、残留冰霜、杂物等，应清扫干净，并应保持干燥。

b. 找平层与女儿墙、立墙、天窗壁、变形缝、烟囱等突出屋面结构的连接处，以及找平层的转角处、水落口、檐口、天沟、檐沟、屋脊等均应做成网弧。采用沥青防水卷材的圆弧，半径宜为 100~150mm；采用高聚物改性沥青防水卷材，圆弧半径宜为 50mm，采用合成高分子防水卷材，圆弧半径宜为 20mm。

② 采用水泥砂浆或细石混凝土找平层时，应符合下列规定。

a. 应依据气温和养护温度要求掺入防冻剂，且掺量应通过试验确定。

b. 采用氯化钠作为防冻剂时，宜选用普通硅酸盐水泥或矿渣硅酸盐水泥，不得使用高铝水泥。施工温度不应低于−7℃。氯化钠掺量可按表 10.18 采用。

表 10.18　　氯化钠掺量

施工时室外气温/℃		0~−2	−3~−5	−6~−7
氯化钠掺量（占水泥质量百分比）/%	用于平整部位	2	4	6
	用于檐口、天沟等部位	3	5	7

③ 找平层宜留设分格缝，缝宽宜为 20mm，并应填充密封材料。当分格缝兼作排汽屋面的排汽道时，可适当加宽，并应与保温层连通。找平层表面宜平整，平整度不应超过 5mm，且不得有酥松、起砂、起皮现象。

④ 高聚物改性沥青防水卷材、合成高分子防水卷材、高聚物改性沥青防水涂料、合成高分子防水涂料等防水材料的物理性能应符合现行国家标准《屋面工程质量验收规范》（GB 50207—2012）的相关规定。

⑤ 热熔法施工宜使用高聚物改性沥青防水卷材，并应符合下列规定。

a. 基层处理剂宜使用挥发快的溶剂，涂刷后应干燥 10h 以上，并应及时铺贴。

b. 水落口、管根、烟囱等容易发生渗漏部位的周围 200mm 范围内，应涂刷一遍聚氨酯等溶剂型涂料。

c. 热熔铺贴防水层应采用满粘法。半坡度小于 3%时，卷材与屋脊应平行铺贴；坡度大于 15%时，卷材与屋脊应垂直铺贴；坡度为 3%~15%时，可平行或垂直屋脊铺贴。铺贴时应采用喷灯或热喷枪均匀加热基层和卷材，喷灯或热喷枪距卷材的距离宜为 0.5m，不得过热或烧穿，应待卷材表面熔化后，缓缓地滚铺铺贴。

d. 卷材搭接应符合设计规定。当设计无规定时，横向搭接宽度宜为 120mm，纵向搭接宽度宜为 100mm。搭接时应采用喷灯或热喷枪加热搭接部位，趁卷材熔化尚未冷却时，用铁抹子把接缝边抹好，再用喷灯或热喷枪均匀细致地密封。平面与立面相连接的卷材，应由上向下压缝铺贴，并应使卷材紧贴阴角，不得有空鼓现象。

e. 卷材搭接缝的边缘以及末端收头部位应以密封材料嵌缝处理，必要时也可在经过密封处理的末端接头处再用掺防冻剂的水泥砂浆压缝处理。

⑥ 热熔法铺贴卷材施工安全应符合下列规定。

a. 易燃性材料及辅助材料库和现场严禁烟火，并应配备适当灭火器材。

b. 溶剂型基层处理剂未充分挥发前不得使用喷灯或热喷枪操作。操作时应保持火焰与卷材的喷距，严防火灾发生。

c. 在大坡度屋面或挑檐等危险部位施工时，施工人员应系好安全带，四周应设防护措施。

⑦ 冷粘法施工宜采用合成高分子防水卷材。胶黏剂应采用密封桶包装，储存在通风良好的室内，不得接近火源和热源。

⑧ 冷粘法施工应符合下列规定。

a. 基层处理时应将聚氨酯涂膜防水材料的甲料：乙料：二甲苯按 1：1.5：3 的比例配合，搅拌均匀，然后均匀涂布在基层表面上，干燥时间不应少于 10h。

b. 采用聚氨酚涂料做附加层处理时，应将聚氨酯甲料和乙料按 1：1.5 的比例配合搅拌均匀，再均匀涂刷在阴角、水落口和通气口根部的周围，涂刷边缘与中心的距离不应小于 200mm，厚度不应小于 1.5mm，并应在固化 36h 以后，方能进行下一工序施工。

c. 铺贴立面或大坡面合成高分子防水卷材宜用满粘法。胶黏剂应均匀涂刷在基层或卷材底面，并应根据其性能，控制涂刷与卷材铺贴的间隔时间。

d. 铺贴的卷材应平整顺直，黏结牢固，不得有皱折，搭接尺寸应准确，并应辊压排除卷材下面的空气。

e. 卷材铺好压粘后，应及时处理搭接部位，并应采用与卷材配套的接缝专用胶黏剂在搭接缝黏合面上涂刷均匀。根据专用胶黏剂的性能，应控制涂刷与黏合间隔时间，排除空气，辊压黏结牢固。

f. 接缝口应采用密封材料封严，其宽度不应小于 10mm。

⑨ 涂膜屋面防水施工应选用溶剂型合成高分子防水涂料。涂料进场后，应储存于干燥、通风的室内，环境温度不宜低于 0℃，并应远离火源。

⑩ 涂膜屋面防水施工应符合下列规定。

a. 基层处理剂可选用有机溶剂稀释而成。使用时应充分搅拌，涂刷均匀，覆盖完全，干燥后方可进行涂膜施工。

b. 涂膜防水应由两层以上涂层组成，总厚度应达到设计要求，其成膜厚度不应小于 2mm。

c. 可采用涂刮或喷涂施工。当采用涂刮施工时，每遍涂刮的推进方向宜与前一遍互相垂直，并应在前一遍涂料干燥后，方可进行后一遍涂料的施工。

d. 使用双组分涂料时应按配合比正确计量，搅拌均匀，已配成的涂料及时使用。配料时可加入适量的稀释剂，但不得混入固化涂料。

e. 在涂层中夹铺胎体增强材料时，位于胎体下面的涂层厚度不应小于 1mm，最上层的涂料层不应少于两遍。胎体长边拼接宽度不得小于 50mm，短边搭接宽度不得小于 70mm。采用双层胎体增强材料时，上下层不得互相垂直铺设，搭接缝应错开，间距不应小于一个幅面宽度的 1/3。

f. 天沟、檐沟、檐口、泛水等部位，均应加铺有胎体增强材料的附加层。水落口周围与屋面交接处，应作密封处理，并应加铺两层有胎体增强材料的附加层，涂膜伸入水落口的深度不得小于 50mm，涂膜防水层的收头应用密封材料封严。

g. 涂膜屋面防水工程在涂膜层固化后应做保护层。保护层可采用分格水泥砂浆或细石混凝土或块材等。

⑪ 隔汽层可采用气密性好的单层卷材或防水涂料，冬期施工采用卷材时，可采用花铺法施工，卷材搭接宽度不应小于 80mm；采用防水涂料时，宜选用溶剂型涂料。隔汽层施工的温度不应低于−5℃。

八、建筑装饰装修工程

1. 一般规定

① 室外建筑装饰装修工程施工不得在五级及以上大风或雨、雪天气下进行。施工前，应采取挡风措施。

② 外墙饰面板、饰面砖以及马赛克饰面工程采用湿贴法作业时，不宜进行冬期施工。

③ 外墙抹灰后需进行涂料施工时，抹灰砂浆内所掺的防冻剂品种应与所选用的涂料材质相匹配，具有良好的相溶性，防冻剂掺量和使用效果应通过试验确定。

④ 装饰装修施工前，应将墙体基层表面的冰、雪、霜等清理干净。

⑤ 室内抹灰前，应提前做好屋面防水层、保温层及室内封闭保温层。

⑥ 室内装饰施工可采用建筑物正式热源、临时性管道或火炉、电气取暖。若采用火炉取暖时，应采取预防煤气中毒的措施。

⑦ 室内抹灰、块料装饰工程施工与养护期间的温度不应低于5℃。

⑧ 冬期抹灰及粘贴面砖所用砂浆应采取保温、防冻措施。室外用砂浆内可掺入防冻剂，其掺量应根据施工及养护期间环境温度经试验确定。

⑨ 室内粘贴壁纸时，其环境温度不宜低于5℃。

2. 抹灰工程

① 室内抹灰的环境温度不应低于5℃。抹灰前，应将门口和窗口、外墙脚手眼或孔洞等封堵好，施工洞口、运料口及楼梯间等处应封闭保温。

② 砂浆应在搅拌棚内集中搅拌，并应随用随拌，运输过程中应进行保温。

③ 室内抹灰工程结束后，在7天以内应保持室内温度不低于5℃。当采用热空气加温时，应注意通风，排除湿气。当抹灰砂浆中掺入防冻剂时，温度可相应降低。

④ 室外抹灰采用冷作法施工时，可使用渗防冻剂水泥砂浆或水泥混合砂浆。

⑤ 含氯盐的防冻剂不宜用于有高压电源部位和有油漆墙面的水泥砂浆基层内。

⑥ 砂浆防冻剂的掺量应按使用温度与产品说明书的规定经试验确定。当采用氯化钠作为砂浆防冻剂时，其掺量可按表10.19选用。当采用亚硝酸钠作为砂浆防冻剂时，其掺量可按表10.20选用。

表10.19　砂浆内氯化钠掺量

室外气温/℃		0~-5	-5~-10
氯化钠掺量（占拌和水质量百分比）/%	挑檐、阳台、雨罩、墙面等抹水泥砂浆	4	4~8
	墙面为水刷石、干粘石水泥砂浆	5	5~10

表10.20　砂浆内亚硝酸钠掺量

室外温度/℃	0~-3	-4~-9	-10~-15	-16~-20
亚硝酸钠掺量（占水泥质量百分比）/%	1	3	5	8

⑦ 当抹灰基层表面有冰、霜、雪时，可采用与抹灰砂浆同浓度的防冻剂溶液冲刷，并应清除表面的尘土。

⑧ 当施工要求分层抹灰时，底层灰不得受冻。抹灰砂浆在硬化初期应采取防止受冻的保温措施。

3. 油漆、刷浆、裱糊、玻璃工程

① 油漆、刷浆、裱糊、玻璃工程应在采暖条件下进行施工。当需要在室外施工时，其最低环境温度不应低于5℃。

② 刷调和漆时，应在其内加入调和漆质量2.5%的催干剂和5.0%的松香水，施工时应排除烟气和潮气，防止失光和发黏不干。

③ 室外喷、涂、刷油漆、高级涂料时应保持施工均衡。粉浆类料浆宜采用热水配制，随用随配，并应将料浆保温，料浆使用温度宜保持在15℃左右。

④ 裱糊工程施工时，混凝土或抹灰基层含水率不应大于8%。施工中当室内温度高于20℃，且相对湿度大于80%时，应开窗换气，防止壁纸皱折起泡。

⑤ 玻璃工程施工时，应将玻璃、镶嵌用合成橡胶等材料运到有采暖设备的室内，施工环境温度不宜低于5℃。

⑥ 外墙铝合金、塑料框、大扇玻璃不宜在冬期安装。

任务二　雨期施工措施

一、雨期施工的准备工作

1. 施工项目安排

安排好雨期施工项目，编制雨期施工方案和技术组织设计，在雨期到来之前，尽可能做好地下工程，为雨期正常施工创造条件。不宜雨期施工的项目，应尽量避开雨期施工。

2. 施工场地排水

① 做好场地周围度汛排水措施，疏通现场排水沟道，做好低洼地面的挡水围堰，准备好排水机具，防止雨水淹泡地基。

② 主要运输道路路基应碾压坚实，铺垫焦渣或天然级配砂石，并做好路拱。道路两旁要做好排水沟，保证雨后通行不陷。

3. 施工材料及机电设备防护

① 准备雨期施工材料及防护材料。

② 木门、木窗、木扇、石膏板、轻钢龙骨和水泥等应放入屋内，垫高码放，做到通风良好，保持干燥。对新浇混凝土或砂浆及时覆盖，防止受雨淋含水过多而影响工程质量。

③ 机电设备的电源开关要采取防雨、防潮等措施，并应安装接地保护装置。

④ 塔式起重机的接地装置要进行全面检查。

4. 临时设施检修

① 对生活区、办公区、食堂、仓库等应进行全面检查。

② 对危险建筑物应进行全面翻修加固或拆除。

③ 检查加固边坡，预防雨天塌滑。

④ 准备好足够的塑料布、帆布等防雨材料。

二、土方工程

在雨季进行土方工程施工，一旦遇到大雨，基槽容易被雨水浸泡，会影响地基土的质量，延误工期，增加排水和清除淤泥等施工费用。因此，土方工程尽量不要在雨季开展。

在工期紧迫和一些应急工程中，如在雨期也必须要开展土方施工作业，应采取以下措施，保证工程质量和施工安全。

1. 土方的开挖

① 基坑开挖前，首先在挖土范围外先挖好挡水沟，沟边做土堤，防止雨水流入坑内。

② 为防止基坑被雨水浸泡，开挖后应在坑内做好排水沟、集水井。

③ 土方边坡坡度留设应适当缓一些，如果施工现场无法满足，则可设置支撑或采取边坡加固等措施。在施工中应随时注意边坡稳定，加强对边坡和支撑的检查。

④ 土方工程施工时，工作面不宜过大，宜分段作业。可先预留 20~30cm 保护土层暂时不挖，待大部分基槽已挖到距基底 20~30cm 时，再采用人工挖土清槽。

⑤ 土方施工过程中，为防止边坡坍塌，应尽可能减小基坑边坡荷载，不得堆积过多的材料、土方，施工机械作业时尽量远离基坑的边缘。

⑥ 土方开挖完后，应抓紧进行基础垫层的施工。

2. 土方的回填

① 雨季施工中，回填用土应采取覆盖措施，保证土方的含水量符合要求。

② 若采取措施后，土方含水量仍偏大，应翻开晾晒，待含水量符合要求后再进行回填。若工期紧迫，要求必须立即回填，则应进一步采取其他措施；如用灰土回填等，土的密实度必须满足要求。

三、基础工程

要防止雨水浸泡基坑后造成塌方、桩基塌孔、槽底淤泥等，因而需采取以下措施。

① 雨期施工的工作面不宜过大，应逐段逐片地分期施工。

② 雨期施工前，应对施工场地原有排水系统进行检查、疏通或加固，必要时应增加排水措施，保证水流畅通。在傍山沿河地区施工，还应采取必要的防洪措施。

③ 深基础坑边要设挡水埂，防止地面水流入，基坑内设集水井并配足水泵。坡道部分应设置临时挡水措施（草袋挡水）。

④ 基坑挖完后应立即浇筑好混凝土垫层，防止雨水泡槽。

⑤ 深基础护坡桩距既有建筑物较近者，应随时测定位移情况。

⑥ 钻孔灌注桩应做到当天钻孔当天灌注混凝土，基底四周要挖排水沟。

⑦ 深基础工程雨后应将模板及钢筋上的淤泥和积水清除掉。

⑧ 箱形基础大体积混凝土施工应采用综合措施，如掺外加剂、使用粉煤灰替代部分水泥用量、选择合理砂率、加强水封养护等，防止混凝土雨期施工坍落度偏大而影响混凝土质量。

四、砌体工程

① 砌筑用砖在雨期必须集中堆放，不宜浇水。砌墙时要求干湿砖合理搭配，湿度过大的砖不可上墙。雨期施工每日砌筑高度不宜超过 1.2m。

② 雨期遇大雨必须停工。砌砖收工时应在砖墙顶盖一层干砖，避免大雨冲刷灰浆。大雨过后受雨冲刷过的新砌墙体应翻砌最上面两皮砖。

③ 稳定性较差的窗间墙、独立砖柱，应加设临时支撑或及时浇筑圈梁，以增加其稳定性。

④ 砌体施工时，内、外墙尽量同时砌筑，并注意转角及丁字墙间的连接要同时跟上。遇台风时，应在与风向相反的方向加设临时支撑，以保证墙体的稳定。

⑤ 雨后继续施工，须复核已完工砌体的垂直度和标高。

五、混凝土工程

① 模板隔离层在涂刷前要及时掌握天气预报，以防隔离层被雨水冲掉。

② 遇到大雨应停止浇筑混凝土，已浇部位应加以覆盖。现浇混凝土应根据结构情况，多考虑几道施工缝的留设位置。

③ 雨期施工时，应加强对混凝土粗细骨料含水量的测定，及时调整用水量。

④ 大面积的混凝土浇筑前，要了解 2 ~ 3 天的天气预报，尽量避开大雨。混凝土浇筑现场要预备大量防雨材料，以备浇筑时突然遇雨进行覆盖。

⑤ 模板支撑下回填要夯实，并加好垫板，雨后及时检查有无下沉。

⑥ 构件堆放地点要平整坚实，周围要做好排水工作，严禁构件堆放区积水、浸泡，防止泥土沾到预埋件上。

⑦ 塔式起重机路基，必须高出自然地面 15cm，严禁雨水浸泡路基。

⑧ 雨后吊装时，要先做试吊，将构件吊至 1m 左右，往返上下数次稳定后再进行吊装工作。

六、防水工程

① 卷材层面应尽量在雨季前施工，并同时安装屋面的落水管。

② 雨天严禁进行油毡屋面施工，油毡、保温材料不准淋雨。

③ 雨天屋面工程宜采用“湿铺法”施工工艺，“湿铺法”就是在“潮湿”基层上铺贴卷材，先喷刷 1 ~ 2 道冷底子油，喷刷工作宜在水泥砂浆凝结初期进行操作，以防基层浸水。如基层浸水，应在基层表面干燥后方可铺贴油毡。如基层潮湿且干燥有困难时，可采用排汽屋面。

七、装饰工程

雨天不准进行室外抹灰，至少应能预计 1 ~ 2 天的天气变化情况。对已经施工的墙面，应注意防止雨水污染。室内抹灰尽量在做完屋面后进行，至少做完屋面找平层，并铺一层油毡。雨天不宜作罩面油漆。

复习思考题

1. 冬期施工进行土方开挖与回填时，如何防冻？
2. 砖砌体冬期施工有哪几种方法？
3. 简述掺盐砂浆法的适用范围、施工工艺及技术要求。
4. 简述冻结法的适用范围，对砌体进行冻结法施工应注意哪些问题？
5. 什么是蓄热法，其适用范围是什么？
6. 简述混凝土冬期施工工艺。
7. 雨季施工时，土方工程、砌筑工程及钢筋混凝土工程应注意哪些问题？

参考文献

[1] 《建筑施工手册》编写组. 建筑施工手册. 5 版. 北京：中国建筑工业出版社，2012.
[2] 姚谨英. 建筑施工技术. 北京：中国建筑工业出版社，2007.
[3] 张长友，白锋. 建筑施工技术. 北京：中国电力出版社，2006.
[4] 陈守兰. 建筑施工技术. 北京：科学出版社，2005.
[5] 祖青山. 建筑施工技术. 北京：中国环境科学出版社，2003.
[6] 李伟，王飞. 建筑工程施工技术. 北京：机械工业出版社，2006.
[7] 应惠清. 土木工程施工技术. 上海：同济大学出版社，2006.
[8] 张厚先，王志清. 建筑施工技术. 2 版. 北京：机械工业出版社，2003.
[9] 宁仁歧. 建筑施工技术. 北京：高等教育出版社，2004.
[10] 廖代广. 土木工程施工技术. 2 版. 武汉：武汉理工大学出版社，2002.
[11] 李继业. 建筑施工技术. 北京：科学出版社，2001.
[12] 毛鹤琴. 土木工程施工. 武汉：武汉理工大学出版社，2004.
[13] 林瑞铭，舒适. 建筑施工. 天津：天津大学出版社，1989.
[14] 刘仁松. 建筑工程施工工艺. 重庆：重庆大学出版社，2002.
[15] 郭正兴，李金根. 建筑施工. 南京：东南大学出版社，2003.
[16] 谢扬敬，黄明树. 建筑施工技术. 北京：机械工业出版社，2002.
[17] 陈雄辉. 建筑施工技术. 北京：北京大学出版社，2002.